电气工程安装调试运行维护实用技术技能丛书

电气工程及自动化工程系统调试、送电及试运行

第2版

白玉岷　等编著

机械工业出版社

本书以作者从事电气工程、自动化工程安装调试、运行维护、检修及质量管理、技术监督的实践经验及技术技能为主，并结合最新标准规范，详尽讲述电气工程、自动化工程系统调试、送电及试运行的程序、方法、组织、管理、监督及注意事项，是从事电气工程及自动化工程设计、安装调试、质量管理、技术监督工作的技术人员的必读之物。本书主要包括概述、系统调试送电及试运行的组织及实施以及照明、动力电路、低压发电设备、起重机械电气装置、架空线路、电缆线路、变配电装置、电梯、自动化仪表及空调电气、弱电系统、高压电动机、防雷与接地系统、开关柜及特殊场所等电气装置的系统调试、送电及试运行技术技能、管理技术等内容。

本书可供从事电气工程及自动化工程设计、安装调试、质量管理、技术监督、工程监理等技术人员工作时使用，也可作为青年电气技术管理人员培训教材以及电气及自动化专业师生的实践教材用书。

图书在版编目（CIP）数据

电气工程及自动化工程系统调试、送电及试运行/白玉岷等编著. —2 版. —北京：机械工业出版社，2016.4
（电气工程安装调试运行维护实用技术技能丛书）
ISBN 978-7-111-53474-7

Ⅰ.①电… Ⅱ.①白… Ⅲ.①电气工程—调试方法 ②电气工程—运行 ③自动化系统—调试方法 ④自动化系统—运行 Ⅳ.①TM ②TP27

中国版本图书馆 CIP 数据核字（2016）第 070270 号

机械工业出版社（北京市百万庄大街 22 号 邮政编码 100037）
策划编辑：张俊红 责任编辑：张俊红
责任校对：张晓蓉 封面设计：马精明
责任印制：李 洋
三河市国英印务有限公司印刷
2016 年 5 月第 2 版 · 第 1 次印刷
184mm×260mm · 27.25 印张 · 677 千字
标准书号：ISBN 978-7-111-53474-7
定价：79.90 元

凡购本书，如有缺页、倒页、脱页，由本社发行部调换

电话服务	网络服务
服务咨询热线：010-88361066	机 工 官 网：www.cmpbook.com
读者购书热线：010-88326294	机 工 官 博：weibo.com/cmp1952
010-88379203	金 书 网：www.golden-book.com
封面无防伪标均为盗版	教育服务网：www.cmpedu.com

电气工程安装调试运行维护实用技术技能丛书

主　编	白玉岷				
编　委	刘　洋	宋宏江	陈　斌	高　英
	王　建	张艳梅	田　明	桂　垣
	董蓓蓓	武占斌	王振山	赵洪山
	张　璐	莫　杰	田　朋	谷文旗
	李云鹏	刘晋虹	白永军	赵颖捷
主　审	悦　英	赵颖捷	桂　垣	
土建工程顾问	李志强			
编写人员	王　明	高志平	马千里	志　农

第 2 版前言

“电气工程安装调试运行维护实用技术技能丛书”的《电气工程及自动化工程系统调试、送电及试运行》分册出版以来得到了广大读者，特别是年轻读者们的青睐，经常收到他们的短信、电话及网上的评论，尤其是他们说“读这样的书解渴”，使我感到非常欣慰。这也是我们作者所期望的，也是鼓励我们作者继续创作的动力。我们一定要把所掌握的电气工程、自动化工程的技术技能全部写出来，让读者特别是年轻的读者在工程技术的道路上走上一个捷径，能在较短的时间里掌握电工技术技能的真谛，为电气工程、自动化工程的质量保证、安全运行打下一个坚实的基础。

本书的再版是在原版的基础上，应读者的要求增加了部分内容，目的是让读者拿来即用、读后即行，一般常用的内容不必再去参阅丛书的其他分册，当然有些内容仍需参阅。

本书再版，主要是在第 1 版的基础上增加以下内容：

一、增加了第十六章“特殊场所（环境）电气装置”讲述了特殊场所电气装置的系统调试、送电及试运行，并指出送电、调试及试运行前对电气装置的检测及方法等内容。

二、第三章、第四章、第六章、第七章、第八章、第九章、第十一章、第十二章均增加了调试、送电及试运行前对电气装置及设备检测及方法等内容。

三、其他原章节未有大的改动。

上述内容的增加敬请读者在实施中提出宝贵意见，以便为今后再版提供重要的信息及依据。

在整理、修改、充实过程中，删除了第 1 版中的一些陈旧内容，但也保留了一些必要的内容。保留的目的：一是有些内容讲到的相关设备，在一些地区仍在采用；二是为了初学者学习的系统性、连续性，对于初学者来说直接学习和接触新技术是比较困难的，只有做到由浅入深、由易而难、由简到繁、循序渐进才能收到很好的效果。

本书第 2 版的修订工作得到了电工界、安装修理单位、设计单位、供电部门、工矿企业、高等院校及其众多实践经验丰富、技术技能精湛、解决电工技术难题熟练的双资型高工、教授、技师、技术人员、技术工人、电工师傅和年轻朋友们的关心和支持，张家口市高新房地产开发有限公司对本书的再版给予了极大的帮助，提供很多宝贵的资料，这里向他们表示衷心的谢意。本书倘若能为读者提供相应技术技能的帮助，我们全体作者将会感到万分欣慰和满足。本书第 2 版由白玉岷主编，新增加的内容主要由刘洋、宋宏江、陈斌、高英、张艳梅、田明、董蓓蓓、武占斌、王振山、赵洪山、张璐、莫杰、谷文旗、李云鹏、刘晋虹、武双有、高春明、贾连忠、赵玉春、李志强、闫敬敏、李树兵、韩月英、王佩燕、张瑜军、田朋、白永军、王建、赵颖捷、桂垣等编写。

由于作者专业水平的局限，书中不妥之处恳请专家、同行批评指正。

白玉岷谨上

第 1 版前言

当前，我们的国家正处于改革开放、经济腾飞的伟大转折时代。在这样的大好形势下，我们可以看到电工技术突飞猛进的发展，新技术、新材料、新设备、新工艺层出不穷、日新月异。电子技术、计算机技术以及通信、信息、自动化、控制工程、电力电子、传感器、机器人、机电一体化、遥测遥控等技术及装置已与电力、机械、化工、冶金、交通、航天、建筑、医疗、农业、金融、教育、科研、国防等行业技术及管理融为一体，并成为推动工业发展的核心动力。特别是电气系统，一旦出现故障将会造成不可估量的损失。2003 年 8 月美国、加拿大大面积停电，几乎使整个北美瘫痪。我国 2008 年南方雪灾，引起大面积停电，造成 1110 亿元人民币的经济损失，这些都是非常惨痛的教训。

电气系统的先进性、稳定性、可靠性、灵敏性、安全性是缺一不可的，因此电气工作人员必须稳步提高，具有精湛高超的技术技能，崇高的职业道德以及对专业工作认真负责、兢兢业业、精益求精的执业作风。

随着技术的进步、经济体制的改革、用人机制的变革及市场需求的不断变化，对电气工作人员的要求越来越高，技术全面、强（电）弱（电）精通、精通技术的管理型电气工作人员成为用人单位的第一需求，为此，我们组织编写了“电气工程安装调试运行维护实用技术技能丛书”。

编写本丛书的目的，首先是帮助读者在较短的时间里掌握电气工程的各项实际工作技术技能，使院校毕业的学生尽快地在工程中能够解决工程实际设计、安装、调试、运行、维护、检修以及工程质量管理、监督、安全生产、成本核算、施工组织等技术问题；其次是为工科院校电气工程及自动化专业提供一套实践读物，亦可供学生自学及今后就业参考；第三是技术公开，做好电气工程技术技能的传、帮、带的交接工作，每个作者都是将个人几十年从事电气技术工作的经验、技术、技能毫无保留，公之于众，造福社会；第四是为刚刚走上工作岗位的电气工程及自动化专业的大学生尽快适应岗位要求提供一个自学教程，以便尽快完成从大学生到工程师的过渡。

本丛书汇集了众多实践经验极为丰富、理论知识精通扎实、能够将科研成果转化为实践、能够解决工程实践难题的资深高工、教授、技师承担编写工作，他们分别来自设计单位、安装单位、工矿企业、高等院校、通信单位、供电公司、生产现场、监理单位、技术监督部门等。他们将电气工程及自动化工程中设计、安装、调试、运行、维护、检修、保养以及安全技术、读图技能、施工组织、预算编制、质量管理监督、计算机应用等实践技术技能由浅入深、由易至难、由简单到复杂、由强电到弱电以及实践经验、绝活窍门进行了详细的论述，供广大读者，特别是青年工人和电气工程及自动化专业的学生们学习、模仿、参考，以期在技术技能上取得更大的成绩和进步。

本丛书的特点是实用性强，可操作性强，通用性强。但需要说明，本丛书讲述的技术技能及方法不是唯一的，也可能不是最先进、最科学的，然而按照本丛书讲述的方法，一定能将各种工程，包括复杂且难度大的工程顺利圆满地完成。读者及青年朋友们在遇到技术难题时，只需翻阅相关分册的内容便可找到解决难题的办法。

从事电气工作是个特殊的职业，从前述分析可以得知电气工程及自动化工程的特点，主要是：安全性强，这是万万不容忽视的；专业理论性强，涉及自动控制、通信网络、自动检测及复杂的控制系统；从业人员文化层次较高；技术技能难度较大，理论与实践联系紧密；工程现场条件局限性大，环境特殊，如易燃、易爆等；涉及相关专业广，如机、钳、焊、铆、吊装、运输等；节能指标要求严格；系统性、严密性、可靠性、稳定性要求严密，从始至终不得放松；最后一条是法令性强，规程、规范、标准多，有150多种。电气工作人员除了技术技能的要求外，最重要的一条则是职业道德和敬业精神。只有高超的技术技能与高尚的职业道德、崇高的敬业精神结合起来，才能保证电力系统及自动化系统的安全运行及其先进性、稳定性、可靠性、灵敏性和安全性。

因此，作为电气工程工作人员，特别是刚刚进入这个行业的年轻人，应该加强电工技术技能的学习和锻炼，深入实践，不怕吃苦、不怕受累；同时应加强电工理论知识的学习，并与实践紧密结合，提高技术水平。在工程实践中加强职业道德的修养，加强和规范作业执业行为，才能成为电气行业的技术高手。

在国家经济高速发展的过程中，作为一名电气工作者肩负着非常重要的责任。国家宏观调控的重要目标就是要全面贯彻落实科学发展观，加快建设资源节约型、环境友好型社会，把节能减排作为调整经济结构、转变增长方式的突破口。在电气工程、自动化工程及其系统的每个环节和细节里，每个电气工作者只要能够尽心尽责，兢兢业业，确保安装调试的质量，做好运行维护工作，就能够减少工程费用，减小事故频率，降低运行成本，削减维护开支；就能确保电气系统的安全、稳定、可靠运行。电气工作人员便为节能减排、促进低碳经济发展，保增长、保民生、保稳定做出巨大的贡献。

在这中华民族腾飞的时代里，每个人都有发展和取得成功的机遇，倘若这套“电气工程安装调试运行维护实用技术技能丛书”能为您提供有益的帮助和支持，我们全体作者将会感到万分欣慰和满足。祝本丛书的所有读者，在通往电工技术技能职业高峰的道路上，乘风破浪、一帆风顺、马到成功。

白玉岷

2011年元月

目　　录

第一章　概　　述

电气工程、自动工程无论工程大小、技术难易、复杂还是简单、投资多少都要经过设计安装、元件测试、接线试验、施工组织、质量监督、技术管理等一系列技术活动，使工程渐渐具有一定的规模，并具备竣工交验的初步条件，同时也具备送电试运行的必要条件。

在送电前，任何一项工程都必须进行系统的调试、测试及试验。而所谓系统调试、测试及试验就是对系统的设备、元件、线路及其他相关装置进行详细系统的检查和测试、保护装置的调整及整定、延时装置的整定、耐压试验、空载试验以及模拟试验等。

系统调试、测试及试验是保证电气工程及系统质量的最后一道程序及手段。通过系统的调试、测试、试验可以发现每台设备、每个元件、每条线路、每道工序存在的质量问题及瑕疵，并及时予以更正；同时对系统的继电保护装置、时间控制装置、自动控制装置、信号及显示系统、计量装置、安全保护装置等的可靠性、正确性、准确性进行调整，并确认和验证其功能的特性，以确保系统安全可靠地运行。

只有这样，才能保证设备安装的质量和保护装置的可靠性和准确性，进而使送电一次合闸成功并付之运行。其中送电包括送电的条件、程序、组织、方案、准备工作以及安全注意事项、事故处理等内容，试运行包括运行条件、事故处理以及安全技术措施等。

系统调试是一项非常重要的工作，是电气系统及装置投入使用运行前的最后关键时刻，也是检验前段安装的技术手段。前段安装所付出的技术和劳动必须经模拟试验证实后才能使之投入运行，只有这样才能肯定前段安装的成果，绝不能因为轻视这项工作，而导致前段安装出现事故乃至造成经济损失，这是万万不能掉以轻心的，特别是一些在安装中已经多次重复测试的项目，必须按照要求进行最后的测试。工程中，由于轻视系统调试，在送电时发生事故，已不只是一两次先例了。作为一名优秀的安装人员，必须做到万无一失，精心细致，保证送电一次合闸成功。

其实，系统调试送电及试运行是保证工程质量的最后一道技术手段，也是一个管理手段。而保证系统调试、送电及试运行的正常进行及其本身质量必须做到以下几点：

（1）确保系统设备、元件、材料的质量。

（2）确保测试、试验仪器、仪表的精度和质量。

（3）确保调试人员的技术能力、职业道德、作业行为以及爱岗敬业精神和高度责任感，同时应熟悉安装工艺过程。

（4）合理的组织措施和测试环境、条件。

（5）严谨周密的调试、测试、试验方案。

（6）引入监督机制，由第三方进行技术监督。

（7）正确引用标准、规程、规范。

（8）保证后勤保障供应工作。

本书涉及的仪器仪表使用及方法，详见本丛书《电气设备、元件、材料的测试及试验》分册。

实际工程中，设备、元件、材料的单体测试及试验已应在安装阶段前进行，这样就能够在第一现场把好设备、元件、材料质量关。有关单体测试及试验我们在本丛书《电气设备、元件、材料的测试及试验》分册中进行了详尽的讲述。

而电气系统调试、送电及试运行中的调试是在设备、元件、材料单体已做测试及试验的基础上进行的，也就是说系统调试前单体设备、元件、材料是合格品，而系统调试只进行设备连接后的调试，以确保送电及试运行。如果单体测试及试验在前段程序中未进行，系统调试的第一项便是设备、元件、材料的单体测试及试验，只有这样才能保证系统调试、送电及试运行的正常可靠进行，有关单体测试及试验的内容，具体详见本丛书《电气设备、元件、材料的测试及试验》分册。

第二章　电气系统调试、送电及试运行的组织及实施

电气系统调试、送电及试运行与电气工程安装一样，是一个系统工程，实施过程中要有组织措施、前期准备、调试方案、安全事项、标准规范及其要求等，并做好后勤保障工作。

一、总体要求及实施细则

1. 总体要求

（1）电气系统及电气装置安装工程竣工交验前必须进行电气设备测试试验，测试试验包括线路、控制系统、继电保护系统、防雷接地系统及弱电系统。

（2）本要求适用于500kV及以下新安装电气设备的交接试验，不适用于安装在煤矿井下或其他有爆炸危险的场所的电气设备，煤矿等有爆炸危险的场所的电气系统应按其标准进行。

（3）继电保护、自动、远动、通信、测量、整流装置以及电气设备的机械部分等的测试试验，应分别按有关标准或规范的规定进行，主要有GB/T 7261—2008《继电器及继电保护装置基本试验方法》、JB/T 9568—2000《电力系统继电器、保护及自动装置通用技术条件》、GB/T 14598. 1 ~20《电气继电器》、GB/T 15153. 1 ~2《远动设备及系统》等。

（4）电气设备应按照标准要求进行耐压试验，但对110kV及以上的电气设备，当标准条款没有规定时，可不进行交流耐压试验。

交流耐压试验时加至试验标准电压后的持续时间，无特殊说明时，应为1min。

耐压试验电压值以额定电压的倍数计算时，发电机和电动机应按铭牌额定电压计算，电缆可按电缆额定电压计算。

非标准电压等级的电气设备，其交流耐压试验电压值，当没有规定时，可根据本标准规定的相邻电压等级按比例采用插入法计算。

进行绝缘试验时，除制造厂装配的成套设备外，宜将连接在一起的各种设备分离开来单独试验。同一试验标准的设备可以连在一起试验。为便于现场试验工作，已有出厂试验记录的同一电压等级不同试验标准的电气设备，在单独试验有困难时，也可以连在一起进行试验。试验标准应采用连接的各种设备中的最低标准。

油浸式变压器、电抗器及消弧线圈的绝缘试验应在充满合格油静置一定时间，待气泡消除后方可进行。静置时间按产品要求，当制造厂无规定时，对电压等级为500kV的，须静置72h以上；220 ~330kV的为48h以上；110kV及以下的为24h以上。

（5）进行电气绝缘的测量和试验时，当只有个别项目达不到本标准的规定时，则应根据全面的试验记录进行综合判断，经综合判断认为可以投入运行者，可以投入运行。

（6）当电气设备的额定电压与实际使用的额定工作电压不同时，应按下列规定确定试验电压的标准：

1）采用额定电压较高的电气设备在于加强绝缘时，应按照设备的额定电压的试验标准进行；

2）采用较高电压等级的电气设备在于满足产品通用性及机械强度的要求时，可以按照

设备实际使用的额定工作电压的试验标准进行；

3）采用较高电压等级的电气设备在于满足高海拔地区要求时，应在安装地点按实际使用的额定工作电压的试验标准进行。

（7）在进行与温度及湿度有关的各种试验时，应同时测量被试物温度和周围的温度及湿度。绝缘试验应在良好天气且被试物温度及仪器周围温度不宜低于5℃，空气相对湿度不宜高于80%的条件下进行。

试验时，应注意环境温度的影响，对油浸式变压器、电抗器及消弧线圈，应以变压器、电抗器及消弧线圈的上层油温作为测试温度。

测试试验使用常温为10～40℃；运行温度为75℃。

（8）电气系统所有的绝缘电阻测量，应使用60s的绝缘电阻值；吸收比的测量应使用60s与15s绝缘电阻值的比值；极化指数应为10min与1min的绝缘电阻值的比值。

（9）多绕组设备进行绝缘试验时，非被试绕组应予短路接地。

（10）测量绝缘电阻时，采用绝缘电阻表的电压等级，在本标准未作特殊规定时，应按下列规定执行：

1）100V以下的电气设备或回路，采用250V绝缘电阻表；

2）500V以下至100V的电气设备或回路，采用500V绝缘电阻表；

3）3000V以下至500V的电气设备或回路，采用1000V绝缘电阻表；

4）10000V以下至3000V的电气设备或回路，采用2500V绝缘电阻表；

5）10000V及以上的电气设备或回路，采用2500V或5000V绝缘电阻表。

（11）高压试验方法，应按现行国家标准《高电压试验技术》的规定进行。

2. 实施细则及要求

（1）试验调整工作的前期准备　试验调整工作开始前，应做好下列工作，以保证试验调整工作的顺利进行：

1）审查图样、熟悉被试电气设备。

2）编写调试方案。

3）组织调试队伍。

4）技术负责人对调试人员进行技术交底。

5）根据调试项目合理选用试验、检测用仪器、仪表及试验设备。

（2）试验调整工作的步骤

1）根据设计图样，检查被试电气设备及电气系统中的各电器设备单体及各元器件的名称、型号、规格、额定电压等技术参数与原设计是否相符合。

2）按照标准、规程、规范及行业标准的要求，对各电气设备及各元器件的绝缘性能、电气特性、机械特性等进行单体试验，以确保各电气设备和元器件的性能符合要求。

3）使用吹尘器或其他工具，清除电气设备及各控制盘（柜）中的灰尘及其他杂物特别是螺钉、螺母、垫圈、铁丝、导线等金属导体。

4）紧固主回路中各电气设备、元器件、连接导体及母线上的螺母，确保连接部位的电接触良好。避免运行过程中因接触不良而发热，造成事故。紧固电气系统控制回路中各电气元器件及接线端子上的螺钉，确保其连接可靠，以免在线路检查时发生误判或者在通电运行时产生误动作，造成不必要的麻烦。

5）在电气系统和电气设备尚未通电的情况下，根据系统电气原理图或接线图，对整个电气系统中的主回路、控制回路、保护回路、信号回路、报警回路等线路，使用导通法或其他方法进行检查，看其接线是否正确。经过此项检查，可及时发现配电盘（柜）在设计、制造、装配中的质量问题以及安装接线过程中出现的错误等，以便及时排除和更正。

6）按照设计要求，对主回路、控制回路、保护回路、信号回路、报警回路及其他回路中的各电气设备、元器件、保护继电器及其他关键性电气元器件的动作值进行整定，使其符合设计要求。

7）按照标准、规程、规范及技术标准的要求，对配电盘、柜进行绝缘性能测试及耐压试验，确保其抗电强度符合要求。

8）在各电气设备单体和各元器件及控制盘（柜）绝缘性能、电气性能良好的情况下，暂时拆除主回路与被控设备的连线，对控制回路、保护回路、信号回路、报警回路等进行模拟试验，以检查控制回路、保护回路、信号回路、报警回路及其他回路的性能是否符合设计要求，动作是否准确可靠。

9）经过模拟试验，所有回路动作正常后，便可对整个电气系统进行通电试运转。试运转前，先行恢复模拟试验时拆除的主回路接线，对被试设备和控制回路再进行一次检查，无误后方可进行试运转。

（3）注意事项如下：

1）电气设备试验与调整，需由两个或两个以上的技术熟练的人员共同进行，试验负责人应由经验丰富的人员担任，一人操作一人监护。试验时，必须严格按照安全操作规程进行。

2）电气设备的绝缘测试及耐压试验，应在干燥晴朗的良好天气情况下进行，不得在低温、高湿和阴雨等恶劣天气中进行。试验时环境温度不得低于+5℃。

3）对电气设备及元器件进行单体试验前，必须先采用绝缘电阻表进行绝缘电阻测试，只有在使用非破坏性的方法确认电气设备的绝缘性能良好的情况下，方可进行诸如介质损失角测试、直流耐压试验、交流耐压试验等其他试验。

4）在对电气设备进行耐压试验前、后均应测量其绝缘电阻，以比较耐压试验前后电气设备的绝缘变化情况。

5）进行电气调整时所用的仪器仪表，应根据被调整的参数及其精度要求进行选取，所选取的标准仪器仪表的量程和准确度等级均应满足调整的要求。

6）对于电气设备及电气系统的每一次试验和调整，均须做好原始记录，并且要准确地记录试验和调整时被试设备的温度以及周围环境的温度、湿度等有关资料。

（4）电气设备的试运转有如下注意事项：

1）在对电气设备和电气系统进行试运转时，应由具有丰富试运转经验的机械、电气、水暖、通风空调等有关方面的技术人员组成试运转小组，统一指挥、调度，以确保试运转工作的正常进行。

2）电气设备的试运转，必须在确保电气设备单体的绝缘状况和电气性能完好、控制回路及其他回路已经进行过模拟试验，并且还要在各控制、报警、信号等各回路动作正常无误的情况下进行。未经试验与调整的电气设备及电气系统，不得进行通电试运转或通电运行。

3）参与试运转工作的人员，应严格遵守电气安全工作规程，操作时应穿绝缘鞋，戴绝缘手套，试车现场应悬挂标志牌或设置遮栏，以防止无关人员进入试运转现场，确保人身安全和试运转工作的正常进行。

4）送电前，应检查送电线路与受电设备的连接是否正确，以免造成误送电。送电时，对于变配电系统，应先合隔离开关，再合断路器；断电时，则应先断开断路器，再断开隔离开关。不允许在变压器的二次侧带负荷的情况下送电。

5）对于与机械设备相连接的电力拖动系统，送电前，应检查机械设备是否处于极限位置，如果处于极限位置则应手动盘车，使之离开极限位置，以免造成机械事故。送电时，则应先合主回路电源，再合控制回路电源，断电时反之。

6）对于与大型机械设备相连接的电力拖动或电气传动系统，试运转前，应先将电力拖动或电气传动系统中的电动机或其他电气设备与机械部分脱离，待电动机或其他电气设备运转正常后，再与机械部分相连接，进行带负荷运行。

7）对于风机、水泵之类的负载，通电试运转前，应将阀门关闭，待运行正常后，再逐渐打开至工作位置。电动机在第一次通电试车时，应先以点动的方式起动、停止一次，以观察电动机的运转方向是否正确。如果运转方向正确，再正式起动运行。

8）试运转过程中，如发现有异常现象，应立即停止运转并迅速切断电源。查明故障原因并排除后，方可继续进行试运转。

9）试运转时，应严密监视电气设备及系统运行中的电压、电流等各种电气参数的变化并记录，以便能够及时地发现并排除试运转过程中出现的异常现象。

10）设备及系统经过一定时间的试运转，一切正常后，便可向甲方进行交工。交工时应向甲方提供完整的试验报告及其他技术资料。

二、组织措施及实施

组织措施是保证系统调试、送电及试运行正常顺利进行的重要技术规定及手段，是按照工程规模、难易程度、标准规定、设计要求编制的，是指导实施的重要依据。不同的电气工程或系统组织措施不尽相同，这里仅列出主要内容大纲，细则内容详见后面章节。

（1）审核图样，熟悉设备、元件、材料及控制保护方式，列出被试项目、回路数量、主要测试项目等内容。

（2）根据上述内容编写调试、送电及试运行方案及方法，列出参数指标、程序细目、标准规范要求及注意事项、故障处理方法。

（3）人员分工，确定负责人，确定检查、测试人员以及强调出重要项目测试人员，包括记录、复核、操作、监护、安全、保卫人员，并提出技术要求、工期质量要求。

（4）调试、送电及试运行技术交底，提出要求、注意事项、关键部位及设备、技术难点及处理方法等。

（5）测试、试验仪器、仪表及试验设备的准备、检查、使用注意事项及维护保养方法要求等。

（6）系统常用材料、备品备件及数量等。

（7）送电条件及送电时间程序安排，信号规定等。

（8）车辆、现场急救、医务人员、机动人员安排及通信条件及方式等。

（9）试运行条件及主要监测项目、记录、巡视、值班要求等，并与建设单位沟通情况要求等。

（10）安全设施及安全注意事项等。

（11）应急预案，以防调试、送电及试运行过程中的意外。

（12）其他相关事宜。

方案的实施主要是要用对人，并引入第三方监督体制。测试人员必须具备相应的资质及能力，并按其长项分配任务，同时要列出测试、试验、送电及试运行的进度表，按时检查进度及质量，相差较大时要及时调整。有时为了确保进度和质量，应组织所有参与人员结合技术交底进行集中培训，演练方法和操作，指出不足，及时纠正，同时提出每一程序的注意事项，特别是新项目、新仪器仪表使用更要进行集中培训。

三、技术规程规范

电气工程安装调试是一项复杂的系统工程，特别是工程项目较大时或者是新设备、新材料、新工艺、新技术在工程中应用较多时，更是体现出其复杂和难度。

为保证电气工程的施工安装质量、保证工期进度、保障安全生产、保障施工现场环境以及投入使用后的安全运行，从事电气工程安装调试工作的单位或个人必须遵守电气工程安装调试技术规程。

电气工程安装调试技术规程分为两部分内容。

1. 工程管理

（1）电气工程安装调试应按已批准的工程设计文件图样及产品技术文件安装施工。

（2）电气工程安装调试的设计单位必须是取得国家建设或电力主管部门核发的相应资质的单位，无证设计或越级设计是违法行为。

（3）电气或电力产品（设备、材料、附件等）的生产商必须是取得主管部门核发的生产制造许可证的单位，其产品应有型式试验报告或出厂检验试验报告、合格证、安装使用说明书，无证生产是违法行为。

（4）承接电气工程安装调试的单位必须是取得国家建设主管部门或省级建设主管部门核发的相应资质的单位，无证施工或越级施工是违法行为。

（5）承接电气工程安装调试的安装单位中标后应做好以下工作：

1）组织技术人员、施工人员审核图样，提出对图样的意见和建议，为会审图样做准备。

2）组织技术人员、管理人员、施工人员对图样中的设备、元件、材料进行核算，编制制作加工计划，提出意见和建议，为会审图样做准备。

3）组织技术人员、施工人员、管理人员实地勘察施工现场，掌握施工条件，了解当地风俗民情、气候环境等，为会审图样和施工组织设计做准备。

4）图样会审，向建设单位、设计单位提出安装单位的意见和建议，达成一致性的图样会审纪要，作为安装工程实施的重要依据。

5）按会审后的图样和会审纪要组织工程预算人员和原材料供应部门的人员编制工程施工预算书和设备、材料供应计划，并提交企业主管部门、主管经理批准。

6）与建设单位签订施工合同。

7）编写施工组织设计，从人、机、料、法、环及标准规范出发详细编写，中心内容是施工安装工艺及质量标准，施工进度计划，机具计划，人力计划，投资计划，物资供应计划，安装技术及安全技术交底，现场管理机构设置和质量计划，安全管理方案，环境管理方案，调试、送电及试运行方案及其保证实施措施等。

8）组织项目班子，建立管理体系，确定人员，组织施工队伍。进行人力资源分工并确定其职责，确定人选要基于能力，技术测试不是评出来的，也不是鉴定出来的，而是在实践中干出来、练出来的。安装人员、调试人员应分别具备相应的资格及职业道德。

9）施工准备时，进一步落实机具计划、人力计划、物资供应计划及施工现场设置和设施。组织全体施工人员学习施工组织设计、质量计划、安全方案、环境方案、标准规范及安装技术，安全技术交底。

10）配合土建工程施工预埋管路及铁件。

11）按图样设计及要求、标准图册进行预制加工。

12）开工前的组织协调及动员大会。

2. 工程实施及现场管理

(1) 项目经理、技术员、工长、班长要精读图样，掌握设计意图及工程的功能，确定安装调试工艺方法，特别是新设备、新材料、新工艺、新技术除图样上的内容外，要精读其产品安装使用说明书，并按其要求及标准确定安装调试工艺方法。

(2) 项目经理组织相关人员检查并落实施工组织设计中的各项条款和安全设施设置，没落实的要查明原因，敦促落实，定期检查。

(3) 项目经理要记录现场每天发生的各种事宜，特别是人员分工、进度、质量、安全、建设单位、设计单位、监理单位、上级主管部门以及与其上述几点相关的事宜。变更、追加应有监理（第三方）的认可文件。

(4) 设备、元件、材料进入现场的检验和试验是把好工程质量的第一道关口，要从以下四方面检验：

1）包装完整，密封件密封应良好。

2）开箱检查清点，规格应符合设计要求，附件、备件应齐全。

3）产品的技术文件应齐全。

4）外观检查应无损坏、变形、锈蚀。

同时进行测试和试验，杜绝假冒伪劣产品进入安装工程。

检验、试验和测试必须有监理（第三方）在场，检验、试验和测试的人员必须是有相应资格的人员。现场使用的检验、试验和测试的仪器、仪表、量具必须是在其检定周期内的合格品，且在使用前应进行检查。

检验、试验和测试应有详细记录，贵重、大型的设备应有生产商在场。

(5) 线缆敷设必须测试绝缘电阻，隐蔽部位和绝缘电阻的测试应有监理（第三方）的认可文件。

(6) 设备的安装及吊装（无论大小、价格高低）应遵守下列规定：

1）基础必须牢固，支持件或铁件应经拉力试验。基础应经监理验收，混凝土基础应有土建施工人员在场。

2）设备的吊装就位必须由起重工配合，特别是大件吊装就位应以有经验的起重工为主，电工配合。设备就位后经检测（水平、竖直、几何尺寸等）合格后方可紧固。

3）设备就位后安装人员应进行测试或试验，正常后应进行机械传动或（和）通电（没条件的可通临时电，临时电的电压、频率等参数必须与设备铭牌标注相符）试验，结果应符合规范或设计、产品技术文件的规定或要求。

(7) 接线必须正确无误，并经非本人进行核对，接线必须牢固，电流较大的必须用塞尺检测或测试接触电阻。

(8) 接地及接地装置的设置，其隐蔽部分应经监理验收，接地电阻应符合规范要求。

(9) 加工制作的部件及电缆头制作在安装前必须进行检测和试验，并遵守上述规定。

(10) 上述 (4) ~ (9) 条的过程中安装人员、专职质检人员、监理人员须进行过程的检测及验收，凡不符合规范要求的要立即进行修复，严重不合格的要重新进行安装。过程检测包括：

1）班组自检。

2）班组互检。

3）质检员专检。

4）监理工程师监检。

过程检测是安装工程最重要的检测手段，必须有详尽记录和签证，作为验收的依据。

(11) 单体调整试验的要求如下：

1）单体调整试验应由调试人员进行，并出具调整试验报告。

2）单体调试包括设备、元件功能、性能、传动、通电、模拟动作试验，检查接线和单体功能调整试验。

3）单体调整试验应有监理（第三方）在场签证。

(12) 系统调整试验的要求如下：

1）系统调整试验须由调试人员进行，并出具调整试验报告，为竣工验收提供依据。

2）系统调整试验应先进行各个子系统功能、性能、传动、通电试验或模拟动作，然后再进行全系统的调整试验，均应符合设计及规范要求。

3）系统调整试验应有监理（第三方）在场签证。

(13) 系统送电及试运行的要求如下：

1）系统送电及试运行必须在安装检测检验合格、单体及系统调整试验合格并有监理（第三方）签证的基础上进行。

2）系统送电及试运行应编制送电及试运行方案（包括应急预案），工程较大时文件应由上级主管部门批准。

3）系统送电及试运行应按其工程大小级别邀请相应主管部门（供电、电信、消防、技术监督、生产商、建设主管部门等）的技术人员、管理人员、监检人员参加。

4）系统送电及试运行应按子系统分别一一进行，每个子系统送电后应开动该子系统的全部设备（按正常的开车率，开车率由建设单位提供），并进行电流、电压、功能、转速等参数的测试，均应正常。

5）每个子系统单一送电试运行正常后，即可将所有子系统全部送电投入运行，并进行系统和各个子系统的电流、电压、功能、转速等参数的测试，全系统应正常。

6）系统送电试验时若子系统不合格应立即组织人员进行处理，直到合格并经送电和试运行检验。

7）系统送电及试运行正常后应投入正式运行，至少应进行 72h 的运行，进而观测有无不妥，并将其移交建设单位。

(14) 竣工验收的要求如下:

1) 实物验收: 实物验收已在系统送电及试运行步骤中验收, 建设单位应派人接收, 建设单位暂时不能接收时, 运行72h后应停运。

2) 资料验收: 安装单位应提供完整的安装调试及试运行记录, 并有监理 (第三方) 签证。

(15) 总体要求: 上述 (4) ~ (14) 条均应按相应的国家标准和规范进行; 新设备、新材料、新技术、新工艺暂无标准和规范时, 应按产品安装使用说明书进行, 必要时应组织厂商及专家和主管部门暂订标准规范。暂订标准规范应按一定的法定程序进行, 并报上一级主管部门批准。

第三章　电气照明装置及单相电气设备

照明电路及单相电气设备与动力电路及三相电气设备相比，要简单得多，但测试及试验的程序基本相同。单相电路安装完毕后也要进行一系列的检查和试验，才能送电试灯。

一、照明电路的检查和测试

检查应按照图样从电源开始，总闸箱、分闸箱、开关、灯具、单相设备、插座以及线路，应使其符合下列要求：

（1）成排安装的灯具、开关、插座，其中心轴线、垂直偏差、距地高度应符合规范和设计要求，且同一场所同类电器的安装标高应一致，明设线路应横平竖直、美观整洁，管路进入箱盒应符合规程要求。

（2）暗装开关、插座的盖板、灯具的底座应紧贴墙面，并应用灰膏修补；明装电具的圆木、连板应紧贴墙面；不同电压的插座应有明显的标志，并符合安装规范及设计要求。

（3）检查大型灯具悬吊绞车的闭锁装置及吊扇的防松、防振措施应符合要求；按前述安装接线要求抽查白炽灯、荧光灯、插座的接线应正确紧固，如发现一处错误或松动则应全部返工检查，抽查数为10%，灯头数较少时应为30%。

（4）检查闸箱（板）的安装和回路编号应符合设计要求，且开关完整有盖。

（5）测量线路的绝缘电阻应符合要求；有接地螺钉的灯具、插销、开关、闸箱等元件接地或接零可靠，接地电阻符合要求。

（6）装设漏电保护开关的回路须经实地试验动作可靠。

（7）系统检查无不妥之处。

上述检查测试合格后，即可装设灯泡或灯管，高处或不宜更换部位的灯泡（即白炽灯）或灯管在安装以前应先在下面做通电试验，发光正常才能装在灯具上。灯泡必须拧紧，灯管如手感松动可在灯脚插孔内放一截细熔丝将其卡紧，辉光启动器应接触良好。装设灯泡时如发现灯口内中心舌片较低，可将其稍撬起一点，以防接触不良，如松动，应将固定螺钉拧紧，以防短路。

二、送电及试灯

送电及试灯与动力电路的送电试车基本相同，虽然较动力电路容量小，但也要注意四点：一是送电时先合总闸，再合分闸，最后合支路开关；二是试灯时先试支路负载，再试分路，最后试总回路；三是使用熔丝作为保护的开关，其熔丝应按负载额定电流的1.1倍选择；四是送电前应将总闸、分闸、支路开关全都拉掉。

（1）将总闸合上，用万用表测量总开关下闸口及各分路开关上闸口的电压，相电压为220V，线电压为380V，同时观察总电能表是否转动，如转动，则电能表接线有误或分路开关没断开或接线有误，使负载直接接入系统，如检查都正常则说明电能表不合格。

（2）将第一分路开关合上，观察分电能表是否转动，且下闸口及支路开关上闸口的电压应正常。

将第一分路的第一支路的第一只（组）灯的开关闭合，应亮且发光正常，这时该支路的电能表应正转且很慢，其他表应停转；然后将开关断开，灯应熄灭，电能表停转。

将第一支路的第二只（组）灯的开关闭合，应正常同上。用同样的方法将第一支路所有的灯都一一试过，应正常。试灯过程中如有短路跳闸或熔丝熔断、不亮、发生不正常等，可及时在该灯回路上查找，且能将故障范围缩小，便于处理。

将第一支路所有灯的开关闭合，应正常，电能表正转很快，如支路熔丝熔断或空开跳闸，则说明熔丝选择有误或空开调整有误。如一切都正常后，这时用万用表测试所有插座的电压应与设计相符，220V 或 380V；用试电笔测试左零右相是否正确；如果单相电动机设备停止运转，应闭合其开关，使其运转，用钳形表测试电流应正常（如果电流较小，可将负荷线在钳口上多绕几圈，测得的电流除以圈数即为被测值），调速开关转换时调速正常。当第一支路所有的负载都投入运行时，应测量其回路的总电流。全负载运行一般不超过 2h，然后将所有的开关拉掉。再把第二支路、第三支路及其所有支路按上述方法试完，应正常。第一分路试灯时，任何时候其他分路的电能表都不转动，或灯不能点燃，否则有混线现象，应立即查出并纠正，在各分路都计量电能的情况下是不允许的。

(3) 用上述方法把第二分路、第三分路及其所有分路试完，应正常。

(4) 将总开关、各分路开关、支路开关及电具的所有开关都按顺序一一合上，应正常。测试总开关的三相电流应近似平衡，观察电能表运转情况，用蜡片或点温计测试开关的主触头有无发热现象。然后把所有开关按合闸相反的顺序一一断开，把所有的接线端子再紧一次，通过紧固端子，也可发现一些异常，如打火、焦煳、虚接等，应查明原因修复。最后再将所有的开关按顺序合上，试运行 8h，应正常。试运行时应排人员值班，无人房间应上锁。

(5) 试灯过程中故障的处理

试灯中，由于元件材料的质量、安装不妥、设计有误、环境条件等因素，常会发生短路、不亮、发光不正常等事故，这些事故应及时处理，以保证试灯顺利进行。

1) 断路或开路的检查。断路或开路包括相线或中性线断开两种。断路或开路的原因可能是线路断线、线路接头虚接或松动，线路与开关的接线为虚接、松动或假接（如绝缘未剥尽），开关触头接触不良或未接通等。

断路的检查通常采用分段检查的方法，先把分路开关拉闸，合上总开关。

① 检查总开关上闸口是否有电，可用试电笔测试上闸口接线端子，如发光很亮，则说明正常；然后用万用表测试与零线的电压应为 220V，如发光较暗，则说明进线有虚接、松动现象，可将接线端子拧紧，并检查接点的压接部位的绝缘层是否剥掉，有无锈蚀现象；处理后仍较暗，则说明进线有误，可到上级开关的下闸口检查，如正常，则说明故障点在线路上；可检查该段线路的接头是否良好，否则线路有断线点，可将线路电源开关拉掉，验证无电且放电后，一端与地线封死，另一端用万用表测试，确认是否断线。断线处理，如果是架空明设，可巡视线路后将断开点重新接好；如果是管内敷线，应将导线抽出，更换新导线。

如果氖泡不发光，则说明进线断路，可到上一级开关的下闸口检查，如正常，则说明故障点在线路上。

如到上一级开关下闸口检查和在总闸上闸口检查结果相同，则说明故障在上一级开关或线路上。

② 检查总开关的下闸口，如不正常，则说明总开关有误、接触不良、假合、熔丝熔断等。如正常，可在盘上、箱内检查各分路开关的下闸口是否正常，如不正常，可在盘上、箱

内检查线路或开关，因盘上线路较短很容易发现故障点。如正常则说明故障在由盘或闸箱送出的回路上。

③ 上述的电压测量是在假定零线不断的情况下进行的，如果氖泡发光很亮，与零线间进行电压测量则为0，很可能是零线断线。为了进一步证实，可在相线与地线间测量电压，有时从接地极直接引线来测量。

④ 盘上或箱内正常后，可在送出的支路上检查，最好是将各个支路上的开关都关掉，特别是拉线开关，必须将盒盖打开才能确认是否已断开。先将距闸箱最近的一个开关闭合，看其控制的灯是否点亮。如亮则说明这只灯到总闸箱这段线正常，可往下再试距这个灯最近的一个开关回路，直至最后一个回路；如不亮，则说明闸箱到这只最近的开关回路或上一个正常测试点到这只开关或灯头有断路现象。可将开关的盒盖打开先用测电笔测试一下静触头是否有电，如很亮，则可用万用表测试其对地电压，应为220V；如对零线电压为零，则说明这段回路中零线断线；如对零线电压正常，则说明开关虚接，开关接触不良，灯头虚接以致到灯头的导线断线等，一一检查，直至找出原因。

⑤ 线路正常后，可测量插座的电压应正常；如电压为零，可先用试电笔测其是否发光正常；如正常，则为零线断线，再用与地线电压来证实；如无光，则为相线断线。无论哪种，都应将盒打开，检查接线是否良好以及插座进线始端的接头是否良好。

⑥ 在支路上检查时，如不将所有开关都断开，或只将部分断开，而另一部分闭合，这时如用试电笔测试，相线、零线都有电很亮，则说明零线断线；如发光较暗，则说明相线虚接；如不亮，则说明相线断线。但究竟哪段导线故障，还得按④中的方法一一检查。

2）短路故障的检查。短路故障的现象是合闸后熔丝立即熔断或断路器合闸后立即跳闸。短路故障的原因，可能是线路中相线与零线直接相碰、电具绝缘不好、相线与地相碰、接线错误、电具端子相连等。

短路的检查，通常也是采用分段检查的方法，先将系统中所有的开关拉掉。

① 合上总开关，如熔丝立即熔断或断路器合上后立即跳闸，则说明总开关下闸口到分路开关上闸口这段导线有短路现象或从这段导线接出的回路有短路现象，或者总开关下闸口绝缘不良而直接短路。如正常，可将分路开关一一合上，如合某一开关，如熔丝立即熔断或断路器合不上，则说明该分路开关到各个支路开关前有短路现象；如正常，则说明故障在各个支路的线路里。

② 把第一分路中第一支路距闸箱最近的一只灯的开关合上，如果分路开关跳闸或熔丝熔断，则说明故障就在这段线路里。可先检查螺口灯口内的中心舌片与螺口是否接触，有无短路电弧的“黑迹”，可检查灯泡灯丝是否短路，可更换灯泡或用万用表测量灯丝的电阻；然后可将管口处的导线拆开，用绝缘电阻表测量管内导线的绝缘。如无故障点，那么可检查开关接线是否错误，将一零一相接在开关点上以及插座接线有误；检查接线盒内“跪头”是否包扎绝缘良好，是否碰壳或零线、相线碰触以及管、盒内潮湿有水等。短路点一般都有短路电弧的“黑迹”；如仍无故障点，则是元件本身的绝缘不良或因为污迹造成短路等。

如分路开关不跳闸或熔丝不熔断，则说明故障不在这段线路里，应往下一只灯的回路检查，直至最后一只。

③ 如果第一支路无故障，可查找第二支路，并将所有支路一一检查。

④ 用上述的方法，第一分路的开关拉闸，合上第二分路开关，按支路一一检查，直至

将第三分路以及所有分路检查完毕，直至找出故障点。

断路与短路的检查是一项耐心的工作，不得操之过急，严禁乱拆乱卸及不按程序东一头、西一头地检查。晚上检查故障，必须拉上临时照明，并注意安全。检查故障应按房号分组一一检查，每组一般不超过三人，要配合默契。

3）白炽灯故障的原因如下：

① 短路的原因如下：

a. 灯口内中心舌片与螺口接触或活动，短路处有电弧黑迹。

b. 灯泡的灯丝内部短路。

c. 导线绝缘不良或露丝与零线、管壁接触。

d. 开关接错，接成上相下零。

e. 接线盒内接头包扎不妥，露丝与外壳相碰，或相线接头与零线接头相碰。

f. 接线盒或管内潮湿或有水。

g. 钢管内导线穿线时被划破绝缘。

h. 熔丝松动。

i. 开关或元件本身绝缘低劣。

② 灯泡不亮的原因如下：

a. 灯丝断开。

b. 灯口或灯座接触不良，灯泡螺口与灯口螺口不配套，灯口中心舌片低，与灯泡不接触。

c. 开关接触不良、松动或触头有锈迹。

d. 熔丝熔断或断路器跳闸。

e. 线路断开。

③ 灯泡忽亮忽暗的原因如下：

a. 灯座、灯口或开关触头松动，或接线松动。

b. 熔断器中熔丝接触不良。

c. 电源电压不稳或系统中有大型动力设备经常起动。

d. 灯丝松动，忽断忽接。

④ 灯泡发强烈白光，瞬时烧坏的原因如下：

a. 灯泡不合格，灯丝电阻太小。

b. 灯泡额定电压与线路电压不符，小于线路电压，或线路电源错接成两根相线，即380V。

⑤ 灯泡发光为暗红色的原因如下：

a. 电源电压太低。

b. 灯泡额定电压大于线路电压。

c. 线路有漏电处，特别是接头或线盒处。

d. 线路太长或导线太细，使末端的压降太大。

e. 开关或接头接触不良或有锈蚀。

⑥ 接通电源后，灯泡内冒白烟的原因如下：

a. 灯泡质量低劣。

b. 灯泡漏气。

c. 电压太高。

4）荧光灯故障的处理。荧光灯、卤钨灯、带有镇流器的钠灯和汞灯，故障较复杂，有的可参照前面的方法处理，但其受到温度、环境的影响也会导致故障，其中任何一连接点的松动或接触不良包括成套灯具的内部连接点，如灯脚、辉光启动器等都会导致不会正常发光，这一点是很重要的一点。现将荧光灯故障及处理方法列于表3-1内，供读者参考。

表3-1 荧光灯的常见故障及处理方法

故障现象	可能原因	处理方法
不能发光或发光困难	（1）电源电压太低或电路压降大 （2）辉光启动器陈旧或损坏，内部电容器击穿或断开 （3）接线错误或灯脚接触不良 （4）灯丝已断或灯管漏气 （5）镇流器配用规格不合或镇流器内部电路断开 （6）气温较低	（1）如有条件改用粗导线或升高电压 （2）检查后调换新的辉光启动器或调换内部电容器 （3）改正电路或使灯脚接触点加固 （4）用万用表检查，如灯丝已断又看到荧光粉变色，表明漏气 （5）调换适当镇流器 （6）加热、加罩
灯管抖动及灯管两头发光	（1）接线错误或灯脚等松动 （2）辉光启动器接触点合并或内部电容器击穿 （3）镇流器配用不合格或接线松动 （4）电源电压太低或线路压降较大 （5）灯丝陈旧，发射电子将完，放电作用降低 （6）气温低	（1）改正电路或加固 （2）调换辉光启动器 （3）调换适当镇流器或使接线加固 （4）如有条件改用粗导线或升高电压 （5）调换灯管 （6）加热、加罩
灯光闪烁或有光滚动	（1）新灯管的暂时现象 （2）单根管常有现象 （3）辉光启动器接触不良或损坏 （4）镇流器配用规格不合或接线不牢	（1）使用几次或灯管两端对调 （2）有条件或需要时，改装双灯管 （3）使辉光启动器接触点加固或调换辉光启动器 （4）调换适当的镇流器或将接线加固
灯管两头发黑或生黑斑	（1）灯管陈旧 （2）若系新灯管可能因辉光启动器损坏而使两端发射物加速蒸发 （3）灯管内水银凝结是细灯管常有的现象 （4）电源电压太高 （5）辉光启动器不好或接线不牢引起长时间闪烁 （6）镇流器配用规格不合	（1）调换灯管 （2）调换辉光启动器 （3）启动后即能蒸发 （4）如有条件调低电压 （5）调换辉光启动器或将接线加固 （6）调换合适的镇流器
灯光减弱或色彩较差	（1）灯管陈旧 （2）气温低或冷风直吹灯管 （3）电路电压太低或电路压降较大 （4）灯管上积垢太多	（1）调换新灯管 （2）加罩或回避冷风 （3）如有条件调整电压或调换粗导线 （4）清除灯管积垢
杂声与电磁声	（1）镇流器质量较差或其铁心钢片未夹紧 （2）电路电压过高引起镇流器发出声音 （3）镇流器过载或其内部短路 （4）辉光启动器不好引起开启时辉光杂声	（1）调换镇流器 （2）如有条件设法降低电压 （3）调换镇流器 （4）调换辉光启动器

（续）

故障现象	可 能 原 因	处 理 方 法
镇流器受热	（1）灯架内温度过高 （2）电路电压过高或过载 （3）灯管闪烁时间长或使用时间长	（1）改善装置方法，保持通风 （2）如有条件调低电压或调换镇流器 （3）消除闪烁原因或减少连续使用时间
灯管使用时间短	（1）镇流器配用规格不合或质量差，或镇流器内部短路致使灯管电压过高 （2）开关次数太多，或辉光启动器不好引起长时间闪烁 （3）振动引起灯丝断掉 （4）新灯管因接线错误而烧坏	（1）调换镇流器 （2）减少开关次数或调换辉光启动器 （3）改善装置位置，减少受振 （4）改正接线

5）混线的处理。混线一般发生在暗配管的照明电路中，试灯时若发现某回路的开关未合上而电能表转动或者有电流（电能表通常串接于开关的上闸口），或者开关已合而各个支路的灯的开关没有闭合而电能表转动或有电流，则说明已混线。

① 混线回路的确定和判断：发现上述混线现象后，先将各分路开关拉掉，将总开关闭合，然后按以下步骤逐一检查。

a. 总电能表不应转动，否则电能表失灵或总电能表出线接有通往他室的回路，查出并切断这些回路，如仍转动，应将电能表拆下进行校验。

b. 将第一分路开关合上，将其各支路的开关全断开，该分路电能表不应转动。把与第一分路所辖房间相邻的其他房间（这些房间是属第二分路或第三分路所辖的）各支路的灯按顺序闭合，然后再断开，与此同时观察第一分路的电能表是否转，如转动则说明该支路的灯混线，为了可靠应反复试验几次加以确认。

c. 将第一分路开关断开，将确认混线灯的分路开关闭合，然后将混线灯支路开关闭合，这时该灯不能点亮。如能点亮则说明第一分路与该分路的主干线已连通，见图3-1。这时将第一分路开关也闭合，混线灯仍点亮，说明两分路干线的相序相同；如不能点亮并且熔丝熔断，则说明相序不同。

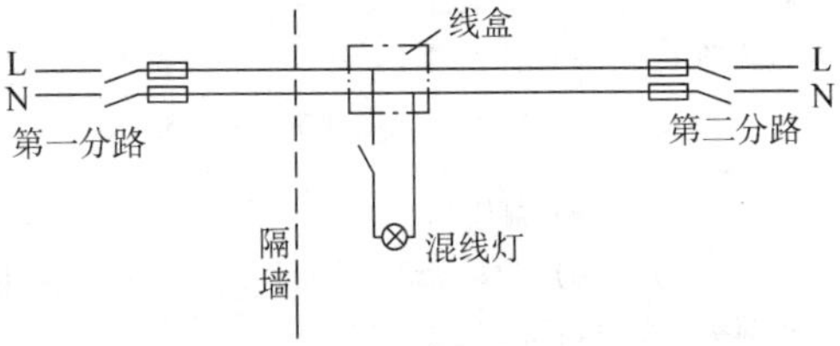

图3-1　灯具混线示意图

d. 按上述方法将所有分路有无混线一一试完，确定已混线灯具。

② 混线的处理：混线最好是在房间内装修前进行，否则将会影响装修工程，必须处理时，方案须经土建及建设单位同意。

a. 重新布管法。先将混线灯具的接线盒打开，把混接的导线拆下并从管路中抽出；量出混线灯距非混线分路开关所辖房间最近的电源点（如插座、开关等）的距离，用开槽机或手工将地面或墙开出能埋入ϕ15mm钢管的小槽，并将加工好的管埋入槽中，管的两端应进入混线灯和电源点的盒内，并用电焊点住，点焊时应防止伤及原导线，必要时可将原导线暂时抽出。最后用水泥砂浆将槽抹平，最后穿线、接线、试灯。重新布管法适用于对装修要求较高、不得有明设管路的场所。

b. 槽板明设法。对于要求不高的场所可采用槽板明设补救。方法基本同前，只是在量出的电源距离内用明装槽板代替，槽板的两端应分别将线盒压住，线从槽板后面引至线盒，线盒的露出部分应用与墙及楼板颜色相同的装饰板盖住并固定。槽板应刷与装修线条相同的色漆。槽板的敷设应采用塑料胀管，详见本丛书《照明电路及单相电气装置的安装》分册。

c. 钢管（或塑料管）明设法。在工业厂房或要求不高的公共场所可采用钢管或塑料管明设补救，方法同上，管路的敷设方法应按管路明装的要求进行，管路的刷漆应与装修线条相同。

d. 如能不重新布管且又能解决混线最好，但这要根据现场情况决定。

6）其他故障可参照上述各条进行处理。

三、单相电气设备及线路的测试和试验

单相电气设备及线路的测试和试验在前述内容中已进行了详细的讲述，这里又将题目列出，主要是要告诫同行们，不要轻视单相设备和线路，有很多在高电压、大动力的工程中做得很优秀的人却是在这种低电压的照明系统中出了问题。因此，要求单相电气设备及线路同高压线路、动力线路一样，必须进行测试和试验，并做到以下几点：

1. 总体要求

1）单相电气设备要进行绝缘电阻、最大电流、分断电流试验，线路要进行绝缘电阻测试。接线必须正确。

2）设备及线路安装接线后要进行检查和试验。检查和测试应由质检员和其他班组的人员进行互查，以便发现缺陷。线路的载流量必须有充分裕量。

3）单相电气设备及线路安装要整齐、美观、大方。

2. 设备及线路的检查和试验

基本与动力电路相同，但要注意以下几点：

1）无论何种开关都必须控制相线；插座接线必须正确；要求接地的端子必须正确接地，接地电阻必须符合要求；接线端子和接线盒内的接线必须包扎合格的绝缘带，铜线芯必须作镀锡处理。

2）安装完后系统必须进行绝缘电阻的测试，并应大于5MΩ。

3. 送电及试运行

基本与动力电路相同，见第四章，但要注意以下几点：

1）应按总路、分路、支路逐一查线，不要有半点遗漏，并有记录，确保接线正确。

2）送电时先总路、后分路1、再支路1，只有分路1的所有支路送电成功并支路1拉闸后才能送分路2，依次进行；发现问题时必须当下停电处理，只有完全成功后才能往下进行。

3）分路、支路全部按程序送完后，才可按分路1、支路1－1，…，分路2、支路2－1，…，一一全部投入试运行状态，以便发现问题。

4）其他参见前述各条内容。

四、特殊场所（环境）照明电路及单相设备

在有危险爆炸、火灾、粉尘等特殊场所的照明电路及单相设备的测试和试验可参照上述条款进行。不同的是只能在特殊场所未运行以前进行，以确保安全。特殊场所投入运行之后电气装置的测试和试验应按特殊场所电气装置运行规程进行，详见本书第十六章。

照明装置及单相电气设备调试、送电及试运行前的检查项目及标准见表3-2～表3-6。

表 3-2 插座、开关

工序	检验项目		性质	质量标准	检验方法及器具
检查	型式、容量			按设计规定	对照图样检查
	附件			齐全	清点
	外观			完好	观察检查
安装	位置、高度		主要	按设计规定	对照图样检查
	型式			同一室内力求一致	观察检查
	插座	接线	主要	按 GB 50303—2011 规定	用试电笔检查
		接地	主要		
	开关	动作情况		灵活、可靠	扳动检查
		接线方式	主要	接相线	用试电笔检查
	固定螺栓数量			按制造厂规定	观察检查
	固定强度		主要	牢靠	手扳动检查
	误差调整	同一室内		≤5mm	拉线和用尺
		成排安装		≤1mm	用尺检查
其他	暗式板面			端正、紧贴墙面	观察检查
	固定螺栓防松件			齐全	

表 3-3 照明、灯具

工序	检验项目	性质	质量标准	检验方法及器具
灯具检查	种类、型号、规格		按设计规定	对照图样检查
	附件		配套、齐全	核对清单
	外观		无缺损	观察检查
	连接件		配套、灵活、无卡涩	试装检查
灯架组装	装配顺序		按制造厂规定	对照厂家规定检查
	引出线截面积	主要	按设计规定	对照图样检查
	引出线和灯具端子连接	主要	紧固，绝缘性能良好	观察检查
	组装部件		完整	
灯杆组立	中心线横向移位		≤50mm	拉线并用尺检查
	垂直误差		歪斜不明显	观察检查
电源接线	连接	主要	紧固，不承受拉力	观察检查
	螺口灯头接线		正确	用试电笔检查
	接线处绝缘处理		包扎紧密、均匀，且不低于原绝缘强度	观察检查
固定	位置		按设计规定	对照图样检查
	固定方式		按制造厂规定	对照厂家规定检查
	固定螺钉点数	主要		
调整	同一室内成排灯具		横平竖直，高度在同一平面上	观察检查
	嵌入顶棚装饰灯		边框在一条直线上	

（续）

工　序	检　验　项　目		性　质	质　量　标　准	检验方法及器具
其他	灯泡、灯管	功率		按设计规定	对照图样检查
		与灯座连接		紧密、不松动	扳动检查
	外罩			无破损，与灯具紧密结合	观察检查
	附件（启辉器、镇流器等）			齐全、固定牢固便于灯光维修	
	应急疏散指示灯			标志清晰，指示正确	
	36V 及以下照明变压器			按 GB 50303—2011 规定	对照规范检查
	密封有特殊要求的灯具		主要	按制造厂规定	对照厂家规定检查
	金属外壳接地或接零		主要	按 GB 50169—2006 规定	对照规范检查

表 3-4　照明配电箱（板）

工　序	检　验　项　目		性　质	质　量　标　准	检验方法及器具
箱或板安装	型式及回路数			按设计规定	对照图样检查
	位置、高度				
	箱体误差	箱高 < 50cm		歪斜不明显	观察检查
		箱高 > 50cm		≤3mm	吊线检查
	固定强度		主要	牢固	观察检查
箱（板）接地			主要	牢固，导通良好	扳动并导通检查
内部检查	回路绝缘性能		主要	≥0.5MΩ	用绝缘电阻表检查
	负荷分配			按设计规定	计算
	闸刀开关			与负荷匹配，动作灵活、无卡涩	扳动检查
	螺旋熔断器			底座无松动，规格按 GB 50303—2011 规定	扳动并对照规范检查
	导线与端子连接			紧固	手拉检查
	零线、保护线连接			固定在汇流排上，编号齐全	观察检查
其他	箱（板）多余孔洞封堵		主要	严密	观察检查
	箱（板）内部清理			干净，无杂物	
	控制回路标识			齐全、清晰	
	暗式箱盖固定			牢固，紧贴墙面无空隙	
	焊接处防腐			完好	

表 3-5　（分部工程名称）照明回路通电检查签证

通电检查验收范围		
检　验　项　目	检　验　结　果	备　注
照明箱标识		
照明箱是否直接接地		

（续）

通电检查验收范围		
检 验 项 目	检 验 结 果	备 注
电缆牌是否齐全		
照明开关命名与回路对照		
熔断器容量与设计对照检查		
回路绝缘强度最低值	（环境温度： ℃；湿度： %）	
照明箱封堵及内部清洁		
漏电保护动作试验		
应急灯试投试验		
直流常明灯投入		
光电控制器试验		
交、直流电源自动切换试验		
照明灯投入24h时间	年 月 日 时 分 至 月 日 时 分	
插座回路通电24h时间	年 月 日 时 分 至 月 日 时 分	

观感质量评价：

（可就保护管、电缆、线槽排列，照明箱、开关、插座及灯具安装等是否整齐、美观等进行评价）

检查结论：

质检机构	验 收 意 见	签 名
工 地		年 月 日
质 检 部		年 月 日
监 理		年 月 日
建设单位		年 月 日

表3-6 动力和照明配线检查

工 序	检 验 项 目	性 质	质 量 标 准	检验方法及器具
配线检查	型号、电压及规格		按设计规定	对照图样检查
	材质			
	绝缘保护层		完好，无损伤	观察检查
配线	管内检查		畅通，无杂物、积水	钢丝贯通检查
	回路布置		按设计规定	对照图样检查
	导线占保护管内空间		不大于40%保护管内空间	观察检查
	管口护线套		齐全	观察检查
	导线穿管	主要	无损伤，无打结	
	管内导线		无接头	观察检查
	导线在补偿装置内的长度	主要	有适当余量	手拉检查

（续）

工　序	检　验　项　目		性　质	质　量　标　准	检验方法及器具
接线	剥线			线芯无损伤	观察检查
	导线连接	单股铜线铰接后焊接		紧固、接触良好，焊渣清理干净	
		套管连接		导线与套管规格匹配	
	导线与设备、器具的连接			按 GB 50303—2011 规定	对照规范检查
接线后检查	导线间及导线对地绝缘性能		主要	≥0.5MΩ	用绝缘电阻表检查
	保护地线连接		主要	可靠	观察检查
	盖板、面板			齐全、固定牢固、严密	

第四章　低压动力装置及低压配电室

低压动力装置及低压配电室在电气系统中占据很大的比重，是工业生产、商贸楼宇、人民生活中最重要的电气装置。低压动力装置及低压配电室在投入运行前必须进行系统的测试、试验、检查和调整。测试、试验的内容有的已在本丛书《电气设备、元件、材料的测试及试验》分册中讲述，本章重点讲述低压电气设备的检查、调整、送电、试车及试运行等内容。特殊场所动力装置可参照执行，基本相同。

一、电动机测试试验

电动机的抽芯检查、干燥处理是在电动机参数测试、空载试验合格的基础上进行的。还没有进行电动机参数测试和空载试验的，必须先进行参数测试和空载试验，有关电动机参数测试、空载试验的内容见本丛书《电气设备、元件、材料的测试及试验》分册。因其篇幅较大，这里不再赘述，敬请参阅相关分册。

（一）抽芯检查

电动机是动力电路中最重要的设备，根据规范的规定，电动机出厂日期超过制造厂保证期限者、经外观检查或电气试验，质量有可疑时、开启式电动机经端部检查有怀疑时、电动机试运转有异常情况者均应进行抽芯检查。而在实际工程中，为了可靠起见，凡是未经使用过的电动机都应进行抽芯检查，特别是40kW及以上的电动机，必须进行抽芯检查，确认无可疑之处和质量合格后才能进行通电空载试验。

1. 抽芯检查应符合下列要求

1）电动机内部清洁无杂物，并吹除内部尘土、物屑等。

2）电动机的铁心、轴颈、集电环、换向器等应清洁无伤痕、无锈蚀现象，通风孔无阻塞。

3）线圈绝缘层完好无损，无任何烧伤及烤煳的痕迹，绑线无松动现象。

4）定子铁心和转子铁心间无碰撞及扫膛的痕迹，铁心无毛刺。

5）槽楔无断裂、凸出及松动现象，铁心槽口的槽楔必须牢固，每根槽楔的空响长度不应超过1/3。所谓空响长度是指槽楔从两边打入线槽时，中间槽楔的两个端头不能相接的长度。

6）转子的平衡块应紧固，平衡螺钉应锁牢，风扇叶的排风方向应安装正确，叶片完整无裂纹，安装牢固。

7）直流电动机、同步电动机的磁极及铁轭固定良好，励磁线圈紧贴磁极，无松动现象。

8）转子导电条和端环的焊接应良好，浇铸的导电条和端环应成为一体，任何部位不得有裂纹、断裂及凸凹现象；观察是否断条应用放大镜。

9）电动机绕组的连接点应正确无误，焊接良好，绝缘可靠。

10）直流电动机的磁极中心线与几何中心线应一致。

11）电动机的滚珠（柱）轴承检查，其工作面应光滑清洁，无裂纹无锈蚀；滚动体与内外圈接触良好，无框动，转动灵活无卡涩；油室的润滑脂宜填满内部空隙的2/3，同一轴承内不得加入两种不同的润滑脂。

12）其他部位均无不妥或怀疑之处。

2. 抽芯工艺方法

小型电动机转子很轻，一般可用手抱出或两人抬出，可按图 4-1 逐步拆开取出即可，取出时要特别注意不得碰触定子绕组，严禁将转子硬拉出定子。其中端盖的取下应先将四条紧固螺栓松开取下，并做记号以便装配时对号入座，然后用扁铲在螺孔处轻轻将其间隙逐个撑大，使端盖慢慢离开外壳，有的电动机止口很严，应有耐心并注意拆装时不得撞击止口，以免给装配带来困难。

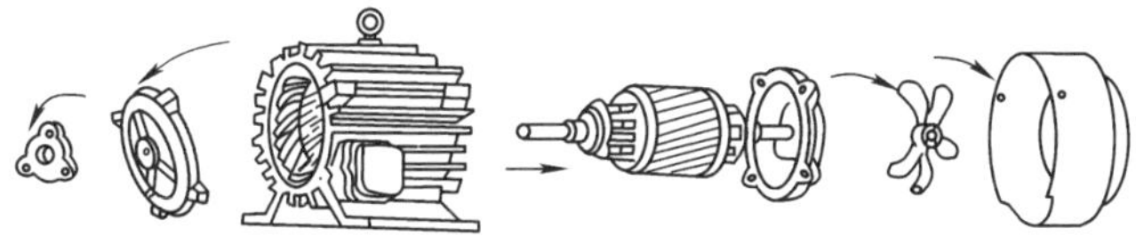

图 4-1　小型电动机的拆卸示意图

至于联轴器、带轮或轴承的取下严禁用锤敲打，通常应使用专用工具拔轮器进行，见图 4-2。拔轮器有大、中、小之分，要根据电动机体积大小来选取，使用时应使拔轮器的钩脚扣住联轴器、皮带轮或轴承的内圈。

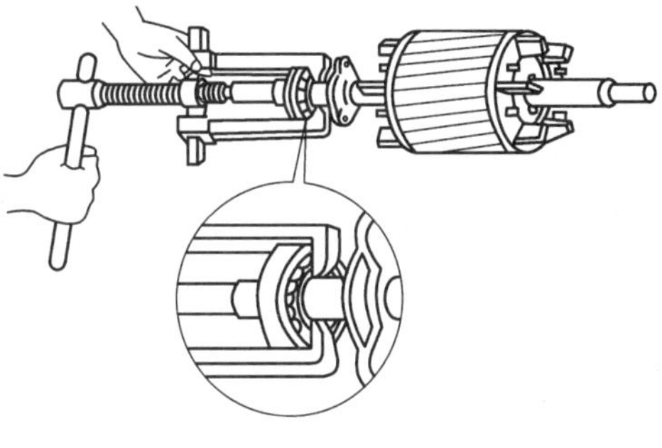

图 4-2　拔轮器的使用方法

装配工艺和拆卸工艺相反，要注意对号入座；端盖装入时先用 4 个螺钉将端盖和外壳松散固定，然后用手锤轻击，必要时要垫硬木块；紧固螺钉时要对角紧固且不要一次紧死，两个端盖装好后再边紧边转动转子，直至转子灵活无卡后再逐步紧好。任何时候不得硬敲猛击或损坏止口、绝缘。装配好的电动机必须立即摇测绝缘，不得低于抽芯前的摇测值，并试听盘车的声音应正常，否则装配有误。

大中型电动机转子很重，电动机本身的辅件也较多，抽芯工艺也较复杂，需要吊装机具，必要时要有电钳工、起重工配合。

1）准备工作：吊装设备应尽量利用室内天车，如无天车则应准备两组人字抱杆及手拉葫芦、吊索及小轮平板导轨车一辆。此外还应准备千斤顶一台、道木数根、1～3mm 厚硬质绝缘纸板（宽或长应大于转子长度，要整张的）、内径等于或稍大于电动机轴径的厚壁钢管一根（长度应大于定子长度），如没有应预先用圆钢车制，要有足够的机械强度，另外还有硬质橡胶垫数块。

抽芯应在平整宽阔的场地进行，特别是采用手拉葫芦吊装，场地必须平整，必要时要修整，并用水平尺测出一块长度略大于电动机长度 2 倍的一段平地。

2）用千斤顶将电动机一端轴头轻轻顶起，但电动机不被顶起，只是使轴头稍吃力，利用千斤顶代替端盖的支撑，见图 4-3。其中千斤顶的顶部应装有半圆形的卡具，以保证不晃动。

3）将被支起端的轴承盖螺栓松开取下。用扁铲及手锤轻轻敲击端盖或撑大螺栓连接处的间隙，使端盖慢慢脱开止口。这个过程应使端盖圆周的脱开程度均匀，应沿圆周对称敲击，并随时观察轴及转子有无位移，必要时应轻微起轻千斤顶，保证转子在中心位置而不下沉。

然后用铜棒和手锤敲击端盖，使其与定子脱离，并移至端部。

4）用一吊索从即被取下的端盖内侧穿入并缓慢起吊，但并不使转子有位移，只是用吊索代替千斤顶的支撑，保证转子中心位置不变。然后将千斤顶松开取掉。吊索和轴触及处应垫以半圆形卡具及硬质橡胶，以免卡伤轴颈。这时可将端盖从轴上取下，见图4-4。

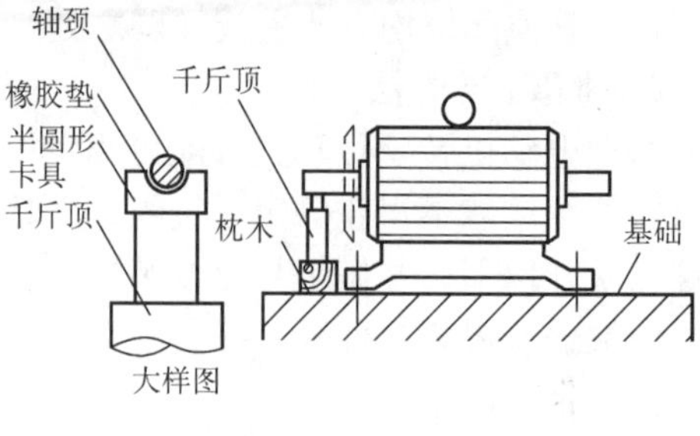

图4-3　大型电动机抽芯示意图之一

5）将1~3mm厚硬绝缘板（根据电动机间隙而定）剪成长大于定子200mm宽大于1/2转子周长，沿转子与定子间隙的下半圆周插进去，一直到推不动为止。目的是保证转子与定子在抽出的过程中不摩擦相碰，避免损坏绝缘。

6）将厚壁钢管套入轴头，套入长度越长越好，用另一吊索将厚壁管端部套好吊起，保证转子中心位置不变，然后将原来的吊索取掉，见图4-5。

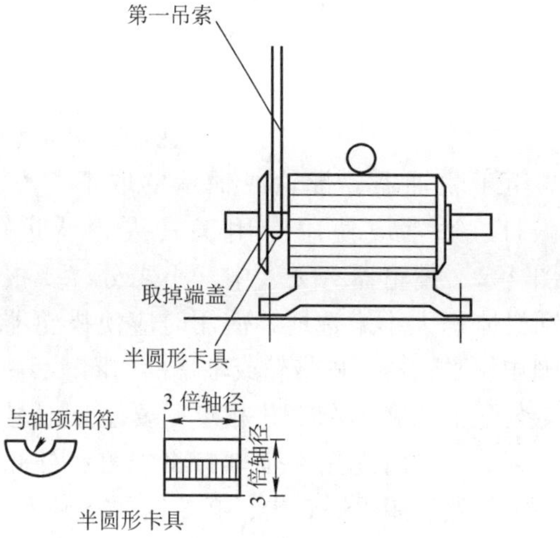

图4-4　大型电动机抽芯示意图之二

7）将电动机另一端的轴承盖及端盖的螺栓取掉，并用吊索套好吊起，保证转子中心位置不变，见图4-5。然后用前述方法将这一端盖和定子离开，这个过程要微微调整两端的吊索，使转子向右位移，见图4-6。

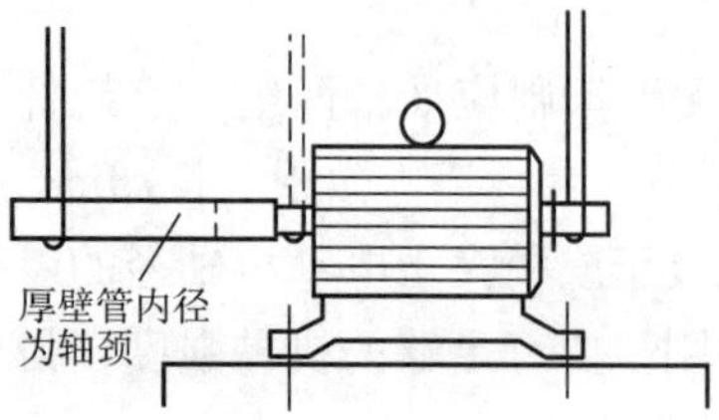

图4-5　大型电动机抽芯示意图之三

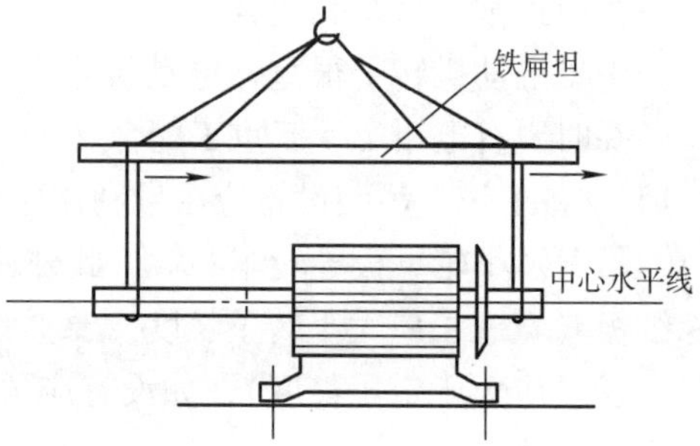

图4-6　大型电动机抽芯示意图之四

8）将两吊索调整为人字形（一般用铁扁担），使转子水平并使其轴位于定子的水平中心上，任何部位转子与定子不得相碰，然后同步向右位移，并将绝缘纸板推至两端分别露出100mm，保护绕组。当移至转子一大半露出定子时即停止位移，用道木支起定子使之不能滚动并保证转子与定子的间隙不变，见图4-6。

这时将两只吊索松开取下，用一吊索将转子的重心部位套好并起吊，这时应垫以硬棉布或胶皮，以避伤及转子，同样应保证定子与转子的间隙不变，然后将厚壁钢管及道木取掉，继续向右位移，直至将转子取出。取出时一定要注意不得使转子碰击定子的任何部位，并将转子轻轻地放在用道木垫好的干净平台上，用木楔支好。见图 4-7 和图 4-8。

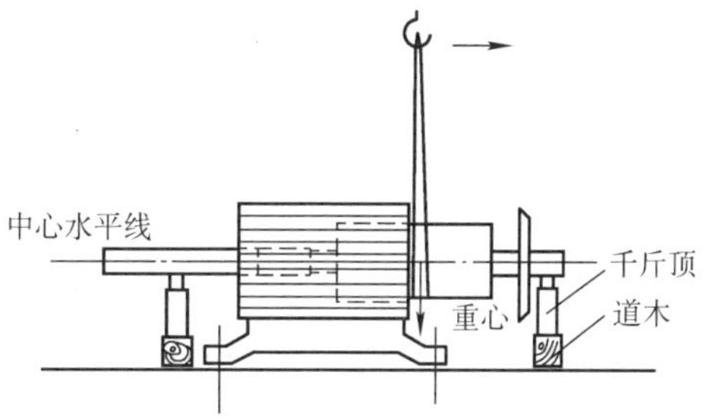

图 4-7　大型电动机抽芯示意图之五

9）上述讲述的是用天车吊芯并伴有一个手拉葫芦进行的。如果没有天车，则可将电动机先吊放在小轮平板导轨车上并临时固定，然后用两副人字抱杆及手拉葫芦进行吊芯，其他方法同前。这里要注意抱杆的直径及长度应根据电动机的重量选取，梢径一般不得小于 100mm。两人字抱杆的捆绑必须牢固，并用缆绳撑紧后系在可靠的地锚上。导轨的铺设必须平整且轨距相等，导轨的长度可因电动机体积而宜，见图 4-9。

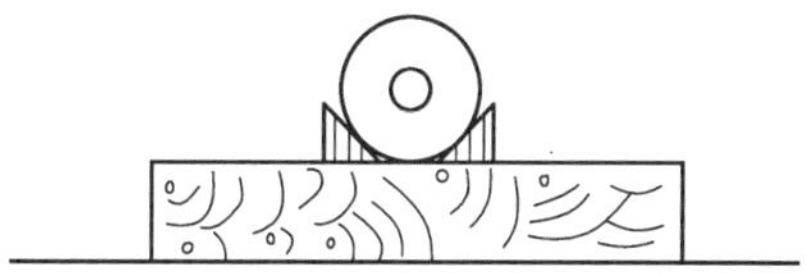

图 4-8　将转子放在平台上

10）有些大型高压电动机的轴承是另设在定子铁心之外，它和定子分别都装设在底板上，其抽芯和前述略有不同。

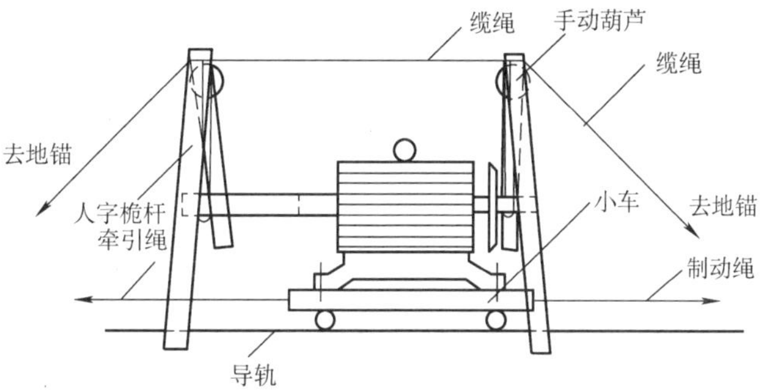

图 4-9　简易电动机抽芯示意图

① 打开电动机两端的轴承（轴瓦）上盖，并拆掉有碍抽芯的油管路。

② 将电动机定子两端的防护罩拆下取掉。

③ 将厚硬质橡胶板从电动机下半部的间隙插入。板厚由间隙而定。

④ 将定子和底板的固定螺栓取掉。

⑤ 将定子和转子一起吊起，一般不超过 200mm，然后用道木支好。这里要注意不得将吊点放在两轴颈上，而应放在定子上，以免轴受重力而弯曲。

⑥ 将一端的轴承架拆掉。

⑦ 用前述的方法将转子取出。

⑧ 除 1. 中检查的内容外，还应由电钳工检查轴瓦及油路是否正常，否则应修复。

⑨ 此种电动机装配和解体的方法相反，但应由电钳工调整轴瓦，使转子、定子同心，并随时转动转子盘车，观察有无阻卡或扫膛现象，盘车应使用专用工具。

3. 抽芯过程中的注意事项

① 拆下的螺栓、端盖、轴承盖及其他附件等应编号保管，必要时应放在地面铺好的白布上，以免丢失或混乱，结构复杂的电动机应先画好分解图再解体。

② 整个过程应由有经验的熟练技工统一指挥，必要时应编制工艺方案，并向所有工作人员进行技术和安全交底，说明工艺要点和注意事项。

③ 所有的吊索、吊机具在使用前应检查核对，以免失误，为了防止滑脱，一般不宜采用直接在轴颈上的人字形吊法。起吊前必须由起重工核对吊点及有无不妥。起吊高度大于100mm时必须在100mm处停留，检查无误后才能继续起吊或位移。

④ 检查转子和定子应由专人进行，如需进入定子内腔检查必须穿软底鞋，不得携带任何金属器件，人数最多不得超过3人，检查完后应彻底检查内腔，任何器件不得留失在定子内腔中。

⑤ 抽芯及装配一般应在当天完成，如需过夜或午间休息，必须有专人值班看护，以免发生意外。大型电动机抽芯时用的机具及其零部件较多，必须妥善保管和清点，不得遗失。

（二）**干燥处理**

电动机出厂后，经运输保管容易受潮，其绝缘电阻有所下降。规范中规定，电动机的绝缘电阻有下列情况之一者必须进行干燥处理，电动机额定电压在1000V以下、绝缘电阻小于0.5MΩ者；容量在100kW及以上、吸收比小于1.2者；额定电压在1000V以上，在接近运行温度时，定子线圈绝缘电阻小于1MΩ/kV，转子线圈小于0.5MΩ者。

电动机的干燥处理应和抽芯配合进行，干燥的方法很多，现介绍常用的几种。

1）烘干法：小型电动机一般可使电动机空载运行，借绕组发热自身干燥电动机；或者将电动机转子抽出，将定子立置，将300～500W白炽灯泡置于定子之内通电烘干，见图4-10，必要时可将周围用石棉板围起，以保温，时间一般为24h即可。烘干时不得触及铁心及线圈。

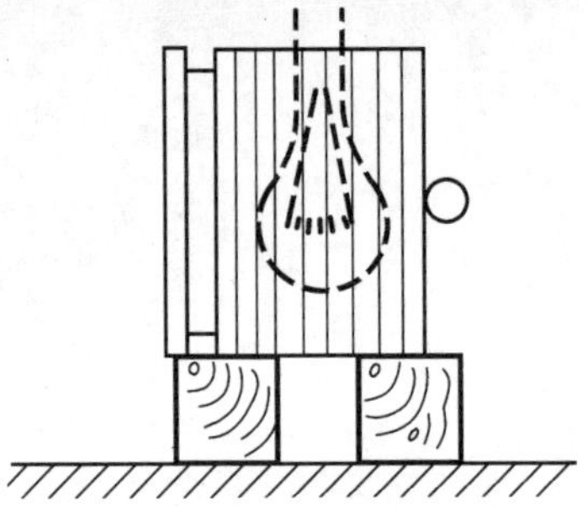

图4-10　烘干法

2）烘箱干燥法：将电动机定子倒置立放于烘箱之内，并将下部支起，以便热流循环，同时把绕组的端头和接地螺钉用高强绝缘导线悬空引出，和箱体接触部位应用黄蜡绸或套管加强绝缘。一般A级绝缘应先于70～80℃预烘4h，然后升温至110～120℃烘16h即可。对于E级绝缘则应将每次的烘干温度提高10～20℃，时间同上。

3）电流干燥法：电流干燥就是将电动机的绕组按一定的方式连接起来，然后通以低压电流进行干燥。

① 接线方式见图4-11和图4-12。

② 电源一般为单相220V或110V，电流一般控制在0.6倍电动机额定电流。转子宜抽出定子，必要时应同样用石棉板保温。绕线转子电动机也可按图4-12进行电流法干燥。

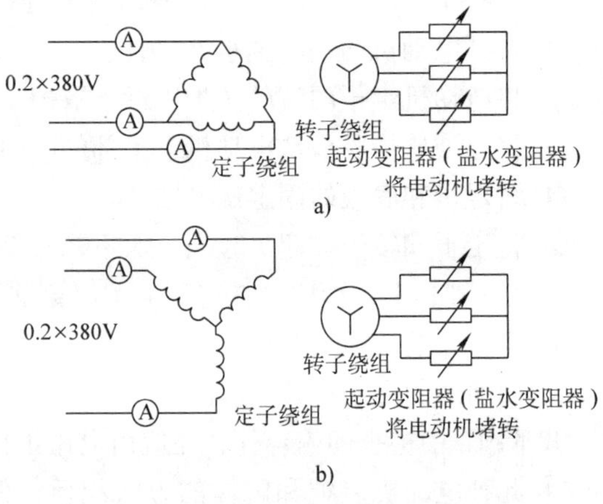

图4-11　绕线转子电动机电流法干燥接线图
a）定子为三角形联结　b）定子为星形联结

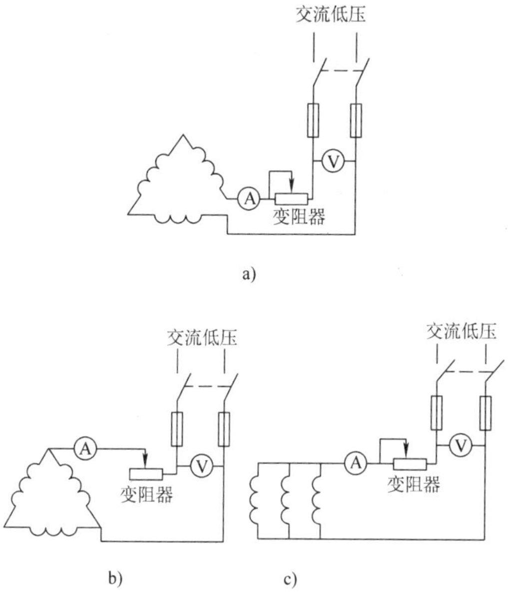

图 4-12　笼型电动机电流法干燥接线图

a）中、大型电动机串联干燥法　b）小型电动机串并联干燥法　c）小型电动机并联干燥法

4）注意事项

① 电动机的干燥必须有专人值班，随时观察温度的上升并记录有关数据，电动机的周围不得有明火或其他不安全的隐患。

② 温度应缓慢上升，上升速度为 5～8℃/h，大电动机不得超过 10℃/h。小电动机不得超过 15℃/h。

③ 铁心和线圈的最高允许温度，应根据电动机的绝缘等级来确定，见表 4-1。当用酒精温度计测量时为 70～80℃，而用电阻式或温差式热电偶测量时为 80～90℃。

表 4-1　三相异步电动机的最高允许温度和最大允许温升

（环境温度为 40℃时）

电动机的部位		A 级绝缘				E 级绝缘				B 级绝缘				F 级绝缘				H 级绝缘			
		最高允许温度/℃		最大允许温升/℃		最高允许温度/℃		最大允许温升/℃		最高允许温度/℃		最大允许温升/℃		最高允许温度/℃		最大允许温升/℃		最高允许温度/℃		最大允许温升/℃	
定子绕组		温度计法	电阻法	温度计法	电阻法	温度计法	电阻法	温度计法	电阻法	温度计法	电阻法	温度计法	电阻法	温度计法	电阻法	温度计法	电阻法	温度计法	电阻法	温度计法	电阻法
		95	100	55	60	105	115	65	75	110	120	70	80	125	140	85	100	145	165	105	125
转子绕组	绕线转子	95	100	55	60	105	115	65	75	110	120	70	80	125	140	85	100	145	165	105	125
	笼型	—	—	—	—	—	—	—	—	—	—	—	—	—	—	—	—	—	—	—	—
定子铁心		100	—	60	—	115	—	75	—	120	—	80	—	140	—	100	—	165	—	125	—
集电环		100	—	60	—	110	—	70	—	120	—	80	—	130	—	90	—	140	—	100	—
滑动轴承		80	—	40	—	80	—	40	—	80	—	40	—	80	—	40	—	80	—	40	—
滚动轴承		95	—	55	—	95	—	55	—	95	—	55	—	95	—	55	—	95	—	55	—

④ 带转子干燥的电动机当温度达到70℃后，至少每隔2h应将转子转动180°。

⑤ 烘干（包括预烘）过程中，每隔1h应用绝缘电阻表测量绕组对地的绝缘电阻，开始时绝缘电阻要下降，而后逐步上升，当吸收比及绝缘电阻符合要求时，一般应达到5MΩ，并在同一温度下经5h稳定不变时，即可认为干燥完毕。

⑥ 干燥后的电动机应在降至室温后再进行组装，装配好后必须摇测绝缘电阻，并试听盘车的声音，如有不妥要及时处理。

⑦ 被水浸泡过的电动机，应先用清水将电动机内部冲洗干净，风干后放入烘箱、以低温长时间烘烤，然后逐步升温进行干燥。

⑧ 为了安全，烘干现场应有四氯化碳、二氧化碳电气专用消防器材，以防万一。如果发生火灾应遵守电气灭火规程。

⑨ 干燥后的电动机如不及时运行，应有防潮措施。

⑩ 凡用通电法干燥时，在测量绝缘电阻时要先断开电源、然后放电，放电后才能进行绝缘电阻的测量。

（三）**电动机试车及故障处理**

电动机的试车是在抽芯检查、干燥处理、参数测试、空载试验及其控制设备调试合格的基础上进行。电动机试车应配用其控制设备一并进行，详见本章前述内容及本丛书《低压动力电路及设备安装调试》、《电气设备、元件、材料的测试及试验》分册相关内容。

电动机试车过程中会发现一些常见故障，如不能起动、转速低于额定值，空载电流不稳定、外壳带电、声音不正常、振动、轴承过热、温升过高，绕线电动机集电器火花太大、起动跳闸等故障。

现将电动机常见故障处理方法列于表4-2内，供读者参考。

表4-2　三相异步电动机的常见故障及处理方法

故障现象	可能原因	处理方法
不能起动	（1）电源未接通	（1）检查开关、熔丝、各对触点及电动机引出线头，将故障处查出修理
	（2）定子或转子绕组断路 （3）定子绕组相间短路 （4）定子绕组通地 （5）定子绕组接线错误	（2）～（5）参照电机内部故障的诊断检查和处理
	（6）熔丝烧断	（6）查出烧断原因，排除故障，然后按电动机规格配上新熔丝
	（7）绕线转子电动机起动误操作	（7）检查集电环短路装置及起动变阻器的位置，起动时应分开短路装置，串接变阻器起动
	（8）过流继电器调得太小	（8）适当调高
	（9）老式起动开关油杯缺油	（9）加新油至油面线
	（10）负载过大或传动机械被轧住	（10）选择较大容量电动机或减轻负载，如传动机器被轧住，应检查机器、消除障碍、盘车并进行控制电路的空投试验
	（11）控制设备接线错误	（11）校正接线

（续）

故障现象	可能原因	处理方法
电动机带负载运行时转速低于额定值	（1）电源电压过低 （2）笼型转子断条 （3）绕线转子电动机起动变阻器接触不良 （4）绕线转子一相断路 （5）电刷与集电环接触不良 （6）负载过大	（1）用电压表、万用表检查电动机输入端电源电压 （2）参照电机内部故障的诊断检查和处理 （3）修理变阻器接触器 （4）用校验灯、万用表等检查断路处排除故障 （5）调整电刷压力及改善电刷与集电环接触 （6）选择较大容量电动机或减轻负载
电动机空载或负载时电流表指针来回摆动	（1）绕线转子电动机一相电刷接触不良 （2）绕线转子电动机的集电环短路装置接触不良 （3）笼型转子断条 （4）绕线式转子一相断路 （5）转子和定子不同心	（1）调整电刷压力及改善电刷与集电环接触面 （2）修理或更换短路装置 （3）参照电机内部故障的诊断检查和处理 （4）用校验灯、万用表等检查断路处排除故障 （5）校正
接地失灵、电机外壳带电	（1）电源线与接地线搞错 （2）电动机绕组受潮，绝缘老化或引出线与接线盒碰壳	（1）纠正接线 （2）电动机绕组干燥处理、绝缘严重老化者要更换绕组、整理接地线
电动机运转时声音不正常	（1）定子与转子相摩擦 （2）电动机两相运转有嗡嗡声 （3）转子风叶碰壳 （4）转子磨绝缘纸 （5）轴承严重缺油 （6）轴承损坏	（1）锉去定转子硅钢片突出部分，轴承如有走外圆或走内圆，可采取镶套办法或更换端盖或更换轴承 （2）检查熔丝及开关接触点，排除故障 （3）校正风叶，旋紧螺钉 （4）修剪绝缘纸 （5）先清洗轴承加新油，润滑脂的容量不宜超过轴承内容积的70%，润滑油的选择按电动机要求进行选择 （6）更换轴承
电动机振动	（1）转子不平衡 （2）皮带盘不平衡 （3）皮带盘轴孔偏心 （4）轴头弯曲	（1）校动平衡 （2）校静平衡 （3）车正或镶套 （4）校直或更换转轴、弯曲不严重时，可车上1～2mm，然后配上套筒（热套）
轴承过热	（1）轴承损坏 （2）轴承与轴配合过松（走内圆）或过紧 （3）轴承与端盖配合过松（走外圆）或过紧 （4）滑动轴承油环轧煞或转动缓慢 （5）润滑油过多过少或油质不好 （6）皮带过紧或联轴器装得不好 （7）电动机两侧端盖或轴承盖未装平	（1）更换轴承 （2）过松时转轴镶套，过紧时重新加工到标准尺寸 （3）过松时端盖镶套，过紧时重新加工到标准尺寸 （4）查明轧煞处，修好或更换油环油质太厚时应换掉较薄的润滑油 （5）加油或换油、润滑脂的容量不宜超过轴承容积的70%，润滑油按电动机要求进行选择 （6）调整皮带张力、校正连轴器传动装置 （7）将端盖或轴承盖止口装进装平、旋紧螺钉

（续）

故障现象	可能原因	处理方法
电动机温升过高或冒烟	（1）负载过大 （2）两相运转 （3）电动机风道阻塞 （4）环境温度增高 （5）电源电压过低或过高	（1）选择较大容量电动机或减轻负载 （2）检查熔丝、开关接触点，排除故障 （3）清除风道油垢及灰尘 （4）采取降温措施 （5）用电压表、万用表检查电动机输入端电源电压，是否电源波动
绕线转子集电环火花过大	（1）电刷牌号及尺寸不合适 （2）集电环表面有污垢杂物 （3）电刷压力太小 （4）电刷在刷握内轧住	（1）更换合适电刷 （2）用0号砂布磨光集电环并擦净，污垢痕重时应车一刀 （3）调整电刷压力 （4）磨小电刷
起动即跳闸	（1）负载太重 （2）保护装置动作 （3）电动机故障	（1）选择较大容量电动机或减轻负载 （2）检查或调整保护装置 （3）排除电动机故障

（四）直流电动机

（1）测量励磁绕组和电枢绕组的绝缘电阻　其值不得小于0.5MΩ。

（2）测量励磁绕组的直流电阻　测量值与制造厂数据比较，其差别一般不应大于2%，补偿绕组不作规定。励磁可变电阻器的电阻差值不应超过厂家数据的10%。

（3）测量电枢换向片的直流电阻　相互间的差值应不超过最小值的10%，由于均压线或绕组结构而产生的有规律的变化时，应对各相应的片间进行比较判断。

（4）励磁绕组和电枢绕组的工频耐压试验　励磁绕组对外壳、电枢对轴的试验电压为$0.75(2U_e+1000)$V，但不应小于1200V，U_e为额定电压。

（5）测量励磁回路的绝缘电阻　绝缘电阻值应不小于0.5MΩ（不包括励磁调节装置回路，但包括该回路连同所连接设备的绝缘电阻）。

（6）励磁回路连同所连接设备的工频耐压试验　试验电压为1000V，但不包括励磁调节装置回路。

（7）检查电动机线圈的极性及其连接的正确性　极性与连接应正确。

1）主磁极与换相极的排列关系应为：

电动机　N、n $\xrightarrow[\text{转向}]{}$ S、s

发电机　N、s $\xrightarrow[\text{转向}]{}$ S、n

大写N、S为主极，小写n、s为换向极。

2）绕组极性检查

① 对于用粗导线绕成且可以清楚地看到各磁极线圈的，可沿着整个绕组检查各线圈的绕制方向及其相互间的连接，见图4-13。

② 绕圈试验法：在磁极表面或固定磁极的螺栓外端（在机壳上）放一只多匝数的线圈，其两端接一毫伏表，磁极线圈接通电源后，随即再将电源断开，此时毫伏表的指针将发生偏

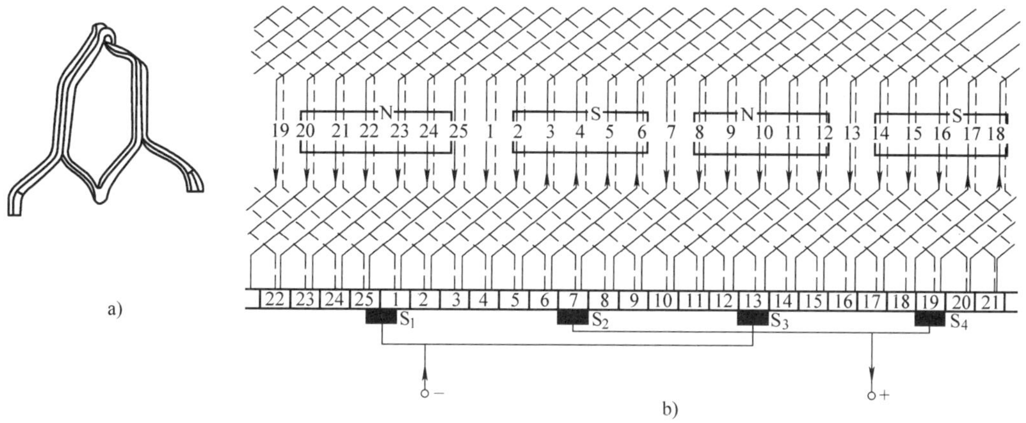

图 4-13　25 槽 4 极直流电枢波绕组展开图

a）波绕组的元件　b）绕组展开图

转，这是感生电流和变压器原理，按照指针的偏转方向可以确定磁极的相对极性。同一绕组相邻极的极性正确与否应使指针一正一反偏转，相同方向的偏转，说明连接或绕向有误。

3）换向极绕组和补偿绕组对电枢的极性检查：检查接线如图 4-14 所示，分别将电池接至换向绕组 WHX 和补偿绕组 WBS，当开关 S 闭合瞬间，毫伏表指针向右偏转，则表示两绕组与电枢之间的连接是正确的。如换向绕组分两部分构成，则分别将电池接在电枢的两侧，分两次检查。

4）串励和分励绕组的极性（或各分励绕组间的极性）检查。

① 采用感应法确定同极性端子，见图 4-15，当给串励绕组 WEC 突然加电压瞬时，如并励绕组 WEB 上的毫伏表指针向右偏转，则说明 C_1、B_1 或 C_2、B_2 为同极性端子。

② 根据所测得的同性端子，一般应按图 4-16 所示连接。

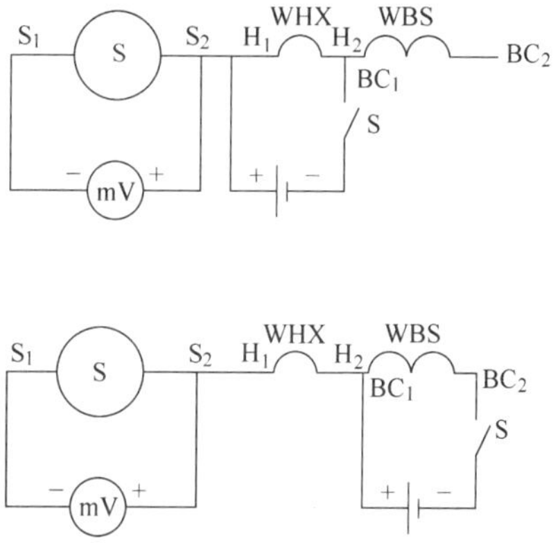

图 4-14　换向绕组、补偿绕组对电枢的极性检查接线图

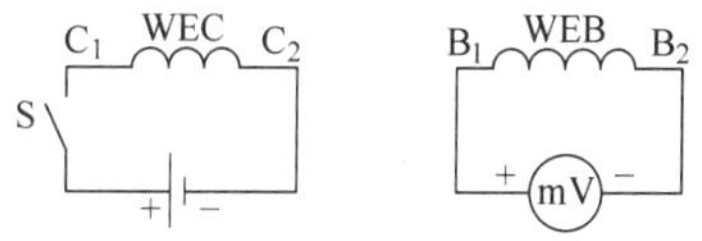

图 4-15　感应法确定极性接线图

（8）调整电动机电刷中性位置　测定电刷中性线，调整包刷位置，应满足良好换向要求。最常用的是感应法，见图 4-17。当电枢静止时，将毫伏表接到相邻两组的电刷上，但必须保证该电刷与换向器的接触良好。当打开或闭合开关时，也就是交替接通和断开励磁绕组的电流，毫伏表的指针会左右摆动（一般选用 0 位在刻度中央的毫伏表），这时电刷离中性线位置愈大，指针的偏转也愈大。将电刷顺着正向或反向移动，直到毫伏表上的指针几乎不动为止，这时电刷的位置就是中性位置，并用红漆做好标记并固定之。

在调整过程中，如向一方移动电刷毫伏表则越移动越偏转角度大，则应向反方向移动，

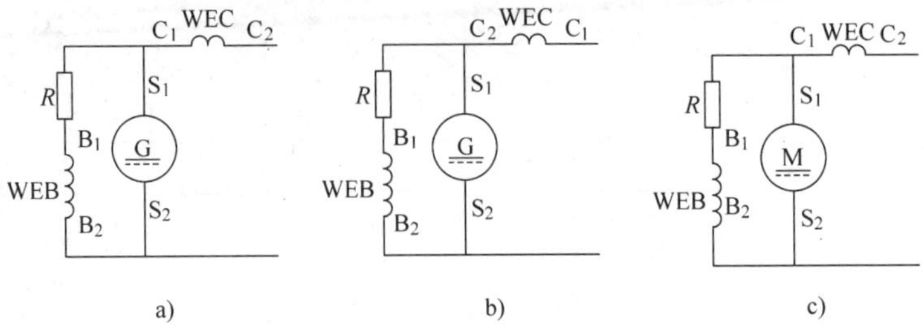

图4-16　直流电机串励与分励线圈的接线

a）发电机接成积复励　b）发电机接成差复励　c）直流电动机

如越移动越偏转角度小，则应继续向同一方向移动电刷，直至表针指示的绝对值最小为止。

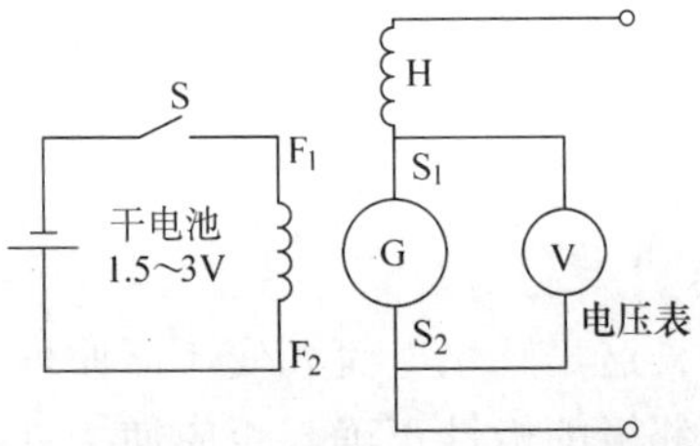

图4-17　感应法确定电刷中性位置

调整时的注意事项如下：

① 励磁电流不宜太大，一般不超过额定值的2%；

② 移动刷架时，应垫塞木块，严禁用工具直接敲击刷架；

③ 固定好刷架后，须重新校正一次中性位置，减小固定时引起的位移；

④ 测量电枢回路的感应电势不能包括串联励磁绕组在内；

⑤ 一般情况下，电刷应放在中性位置。对于无换向极的小型电机或短时超过额定电流而使用的电动机，可适当移动电刷偏离中性位置，但不得超过0.5～1整流片，其中发电机顺旋转方向移动，电动机则逆旋转方向移动，对于可逆电动机，应置于中性位置。

（9）测试直流发电机的空载特性和励磁机的负载特性曲线　特性曲线与产品出厂试验文件资料或同型产品比较，应无显著差别。励磁机负载特性系在发电机空载和短路试验同时测试。

试验接线见图4-18a，双臂电位器及熔断器的熔体应选择适当，A_1 为小量程电流表，A_2 为大量程电流表。发电机的转速应为额定转速，电刷在中性位置或额定工作方式的位置上。电源一般采用硅整流电源。

试验时，应逐步升高励磁电压，第一次升压速度不可太快，最高电压为额定电压的1.1倍。测量前先对电机消磁，消除剩磁的影响，然后记录不同励磁电流下的发电机电枢电压即为空载特性。对于不可逆者，只作单方向空载特性；对可逆者，应作磁滞回线。

在空载特性测试的基础上，先正方向减小励磁电流，接着反方向增加，再反方向减小，最后正方向增加励磁电流，记录各相应点的电枢电压值，直至成一完整回线，见图4-18b。

负载特性的测定只对固定负载的电动机，是在额定转速及接入固定的实际负载情况下测得的励磁电流对电枢电压的关系。

测试时的注意事项如下：

① 测试磁滞回线的上升或下降分支时，适当选择多点直到额定值的110%，至少应包括图4-18b中的a、b、c、d、e、f几点，以便确定是否对称。

② 测试中只允许单方向增加或减少，不允许中途间断励磁电流。在电压或电流接近零

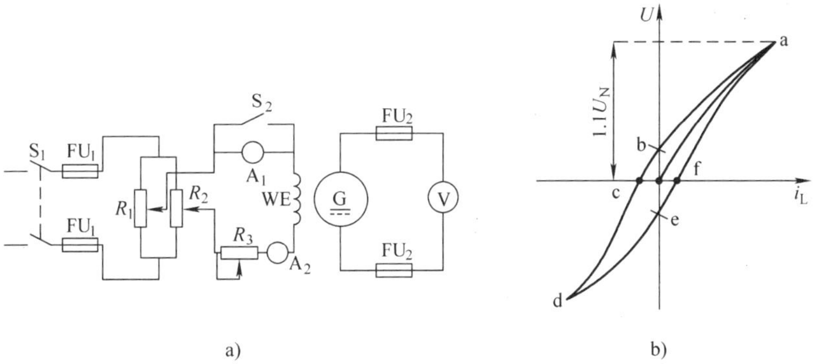

图 4-18　直流发电机的空载特性试验接线图及磁滞回线

a）接线图　b）磁滞回线　R_1R_2—双臂电位器　R_3—精调电阻

点时，须缓慢地调整，这时应用 R_3 精调。

③ 如电动机的磁路比较饱和，电枢电压不能调到上述数值时，则应调节到可能达到的最大电压时为止，电流值不得大于额定值的 1.5 倍，以避免励磁绕组过热。

（10）直流电动机的转速—励磁电流特性测试　特性曲线与出厂试验文件资料比较，应无显著差别。若厂家已绘制磁化曲线或该电动机无调速要求时，可不进行该项试验。

试验接线见图 4-19，试验前应将保护元件失磁电流继电器整定好，选择精良变阻器，并检查励磁回路及与端子连接的可靠性。

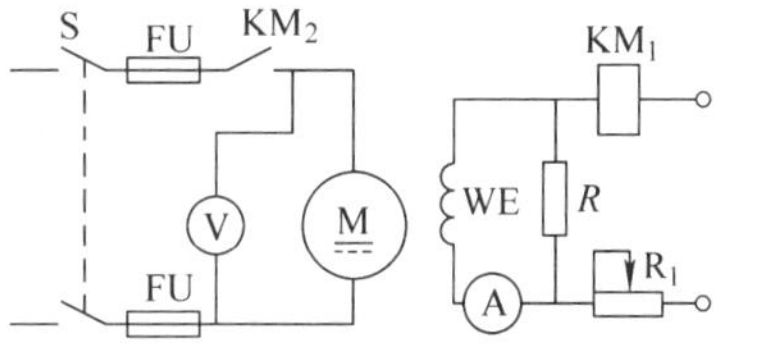

图 4-19　直流电动机励磁特性测定的接线

KM_1—失磁继电器　KM_2—线路接触器

试验时，先使电动机在额定电压及全磁场下空转，然后调节变阻器 R_1，逐步提高电动机转速直至铭牌上所规定的最高转速的 1.1 倍，并对超速保护装置进行整定。一切正常后，再记录励磁电流对应的电动机转速，即励磁—转速特性。试验过程中，必须避免磁场回路断线或断电，不得在该回路上装置熔断器。

（11）测量轴承绝缘电阻和轴电压　在轴承和绝缘板安装完毕，转子安装前应用 1000V 绝缘电阻表进行，绝缘电阻值不应低于 0.5MΩ，若有润滑油管路连接时，在管路安装完毕后，应进行复测。电动机试运转时应测量轴电压，轴承座与底板间电压应接近两轴端电压。

电动机轴电压、轴承座与底板间电压应按图 4-20 进行测量。在额定转速下先测轴端间的电压 U_1，见图 4-20a，然后将两个轴承的油膜短路，再测量轴承座与底板间的电压 U_2。如 $U_1 = U_2$，则说明绝缘良好；如 $U_2 << U_1$，则说明绝缘垫片不良，应处理。因为轴端间的感应电势很小，一般用晶体管式的仪表。此项试验只对大型电动机而言，中小型电动机无须进行。

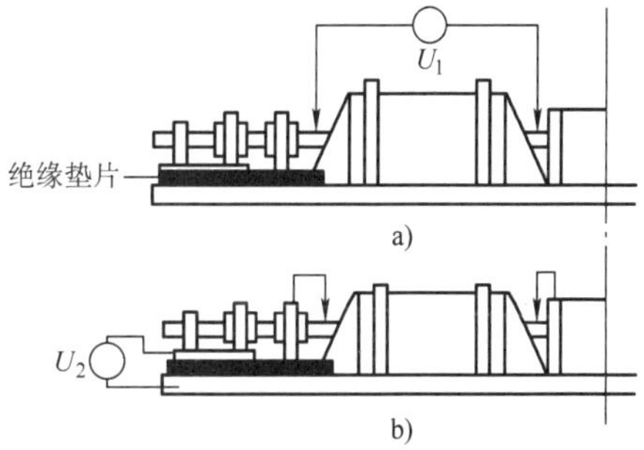

图 4-20　检查轴承座与底板间的绝缘

（12）大型直流电动机必要时要进行负载测试，用来检查电动机集电环火花的情况，火花等级标准及特征见表 4-3。负载测试时应测量主回路的电流、电枢的端电压、励磁电流及励磁电压，及电动机的温升应符合电动机额定参数。

表4-3 电刷火花等级及特征

火花等级	特 征	换向器和电刷的状态	容许的运行方式
1	无火花	换向器上没有黑痕，电刷上没有灼痕	可以连续运行
1¼	电刷下面仅少部分有微弱的点状火花		
1½	电刷下面大部分有轻微的火花	换向器上有黑痕，用汽油擦洗即能除去，电刷上稍有灼痕	
2	电刷的整个边缘下面都有较明显的火花	换向器上有较严重的黑痕，用汽油擦洗不能除去，电刷上也有灼痕	只容许在短时冲击负载及过载时发生
3	电刷的整个边缘下面有强大的火花	换向器上有严重的黑痕和灼痕，用汽油不能擦去，电刷烧焦及损坏	只容许在直接起动或反转时瞬间存在

（13）直流电动机的极性与旋转方向的确定及其试运转。

1）对于不可逆电动机应在起动之前确定旋转方向，当不便于盘车时，可在转子不动的情况下，采用感应法，见图4-21。其中毫伏表接在图中电刷按箭头方向移动数片的换向器上，但刷架不动。在接通S的瞬间，毫伏表指针向右偏转，则电源引至电刷的极性与表的接入极性相同，否则相反。

用上述方法还可以确定发电机的电枢极性，当S闭合瞬间指针向右偏转，则毫伏表的极性代表其最邻近电刷发电的极性（假定发电机的原动机方向与箭头方向相同）。

2）对于便于盘车的电动机，可按图4-22接线，当盘动电枢时，表针向右偏转，如为发电机，其加在励磁绕组的电源极性与此时电池的极性相同，则电压表极性为发电极性；如为电动机，且加于励磁绕组的电源极性与电池极性相同（及运行时电枢电源的极性与电表表极性相同），则盘车方向即为电动机转动的方向。试验时通过励磁绕组的电流应能足以消除剩磁的影响。

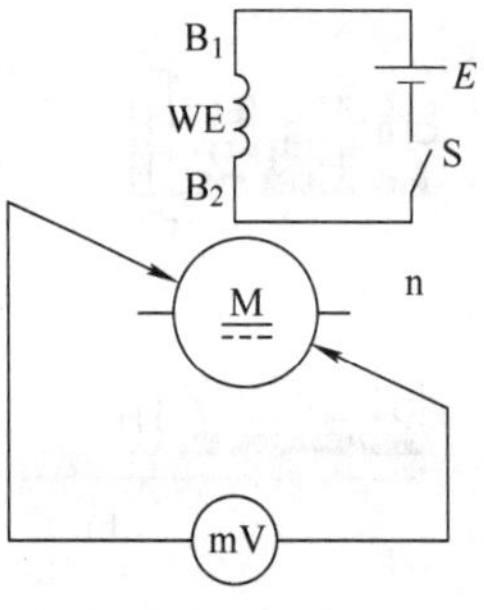

图4-21 感应法确定电动机的旋转方向

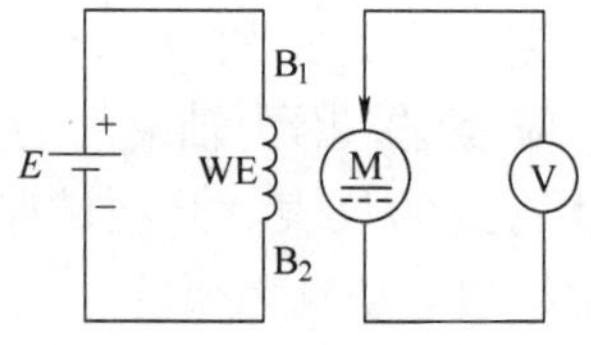

图4-22 手动盘车确定电动机旋转方向

（14）直流电动机的外观检查不同于交流电动机，应注意以下几点。

1）电动机接线与端子标号一致，端子板完整，所有连线不得触及转动部分。

2）换向器表面光滑、清洁，不得有凹凸、毛刺、裂纹等缺陷。换向片间云母垫不得突出，应有0.5～1.5mm的深沟。

3）电刷在换向器上的排列应使相邻不同极性的一对电刷位于同一换向器的圆截面上，而与另一对电刷错开排列，进而保证换向器面磨损均匀。

4）刷握的安装，按电刷中心测定的换向器圆周刷握的间距应为换向器的极距，其允许误差，对于200kW及以下的电动机应不大于1.5%～20%；对于200kW以上的电动机应不大于0.5%。刷握与换向器表面的距离一般为2～4mm。

5）电刷在刷握内应有一定的框量，游隙轴向为0.2～0.5mm；转向一般为0.1～0.2mm，电刷厚度大于12mm时，为0.15～0.4mm。

6）同一刷架上电刷压力，一般电动机为0.012～0.017MPa；受冲击有振动及吊车用电动机为0.02～0.04MPa；与平均值之差为±10%，且弹簧位置适中，不应有偏斜现象。

7）电刷与换向器表面的倾角一般为：可逆电动机倾角为零；不可逆电动机应按其转速的低高选取，一般为20°～40°，低取下限，高取上限，见图4-23。

8）电刷的牌号应符合电动机要求，同一台电动机不应有两种不同牌号的电刷。

9）电刷与换向器应有良好的吻合，接触面积不应小于全面积的75%，接触面应光滑、无烧迹、裂纹及硬颗粒，否则应用"00#"细砂纸磨光，见图4-24。研磨换向器时，发电机应在转动下轻轻研磨，电动机应在静止时研磨。

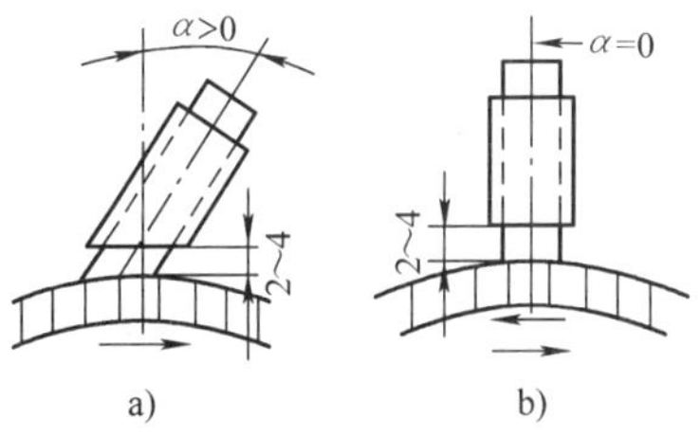

图4-23　刷握的安装方法

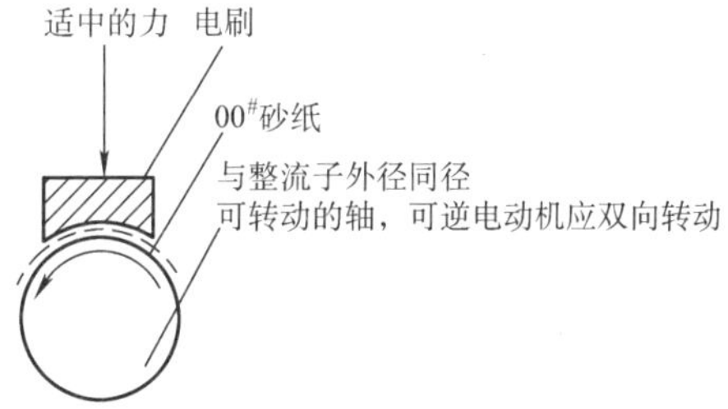

图4-24　电刷的研磨方法

10）电机气隙的误差，3mm以下时，不应超过20%；3mm及以上时，不应超过10%。

11）其他可参照交流电动机的有关项目进行。

这里要注意，对于40kW以下的直流电动机一般只作绝缘电阻、直流电阻、励磁可变电阻器的直流电阻、电动机绕组极性及其连接的正确性和电动机电刷中性位置的试验，其他项目可据电动机的有关缺陷进行试验。

（五）同步电动机试验要点

同步电动机的试验基本同异步电动机，此外还有以下项目。

1）同步电动机转子线圈交流耐压试验的电压为额定励磁电压的7.5倍，但应不低于1200V，不高于出厂试验电压的75%。

2）测量可变电阻器、起动电阻器、灭磁电阻器的绝缘电阻。与回路一起进行测量，绝缘电阻值应不小于0.5MΩ。

3）测量可变电阻器、起动变阻器、灭磁电阻器的直流电阻。所测得的电阻值与产品出厂数据相比，其差别不应超过10%。调节过程中应接触良好，无开路现象，电阻值的变化应有规律性。

4）测量电动机轴承的绝缘电阻，当有油管路连接时，应在油管安装后，使用1000V绝缘电阻表测量，绝缘电阻值应不低于0.5MΩ。

5）检查同步电动机励磁各磁极的分布电压，采用交流检查，在各磁极上的电压应接近一致。

6）检查定子线圈的极性及其连接的正确性，中心点没引出者可不检查极性。

7）励磁绕组电压分布的试验可将绕组通入适当的交流电压，一般每极10V，然后测量各极上的电压降，如果个别磁极上的压降比其他极显著减小，则说明该绕组可能存在匝间短路。

二、开关柜、控制柜、电气传动控制装置及元件

柜和箱与电动机一样，在通电和投入运行前要进行一系列的检查和试验，其中外观的质量性能已在设备进厂时进行了检查和测量，各类开关的机械传动机构已在柜体安装中进行了调整和空投试验，而电气的测试及调整往往在安装好后的调试阶段进行。

（一）绝缘电阻的测试

用500V绝缘电阻表测量各控制开关元件导电部分，如开关上下触头的相与相之间、开关断开时本相上下触头之间、相与地之间的绝缘电阻应不小于10MΩ，通电线圈的端子与地之间的绝缘电阻应不小于2MΩ；互感器应测量一次与二次间的绝缘电阻，电能表应测量电压线圈与电流线圈及不同相之间的绝缘电阻。

测量系统的绝缘电阻，48V及以下的非电子线路，可用不超过500V的绝缘电阻表测量；24V及以下的电子元件及印制电路，一般用万用表测量，此时对不能承受万用表电压的器件（如场效应晶体管等）应予以短路；对于不能承受绝缘电阻表等电压的器件（如电子插件等），测试前应拔出并将整流元件的阳、阴极与控制极短接在一起；对于交流500V以下和直流60V以上的回路，可用500V绝缘电阻表进行测量。

变配电室内二次回路的绝缘电阻，每一支路与断路器、隔离开关、操作机构的电源回路均应不小于1MΩ；小母线在断开其他并联支路时，应不小于10MΩ。

车间电气传动控制系统的绝缘电阻，48V及以下的回路，一般应不小于0.5MΩ；交流500V以下及直流60V以上的回路，一般应不小于1MΩ。

二次回路一般不做交流耐压试验，但发电厂，高压变配电站的二次回路，应用1000V作1min耐压试验，如二次回路的绝缘电阻大于10MΩ，则可用2500V绝缘电阻表摇测1min，无击穿现象即可。

绝缘电阻合格及空投试验调整合格后的柜或箱才能进行下一步的测试。

（二）开关柜（箱）的调整

低压开关柜主要元件有隔离开关、空气开关（有时为熔断器和接触器或熔断器和转换开关）、表计和电流互感器，其主要不同是元件的规格型号不同。开关柜的调试包括元件本身的测试及系统动作电流的调整。

开关元件本身的测试主要包括通电部位的绝缘电阻、触头的接触电阻、三相同步性及辅助触头的关断性、线圈的直流电阻和吸合分离电压的测试以及电流试验。测量元件主要包括变比的测试、示值的测试以及相关部位的绝缘电阻、直流电阻的测试。

前面讲述了的这里不再重复，这里只讲述电流试验及其整定值的调整、测量元件的测

试等。

1. 隔离开关的测试

隔离开关要作额定电流和回路中最大起动电流的试验。额定电流的试验一般取额定电流的1.15倍，试验时间一般为10min，其被试触头的温度应不大于室温；最大起动电流的试验一般取回路中最大起动电流再加上额定电流，最大起动电流是指回路中三台最大起动电流的电动机同时起动的起动电流的和，这里要注意这三台电动机不一定是回路中功率最大的电动机，这是由电动机的起动方式决定的。这个电流是正常工作条件下最大的瞬间工作电流，其值可由设计给定或自行计算。试验时间一般为1min，其被试触头的温度应不大于室温5℃。温度可用试温蜡片或点式温度计测量，用点式温度计时应事先将其测温探头与被试触头紧密接触部分用金属箔包扎起来，并用油灰或其他类似材料紧密地贴在上面。

试验电路的连接见图4-25。

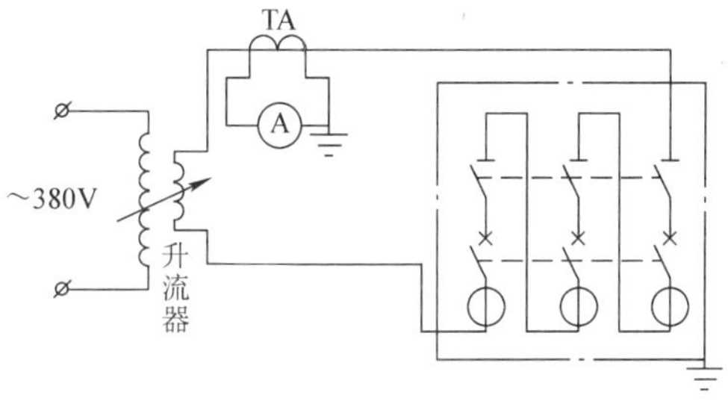

图4-25 开关柜的电流试验接线图

试验是一并连续进行的，当电流升至额定电流的1.15倍10min后即可读取温度或用蜡片试验，不必停电，然后再将电流升至最大电流，1min后即可读取温度或用蜡片试验同时可将电流缓慢下调至零，才能断开升流器的电源。

因为试验设备的能力限制，一般安装单位不做电动稳定性及热稳定性的试验，其电流值见表4-4。这些能力的保证是由生产厂家的信誉、资质、生产许可证及技术、装备保证的。

表4-4 各系列刀开关电动稳定性及热稳定性电流值

额定电流/A	电动稳定性电流峰值/kA		1s热稳定性电流/kA
	中间手柄式	杠杆操作式	
100	15	20	6
200	20	30	10
400	30	40	20
600	40	50	25
1000	50	60	30
1500	—	80	40

2. 自动空气开关的测试及调整

自动空气开关（简称空开）是一种具有短路、过载及失压保护（有的空气开关不能保护失压）的开关元件，短路时应瞬时跳闸，过载时应延时跳闸，失压时能瞬时跳闸。其中短路及过载应进行动作电流值的整定。空开的额定电流及最大起动电流的试验同隔离开关，一般柜中的隔离开关和空开的额定电流相同，便可一次进行试验，见图4-25。

（1）短路试验及调整：短路的调整就是改变过流线圈（电磁脱扣器）衔铁的间隙，一般已由厂家调好，整定在10倍额定电流上，按图4-25进行模拟试验即可，可按相与相短路、相与地短路分别一一进行。相与相之间可用导线连接，相与地之间可用导线与柜体接地螺钉连接，这里要注意，柜体的接地母线应与接地引线连接好，接地电阻应小于4Ω。其中，连接导线的选取必须使用与主回路导线相同截面积的同质导线，连接导线应压接线鼻子，连接部位必须紧密。一般应备有大、中、小号铜质软短路线，调试中经常用到。升流器的电流一般调至约10倍空开的额定电流即可。从理论上讲，短路电流是无穷大的，一般由设计给出断路点的短路电流值$I^{(3)}$。但是由于设备能力的关系，一般不选取太大的电流，较小的电流短路时动作，那么较大的电流一定能动作。相与相之间的短路试验应选用三相升流器。通常是先将升流器输出端短路后升至选取的10倍开关额定电流值，然后将电源关掉，调节手柄或按钮的位置不变，再将线路接好。检查无误后先合上断路器，再合升流器的电源开关，这样合闸的瞬间即可发生选取电流的短路，断路器应立即掉闸，掉闸后再度合闸，则合不上。这说明断路器的短路瞬时脱扣器系统工作正常，是能够保护短路的。

(2) 过载瞬时动作电流的整定：空开的短路试验合格后，便可根据所控回路的工作电流进行过载瞬时动作电流的整定。过载瞬时动作应躲过回路中最大的瞬间工作电流，这个电流我们通常选取额定电流加上系统中三台最大起动电流的电动机同时起动的起动电流的和，如果系统中由于联锁没有三台同时起动的可能性，则应选两台同时起动电流和，最小值不得小于额定电流加上一台最大起动电流电动机的起动电流。过载瞬时动作电流也可由设计给出。

过载瞬时动作电流确定之后，我们选取其值的2～3倍作为断路器的整定值。整定时的接线图见图4-26，一般采用分相整定。

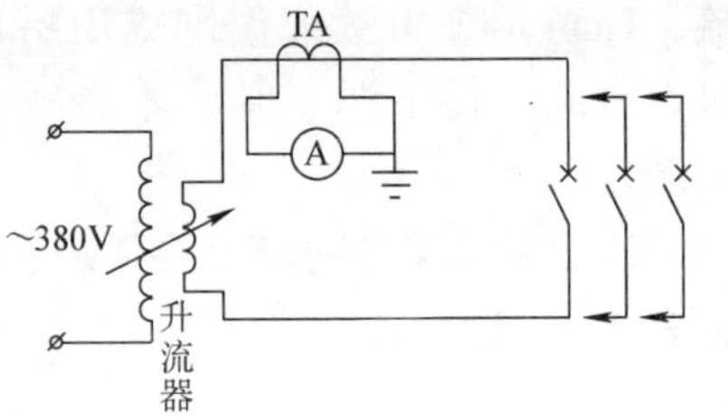

图4-26 分相整定接线图

先将过电流线圈衔铁的间隙调至最大，也就是短路跳闸的位置，并把断路器合闸；然后接通升流器，并调节电流升至整定值，这时往小调节过流线圈衔铁的间隙，一般是手柄或螺钉调节，一直调到断路器脱扣器动作跳闸为止，这个点即为过载脱扣掉闸点，用红漆做好标记并将手柄或螺钉紧固在这个点上；用相同的方法再调节第二相、第三相。这里要注意，不要为了省事，不升流调节，只在第二、三相上按第一相的标记位置做同样的标记。因为每相过流线圈的磁势不可能制造得完全一样。

调整好后，再重复一次上述的试验，当电流升到整定值时，断路器应立即跳闸，最后用红漆将调节手柄或螺钉封好。因为这个电流值小于短路电流，因此在这个点上即可短路跳闸，又可过载瞬时跳闸。

(3) 过载延时动作电流的整定：大多数断路器都采用双金属片式热元件作为过载延时跳闸的元件，它的脱扣机构是和瞬时过载跳闸用同一套脱扣机构，只是跳闸触动的点不同。过载延时的调节就是调节金属片与脱扣器触动点的距离，距离越小，延时越短，距离越长，延时越长，这个距离的大小应和回路中允许的最大工作电流的持续时间对应。这个动作电流的选取和过载瞬时动作电流的选取规则一样，但取其值的1.05～1.10倍（最大不超过1.5倍）作为断路器过载延时动作电流的整定值。接线图同图4-26，也应分相整定。

先测试回路中三台、两台或一台起动电流最大电动机的起动电流和起动时间（加载实际负载用安装好的起动柜起动、秒表计时），然后将其起动电流按联锁情况及其他电动机同时起动起动电流相加即为短时过载的允许电流，我们取这个值的1.10倍作为整定值，将其中一台起动时间最长的起动时间的1.2倍作为短时过载的允许时间。

然后线路接好整定断路器，先将金属片与脱扣器触动点的距离调小，一般是调节螺钉的锁母，然后将电流升至短时过电流整定值，并把断路器合上，合上断路器的同时即开始用秒表计时。如果在小于允许时间内空开跳闸，则应将这个距离再往大调一点；如果在允许时间到时正好跳闸，则说明这个距离正是调整值，用漆封死即可；如果允许时间已到时仍不跳闸则应将这个距离再往小调一点。调节时应先将断路器拉闸，调节要仔细耐心，调节后不要立即合闸试验，须等双金属片热元件复位且达到常温时再合闸试验，直至允许时间到时正好跳闸。这样空气开关就能延时保护过载，并躲开了电动机的起动电流，只要超过电流与时间的整定值即立刻跳闸，有一参数达不到时即不跳闸。

（4）半导体过流脱扣器的调整：有的断路器（DW5、DW15 等）采用了半导体过流脱扣器，见图 4-27，半导体脱扣器具有过载、短路、欠电压等选择性保护特性，可长延时、短延时、瞬时调整保护性能。相比之下半导体过电流脱扣器较容易调整，因为它直接作用于跳闸线圈，可分别调节长延时、短延时及瞬时电路中的电位器即可得到需要的保护性能，其他细节同电磁脱扣器的调整。

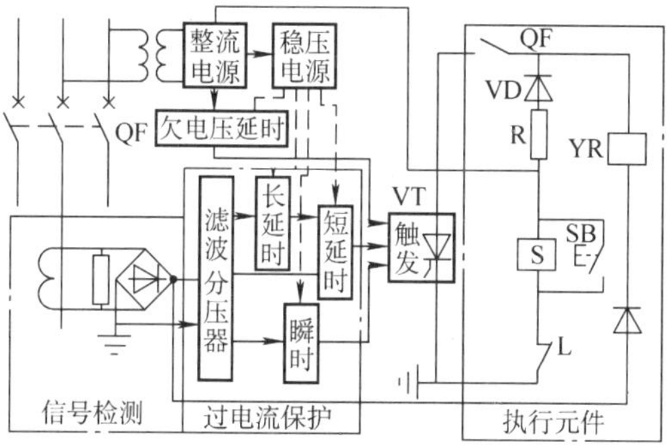

图 4-27　半导体脱扣器框图

QF—自动开关辅助触头　SB—分闸按钮　YR—分励脱扣器线圈

S—失压脱扣器线圈　L—漏电闭锁触头

（5）失电压脱扣器的调整：大多数断路器都具有失电压或欠电压保护，它是用一只电压线圈作为合闸后的保持线圈而进行保护的；此外，分励脱扣器线圈、电磁铁操作机构线圈等都对动作电压有一定的要求，都应进行动作电压的试验，接线方法见图 4-28。一般是先将电压调至额定电压的 105% 使线圈吸合，并缓慢下调直至线圈释放，并记录最低释放电压；然后从释放电压合闸试验，如不能合闸则缓慢升压，直至线圈能可靠吸合并合闸，再将最低吸合电压记录下来。常用断路器线圈可靠动作电压见表 4-5 和表 4-6。

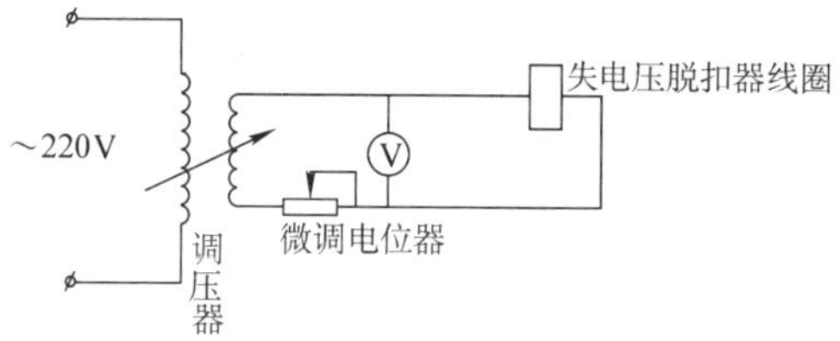

图 4-28　电压线圈的试验接线

表4-5　DW10断路器线圈可靠动作电压值

名称		额定电压 U_N/V	可靠动作电压	消耗功率	
				交流/VA	直流/W
分励脱扣器		交流 36、110、220、380 直流 24、48、110、220、440	$(75\% \sim 105\%)U_N$	187	100
失压脱扣器		交流 110、220、380 直流 110、220、440	75% U_N 以上不动作 40% U_N 以下动作	40	10
电磁铁操作机构	DW10－200 DW10－400、600	交流 220、380 直流 110、220	$(85\% \sim 105\%)U_N$	10000 20000	1000 2000
电动机操作机构	DW10－1000、1500 DW10－2500、4000	交流 220、380 直流 110、220	$(85\% \sim 105\%)U_N$	500W 700W	500 700

注：分励脱扣器和电磁铁操作机构的消耗功率为瞬时功率。

表4-6　DW15断路器线圈可靠动作电压值

名称	额定电压 U_N/V	可靠动作电压/V	消耗功率			
			交流/VA		直流/W	
			220V	380V	110V	220V
欠电压脱扣器	交流 220、380	$(35\% \sim 70\%)U_N$	18	19	—	—
分励脱扣器	交流 220、380 直流 110、220	$(75\% \sim 110\%)U_N$	44	57	29	24
释能电磁铁	交流 220、380 直流 110、220	$(85\% \sim 110\%)U_N$	670	680	890	903

注：分励脱扣器和释能电磁铁的消耗功率为瞬时功率。

（6）注意事项

1）调整试验时所有的接线应正确、可靠，避免虚接发热；短路线应用容量足够的铜辫子软线，截面积应与电器的导线或母线相同。

2）电流试验时的温度测试，一定要注意室内温度，一般应在周围介质0～40℃范围内进行，并记录测试时的温度。同时应避免外界气流、阳光和其他射线对电器的影响。

3）试验回路的电压线圈应加额定电压，有手动、电动合闸的开关元件，两种合闸都应进行试验，试验时必须将灭弧罩上好。

4）合闸后除上述测试外，应用万用表检查辅助触点的开闭情况及可靠性。

5）试验过程中如发生意外，如打火、烧红、漏电、变形等应立即将升流器调零并关掉电源，然后再分析原因，试验设备和被测试元件必须接地良好。

3. 接触器的测试

接触器的线圈应加额定电压，电流值的选择同隔离开关。其他内容及方法同断路器。

4. 电流继电器的测试

基本同断路器过载动作电流的整定。

5. 熔断器的测试

熔断器的测试主要是绝缘电阻（导电部位与熔盒的通电部位）和其触头与柜体主回路插入部位的接触电阻。此外应核对熔体的电流值，一般按被保护线路或被保护电动机额定电流的1.5~2.5倍来选择，并能避开电动机的起动电流；对频繁起动的电动机。放宽到3~3.5倍；对保护多台电动机时，应按容量最大的电动机起动电流同其余多台电动机额定电流之和选取。必要时熔断器应按断路器的试验方法进行试验。

6. 电流互感器的测试

电流互感器应测试线圈的直流电阻或进行匝数比（电流比）的校验。直流电阻的比值应和互感器的变比相对应。

匝数比（电流比）的校验接线方法见图4-29。其中电流表应选用精度较高的标准表，一般用0.05级的，A_1 的量程应为互感器一次电流额定值，A_2 的量程应选用5A量程的标准电流表。首先观察电流表的零位是否和表针对应，否则应先调零；然后将升流器的电源合上，指针仍为零，而后可在 A_1 的刻度上选择低量、中量、满量三个刻度（如100A的表可选10、50、100三个点）再升流，并在每个点停止升流并观察 A_2 的指示值，三个点的电流值对应于 A_2 的三次指示值的比值应相近于互感器的匝数比，其误差不得大于互感器允许误差的1/3。测量时必须注意电流互感器的二次绕组不得开路，接线必须紧密可靠；同时二次绕组应可靠接地。

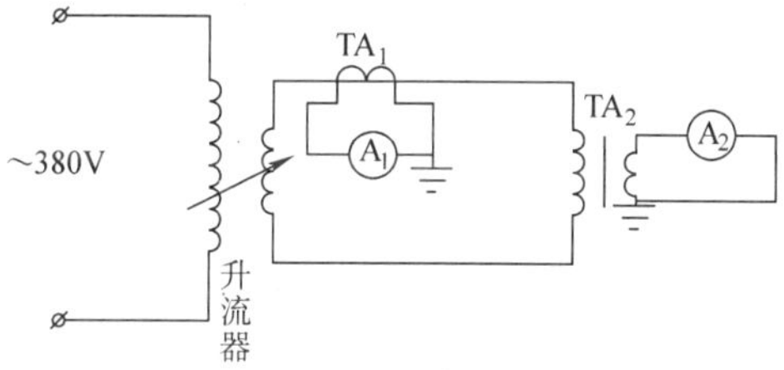

图4-29　电流互感器的校验

7. 电工仪表的测试见本丛书《电气设备、元件、材料的测试和试验》分册。

（三）控制柜（箱）及控制系统的调整

控制柜（箱）是根据电动机的起动方式及系统的控制方式而设计制造的，调整试验要与电动机配合进行。它的调试工作部分内容和开关柜相同，大部分内容和开关柜不同，特别是电子传动设备、硅整流装置、晶闸管传动设备、可编程序控制器（PLC）、交－直－变频调速系统及微机控制系统的调试等都远远地超出了传统电气控制的调整方法。控制柜的调整包括元件本身的测试、保护系统动作电流的调整、控制系统的空投操作试验、起动参数的整定、电子设备电磁兼容性试验，系统或整机调试等内容。

1. 传统电气控制柜的调整

传统电气控制柜是指接触器—继电器控制方式的控制柜，有时附带一点电子元件，也是目前用得最多的控制柜。

(1) 元件的测试：详见本丛书《电气设备、元件、材料的测试及试验》分册。

(2) 看读图样并分析控制电路的工作原理，结合电动机的起动方法，找出调节元件及其调节参数。

电动机起动控制电路很多，是按照电动机的功率以及被拖动设备的负载特性而设计的常用继电器—接触器起动控制电路调节元件及参数整定要有熔断器或断路器、热继电器或电流继电器、时间继电器，有的控制系统还配有温度继电器、速度继电器等。

(3) 控制电路的通电试验及空投试验：控制柜（箱）的控制回路常采用380V或220V，也有用127V或110V的，有的则用直流110V或24V（有变压器及整流装置）等，无论哪种，其电源的取得一般应在该柜总开关的上闸口。

因为这样的接线方式，可以在主电路不得电、电动机不起动的情况下，控制回路有电，继电器和接触器及其所有的接点都可以动作；可以试验控制回路接线的正确性，并通过试验可以证明电器动作的程序正确与否；根据起动原理则可判断控制电路能否完成电动机的起动过程，能否在事故情况下跳闸保护电动机或在短路或过载时延时跳闸等功能。

先将控制回路接上临时电源，这时要注意检查控制回路的熔断器或小型断路器，一般情况下控制回路的熔丝宜选5A，小型空开不超过10A。然后将控制回路的开关合上，这时控制回路中，控制回路得电时应该动作的继电器应得电动作，灯光指示应正确。而后可操作起动按钮，主接触器应吸合，继而时间继电器、中间继电器也应吸合，延时后起动辅助接触器应吸合，完成起动。继电器和接触器的动作情况一般是将灭弧罩取下，这样观察起来方便。正常动作后，可用手触动保护元件动作，如过电流继电器的衔铁、电压线圈的衔铁、时间继电器气囊或旋钮等，使其吸合动作，这时主接触器应跳闸，指示灯或报警器应显示等。如果动作不正确，则说明线路或元件有误，应修复。

2. 电子式电气传动装置的元件调试要点

(1) 常规性检查及测试

1) 插件板的标号及其元件应完整无损，无锈蚀，元件排列规则整洁，外形尺寸与装配或焊接应符合要求。

2) 插件板上印制电路清晰、平滑、无毛刺、光洁，线条无断开、无起皱现象，线条间无粘连无短路，线条间距一般应大于或等于0.8mm，插脚间隔明显。

3) 插件板的插头与插座之间的压力应均匀紧密，接触必须良好，插入后不得歪斜，不得承受其他外力。插件的拔出及插入应能避免碰及相近元件且方便自如，防松装置或挡板应齐全可靠实用。

4) 成套装置的供电电源的容量、电压等级、保护功能应符合系统的设计要求。

5) 绝缘电阻的测量及要求，应按本章二、(一) 进行。

6) 电子元件的工作环境应满足元件的要求，一般允许使用在环境温度10~40℃范围内和相对湿度不大于85%的场所。

(2) 稳压器的检查及试验

1) 稳压器的稳定度应符合产品设计要求，一般当输入电压为额定值的80% ~110%范围内任意值，且使负载由零到额定值的变化时，其输出电压的波动范围不应大于额定值的±5%。通常是用调压器进行试验，负载可用一电阻代替，见图4-30。

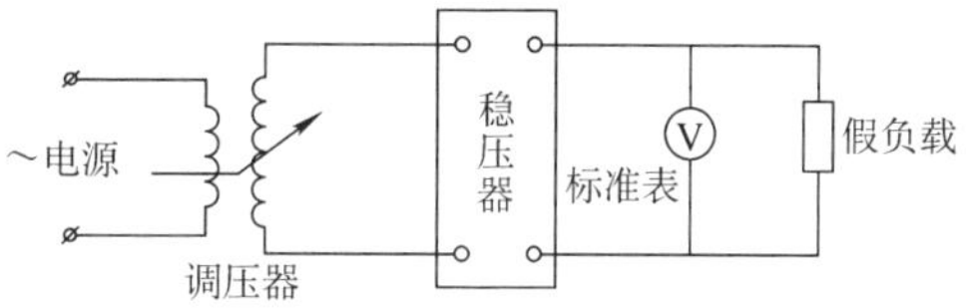

图4-30　稳压器稳定度的试验

2) 稳压器的过载及短路保护特性应符合产品设计要求。过载及短路时应报警、跳闸。通常是用假负载进行试验，见图4-31。

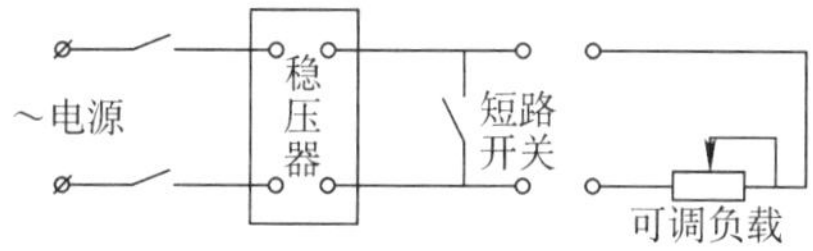

图4-31　稳压器保护性能试验

(3) 运算放大器及各种调节器的检查及试验

1) 在放大器放大倍数为1的接线情况下，当输入信号为零时，调零装置应能使其输出接近于零；无调零装置的调节器，则允许存在较小数值（mV级）的输出，且无振荡现象。

2) 限幅的调整：正负限幅电位器应能从零到最大连续可调，限幅的范围和电压值应符合设计要求。

3) 对元件有怀疑时，应检测调节器的静态输入输出特性。在额定负载下，所测取的特性，在最大允许输入输出范围内应呈线性，正反向特性应对称于零点，一般性偏差应接近于0.5%。

4) 观察调节器的阶跃输入的输出动态波形，波形的变化应分别符合各类型调节器特性变化的规律。

5) 如果出现零点漂移，应检查调节器的温漂情况，一般分立元件的漂移值应小于100μV/C，集成元件应小于20μV/C。

6) 对具有封锁装置的调节器，需检查其工作是否正常可靠。

(4) 给定积分器的检查及试验

1) 发送器单元与积分器的连接线，应符合系统图的要求。

2) 输入为零时，其输出应为零，并无振荡现象，否则应调零。

3) 测取静态发送器的输入与积分器的输出特性曲线，所测得的曲线，在额定工作电压范围内应符合系统的要求，各级每点应均无振荡现象，积分时间应均匀可调，且呈线性，线性度的偏差一般应接近于0.5%。

4) 检查积分器的封锁动作情况，其动作应正常可靠。

5）传动电动机有潜动现象（零点爬行）时，除检查系统其他原因外，应检查给定积分器的温度和时间漂移情况是否符合要求。

6）检查输出电压保持时间，在系统要求的时间内，输出电压值应保持不变。

（5）直流电压变换器的检查及试验

1）隔离变压器的连接极性和相序均应正确，并调制频率及波形，应符合设计要求。

2）当输入为零时，其输出应近似于零，否则应调零。

3）测取静态时正反向输入（电压、电流）与输出（电压）的关系特性曲线，在额定输出范围内应呈线性，线性度的误差应接近于1%，死区应小于设计规定值。

4）检查变换器的过载能力，一般输以3倍额定电流时，输出仍呈线性。

5）检查有无零点漂移，零点漂移一般应小于50mV。

（6）交流电流检测器的检查及试验

1）电流互感器的变比和极性，应符合设计要求。

2）当输入为零时，其输出应近似于零，否则要调零。

3）测取输入（交流电流）输出（电压）关系特性曲线，其线性度误差应在1.5%～3.0%之间。

4）检查过载能力，输以3倍额定电流时，其输出仍为线性。

（7）乘法器的检查及试验

1）输入输出补偿和变换系数的调整，应先预热5～10min，待温度稳定后再进行而后调零。

2）测取工作范围内交叉特性曲线，曲线上各点的精度应符合设计要求，一般精度误差应接近于1%～3%。

3）对时分割型的脉冲宽度调制器，应调其零位和限幅值，观察脉冲波形，脉冲前、后沿的陡度和占空因素均应符合制造厂的要求。

（8）函数发生器的检查及试验

1）当输入信号为零时，其输出应为零，或当输入为零时，其输出也可根据工作要求来选择，且无振荡现象。

2）在额定工作范围内（带实际负载），能按预定函数做出模拟曲线，且曲线的各点无振荡，其误差应符合设计或制造厂的要求。

3）将其调整到系统所需要的函数模拟的工作点上。

（9）电压频率变换器

1）当输入信号为零时，其输出频率应为零，或输出频率可根据工作要求来选择。

2）测取输入输出特性，输入信号与输出频率之间的关系应保持规定的函数模拟关系；当输入信号不变时，其输出频率应不波动；在额定工作范围内，输出各点的频率误差应符合制造厂的规定。

（10）开关逻辑元件、电平检测器和运转指令器的检查及试验

1）开关逻辑元件的逻辑功能、输出信号的状态和负载能力，均应符合系统的要求。

2）电平检测器的动作电平与返回电平，应符合系统要求，用作过电流、过电压或欠电流、欠电压元件时，还应检测其回环电压，其值不宜小于100mV。

3）测取运转指令器各点动作波形图，该图应符合切换动作的顺序和要求。

(11) 移相触发器的检查及试验

1) 同步电源的相位和电压值，均匀符合系统的要求。

2) 触发器的输出端接模拟负载或在不接通主回路电源的情况下，直接接通晶体管的控制极，通电检查各点的触发脉冲的波形、幅值、极性及各脉冲之间的相位关系，均应符合系统的工作要求，同时应符合以下要求。

① 各脉冲之间的相位间隔应一致，如三相桥式整流系统六个臂上脉冲之间的相位间隔按相序依次为60°；它们的相位间隔的最大相对偏差应不大于±2°~4°。

② 各相脉冲的宽度、幅值、前沿陡度均应一致，并符合晶闸管触发和系统设计要求；对并联晶体管的脉冲前沿一般宜小于1μs，必要时可检测最大脉冲电流，其值可达晶闸管规定的触发电流的2~3倍。

③ 采用单脉冲触发的系统，其触发脉冲的宽度和移相范围应符合设计，其脉冲宽度 Q 一般在60°~120°之间；采用双窄脉冲触发时，其脉宽一般在3°~10°之间，且每相触发装置应同时产生两个互差60°的窄脉冲。

上述检查后，输入控制信号，检查各脉冲移相范围，应符合系统设计要求。如有稳压设备时，检查交流电源在额定电压85%和110%的情况下，输出脉冲的相位应均无明显变化。

3. 电子设备电磁兼容性试验要点

装有电子元件的电控设备、可编程序控制器、电子数字传感器、转换电路、接口电路、微机系统以及电子数字仪表等电子设备运行前则应进行电磁兼容性试验。其试验项目有：静电放电敏感度试验、串模抗干扰试验、共模抗干扰试验、电源尖脉冲敏感度试验、交直流磁场敏感度试验、无线电磁场干扰测试、环境电磁场干扰测试。

(1) 试验程序

1) 试验前应制定安全措施，包括设备出现异常时安全措施。各种电源的投入和切除、设定值的改变、运转方式切换等均应按操作规程进行。

2) 试验应按先部分试验后整体试验的步骤进行。

3) 干扰信号的量值、施加时间均应分级逐步增加，前一级未通过时不得进行下一级试验。

(2) 静电放电敏感度试验

1) 用标准静电放电发生器的静电电压施加于受试设备的试验点上，进行放电，放电过程应通过仪器观察。受试设备在放电和放电衰减期间，可以超差工作，但在放电衰减后应即恢复到正常工作；具有数据储存或带标准接口而进行数据传递的设备，在标准放电中和放电后，不得丢失数据，储存的程序不得有任何变化，不得改变状态，接口上的各点电平不应有任何变动；受试设备和系统的自动装置，工作性能应正常。

2) 标准静电放电发生器的静电电压，应符合受试设备的技术条件和出厂试验的规定。一般也可按以下方法进行；标准静电放电可将一只300pF的电容充电到-15000V，然后经过一只500Ω的电阻对受试仪器进行放电；标准静电放电可将一只150pF的电容充电到2000(1±10%)V，然后经过一只150Ω的电阻对受试设备进行放电。这里必须注意，电子测量仪器与电控设备的放电方法不同。

3) 放电试验点的选定：受试设备门把、操作手柄或键盘上不应少于3点；每根输入、输出线上不应少于3点，输入、输出电缆线上离开受试设备150mm以外处各选一点；输入、输出接插头的外壳上选一点，试验时可将外接电缆断开；受试设备外壳上距安全接地线端最远处选一点；在每个与地隔离的金属罩上选一点。

4）放电次数的规定：放电探头应垂直加于试件上，并逐渐接近试验点直到产生放电。放电应以单次放电方式进行，在选定的试验点上分别进行10次单次放电。

5）试验方法及注意事项：试验方法的接线见图4-32。高压电源和放电探头的接地线均应接到受试设备的接地线上，接地线与主接地体的连接应可靠，接地线的连接和接地线的截面应符合有关规定，详见本丛书《电气工程安全技术及实施》分册中防雷与接地系统中有关电子设备接地的内容。放电探头应以垂直于被试品表面的形式逐步接近试验品，每次放电后，应重新进行充电，再进行下一次放电试验。

试验时，高压操作应用绝缘工具，有人监护，试验完后应充分放电。

（3）串模抗干扰试验：试验接线见图4-33，对输入输出互相绝缘的仪表，试验时应将输出一端接地。试验时，将串模干扰电压施加于受试设备的输入信号线上，然后通过仪器观测其对受试设备工作性能的影响。

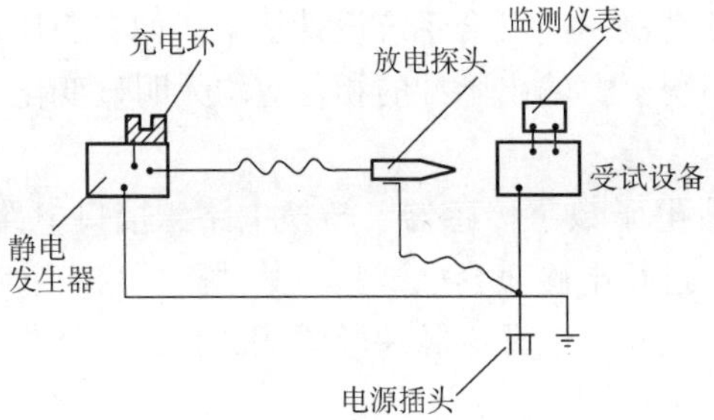

图4-32　静电放电试验接线框图

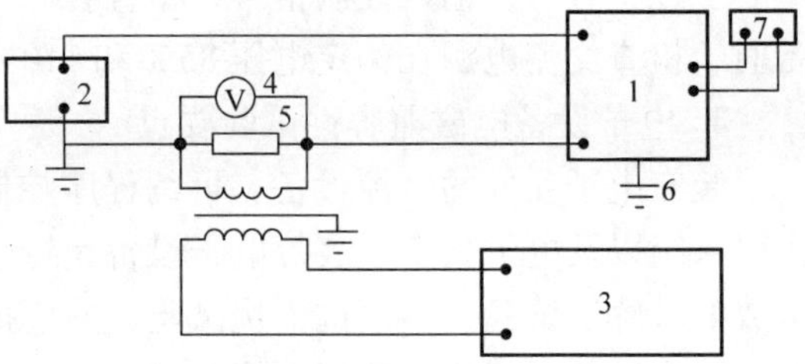

图4-33　串模抗干扰试验接线框图

1—受试设备　2—输入信号源　3—可调相位和幅值的50/60Hz交流电压源　4—电压表　5—串模负载电阻　6—安全接地线　7—监测仪表

串模干扰电压频率应与受试设备主电源频率相同，干扰电压的幅值应符合制造厂的规定，一般取最低值为1V（峰值），电压的相位能在0°~360°范围内连续可调。

试验标准：在0°~360°范围内调节串模电压的相位，受试设备应工作正常；受试仪表指示值三次读数的平均误差值应在仪表允许误差范围之内；测量干扰电压施加前后的信号值，按下述方法计算后所得的串模抑制比应符合产品的要求。

$$\begin{array}{c}\text{串模干扰}\\\text{抑制比}\end{array}=20\log\frac{\text{串模干扰电压峰值}}{\text{（干扰前-干扰后）电压信号值}} \tag{4-1}$$

（4）共模抗干扰试验：试验接线见图4-34。试验时，将交流共模电压施加于受试设备输入/输出端子与地之间，通过仪器观测其对设备的影响。

干扰电压应符合制造厂的规定，一般干扰电压幅值应不低于250V，电压的相位应能在0°~360°范围内连续可调。

试验标准：在0°~360°范围内调节共模抗干扰电压的相位，受试设备应运转正常；必要时，对变送器等受试设备还应以50V或1000倍变送器最小量程的直流共模干扰电压，分别以正电压和负电压施加于受试设备上，设备仍应运转正常。受试仪表示值的三次平均误差应符合制造厂的规定，所测得的共模抑制比应符合产品规定。

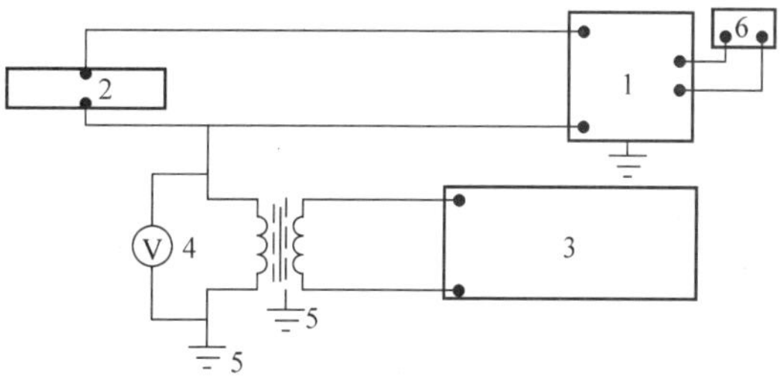

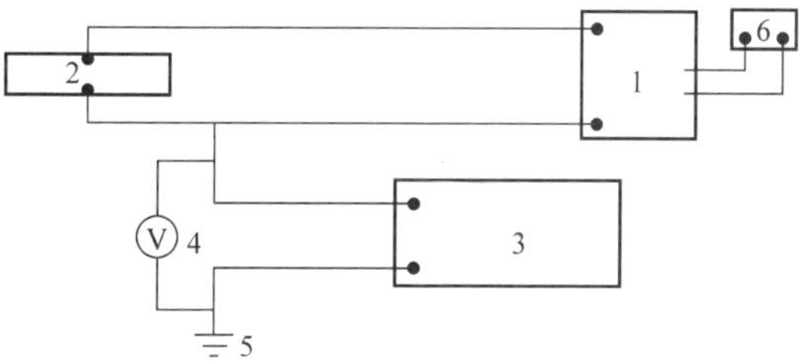

图 4-34　共模抗干扰试验接线框图

a）交流共模干扰试验接线框图

1—被试设备　2—输入信号　3—可调相位和幅值的 50/60Hz 交流电源　4—电压表　5—接地线　6—监测仪表

b）直流共模干扰试验接线框图

1—被试设备　2—输入信号源　3—可调的直流电源　4—电压表　5—接地线　6—监测仪表

$$共模抑制比 = 20\log \frac{共模干扰电压峰值}{（干扰前 - 干扰后）电压信号值} \tag{4-2}$$

（5）电源尖脉冲敏感度试验：试验接线见图 4-35，试验电源应通过滤波器（至少为 500μH 的扼流圈或 10μF 的穿心电容器）接入，并有隔离变压器保护。

尖脉冲电压波形应符合图 4-36 的要求；尖脉冲电压应以 6 ~ 10 次/s 的重复频率施加于受试设备的电源线上，对交流供电的受试设备，应分别以正负极性尖脉冲电压施加于受试设备电源线上；脉冲频率应与电源频率同步；脉冲相位应为 0° ~ 360°连续可调，试验时调节脉冲相位，确定出最敏感的脉冲相位；脉冲幅值应为电源电压有效值的 4 倍；脉冲施加时间应不少于 30min，受试设备不应出现系统不稳定、元件误动作或输出波形失真等异常现象，设备的各项动作功能和程序均应正确无误。

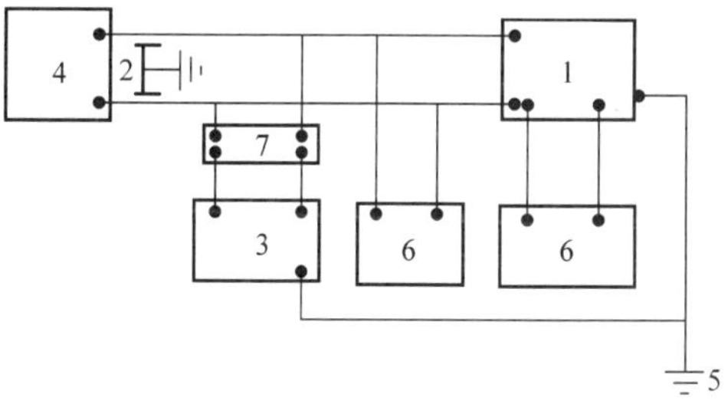

图 4-35　电源尖脉冲敏感度试验框图

1—被试设备　2—穿心电容器　3—尖脉冲发生器

4—交流或直流试验电源　5—安全接地线

6—监测仪表　7—隔离变压器

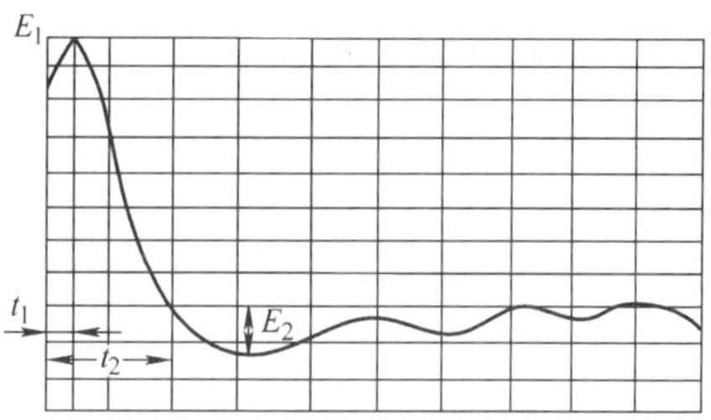

图 4-36　尖脉冲电压波形图

E_1—尖脉冲电压　E_2—电源电压

$t_1 = 0.5\mu s$　$t_2 = 10\mu s$

(6) 交流、直流磁场敏感度试验：分别将交流、直流干扰磁场施加于受试设备外部的任何点上，受试设备不应出现运转异常现象。施加的干扰磁场强度应不低于受试设备制造厂的规定，一般为0.5mT。

环境电磁场干扰场强的测试，对所测电子仪表和电气设备机房内无线电干扰的场强，应符合设计规定；外部干扰场强应符合制造厂的规定，一般3m以内交、直流干扰场强应小于0.5mT，10m以内应小于10mT。

4. 成套硅整流装置的试验要点

安装及试验应满足GB 50255—2014《电气装置安装工程电力变流设备施工及验收规范》的要求。

(1) 常规检查及要求

1) 电子元件的检查，见“2. 电子式电气传动装置的元件调试要点”。

2) 硅元件内冷却风道应干净，风向应正确；循环水冷却系统无渗漏现象，循环水的水质和出口水温应符合设计要求，出口水温应控制在30~37℃之间，进出口水的温差约5℃，进口水温以调到不低于空气的露点为宜。

3) 母线和导线的连接均应正确，对地和相间距离、接头或接点的接触应符合要求。要确认母线和导线的截面，应符合设备容量的要求。

4) 硅整流柜要求对地绝缘时，应检查对地绝缘的完好性。

(2) 绝缘电阻的测量

1) 测量硅元件夹紧螺栓的绝缘电阻，一般应不低于1MΩ。

2) 测量主回路对硅外壳、对地、对二次回路的绝缘电阻，均应大于1MΩ；水冷却硅整流柜主回路对地的绝缘，在充水后应不小于50kΩ；二次回路的绝缘电阻按本节三、(一)进行。

(3) 耐压试验：耐压试验前，应将主回路与二次回路断开，切断接地点，并将整流元件、电容器、压敏电阻短接，在冷却系统无水的情况下，用1kV绝缘电阻表测量各受试部分的绝缘电阻，在环境温度为(20±5)℃和相对湿度为85%的情况下，其数值每千伏额定电压不应小于1MΩ。

主回路对二次回路、对地试验电 U_p 可按下式计算：

$$U_p = 2 \times \frac{U_m}{\sqrt{2}} + 1000 \tag{4-3}$$

式中 U_m——桥臂端子之间的空载最高峰值电压(V)。

如果$\frac{U_m}{\sqrt{2}} \leqslant 90V$时，$U_p$取1000V；$90V < \frac{U_m}{\sqrt{2}} \leqslant 500V$时，$U_p$取2000V。试验时，施加电压上升至试验电压值的时间应不小于10s，加至试验电压后的持续时间均为1min，应无击穿或闪络现象。

(4) 均压系数的测定：两个以上硅元件串联工作时，应测定串联元件的均压系数 C_V，晶闸管整流装置包括正向或反向阻断电压的均衡度测试。电压均压系数的测定，以最低电压逐渐升到50%额定电压，如各整流元件电压数值大致接近时，再升到额定电压下测试，均压系数 C_V 应按下式计算：

$$C_V = \frac{\Sigma U}{n_V \cdot U_{max}} \tag{4-4}$$

式中　C_V——正（反）向电压分配均匀度的均压系数；

ΣU——一个支路串联元件承受的反向或正向阻断峰值电压 U_m 的总和；

n_V——一个支路串联元件数；

U_{max}——一个支路中承受最大正（反）向峰值电压元件所承受的电压值。

均压系数随串联元件数目的多少而有不同的要求，当串联元件数为 2 时，一般不小于 0.9；当串联元件数大于 2 时，可适当放宽，但一般不应小于 0.8。

（5）均流系数的测定：两个以上硅元件并联工作时，应测定并联元件的均流系数 C_I，电流均流系数的测定应在有冷却条件下进行，以不低于 80% 的额定电流下检测，同时应检测主要接点的温升有无异常现象。均流系数 C_I 可按下式计算：

$$C_I = \frac{\Sigma I}{n_I \cdot I_{max}} \tag{4-5}$$

式中　C_I——支路电流分配均匀度的均流系数；

ΣI——各支路正向电流之和；

n_I——并联支路数；

I_{max}——电流最大的支路正向电流值。

均流系数随串联元件数目的多少有不同的要求，一般应符合表 4-7 的规定。

表 4-7　均流系数（参考值）

串联数	并联数							
	2	4	6	8	10	12	14	16
1	0.90	0.90	0.90	0.85	0.85	0.80	0.78	0.76
2	0.93	0.93	0.93	0.88	0.88	0.87	0.86	0.85
3	0.94	0.94	0.94	0.90	0.90	0.88	0.88	0.88
4	0.95	0.95	0.95	0.94	0.94	0.92	0.92	0.91

（6）检查正向压降：试验时，应检查元件的正向压降，一般元件的正向压降不大于 800mV；任何一支路的成组元件正向压降之和，其误差应不大于支路平均正向压降的 ±25mV。

（7）对触发脉冲的要求：除了均压、均流系数外，必须考虑各元件在工作中确实导通，因此对触发脉冲有一定的要求。

1）脉冲的幅值：在串联或并联线路中，较大的晶闸管整流器必须强力触发，中小容量的硅件，脉冲幅值可调至 10V 以上。

2）脉冲源的内阻抗：为了保证晶闸管的可靠导通，应采用内阻抗低的脉冲电源，并分别在控制极回路中串入 10～50Ω 的电阻，或采用 0.1μF 电容器代替电阻。而在控制极与阴极间接入 200～1000Ω 电阻。有的电路为了平衡电流而采用均流器 L，借以发出的电压强制其他元件导通。因此脉冲源内阻抗与 R_1 之和可选至 20～50Ω。见图 4-37。

3）脉冲的前沿：脉冲前沿越陡越好，这样可避免并联时先导通的晶闸管承受大部分电流或串联时后导通的晶闸管承受全部电压，而使元件损坏。脉冲前沿最好在 1μs 左右，一般不得大于 10μs。

4）脉冲的宽度：三相反并联电路中，宽脉冲应在60°以上，窄脉冲应采用双脉冲输出，宽度为20°左右即可。

5）串联电路中各个元件的控制电路必须隔离，一般可选用多个输出线圈的变压器或多个单独的变压器，将它们的一次侧互相并联，二次侧分别引至相应的硅件上。

（8）晶闸管的保护

1）过电流保护：一般采用快速熔断器作短路保护，采用快速开关、快速过电流继电器等过载保护。要求不高时，可用快速熔断器兼作过载保护。有时利用取自主回路上的电流反馈信号叠加于脉冲触发电路，使晶闸管导通角 α 减小来限制负载的过载。在特殊情况下，可用普通螺旋熔断器代替快速熔断器，但熔体的额定电流一般不大于晶闸管额定电流的2/3。

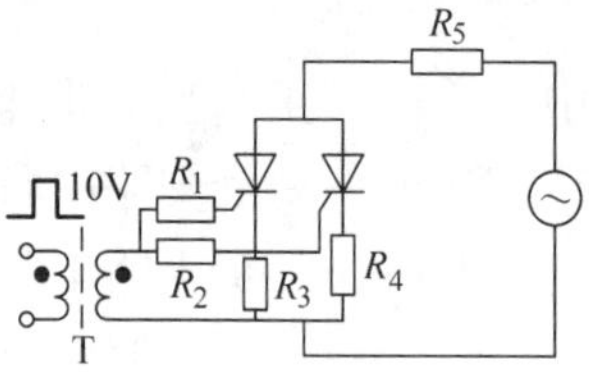

a)

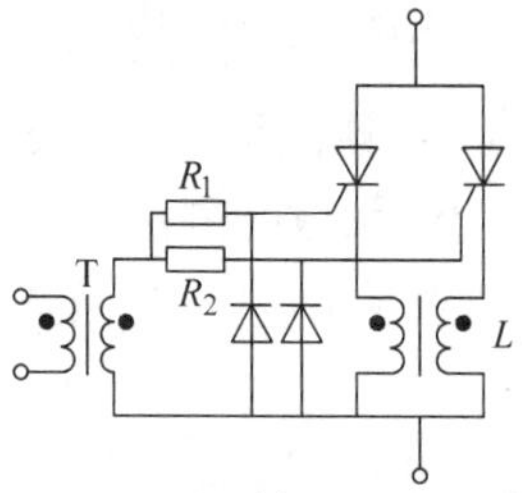

b)

图4-37　脉冲控制电路

① 快速熔断器与硅件直接串联使用时，熔体电流应为晶闸管额定电流的1.57倍，但要考虑两者的过载能力，因此熔体额定电流应按下式选择：

$$\text{快速熔断器熔体电流} = \frac{1.57 \times I_g \times K_g}{K_R} \tag{4-6}$$

式中　I_g——晶闸管的额定电流（A）；

K_g——晶闸管的过载能力（倍数），一般为5；

K_R——快速熔断器的过载能力（倍数），一般为6。

因此，在实际当中，常按1.25～1.5倍选择。对不可控硅元件，则按1.5倍选择。

② 快速熔断器在整流桥进口或出口连接使用时，熔体的选择应按：

进口保护熔体电流 $=KI_d$，K 按表4-8选取；

表4-8　接线系数 *K* 值选取

单相全波	单相桥式	三相零式三相曲折	三相桥式	六相零式六相曲折	双丫带平衡电抗器
0.707	1	0.577	0.816	0.408	0.289

出口保护，负载为电感或电动机时可选为 I_d。I_d 为硅件最大可能使用的直流整流电流。

RSO系列熔断器主要用作于硅件的短路或过载保护，其中RSO-2用来保护2CA不可控硅件，RSO-3用来保护3CT晶闸管。

2）过电压保护

① 交流二次侧的保护：线路见图4-38，一般用阻容吸收装置和硒堆VD保护。

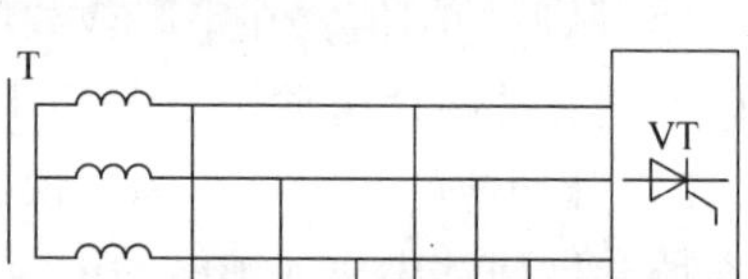

图4-38　交流二次侧保护

a. 硒堆片数的选取可按下式计算：

$$\text{每堆片数}\ n = \frac{KU}{U_n} \tag{4-7}$$

式中　U——被保护侧电压有效值（三相时为线电压）；

U_n——每片反向电压有效值，一般为18～24V；

K——安全系数，一般为$\sqrt{2}<K<2$。

硒片面积可取 30/mm×30/mm ~ 100/mm×100/mm，一般可取 60/mm×60/mm。

b. 单相 220VA 以下电容的选取应按下式计算：

$$C=700\frac{P}{(PRV)^2} \tag{4-8}$$

式中 P——整流变压器的容量（VA）；

PRV——晶闸管额定反向峰值电压（V），如几个串联应乘以 n。

c. 单相 200VA 以上电容的选取应按下式计算：

$$C=400\frac{P}{(PRV)^2} \tag{4-9}$$

d. 三相 5kVA 以下电容的选取应按下式计算：

$$C=K\frac{P}{(PRV)^2} \tag{4-10}$$

式中 K——决定于变压器与电容器连接方式的系数，见表 4-9。

表 4-9 计算系数 K 值

变压器接线方式	电容三角形连接	电容星形连接
Y/Y初级中性点不接地	150	450
Y/△初级中性点不接地	300	900
其他接地	900	2700

e. 电阻的选取按下式计算：

$$R=100\sqrt{\frac{U_d}{C\sqrt{f}\,I_d}} \tag{4-11}$$

式中 U_d——额定整流电压（V）；

I_d——额定整流电流（A）；

f——电源频率（Hz）。

电阻容量用下式计算：

$$P_R=R\left(\frac{U_2}{X_c}\right)^2 \tag{4-12}$$

式中 U_2——二次相电压或线电压（V）；

X_c——电容的容抗，$X_c=\frac{1}{2\pi fc}\cdot 10^{-6}\Omega$。

经计算后应选计算值的 2 倍，以免发热。

f. 大功率整流电路 C、R 的计算：

$$C=K_C\left(\frac{I_{02}}{fU_{02}}\right) \tag{4 13}$$

$$R=K_R\left(\frac{U_{02}}{I_{02}}\right) \tag{4-14}$$

$$P_R=(2\sim3)\ (K_P I_{02})^2 R \tag{4-15}$$

式中 I_{02}——折算到变压器二次的空载相电流（A）；

U_{02}——变压器二次线电压（V）。

计算系数 K_C、K_R、K_P 的选取见表4-10。

表4-10 K_C、K_R、K_P 的选取

整流电路方式		K_C	K_R	K_P
单相桥式		30000	0.3	0.25
三相桥式		10000	0.3	0.25
三相有中性点	一次侧	10000	0.3	
	二次侧	800	0.36	0.25

② 直流侧的保护：线路见图4-39。

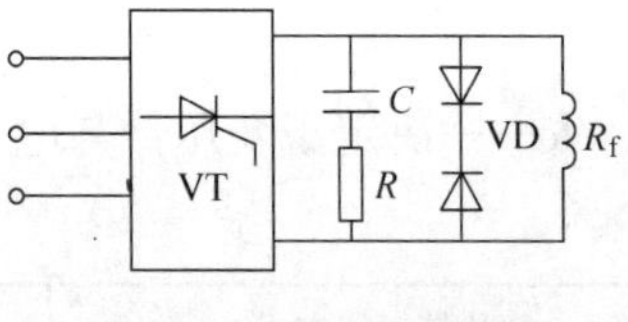

图4-39 直流侧的保护

C、R 按“大功率整流电路”中式（4-13）、式（4-14）计算方法计算，但系数 K_C、K_R 则按表4-11选取。

③ 晶闸管的保护：线路见图4-40，其中 C、R 按下式计算：

$$C=(2.5\sim5)10^{-3}I_F \tag{4-16}$$

式中 I_F——晶闸管额定正向平均电流（A）；

表4-11 直流侧 K_C、K_R 的选取

整流电路方式	K_C	K_R
单相桥式	120000	0.25
三相桥式	$70000/\sqrt{3}$	$0.1/\sqrt{3}$
三相有中性点	$70000/\sqrt{3}$	$0.1\sqrt{3}$

电容电压 $U_C=1.5PRV$

$$R\leqslant\ (1\sim3)\ \sqrt{L_L/C} \tag{4-17}$$

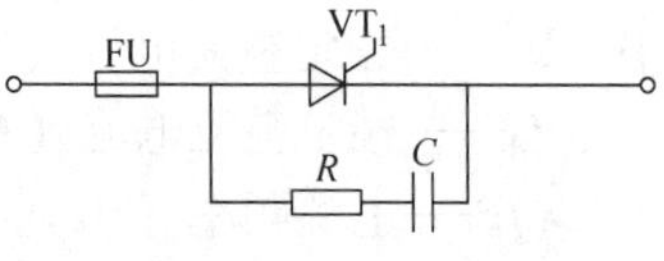

图4-40 晶闸管的保护

式中 L_L——变压器漏感（H），其中

$$L_L=\frac{U_1 e\%}{100I_1 2\pi f}H \tag{4-18}$$

式中 U_1——变压器一次侧相电压有效值（V）；

I_1——变压器一次侧相（线）电流有效值（A）；

e%——变压器短路阻抗百分比。

从实际经验上讲，200A元件电容选0.5μF，100A元件电容选0.25μF，20A及以下选0.1μF；R 可在10～40Ω范围内选取，$P_R=1.5\ (2\pi fc\cdot PRV)^2P\cdot10^{-12}$W。

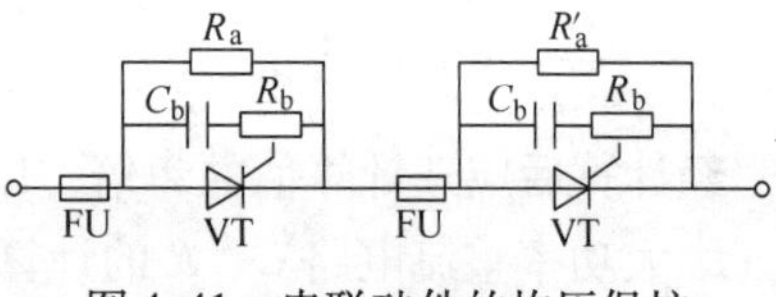

图4-41 串联硅件的均压保护

3）均压保护：线路见图4-41，适用于两个或两个以上串接的硅件上，均压电阻 R_a 一般选用2～5kΩ为宜。换相过压保护的阻容吸收装置 R_b、C_b 也可兼作均压保护。

$$R_a \leqslant 0.25\frac{PRV}{I_L} \tag{4-19}$$

$$P_{R_a}=\frac{2PRV}{KR_a} \tag{4-20}$$

式中 I_L——晶闸管反向平均漏电流，一般50A晶闸管取5mA，100A晶闸管取10mA；

K——经验系数，一般为2～5。

5. 晶闸管整流装置的调试方法

（1）单相晶闸管整流装置

1）调试步骤：先调控制回路，然后再调主回路。

① 控制回路调试时，先加接通控制回路的电源，用示波器观测脉冲管两端有无梯形波，再观测触发电路的电容两端有无锯齿波。调整给定电位器时，应观察锯齿波的数目是否均匀地变化，最少应调到只出现半个锯齿波，最多可出现七八个锯齿波，否则要检查原因。

② 主电路调试时，先用调压器给主电路加一个低电压，约10～20V，同时用示波器观察晶闸管阴、阳极之间电压波形的变化，如果波形上有一部分是一条平线，就说明硅件已经导通，平线的长短可以变化，说明硅件的导通角可调。同时应注意输入、输出电压变化是否对应，有无局部短路或发热现象及其他不妥之处。

2）调试中出现问题的检查及处理。

① 合闸后立即烧断熔丝：除检查变压器一次或二次是否短路外，还应检查整流二极管是否短路，二极管是否完好。

② 电位器刚转动不久，熔断器熔丝就烧坏：应检查晶闸管是否有一只短路，当另一只触发导通，立即形成短路，导致熔丝烧断。

③ 合闸后，调节电位器晶闸管不导通：首先检查输出熔断器，负载是否接通，脉冲变压器二次绕组的极性是否接反。下步检查，用示波器检查触发电路中稳压管两端是否有梯形波，是否够高，电容上是否有锯齿波，是否可前后移动，脉冲的极性方向是否正确，脉冲幅度是否够，因为有的晶闸管要求触发功率大，触发回路输出功率不够（如稳压管的稳压值太低，电容太小），也会导致晶闸管不能导通。下步再检查控制极是否开路，可用万用表检查；如果电容上有锯齿波，而无脉冲输出，一般是控制极短路了。

④ 晶闸管不触发而自行导通，一般是以下原因造成。

a. 触发电路中单结管两个基极电阻太小，而在第一基极上所接电阻太大，漏电流造成第一基极电阻上压降较大而导致晶闸管触发导通。

b. 晶闸管触发电压、电流太小。

c. 晶闸管两端没有阻容保护，加在硅件上的电压上升率太高，造成正向转折导通。

d. 因温度升高，晶闸管正向转折电压下降或晶闸管正向阻断能力丧失变成二极管。

e. 控制极或触发引线受干扰引起误触发。

⑤ 晶闸管导通角开不到最大，又关不到最小。

a. 开不到最大是因为触发脉冲移不到半波的最前沿，原因是同步电源电压太低，梯形波前沿不陡，应将同步电源电压提高到50V以上，以提高梯形波前沿的陡度。再者是因为充电回路的固定电阻太大，如电阻大于2kΩ，应适当减小，以提高前沿陡度，增加导通角。适当减小触发回路的电容，如大于1μF时应适当减小。

b. 关不到最小是因为触发脉冲移不到半波末尾，应适当增大触发电路的电容，如小于0.1μF应增大至0.4μF左右。再者电容充电用的调整晶体管的穿透电流太大，硅件就关不到最小，特别是温度升高时更要严重。因此应选择穿透电流小的晶体管作调整管，或在调整管的发射极串一只二极管。

⑥ 控制电路受干扰大，如果接线正确，一般由以下原因造成。

a. 电源安排不当，变压器一次、二次或几个二次线圈之间形成干扰。消除办法是在同步变压器和脉冲变压器的一、二次绕组间加屏蔽层接地。

b. 放大器的输出、输入及反馈线太长，没有适当屏蔽，特别是晶体管的基极回路最易受干扰。消除办法是接线时尽量缩短输出、输入和反馈的引线，并加以屏蔽。

c. 空间电场和磁场的干扰。消除办法是输出脉冲回路用绞线，引线要尽量短，把控制回路用金属罩屏蔽起来。

d. 布线不合理，主回路与控制回路有平行走线，产生干扰。消除办法是重新布线。

e. 元件特性不稳定，将元件进行老化处理，严格筛选。

⑦ 反馈调节系统不稳定：主要原因是反馈调节系统的调节过程反应迟缓，而对于偏差的放大作用又很大，结果造成超调，产生振荡或不稳定现象。通常是引入被调零的微分负反馈，适当减小调节系统的放大倍数。因此，可以加大放大器的第一只晶体管的发射极电阻，或在第一只晶体管基极与发射极之间并联一只50～1000μF的大电容。最好是采用有调节器的调速系统。

⑧ 晶闸管整流电压输出波形一个半波大，一个半波小，主要原因是放大器输入端引进了交流谐波电压而造成的。交流谐波电压的产生是由于给定电压滤波不好，测速发电机的高次谐波电压影响、电压负反馈引入的整流电压的交流分量、微分负反馈引进的整流电压的交流分量等原因引起的。

克服交流谐波干扰的措施主要是所有主回路引入的反馈信号，都应加滤波器滤掉交流谐波，保证给定电压的质量，即加稳压滤波装置。微分反馈时，尽量采用分压衰减，如还干扰，则应加大放大器的输入电容，或采用T形或π形滤波。也可以在放大器的第一只晶体管的集电极与基极间附加反馈电容，一般在0.1～0.47μF范围内选用，作为抗干扰电容。

（2）三相晶闸管整流装置

1）调试步骤：单相晶闸管整流装置的调试基本适用于三相整流装置，此外还有相序问题、触发电路与主电路的同步问题、三相平衡问题。在主电路和控制电路接线正确及局部调试完毕后，要检查三相电源的相序，要按要求的相序接通主电路与控制电路；然后检查主变压器和同步变压器的一、二次绕组的极性，应对应一致；再检查三相触发电路的输出脉冲与连接的主电路的晶闸管相位是否一致；最后调整三相触发电路中的电位器，使三相脉冲发出的时间对称，使输出波形的三个波顶变化均匀一致。

2）三相交流电相序的测定：一般有三种方法，在前面介绍过相序表法，现在再介绍两种方法。

① 示波器法：把示波器的“整步选择”放在“电源”一档，输入某一线电压（任意取，如U_{AB}），使其一个周期（即360°）在屏幕上的横向宽度为六个格，则每格为60°，记下波形过零点的位置，再换另一线电压，观察其过零点的时刻是落后前者120°，还是超前

120°，即可确定三相交流电的相序，见图4-42。

② 电容灯泡法：把电容、灯泡接成图4-43所示的星形电路。当把三相变压器通电时，一个灯泡亮，而另一个暗。如果以接电容的一相为A相，那么接较亮灯泡的则为B相，暗的为C相。如果直接测380V电源，电容应选小一点的，一般在0.2μF以下，以避免灯泡烧坏。

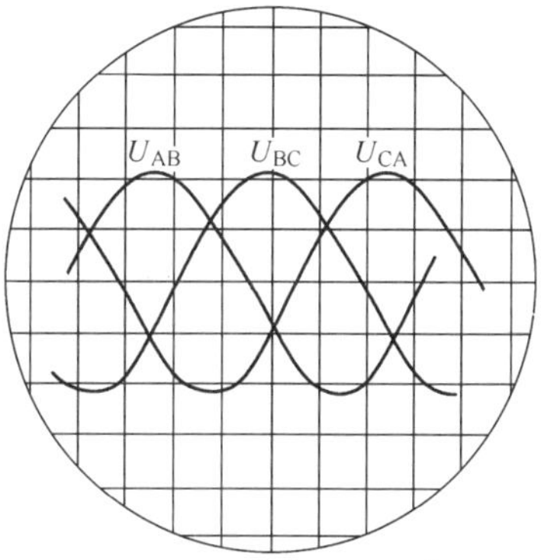

图4-42　示波器测量相序

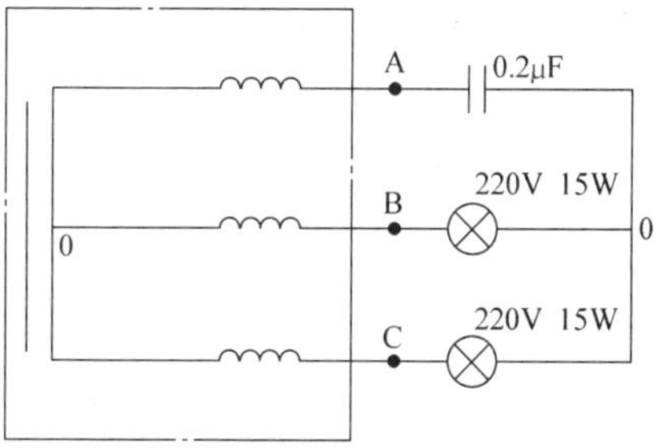

图4-43　灯泡电容测量相序

3）触发器的定相：用示波器观察控制电路中稳压管两端的波形，与被控晶闸管所承受正向电压的相位是否一致（一般同步电压滞后主电源120°）；也可以先把各个晶闸管控制极全部断开，把触发电路输出的脉冲逐个加到每个晶闸管的控制极上，看是否可使该硅件导通角从最大变化到最小，否则相位不对。

4）同步变压器二次绕组极性不得接反，否则A相触发器触发不了A相硅件，却可能触发B相或C相，但是不能达到全范围的调节。如果极性接对，但相序接错，扩大移相角的范围不是向后扩大而是向前扩大，结果造成硅元件输出电压不能从零逐渐升高，而开始就有一个较大的数值。

5）三相的硅元件特性不一致，触发功率有大有小，但只要触发电路选用的参数合理，输出脉冲的幅度较高，前沿较陡，则三相硅元件的特性不一致并不影响正常工作。在单相桥式自控电路中，用一套触发电路触发并联的两只硅元件，如果硅元件特性相差太大，则应在控制极回路中串联不同的电阻，以便使脉冲分配适当。

6）三相晶闸管输出电压波形平衡对称的调整：首先相序及相位接线应正确，选用元件参数一致，特别是触发电路及控制电路中的晶体管及其他元件的参数要接近，然后慢慢调整三相触发电路中的电位器就容易使三相调到平衡对称。

7）调整给定信号时，输出电压波形中三个波头的上升增大不一样快，以至于硅元件在导通角小时可调对称，而导通角大时又不对称，这是由于三相触发电路元件参数不一致，特别是由于晶体管漏电流不一致而造成的不对称。再者是因为三相电源本身不对称，可用万用表测量三相电压是否相同；调整输入信号时如果有一相增长的速度比另两相快，则可更换输入三相电源的相序后再调整，观察是否仍是原来那样，这样即可区分是电源问题，还是触发电路问题。

6. 晶闸管供电的电气传动系统调试的要点

（1）常规检查及要求　基本同成套硅整流装置；此外，交流电源的电压和相序应符合要求；直流输出电压和极性以及稳压电源的稳压范围，均应符合设计及有关要求。

（2）调节器的调整　先在晶闸管不投入工作的情况下，按设计值整定调节器的放大倍数和时间常数、输入及反馈滤波时间常数。如设计无要求者，可按表4-12的规定整定。

表4-12　调节器技术参数参考值

名称 技术参数 技术要求项目	电流调节器	速度调节器	电压调节器
放大倍数	0.6~8	7~10	~100
给定滤波时间/ms	<12	15~400	
反馈滤波时间/ms	<17	<6	

（3）系统调试

1）检查各控制、保护与信号回路的工作程序，应符合设计要求。

2）定相：检查主电源和同步电源均应为正相序；按照本章前述“移相触发器的检查及试验”的方法和要求检查各桥臂晶闸管的触发脉冲与主电源或同步电源之间、各脉冲之间的相位关系，均应符合要求。

3）空载升压试验。

① 在硅件输出端接一轻负载，提供维护电流导通。在开环情况下加一可调信号，分别检查各组硅件系统的输出电压及其波形是否正常，并能在要求移相范围内逐级连续可调，且应符合要求。

② 按系统要求整定最小滞后（整流）角 α_{min} 和最小超前（逆变）角 β_{min}。

③ 检查并联输出的各组硅件，在同一控制信号作用下，输出电压波形应一致。

④ 检查串联硅件的均压系数。

⑤ 检查电压检测装置与阻容吸收装置，应符合设计，并按设计要求整定过电压保护装置，一般为额定电压的1.1倍；必要时应按本章“晶闸管的保护”进行计算。

⑥ 检查电压反馈回路的极性和接线，应符合系统要求，并按设计要求整定反馈参数。

4）负载短路试验。

① 将电动机短接，利用电路闭环，从电流调节器的输入端外加一可调给定信号，调节其限幅以控制短路电流为所要求的数值，再检查电流反馈回路的极性与接线应符合系统要求，并按设计值初步整定电流反馈参数。

② 按设计要求整定快速开关及过电流保护，一般过电流保护的动作值不大于被保护电动机额定电流的2.5倍，快速开关的动作值则不大于2.75倍。

③ 检查并联硅件的均流系数，同时在额定负荷的情况下，检测各桥联结的负荷不平衡值应不大于平均值的3%。

5）电流环的调试。

① 在电动机堵转的情况下，进一步校正零位，当控制信号为零时，使晶闸管的输出为零，并确定初始相位角 α_0。

② 在电动机堵转的情况下，加阶跃给定，测取电流闭环时正、反向电流响应特性，检验其超调量和振荡次数是否符合设计要求，否则按常规检查及要求进行。对没有电流变化率

调节器的系统，应测取其闭环响应特性及电流增长率；对没有电枢电流自适应环节的系统，应检测电流断点及在电流断续区系统的响应特性。

③ 按系统设计要求，进一步整定电流反馈回路的参数和正、反向电流限幅值，一般电流限幅值的整定不大于电动机额定电流的 2.25 倍。

④ 检查反并联逻辑无环流正、反组的切换时间，一般为 8 ~ 12ms。

6）励磁系统的调试。

① 励磁系统的供电装置和元件的单体测试同前。

② 按系统要求整定过励磁和弱磁（失磁）保护，一般过励磁按 1.2 倍额定励磁电流、失磁（弱磁）按 0.6 ~ 0.8 倍最小励磁电流整定，而失磁整定应注意与弱磁升速曲线相配合。

③ 当系统各环调试后，测取电动机转速 - 励磁电流特性，应符合系统工作要求。

④ 模拟检查自动弱磁系统，弱磁起始电压和电势点均应与设计值相符，一般按主机额定电压的 90% ~ 95%。

⑤ 系统的励磁非线性补偿特性的整定，应符合设计要求。

⑥ 在阶跃给定下，测试励磁电流响应特性，应符合系统工作要求，如满足线性升速要求等。

7）速度环和电压环的调试。

① 开环调试：电动机空载，由零逐级升速，观察电动机空转情况是否正常，并检查和整定测速发电机的电压及电压反馈回路的极性与参数等，均应符合设计要求。

② 闭环调试：按设计值整定电压和速度反馈回路的参数、整定调节器的正反向限幅值；必要时检测速度反馈电压的波形是否正常，应无明显锯齿状。

③ 按设计要求整定超速保护，一般可按额定转速的 1.12 ~ 1.15 倍整定。

④ 在阶跃给定下，分别测试和调整速度闭环响应和电压闭环响应特性以及速度过渡过程的响应时间；速度和电压闭环响应特性的超调量和振荡次数，应符合设计要求，一般的传动系统，超调量应小于 6%，最大为 8%；振荡次数一般为 1。

（4）试运转

1）通过给定积分器或给定电位器，逐级给出信号使电动机空转。电动机由静止到基速并由基速到最高速的逐级运转情况应正常；测量这两级调速范围的速度响应特性应一致，该响应特性应接近速度给定曲线。

2）通过给定积分器或给定电位器，发出阶跃信号，在电动机空载情况下，测量电动机正反转基速到最高速时的速度、主回路电流与励磁电流等加减特性，均应符合设计要求。

3）在阶跃给定下，利用制动电阻模拟冲击负载，在不同速度时的系统动态降速和恢复时间，应与设计要求相符，动态降速一般小于或等于 3%，恢复时间在 0.3 ~ 0.8s 之间。

4）在带负载的情况下，测试电动机速度、主回路电流、励磁电流等的动态波形图。

5）对有动力制动回路的系统，应检查和调整其结果；制动电流应小于额定电流，电动机的火花等级应符合制造厂的规定。

7. 晶闸管励磁的同步电动机起动控制及其调试要点

（1）轻载起动的晶闸管励磁系统　励磁主回路采用三相半控整流桥固接励磁线路，见图 4-44。如采用全压直接起动，按电动机转子转差率为 3% ~ 5%、顺极性自动投励，使电动机牵入同步运行；如采用减压起动，当转速达到同步转速的 90% 左右时，自动切除电抗，

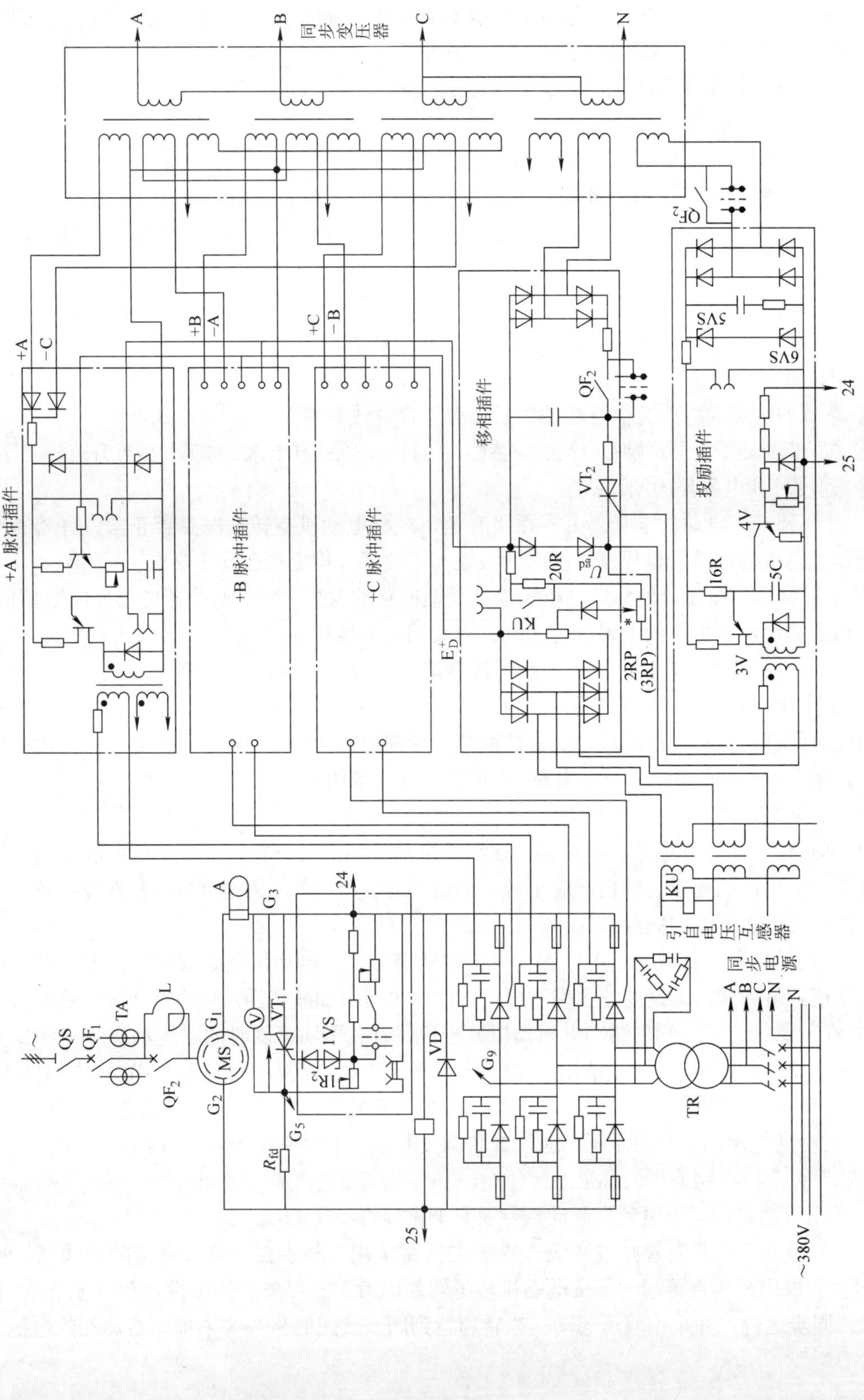

图4-44 轻载起动晶闸管励磁原理图

投入全压加速至准同步转速，并按转子转差率为 3% ~5% 顺极性投励，使电动机牵入同步运行。当电网电压波动时，具有电压负反馈自动保持基本恒定励磁，当电网电压降至额定值的 85% 时进行 1.4 倍历时 30s 的强励；可手动调节励磁电压电流，进行功率因数的调整，调节范围从 10% ~100% 连续可调。

1）起动控制过程：电动机异步起动后，转子感应出来的交变电压在 G_2 端为正时，转子经续流二极管 VD 短接；在 G_1 端为正时，转子通过晶闸管 VT_1 的导通将放电电阻 R_{fd} 接入，避免了转子感应高压危及整流桥上的晶闸管。电动机进入同步运行后，励磁电压加在 $1R_2$ 上的压降（必须）低于稳压管 1VS 的工作电压，使 1VS 关断，进而使 VT_1 关断，切断了灭磁。假如 VT_1 没有关断，则由于 G_5 和 G_9 的连接，使其灭电流流过而自行关断。

投励环节的作用是保证电动机起动到准同步转速时，顺极性自动投励。电容器 5C 的充电速度受电阻 16R 及晶体管 4V 控制，4V 的工作又由转子感应交变电压控制。起动后，如 G_1 为正，也就是 24 端为正，25 端为负，4V 导通，5C 则经 15R 放电，5C 得不到充电；如 G_2 为正，即 25 端为正，4V 截止，这时 6VS、5VS 的稳压电源则经 16R 向 5C 充电。这时由于电机刚起动，转子电压频率为 50Hz，且随着转速的增高而降低，到达准同步转速时约为 1.5 ~2.5Hz。这样便将 5C 充电到单结管 3V 峰点电压 U_P 的时间整定到 0.3s 左右，以致使在未进入准同步以前，G_2 端为正的时间均小于 0.3s，即 5C 充不到 U_P 值，即不可能有触发脉冲输出。5C 的充电时间 τ 是用下式计算的：

$$\tau = RC\ln\left(\frac{1}{1-\eta}\right) \tag{4-21}$$

式中 η——单结管分压比，一般取 0.7；假如 5C 为 $1\mu F$，16R 为 $270k\Omega$，τ 则为 0.33s。

当电动机转速接近准同步转速时，G_2 为正的时间达到 0.3s，这时 5C 则充电到 $\geq U_P$ 值，单结管导通，发出脉冲，使移相晶闸管 VT_2 导通，接通给定电压 U_{gd}，使脉冲插件工作并送出触发脉冲，进而使励磁整流桥的晶闸管导通工作，投入励磁，牵入同步。其中给定电压 U_{gd} 可用 2RP（在控制柜上）或 3RP（在电动机旁）进行调节。当电网电压下降到额定值的 85% 时，电压继电器 KU 的常开接点将 20R 短接，U_{gd} 突然增大，使脉冲插件的脉冲前移，励磁桥硅件导通角减小，而电流增大，实现 1.4 倍的强励。

2）调试元件及参数：该励磁电路中，放电电阻 R_{fd} 的阻值应满足下式：

$$\frac{\text{额定励磁电压}}{VT_1\text{ 的额定电流}} \leq R_{fd} \leq \begin{matrix}\text{10 倍转子绕}\\ \text{组的直流电阻}\end{matrix}$$

同时，整个起动过程中，R_{fd} 上感应的交变电压不得大于 800V，流过的交变电流不得大于 VT_1 的额定电流的 3.14 倍（峰值）。

然后在现场调整以下参数：

① VT_1 的导通开放电压为 300V；

② 投励环节中 5C 充电时间整定为 0.3s 左右；

③ 三相晶闸管触发导通的对称度及其晶闸管整流系统的调整；

④ 电压下降至额定值 85% 时的突加强励的特性；

⑤ 元件的可靠性试验。

（2）重载起动的晶闸管励磁系统 励磁主回路采用三相全控整流桥固接励磁线路，见图 4-45。按转子转差率为 4% ~5% 顺极性投入励磁；电网压降至额定值的 80% 时进行突加

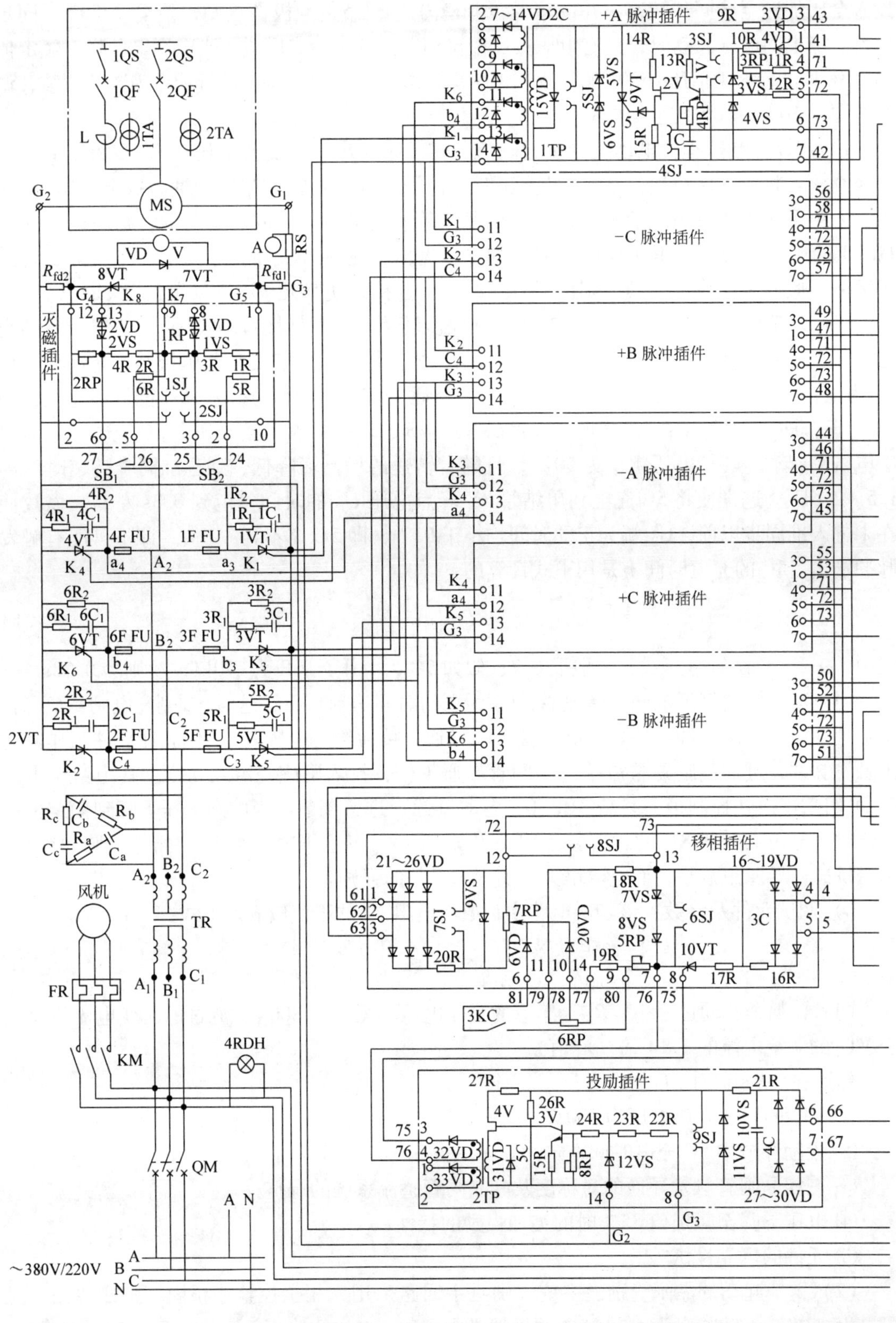

1QS
2QS
1QF
2QF
L
1TA
2TA
G2
G1
MS
VD
V
A
RS
8VT
7VT
灭磁插件
2VD
1VD
2VS
1VS
1RP
2RP
1SJ
2SJ
SB1
SB2
4VT
1VT1
4F FU
1F FU
6VT
3VT
6F FU
3F FU
2VT
5VT
2F FU
5F FU
风机
FR
KM
TR
4RDH
QM
A N
~380V/220V
+A 脉冲插件
7~14VD2C
15VD
1TP
4SJ
3SJ
5SJ
9VT
4RP
-C 脉冲插件
+B 脉冲插件
-A 脉冲插件
+C 脉冲插件
-B 脉冲插件
移相插件
21~26VD
16~19VD
8SJ
7SJ
6SJ
9VS
7RP
6VD
20VD
7VS
8VS
5RP
10VT
6RP
3KC
投励插件
32VD
33VD
31VD
2TP
12VS
9SJ
10VS
11VS
4C
27~30VD

图 4-45 重载起动晶

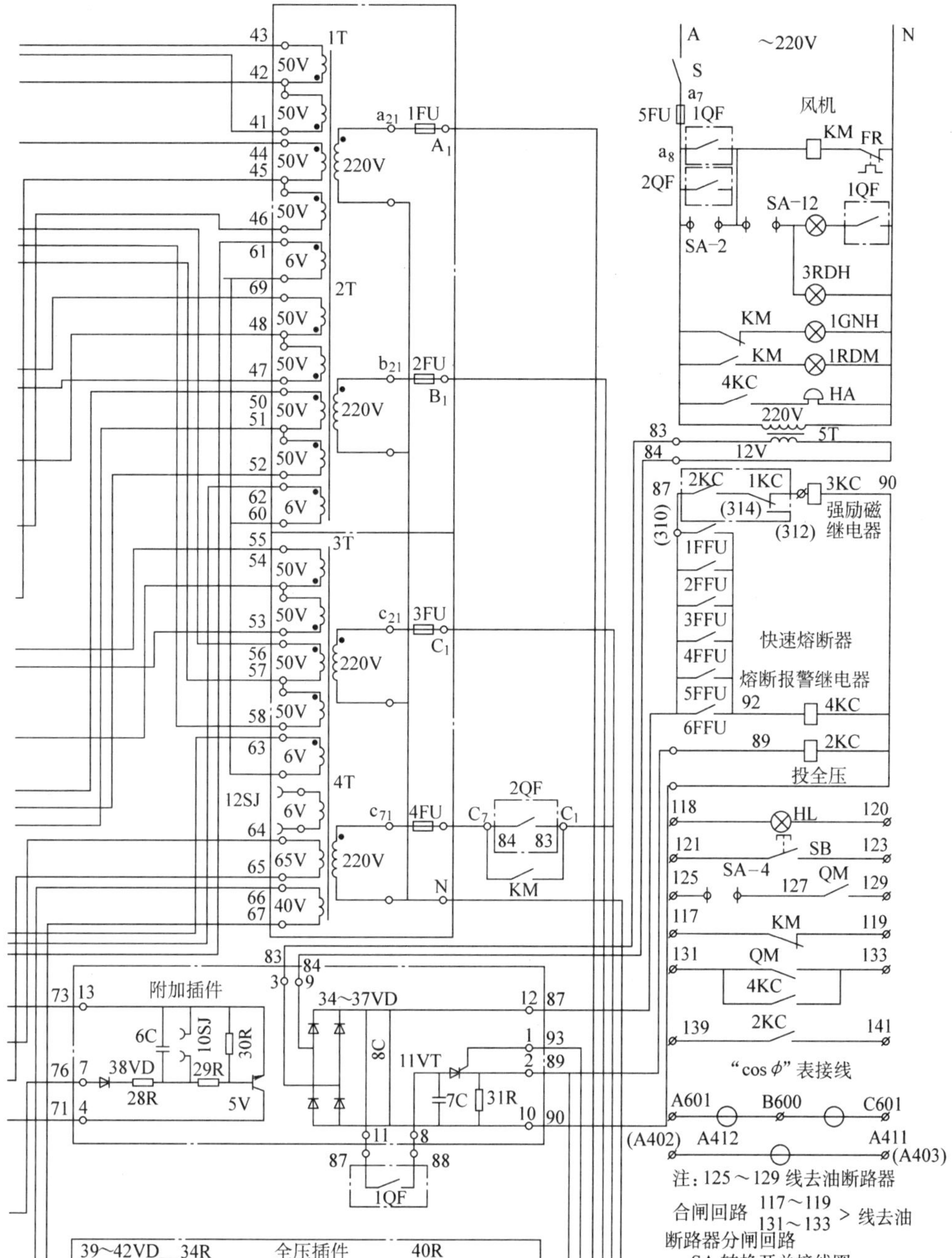

SA 转换开关接线圈

LW5-15-D0401/2				
线路号	触头号	调定	零位	允许
		45°	0	45°
SA-1	1~2			×
SA-2	3~4	×		
SA-3	5~6	×		
SA-4	7~8			×

闸管励磁原理图

强励，强励电流为额定值的1.4倍，时间不超过10s；手动调节励磁可从额定值的10%～125%连续可调；同步机从停车开始5s内不得断开三相全桥电源及触发装置的同步电源。其他基本同轻载可控系统。

1）起动控制过程：起动控制过程基本与轻载晶闸管系统相同，灭磁环节采用了两只晶闸管，换相交替工作，并在起动后自动关断，切除放电电阻R_{fd1}和R_{fd2}。

投励环节与轻载可控系统相同，不同之处是转子感应交变电压经R_{fd1}和R_{fd2}与硅整流器VD起动半波是对称的。投励插件与全压插件中26R＞39R，其他相同，这样同步机减压起动至同步转速的90%左右时，全压插件发出脉冲，使附加插件中晶闸管11VT导通，中间继电器2KC动作，其触点（139～141）闭合，接通2QF合闸回路，且1QF断开，并用其辅助接点（88～87）断开2KC电源。这样便完成了同步电动机降压起动到全压运行的切换，在这个过程中投励和移相插件工作，使励磁晶闸管工作，投入励磁，牵入同步。

附加插件的另一个作用是当电动机停车后，转子仍在电感放电的作用下，发出电流，这对三相全桥硅件是有害的，这时变压器4T断电，脉冲件中晶体管1V失去偏压而封锁，但附加件中的5V基极偏压却由6C缓慢放电而维持5s，故脉冲环节中的1C却得到经4VD整流后的同步电源且经3RP、11R、5V集电极至发射极回路进行充电，由于11R较大，使1C充电缓慢，因此使导通角α接近140°，三相全桥硅元件进入"逆变"状态，而不致烧坏。

当电网电压降到额定值的80%时，中间继电器3KC动作，其接点（80～81）闭合，短接19R和6RP，提高了给定输出电压U_{gd}，以进行1.4倍和10s的强励。时间继电器是接在控制设备上，如电网电压尚未回升，时间继电器动作切除强励。

系统采用双脉冲触发，即在三相晶闸管桥上一只硅元件触发脉冲触发的同时，又按一定的顺序给另一只晶闸管一触发脉冲，使励磁电流为一通路。即＋A控制1VT和6VT，＋B控制2VT和3VT，＋C控制4VT和5VT，－A控制3VT和4VT，－B控制5VT和6VT，－C控制1TV和2TV。

2）调节元件及参数。

① 灭磁环节中的晶闸管7VT、8VT的导通开放电压分别整定为不小于本装置额定励磁电压的2.5倍（峰值）。

② 投励元件中5C的充电时间为0.2s左右。

③ 全压插件中10C的充电时间为0.14s左右；全压插件只适用于同步电动机降压起动，如直接起动，其可为备用，并更换39R之值。

④ 断开投励插件与全压插件的输入端子8与14上的进线，分别将8～10V交流有效值送入8及14端，这时两插件不应发出脉冲。

⑤ 同步电动机停车或励磁停止时，励磁绕组电感放电，三相全桥应工作在"逆变"状态，$\alpha\approx140°$。

如果使用低于额定励磁电压的90%时，还需重新调整以下几项：

⑥ 全桥中六只晶闸管触发导通的对称度；

⑦ 电网电压负反馈自动调节基本维持恒定励磁的特性；

⑧ 电网电压降至额定值80%时突加强励特性。

（3）冲击负载的晶闸管励磁系统　本系统增加无功补偿环节，其功能是检测同步机运行中的定子有功电流，且在负载增加（突变）时实现自动增励，使冲击负载下的同步电动机以输出较稳定的无功电流而运行。无功补偿电路见图 4-46，其他与重载可控系统相同。无功补偿环节由二极管开关式相敏桥和双 T 滤波器组成，当打黑点一端为正时，上桥工作，下桥截止；为负时上桥截止，下桥工作，相敏桥输出电压平均值 $U_P = KI_B$，实现了电压电流的转换，经双 T 滤波器后作为无功补偿直流输出电压 U_{SC}，并与移相插件输出电压迭加后引至脉冲件，自动调节励磁，见图 4-47。

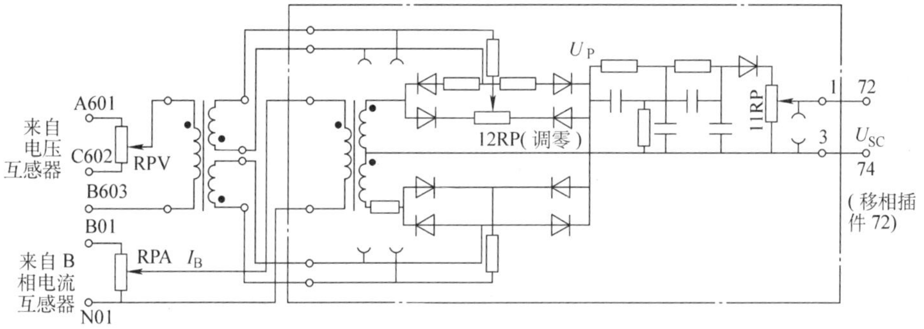

图 4-46　无功补偿插件原理电路图

（4）动力制动与投励联锁　同步电动机能耗制动的励磁电流比正常运行时的励磁电流小得多，采用附加插件 2 中的电位器 10RP 与移相环节（见图 4-45）给定电位器 6RP 并联，见图 4-48。动力制动时，辅助接点 3K（82 ~ 78）接通，移相给定 U_{gd}减小，供给的制动励磁电流减小。

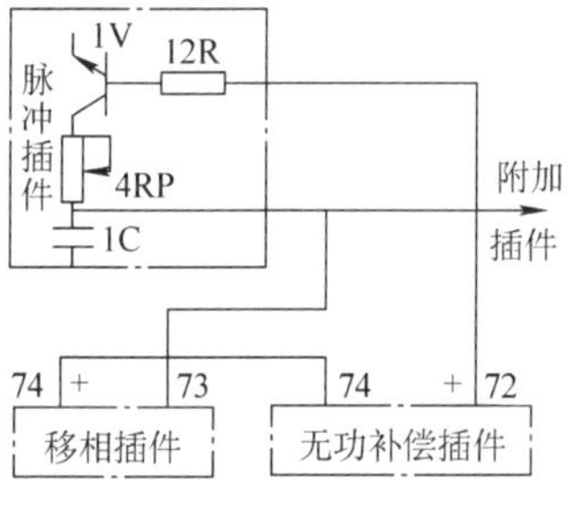

图 4-47　移相插件与无功补偿插件连线图

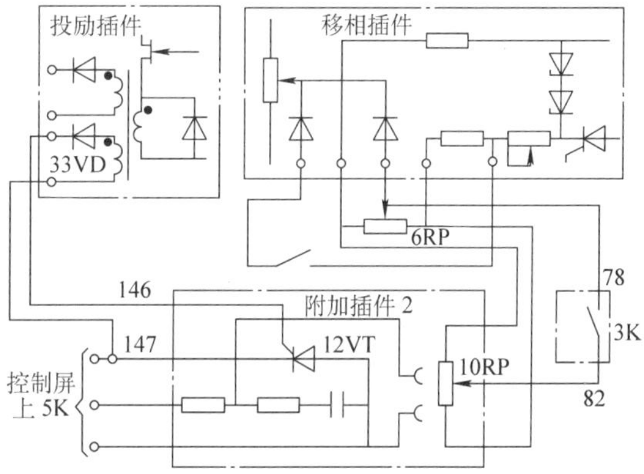

图 4-48　附加插件 2 与有关部分的接线

（5）晶闸管励磁系统的调整

1）重载可控系统的调整：轻载可控系统可参照进行，见图 4-44 和图 4-45。

① 灭磁晶闸管导通开放电压值的整定：灭磁晶闸管 7VT 和 8VT 导通开放电压的瞬时值不得小于装置额定励磁电压的 2.5 倍，见表 4-13。

整定时，用 2.5mm² 铜导线先将一只晶闸管短接，并把主励磁回路的 G_1、G_2 从回路上拆下，然后接入 220V 调压器模拟转子电压，并调至 10V 左右，这时直流电压表的读数约为 5V，再从插孔 1SJ 引出信号至示波器，正极接 1，负极接 12，便出现图 4-49a 的波形，这时逐渐升高电压至晶闸管导通开放值（用直流电压表观测，从表 4-13 中查出电压值）并调节

1RP，使之导通，这时示波器应出现图4-49b的波形，但时间要短，然后降低至规定值的50%，按下SB_1，又出现图4-49b波形，放开SB_1又为原波形，则为正常。然后再将另一只短路，再测试，最后将1RP和2RP封死。

表4-13　灭磁晶闸管导通开放电压

装置额定励磁电压/V	晶闸管导通开放电压瞬时值/V	晶闸管导通开放电压工频有效值/V
50	125	89
75	187.5	133
110	275	195
140	350	248

② 插件的检查。

a. 常规检查：试验电源　一般用三相调压器（6kVA　380/0～430V）将380V加到整流变压器，便于调整电源电压。

插件电源电压检查：测量各小变压器二次侧电压，应符合图纸要求。

波形的检查：将插件插好，用低频示波器测量各环节的波形，示波器外整步电源取自插孔12SJ，6V，将转换开关搬到“调定”位置，依次观察各插孔的波形，见图4-50，则为正确。其中其他相的脉冲插件波形与+A相同，但相位差60°。

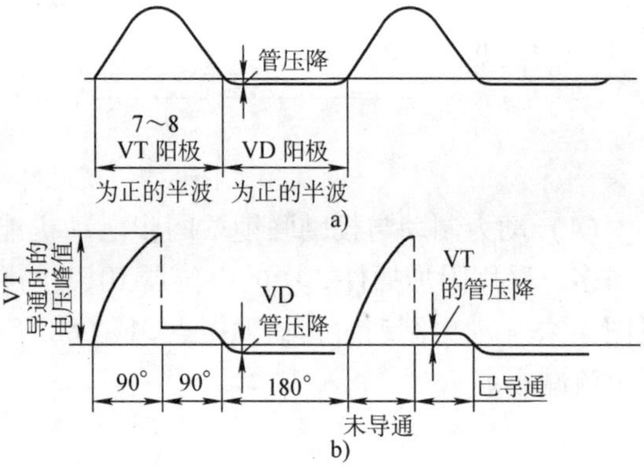

图4-49　灭磁环节的波形检查

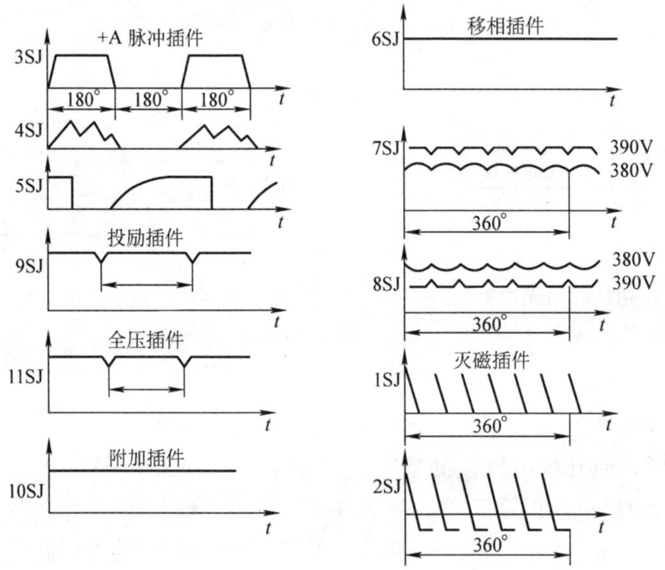

图4-50　各插孔显示的波形

b. 触发脉冲对称度的检查：插孔2SJ接示波器，通过依次调节“励磁调节”电位器

6RP，一般按顺时针方向，使示波器在一个周期（360°）内出现6个整流电压波形，并使其中一个电压波形的最低点与零线相遇，然后依次调节4RP，使其余电压波形的最低点也与零线相遇。再调整6RP，使直流电压表V指示额定励磁电压的1.25倍，波形见图4-51a。P_1～P_6点间隔应相等，如不对称，可微调4RP使其对称。然后，反时针调整6RP，使整流电压为额定值的25%，则应出现图4-51b的波形，其对称与否对控制系统无影响。

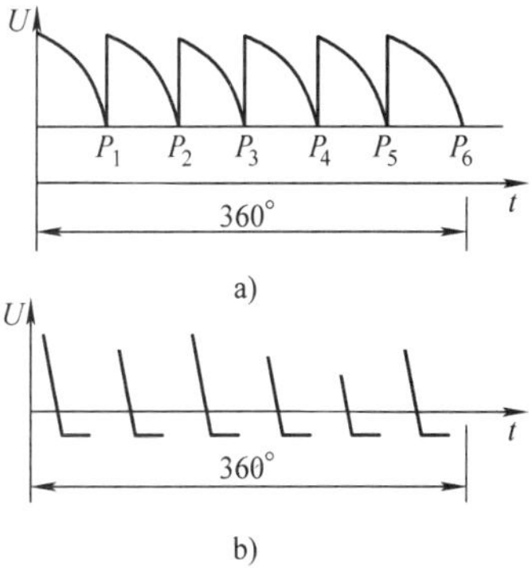

图4-51　整流电压波形的对称性

③ 用直流充电法测试转子转差率的自动投励特性：同步机起动过程中，转子感应电压的频率随转速的上升而降低，到达任一转速时电压频率f可用下式计算：

$$f = f_1 s = 50s \tag{4-22}$$

式中　f_1——起动瞬间转子电压频率；

s——转差率；

当转差率为5%～4%（即转速为同步转速的95%～96%）时投切励磁，此时转子电压频率为

当$s=5\%$时，$f=50\times0.05=2.5\text{Hz}$，

当$s=4\%$时，$f=50\times0.04=2\text{Hz}$，

一个周期的时间 $T=\dfrac{1}{f}=\left(\dfrac{1}{2.5}\sim\dfrac{1}{2}\right)\text{s}=(0.4\sim0.5)\text{s}$

投励插件电容器5C只有在同步机起动到$s=0.05\sim0.04$时，转子电压G_2为正，G_1为负的半周才有足够的时间充电至单结管开放所需要的峰点电压，其他的转子电压频率内5C的充电时间太短且远远小于这个数值，不足以充电到峰点电压而触发。因此整定C的充电时间应为$\dfrac{1}{2}(0.4\sim0.5)\text{s}=0.2\sim0.25\text{s}$。

试验方法一般用图4-52的结线，KJ为12V直流中间继电器（吸合电压可任意选择，与触发时间无关，这里只是为了试验的方便而已），t为电气秒表。将380V电源送至TR，转换开关搬到“整定”位置，使接触器KM吸合，这样4T才能得电，移相插件进入工作状态，这时调整6RP，使可控桥输出电压为12V，然后停电。再使KM吸合进行试验，这时电气秒表开始计时，投励件的5C也即时充电，待整流电压输出使继电器KJ吸合，秒表计时停止，这个时间正是5C的充电时间。可将26R先用一只可调电阻（100～220kΩ之间）代替，如第一次测得的时间小于（0.2～0.25s）可调26R为大一点，如大于（0.2～0.25s）可调26R为小一点，这样反复作几次即可将5C的充电时间调整到0.2～0.25s。同时要注意KJ的吸合时间误差，调好后可重复几次。最后用电桥测量26R电位器的调整值，再用一合适电阻代替，或者将26R电位器锁死。作上述试验时，同步机不起动，只作励磁的调整。

④ 用直流充电法测量转子转差率自动短接电抗器L，使同步机得到全压加速起动环节动作频率的调整。

全压插件应在转子转差率$s=0.07$发出脉冲，使主回路切换为全压，故10C充电时间应整定为0.14s。将全压插件插在投励插件的位置上，按③中方法将10C整定，电阻39R之值约在100～150kΩ之间整定，f一般为7～9Hz。

⑤ 用50Hz电源电压整定投励插件及全压插件中晶体管3V及6V的最小工作偏值。

试验时的电路见图4-52。打开1K和2K，接通电源，调节电位器，使直流电压表有一点读数，然后分别整定两个插件。整定投励插件时，先将全压件拔下，再用另一台单相调压器将其输出调至50V左右，加在投励插件的8和14端，此时投励环节应不起作用，这样才能排除转子感应电压幅值的干扰，完全按转子感应电压的频率发出脉冲。然后逐渐减小调压器的输出电压至8～12V，此时直流电表才应有读数，否则可微调电位器8RP使之减小，直至电压表有读数为止。如果不到8～12V就有读数，则应增大8RP之值，直至符合要求。

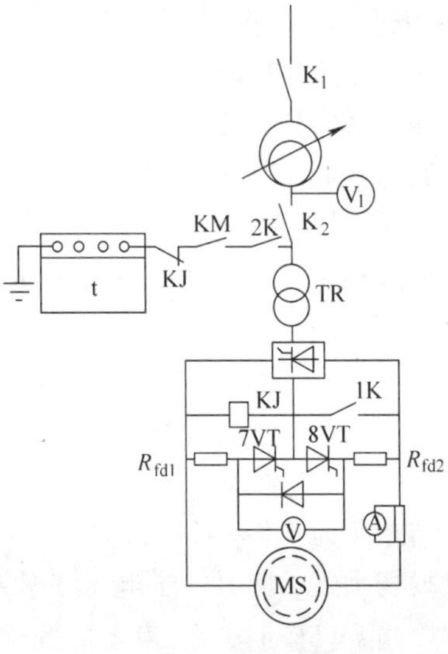

图4-52　投励特性测试接线图

整定全压插件时，应将其插至投励件的位置上，方法同上。

⑥ 电压负反馈自动保持恒定励磁特性的调整：调整的电路见图4-52将1K、2K断开，将移相插件中的7RP调到中间位置（应用万用表测量、测量先将其两端断开），先将交流电源接通并调至380V，调节6RP，使整流桥电压为同步机带负载运行时的励磁电压。然后将电压调至380V的80%～110%，整流电压的波动应不大于原整定值的+10%，否则应增减7RP之值，重调6RP，直至满足要求为止。

⑦ 有触点强励特性的调整：方法同上，只是当电源电压调到380V的80%时，人为短接强励触点（80～81），观察整流电压应为原整定值的1.4倍，否则应调节移相件中的5RP或19R的值。

⑧ 全控桥在“逆变”状态下的检查：分别从每个脉冲插件插孔5SJ观察波形，按图4-52接线，断开1K、2K，拆开电位器6RP的中间头（78#）线。当电源合上后，示波器出现图4-53a的波形，这时脉冲环节还未工作，所示波形为经5～6VS后的波形。然后将转换开关打在“调定”位置，调节电位器3RP，所示波形为图4-53b，此时脉冲插件发出的脉冲相位是140°左右。这时电容1C的充电速度比较慢，相对放电速度比较快，因此所示波形表明晶闸管9VT的不导通时间长，而导通时间很短（10°），然后从插孔2SJ检查应无整流电压的波形。

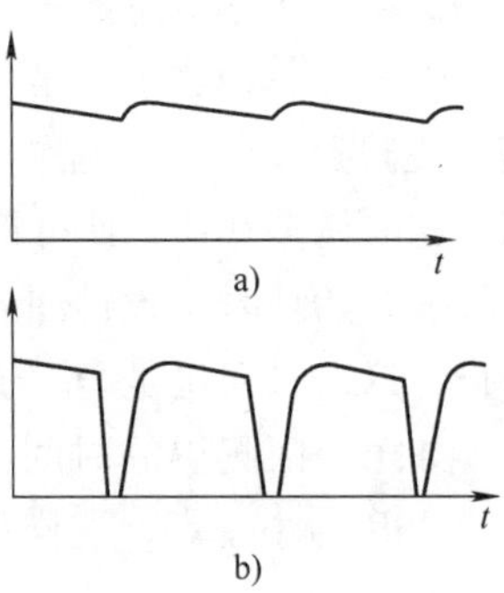

图4-53　全桥逆变状态下插孔5SJ上的波形

2）冲击负载晶闸管励磁系统的调整：见图4-47。

除按重载晶闸管系统调整外，还应进行无功补偿环节的调整，主要有：二极管开关电压和极性的检查、调零电位器整定、测量输入输出特性及动力制动励磁电流等。

通常用模拟方法进行，用三相调压器调至100V代替电压互感器，要注意相序；用单相调压器代替电流互感器，接至B相及中线N上。将电阻移相器RPV调至中间位置，单相调压器调至0电压输出，用毫伏表检测U_{se}，再调节调零电位器12RP，使电压表输出为0；在RPA电位器中心抽头线上接一电流表，并调节单相调压器和RPA，使电流表按1、2、3、4、5A变化，这时毫伏表的变化也应按1K、2K、3K、4K、5K变化，K为变化量中的常数。

在试验前应按图4-46所示，检查二极管的极性和连接的正确性。必要时要检查变压器的同名端，一般用直流通电感应法。

动力制动电流一般按正常运行励磁电流的0.4～0.6倍整定，可用附加插件中的电位器10RP调节，方法可让整流桥工作，用主励磁回路的电流观测，接线图见图4-48。

（6）晶闸管励磁系统同步机的系统试车及注意事项

1）试车前应按常规对供电系统、主机及励磁系统进行各项试车前的检查和试验，对成套励磁装置还应根据厂家说明书进行详细检查和测试，并根据“成套硅整流装置的试验要点”进行调试。此外运行前应在晶闸管与其散热器接触处涂以硅油以利导热，避免运行中的局部过热。脉冲环节的电位器4RP不能调的太小以避免脉冲失控。

2）起动过程中，直流电流表指示转子经续流二极管VD短接半波（或半控桥）或经VD与放电电阻R_{fd}接入半波（全控桥）的感应电流平均值。在起动过程中电压表被短接无指示，直至投入励磁时，灭磁晶闸管自行关断，才指出励磁电压。如投入励磁后，同步机进行同步运行后电压表仍无指示，则说明灭磁晶闸管没有关断。此时，应检查灭磁线路和接触情况是否良好，并修复。

3）在起动过程中，不允许有断电现象，如采用减压起动，则减压起动器的分闸必须在加速起动器合闸之后，否则将造成装置的误投励。

4）作为“检测”或“调定”等用的转换开关，一经选定后，在试车及运行中不得随意切换。同时在起动过程中，禁止用示波器在插孔1SJ中观察灭磁件的波形。

5）调整励磁电流使同步电动机在过励情况下运行时，应保证励磁电流与励磁电压的额定数值的交点在工作区，见图4-54。

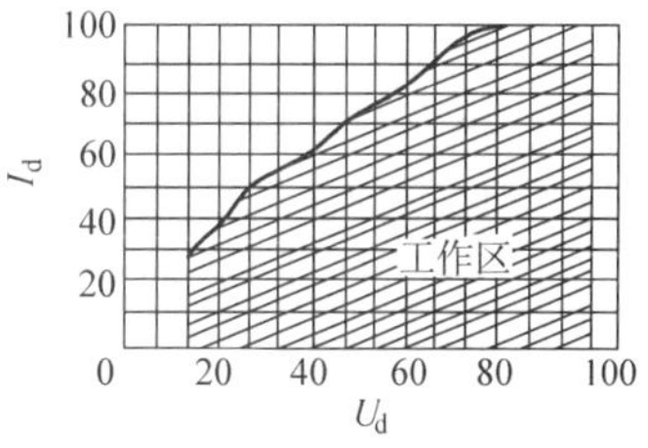

图4-54　额定整流电压与电流之间关系曲线

6）同步机定子电网电压降低时，同步电动机的起动转矩与牵入转矩也相应降低，使起动时间延长，并使电动机起动后所能到达的最小转差率s_{min}增大；同样重载起动的同步电动机负载越重，起动时间越长，转差率s_{min}也增大。因此，上述情况整定投入励磁时的转差率值较小时，起动成功率较低，如按s为5%～4%整定有困难，可适当增大s为7%～6%。

7）对于冲击负载系统试车时，先将无功补偿插件电位器11RP可调头移到零位，即端子1和3短接，等电动机运行正常后，再按电动机在不同负载时输出比较稳定的无功电流确定无功补偿强度来调节11RP。

8）所有插件上的电位器一经整定好后应随即锁死，不得随意乱动。另外，必须保证整流电源与同步机定子电源相序的一致性，并为同一交流母线。

有关同步机的调整除上述内容外，要以厂家提供的技术资料为准，本书提供的资料仅对读者作为参考，读者可按其思路和基本操作方进行扩散，便能在同步机的调整中收到良好的效果。

8. 可编程序控制器（PLC）系统的调试要点

PLC系统的调试包括常规检查、单元调试、整机调试、联动试验、整机试运转等。

（1）常规检查及要求

1）进机条件的检查：机房内的土建、照明、动力电源、空调设施等均应施工完毕，并经检查验收符合设计要求。室内温度、湿度等均已符合设计和设备要求，一般可按表4-14的规定执行。

表4-14　可编程序控制器机房环境条件标准

项目名称	温度	湿度	有害物质	尘埃	振动、冲击
要求条件	0～40℃	年平均湿度<75%，且不应有结露	$SO_2<0.5\times10^{-6}$ $H_2S<0.1\times10^{-6}$	$0.2mg/m^3$以下	不影响设备运行

2）设备的检查及验收：检查设备、元器件、附件的数量、规格、颜色和标志；应用软件原程序清单的内容和数量；以只读存储器EPROM或EEPROM为介质的应用程序内容和数量；程序框图和使用说明书的内容和数量；设备说明书和图样资料的内容和数量；设备出厂试验记录等。

3）外观检查及线路的校对：各元器件应无损伤、变形、潮湿生锈和脏污异物等；元器件固定牢固，密封无异常；插座插件无松脱，灯、键、开关、仪表等无缺损；元器件上的标号、线号齐全并与图样相符；电源进线回路、盘内外控制回路、变压器、开关、熔断器等的连接应符合图样，接线正确无误；保护接地线、信号线、屏蔽线连接正确并与图样相符；各插件盒（箱）的装配应平整牢固，倾斜角应小于15°，抽拉无阻卡，到位明显。固定在金属底板上的插件盒底座应绝缘良好；地线插件应接触良好，接地可靠；高电位屏蔽应可靠；开关板上的开关、跨接线、灯、仪表及插件板上的测试孔应符合设计图样或说明书的要求。

4）接地检查：测量接地电阻，应符合设计规定，详见防雷与接地系统一章（第十一章）；检查各种接地线安装的正确性。断开接地线，测量保护地对工作地、保护地对逻辑地之间的绝缘，确认各种地线应无混线现象；测量保护地对交流电源中性点（零线）之间的电压，一般应不大于1V。

5）绝缘试验：测量电源回路、信号线、输入输出回路的绝缘电阻，可按本章二、（一）进行，应符合表4-15的规定，必要时应进行耐压试验。

表4-15　PC装置绝缘电阻和耐压试验标准

序号	试验名称	工作电压	试验标准				
			绝缘电阻测定		介质耐压试验		
			使用电压	标准	试验电压	时间	标准
1	电源主回路①对地						
2	电源变压器线圈②对壳及地	AC 380V	DC 1000V	>1MΩ/每回路	AC 1500V	1min	（1）耐压时无击穿、放电和表面闪烁 （2）耐压前后测得的绝缘电阻应无明显变化
3	电源变压器线圈之间						
4	电源板上各馈电回路对壳及地						
5	电源板上各馈电回路之间						
6	风扇电动机回路对壳及对地						
7	操作控制台、编程器等电源回路对地	AC 220V	DC 1000V	>1MΩ/每回路	AC 1000V		
8	信号线对屏蔽及地	AC 110V	DC 500V				

（续）

序号	试验名称	工作电压	试验标准					
			绝缘电阻测定		介质耐压试验			
			使用电压	标准	试验电压	时间	标准
9	PDI/O 隔离型③内部 5V 对外部端子						
10	PDI/O 隔离型③外部端子间						
11	PDO 继电器接点型④内部 5V 对外部 24V						
12	PDO 继电器接点型④外部端子对内部 5V 和外部 24V						
13	PDO 继电器接点型④外部端子之间	DC＜60V	DC 250V 或 500V	＞1MΩ/每回路	AC 500V		
14	PDI/O⑤ 输入/输出通道对壳（隔离型）						
15	盒式磁带机电源回路对地						
16	数据输入/输出设备电源回路对壳及地						
17	CPU 存储器、磁带机、PI/O 等内部回路对壳⑥	DC＜50V	万用表	＞0.1MΩ	AC 100V		
18	蓄电池回路对壳	DC 5V	万用表	＞0.1MΩ	AC 50V		

① 绝缘试验时电源滤波器拆除，不能拆时可以工作电压为试验电压侧漏泄电流代替耐压试验。

② 线圈两端临时短接。

③ PDI/O 指开关量输入/输出装置，对非隔离型 PDI/O 可以最大工作电压为试验电压测绝缘电阻或漏泄电流。

④ PDO 指继电器接点输出型开关量输出装置。

⑤ PDI/O 指隔离型模拟量输入/输出装置，对非隔离型模拟量输入/输出装置可以加工作电压测输入/输出电阻代替耐压试验。

⑥ 本项系指内部的电子回路和电子器件等电子设备。

（2）单元调试

1）稳压电源装置（包括 UPS 电源，详见第五章）应按“电子式电气传动装置的元件调试要点”中，稳压器的检查及试验进行。此外还应进行以下测试：

检查供电电源的质量应满足“全国供电规则”的要求：

① 供电频率的允许偏差：

电网容量在 3000×10^3kW 及以上者为 ±0.2Hz；

电网容量在 3000×10^3kW 以下者为 ±0.5Hz。

② 供电电压变动幅度，应不超过：

35kV 及以上供电和对电压质量有特殊要求的用户为额定电压的 ±5%；

10kV 及以下高压供电和低压动力用户为额定电压的 ±7%；

低压照明用户为额定电压的 +5% ~ −10%。

③ 计算机在开机时，供电电源应满足：

频率：50Hz；

电压：380/220V；

相数：三相四线制。

依据计算机的性能允许变动范围，见表4-16。

表4-16　依据计算机性能允许的变动范围

项目 \ 指标 \ 级别	A级	B级	C级
电压变动(%)	-5 ~ +5	-10 ~ +7	-10 ~ +10
周率变化/Hz	-0.05 ~ +0.05	-0.5 ~ +0.5	-1 ~ +1
波形失真率(%)	≤5	≤10	≤20

在实际使用负载下持续通电2h，检查输出电压、电流和通风散热均应良好；检查备用电源的连接和切换，其动作、显示均应正常，UPS电源的间歇时间应符合要求。

2）中央处理器（CPU）的调试。

① 通电测量电源电压、负荷电流应在规定范围之内；检查启动、运行程序和显示均应正常。

② CPU指令检查：使用CPU测试程序检查，指示正常，如无测试程序，则检查CPU的启动、停止、总清零和装入应用程序运行正常；使用测试程序，连续反复执行所有指令和指令组合，进行逻辑运算功能测试均应正常；对所有指令进行综合检查，连续反复10次，应无故障；在测试程序正常运行状态下，应显示出全部指令正常的标志，当指令发生误动时，应显示出该动作的指令的详细清单。排除故障后，应连续正常运行且反复10次无异常现象。

③ 主存储器的试验：使用测试程序，以主存储器为独立系统与逻辑运算单元配合进行试验，试验项目有：

用测试程序对主存储器进行全领域内读/写检查和地址译码系统的检查各10次，无差错出现；用测试程序或自编测试程序对主存储器进行检查，反复操作10次，无差错出现；用测试程序对主存储器进行页面保护检查；检查断电后，存储器的备用电源供电切换功能正常无误。

④ 硬件计时器、定时器的检查：有条件时可用外部校正的时间标准进行对比和校验，应符合要求。

⑤ 用模拟信号或用程序设定中断，使用测试程序进行以下检查：

检查每一中断产生及对应的中断地址，应符合要求；在所有各级中断产生时，优先处理顺序应正确无误；中断发生时，应能正确检出中断位置，CPU应能通过硬件实现自动退避和复位；禁止中断和开放中断指令功能正确；多道中断产生时，检查优先中断动作的正确性，确认在全部级别组合情况下，动作应正确无误。

⑥ 拉偏和稳定性试验：在电压、频率、温度为额定条件下，输入测试程序连续运行8h应无差错；电压、频率和温度拉偏试验，需要时按设备规定进行。但主机电源采用稳压稳频电源并在有空调的机房内运行时，可不作这项试验。

⑦ 可靠性及可维修性检查：在不损坏装置的条件下，用外部模拟信号检查存储保护功能、堆栈溢出检测功能、计时检测、监测功能和故障信息保存功能等均应正常。设备可靠性、可维修性指标应符合出厂标准或设备标准。

3）盒式磁带机的调试。

① 通电检查电源电压和直流电压应符合要求，指示灯显示应正常；检查温度升高保护和断电报警功能是否正常。

② 与 CPU 联机，用测试程序分别检查信息传送、控制器、信息写入/读出和寻找功能、磁带反绕、出错检测等功能是否正常，其中写入/读出应连续试验 10 次，应正常。

③ 在电源电压和温度正常条件下，启动和停止多次，磁带机应工作正常，存储内容不被破坏。

4）数据输入/输出设备的调试检查。

① 电源电压及频率应与说明书要求一致；通电检查，当发生温度、空打、电源等故障时，设备应报警；设备内部机械传动部分应工作正常，无异常声音和超温等现象；所有操作开关键、按钮等应动作灵活，指示灯、显示装置、出错报警等均应工作正常。

② 用测试检查程序反复对键盘上各种键进行功能操作试验，应无差错；对打印字体、行间距、字间距与打印速度进行试验，字迹清晰、色带、走纸等运转正常。

③ 若配有屏幕显示装置（CRT）应按计算机控制系统的调试进行。

5）过程输入/输出（I/O）装置的调试。

① 模拟量 I/O 和智能 I/O 的调试：通电前检查设定方式、测量范围和分流器的接线均应正确无误；寻址试验，使用测试程序对全部 I/O 点进行寻址，输入与输出应一致，地址显示正确，并具有最大采样速度；稳压和恒流电源通电后，在额定负载下的输出电压、电流、电能消耗均应符合规定；测量各点电压和脉冲波形应符合规定；检查输出信号线与负载连接线的电压降，在额定负载下测试连接线的电压降应符合规定；检查温度异常、备用电源投入、输出保持和断线监视等保护装置的功能及动作应正常。

② 数字量 I/O 设备调试。

寻址试验：依次对各地址设定数据，测量输出值应与输入一致；

接点输入型信号检查：测量能检测到的触点最大接通电阻和不能检测到的触点最小断开电阻应符合规定；

触点输出型信号检查：接通和切断各种负载时，检查输出继电器接点，应工作正常；

电平输入型信号检查：测定能正确检测到的最小“I”电平的输入电压值和不能正确检测到的最大“O”电平的输入电压值，均应符合规定；

电平输出型信号检查：测定能驱动的最大负载，应符合规定；

脉冲输入型信号检查：输入脉冲信号，通以测试程序、确认读出的脉冲数应与输入脉冲数一致，计数应准确无误；

测试延时功能应符合要求；

特殊功能检查：电源断电再恢复时，检查各采样点的工作状态应符合规定。

③ 中断试验：使用测试程序，检查检出中断、禁止中断和多道中断的动作应符合要求。

④ 拉偏和稳定性试验：应按前述 2）CPU 的调试中拉偏和稳定性试验进行，在温度拉偏试验时还应检查模拟量输入/输出装置的温漂。

6）操作台、显示器控制台、模拟板和专用编程器等的检查试验。

① 开关动作试验：开关、按键、按钮、锁式开关、复位开关等多次动作试验应正确无误；拨码开关设定功能正常；动作试验时各指示灯、显示器的指示正常；模拟器计时和信号设定应符合要求。

② 显示屏、控制台试验：即检查键盘输入和图像显示功能：全部字符键、功能键操作试验，反复进行检查字符显示及功能是否符合规定；画面质量、图面尺寸、水平垂直方向的线性度、稳定度是否符合要求；检查模拟图像显示和趋向图存储功能，应正常；具有测量显示功能的，应加入模拟信号，输入值与显示值应一致。

③ 检查专用编程器各开关、按键和拨码开关等功能动作是否正常；检查并试验编程器编程功能应符合要求。

7）故障诊断单元试验：与PLC装置联机，通电检查各种诊断功能是否符合要求。

（3）整机调试

1）PLC装置主机带外部设备综合试验：使用综合测试程序和单元测试程序，进行PLC系统硬件综合试验，在额定电压、频率、温度下整机连续运行正常无误。

2）抗环境干扰检查：在大型电动机启动及开关、接触器等投切动作时，检查PLC整机运行是否正常。

3）系统运行中，断电再恢复供电，检查保护功能是否正常；中断某一输入/输出单元的电源，检查对整机和其他单元的影响。装有空调和UPS的可不进行此项试验。

4）应用程序调试。

① 程序清单、图表等检查：输入应用程序，按图样逐条进行回路检查，显示和打印的输出程序清单、流程图等均应符合系统要求。

② 必要时使用应用软件测试程序进行检查：设定中断、检查中断原因分析的执行情况；进行寻找功能试验；进行信号状态显示，程序执行控制和直接控制等试验；进行错误分析试验；用编程器调看中断堆栈试验，均应满足系统要求。

（4）联动试验　联动试验条件为主回路不得电，被控设备（电动机、阀门等）不参加动作仅其执行器参加联动，即空投试验。

1）应用程序投入运行，相应的停止、启动机构运行的顺序和指示灯显示应正常无误。

2）与执行器联动试验：进行各逻辑回路联锁动作试验；检查和调整各运行系统的执行器，其动作顺序、控制特性和调整精度是否符合系统设计和工艺要求；测量各监测系统的输入/输出值，其误差应符合规定；进行编程器联机和脱机编程试验，对系统正常运行应无影响。

3）PLC的稳定性试验：在温度、湿度、电源电压、频率等均在规定或额定值下，不接被控设备的条件下进行。

① 考核对象及范围。

对象：PLC主机、存储器、输入/输出装置、操作控制台、显示器和数据接口等；

范围：基本操作系统和应用程序。

② 检查PLC装置整体运行工作率或无故障率应符合规定，通常应不小于99.95%。

③ PLC装置电磁兼容性试验可按本节“3. 电子设备电磁兼容性试验要点”进行。

（5）整体试运转。

1）PLC装置与被控设备联合动作的整体试运转应与主、辅机试运转配合进行，运转时检测被控设备的动作、控制精度、仪表示值、信号指示和报警装置等均应符合设计要求和工艺条件，PLC及程序应正常运行。

2）PLC控制的工艺设备运行时的考核指标，如动作次数、考核时间等应根据上述要点和工艺设备的要求进行。

9. 交－直－交变频调速系统的调试要点

（1）常规检查和单元调试按“电子式电气传动装置的元件调试要点”和“晶闸管供电的电气传动系统调试要点”进行。

（2）整流组的调试：整流组的定相、轻载升压、直流输出短路试验和电流环调试等内容、要求按“晶闸管供电的电气传动系统调试要点”进行。

（3）逆变组的调试

1）频率变换插件的调试：电压-频率变换器等频率变换插件的输入输出特性，应符合设计要求，特性曲线的斜率或分段曲线的斜率在上下两方向上均应有足够的调节裕度。

2）逆变桥晶闸管触发电路的调试：连续给出频率指令信号，在整个输出频率范围内，检查逆变桥晶闸管触发脉冲的幅值、宽度、顺序及相邻两相的触发脉冲间隔，均应符合设计要求；如无设计规定时，一般相邻两相触发脉冲间隔误差不得超出 ±2°。对于采用脉冲列进行触发的系统，脉冲列宽度与个数均应与设计要求相同。

3）再生回路的调试：与直流调压系统的调试方法相同，再生回路整流桥可控硅触发移相角应大于 135°。

4）变频交流电压输出的试验：在逆变桥输出端或输出变压器二次侧接入三相对称电阻负载，由最低频率开始连续改变频率给定信号，检测输出电压、频率、波形。输出电压频率的变化应与指令同步，波形近似正弦波，波形畸变系数与偏离位移，应在设计允许范围之内，输出电压有效值或幅度与频率之间的函数关系曲线，应与设计要求相符。

（4）电动机空载升速试验　接入交流电动机负载后，由最低频率开始向上提高，使电动机升速，每提高 5Hz，保持 1min，逐级使电动机升速，最后升至超速保护设定点为止，整个过程应无异常现象。

（5）动态响应特性试验　电动机运行在某一转速时，给出 5% ~10% 额定转速的阶跃信号，测试转速或频率、电压、电流闭环控制的动态响应特性均应与设计要求相符。

（6）多重化技术的变频系统　采用多重化技术的变频系统，在输出电流为额定值时，各组逆变桥输出电流之间的电流分配应基本平衡，相差值应小于平均值的 ±10%。

（7）无换向器电动机的调试

1）常规检查、单元调试和整流组的调试同上。

2）晶闸管逆变器的调试。

① 逆变桥晶闸管触发电路的调试：模拟给出电动机转子位置检测信号，在整个运行速度范围内，对各桥臂触发脉冲的幅值、宽度、触发顺序、相邻桥臂触发脉冲的间隔进行检查与测试，均应与设计要求相符。

② 位置检测信号的确认：盘动被拖动的电动机，确认转子位置检测信号的幅度、宽度、检测信号与转子位置及逆变桥触发脉冲出现次序的对应关系，均应符合设计规定。

③ 逆变桥作整流运行的试验：将整流桥的触发脉冲信号临时改接到逆变桥上（接法及相序要准确无误），从逆变桥的输出侧输入三相交流电，其直流侧接入电阻性假负载，使逆变桥作整流运行。按整流器要求进行轻载升压试验，应正常工作。然后经直流电抗器将直流侧短路，进行短路试验，对逆变桥可控硅件进行电流考核，见“晶闸管供电的电气传动系统调试的要点”。

（8）电动机空载升速和动态特性试验 同直流调压调速系统。

三、新型软起动器、变频起动器及其元件

（一）调整和试验

1. 常规检查

（1）内部清扫 用吸尘器吸取内部尘埃，吸不掉的东西用绸布擦拭，清扫时应自上而下进行，主回路元件的引线、绝缘端子以及电容器的端部应该用软布小心地擦拭。冷却风扇系统及通风道部分应仔细清扫，保持变频器内部的清洁及风道的畅通。应一边吸尘一边观察可疑的故障部位，对于可疑的故障点应做好标记，保留故障印迹，以便进一步判断故障，有利于安装和排除故障。

（2）检查所有接线点、连接点和螺钉有无松动、有无发热或烧灼痕迹、有无接触不良，并用扳手、套管扳手、起子等紧固工具，对其一一紧固，紧固后再进行一次紧固检查。对于有锡焊的部分、压接端子处应检查有无脱落、松弛、断线、腐蚀等现象。还应检查框架结构件有无松动，导体、导线有无破损、变异等。检查时可用起子、小锤轻轻地叩击给以振动，检查有无异常情况产生，对于可疑地点应采用万用表测试。

（3）电容器检查 滤波电容器有无漏液，电容量是否降低。有自动指示滤波电容容量功能的变频器，可由面板显示出电容量及出厂时容量初始值，并显示容量降低率，推算的电容器寿命等。无此功能的则需要采用电容测量仪测量电容量，测出的电容量应大于初始电容量的85%，否则应予以更换。浪涌吸收电容器、电阻器应检查有无异常，二极管限幅器、非线性电阻等有无变色、变形等。

（4）控制电路板检查 检查应注意连接有无松动、电容器有无漏液、板上线条有无锈蚀、断裂等。控制电路上的电容器。若其表面无异常现象发生，则可判定为正常。控制电路上的电阻、电感线圈、继电器、接触器的检查，主要看有无松动和断线，各类元器件有无变色变形或过热烧坏情况等。

（5）绝缘电阻的测定

1）主回路绝缘电阻的测定 在做主回路绝缘电阻的测定时，应保证断开主电源，并将全部主电路端子，包括进线端（R、S、T或L1、L2、L3）和出线端（U、V、W）及外接电阻端子短路，以防高压进入控制电路。将500V绝缘电阻表接于公共线和大地（PE端）间，绝缘电阻表指示值大于5MΩ为正常。

电动机及电缆绝缘的测量必须将电动机电缆从变频器的U、V、W端子和电动机上拆下，测量相间和相对地（外皮）绝缘电阻，其绝缘电阻应大于5MΩ。

电缆绝缘检测的方法是将电源电缆与变频器的R、S、T或L1、L2、L3端子及电源分开，测量相间和相对地绝缘电阻，其绝缘电阻应大于5MΩ。

电动机绝缘检测的方法是将电动机与电缆拆开连接，在电动机接线盒端子间，测量电动机各绕组绝缘电阻，测量电压不得大于1000V，但也不得小于电源电压，其绝缘电阻应大于1MΩ。

2）控制电路绝缘电阻的测定 用万用表的高阻挡测量控制电路的绝缘电阻，测量值大于1MΩ为正常。

3）外接线路绝缘电阻的测量 在测量外接线路的绝缘电阻时，必须把需要测量的外接线路从变频器上拆下后再进行测量，防止绝缘电阻表的高压加到变频器上，并应注意检查绝

缘电阻表的高压是否有可能通过其他回路施加到变频器上，否则应将所有有关的连线拆下。

（6）保护回路动作检查　保护回路动作检查应在上述检查项目完成后进行。

1）过电流保护功能的检测：通常是通过模拟过载，调整动作值，试验在设定过电流值下能可靠动作并切断输出。

2）缺相、欠电压保护功能检测：在变频器电源输入端通过调压器供电给通用变频器，模拟缺相、欠电压等故障，观察通用变频器的缺相、欠电压等相关的保护功能动作是否正确。

2. 变频器的检测测量方法

变频器的测量电路见图4-55，并按其选择测量仪表，采用的仪表类型见表4-17。测量功率因数不能用功率因数表测量，应采用实测的电压、电流值通过计算得到。

（1）变频器主电路电气量的测量

1）变频器输出电流的测量：选择能测量畸变电流波形有效值的仪表，如0.5级电磁式（动铁式）电流表和0.5级电热式电流表，测量结果为包括基波和谐波在内的有效值，当输出电流不平衡时，应测量三相电流并取其算术平均值。当采用电流互感器时，在低频情况下应选择适当容量的电流互感器。

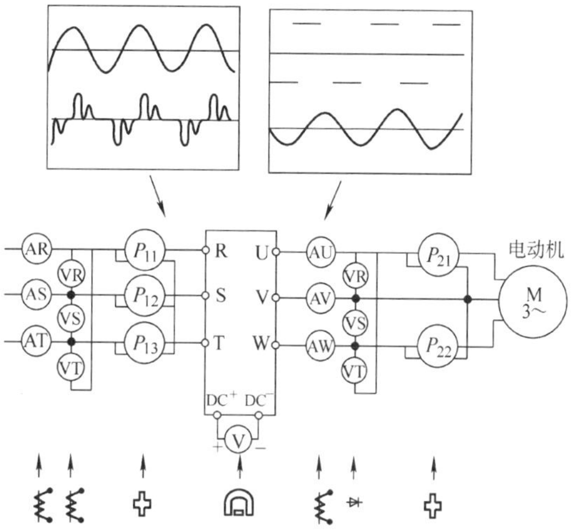

图4-55　变频器的测量电路

表4-17　主电路测量时推荐使用的仪表

测定项目	测定位置（见图4-55）	测定仪表	测定值的基准
电源侧电压 U_1 和电流 I_1	R-S、S-T、T-R间和R、S、T中的线电流	电磁式仪表	通用变频器的额定输入电压和电流值
电源侧功率 P_1	AT-R、S、T和R-S、S-T、T-R	电动式仪表	$P_1=P_{11}+P_{12}+P_{13}$（3功率表法）
电源侧功率因数	测定电源电压、电源侧电流和功率后，按有功功率计算式计算，即 $\cos\varphi_1=P_1/\sqrt{3}U_1I_1$		
输出侧电压 U_2	U-V、V-W、V-U间	整流式仪表	各相间的差应在最高输出电压的1%以下
输出侧电流 I_2	U、V、W的线电流	电磁式仪表	各相的差应在变频器额定电流的10%以下
输出侧功率 P_2	U、V、W和U-V、V-W	电动式仪表	$P_2=P_{21}+P_{22}$，2功率表法（或3功率表法）
输出侧功率因数	计算公式与电源侧的功率因数一样：$\cos\varphi_2=P_2/\sqrt{3}U_2I_2$		
整流器输出	DC^+ 和 DC^- 间	动圈式仪表（万用表等）	$1.35U_1$，再生时最大850V（380V级），仪表机身LED显示发光

2）变频器电压的测量：一般选择整流式电压表（0.5级），需要时可考虑用适当的转换因子表示其实际基波电压的有效值。数字式电压表不适合输出电压的测量。为了进一步提高输出电压的测量精度，可以采用阻容滤波器与整流式电压表配合使用，见图4-56所示。输入电压的测量可以使用电磁式电压表或整流式电压表。考虑会有较大的谐波，推荐采用整流式电压表。

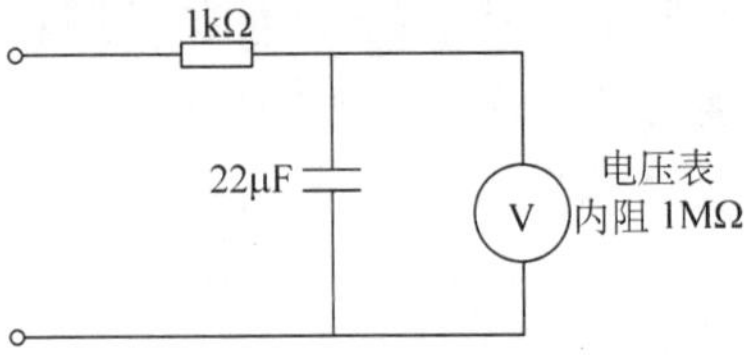

图4-56　阻容滤波器的使用

3）变频器的输入/输出功率的测量：使用电动式功率表或数字式功率表测量，输入功率采用3功率表法测量，输出功率可采用3功率表法或2功率表法测量。当三相不对称时，用2功率表法测量将会有误差。当不平衡率>5%额定电流时，应使用3功率表法测量。

4）变频器输入电流的测量：使用电磁式电流表测量有效值。为防止由于输入电流不平衡时的测量误差，应测量三相电流，并取三相电流的平均值。

5）直流母线电压的测量：直流母线电压的测量是在变频器带负载运行下进行的，在滤波电容器或滤波电容器组两端进行测量。把直流电压表置于直流电压正、负端，测量直流母线电压应等于线路电压的1.35倍，这是实际的直流母线电压。电容器被充电，此读数应保持恒定。将交流电压表置于同样位置测量交流纹波电压，当读数超过AC 5V时，这就预示滤波电容器可能失效，应采用LCR自动测量仪或其他仪器进一步测量电容器容量及其介质损耗等，如果电容量低于标称容量的85%时，必须予以更换。

6）电源阻抗的影响：一般采用谐波分析仪进行谐波分析，并对系统综合分析判断，当电压畸变率大于4%以上时，应考虑加装交流电抗器抑制谐波，也可以加装直流电抗器，提高功率因数，并有减小谐波的作用。

7）压频比的测量：将整流式电表（万用表、整流式电压表）置于交流电压最大量程，在变频器输出为50Hz运行下，在变频器输出端子（U、V、W）处测量送至电动机的线电压，读数应等于电动机的铭牌额定电压；接着，调节变频器输出为25Hz运行下，电压读数应为上一次读数的1/2；再调节变频器输出为12.50Hz运行下，电压读数应为电动机的铭牌额定电压的25%。

8）功率模块漏电流的测量：功率模块漏电流的测量是在变频器通电并按给定指令运行时，调节变频器输出为0Hz运行下，测量电动机端子间的线电压，这时变频器中的功率模块不应被驱动，但在电动机上可有40V左右的电压或较少的漏电流。如电压超过60V就应判断功率模块存在故障或表明功率模块有故障预兆，应对其进一步检查。

9）通用变频器效率的测量：变频器的效率需要测量输入功率 P_1 和输出功率 P_2，由 $\eta=(P_2/P_1)\times100\%$ 计算。测量时应注意电压畸变率小于5%，否则应加入交流电抗器或直流电抗器，以免影响测量结果。

（2）主回路整流器和逆变器模块的测试

变频器的输入输出端子R、S、T、U、V、W及直流端子P、N上，见图4-57所示，用万用表电阻档变换测试笔的正负极性，根据读数即可判定模块的好坏。一般不导通时，读数为“∞”，导通时为几十欧姆以内。模块

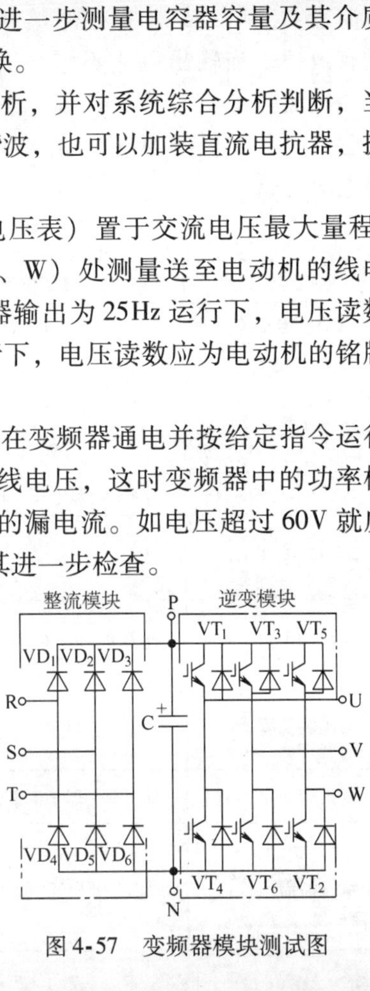

图4-57　变频器模块测试图

的好坏可按表4-18进行判定。

表4-18 模块测试判定表

测试项目＼测试点		电表极性 +	电表极性 -	测定值
整流模块	V1	R	P	不导通
		P	R	导　通
	V2	S	P	不导通
		P	S	导　通
	V3	T	P	不导通
		P	T	导　通
	V4	R	N	导　通
		N	R	不导通
	V5	S	N	导　通
		N	S	不导通
	V6	T	N	导　通
		N	T	不导通
逆变模块	TR1	U	P	不导通
		P	U	导　通
	TR3	V	P	不导通
		P	V	导　通
	TR5	W	P	不导通
		P	W	导　通
	TR4	U	N	导　通
		N	U	不导通
	TR2	V	N	导　通
		N	V	导　通
	TR6	W	N	导　通
		N	W	不导通

（二）**注意事项**

变频器调整试验中凡涉及电子式电气传动装置的元器件，成套硅整流装置元器件，晶闸管整流装置元器件应参照（一）中的相关内容。

（三）**软起动器**

软起动器与变频起动器调试方法基本相同，供参阅。

四、其他电气动力及控制装置

其他电气动力及控制装置指上述未曾提到的设备或特殊电器或新型产品，其他电气动力装置也应按上述要求进行检查和调整。

1）外观检查应无破损、裂纹或残缺，并应与使用说明书相符。内部接线正确无松动，模块插件紧固正确。

2）测试绝缘电阻、额定电流、线圈吸合电压、导电回路接触电阻，并作机械传动程序试验，应无明显缺陷。绝缘电阻的测试必须将全电路部分与电路摘开。

3）按上述方法调整各类继电器、传感器、调节器、变速器，使其能按设定的参数动作，并符合说明书的要求。

4）按照使用说明书要求及程序解体动力装置，进一步发现缺陷，有烘干要求的要进行烘干，特别是绝缘电阻较低的设备。

5）通电空载试验，有频率、转速要求的要测量频率和转速。通电试验必须在绝缘电阻合格的情况下进行，接通电源后应先观察设备各部件、仪表、指示器的情况，并观察有无声响或其他异常。一切正常后才可以进行下一步试验，并观察仪表、指示器，如有异常应立即断开电源。按上述方法进行直到试验调整完毕。如设备有异常应与供应商联系，未得到供应商允许前不得再次通电。

6）需要用计算机输入程序或操作的设备，必须用厂商指定的软件系统，并按使用说明书进行。该计算机一经用入系统，不得再移为他用，以防病毒。

7）有备用模块的设备应将备用模块插上替代设备原装模块，然后进行相同试验和调整，设备应与原装模块功能相同。

8）模块的测试和试验应用专用设备进行，其输入、输出信号正确无误。

9）测试、试验、调整的接线必须正确无误，应详细阅读说明并按说明书要求进行，并由非接线人员核对接线。电源电压必须正确，接线的确认必须由两个以上人员确认，任何人不得擅作主张。

五、送电试车及试运行

低压动力电路及设备经过上述一系列的单体测试、检查和试验后，已经基本完毕，并且具备了试车条件。试车有三个内容，一是要送电，二是试车，三是试运行，其中试车又包括单机空载、单机负载试车、联动空载及负载试车。试车是安装工程中一项重要的工作，稍微疏忽将会酿成大错，前功尽弃，使前段安装毁于一旦。因此，必须做好准备工作和组织工作，使试车有条不紊地进行，力求一次合闸试车成功。

（一）送电试车及试运行的条件

1）所有电气设备、元件、材料已经检查、试验、测试、调整，符合规范和设计要求，且资料齐全，记录完整。合格证、使用说明书及型式试验报告真实可靠。

2）所有电气设备、元件、材料已安装完毕，经质检人员检查符合施工验收规范的要求，且资料齐全、记录完整。不合格项已经修复验收合格。

3）送电试车及试运行的准备工作已完毕，已编制送电试车及试运行方案，并经审批可行，已发至相关人员。

4）人员已到位，各种测试用的仪表及设备已到位且在检定周期以内。

5）送电试车及试运行已通知建设单位，建设单位相关人员已到位，监理工程师已批准。

（二）准备工作及要求

1）组织学习图样、资料、说明书等技术文件；对照系统图核对主要设备的规格、型号、回路个数、负荷性质及类别、起动方式、容量等；补设各种标志、标牌、信号指示等，清除电动机外壳上及其他电器上的杂物灰迹。

2）测量和检查所有回路和电气设备的绝缘电阻，并清除临时送电及调试时带电部分的短接线及各种对送电及试车有影响或危害的障碍物、杂物等。测量系统的接地电阻应符合要求。

3）巡回检查所有的电气线路，包括架空、地下、沟内、管路、柜内外、电气设备接线端及其接线，应正确无误，并与图样相符；恢复所有在测试调整时临时拆开的接线或线头，使之处于正常状态，并检查所有触点、触头、端子有无松动、脱离现象并处理之。有否漏油现象。

4）再次对系统控制、保护与信号回路进行空投操作试验，动作及显示应正确；所有设备、元件的可动部分应动作灵活可靠，触头分合明确，接触紧密，压力适中，分断时隔离电阻无穷大，闭合时接触电阻近似为零。

5）检查备用电源及其自动切换装置，应处于良好正常状态。润滑系统、通风系统应正常，要检查油压保护装置是否灵活可靠，能否在不正常情况下，切换主机电源。

6）在电动机起动前应手动盘车，转动应灵活无卡，并仔细检查内部有无杂物或障碍存在，若有应清除干净。同时应检查皮带的松紧、联轴器安装是否正确，电动机底座或设备地脚是否松动。

7）对系统中某一设备单独试车时而临时解除与其他设备的机械或电气联锁时，应事先通知有关人员，事后应恢复原状，并由他人进行检查。

8）确定不可逆传动装置电动机的运转方向；并根据设备要求确定电动机的转动方向，以便在试车时调整电动机的接线相序。

9）检查电动机励磁回路励磁绕组的直流电阻及有无断线或接触不良情况，检查电刷是否接触良好。

10）直流电动机绕组的极性及自消磁回路的极性经检查应正确无误。

11）如利用电动机空转干燥电动机本身，系统应具备正式试车的条件，并按要求进行。

12）试车前须经设备安装人员检查试运行设备的各个部分，并取得设备安装人员同意或签字才允许开车。

13）大型电动机起动对电网有较大影响的应在起动前通知供电部门或厂变电所。

14）送电试车时，要在厂变电所、主控室、电磁站、操作台等地装设电话或无线步话机，并应通信无阻正常，必要时应装设录音电话。

15）所有测试调整记录应完整、清晰，签字手续要齐全，并准备送电、试车记录及指令传票等，要求同上。

16）准备各种仪器仪表且应为检定或试验合格；准备安全用具及防护用品消防用具用品并检查无误；准备医疗救护用品、车辆、并通知医务人员准时到场。

17）检查系统电源总开关和各分路总开关（如断路器、熔断器）应正常；并准备各种规格型号的熔丝或熔片。

18）检查系统其他不妥之处并修复，如垃圾、道路安装用临时送电线路等有碍于送电试车工作进行的不利因素。

19）编制送电方案及试车方案，包括送电程序、试车程序、安全措施、人员分工分配及职责范围、技术措施及指标、注意事项及上述有关条款等内容，并组织所有参加送电或试车的人员学习讨论，大型或重要的设施要进行预演，以防万一。

20）送电和试车通常应召集有关单位的技术人员和负责人参加，一般有建设单位、设计单位、安装单位的上级主管部门及安装调试人员；重要的大型或关键设备的送电试车还应有制造厂家、供电部门、监理部门、消防部门等人员参加，并审核送电或试车方案，达成一致性的意见，签字盖章会签等。

（三）**注意事项**

1）所有开关和控制器的操作手柄或转换开关应放在得电前的准备位置或适当的正常

位置。

2）接触器、开关上的灭弧罩应完好，不能取掉；熔断器的熔丝应正确选择，不准用其他金属材料代替。

3）送电时应先送主电源，后送分路电源，再送操作电源；合闸顺序为先合隔离开关，后合负荷开关；切断时与上述顺序相反。

4）电气传动装置的试车程序必须先手动盘车，然后空投控制回路，动作程序正确后才能使电动机空转，认为正常后才能拖动机械运转，最后再带动负载。在每次起动瞬间，应注意电动机起动状况是否正常，如起动困难应即停车检查，必要时分析起动方法是否正确。

5）串激直流电动机不准许空载起动运转。

6）电动机在拖动风机、泵类负载时应关闭闸门起动。

7）直流电动机起动时，励磁调节电阻器的阻值应放在最小位置，对直流发电机，则应放在最大位置。无论是直流发电机还是电动机，初次运行发电或拖动时，其电压应逐步升高，同时观察电刷及电枢的火花是否正常。

8）带动机械起动时应先点动方式起动，以观察转动方向及机械啮合情况是否正常，如有误应检查。带动机械起动运转时须由机装人员配合指挥。

9）对于双电枢电动机、多速电动机以及由几台电动机驱动同一机械装置，初次起动时应分别单机（单转速）起动，仔细观察起动情况是否和设计相符。

10）凡带有终端限位或极限开关的控制系统，应先用手动检查行程开关的动作是否灵活正确可靠；然后手动盘车撞击开关观察动作是否正确；再以电动机点动方式拖动机械撞击开关并仔细观察实际停车、变速、换向等效果，功能完全实现时再由低速到高速进行正式试验，如有惯性越位时，应重新调整。

11）运转时应注意仪表指示、电动机转速、声音、温升、振动、润滑和整流、电刷等情况以及继电器、接触器和其他电磁线圈的声音温升是否正常。

12）电动机起动后，操作人员要坚守控制岗位，随时准备紧急停车。

13）对间歇工作的传动装置均应按规定的负载持续率进行试车，变更工作制时应先停车，再变动选择开关的位置。

14）试车送电时，应注意设备附近的水源、油源，不允许外部的油、水等流体溅入电动机内部。

15）电动机在运行中跳闸、失磁，或发现其他故障时，应迅速切断主电源的回路，并将起动装置恢复到起动位置的零位，然后查明原因。如是继电器动作，更应进一步查明原因，不得任意增大整定值强行送电起车。发生事故后，必须先切断有关电源，然后盘车，再空投控制回路，检查电动机及机械部分正常后，才能重新起动。如起动时立即跳闸，应检查系统的保护装置是否动作，再者要检查电动机有无故障或盘车困难。

16）备用电源的相序必须和常电的相序一致；更换电源后，应注意复查电动机的转向；任何人都不准将总开关的电源倒相。

17）有电磁抱闸的机械，在电动机带动机械运转前应调整好抱闸并经实际制动试验合格可靠；同样有反接制动、能耗制动的也应在带动机械运转前调整合格。

18）合闸或开车时发现回路的电流很大而又不能当即下降时应立即切断电源检查原因，查明原因前不得继续送电开车。

19）开关柜送电时，应将所控回路的负载断开，避免直接起动。

20）从送电试车日开始应安排值班人员，昼夜值守；无人值班的场所必须锁门。要做好防盗、防误操作、防人为事故发生。

21）试车时要随时注意电动机及设备基础及地脚螺栓的振动、位移情况，如有意外应及时报告及处理。

22）送电及试车过程中，要经常检查以下项目：互感器二次端接地情况、电动机外壳有无异常、开关触点温度是否太高、线路或电器有无冒烟糊味、调速装置工作是否正常、夜间巡视时有无打火放电或发红现象、电源电压是否平衡正常、回路中三相电流是否平衡稳定、各种信号指标是否正常、各种报警装置是否动作、运行中的电气设备有无不正常的声响、自动装置的动作或程序是否符合设计要求、电能表是否转动走字、冷却水的水温是否正常、电动机的转速是否正常、调速装置能否调速且是否正常、测听电动机轴承的声响是否正常、大型电动机的润滑系统工作是否正常、同步电动机能否正常牵入同步运行以及不频繁起动的起动电阻或电抗、频敏变阻器和自耦减压起动器在电机进入正常运转时温度是否在降低，最后能否达到常温等。

（四）安全要求

1）测试、送电和试车的操作至少须有两人进行，并且至少有一人作为监护，严禁误操作。人员应分工明确，没有操作指令，严禁擅自操作。通电前应对设备与线路进行必要的检查。

2）送电操作时应戴绝缘手套、穿绝缘鞋、戴防护镜，必要时要有绝缘垫。

3）验电器、验电笔在使用前应检查是否合格，使用时必须在制造厂规定的电压范围内使用。

4）送电试车过程中，对已送电的盘、柜、箱或开关手柄上须挂有“有电危险”的标牌，在停电的设备或线路上工作时，须在该路断开的电源开关手柄或按钮上挂有“严禁合闸、有人工作”的标牌，同时应在操作点将三相电源短接后用接地线与地线可靠连接。

5）在已部分投产的车间或运行的配电室进行送电或试车操作时，应事先与有关部门或人员取得联系，必要时要设立围栏，不得随意串岗或拉闸合闸；在防爆区域或危险场所进行工作时，应事先征得有关主管单位的同意并检查试验无产生危险或爆炸因素时，才能进行工作。

6）凡在架空线路或已送电的变配电室内引出的电缆、线路上工作时应先在线路上挂接接地线，且与地极可靠连接，同时在周围应有人监护，必要时设置围栏。

7）对设备进行调整或试验时、在被认为可能有电的线路和设备上进行作业时，应事先验电。必要时应将线路短路后接地。

8）使用的仪器仪表应选择正确合适的档位，使用安全操作用具应按电压等级正确选取；在刚停电的设备上作业时，应先放电；绝缘电阻表的使用应针对设备或线路的电压等级正确选取。

9）测量电动机温升时，一般应使用酒精温度计，测量触头或其他易发热部位的温升应使用点式温度计或测温蜡片。

10）送电前必须复查送出回路和受电单位是否相符，且受电端应有人联络。

11）送电试车区域应有警告牌并派专人维护，严禁非工作人员入内；对配电室、设备间、操作室要派专人看管，任何人不得擅离职守。

12）无防护的刀开关投入时，脸部应躲开开关的正面；电动机起动时，电动机、设备、传动装置附近不得有闲人，并且操作人员和设备运行人员要先呼应后操作，只有得到设备运行人员允许起动的指令，方可起动。

13）滑接线送电后，两端的灯光标志应正确显示，起动吊车前应发出开车的音响信号，吊车在运行时除紧急特殊情况外，严禁突然反向运转，人员禁止在道轨、行架上停留或走动，吊钩下不得站人。操作天车者必须是持证司机。

14）调配电解液时，必须将硫酸倒入蒸馏水中，不得将蒸馏水倒入硫酸中，禁止在蓄电池室内吸烟。

15）所有参与送电和试车的人员，在工作前不准饮酒。

16）如发生人身触电事故应先断开电源，然后再急救，要进行人工呼吸直至送到附近医院。断开电源时，如不能拉闸断电，必须用绝缘物切断线路，避免再度触电。

17）如发生设备着火爆炸事故应先断开电源，然后再急救，使用的灭火剂必须是有利于消防电气火灾的灭火剂，如CO_2、四氯化碳、1211、干粉灭火剂，其中CO_2、1211宜用于电器着火。

18）雷雨季节要注意防雷，进户点的避雷器必须经校验合格，接地电阻必须经测试合格，所有的接地点必须正确可靠。一般情况下要注意防止静电并加以消除。

19）倒闸操作即由运行状态转换到备用、停电、检修或试验状态，或由上述状态转换到运行状态所进行的一系列拉闸合闸操作，必须根据总指挥或送电试车负责人的命令，并经受令人复诵无误后，由监护人监视执行，同时应填写操作指令传票，并会签验证无误。

20）安全要求要写进送电试车方案中去，有关安全措施及要求，请参照第五章的相关内容。

（五）低压动力电路的送电

1）将低压配电室或控制室中成列开关柜总开关及分路开关的隔离开关和负荷开关全部断开，检查无误后即可通知变电所请求将该配电室馈电回路的开关合上。

2）变电所接到请求送电的电话，经总指挥批准后即可回电请求单位，表示同意送电；双方联系无误后，即可将该回路的馈电开关合上，这时受电单位的电压表指示灯应有显示，正常情况下三相电压应平衡，电压值应正常。受电单位即可把得电情况报告变电所及总指挥。

3）低压配电室将隔离刀闸总开关和总负荷开关先后合上后，低压母线上即有电，测试母线最末一端的电压应正常，且任何部位不应有漏电或放电现象，然后把总负荷开关拉掉，连续三次冲击合闸分闸，开关和母线应正常，电压正常。分合闸间隔一般为1min。

4）将每个回路的刀闸开关合上，电压表或指示灯应有指示且正常，并连续三次冲击合闸分闸，开关和电压应正常。

5）按低压配电室的供电范围用电话按回路编号进行联系，可否送电；受电单位检查无误即可同意送电并做好准备，双方联系无误后，即可将第一回路的负荷开关合上。这时受电单位的电压表指示灯应有显示且电压正常，同样把得电情况通知配电室。配电室应连续三次将断路器合闸分闸，应正常。

用同样方法将所有回路按编号送电，应正常。然后将所有回路的刀闸和断路器合上，空载运行8h，应正常且无漏电现象及其他不妥，系统应电压稳定，三相平衡，电流表无指示，电能表只有潜动，信号系统正常等，同时应加班巡视和值班，发现问题或故障即时处理并通知总指挥。

6）空载运行正常后，即可进行单机试车。单机试车通常应按回路一一进行，如时间要求紧迫可多路进行或全路进行，但要将人员安排好，这样系统便进入了空载试运行阶段。

（六）单机空载试车

单机空载试车应使用正式电源，但在没有正式送电以前，由于工期或工程的需要，也可使用临时电源进行。单机空载试车应分别将每台电动机解除负载空载起动并试运行，大中型电动机一般运行8个小时，小型电动机运行2个小时。同时设值班人员并将运行情况填入记录，有问题应及时处理或停机检查，正常后方可单机负载运行。单机空载试车时，一般先试小型电动机，再试中型大型电动机，一台电动机试车成功后，可投入试运行，然后再试下一台电动机。有联锁控制的先将联锁解除，再单机试车。

单机试车的步骤方法如下：

1）起动前先检测电动机绝缘电阻合格，手动盘车灵活无卡，控制回路空投试验正常，有润滑系统的要先将油泵起动、并使之正常，然后征得机装人员许可便可起动，必要时可将皮带拆下，联轴器拆开，单试电动机。

2）合上起动柜的总开关，先点动起车一次，观察起动电流的瞬间值、转向、声音、振动是否正常，有无阻卡，是否表现起动困难等，然后再正式空载起动。这里要注意，有些负载不能空载运行，如水泵；而又有些负载起动时，空载或负载的区别只在于调节装置的开与闭，如风机等，这些都必须与机装人员取得一致性的意见，才能空载试车。

3）空载起车后，应观测电流、声音、振动及其他有无异常。大中型电动机间接起动时，还应粗试一下起动时间和起动电流。空载运行时除上述观测项目外，还要观察电动机的温升及轴承的温度。

4）起动时间和起动电流的测定是同时进行的。电动机起动前，先把钳形表卡在电动机接线盒外的任一相导线上，量程应按电动机额定电流的10～15倍选取，同时准备好秒表，操作起动按钮的同时即开始计时，这时要观测电流表的变化情况，电流表的指针迅速升到某一很大位置并维持几秒不动，这个数值即为空载起动电流，然后下降到一定值不再下降，这段时间即为空载起动时间。而电动机的转速则是由慢而越来越快，当电流下降到一定值时，转速也增加到了额定转速的85%左右，电动机切换为全压运转的时刻也是这个时刻。

这里需要说明一点，不允许重载起动只能空载起动的系统，上述测定的起动时间即为时间继电器整定的时间，一般将时间继电器的动作时间初步整定为测定时间的1.10～1.15倍。允许重载或中轻载起动的系统，起动时间还要在加负载后精测。

时间继电器的整定，一般采用控制电路空投时来整定，空投后开始计时，如在测定时间的1.15倍时还不动作，则应将调节螺钉或电位器往小的方向调节；如在测定时间的1.15倍以前动作，则应将其往大的方向调节，直至使时间继电器的动作时间与测定时间相等。有时也可单独测试时间继电器，气囊式时间继电器要用手按动或支起衔铁，并用万用表和秒表按上述方法测定时间；其他需通电的晶体管式或电动式的继电器则应通以额定电压或电流，再用上述方法测定。

（七）单机负载试车

单机负载试车的步骤、方法及要求与单机空载试车基本相同，但必须在单机空载试车合格且在规定的空载运行时间后无任何不妥才允许单机负载试车。

负载试车就是在电动机驱动的机械里加上机械带动的物质，如空气、水、煤、原料、金属物质等，因此负载试车必须有建设单位的工艺运行人员参加。负载试车又根据工艺要求分重载、中载和轻载三种，因此要按工艺要求和负载情况重新测定起动时间和起动电流，并按其整定时间继电器、整定断路器、热继电器和电流继电器的动作电流。

单机负载试车时主要是监测三相电流是否平衡（一般不应大于2/3 额定电流）、声音、转速、轴承及机壳温升是否正常，并随时用铁棍测听轴承、定子与转子的声音有无异常，用手感知轴承及机壳温度。当发现温度过高时，保护装置应动作、否则应停车检查，查明原因才能重新起动，必要时要重新试验继电器是否可靠或调整动作电流或时限。有重大异常现象应紧急停车并报告总指挥或负责人。这里要提醒大家两点，凡是用皮带传动的设备，皮带不能装得太紧，否则容易发热；负载试车，工艺人员必须进入现场和安装人员共同值班。

单机负载试车一般不超过24h、试车的台数一般不超过设备总台数的1/3，要注意人员的安排，夜班应安排经验丰富、技术较高的人员值班，以便处理复杂的故障。

通过单机负载试车，可以找出系统中起动电流最大、起动时间最长的几台电动机，这样即可把回路总开关或分路总开关的过载跳闸及时限按“控制柜的调试”中的方法整定好。通过单机负载试车，可以发现设备制造、工程设计和安装调试中的一些缺陷和故障，都应及时处理。元件和设备制造上的缺陷应认真对待，否则应更换，杜绝凑合思想和做法。设计和工艺要求相差较大时，应修改设计；安装上的缺陷有碍于工艺运行的要返工，不得马虎。通过负载试车，安装人员要把操作程序、注意事项、维修要点、调试方法、试验项目、监测项目、运行指标等教给建设单位的工艺运行人员。在后述的联动试车内容中，使这些内容更趋于完善。

（八）联动试车

联动试车就是按照工艺生产的程序及条件，使系统运行起来，并生产出成品或半成品，实际上就是试生产或试运行。

1. 联动试车的条件

1）单机负载试车完毕，且将发现的缺陷和故障全部处理，必要时应在处理后再次进行单机负载试车，直至无任何故障。

2）和系统配套的其他安装工程，如静止设备、管道、水处理、给排水、通风、空调、采暖、化验等均应完毕且合格。

3）生产原料已运到现场且合格；包装或成品堆放已具备生产条件；中间环节或半成品的转移已具备生产条件。

4）生产工艺人员及技术管理人员已培训合格，已建岗建制，并进入现场，生产管理体系已运行。

5）和系统配套的其他电气工程，如通信、自动化仪表、监控、照明、天车、微机系统等均已单机试车合格，且具备运行条件；润滑系统试车合格，且油料充足。

6）单机试车时，解除的联锁已全部复位，且经试验合格无任何故障及障碍；重新测量系统的绝缘电阻和接地电阻，均应合格。

7）经建设单位、安装单位、设计单位及其主管部门的技术人员联合对试运行的现场、条件进行验收检查，不妥之处即时修复，并验收合格。同时应在联动试车的文件上签字。相关部门已具备生产能力和运输能力。

8）供电部门或厂变电站，整流所允许在请求的时间内试车，并做好充分准备，随时保持电话联系。

2. 联动试车的程序及方法

1）总指挥发布试车准备的命令，工艺生产人员上岗，启动润滑系统，手动盘车，启动供料系统及准备包装系统，检查设备正常；电气值班人员上岗，检查电气系统，随时准备合闸起动。

2）总指挥询问各工段准备情况，一切正常后，发出开车的命令。这时应按系统起车的程序或联锁情况一一分别将电动机带动负荷起动或空载起动，并满足最大的开车率，记录电气参数及空载运行情况。

3）系统空载正常后，向总指挥报告，并经总指挥发布投料命令，然后即可按工序及工艺纪律投料，系统进入生产状态。这时应满足最大的开车率，并按工艺要求正常起停设备，记录电气参数及系统运行情况。作为电气人员来讲主要是观测各级的电流情况及电动机、电器的温升，如有异常即可先停车后请示汇报。

4）生产运行正常后，如征得建设单位同意即可进行 72h 试运行，并由双方派专人参与试运行，负责处理各种事宜。

5）72h 试运行正常后，即可转入常规工业生产。这时实质上工程已交验完毕，安装人员除协助建设单位参加运行的人员外，即可撤离现场。

（九）联动试车中电气事故的处理

试车中经常发生电气事故，这些事故的造成有的是安装原因，有的是设计原因，有的则是由于选择元件材料不当造成，有的是元件材料质量问题以致由于生产工艺不当或设备选型等。遇着问题要仔细分析，冷静思考，万万不可鲁莽从事，最忌讳的就是乱拆乱卸和强行起车，导致故障的扩大。

（1）电动机不能起动　电动机不能起动有多方面的原因，负载太重，负载转矩超过电动机的最大转矩；控制电路故障；电动机内部故障；电源电压或频率故障等。

处理方法通常是先将电动机与设备的连接装置（皮带、联轴器）取掉，使电动机脱离负载；关掉主电源开关，合上控制电路开关，空投控制电路看其是否动作正确，找出错误原因或元件，本身能否按起动方式将三相电源送至电动机；测量控制柜三相电源的电压值应在规定范围以内，且趋于平衡，否则应找出原因；检查过载元件是否调节的值太小，动作是否正确，必要时要重新整定；检查频率表是否准确，必要时要测电源的频率。

然后测量电动机的绝缘电阻、直流电阻以及绕组的极性和接线是否正确。绕线转子电动机应检查转子是否被短接或是起动电阻或频敏变阻器能否正确接入转子回路。用手转动电动机轴是否有极大困难，有无阻卡或扫膛等异常声响，轴承是否良好等，必要时要重新抽芯检查。

然后将主开关合上，空试电动机、测量电气参数，看其是否正常。如果电动机、控制电路、电源都正常，其原因可能在设备上。通常应检查设备，手动盘车是否灵活无卡，起动方法或盘车的灵活度是否相符，机械的轴承是否良好，风门、载门能调节负载的装置是否未按规定调节，投料是否过多等。这里要提醒大家一点，任何负载都应能盘车，有些大重型设备起动转矩很大，盘车时要用几根木棒且由十几人盘车，但结果应盘动；因此盘车要根据负载的实际情况进行，凡盘不动车的负载或盘车灵活程度与设备本身不相符的负载，是绝对不能用电动机起动的。

（2）电动机突然停车而又不能重新起动　这种故障是由于负载增长（速度）过大，或机械堵转或过载，以致使机械损坏将设备卡死，电流增大，保护装置动作，使之跳闸。再是控制电路故障，或停车按钮、触点由于振动而误动作。三是电源突然失压或欠压。四是由于电动机制造原因，过载能力小，致使绕组或局部烧坏或烧断，包括引线接头由于处理不良而造成。

处理方法基本同前，但在没有弄清原因时，不得随意增大继电器或过载保护的整定值，只有所有检查项目都合格后，须经技术人员同意后才可重新整定。此外，要注意延时复位的继电器的接点是否复位，如热继电器，否则不能重新起车。

（3）断路器跳闸　起动时跳闸是由于瞬时动作电流值整定的较小，不能满足或躲过电动机起动电流或者因为电动机或线路有短路现象；运行时跳闸是由于过载延时动作，这里有两种原因，一是电动机过载而动作，保护了电动机；另一种是因为整定值较小，电动机过载程度不够而动作。后一种原因则应重新整定，而前一种则应检查机械故障或检查原料进给或调节负载装置是否速度或开度较大而造成。验证方法是合闸后，重新起动，并按原进料速度给定，再仔细观察是否跳闸。否则应重新整定。当然运行中跳闸也有短路造成的可能性。

起动时跳闸主要是由于负载太重或保护装置动作，则应重新测定起动电流的峰值，按规定系数或适当放大（最大不得超过1.25倍）重新整定，或摇测电动机绝缘，电动机与负载不匹配，也就是小马拉大车时也会引起起动跳闸。

空开跳闸，有时是因为分励线圈的铁心吸合不好，受到稍微的振动或电压的波动及其他原因也会跳闸。应仔细观察其吸合情况和声音是否正常，铁心截面上有无脏污等。断路器跳闸的另一个原因是产品质量不好而引起的，因此必须把好元件的进货关，杜绝伪劣产品混入。

上述方法仍不能解决，则应更变空开的型号规格，重新计算和整定。若是电动机绝缘损坏则应更换电动机。

（4）开关触头、导线接点或导线温度过高、烫手、发红、烧焦、有味等事故大多是接触不良引起，再者是负载大而元件规格小、导线截面小而造成。

先检查并紧固所有连接部位的螺栓，这里要注意，所有紧固螺栓应与接点、导线截面配套，螺栓偏细也能引起过热现象。如仍过热，应重新计算负载的电流，核算导线截面，必要时则应更换导线或开关设备。更换导线或开关设备须经设计和技术负责人同意。此外，过热现象的原因，还要考虑负载过大、环境温度、通风条件等因素。

（5）三相电流严重不平衡　一般是由于某分支回路或单机回路单相运行引起，应从单机回路逐个测量三相电流，再测分支回路三相电流，即可找出单相运行回路。检查时要特别注意有熔断器保护的回路，其熔丝是否熔断。单相造成的另一原因是电动机某相烧断、断线、开关有一相接触不良或闭合性能不好引起，再者是漏电引起或单相接地引起，应停电后检查各个回路的绝缘电阻。三相电流在总开关上不平衡有时是由于单相负载较多且三相分配不均匀而引起，应重新分配负载，这里还要注意单相负载的使用率等一系列问题。

（6）熔断器熔丝熔断　熔丝熔断与断路器跳闸分析基本相同，所不同的是，熔断器是用熔丝一个元件保护，而空开是用两元件分别保护瞬时和延时。如果熔丝熔断特别严重，在熔室内只能看飞溅细小的熔珠及乌黑一片熔丝荡然无存，大多是因为短路造成；如果在熔室里能看到熔丝是从中间熔断，两端依然有存，且熔珠较大，一般是由于过载引起。更换同径或大一规格的熔丝后，合闸瞬间即立刻烧断，那么一定是短路造成，且短路还存在。应查出原因并修复；更换熔丝后，在运行中仍熔断，应更换大一级的熔丝试验，否则应检查负载是否堵转或过重！以至电动机是否匹配，不得随意增大熔丝规格。

（7）保护继电器动作　在起动时动作，是因为起动时间的延时较长，而保护过载时间的延时较短，躲不开起动电流而造成，应适当增加允许过载的延时；或许是起动转矩太大造成。在运行中动作，一般是因为过载动作，再者是因为受到外界影响而误动作，应增加元件的抗干扰能力，或选择性能优越的元件、延时可靠的元件。无论何时动作，都有可能是因为短路引起或电动机内部故障引起，要核校系统的绝缘电阻或检查电动机。

（8）其他事故及处理　无论哪种事故的处理，一定要掌握“机—电分开”的原则，这样能分清责任，避免事故扩大，当然一些易见而又易处理的故障则不必教条，应即时处理。

六、调整试验、送电、试车、试运行记录

调整试验、送电、试车、试运行的全过程应有详尽记录，分别按设备、按回路记录所有的参数。使用仪器仪表及试验设备规格型号、试验负责人及参与人员、时间、地点、采用标准规范代号等。记录应有负责人及试验人员签字，作为交付建设单位的施工材料之一。

七、低压动力电路及配电室调试送电前质量标准及检验方法

最后将低压动力电路及配电室调试、送电及试运行前电气装置质量标准及检验方法列出，供读者在工程中参照执行。

发电机、电动机的检验标准及方法见表 4-19 ~ 表 4-24。

表 4-19　发电机本体检查

<table>
<tr><th>工序</th><th colspan="2">检验项目</th><th>性质</th><th>质量标准</th><th>检验方法及器具</th></tr>
<tr><td rowspan="7">定子铁心检查</td><td colspan="2">铁心外观</td><td></td><td>清洁，无锈蚀，无损伤</td><td>触摸及观察检查</td></tr>
<tr><td colspan="2">铁心叠片间</td><td></td><td>无松动及金属性短路</td><td>观察检查</td></tr>
<tr><td rowspan="4">槽楔</td><td>楔块检查</td><td>主要</td><td>无断裂，松动</td><td rowspan="2">扳动检查</td></tr>
<tr><td>端部槽楔检查</td><td></td><td>牢固</td></tr>
<tr><td>每根槽楔的空响长度</td><td>主要</td><td>≤1/3 槽楔长</td><td>用仪器测量检查</td></tr>
<tr><td>波纹板</td><td></td><td>按制造厂规定</td><td>用专用工具或仪器检查</td></tr>
<tr><td colspan="2">通风道通畅检查</td><td>主要</td><td>无杂物堵塞</td><td>观察及通气检查</td></tr>
<tr><td rowspan="4">定子绕组检查</td><td colspan="2">绝缘层外观</td><td>主要</td><td>清洁，无伤痕，起泡，龟裂</td><td rowspan="2">观察检查</td></tr>
<tr><td colspan="2">紧固件及绑扎件</td><td></td><td>完整</td></tr>
<tr><td colspan="2">端部绕组绑扎</td><td></td><td>紧固</td><td rowspan="2">扳动检查</td></tr>
<tr><td colspan="2">防松措施</td><td></td><td>齐全，可靠</td></tr>
<tr><td rowspan="5">绝缘水管检查</td><td colspan="2">绝缘水管与端盖间</td><td></td><td rowspan="2">无碰触</td><td rowspan="3">观察检查</td></tr>
<tr><td colspan="2">各绝缘水管间</td><td></td></tr>
<tr><td colspan="2">绝缘水管外形</td><td></td><td>无凹瘪</td></tr>
<tr><td colspan="2">管道畅通检查</td><td>主要</td><td>通畅</td><td>通气检查</td></tr>
<tr><td colspan="2">本体管道对外部管道绝缘电阻</td><td>主要</td><td>≥1MΩ</td><td>用 1000V 绝缘电阻表检查</td></tr>
</table>

（续）

工序	检验项目		性质	质量标准	检验方法及器具
转子检查	铁心	通风孔检查	主要	通畅	通气检查
		表面漆层		无脱落、锈蚀	观察检查
	绕组引线与集电环连接		主要	牢固，且接触良好	扳动检查，并检查试验报告
	平衡物检查		主要	无变动	观察检查
	集电环	外表面检查		光滑，无锈斑、伤痕	观察检查
		通风孔检查	主要	通畅	

表4-20　发电机附件安装

工序	检验项目	性质	质量标准	检验方法及器具
刷架及刷握安装	绝缘衬管、绝缘垫检查		无损伤、污垢	观察检查
	对地绝缘电阻	主要	≥1MΩ	用2500V绝缘电阻表检查
	刷握与集电环间隙	主要	2～4mm	用尺检查
	紧固螺栓及防松措施		齐全，紧固	扳动检查
电刷安装	电刷型号及厂家	主要	同一型号、同一厂家	观察并检查厂家合格证件
	电刷引线连接		牢固	扳动检查
	引线与转动部分间		无碰触	观察检查
	电刷与刷握间隙	主要	0.1～0.2mm且能上下移动	用塞尺并扳动检查
	电刷绝缘垫检查	主要	完好	观察检查
	电刷端面与集电环接触面积	主要	≥75%单个电刷截面积	观察断面研磨痕迹
	弹簧压力		按制造厂规定	对照厂家规定检查
套管安装	套管电气试验	主要	合格	检查试验报告
	套管外观检查		无掉瓷、裂纹	观察检查
	水冷通道密封试验	主要	按制造厂规定	对照厂家规定检查
	套管与出线箱法兰连接	主要	螺栓紧固，密封良好	观察并用力矩扳手检查
电动机引出线与套管连接	接触面检查		清洁，镀银层完好	观察检查
	螺栓连接	主要	紧固，无闭合磁路	观察并用力矩扳手检查
	防松螺母		齐全，紧固	观察检查
	绝缘水管连接		牢固，密封良好	
	绝缘包扎处理	主要	按制造厂规定	对照厂家规定检查
接地	接地线连接	主要	牢固，接触良好	扳动并导通检查
	条形底座接地		接地明显，且有两点及以上接地	观察检查

表 4-21　具有换向器、集电环类电动机检查

工序	检验项目		性质	质量标准	检查方法及器具
外观检查	铭牌及接线图标志			完整、清晰	观察检查
	回转方向标志			清晰	
转子装配	轴承转动音响		主要	正常	盘动转子听察
	转动惯性			均匀无阻滞	观察检查
接线盒检查	引线端子连接			完好、牢固	扳动检查
	出线标号及绕组接线		主要	清楚、正确	对照接线图检查
	直流电机并励绕组检查		主要	牢固、无开路	用万用表及扳手检查
换向器集电环检查	换向器表面不平度			<0.2mm	必要时用千分表盘车检查
	与绕组引线连接		主要	牢固、接触良好	观察及检查直流电阻
	整流片与片间绝缘顶面高差			0.5～1.5mm	观察或用钢尺检查
刷架、刷握检查及调整	螺栓防松件			齐全、可靠	观察检查
	对地绝缘电阻		主要	≥1MΩ	用 2500V 绝缘电阻表检查
	刷握对集电环或换向器表面间距			2～4mm	用尺检查
	同组各刷握中心线相对偏移		主要	≤0.5mm	
电刷安装	电刷中心线与换向器电气中心线相对位置		主要	重合	检查试验报告
	各电刷牌号及引线连接			一致、牢固	检查出厂证件及扳动检查
	电刷与刷握间隙		主要	0.1～0.2mm 且上下移动无卡阻	用塞尺及扳动检查
	电刷端面与集电环或换向器接触面积			>75%	检查研磨面
	电刷的倾斜锐角尖朝向			与转动方向相反	观察检查
	电刷弹簧压力			按制造厂规定	对照厂家规定检查
绕线式电动机电刷提升装置	起动过程中转子回路		主要	无瞬间开路	操动检查
	状态标志			清晰、正确	观察检查
润滑脂	外观		主要	清洁，无硬化变色	观察及触摸检查
	油脂特性		主要	按制造厂规定	对照厂家规定检查
	填充量			填至 2/3 内腔高	观察检查
绝缘检查	直流电动机励磁绕组及电枢绝缘电阻		主要	≥0.5MΩ	用绝缘电阻表检查
	交流电动机额定电压 1kV 以下绕组				用绝缘电阻表检查
	交流电动机额定电压 1kV 及以上	定子绕组	主要	≥1MΩ/kV	检查试验报告
		转子绕组	主要	≥0.5MΩ/kV	
	交流电动机 1kV 及以上电动机吸收比		主要	$\geqslant 1.2R_{60}/R_{15}$	
	轴承座绝缘电阻		主要	≥0.5MΩ	用绝缘电阻表检查

（续）

工序	检验项目		性质	质量标准	检查方法及器具
抽心检查	铁心检查	漆层		无脱皮、锈蚀	观察检查
		风道畅通检查	主要	无阻塞	通风检查
		转子平衡块	主要	紧固可靠	扳动检查
		槽楔装配		紧密无凸出	扳动及木槌敲击检查
		空响长度		≤1/3 槽楔长	用木槌敲击检查
	磁极检查	固定螺栓连接		紧固	扳手检查
		磁极中心线与几何中心线相对位置		重合无偏移	用尺检查
	绕组检查	绝缘表面检查	主要	清洁，无破损	观察检查
		绑线扎锁	主要	紧固	扳动检查
		引线连接		牢固	
风扇	外观			无裂纹、变形	观察检查
	安装方向		主要	正确	
接地	接地连接			牢固，导通良好	扳动及导通检查

表4-22 笼型电动机检查

工序	检验项目		性质	质量标准	检查方法及器具
外观	铭牌及接线图标志			齐全、清晰	观察检查
转子装配检查	轴承（柱）转子音响		主要	正常	盘动转子听察
	转动惯性			均匀无阻滞	
接线盒检查	接线端子绝缘外观			无损伤、受潮	观察检查
	出线标号及引线连接			正确、牢固	观察及用扳手检查
	绕组接线		主要	正确	对照接线图检查
滚动轴承检查	外圈与机座配合			紧固	扳动检查
	内圈与轴配合				
	转动试验		主要	灵活无卡阻	
	动体与内外圈间隙			按制造厂规定	对照厂家规定检查
润滑油	外观		主要	清洁，无硬化变色	观察及触摸检查
	油脂特性		主要	按制造厂规定	对照厂家规定检查
	填充量			填至2/3内腔高	观察检查
绝缘检查	绝缘绕组	1kV以下	主要	≥0.5MΩ	用绝缘电阻表检查
		1kV及以上	主要	≥1MΩ/kV	查试验报告
	1kV及以上绕组吸收比		主要	$\geq 1.2R_{60}/R_{15}$	查试验报告
	轴承座绝缘电阻			≥0.5MΩ	用绝缘电阻表检查

（续）

工序	检验项目		性质	质量标准	检查方法及器具
抽心检查	铁心	漆层	主要	无脱皮锈蚀	观察检查
		风道通畅检查	主要	无阻塞	通风观察
		转子平衡块	主要	紧固可靠	扳动观察
		槽楔装配		紧固	木锤敲击检查
		每根槽楔的空响长度		≤1/3 槽楔长 （或按制造厂规定）	
	笼型	端环与铜（铝）条连接		良好、无断裂	观察检查
		端环外观		无裂纹	
		绝缘层外观	主要	清洁，无破损	观察检查
	绕组	绑线扎锁	主要	紧固	扳动检查
		引线连接	主要	牢固	
风扇	外观			无断裂、变形	观察检查
	安装方向		主要	正确	
接地	接地连接			牢固，导通良好	扳动及导通检查

注：电动机、发电机按其容量不同检查内容也不同，具体区分见《电气装置安装工程施工及验收规范》。

表 4-23　发电机检查（隐蔽）签证

型　　号		额定容量 MW		接线方式	
额定电流 /A		转速 /（r/min）		冷却方式	
额定电压 /kV		频率 /Hz		功率因数	
励磁电压 /V		励磁电流 /A		励磁方式	
制造厂家		出厂编号			

检　查　内　容	检　查　结　果
定子铁心、绕组及机座内部清洁；各部分螺栓紧固无松动	
定子铁心外观无锈蚀、损伤及金属性短接	
定子槽楔无裂纹、凸出及松动；通风道、通风孔无杂物堵塞	
定子绕组绝缘层表面无伤痕、破损；端部紧固件和绑扎牢靠	
冷却水管外形无凹瘪、损伤，管道内畅通无阻塞	
冷却水管间及与端盖无碰撞可能；定子汇流管绝缘良好	
转子铁心防锈漆层外观无脱皮、锈蚀	
通风孔内“堵塞物”已全部拆除，各通风孔畅通	
转子上的平衡物及紧固件固定牢固，无脱落可能	
集电环表面光洁、无锈斑	
定子绕组冷却水管风压试验、转子通风试验合格	
各项电气及热控试验项目试验结果符合标准要求	

检查结论：

（经检查，本发电机上列各检查项目符合规范要求，可以进行下道工序安装）

质检机构	验　收　意　见	签　　名
班　　组		年　　月　　日
工　　地		年　　月　　日
质 检 部		年　　月　　日
监　　理		年　　月　　日
建设单位		年　　月　　日

表4-24 （主设备名称编号）电动机带电试运签证

型　号		额定容量/kW		接线方式	
额定电压/kV		额定电流/A		转速/（r/min）	
制造厂家		出厂编号		出厂日期	
检查项目		检查结果	检查项目		检查结果
盘柜内部清洁			盘内孔洞封堵		
电缆挂牌			二次回路接线标志		
测量仪表校验有效期			开关推拉及机械闭锁		
开关分、合闸指示			操作及传动试验		
一次回路绝缘值/MΩ			二次回路绝缘值/MΩ		
室内消防设施			用手盘动电动机转子		
该电动机于　年　月　日　时　分～　时　分，空负荷试转　h					环境温度　℃
电动机起动电流/A			电动机空载电流/A		
对轮侧轴承温度/℃			风扇侧轴承温度/℃		
对轮侧垂直振动/mm			对轮侧水平振动/mm		
风扇侧垂直振动/mm			风扇侧水平振动/mm		

试运结论：

（电机经　h　min空载试转，电流、轴承温升、电动机振动正常，控制、保护及信号正常）

质检机构	验收意见	签　名
班　组		年　月　日
工　地		年　月　日
质检部		年　月　日
监　理		年　月　日
建设单位		年　月　日

额定电压500V以下低压断路器、低压接触器及电动机起动器、隔离开关、刀开关变阻器、电磁铁、按钮等检查标准及方法见表4-25～表4-32。

表 4-25　低压断路器、低压接触器及电动机起动器的安装

工序	检验项目		性质	质量标准	检验方法及器具
外观检查	铭牌标志			清晰	观察检查
	型号及规格			按设计规定	对照图样检查
电器安装	水平及垂直度偏差		主要	≤2mm	用尺检查
	固定连接			牢固	扳动检查
	抽屉式断路器空载时抽、拉试验			无卡阻、机械联锁可靠	操动检查
	直流快速断路器极间中心距离与相邻设备或建筑物的距离			≥500mm	用尺检查
	直流快速断路器接线时母线支点与断路器之间的距离			≥1000mm	
	导体	漏电距离	主要	≥20mm	用尺检查
		电气间隙	主要	≥12mm	
导电部分检查	触头外观		主要	光洁、无毛刺	触摸及观察
	端子上连接的不同相母线距离		主要	≥10mm	用尺检查
	合闸时动静触头接触		主要	紧密	观察检查
	触头动作检查			对栅片无碰触	扳动检查
	同相两侧、相间及对地绝缘		主要	≥0. 5MΩ	用绝缘电阻表检查
灭弧装置	灭弧罩完好度			无裂纹、损伤	观察检查
	灭弧室检查		主要	完整、清洁、畅通	
线圈检查	直流有极性快速开关触头线圈极性检查			和主回路极性一致	观察检查
	线圈对地绝缘值		主要	≥0. 5MΩ	用绝缘电阻表检查
	引线连接			牢固	用扳手或旋具检查
辅助触点检查	固定连接			牢固	用旋具检查
	动作及接触可靠性		主要	正确、良好	导通检查
电磁铁检查	铁心结合面外观		主要	平整、无尘垢	观察检查
	合闸时铁心吻合		主要	吻合紧密，无噪声	
传动机构检查	轴销连接			可靠	观察检查
	可动部分配合			灵活、无卡阻	操动检查
	半轴与再扣板接触宽度		主要	1～1. 3mm	用尺检查
	脱扣电磁铁与脱扣指间距		主要	2～3mm（或按制造厂规定）	
	分合闸可靠性		主要	无拒动	操动试验
	可逆磁力起动器联锁装置动作			正确，可靠	
	电动机构	合闸过程		开关无跳跃	操动试验
		线圈或电动机通电时间		按制造厂规定	
		联锁装置动作		可靠	
保护装置	热元件	规格		按设计规定	对照图样检查
		整定值	主要		
	过电流保护动作			准确、可靠	检查试验报告
接地	接地连接			牢固、可靠	扳动及导通检查

表 4-26 低压隔离开关、刀开关、负荷开关（铁壳开关）的安装

工序	检验项目		性质	质量标准	检验方法及器具
外观检查	铭牌标志			清晰	观察检查
	型号及规格			按设计规定	对照图样检查
	安装面垂直度			无明显倾斜	观察检查
	安装孔眼横向中心线水平度			平直	
	固定连接		主要	牢固	扳动检查
开关检查	刀片绞接点弹簧压力		主要	充足	操动检查
	固定触头钳口压力		主要		
	刀口与触头钳口中心线相对位置		主要	重合	观察检查
	带弹簧的消弧触头动作试验		主要	三相一致，且动作迅速	操作观察
	带铁壳的负荷开关绝缘内衬外观			完好、无脱损	观察检查
	双投刀开关分闸时刀片位置固定			固定可靠	
	导体	漏电距离	主要	≥20mm	用尺检查
		电气间隙		≥12mm	
	底板及刀片连杆绝缘/MΩ		主要	按设计规定	用绝缘电阻表检查
	端子上连接的不同相母线间距离			≥10mm	用尺检查
	用连杆操纵的刀开关操动试验			灵活，无卡阻	操动检查
	同列布置的操作手柄分合闸位置			整齐、一致	观察检查

表 4-27 变阻器及电阻器安装

工序	检验项目	性质	质量标准	检验方法及器具
外观检查	型号及规格		按设计规定	对照图样检查
	装置外观		无损伤	观察检查
变阻器检查安装	电阻与固定触点连接		牢固	导通检查
	动静触头接触紧力		压力充足，接触良好	
	动静触头滑动过程接触检查		无瞬间开路或卡阻	操动检查
	对地绝缘		按制造厂规定	用绝缘电阻表检查
	分断及操作方向标志		齐全、清晰	观察及操作检查
	传动试验	主要	平滑、无卡阻	操动检查
	频敏变阻器抽头及气隙检查		按制造厂规定	对照厂家说明书检查
	电传动时终端开关及信号指示动作		正确、可靠	观察检查
	两侧齿轮位置		平行，在同一垂直面内	齿链传动时吊线检查
电阻器检查安装	片间接触面连接	主要	紧固、可靠	用试灯导通检查
	片间绝缘检查	主要	良好、无损伤	观察检查
	电阻器紧固连接		牢固	用扳手检查
	电阻片间距		中间无碰触	观察检查
	电阻值检查	主要	按铭牌标志	电桥测量
	有振动场所的防振措施		良好	观察检查
接地	接地连接	主要	牢固，导通良好	扳动并导通检查

表 4-28　电磁铁安装

工序	检验项目		性质	质量标准	检验方法及器具
外观检查	线圈及铁心外观			完好、无损伤	观察检查
	型号及规格			按设计规定	对照图样检查
	缓冲器气孔通畅检查			无堵塞	观察检查
电磁铁安装	固定连接			牢固	用扳手检查
	线圈绝缘			按制造厂规定	用绝缘电阻表检查
	直流线圈并联放电回路连接			完整、无开路	用万用表检查
	电刷对集电环接触紧力			合适	用扳手检查
	衔铁及传动机构动作试验			灵活、无卡阻	观察检查
电磁铁调整	缓冲器通电吸合冲击试验		主要	无剧烈冲击	观察检查
	铁心	音响	主要	正常	听察
		动静铁心贴合	主要	紧密、平整	观察检查
		直流电磁铁释放速度	主要	正常、无剩磁阻滞	
		动作行程		按制造厂规定	对照厂家说明书检查
		吸合时间	主要	≤0.5s	观察或秒表检查
接地	接地连接		主要	牢固，导通良好	扳动并导通检查

表 4-29　按钮及限位开关的安装

工序	检验指标	性质	质量标准	检验方法及器具
按钮及开关检查	触点通断可靠性	主要	良好	操作检查
	机械性能		灵活、无卡阻	
按钮安装	固定连接		牢固	触动观察
	壁柱上安装的就地操作按钮高度		1.3~1.5m	用尺检查
	同一场所按钮高度	主要	相互一致	用尺测量、观察
	用途标志	主要	清晰	观察检查
限位开关安装	固定连接		牢固	触动观察
	开关安装部位		按机械装置要求	观察检查
	撞杆配合定位要求	主要	开关能可靠动作	观察、试动
	撞杆固定连接		牢固	触动观察
接地	接地连接	主要	牢固，导通良好	扳动并导通检查

表4-30　动力中心（PC）盘安装

工序	检验项目	性质	质量标准	检验方法及器具
盘体就位找正	间隔布置	主要	按设计规定	对照设计图检查
	垂直度	主要	<1.5mm/m	用铅坠检查
	水平误差 相邻两盘顶部		<2mm	拉线检查
	水平误差 成列盘顶部		<5mm	
	盘面误差 相邻两盘边		<1mm	
	盘面误差 成列盘面		<5mm	
	盘间接缝	主要	<2mm	用尺检查
盘体固定	盘体固定	主要	牢固	扳动检查
	紧固件检查		完好、齐全、紧固	观察检查
	紧固件表面处理		镀锌	
	振动场所的防振措施		按设计规定	对照设计图检查
盘体接地	盘体与基础连接	主要	牢固，导通良好	观察及导通检查
	有防振垫盘的接地		每段盘有两点以上明显接地	
	装有电器可开启屏门的接地		用软铜导线可靠接地	
柜上电气部件检查	设备及表计型号规格	主要	按设计规定	对照设计图检查
	设备外观检查		完好、齐全	观察检查
	熔断器熔丝配置		按设计规定	对照设计图检查
	载流体相间及对地距离/mm	主要	按GB 7251—2006的规定	用尺检查
	表面漏电距离/mm	主要	按GB 7251—2006的规定	
	二次回路带电体对地距离/mm		按GB 50171—2012规定	对照规范检查
	二次回路带电体表面漏电距离/mm			
其他	盘面检查		平整、齐全	观察检查
	盘前后标识		齐全、清晰	观察检查

表4-31　电动机控制中心（MCC）盘安装

工序	检验项目	性质	质量标准	检验方法及器具
盘体就位找正	间隔布置	主要	按设计规定	对照设计图检查
	垂直度	主要	<1.5mm/m	用铅坠检查
	水平误差 相邻两盘顶部		<2mm	拉线检查
	水平误差 成列盘顶部		<5mm	
	盘面误差 相邻两盘边		<1mm	
	盘面误差 成列盘面		<5mm	
	盘间接缝		<2mm	用尺检查

（续）

工序	检验项目	性质	质量标准	检验方法及器具
盘体固定	盘体固定	主要	牢固	扳动检查
盘体固定	紧固件检查		完好、齐全、紧固	观察检查
盘体固定	紧固件表面处理		镀锌	观察检查
盘体固定	振动场所的防振措施		按设计规定	对照设计图检查
接地	盘体与基础连接	主要	牢固，导通良好	观察并导通检查
接地	有防振垫的盘的接地		每段盘有两点以上明显接地	观察并导通检查
接地	抽屉与盘体间接地		接地可靠	观察并导通检查
接地	装有电器可开启屏门的接地		用软铜导线可靠接地	观察并导通检查
盘上设备检查	盘上设备型号规格	主要	按设计规定	对照设计图检查
盘上设备检查	设备外观		完好、无损伤	观察检查
盘上设备检查	盘面检查		平整、齐全	观察检查
盘上设备检查	抽屉推拉试验	主要	无卡阻碰撞	操作试验
盘上设备检查	动、静触头中心线检查		一致	观察检查
盘上设备检查	动、静触头接触	主要	紧密、可靠	观察检查
盘上设备检查	机械与电气联锁装置		可靠	操动试验
盘上设备检查	抽屉隔离触头		通断顺序正确	操动试验
盘上设备检查	二次回路连接插件	主要	接触良好	导通检查
盘上设备检查	熔断器熔丝配置		按设计规定	对照设计图检查
盘上设备检查	回路名称标志		齐全、清晰	观察检查

表 4-32　就地动力控制设备箱体的安装

工序	检验项目	性质	质量标准	检验方法及器具
箱体安装	安装位置		按设计规定	对照设计图检查
箱体安装	落地箱底座高出地面尺寸		按设计规定 （无设计规定时宜为 10mm）	用尺检查
箱体安装	悬挂箱中心至地面高度		按设计规定， 一般为 1.2～1.5m	用尺检查
箱体安装	安装垂直度误差 /（mm/m）		<1.5	用铅坠检查
箱体安装	户外箱体的密封	主要	良好、防水、防潮、防尘	观察检查
箱体安装	紧固件表面处理		镀锌	观察检查
箱体安装	紧固件检查	主要	齐全、完好、紧固	用扳手检查
箱体安装	箱架接地连接	主要	牢固，导通良好	扳动并导通检查
箱体安装	振动场所的防振措施		按设计规定	对照设计图检查
箱体安装	装有电气可开启屏门的接地		用软铜导线可靠接地	观察并导通检查
箱体安装	箱面标志		齐全	观察检查
箱体安装	电器元件安装		按设计规定	对照设计图检查
箱体安装	熔断器、熔丝配置		按设计规定	对照设计图检查

整流逆变类盘柜、蓄电池柜、稳压器柜、隔离变压器等检查标准及方法见表4-33～表4-42。

表4-33　盘柜基础安装

工序	检验项目		性质	质量标准	检验方法及器具
基础安装	基础型钢安装误差	不直度		<1mm/m（或<5mm/全长）	拉线检查
		水平度			用水平尺检查
	基础中心线误差		主要	±5mm	用尺检查
	盘基础与地面标高差	固定式		≤10mm	用水准仪或连通管检查
		移动式		与地面标高一致	
	基础布置			按设计规定	对照图样检查
	基础型钢接地点数			>2点	观察检查
	接地线连接方式			焊接	
	接地连接			牢固，导通良好	扳动并导通检查

表4-34　整流逆变类盘柜的安装

工序	检验项目		性质	质量标准	检验方法及器具
柜体安装	垂直度		主要	<1.5mm/m	用铅坠检查
	柜面不平度	相邻两柜边		<1mm	拉线检查
		成列柜面		<5mm	
	柜间缝隙			<2mm	目测
	水平误差			<5mm	水平尺检查
	固定方式	固定式		螺接	观察并扳动检查
		移动式		卡子或支撑	
	固定			牢固	扳动检查
	紧固件检查			镀锌层完好，螺栓齐全、紧固	观察检查
	螺栓露扣长度			2～5扣	
	振动场所的防振措施			可靠	
柜体接地	有防振垫的柜体接地			每列盘有两点以上明显接地	观察并导通检查
	装有电器的可开启屏门接地			用可挠导线可靠接地	观察检查
	底架与基础接触		主要	导通良好	导通检查
柜上设备检查	元件规格及数量		主要	按设计规定，且附件备件齐全	对照图样检查
	插件板、端子板检查			无断裂、变形	观察检查
	插接式扁平电缆			电缆理顺整齐无死弯	
	接触簧片弹性		主要	充足	手轻扳试验
	插件镀银层检查			完好，清洁	观察检查
	螺接导线检查			无松动	扳手检查
	焊接导线检查		主要	无脱焊、碰壳、短路	观察检查
	印制线路板检查			洁净，无腐蚀	
	整流元件固定		主要	固定牢固，在散热器接触面上涂硅脂	观察及扳动检查
	盘内导线检查			无脱焊、短路、松动	

（续）

工序	检验项目		性质	质量标准	检验方法及器具
柜上设备检查	回路检查与接线			按 GB 50171—2012 规定	对照规范检查
	整流元件紧固转矩 /（N·m）	制造厂有规定		按制造厂规定	对照制造厂或规范规定值用力矩扳手检查
		制造厂无规定		按 GB 50149—2010 规定	
	回路接线	硬母线		按 GB 50149—2010 规定	对照规范检查
		电缆接线		按 GB 50171—2012 规定	
水冷系统安装检查	阻容保护及均压回路检查			无开路	用万用表检查
	进出水管与冷却系统连接			用绝缘管连接	观察检查
	绝缘管长度（1kV 以下）			≥1.5m	用尺检查
	普通钢冷却管内部壁处理			防腐层完整，牢固	观察检查
	冷却系统清洁度			冲洗干净	
	管道内部检查			无阻塞	通气检查
	在额定压力下的流量			按产品规定值	观察检查
	冷却软管检查			无扭折，连接正确	
	系统水压试验		主要	无渗漏	2 倍额定工作压力试验 30min
风冷系统安装检查	叶片外观			完好无裂纹变形	观察检查
	转子装配检查			转子平滑无卡阻	手拨转子观察
	绝缘电阻值		主要	≥0.5MΩ	用 500V 绝缘电阻表检查
	风机旋转方向			正确	目测检查
带电部分对地距离	一次回路		主要	按 GB 50171—2012 中规定	对照规范检查
	二次回路		主要	按 GB 50149—2010 中规定	

表 4-35　蓄电池柜安装

工序	检验项目		性质	质量标准	检验方法及器具
蓄电池柜安装检查	外观检查			设备完好，清洁，无异常	观察检查
	电池本体			完好无破损，编号齐全	
	盘内熔断器规格			按设计规定	对照图样检查
	温度监测装置			设备及引线安装牢固	观察检查
	接线			正确，牢固	对照图样检查
	绝缘电阻		主要	≥1MΩ	用绝缘电阻表测量
	电池端电压测量（输入、输出断开时）/V		主要	量值及极性按制造厂规定	用万能表测量
	输入电流测量（输出断开，首次送电）/A				用盘表或盘上显示器及万用表测量
	输出电流测量（首次使用时）/A				
	输出电压测量（首次使用时）/V	空载时	主要		
		负载时			

表 4-36 稳压器柜的安装

工序	检验项目		性质	质量标准	检验方法及器具
电压调整器柜安装检查	外观检查			设备完好，清洁，无异常	观察检查
	调压器本体固定			牢固，无松动	
	控制元件检查			固定牢固，接线正确可靠	
	绝缘电阻		主要	≥1MΩ	用绝缘电阻表测量
	柜体接地检查			牢固，导通良好	扳动并导通检查
	调压器滑动触头检查			接触良好，滑动灵活，电动调整均匀无卡阻	观察检查
	调压器电动调整	手动	主要	动作正确可靠，盘表指示正确	手动操作
		自动	主要		模拟自动操作

表 4-37 隔离变压器及输出变压器的安装

工序	检验项目		性质	质量标准	检验方法及器具
隔离变压器及输出变压器安装检查	外观检查			设备良好，清洁，无异常	观察检查
	变压器本体安装			固定牢固	
	变压器接地		主要	牢固，导通良好	扳动并导通检查
	电气连接		主要	正确，可靠	观察检查
	电气试验		主要	项目齐全，试验合格	检查试验记录
	投运检查	电压值/V	主要	按设计规定	用万用表检查
		相位	主要	正确	

表 4-38 整流装置检查及带负荷试运

工序	检验项目		性质	质量标准	检验方法及器具
检查	主回路检查			接线牢固，开关动作灵活，触点接触可靠	观察检查
	电源相序检查			正确	用相序表检查
	快速熔断器检查			熔断器指示正确	观察检查
	控制、保护回路的动作		主要	正确可靠	操作试验观察
	信号指示及音响装置动作		主要		
	电阻元件温升/℃			按设计或制造厂规定	手感或用温度计检查
	硅整流元件温升/℃				
	输入电压/V		主要		用电压表测量
试验投运	绝缘试验	主回路	主要	≥1MΩ/kV	用绝缘电阻表测量
		二次回路	主要	一般地区≥1MΩ 潮湿地区≥0.5MΩ	
	交流耐压试验		主要	出厂试验电压值的85%	用试验仪器检查
	轻载试验（用外加1%～2%的额定负荷）		主要	按制造厂规定	用示波器、万用表检查
	负载试验（用试运阶段实际可能发生的负荷）		主要		

表 4-39　不停电电源装置检查及带负荷试验

工序	检验项目		性质	质量标准	检验方法及器具
主体部分检查	快速熔断器检查			熔断指示器正常	观察检查
	主回路检查			接线牢固，开关动作灵活，触点接触可靠	
	电源相序检查		主要	正确	用万能表、相序表检查
	工作、备用、旁路电源相位检查		主要		
	控制、保护回路的动作		主要	正确可靠	模拟操动试验观察
	信号指示及音响装置动作		主要		
	盘内照明			灯具及门开关工作良好	观察检查
	通风及冷却系统			风机运转良好，风道清洁无堵塞	
	电阻元件温升/℃			按设计或制造厂规定	手感或用温度计检查
	硅整流元件温升/℃				
	接触器、继电器检查			吸合正常，无噪声	观察检查
试验投运	绝缘试验	主回路	主要	1MΩ/kV	用绝缘电阻表测量
	耐压试验	主回路	主要	厂家试验电压的0.85倍，持续1min	用专用仪器设备检查
	交流输入试验		主要	改变输入交流电压值其输出应按设计或制造厂规定	用万用表、盘表及显示器检查
	切换试验	工作与备用	主要	按设计或制造厂规定	
		工作与旁路	主要		
		备用与旁路	主要		
	交流电源消失试验		主要		
	轻载试验		主要	表计、显示器指示正常，各控制特性按设计或制造厂规定	
	负载试验		主要	元件发热状况负荷急剧变化时的工况均应按设计或制造厂规定	

表 4-40 自动励磁调整装置的检查及调整试验

工序	检验项目	性质	质量标准	检验方法及器具
装置检查	主回路检查		接线牢固，开关动作灵活，触点接触可靠	观察检查
	快速熔断器检查		熔断指示器正常	
	电源相序检查		正确	用相序表检查
	盘内照明		灯具及门开关工作良好	观察检查
	通风及冷却系统		风机运转良好，风道清洁无堵塞	
	控制及起励用直流电源检查	主要	极性正确	用万用表检查
	控制、保护回路的动作	主要	正确可靠	操动试验观察
	信号指示及音响装置动作	主要		
	电阻元件温升/℃		按设计或制造厂规定	手感或用温度计检查
	硅整流元件温升/℃			
	绝缘检查 主回路		5MΩ（20℃ ±5℃，相对湿度 10% ~50%）	用绝缘电阻表检查
	绝缘检查 控制回路		2MΩ（20℃ ±5℃，相对湿度 10% ~50%）	
	交流耐压试验（耐压时必须将晶体元件、电子回路元件短接）	主要	出厂试验电压值的 85%	用试验仪器检查
	检查输入电流相位	主要	正确	用万用表、相序表检查
	检查输入电压相位	主要		
	静态试验（调节器各单元的输入输出特性，设定工作点，增益参数）及操作程序试验		根据发电机实际参数，按制造厂规定调试	按预设设定值核对
	总体调试（调节器带模拟负载作输入输出特性），检查整组特性，调整范围，各类保护的工况		输入信号输入电源间相位极性关系，晶闸管触发脉冲波形，各表计显示器信号按制造厂规定	由外接仪表、盘表、信号显示器判别
投运试验	运行试验 备用位置 手动升降压运行	主要	电压调整范围、升压、运行、切换稳定，各项运行特性按制造厂规定	按预设定值及产品使用说明书核对各项运行特性
	运行试验 工作位置 手动升降压运行	主要		
	运行试验 工作位置 手动自动切换	主要		
	运行试验 工作位置 自动运行	主要		
	灭磁试验			
	准同步并网试验			
	带几种不同无功负荷的运行	主要		

表 4-41　变频调速装置检查及调整试验

<table>
<tr><th>工序</th><th colspan="2">检 验 项 目</th><th>性质</th><th>质 量 标 准</th><th>检验方法及器具</th></tr>
<tr><td rowspan="25">装置检查</td><td colspan="2">变频器固定方式</td><td></td><td>用螺栓固定在坚固的金属支架上</td><td rowspan="3">观察检查</td></tr>
<tr><td colspan="2">变频器安装位置</td><td></td><td>按设计或制造厂规定</td></tr>
<tr><td colspan="2">制动用放电电阻器安装</td><td></td><td>固定在金属板上，周围留足散热空间</td></tr>
<tr><td colspan="2">变频器接地</td><td></td><td>经变频器接地端子可靠接地，接地电阻不大于10Ω</td><td>导通检查并检查试验记录</td></tr>
<tr><td colspan="2">变频器接线</td><td></td><td>正确，牢固</td><td>按图样核对</td></tr>
<tr><td colspan="2">变频器与三相电动机连接</td><td></td><td>正确</td><td>按图样核对</td></tr>
<tr><td colspan="2">阻尼器和变频器间连接</td><td></td><td>正确；盘外连接时两根导线绞在一起，导线长度不大于5m</td><td></td></tr>
<tr><td rowspan="2">控制回路布线</td><td>导线规格</td><td></td><td>用0.75mm² 屏蔽导线或绞在一起的乙烯线</td><td>观察检查</td></tr>
<tr><td>屏蔽层接地</td><td></td><td>一端可靠接地</td><td>导通检查</td></tr>
<tr><td colspan="2">主回路检查</td><td></td><td>接线牢固，开关动作灵活，触点接触可靠</td><td rowspan="2">观察检查</td></tr>
<tr><td colspan="2">快速熔断器检查</td><td></td><td>熔断指示器正常</td></tr>
<tr><td colspan="2">控制、保护回路的动作</td><td></td><td rowspan="2">正确可靠</td><td rowspan="2">操动试验观察</td></tr>
<tr><td colspan="2">信号指示及音响装置动作</td><td></td></tr>
<tr><td colspan="2">盘内照明</td><td></td><td>灯具及门开关工作良好</td><td>观察检查</td></tr>
<tr><td colspan="2">电阻元件温升/℃</td><td></td><td rowspan="2">按设计或制造厂规定</td><td rowspan="2">手感或温度计</td></tr>
<tr><td colspan="2">变频器温升/℃</td><td></td></tr>
<tr><td colspan="2">通风及冷却系统</td><td></td><td>风机运转良好，风道清洁无堵塞</td><td>观察检查</td></tr>
<tr><td rowspan="2">电压检查</td><td>主回路</td><td></td><td rowspan="2">按设计或制造厂规定</td><td rowspan="2">用万用表检查</td></tr>
<tr><td>控制回路</td><td></td></tr>
<tr><td rowspan="2">回路绝缘试验</td><td>主回路</td><td>主要</td><td>>5MΩ</td><td rowspan="2">用绝缘电阻表检查</td></tr>
<tr><td>控制回路</td><td>主要</td><td>>1MΩ</td></tr>
<tr><td colspan="2">变频器运行参数设置</td><td>主要</td><td>按设计规定</td><td>按预设值核对</td></tr>
<tr><td rowspan="2">操动试验</td><td>就地</td><td>主要</td><td rowspan="2">动作可靠，信号指示正确</td><td rowspan="2">操动试验检查</td></tr>
<tr><td>远方</td><td>主要</td></tr>
<tr><td rowspan="4">运行试验</td><td colspan="2">电动机运转</td><td rowspan="4">主要</td><td>正常</td><td rowspan="2">观察检查</td></tr>
<tr><td colspan="2">各部件检查</td><td>无异常音响、发热现象</td></tr>
<tr><td colspan="2">转速调整</td><td rowspan="2">按设计规定</td><td rowspan="2">对照图样检查</td></tr>
<tr><td colspan="2">带负载工况</td></tr>
</table>

表 4-42 （ 号机组）不停电电源带电试运签证

盘柜型式		额定容量/kW		输出电压/V	
制造厂家		出厂编号		出厂日期	
带电前设备及系统检查					
检查项目	检查结果		检查项目	检查结果	
盘前后标识			盘柜内清洁		
盘柜接地位置			盘内设备接地		
盘内电缆牌			二次回路接线标志		
二次回路绝缘值/MΩ			测量仪表使用有效期		
装置一次设备试验			装置保护试验		
电源相位			仪表校验		
盘内孔洞封堵			室内消防设施		
带电后运行状态检查					
检查项目	检查结果		检查项目	检查结果	
设备是否有异常音响			保护投入率		
表计及信号指示			保护动作情况		

带电试运结论：

（本不停电电源装置于　　年　　月　　日　　时受电并投入了运行，测量仪表指示正常，控制、保护、信号等系统工作正常。）

质检机构	验收意见	签　名
工　地		年　月　日
质检部		年　月　日
监　理		年　月　日
建设单位		年　月　日

注：动力电路的配线标准及检验方法见表3-6。

电动机、发电机签证检查记录见表4-43～表4-45。

表 4-33 （单位工程名称）100kW 以下低压电动机检查记录

序号	电动机名称	型号	额定容量/kW	额定电流/A	额定转速/(r/min)	制造厂家	出厂编号	有无抽心检查及原因	轴承牌号	轴承套内润滑脂量	润滑脂牌号	绝缘电阻/MΩ	检查日期
1													
2													
3													
4													

（续）

序号	电动机名称	型号	额定容量/kW	额定电流/A	额定转速/(r/min)	制造厂家	出厂编号	有无抽心检查及原因	轴承牌号	轴承套内润滑脂量	润滑脂牌号	绝缘电阻/MΩ	检查日期
5													
6													
7													
8													
9													
10													

检查结论：

（经检查，上列各台电动机符合规范要求，可以进行下阶段工作）

班　组	年　月　日	工　地	年　月　日
质检部	年　月　日	监　理	年　月　日

表 4-44　（单位工程名称）100kW 以下低压电动机带电试运签证

序号	电动机名称	型号	额定容量/kW	额定电流/A	额定转速/(r/min)	制造厂家	出厂编号	有无抽心检查	试转前绝缘电阻/MΩ	起动电流/A	空载电流/A	最大振动值/mm	试转起止时间
1													
2													
3													
4													
5													
6													
7													
8													
9													
10													

检查结论：

（上列各台电动机经空负荷试转 2h 及以上，电气及机械性能工作正常，可以进行下阶段工作）

班　组	年　月　日	工　地	年　月　日
质检部	年　月　日	监　理	年　月　日

表4-45 __号发电机引出线连接及手包绝缘的检查（隐蔽）签证

型　号		额定容量 /MW		接线方式	
额定电流 /A		转速 /（r/min）		冷却方式	
额定电压 /kV		频率 /Hz		功率因数	
励磁电压 /V		励磁电流 /A		励磁方式	
制造厂家		出厂编号		出厂日期	

检 查 内 容	检 查 结 果
发电机引线与出线接触面完好、清洁	
引线与出线连接螺栓规格、数量	
引线与出线连接螺栓紧固力矩值 /（N·m）	
螺栓连接未构成闭合磁路	
绝缘包扎材料提供	
绝缘包扎工艺质量控制	
绝缘包扎质量	
引出线包扎后，耐压试验	

检查结论：

（经检查，本发电机引出线连接及绝缘包扎质量符合规范及制造厂规定，可以隐蔽）

质检机构	验收意见	签　名
班　组		年　月　日
工　地		年　月　日
质检部		年　月　日
监　理		年　月　日

第五章 低压发电设备

低压发电设备主要有汽油发电机组、柴油发电机组、交流不停电电源（UPS）、余热发电机组及风力发电机组。其中，汽油机组、柴油机组和UPS主要是用做低压备用电源的，一般容量较小；而余热机组和风力机组是热电联产及风能利用的发电方式，一般容量较大。低压发电设备的调试、发电及试运行较为复杂，有时受到很多条件的限制，限于篇幅本书只就一般常用到的技术方法进行讲述，较为复杂的技术方法敬请参阅发电设备相关专著。

一、柴油发电机组

1. 试车发电前的检查测试

（1）测量线路、设备、元件的绝缘电阻应良好，并复查电气线路应接线正确紧固，接地电阻符合要求。

（2）检查冷却系统应严密，无漏风现象，冷却效果及效率良好。轴承润滑良好，不漏油。

（3）检查电刷完整、接触良好，接线及位置正确，刷握灵活，弹簧压力正常。

（4）装有差动保护、过电流保护、接地保护及强行励磁、自动灭磁和灭火装置、油断路器或低压断路器等主要保护装置的动作、信号应可靠，元件完整无损，并经模拟试验调试合格。

（5）温度表、电压表、电流表、转速表、频率表、功率表、功率因数表、同步表完好，准确。

（6）检查励磁开关和负荷开关是否在断开位置，将励磁变阻器调到电阻最大值位置，晶闸管励磁装置应将电位器调到零位。

（7）检查一、二次回路的熔断器是否完整，熔丝额定电流应符合回路的要求，保护回路连接板是否投入。

（8）检查系统有无其他不妥。

2. 机组空载试验和测试

上述检查测试全部合格后，参照表5-1的注意事项，即可起动机组进行空载试验。

表5-1 柴油机的起动、运行和停机的注意事项

项目	工作内容
起动前准备工作	（1）加入经沉淀过滤的柴油 （2）检查机油油位是否在规定范围，冬季应预热机油 （3）检查蓄电池或压缩空气瓶是否正常 （4）检查机油压力表、充电电流表是否正常，指针应在零位 （5）加足冷却水，冬季应加热水 （6）检查传动装置，如离合器是否正常，传动带松紧是否适当 （7）清扫现场，擦拭机器

（续）

项目	工 作 内 容
柴油机的起动	（1）打开燃料箱供油阀门 （2）盘车数圈，监听有无杂音，用压缩空气起动的机组，应盘车到起动位置 （3）用手摇油泵压油，润滑各运转部件 （4）将油门放在中速位置，按下起动开关或打开压缩空气阀门，使机组迅速起动 （5）检查机油压力表，充电电流表，指示是否正常，监听运转声音是否正常，检查冷却水泵工作是否正常 （6）柴油机预热至60℃以上，各部分工作正常时，方可带负荷
柴油机运行中的监视	（1）应注意机油压力、充电电流、水温等仪表指示是否正常 （2）监听机器运转声音是否正常 （3）冷却水的出口温度应保持在70～80℃，机油出口温度不允许超过85℃ （4）观察排气烟色，如有异常应查明原因 （5）与电气值班员密切配合，保证供电频率在49.5～50Hz，电压误差在±5%之间，负荷不超过柴油机额定功率 （6）应严格防止低温低转速、高温超转速或长期超负荷运行
柴油机停车	（1）逐步解除负荷 （2）检查蓄电池的电压或压缩空气瓶的气压是否充足。如电压不足或气压不够应充足 （3）逐步增加冷却水量使机器降温，当出口水温下降到60℃以下时，关油门停机 （4）冬季停车要将冷却水放尽，并低速空载运转3～5s

（1）起动给油泵，并将高压油泵检视孔打开，以便空气排出，并检视油料是否进入高压油泵，否则油路不畅。

（2）起动电动机，使柴油机起动，当转速升高后将电动机自动甩掉，这时用听针测听发动机和发电机内部有无摩擦和异常声响，否则应立即停车，查明原因并及时排除故障。

（3）无异常声响转动正常，即在柴油机达到额定转速后，闭合励磁开关，调节磁场变阻器的电阻缓慢升起电压，观察各仪表读数及变化情况，同时观察系统定子电压表，应有电压指示且随励磁增加而增加，否则应停车检查并排除故障。当定子电压表指针升至1/2额定电压时，暂停励磁电流的调节进而停止升压，检查三相电压是否平衡，发电机声响和电刷有无异常、有无放电、异味等异常现象。一切正常后则继续调节励磁，升压至额定值。这时应检查轴承温度、绕组温度、水温、油温，（初始时水温应在60℃左右，油温40℃左右，正常后水温一般在80℃左右，油温在60℃左右，油温和水温应相差10℃左右即为正常）、三相电压是否平衡、频率、转速、振动、声响及有无异常现象。空载运行一般不超过2h，即可停车。

（4）重新起动机组，进行空载开机试验。

1）发电机空载特性试验：是指定子绕组开路，转子为额定转速时，定子电压U与励磁电流i的相互关系，即$U=E_0=f(i)$曲线。试验接线见图5-1。

① 按图接好线路，并将差动、过电流与接地等保护装置投入，磁场变阻器R放在最大值位

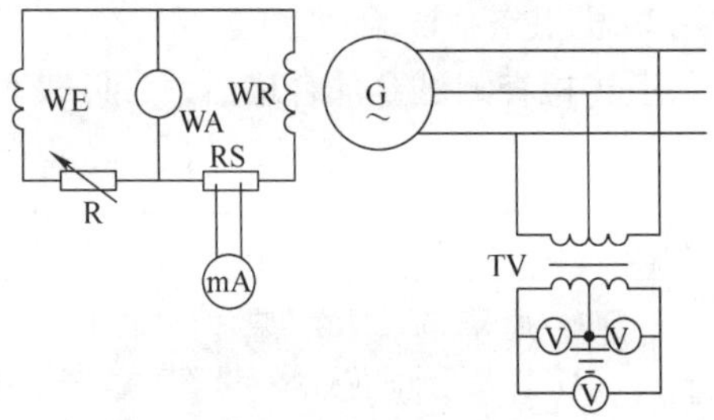

图5-1　发电机空载特性试验接线

WR—发电机转子绕组　G—发电机定子

WE—励磁机励磁绕组　WA—励磁机电枢

RS—分流器　R—磁场变阻器

TV—电压互感器

置，检查无误后起动机组升至额定转速且维持恒定。

② 在空载状态下合上灭磁开关，调节磁场变阻器，逐渐升高转子电流和定子电压，致使定子电压升到额定电压的1.3倍，并保持5min进行匝间耐压试验。同时检查三相电压是否平衡，然后逐渐减小转子电流至零，同时切断灭磁开关。在电压增加或降低过程中，每增加或降低额定电压的15%时，应停顿片刻，等各仪表指示值稳定后，同时读数并记录。

③ 将发电机升至额定电压，测量相序、测量开口三角零序不平衡电压及中性点电压，同时检查电压型继电器动作和返回情况。对于发电机定子某相应作接地保护的模拟试验。

④ 切断灭磁开关后，发电机仍保持额定转速，在定子绕组出线端，测量定子残压值。测量应戴绝缘手套并穿绝缘靴，要有专人监视。

⑤ 在测取电压上升和下降曲线时，调节励磁只允许向同一个方向调节，不可中途反向调节，否则由于铁心磁滞作用会影响测试结果。在进行5min匝间耐压试验时，应巡视发电机、励磁机，以免出现异常。

⑥ 根据记录数据绘制上升和下降两条空载特性曲线（由于磁滞的影响其不会重合），并取其平均值作为所求空载特性曲线；然后与出厂数据比较，不应超出测量误差范围。如曲线降低很多，说明转子绕组有匝间短路，应查明原因并消除。残压值一般不作规定，一般在100V以内。

2）发电机短路特性试验：是指在定子绕组三相短路，转子为额定转速时，定子电流 I 与转子电流 i 相互关系的特性，即 $I=f(i)$ 曲线。短路试验，可作为检查发电机转子在高速运转中有无匝间严重短路的一种方法，以此检查发电机定子三相电流的对称性。同时对发电机电流回路完整性及相序、相位的正确性，对电流型保护装置动作的可靠性进行检查。试验接线见图5-2。

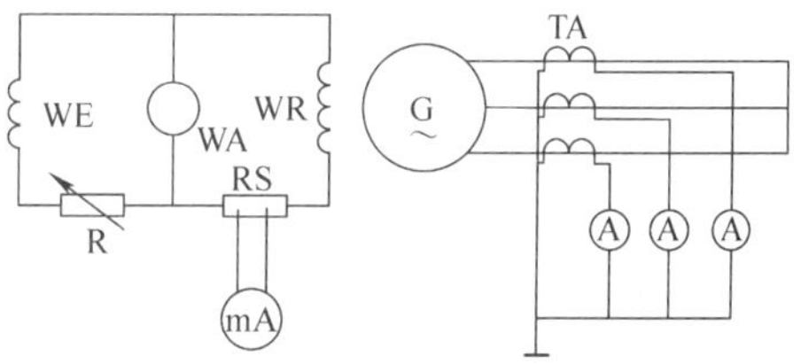

图5-2　发电机短路特性试验接线

G—发电机定子　WR—发电机转子绕组　WA—励磁机电枢　WE—励磁机励磁绕组　R—磁场变阻器　RS—分流器　TA—电流互感器

① 将发电机出线端处短路封死，其他二次保护回路全部接入信号工作位置，磁场变阻器R放在最大值位置，检查无误后即可起动机组，升至额定转速且维持恒定。合上灭磁开关，调节磁场变阻器，缓慢升高转子电流与定子电流到额定值，每增加额定定子电流的20%，则停顿片刻，等各仪表指示稳定后，读数并记录，同时检查定子的三相电流是否对称。必要时应用钳形表核对。增加电流时，应及时检查电流互感器、电流短接回路有无火花和放电现象并应及时处理。电流升到额定时，应检查保护装置动作情况。

② 调节磁场变阻器，将定子电流降至零，断开灭磁开关，拆除短接线及临时串联的表计。下降时同样按上升时的20%计取读数。

③ 在定子电流上升与下降时，调节励磁只允许向一个方向调节，否则应重新开始重做试验。

④ 根据记录数据绘制上升和下降短路特性曲线，并取其平均值作为所求的短路特性曲线。然后与出厂数据比较，不应超出测量误差范围，否则说明转子绕组可能有匝间短路。判定前应检查试验用过的标准表、分流器是否准确，测量转子绕组的直流电阻看有无变化，回

路的连接是否有误等。这些检查都正常后，则应按电动机转子绕组故障的检查方法进一步检查，直至找出原因并修复。

3）励磁机空载特性试验：是指励磁机空载且在额定转速下，电枢电压 U_i 与励磁电流 i 之间的关系，即 $U_i = f(i)$，试验接线见图5-3。其中直流电流表的量程应大于两倍额定转子电压除以主励磁绕组的直流电阻所得的电流值，精度0.5级。直流电压表的量程应大于两倍额定转子电压值，精度0.5级。

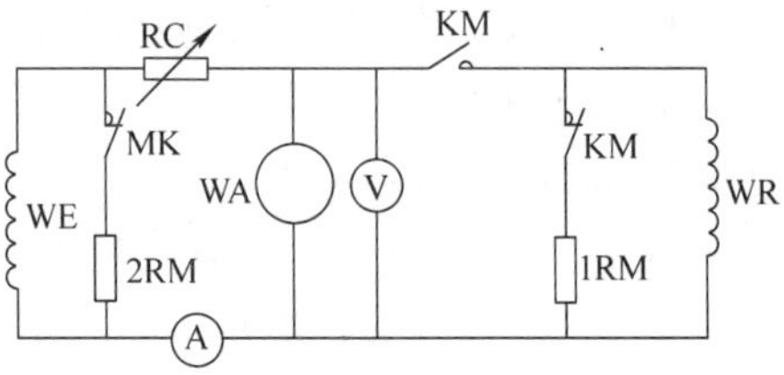

图5-3 励磁机空载特性试验接线示意图
WE—励磁机励磁绕组 KM—灭磁开关 WA—励磁机电枢 2RM—励磁机灭磁电阻 1RM—发电机灭磁电阻 RC—磁场变阻器 WR—发电机转子绕组 A—励磁绕组电流表（临时串接）

① 将灭磁开关断开，磁场变阻器调至最大值位置，起动机组使转速在额定值保持不变。

② 断开励磁机的励磁回路、读取剩磁感应电压，其值一般为额定电压的2%～5%，如剩磁感应电压为零，可用6V蓄电池对励磁绕组进行充磁，以获得剩磁感应电压，充磁时必须注意极性。

③ 逐步增加励磁机的励磁电流，测取空载特性的上升曲线；然后逐步减少励磁电流，测取下降曲线，并取其平均值为空载特性曲线。

测取上升曲线时，电枢电压应达到1.3倍额定电压。若达不到上述数值，可手动操作强励接触器，使磁场变阻器全部短路，电枢电压迅速上升到最大值励磁电压，但励磁电流应不大于1.5～2.5倍额定值，否则励磁绕组会过度发热。试验时，磁场变阻器同样只允许向一个方向调节。

④ 测试结果与出厂记录比较，应在测量误差范围之内，否则可能是励磁机的间隙有变化，或励磁绕组中匝间短路，磁极线圈接错或电刷中性位置有变化等，应查明原因消除故障。

4）励磁负载特性试验：是指励磁机在额定转速下，以发电机转子为固定负载时，电枢电压与励磁电流之间的关系，即 $u = f(i)$ 曲线。接线方法和试验方法同短路特性试验，也可结合发电机短路特性试验一起进行，同时测量发电机的定子电流和转子电流、励磁机的电枢电压及励磁电流，并绘制曲线。当然这样做会有误差。同样与出厂数据比较，应在允许范围之内。

5）发电机灭磁时间常数的测定：灭磁时间常数是指发电机定子绕组开路，定子电压与转速均为额定值时，断开灭磁开关，发电机由额定电压下降到低电压继电整定值的时间。一般情况下，低电压继电时整定值为发电机额定电压的0.368倍。试测电路见图5-4，其中电秒表为401型，低电压继电器为DJ－122/160型、交流电压表0～150V 0.5级。

① 将电压继电器的动作值整定在0.368额定电压值上，检查接线无误，起动机组，使发电机为额定转速且维持恒定不变。

② 合上灭磁开关，调节励磁电流，使发电机端电压升至额定电压，合上试验开关，电秒表开始转动并使灭磁开关跳闸、发电机端电压下降到定值时，电压继电器动作，使电秒表停转，电秒表此时的示值即为灭磁时间。通常应取三次的平均值为灭磁时间常数。

③ 试验时应在转子回路有灭磁电阻和灭磁电阻被短接的两种情况下分别进行，短接灭磁电阻的导线不宜太长且应有足够的截面积，试完后要立即拆除。

6）发电机差动保护装置的试验：发电机差动保护装置（包括电流互感器回路、继电器的整定值、性能与接线是否正确）在未正式运行前必须进行实地试验。一般是将电流升至

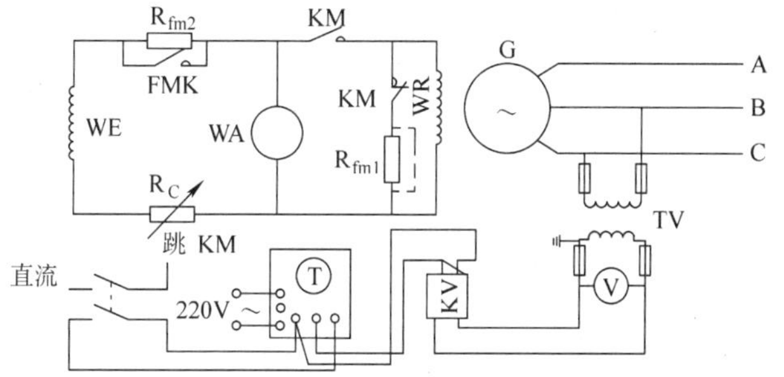

图5-4　灭磁时间常数测量接线示意图

WE—励磁机励磁绕组　KM—灭磁开关　R_{fm1}—发电机灭磁电阻　WR—发电机转子绕组　WA—励磁机电枢

R_{fm2}—励磁机灭磁电阻　R_C—磁场变阻器　T—401型电秒表　KV—电压继电器　TV—电压互感器

额定值，测量差动继电器的二次电流、中性线回路内的不平衡电流以及继电器的不平衡电压。试验接线见图5-5。其中 K_1 为差动内部短路试验接线，虚线 K_2 为改接在差动外部短路试验接线。继电器、试验端子都为控制柜上原装件，三只电流表临时串联在端子上，断开连片，试验完后立即恢复。

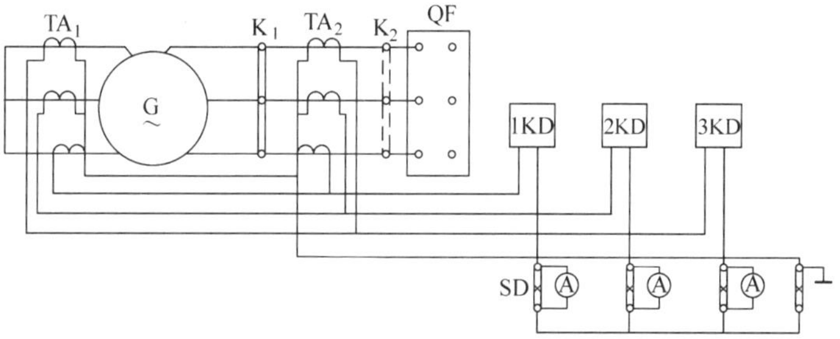

图5-5　发电机差动保护内外短路试验的接线

G—发电机　QF—断路器　TA_1、TA_2—差动保护用电流互感器　K_1、K_2—短路铜排

SD—电流试验端子　1KD、2KD、3KD—差动继电器　A—临时串接电流表

① 起动机组至额定转速，合上灭磁开关，调节磁场变阻器，逐渐升高电流至额定值，分别测量三相不平衡电流及三只差动继电器上的不平衡电压，这里可以看出差动内部短路试验可与2）中短路特性试验同时进行，分别记录数据。

② 将短路点改接在差动外部，进行①中同样试验。

③ 内部短路试验时，三相不平衡电流应为发电机的额定电流，三只差动继电器上测得的不平衡电压由继电器的安匝值决定，一般为1V左右；外部短路试验时三相不平衡电流应接近于零，不平衡电压约为0.15V。否则有接线错误，或元件参数不平衡，应查出修复。

7）轴电压的测量见电动机的测试。

这里需要说明一点，对于容量较小的机组，可不做空载开机试验，但必须测试各部件的参数。

3. 柴油发电机组的起动操作

由于柴油发电机组的控制系统不大相同，其操作起动方法也不尽相同，这里我们按安装好后首次起动和停机（起动试验）、正常起动和停机、钥匙打火起动和停机、自动起动和停机几种情况讲述柴油发电机组的起动和操作。

（1）起动前的检查和操作程序如下：

1）将机组控制屏上的总断路器断开。

2）检查柴油油位、机油油位、冷却液液位，不足时应及时补充至最高位置。

3）检查冷却风扇是否正常，传动带是否正常、松紧程度是否合适。

4）检查软管、软连接部位是否松脱磨损，否则应修复。

5）检查电池的电极有无腐蚀、溢液结晶，否则应清除。

6）检查蓄电池液位是在最高位，否则应补充规定的电解液。

7）检查控制屏、机身上是否有灰尘，否则应清除。

8）检查空气滤清器是否阻塞严重，也可按灰尘阻塞指示器的指示，必要时要清除或更换。

9）检查供油系统、冷却系统、润滑系统各个部位有无泄漏滴液现象，严重时应修复。

10）排放排水阀，放掉凝聚的水分。

11）清理机组现场，清除杂物、废物及可燃物、危险物，保证通风畅通。

（2）机组（自动起动控制式）首次起动/停机（起动试验）步骤如下：

1）将电池接至发电机，先接正极，再接负极。

2）将油门开关的电源断开或将油门锁住，再将钥匙转向起动位置，起动电动机转动机组，使机油油压上升至规定数值。如无油压指示应立即停止机组转动，应让机组静置，然后再使机组转动几次（一般不超过三次）。如仍在指示则应检查并排除故障，直到油压正常。

3）用手摇泵将柴油加满到规定油位，同时应放出滞留在过滤器中的空气。

4）将控制开关转到“RUN”运转位置。这时机身及其周围温度很低，可于转到RUN位置前开动预热器预热30s，再将其转到RUN位置且继续预热直到发动机起动，再停止预热。

5）发动机将自动起动数次（一般不超过三次）直到着车起动运转为止，否则将在显示器上显示“起动失败”或故障显示灯点亮，这时则应按后续故障排除的内容排除故障再重新起动。多次起动失败后，即可把排烟管接头拆下，使未燃油气完全放掉，再装好排气管经检查无误后，才能起动。

6）起动着车后应检查或观察机身的噪声、振动、供油系统、排烟系统、通风系统、控制屏显示、电压、频率等情况，如有不妥应及时处理否则应停车检查。发电机建立电压后应测试其三相的相位，应与市电系统相位相同，否则应调整其中的两相接线位置，直到相位相同。电压的调整可用控制屏上的电压调整电位器、发电机终端盒内自动电压调整器上的电位器来进行。

电压较大的调整则要改变发电机线圈的接法，可在终端盒内进行。

7）起动试验运行的时间一般不超过1h，系统正常后即可停车。按下急停按钮或将控制开关转到“STOP”停止位置即可停车。

8）如有遥控起动装置，可把急停按钮和遥控停车按钮松开，然后把遥控开关打到“AUTO”自动位置。无误后输入遥控起动信号，发动会按起动程序自动起车。停车时，消除遥控起动信号或按下急停按钮或将控制开关打到“STOP”均可停车。

（3）机组（自动起动控制式）正常起动和停机与首次起动基本相同，执行以下操作程序：

1）检查急停按钮和遥控停车按钮的状态，使其必须处于“停”（断开）的状态。

然后按首次起动的4）~6）操作。

2）检查控制屏指示有无异常，温度是否过高，油压是否过低，如果其延续时间太长（不超过15s）则应进行停车检查。

3）起车后把输出断路器合上即可带动负载。一般条件下，机身温度低于20℃时负载的接入不得大于额定输出的50%，机身温度高于80℃时可接入80%～95%的额定输出容量。一般条件下不应超过100%运行。

4）停车操作应先拉掉负载，10s后即可按动紧急停车钮或把控制开关转到“STOP”停车位置，即可停下。必要时要直接按动停车钮。

（4）机组（自动起动式）自动开机/停机

1）检查急停按钮和遥控停车按钮的状态，使其必须处于“停”（断开）的状态。并把发电机输出总开关置于“ON”（闭合）的位置。

2）按动遥控器“Start”起车钮，输入起车信号，即可起动。

3）停车时取消“Start”钮即可停车。

（5）机组（钥匙起动控制式）首次起动步骤如下：

1）把钥匙开关转向“OFF”。

2）将油门开关的电源断开或将油门锁住，将钥匙开关转向起动位置，起动电动机转动机组，直到油压表显示正常油压位置。当油压表无显示时，其机组应立即停止转动，静置30s，然后再起动几次（一般不得超过三次），直到油压正常，否则应停机检查油压直到正常。

3）用手摇泵将柴油加满到规定位置，同时放出滞留在过滤器中的空气。

4）将钥匙开关由“OFF”经“ON”位置到预热位置，一般不超过30s，然后将开关置于“Start”起动位置。发动机起动后，立即松手将钥匙开关复位到“ON”的位置，发动机正常起动运转。

5）假使发动机不能起动，应立即停止起动，使钥匙完全复位到“OFF”位置。然后每隔10s起动一次，一般不超过三次，直到起动。否则应查找故障并修复，直到正常起动。

6）、7）见（2）机组（自动起动控制式）首次起动/停机（起动试验）的6）和7）。

8）电压和频率的调整。

① 装有电压调整电位器时，可转动该旋钮调整电压到400/230V。

② 可用发电机终端盒内的自动稳压调整器的电位器进行调整。

③ 较大调整可在终端盒内改变发电机线圈的接线方式来进行调整。

（6）机组（钥匙起动控制式）正常开机/停机与首次起动基本相同，这里要注意两点：

1）钥匙打到“ON”位置后应检查电池电压是否正常。一般条件下，12V的电池充满电后为12～14V，24V的电池充满电后为24～28V，不足10V或22V时不得起动。另外还应测试其放电电池，用放电仪测试，应满足要求。

2）～4）与机组（自动起动控制式）正常起动和停机的2）～4）相同。

（7）机组起动注意事项如下：

1）起动前必须把机组控制屏上的总开门断开。

2）当冷却液处于热态时，不要打开散热器的顶盖，同时不要加入冷却液于浑热的冷却系统，这样会造成机组严重损坏。

3）当加注油料，整理电池或加注电解液时不得在其周围吸烟或动用明火。

4）机组不能正常起动时，应及时打开排气系统将其未燃油气放尽，以免出现意外。

5）负载的增加应逐渐进行，不得开机后立即接入大量负载，只有在热机后（高于80℃）时才能接入全部负载。

6）控制屏上只要有故障指示时，不得强行起车，应将控制开关掷于“STOP”停机位置，把控制系统复位。只有将故障排除后才能重新起车。

4. 柴油发电机组的负载运行

（1）发电机组的负载试运行　上述试验全部合格后，且经空载试运行正常，机组可进入负载运行。负载运行通常分1/4负载、1/2负载、全载三个阶段进行，每个阶段的运行时间不小于2h。负载运行前必须测试相序。

1）将市电停电后供电母线段上市电电源开关断开，并将该母线段上的所有负荷断开，然后将发电机组控制保护柜的总开关合上，将发电机的电送到该母线上，观察该母线段上的仪表应指示正常。

2）相序的核对。将停电后供电母线段上任意一台可逆的小型三相电动机的电源合上，并起动该电动机，如电动机的转速方向与原市电供电时相同，则相序相同；如转速方向与原市电供电时相反，则可将发电机到控制保护柜电源总开关的电源，任意对调两相，即可取得相序一致。相序的测量也可用前面介绍的两种进行，但是这里必须注意，如果是高压系统测量相序，必须要经过电压互感器。

3）将市电停电后供电母线段的每个回路的负荷开关合上，然后按1/4负载、1/2负载、全载进行负载试验，这时应注意观测发电机和柴油机的运行情况，并作运行记录。

对发电机应观察：

① 发电机电压值应在额定值左右，上限110%，下限90%，且三相电压应平衡（这里要注意负载的三相要平衡）；

② 发电机的频率为（50±0.5）Hz；

③ 转子电流不允许超过额定值；

④ 三相不平衡电流之差一般不超过10%；

⑤ 发电机的温升、振动、声音、轴承温度、保护装置应正常。

对柴油机应观察：油压、温度、声音、振动应正常，详见表5-1。

4）上述运行正常后，即可投入全载运行，观察和记录项目同上，如有不妥或异常应减载，如仍存在则说明发电机带全负载运行出现故障，如不存在则说明电机带不动全载或负载与发电机不符，应停车检查发电机内部是否转子局部开路或定子绕组匝间短路等，否则应核对发电机的功率及负载的容量。如运行正常，即可进入72h试运行，并应加强巡视和值班人员的力量。

5）巡视检查项目。

① 发电机定子温度、励磁机或整流硅件的温度是否正常；

② 发电机的冷却空气进口温度和出口温度是否正常，进口空气滤网是否畅流、完整；

③ 测听轴承声音是否和谐正常，定子声音正常时应为轻微、均匀的“嗡嗡”电磁声；

④ 轴承润滑和温度是否正常，冷却水流量及温度是否正常；

⑤ 发电机出线端子、励磁机出线端子是否过热，有无变色、有无滴漏现象；

⑥ 换向器和集电环电刷的火花情况，电刷磨损情况；

⑦ 机组振动情况；

⑧ 检查机组供电母线上所有设备与母线或电缆的连接点是否有接触不良、过热变色、放电或烧红现象；

⑨ 母线绝缘子是否正常；

⑩ 控制保护柜及控制系统是否正常；

⑪ 电流互感器、电压互感器有无漏油、放电或异常声音等。

⑫ 柴油机工作是否正常，机组是否过负荷运行。

（2）发电机非正常运行及事故处理步骤如下：

1）在事故情况下，机组允许短时间内过负荷运行，这时值班人员应密切监视定子绕组及转子绕组的温度，保证在允许范围之内运行，否则应减轻负荷，关掉部分负载。过负荷运行允许值见表 5-2。

表 5-2　发电机过负荷运行允许数值

过负荷电流/额定电流	1.1	1.12	1.15	1.25	1.5
持续时间/min	60	30	15	5	2

2）发电机的温升不得超过铭牌规定值，无铭牌规定时，应按表 4-1 的规定参考执行。

3）发电机出现不正常运行或事故时，应按仪表指示情况判断原因，采取措施，及时处理，详见表 5-3。

表 5-3　发电机不正常运行及处理措施

配电屏仪表指示现象	故障原因	处理措施
（1）定子电流表指针摆动剧烈 （2）发电机电压表摆动剧烈，端电压降低 （3）功率表的指针在全表盘上摆动 （4）转子电流表指针在正常值附近摆动 （5）发电机发生鸣音，其节奏与上列各表针摆动合拍	与系统并列的发电机发生振荡及失去同期	增强励磁电流，争取恢复同期。有自动调整励磁的发电机，应减少有功负荷。上述措施无效时，应将发电机解列
（1）有功功率表指示反向 （2）无功功率表通常指示升高 （3）定子电流表指示可能稍低 （4）定子电压表及转子电流表、励磁电压表指示正常	电力倒送，发电机变为电动机运行	提高原动机转速，增加有功负荷使发电机脱出电动机运行方式。如无效，应将发电机解列，查明原动机故障
（1）转子电流表指示等于或近于零 （2）功率表指示较正常数值低 （3）定子电流表指示升高 （4）功率因数表指向进相 （5）无功功率表倒转	与系统并列的发电机励磁中断	设法恢复励磁，如无效，应断开励磁开关和断路器。水轮发电机失去励磁时，应立即从电网断开
（1）转子电流表、励磁电压表指示反向到头 （2）定子电流表和定子电压表指示正常	励磁机的极性反向	如安全条件允许，不必停机处理，只需将励磁电压表接线在端子处互换，转子电流表则应设法将回路短接，将电流表接线在端子处互换，然后拆除短接线，对装有分流器的转子电流表，可直接在二次接线处互换
（1）定子电流表指示最大值，甚至撞击针挡 （2）定子电压表指示明显降低 （3）转子电流表指示升高	外部短路而保护拒动或熔丝未能熔断	降低励磁电流，断开断路器，查明并处理短路部位

4）当发电机轴承由于润滑不足或轴承冷却中断，引起温度升高，应立即修复供油供水系统，短时无法修复应停车处理。

5）当发电机有严重焦味、冒烟、打火、振动、声音异常等危险紧急状况时应立即停车。

6）当发电机内部着火时，应立即断开励磁开关和主开关，并降低柴油机转速至10%左右额定转速运转，堵塞进风道，向机内喷洒四氯化碳、干粉灭火剂等灭火。这里要严禁使用泡沫灭火或砂子灭火。当确认火灾熄灭后，方可停机检修。

7）在运行中若某一仪表指示失灵，使某一参数不能反映发电机的实际情况，这时判断失误将会引至事故扩大。因此必须根据实际情况和其他仪表指示，进行认真仔细的分析，严禁胡乱操作，最忌讳的是乱指挥。例如：

① 定子电压表突然为零，而定子电流表、转子电流表和励磁电压表均正常，则说明电压表本身或电压表接线回路有故障。

② 定子电压表指示为零，频率表失去指示，而定子电流表和转子电流表指示正常，则说明仪表中电压互感器故障或其二次回路内熔断器故障。

③ 定子电流表的一相指示为零，但定子电压三相平衡，转子电流表和励磁电压表指示正常，则可能是该相电流表、电流互感器或其二次回路断线故障。

④ 运行中发电机负载正常，定子电流表、电压表指示正常，但转子电流表、励磁电压表指示反向，则说明发电机逆励磁。

上述故障的出现，运行人员应尽量不减小发电机的出力，应采取相应措施，排除故障。

8）励磁机的换向器允许有轻微火花而长期运行，但火花达到2～3级时，则应找出原因，及时排除。

现将柴油发电机组正常运行时，辅助系统的有关数据列出，供参考，见表5-4～表5-6。

表　5-4

排气背压	≤6kPa
冷却水出口温度	一般≤70℃
进水温度	5～20℃
冷却水出口最佳温度	50～60℃
机油压力	0.2～0.3MPa

表5-5　冷却水标准

游离物	pH值	有机物	悬浮物	暂时硬度	含油量
0	6.5～9.5	≤25mg/L	≤25mg/L	≤3.5mg-eq/L	≤5mg/L

表 5-6　冷却水出口温度与水硬度的关系

水的暂时硬度/mg - eq/L	允许出口温度/℃
<1.4	<90
1.4~2.5	<70
>2.5	<60

5. 柴油发电机组运行中故障处理方法

1）柴油机常见故障及排除方法：柴油机发生故障时，应仔细观察所发生的故障现象，如排气烟色，运转声响、各部温度、盘车阻力及压缩力大小等情况进行分析，并注意同一原因引起的多种现象，详见表 5-7。

2）同步发电机的故障及处理见表 5-8

表 5-7　柴油机常见故障及其排除方法

故障现象	产生故障的可能原因	处理方法
柴油机打不着火	不来油 (1) 油箱供油阀门未打开 (2) 油箱通气孔堵塞 (3) 油管被污物堵塞 (4) 燃油系不严密，漏进空气 (5) 油内有水分 (6) 调速器调速弹簧折断，齿条卡死	(1) 打开供油阀门 (2) 疏通通气孔 (3) 从油箱供油管开始，顺流向逐段检查疏通 (4) 检查油管各接头处，滤清器及喷油泵的严密性并排除空气 (5) 放掉油箱底部沉淀水分，用手动供油泵驱除供油系统内水分 (6) 更换弹簧，活动供油拉杆，恢复齿条位置
	燃油雾化不良 (1) 喷油嘴配件磨损 (2) 喷油嘴针阀被卡死，喷油孔被积炭堵塞 (3) 喷油嘴压力调节不当，压力太低 (4) 喷油泵柱塞磨损，压力不足	(1) 更换喷油嘴 (2) 清洗喷油嘴 (3) 拆下喷油嘴，接通高压油管并调整喷油嘴压力，直至雾化良好为止 (4) 更换柱塞配件
	供油时间不对 (1) 检修时正齿轮装错 (2) 供油提前角错误	(1) 按记号重新装配 (2) 调整供油提前角
起动困难	压缩力不足 (1) 进气门及排气门不严密 (2) 活塞环及汽缸套磨损 (3) 汽缸垫漏气或串缸 (4) 喷油嘴或预热塞接合面漏气 (5) 活塞环故障	(1) 研磨进气门及排气门 (2) 更换活塞环，严重时应搪缸，并更换加大活塞及活塞环 (3) 更换汽缸垫 (4) 拧紧或更换铜垫圈 (5) 更换活塞环
	气门间隙不对 (1) 气门间隙调整螺钉磨损或锁紧螺母松脱 (2) 摇臂轴孔衬套磨损 (3) 供油提前角太小	(1) 重新调整间隙 (2) 更换衬套 (3) 调整供油提前角
	起动无力 (1) 蓄电池电压不足，或压缩空气气压不足 (2) 天气寒冷，机油变稠，机器转动阻矩增大 (3) 机组大修后，各轴承间隙过小，轴瓦过紧	(1) 充电或充气 (2) 加热机油，冷却系灌注热水 (3) 重新调整轴承间隙和紧力

（续）

故障现象	产生故障的可能原因	处理方法
柴油机输出功率下降	压缩力不足，燃烧温度不够 (1) 气门与气门座锥面密封环带破坏，密封不严 (2) 活塞环与汽缸磨损严重 (3) 汽缸垫损坏，气体串缸 (4) 活塞环故障 (5) 摇臂衬套缺油磨损，间隙过大，配气失调	(1) 研磨气门，必要时先进行校修气门座 (2) 更换活塞，磨损严重时应搪缸，并更换加大活塞及活塞环 (3) 更换汽缸垫 (4) 更换活塞环 (5) 更换衬套，重调进排气门间隙
	供油提前角太小	松开喷油泵联轴器螺栓，调整供油角度
	进排气门间隙失调	用塞尺重调间隙
	燃油雾化不良，燃烧不完全 (1) 各缸供油量大小不一，喷油雾化不良 (2) 燃油不清洁，喷油泵柱塞过早磨损，造成供油压力不足	(1) 重新调整，必要时在油泵试验台上进行 (2) 更换油泵柱塞偶件，加强燃油澄清过滤
	空气滤清器堵塞	用毛刷清洗或更换滤芯
	柴油粗滤或细滤堵塞，来油不足	用汽油清洗滤清器
	排气管积炭过多，排气不畅	清除管内积炭
柴油机运转不均匀	燃油系进入空气，来油时断时续	检查油路各结合面、燃油滤清器结合面及喷油泵各螺塞的严密性，并排净燃油系空气
	部分汽缸工作不正常 (1) 喷油泵柱塞新旧掺杂，喷油压力不一致 (2) 部分喷油嘴磨损过大或积炭堵塞油孔 (3) 部分喷油喷雾化不良，着火时断时续	(1) 更换磨损过大的柱塞，在油泵试验台调整 (2) 清洗或更换喷油嘴 (3) 调整喷油嘴压力，使柴油雾化良好
	调速器部件磨损或弹簧弹性减弱或变形	更换磨损部件和弹簧
	部分汽缸高压油管接合面漏油，使高压油压力降低，着火时断时续	拧紧结合面螺钉或更换垫圈
	喷油泵调节齿轮和齿杆不灵活，发涩发卡	用汽油清洗
柴油机自行灭火	供油中断 (1) 燃油系管路被污物堵塞 (2) 燃油系从油箱出口至喷油泵之间漏进空气 (3) 燃油内有水分沉淀 (4) 油箱盖通气孔堵塞 (5) 喷油泵凸轮轴折断	(1) 从油箱开始，顺流向逐段松开接头检查来油，找出堵塞部位并清除 (2) 检查各接头，特别是用橡胶管或塑料管的接合处 (3) 排除水分，更换经沉淀过滤的燃油 (4) 疏通气孔 (5) 打开喷油泵盖板、盘车或用起动机起动，观察喷油泵是否动作。如不动作，应查明原因更换部件
	在高温高负荷下，冷却水中断，活塞局部熔化引起粘缸，或润滑油中断引起烧瓦抱轴	拆卸各汽缸盖，检查粘缸部位，更换损坏部件，迅速拆卸机体两侧盖板，用手试触各轴瓦温度，温度最高的轴瓦可能是烧瓦部位，应更换

（续）

故障现象	产生故障的可能原因	处 理 方 法
柴油机运转声音不正常	在低速至中速时有过重的敲缸声 （1）喷油提前角太小 （2）喷油嘴滴油，在燃烧室发生间断性燃烧 （3）个别缸的喷油压力小，除发生间断缺缸外，有时出现敲缸	（1）调整喷油提前角 （2）研磨喷油嘴针阀座面或更换喷油嘴 （3）调整喷油压力
	部分汽缸不工作 （1）个别喷油嘴烧死在关闭位置或喷油孔被积炭堵塞 （2）高压油管结合面漏油，压力降低，喷油嘴不喷油 （3）有个别高压油泵柱塞弹簧折断，供油中断 （4）缸垫损坏，气门漏气严重	（1）~（4）可用断缸的方法判断，把油门调到柴油机声音最不正常的位置，依次断开各缸供油油路，从柴油机声音来判断。如断开某缸供油后声音未变，则说明该缸不工作。可检查该缸的喷油嘴或喷油泵柱塞弹簧予以整修或更换，或检查缸垫和该缸气门的严密性
	气门锁夹脱落或气门在杆端沟槽折断，导致气门掉进汽缸，此时活塞顶部有不清脆的金属敲击声，柴油机功率下降，排气声及排气烟色显著异常	立即停车，打开全部汽缸头罩，查明所在部位卸下汽缸头，如活塞损伤变形严重，应更换
	曲轴瓦磨损严重，或轴承合金剥落、烧蚀；在曲轴附近听到金属敲击声。低速时声音清脆，高速时声音反而变小，功率及排气烟色正常	更换曲轴瓦片，重新研磨
	连杆螺钉松脱，金属敲击声剧烈，高速时尤甚	紧急停车，查明部位，更换连杆螺钉，必要时更换曲轴瓦片
	气门间隙过小或没有间隙，其特征是缸盖部分有不清脆的敲击声，随转速变化而变化	用听针查明声音来源，调整该部位的气门间隙，必要时拆卸汽缸头，检查内部有无损伤。如有损伤，应更换活塞
	气门间隙过大，在汽缸盖部位可听到清脆的金属敲击声，随转速的快慢而高低变化	重新调整气门间隙
机油压力过低	使用机油牌号不符	更换机油
	机油使用过久变质，粘度降低	更换机油
	供油系漏油，燃油漏进机油箱（或油底壳），使机油稀释	检修供油系漏油部位，更换机油
	调压阀弹簧弹性减弱或折断	重新整定调压阀开启压力或更换弹簧
	调压阀整定压力过低	整定调压阀开启压力
	机油泵入口滤网堵塞，吸油阻力增加，来油减少	用汽油清洗滤网，必要时清洗油底壳，将机油重新过滤使用
	机油箱（或油底壳）油量不足	加足机油
	机油粗滤器堵塞严重，同时安全阀动作压力高，机油泵内漏增加，导致主油道缸压力流量均下降	清洗粗滤器，重新整定安全阀开启压力
	机油泵轴套端面磨损，间隙增大	更换轴套
	柴油机失修，各轴瓦间隙增大，漏油量大，压力降低	大修柴油机
	曲轴箱内部油管破裂，机油泄漏，压力降低	补焊或更换破裂部位油管
	机油泵限压阀开启压力过低，油泵大量回油使泵油量减少，油压降低	整定机油泵限压阀开启压力
	机油压力表指示不准，读数偏低	核对或更换机油压力表

（续）

故障现象	产生故障的可能原因	处理方法
机油无压力	机油压力表损坏或压力表油管与主轴管接头松脱	查明部位，排除故障
	机油泵不泵油	检查更换机油泵损坏的传动件，如键或销等
	机油泵来油滤网严重堵塞	清洗滤网、油箱（或油底壳），更换经过滤的机油
	油箱（或油底壳）无油或油位过低	加足机油
排气烟色异常	排气冒黑烟，并时有火苗窜出 （1）气门关闭不严 （2）气门弹簧折断，漏气严重 （3）严重超负荷	（1）研磨气门 （2）更换弹簧 （3）减负荷
	排气冒浓重黑烟 （1）空气滤清器堵塞，进入汽缸空气不足 （2）喷油雾化不好，油颗粒大，分布不匀 （3）喷油提前角太小 （4）负荷重，柴油机带不动	（1）清洗空气滤清器或换滤芯 （2）调整喷油嘴压力，如无效，应检查喷油泵，或更换喷油嘴 （3）调整喷油角度 （4）减负荷
	排气冒蓝烟 （1）空气滤清器机油过多，随气流进入汽缸燃烧 （2）油底壳机油过多，被曲轴溅到缸壁的机油增多 （3）活塞环磨损过大，活塞环对口，引起机油窜到燃烧室燃烧	（1）放出多余机油 （2）放出多余机油 （3）更换活塞环
	排气冒白烟 （1）柴油机温度低 （2）柴油内有水分 （3）个别缸垫损坏，冷却水进入汽缸 （4）进气门关闭不严，喷油嘴或电热塞与燃烧室结合面漏气	（1）减少冷却水流量 （2）使用燃油应澄清过滤 （3）更换缸垫 （4）研磨气门
飞车	调速器失灵 （1）飞锤或飞锤弹簧断裂 （2）喷油泵调节齿杆与调速杠杆因故脱开、供油失去控制 （3）喷油泵调节齿杆卡死，突然卸去负荷 （4）调速器长期缺油，机件磨损，轴承烧坏，咬住，供油失去控制 （5）调速器机油油面过高	（1）更换损坏的飞锤或飞锤弹簧 （2）大部分是由于销轴脱落引起，可重新装上销轴及销轴上的开口销 （3）对调速器进行补充保养 （4）修复磨损零件，更换轴承 （5）放出多余机油
	空气滤清器油盘机油平面过高	放出多余机油

（续）

故障现象	产生故障的可能原因	处理方法
发动机过热	冷却水泵故障 （1）水泵传动带太松，水泵转速下降 （2）水泵叶轮松脱 （3）如使用低位冷却水池时，由于水泵填料或水封环磨损，漏进空气，导致冷却水中断	（1）紧传动带，保持传动带足够张力 （2）检查叶轮是否磨损，必要时更换 （3）更换填料或密封
	冷却水池水量少，冷却效果不好	加大冷却水池，改进或增加喷水头，提高冷却效果
	节温器失灵，不能进行大循环	更换节温器
	冷却系积垢过多	用15%苛性钠溶液处理
	柴油机长期过负荷	减负荷
	水温表不准引起误判断	校对水温表，必要时更换
机油温度过高	机油箱（或油底壳）油量不够	加足机油
	机油冷却器铜管部分堵塞或隔板脱焊	卸下冷油器端盖，疏通铜管，补焊隔板
	冷却水温太高	增加冷却水池喷头数量，有条件时，冷油器改为单独供水
	机油粗滤器滤芯堵塞，部分机油不经机油冷却器而从安全阀泄入主油道	清洗滤芯，调整安全阀动作压力
	机油泵油量不足，使冷油器热交换作用降低	检查机油泵进出口管路是否畅通，机油泵齿轮磨损是否严重，必要时更换
	压缩系漏气，高温气体串入曲轴箱引起油温升高	更换磨损部件
	机油牌号不对，粘度大，散热不良	更换机油
	柴油机长期过负荷	减负荷
	油温表不准，引起误判断	校对油温表及感温器，必要时成套更换
机油压力过高	机油粘度过大	更换机油，冬季用HC-8，夏季用HC-14
	机油泵限压阀开启压力整定过高	重新调整限压阀，除专门规定者外一般调整为0.2～0.3MPa
	部分分支油路堵塞，使主油道压力升高	在停机后迅速触摸各润滑部件，温度异常升高的部位应检查其油路是否堵塞
	机油压力表指示不准确	核对或更换机油压力表
起动机不转	钥匙开关触点接触不良	拆下仪表板，检查钥匙开关触点及接线
	控制回路断线或接触不良	用校验灯或万用表查明断路或接触不良部位，重新接好
	蓄电池损坏。蓄电池与导线连接处酸腐蚀，引起主回路接触不良	检修或更换蓄电池。用砂布打磨导线与蓄电池接点
	电刷卡死，未与换向器接触	修磨或更换电刷，检查弹簧压力
	励磁绕组或电枢绕组断路	用校验灯或万用表查明断路处，重新接好
	起动机接线柱或绝缘刷握接地，或励磁绕组接地	用绝缘电阻表查明接地部位，排除故障

（续）

故障现象	产生故障的可能原因	处 理 方 法
起动机起动后机器转动无力	蓄电池电压不足	蓄电池充电
	起动机电枢绕组或磁极绕组短路	排除或更换绕组
	起动机离合器打滑	检查起动机离合器
	气温低，机油粘度大，柴油机转动费力	起动前预热机油，柴油机冷却系加热水
蓄电池容量显著下降电压不足	极板硫化 （1）蓄电池长期搁置不充电 （2）使用中水分蒸发，极板长期露出液面 （3）水分蒸发后，添加了电解液使电解液比重增加，极板产生硫酸铅晶体而硫化 （4）经常用大电流放电，蓄电池长期电压不足	去硫化处理 放电（10h 放电率，下同）至每格 1.7V→倒掉电解液，加入蒸馏水→连续充电（以 1/20 容量充电率，下同）至电解液比重升至 1.15 左右→放电至每格 1.7V→充电直至电解液比重不再上升为止→调整电解液比重至 1.28 经上述方法蓄电池容量达到 80% 时，恢复工作基本完成。达不到时，可多次重复充放电直至合格为止
	单格蓄电池极板短路 （1）长期过度充电，温度过高，正极板活性物质脱落 （2）经常大电流放电及充电，导致极板弯曲变形 （3）电解液比重过高，木隔板腐蚀损坏 （4）硫酸不纯，电解液有杂质 （5）长期使用中，沉淀物积聚过多，使极板短路	取出极板浸入蒸馏水中，清洗单格电池中沉淀物，换上新隔板，加入比重 1.10 ~ 1.20 电解液，单独进行充电及放电，后调整电解液比重至 1.28，充电至电压与其余单格一致后焊上连接片
充电电流过大	蓄电池极板短路	更换蓄电池极板
	限压器触点烧结，不能分离	修磨或更换触点
	限压器或限流器弹簧调整过紧	放松弹簧压力
	限压器的触点臂与铁心气隙过大	调整间隙在触点闭合时为 1.4 ~ 1.5mm
	限流器的触点臂与铁心气隙过大	调整间隙在触点闭合时为 1.4 ~ 1.5mm
	充电发电机与调节器选配不当	重新选配
充电电流小	发电机传动带太松	张紧传动带
	换向器脏污或云母高出换向片	清洗换向器或用锯条将云母刻低，应较换向片低 1 ~ 1.2mm
	磁极绕组局部短路	测量各绕组直流电阻，看其是否一致，直流电阻低的一只即为短路绕组
	限压器或限流器弹簧压力小或触点臂与铁心气隙过小	调整限压弹簧压力的闭合电压。当发电机为 12V 时为 13.8 ~ 14.8V，发电机为 24V 时为 27.6 ~ 29.6V，触点臂间隙应调到 1.4 ~ 1.5mm
	限压器和限流器触点的过桥电路脱焊	焊接

（续）

故障现象	产生故障的可能原因	处理方法
充电电流不稳	导线接触不良	接好导线
	换向器失圆或云母高出换向片	车圆换向器、刻低云母
	电刷磨损过多，或弹簧压力不足	更换电刷或弹簧
	电枢绕组短路或线头脱焊	更换绕组或重焊接头
	限压器弹簧压力小	调整限压器弹簧
	限流器弹簧压力小	调整限流器弹簧
不充电	充电发电机剩磁消失	卸下传动带，按下截流器触点，将充电发电机作电动机运行半分钟进行充磁
	电刷过短、卡死或弹簧压力太小	更换电刷或调整电刷的弹簧压力
	充电发电机磁极绕组断线或短路	测量磁极绕组直流电阻及对地绝缘电阻，以判断是否短路或断路，排除故障
	电枢或磁极绕组接线螺钉接地	检查电枢及磁极绕组接线螺钉是否接地并排除故障
	绝缘刷握接地	测量绝缘刷握的对地绝缘电阻，以判明是否接地
	换向片间被炭末油污所短路	擦拭换向器，仔细清除换向片的片间油污
	电枢绕组短路	测量电枢绕组的绝缘电阻，并用短路侦察器检查电枢绕组是否短路，必要时重绕
	截流器线圈断路或短路	更换线圈或发电机调节器
	截流器与限流器电流线圈连接处脱焊	重新焊接
	截流器弹簧压力太大，闭合电压过高	调整截流器弹簧压力，使动作电压为12.2～13.2V（24V发电机应为24.4～26.4V）
	截流器动作后，触点闭合不严或触点烧损	调整截流器触点间隙或修磨触点
	限压器或限流器弹簧压力小	调整弹簧压力
	限压器触点烧蚀	修磨触点，必要时更换触点
	30Ω附加电阻断线	更换电阻
	发电机与调节器的电流或励磁回路断线	用校验灯或万用表查明断线部位，接通导线，必要时更换

表5-8　发电机常见故障及处理方法

故障现象	故障原因	检查方法	处理方法
发电机不发电	采用直流励磁机励磁的发电机反向旋转或励磁机并励绕组接反	发电机匀速运转，将直流励磁机并励绕组的一端从刷握拆下后，测量剩磁电压，将此线端在原处试触时，剩磁电压立即降低。此现象为发电机反转或并励绕组接反	改正发电机旋转方向或将并励绕组接线对调
	剩磁消失或剩磁微弱不足以激励	发电机全速运转，测量励磁机剩磁电压，仪表无读数或读数很小	用干电池或蓄电池给励磁机励磁绕组通电充磁，应注意正负极与励磁机正负极一致
	励磁回路断线或励磁绕组极间连接线脱焊	将励磁机并励绕组的一端拆下，用万用表欧姆档测量整个励磁回路是否通路	接通断线，重新焊好

（续）

故障现象	故障原因	检查方法	处理方法
发电机不发电	磁场变阻器断线或变阻器滑臂接触不良	拆下变阻器接线，用万用表测量其回路是否通路，并反复调节变阻器，观察电阻值的读数是否相应均匀地增大或减少	接通变阻器断线或增大变阻器滑臂压力
	并励绕组两点接地	将并励绕组两端接线拆下，用绝缘电阻表逐个测量励磁绕组对地绝缘电阻，一般情况接地点多在绕组内孔四角上	重新包扎绕组绝缘或重绕
	励磁机电刷中心位置不对	（1）外观检查，电刷中心偏离主磁极中心位置 （2）感应法检查，如图所示 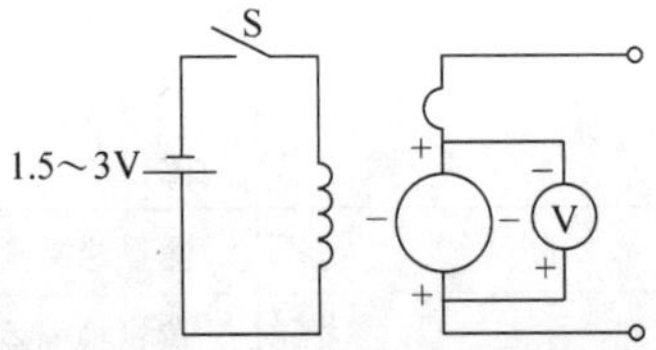 感应法确定电刷中心线位置	按左图所示接线，当电刷中位置不对时按下开关S，毫伏计指示左右摆动；移动刷架座角度至正确中性线位置时，按下开关S，毫伏计指示不再摆动或摆动微小
	电刷卡住或刷面与换向器接触不良	轻轻提起刷辫上下活动，观察是否有卡涩现象；再提出电刷，外观检查接合面磨合情况	用00号玻璃砂纸，将电刷四周均匀打磨，电刷与刷握的间隙最小为0.1mm，最大为0.2mm并按图所示方法，用00号玻璃砂纸打磨刷面 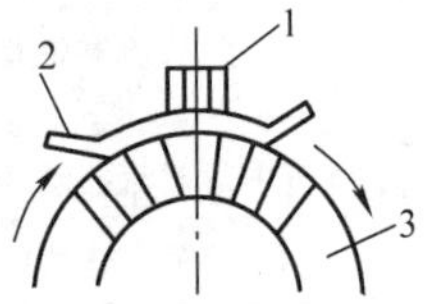 磨电刷的方法 1—电刷　2—细玻璃砂纸　3—换向器
	换向器表面油污严重，换向片间被污物填塞而短路	外观检查换向器表面油污	小心剔除换向器片间脏污，擦拭表面油污，按图要求将云母削低 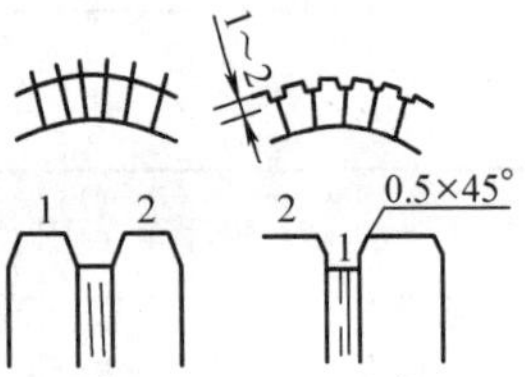 换向器云母挖削尺寸 1—云母　2—换向器
	转子内部磁极间连接线断线或脱焊	（1）仪表盘上转子电流表无指示，励磁电压表指示偏高 （2）取出集电环电刷，用试灯或万用表检查两集电环间是否通路	抽出发电机转子，用试灯或万用表在各磁极连接线依次测试，找出新路点并接通

（续）

故障现象	故障原因	检查方法	处理方法
发电机不发电	励磁机电枢绕组短路	按图示方法接线，用毫伏表逐片测试，当毫伏表指示低于其他绕组或无指示时，即表示该绕组短路，也可用转子短路侦察器测出 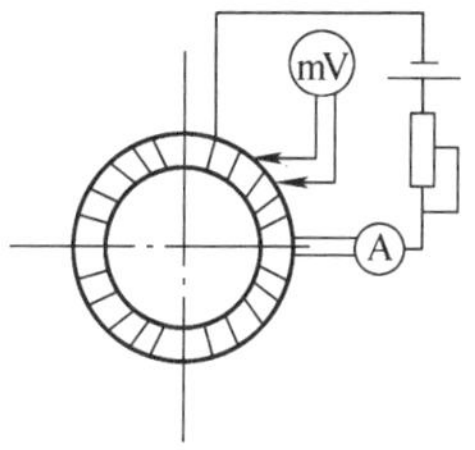 用电阻法测试电枢短路绕组	更换短路绕组
	三次谐波励磁绕组断线或硅整流管击穿	（1）在三次谐波绕组接线端子上测量是否有交流电压 （2）将三次谐波绕组在接线端子上拆下，用试灯或万用表检查是否通路，如绕组正常可将各硅整流管接点拆开，逐个测量其正反向电阻，若反向电阻很小，表明硅整流管被击穿	接通断线部位 更换同型号硅二极管
	晶闸管励磁不起励	测量发电机是否有剩磁电压或调节移相电位器，测量移相触发器输出端是否有信号脉冲输出	用干电池或蓄电池向励磁机磁极绕组通电励磁，调整或更换移相触发器插件
发电机端电压低	发电机转速不够	观察频率表读数，或用转速表直接测量发电机转速	提高原动机转速或更换带轮
	检修后将励磁绕组接错	将并励绕组两端接 6～12V 直流电源，用指南针检查极性，各极应是 N—S—N—S 交替变换。如不符，说明励磁绕组头尾接错	校对极性，更正接线
	励磁机励磁绕组短路	（1）以 12～36V 交流电依次接入励磁绕组，测量各绕组的交流阻抗。如励磁绕组电流相差超过 5%，其中电流大的绕组可能存在短路故障 （2）用单臂电桥直接测量各绕组直流电阻	重绕励磁绕组
	励磁机磁极与电枢气隙太大	用塞尺测量各个磁极与电枢间隙是否符合要求	卸下磁极铁心，用铁皮在磁极背面作垫片以减小间隙
	电刷不在中心线位置上	用本表“感应法确定电刷中性线位置”，检查电刷中性线位置是否正确	松开刷架座紧定螺钉，移动刷架座角度，使电刷对准主磁极中心，按下开关 S，如毫伏表摆动，则重新调整刷架座角度，直至按下开关 S 时毫伏表不再摆动或摆动微小为止
	发电机转子绕组短路	用单臂电桥测试转子绕组直流电阻，如较前降低时，应抽出转子，以 6～36V 交流电源逐个对各磁极绕组通电并记录电流值，各绕组电流应基本一致，其中电流超过平均值 5% 以上的励磁绕组，应进一步判明是否短路	更换绕组

（续）

故障现象	故障原因	检查方法	处理方法
发电机端电压低	检修后定子绕组错误	卸下端盖，检查绕组接线，是否有绕组元件接错或极相组接错	改正错接绕组
	晶闸管自励方式的发电机移相触发器导通角太小	检查移相触发器的电容器是否完好，并旋转滑臂，测试电位器的电阻，从零位到最大值是否均匀变化	更换电阻电容元件，必要时更换移相触发器插件
	具有三相桥式整流自励方式发电机部分硅管击穿	拆开各硅二极管接线，逐个测量硅管正反向电阻，查出被击穿的硅管	更换同型号的硅二极管
	晶闸管自励方式发电机的个别晶闸管被击穿	拆下晶闸管，按图示接线，检查晶闸管，如按下开关晶闸管导通，灯泡发亮，证明晶闸管完好 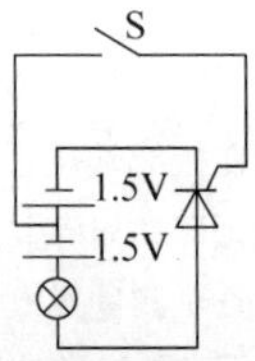 用试灯检查晶闸管	更换参数相同的晶闸管
发电机空载电压正常加负荷后电压显著下降	串励绕组接反使所产生的磁通与并励绕组产生的磁通相互抵消	观察仪表盘仪表指示，空载及低负荷时电压尚能保持，但随负荷增加，电压显著下降，负荷越大，电压越低	将串励绕组两端接线位置对调
	检修时将换向极绕组接反，引起电枢反应加剧	外观检查，励磁机电刷火花随负荷增加而加大，整个电刷下呈喷射形火花，端电压随负荷增加下降很多	用指南针检查并纠正换向极绕组接线，换向极的极性沿转子旋转方向的极性顺序应为 n（换向极）—N（主极）—s（换向极）—S（主极）……依此类推
电刷下冒火花	同轴式励磁机大轴弯曲，引起换向器径向跳动	拆下励磁机电枢，用百分表测杆顶在轴颈外沿上，缓慢盘车，记录径向摆动值	将轴校直，用百分表复查
	换向器表面不圆不光洁	将百分表测杆顶在电刷顶部，调整好零位，用手转动转子，观测百分表径向跳动量	可用00号玻璃砂纸研磨，换向器表面不圆应车削。在车削前，应先校正中心，使转子两轴承颈对铁心外圆同心度偏差不超过0.02～0.04mm方可车削。车削时换向器线速度不应超过30m/min，进刀量不超过0.05～0.10mm，走刀量不超过0.1mm
	电刷与刷握间隙过大，电刷压力不足	用塞尺测量电刷与刷握间隙是否在0.1～0.2mm之间，并用小弹簧秤试测电刷压力	用00号玻璃砂纸研磨电刷，使间隙保持在0.1～0.2mm范围，并调整电刷压力，使刷压保持在200～300g/cm^{2}之间
	检修时将换向极绕组接反	用指南针检查换向极的极性，顺旋转方向，极性顺序应为n（换向极）N（主磁极）s（换向极）S（主磁极）	纠正错误接线
	电刷位置不在中性线上	检查刷握是否与原记号对准	按原记号对准，如无原记号，可用感应法确定电刷中性线位置

（续）

故障现象	故障原因	检查方法	处理方法
电刷下冒火花	磁极与电枢空气隙不均匀	用塞尺测量各极间隙，做好记录	调整磁极与磁轭间的垫片，使各磁极与电枢间的气隙差别与平均值比较，不应超过0.4mm
电刷下冒火花	与换向器相接的电枢绕组元件短路或脱焊	（1）用短路侦察器查明短路部位，或用万用表查明脱焊部位 （2）用电阻法测出短路绕组	更换短路部位的绕组，重焊脱焊绕组
电刷下冒火花	励磁机励磁绕组短路引起磁场不对称	测量各绕组直流电阻或做交流阻抗试验，查出短路的绕组	重绕励磁绕组
电刷下冒火花	电刷接触面太小，或电刷牌号不符	抽出各电刷，检查弧形接合面磨合情况，查对电刷牌号	按生产厂要求牌号更换电刷，并研磨电刷
电刷下冒火花	换向片间短路	外观检查换向片间的凹槽内是否被炭粉、铜屑或焊锡等杂物填塞，片间云母是否被电弧烧灼炭化	仔细剔除片间污物，若炭化层很深，应彻底剔除炭化层，确实判别短路已排除后，在已剔除炭化层的凹槽内用绝缘漆调制云母粉填补
电刷下冒火花	电刷卡死	轻轻提起刷辫上下活动，检查是否灵活	观察电刷被卡处的摩擦痕迹，用00号玻璃砂纸研磨，保持电刷与刷握间隙在0.1～0.2mm
电刷下冒火花	发电机过负荷	检查发电机定子电流表及转子电流表读数是否超过铭牌规定数值	减负荷至额定值，若无功负荷过高，可安装移相电容器
发电机温升过高	空气滤网被堵塞，冷却空气不畅通	用硬质纸放在进风滤网上，试测吸力大小。若无吸力或吸力很小，说明滤网堵塞	将滤网拆下，逐层用汽油清洗
发电机温升过高	定子绕组积尘太多，散热不良	打开窥视窗口，观察绕组端部积尘情况	抽出转子用压缩空气将定子铁心通风道内及绕组端部的积尘彻底吹净
发电机温升过高	发电机长时间满负荷，低转速运行，使冷却风量不足	观察频率表读数或计算原动机与发电机带轮变速比是否适当或直接用转速表测量发电机转速	更换带轮，或提高原动机转速，保证发电机在额定转速下运行
发电机温升过高	定子绕组短路	发电机空载时，三相电压不平衡，冷却空气出口处有焦臭味，停机后迅速用手摸定子绕组端部。发热异常、颜色异常和绝缘脆化的绕组即为短路绕组，或测量各相绕组交流阻抗，以判明短路部位	更换短路绕组
发电机振动	滚动轴承损坏或滑动轴承磨损严重，引起发电机转子下沉并与定子铁心摩擦	抽出转子，外观查看是否有明显的摩擦痕迹，定子槽楔和绝缘材料是否有烧焦痕迹，开启式或防滴式发电机在运行中，从端部可以看到摩擦产生的火花	更换滚动轴承或重新研刮轴瓦，绝缘严重烧焦的要重换绕组
发电机振动	联轴器中心不正	用塞尺检查两联轴器端面互隔90°处的间隙是否一致，再用钢板尺靠在联轴器外沿，用塞尺检查中心偏移	重新找正联轴器中心

（续）

故障现象	故障原因	检查方法	处理方法
发电机振动	转子绕组短路或气隙不匀引起的磁场不对称	断开励磁电流时，振动消失，接通励磁电流时，振动重复出现	重绕转子绕组或调整气隙
	转动部分重换绕组后未经平衡校正，或带轮未经平衡校正	不平衡情况严重，而两端轴承又灵活时，用手盘动转子使之缓慢自由旋转，较重一端总是停在下边，不论断开或接通励磁电流振动无变化	将转子和带轮分别进行静平衡校正，容量较大的2极、4极发电机转子应进行动平衡校正
	负荷严重不平衡	观察各相电流表指示	调整负荷
轴承温度过高	滚动轴承缺油或损坏	用听针测听，有明显噪声	清洗轴承，加润滑脂或更换轴承
	滑动轴承两轴瓦安装不同心，接触面不好或轴承间隙不合格	用塞尺测量轴瓦间隙，必要时拆下轴瓦，观察磨损情况	根据磨损情况，调整两轴瓦中心或修刮轴瓦，保证轴承与轴颈的间隙
	联轴器中心不正	用钢板尺或百分表测量两联轴器中心偏移尺寸，测量端面间隙是否一致	重新校正联轴器中心
	滚动轴承润滑脂太多	用手触摸温度很高，用听针测听声音正常	清洗轴承，重加润滑脂，使其充填至轴承室的空间的1/2~2/3即可，不宜过多
发电机运行时有不正常的噪声	电刷牌号不符	检查电刷牌号是否符合生产厂要求	更换合格电刷
	滚动轴承损坏	用听针测听轴承音响，正常的声音应均匀和谐	更换轴承
	气隙不均匀，转子铁心与定子铁心摩擦	抽出转子，检查有无摩擦痕迹，并检查轴承是否损坏，是否因轴承内圆与轴颈配合太松将轴颈磨损引起转子下沉	更换轴承。如轴承磨损，应送机修厂补焊并车削
	定子铁心松动在交变磁场作用下引起振动	抽出转子，观察定子铁心两端齿部是否松动	在已张口的铁心齿部注入绝缘清漆后压紧，待绝缘清漆干燥后即可

6. 柴油发电机组的并车运行

多台柴油发电机组同时作为一个系统的备用电源时，常遇到的问题就是几台发电机并列运行的问题，并列运行也叫并车。柴油发电机组一般不与市电并网运行，因此要区分并网和并车的概念。

（1）并车的条件与方式　并车条件是，待并发电机的频率、电压、相位、相序必须和系统一致，也就是并车的机组必须同时满足上述的四个条件，才能并列运行，向同一个系统供电。

并车的方式有两种：准同期并车和自同期并车。

准同期并车就是待并发电机投入励磁后，调整其转速电压，当其频率、电压、相位、相序和系统一致的条件下迅速合上并车开关，接入系统，叫做准同期并车。准同期并车并列瞬间冲击电流小，对系统电压无影响，但操作麻烦，不易达到同步，适用于大容量发电机并入系统，独立小电网多台小型发电机也可应用。

自同期并车就是在机组起动后不合励磁开关，将磁场可调变位器调到发电机对应的空载电压位置上。当发电机转速达到或接近同步转速时，合上发电机主开关，然后迅速合上励磁开关给发电机励磁，待并电机被系统拉入同步。自同期并车操作简便，并入系统快，但并入瞬间，从系统吸收无功，对系统电压有影响，只适用于小容量发电机并入系统。

（2）并车前的检查包括以下内容：

1）相序的检查：可用相序表、电容灯泡、示波器和小型电动机法任选一种。

2）检查柴油机组调速系统是否灵敏，否则不得并车。

3）一般准同期并列有整步表法、旋灯接线法、三灯接线法几种，见表 5-9。接线要正确牢固，灯泡一般用两只功率、电压相同的灯泡串联。

表 5-9　准同期并列图解

同期方式	并列接线图	说　明
整步表法	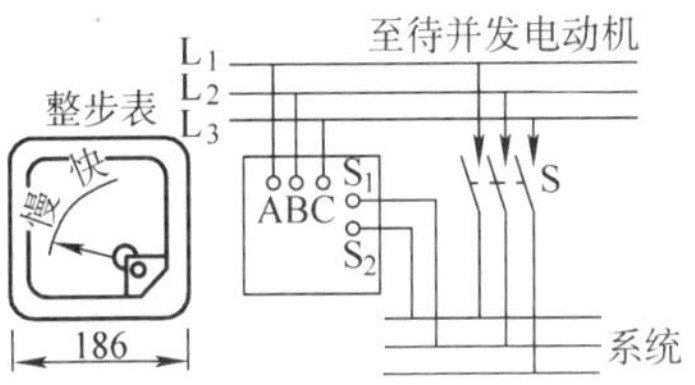	整步表法：就是在同期盘或控制盘上装一块同期指示表，当待并机电压和频率变动时，表的指针转动，即机组转速高时指向快的一边；机组转速低时指向慢的一边。待调整到待并发电机与系统频率一致时，指针指向中间的线（红或黑）即可并车
同期指示三灯接线法	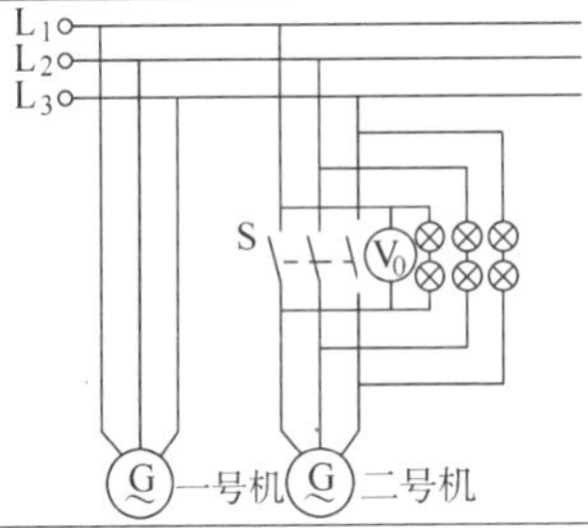	三灯接线法：即当调整发电机的电压和转速使三个相灯全熄灭时就达到了同期条件，可合闸并车
同期指示旋灯接线法	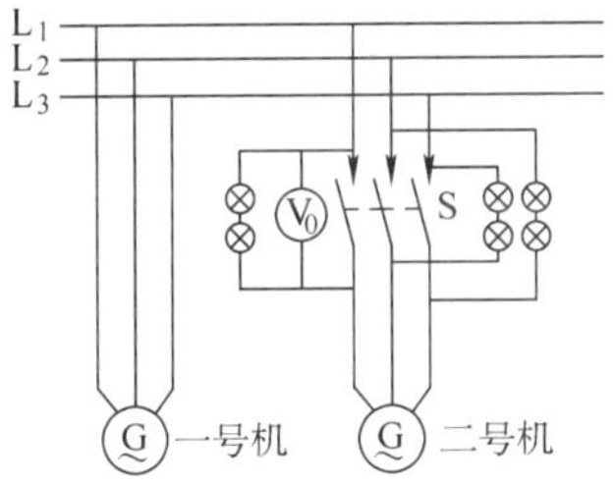	旋灯接线法：即灯光旋转的快慢表示频率差的大小，当调整发电机的转速使 L_3 相跨过并列开关两端的相灯熄灭，另外两个相间之灯具有相同的亮度时，进行合闸并车
电铃变压器单灯接线法	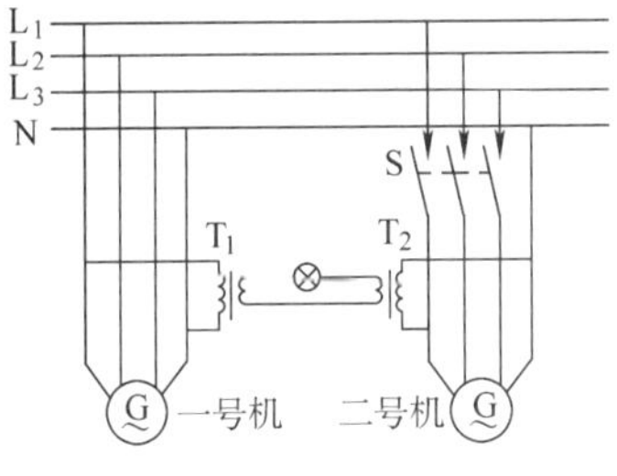	电铃变压器 T_1 和 T_2 的电压比一般为 220/6（V）。因此，电铃变压器单灯并车法，对于发电机电压为 400V 并有中性点引出线时，用这种并列方式较为合适，即指示灯随着两台机的频率差而亮暗，灯最亮时表示相角差为零，可合闸并车。但要注意灯丝不能烧断，以免引起误操作

柴油发电机组自动起车装置的安装应按说明书或随机资料安装。目前国产机组由机组起动到可向负载供电已能在4s内完成，国外机组可达到0.5s。全自动化机组能按预定的程序自动投入和退出运行，与柴油机配套的同步发电机在励磁结构上亦有较大改进，有相复励励磁、无刷励磁以及三次谐波励磁等，在性能上均具有一定的恒压特性和动态特性，当负载上发生突增、突减冲击性负载时，发电机的输出电压恢复时间较短，具有较好的强励、强减励磁效果。但是无论采用哪种自机装置或机型，自动地完成必须使机组具备起动条件，除了机组本身的性能外，主要条件是使机组经常处于“热态”，特别是冬季。这就要求发电机房有采暖装置或油系统预热装置，且能自动调节温度，也就是在起动前温度较高，使机组处于热态，起动后又能使室温降低而不致使机组发热；当市电恢复后，室温又自动升至热态，准备起动。另一个办法是采用脉冲发电，也就是在市电正常时，机组总是按发电—停运—发电—停运的程序交替进行，这样当市电突然停电后，机组可自动投入运行。此外，备用机组的维护必须按要求进行，否则将失去备用的目的。

汽油发电机组容量小，试车方法简单，按其说明书要求即可，限于篇幅这里不再赘述。

二、交流不停电电源（UPS）

UPS装置的单体测试及试验应参照第四章“成套硅整流装置的试验”、“交—直—交变频调速系统的调试”和“可控晶闸管整流装置的调试方法”进行。

1. 试验步骤和测试项目

（1）准备工作如下：

① 对照原理图检查所有的元器件间的连线应正确无误，有极性要求的元器件其标注应正确，无标注的应对照元器件手册，核对极性是否正确。盘柜间连接线必须正确牢固。

② 元器件的单体模拟试验应合格。试验时不得调节可调部分的旋钮，拆线时应作好编号，试验完后应按原来接线接好。元器件的试验方法如前所述。

③ 绝缘电阻和接地电阻（≤1Ω）的测试应合格。

④ 发现不妥的环节应修复，并经检查后合格。

⑤ 将电源的相序找出，并按装置要求的相序将电源线接好。

（2）整流柜的试验　检测项目有电压、波形、电压调节性能、空载试验、假负载通电试验、最大输出电流的试验应均无异常。

（3）整流柜的充电试验　将前述中蓄电池组的充电系统与整流柜输出接好，充电应正常。

（4）逆变器的试验如下：

① 整流—逆变试验；

② 蓄电池组—逆变试验。

检测项目有电压值及三相是否平衡、是否能调节，波形及其积分调节器的调整，频率、相序的测量等。上述内容正常后可进行负载试验，包括空载、轻载、中载和重载试验。根据容量的情况可选用10kW、55kW、125kW的三相异步电动机进行起动、运行的试验，所有的试验应正常，整流前的相序与整流后的相序应取得一致。

（5）静态开关的试验　交流静态开关是由两只反并联的快速晶闸管组成，应测量其关断性及导通的时间、波形、三相参数一致为合格，见图5-6。

（6）模拟切换试验　单体试验合格后，将系统的电路接好，由市电供电，这时整流柜、逆变柜、静态开关都工作，并向蓄电池组浮充电，这时应测量直流、交流的电压、波形、频率，见图5-7。

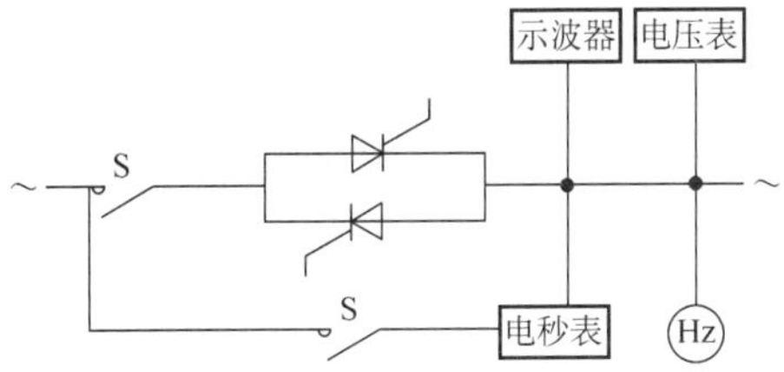

图5-6　静态开关的试验

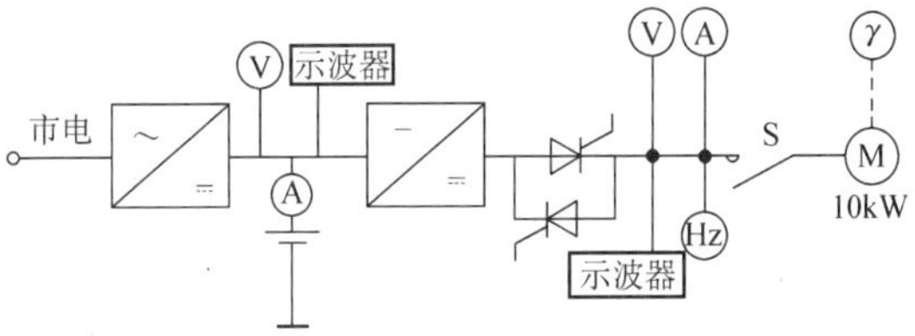

图5-7　模拟切换试验的测量

然后将市电电源开关拉掉，这里整流柜停止工作，蓄电池组、逆变柜、静态开关工作，除上述参数外这时要注意蓄电池组的电流方向已改变并注意切换时间，一般应在2~5ms以内。同时注意在切换时电压的波形有无畸变或突变。

测量参数正常后，这时可将接触器吸合使10kW电动机起动运行，除上述参数外，还应测量电动机的转速及交流侧的三相电流与电动机铭牌相符，且三相电流平衡。

电动机运行正常后，可将市电电源开关合上，恢复市电，除上述参数外，这时应注意两点，一点是电动机的运转情况（包括转速、电流）是否有异常，接触器或电压线圈是否掉闸释放或过激声音以至振荡等；再一点是蓄电池组的电流方向是否改变。同时要注意观测切换时间及切换时波形有无变化。

所有的参数正常后，这时可将市电关掉，再进行切换试验，系统应正常工作。必要时可增加负载的投入以至满负运行试验。

上述试验正常后，应将UPS接入系统，配合低压动力电路的试运行进行试运行试验，方法及测量参数同上。

2. 试验及试运行中应注意的事项

1）试验前应仔细阅读UPS装置的说明书，同时应读懂电路图，并按说明书及电路图的要求逐步试验。

2）UPS装置出厂前已由厂家调好并将调节部分打封印，任何人不得随意乱动封印而调节，一旦出现非经调节而不能处理的事由时，应由技术负责人组织协商后再进行调节。轻易乱动导致处理不了或不能处理问题时找到厂家解决会降低自己的声誉，也不能提高自己的技术水平。

3）蓄电池组（柜）必须检查好，能充能放，容量适中，接线正确，不滴不漏，绝缘电阻良好。

4）相序必须找对，并按相序要求接线，试验过程中如有电压突变现象，多由相序接反引起。

5）柜间的接线必须正确且绝缘电阻良好。

6）绝缘电阻的测试必须强、弱分开，按要求进行。

7）试验或试运行时要观察系统有无异常声响、温度是否过热以及波形、频率的变化，有无其他不妥，要加强巡视，特别是蓄电池组要有专人负责观察其运行情况。其他参照低压动力电路试运行的条款。

8）试验或试运行时要检查触发系统和辅助器件的功能，如水压、水温、冷却液流量、风机旋转方向等运行应正常并达到设计或产品要求。同时要测量冷却液是否有电，否则应找出原因，一般是设计接地不好。冷却液漏电电压一般不能超过6V。

3. 试验后的记录

试验和试运行合格的UPS装置应按设计要求和接线方式接入系统，并将旁路电源接好，同时整理安装、检查、测试、试验、试运行的记录，存入技术档案备查。

三、余热发电机组

1. 试车前的检查和测试（锅炉、汽轮机、发电机组已安装调试合格）

1）汽轮机组传动机械部分试运转正常，包括给水泵、凝结水泵、循环水泵、深井水泵或水源泵。

2）系统的蒸汽管路吹洗完毕且合格。

3）汽轮机组给水、凝结水等管路的冲洗完毕且合格。

4）汽轮机组真空系统严密性试验完毕且合格，主要包括凝汽器的蒸汽空间、后缸排气部分及机组运行时处于真空状态下的设备与管道。

5）汽轮机组油循环系统试运行正常。

6）汽机保护装置试验全部合格，主要包括超速保护装置（危急遮断器脱扣和自动主气门关闭时间试验）、轴向位移保护装置、磁力断路油门装置、油压保护装置、轴承温度保护装置及信号系统、功率极限保护装置、起动阀特性试验、背压保护装置及信号系统、油箱油位信号系统、低真空信号装置等。

7）系统中装设的仪表和测试使用的仪器仪表应检定校验合格，且接线正确、安装合格，模拟联动试验合格，具备投入运行的条件。

8）蒸汽压力和流量符合汽轮机的要求，且锅炉已运行正常，管道无漏泄。已通过劳动部门的验收合格。

9）汽轮机组安装经验收合格，且机组调速系统的调整和试验已进行完毕。且汽轮机组空载运行合格，转速符合发电机的要求。

10）现场已清理干净，安装时临时搭接的物件已拆除，无妨碍试验进行的障碍。

11）由技术检查人员（专业工程师）和安装人员组成的专业质量检查小组已分别对锅炉、汽轮机、发电机三个系统进行了全面细致的检查，三个系统均已达到设计和安装质量的要求，系统与系统之间衔接的技术要领和参数已符合设计要求。发现的不妥之处已修复，并经再验收合格。

12）发电机组安装完毕且机组测试合格，附机运转正常。盘动汽轮发电机组（越快越好），稍给励磁（调节励磁柜），测量三相输出电压是否平衡，是否随转速、励磁变化，否则不正常。

13）机组起动试发电方案或计划已编制并经主管部门审核，主持人（专业工程师担任）已确定，各专业人员已分工；联络信号、通信工具已解决，且试通话正常；图样资料、记录表格已准备齐全；测听棒（长为1000mm、直径6~8mm为宜）及其他用具已准备齐全；救护、防火措施已落实；主持人已向全体试行人员进行技术交底，并提出要求及注意事项，特别是不同专业人员的配合必须默契沟通。

14）控制室已安装完毕且试验测试合格，空投或模拟试验已进行且达到设计要求。

15）系统接线正确无误。

16）并网申请已得到供电部门批准，且将试车时间已通知供电部门并邀请有关人员参加。

17）建设单位、设计单位、供电部门和安装单位就起动试发电已达成协议，并提供必要的条件。

18）现场已具备试车条件。

2. 余热发电机组的起动及试发电

由于汽轮机的型式、构造、容量及余热电站热力系统连接方式各不相同，因此在起动各种类型的机组时具体操作方法也略有不同，但基本原理及操作程序是相同的，现以3000kW背压机起动为例，说明余热发电机组的起动及试发电过程。

（1）系统的检查及准备步骤如下：

1）汽水系统的检查

① 主蒸汽管路及背压排汽管路上电动主隔离阀进行手动和电动开关检查；关闭主蒸汽管路及背压排气管路上电动主隔离阀、主汽阀，开启直放疏水阀、向空排气阀、汽缸疏水阀和防腐阀。在起动时，汽、水可能进入汽缸的阀门都应关闭。

② 蒸汽、排气管路应处于自由膨胀、不受任何阻碍的状态。在冷态下测量汽轮机本体、管道上支吊架位置、弹簧安装高度及膨胀间隙等数据，并详细记录。

③ 关闭通往本体的汽封管路、汽封抽气器或抽气器、辅助抽气器及气轮油泵的蒸汽阀门，开启疏水阀门；向调压器的脉冲管冷却器灌水；起动循环泵，进行发电机灭火装置、空气冷却器及冷油器的通水试验，并检查水流情况和其严密性。

2）油系统的检查

① 油管路及油系统所有设备应处于完好、准备起动状态，不得有任何漏油现象；油箱油位应在较高位置，应准备系统用油（同一牌号）的备用油，并试验油泵能否将油补入油系统之内。油位计的浮标应上下灵活，油箱中的积水和沉渣应预先清除干净。油箱上的盖板、排油气罩等应紧固牢固，油箱表面应清理干净无油污。油箱及冷油器的放油阀关闭应严密，并加铅封。

② 开启电动油泵入口闸阀和冷油器进出油阀，关闭备用冷油器进出油阀；冷油器进水阀应先关闭，出水阀一般处于开启状态。辅助油泵开启后，打开冷油器顶部闸阀，放掉油侧空气。为冲洗管路临时加装的滤网或堵板，在正式起动前必须拆除。

3）调节保安系统的检查

① 检查调速器和调速汽阀及连杆状况，螺钉、销子等装配齐全，部套内积存的空气应排出；在调速汽阀连杆上各传动部位加润滑油。

② 检查并校验同电气联络的信号盘和同步器的调速电机；超速指示器、主汽阀危急泄油闸阀及磁力断路油门均应在正常位置。磁力断路油门及其电磁阀的结构及保护原理见图5-8。

③ 轴向位移油喷嘴调整螺母刻度应在规定数值上；有防火油门装置的机组，其控制器按钮应在脱开位置。

4）滑销系统的检查　汽轮机能正常自由膨胀，在冷态下检查各膨胀间隙，并做好记录。

5）仪表、保护和信号装置的检查　热工控制部分和电气部分的所有仪表、保护和信号

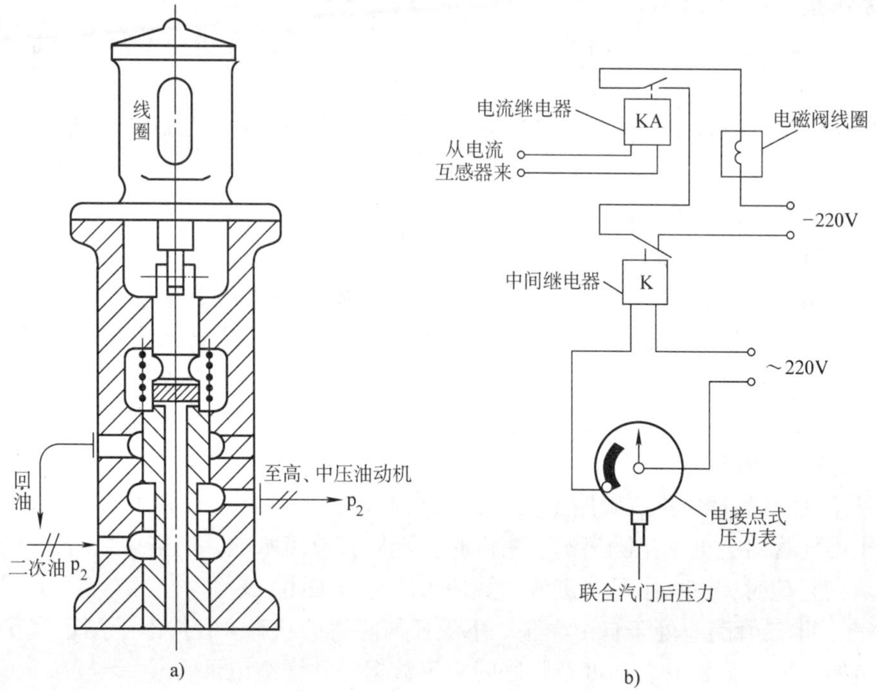

图5-8　电磁阀及电超速保护

a）电磁阀　b）保护接线

装置应显示正常，通往仪表的脉冲管路上的小阀门应处于开启状态。

6）有电动盘车装置的机组，在起动前，要对盘车装置进行试转检查。

上述检查合格后报告主持人，即可通知锅炉房送汽进行暖管，并记录送汽的时间。

7）检查发电机周围及内部清洁情况，并用0.2MPa的干燥压缩空气吹除电机各部分的灰尘；发电机的集电环、电刷、励磁机的整流子及电刷应清洁完整，电刷在刷握内能自由上下，间隙正常，弹簧压力适中。

8）用盘车装置盘车检查转子转动是否灵活，检查与汽轮机的联轴器或齿轮箱的连接是否正常，旋转方向是否与规定方向相符；检查发电机定子引出线及励磁机的接线是否正确；若为高压电机还应检查变压器的接线及对变压器本体、高压侧断路器进行检查，接线应正确牢固，设备符合运行要求。

9）检查励磁机侧轴承座下绝缘垫片应光洁，并用1000V绝缘电阻表测量绝缘电阻，不应小于0.5MΩ，装于转轴上的短路电刷应接触良好。

10）检查所有保护装置、信号系统、控制系统应动作正确；检查调速电动机的转向与调速开关的作用方向是否相符以及磁场变阻器指示是否在最大值位置。

11）检查发电机的冷却系统及水灭火装置是否正常；拆除临时接地线及其他临时设施并恢复正常位置。

上述检查全部合格后即向主持人报告，一切正常可以起动。

（2）第一阶段送汽暖管　将高压蒸汽送到隔离阀前，用蒸汽将主蒸汽管路和通往汽封、汽轮油泵和抽气器等处的蒸汽支管预热暖管，预热时且逐渐提高管道压力到0.2～0.3MPa，

30min 以后，按 0.1～0.15MPa/min 速度升到额定压力。

在预热暖管过程中，应检查管道及闸阀是否冒汽，严禁暖管时蒸汽漏入汽缸。当汽温达到 300℃时，适当关小主汽阀前直放疏水阀。在升压期间，应根据汽温上升情况，适当调整直放疏水阀，并检查管路膨胀和支吊架工作情况。管道压力升到额定汽压后，应再作一次检查，以防贻误。并与（1）中暖管前的检查记录比较，应无差别。

（3）调节保安系统的检查步骤如下：

1）起动汽动油泵，调整进汽阀，使蒸汽进入小汽轮机，预热约 3～5min，蒸汽压力在 0.3MPa 左右，同时疏水。然后逐渐开启汽动机泵进汽阀，低速暖机 10min 左右。

2）测听汽动油泵声音，当确认工作正常后，继续提升至额定转速，此时压力应为 0.8～1.2MPa，转速为 6000r/min，油泵出口油压稳定在 0.5MPa 左右，润滑油压应稳定在 0.08～0.12MPa 之间以满足开启主汽阀的需要。

3）检查油路系统，管道应无漏油现象。将电动油泵自动装置投入，并缓慢降低油压，试验自起动装置的动作性能。检查各轴承及润滑部位，均应有足够的油流通过。

4）将主汽阀开启 1/3，将危急遮断油门挂闸，分别使手动危急遮断器、轴向位移遮断器及磁力断路油门动作，并检查主气阀、调速气阀及抽气阀是否关闭迅速、阀杆有无阻卡现象。

5）以上检查正常后，将各保护装置挂闸，并接通主汽阀高压油路；将主汽阀和调速汽阀关闭，并使同步器摇至低限位置；将调压器的开关打到“断开”位置；检查调速系统静止试验和保安系统试验报告，必要时重新进行试验；在转子冲动前要检查轴承温度，一般不低于 25℃，否则启用油温加热器。

（4）第二阶段送汽温管步骤如下：

1）缓慢打开隔离阀的旁路阀，关闭防腐阀，然后按 0.1～0.15MPa/min 的速度将管道的压力升到额定压力，在升压过程中，要根据压力升高情况适当关小疏水阀，同时检查、记录管路膨胀和支吊架工作情况。管路压力升到额定压力后，要逐渐开大隔离阀，直至全开后再关回半圈，然后再关闭旁路阀。

2）主汽阀至调速汽阀之间的暖管一般和暖机同时进行工作，因此关闭蒸汽导管（指主汽阀至调速汽阀之间的管道）疏水管上的检查阀、疏水阀，开启调速汽阀蒸气室上的疏水阀。

（5）起动步骤如下：

1）冲动汽轮机转子前的检查

① 进入汽轮机及发电机各个轴承及转动部位的油流应正常，冷油器出口油温不应超过 40～45℃，且不得低于 25℃，油压控制在 0.4～0.45MPa 左右，润滑油压为 0.08～0.12MPa 之间。

② 盘车装置运转正常，开启润滑油进油阀。

③ 发电机应再次测量绝缘电阻，应正常，并做好起动准备，如检查总开关及馈电开关应在断开位置，电气仪表指示在零位，磁场电阻器在最大位置，温度指示仪表正常，油泵起动正常且油压正常，冷却泵已起动且运行正常，水温正常等。

2）冲动转子及升速：主持人得到各部位允许起动的报告后冲动转子前要再次询问各部位有无不妥，必要时所有的报告情况应使用录音电话。主持人得到各部位肯定的“一切正常、允许起动”的回答后，即可发出“各部注意、现在起动”的命令。

① 合上危急保安器、稍微开启主汽阀，冲动转子起动。转子一经冲动后应立即手拍危急保安器，关闭主汽阀，这时应在无进汽声及其他干扰下，用测听棒测听汽轮机内部及转动部分、发电机转子及定子间有无金属摩擦、撞击、扫膛等不正常声响，否则应立即停止起动进行检查。经几位有经验的人测听确定无异常声响后，应在转子停止转动以前，重新挂上危急保安器，缓慢开启主汽阀，将转速升至300~500r/min并维持5~10min，进行低速暖机预热。转子冲动时，应监视并记录汽轮机调节级后的蒸汽压力，如压力已达到冲动转子时所规定的额定数值（一般为正常蒸汽压力的10%~15%），而转子仍未转动，则必须停止汽轮机的冲动，排除故障后才能重新起动。冲动转子后注意检查盘车装置是否自动脱开。

此时应关闭主汽阀前后和汽水分离器下的疏水阀，并对机组的轴承、油流、发电机、励磁机等进行检查，如无异常即可升速到800r/min，暖机预热20~30min，此时应对机组进行全面详细的检查和测试，特别要注意轴承的温升、声响、振动及各部的膨胀情况。当轴承进口油温高于45℃时，应停止油温加热器的工作，使冷油器投入运行，并使冷油器出口油温保持在35~45℃之间。

② 机组一切正常，可缓慢加大主汽阀的开度，将转速升至1400r/min，维持20min，再次检查上述项目，如无异常，且轴承进口油温达到30℃以上，即可越过临界转速1885r/min（额定转速为3000r/min）。这时因蒸汽量增加较快，汽缸及转子各部件温差较大，因此通过临界转速后应在一个较合适转速上维持一段时间，即高速暖机预热，减小温差和应力。一般在小于2000r/min时，维持10~20min，然后以300r/min的速度，将转速升到调速器动作数值，一般为2700~2800r/min左右。

在上述升速时应注意以下几点：

a. 当机组发生不正常的声响、振动或温度超过允许值时，应减速或停机进行检查，解除故障。

b. 检查油系统的油温、油压、油流、油位等，均应正常。

c. 当机组膨胀有显著变化时，应立即停止升速，进行检查并消除。

d. 当转速升到汽轮机调速系统开始动作时，应维持主气门原有开度，并注意调速器投入情况。此时，除第一只调速汽阀在略开的位置维持空转外，其余各阀均应在关闭位置。主油泵出口油压达到0.55MPa时，汽轮油泵应通过自动装置自动停止。

3）全速运转：上述运行正常后，即可逐渐开大主汽阀，开足后将手轮关回半圈，这时调整同步器，使转速维持在额定转速3000r/min上，此时对机组进行全面的检查，检查汽轮机、发电机和励磁机的运行情况。这时机组主油泵进出口油压之差应为0.6MPa左右；脉冲油压与主油泵进口油压之差应为0.3MPa左右，润滑油压为0.08~0.12MPa；轴承油温、油流正常；测量每个轴承三个方向上（垂直、水平、横向）的振动数值，均应小于0.05mm。将检查、运行情况及达到全速时间记录在“运行试车记录”上。如果油压不正常，必须先调整油压，然后才能作其他调整工作。

① 校验排气管道的安全装置（脉冲阀与安全阀的组合）一般是将背压排气管道上向空排气阀逐渐关小，以排汽温度升高不超过4℃/min的速度，使背压逐渐升高，这时动作压力应为1.44~1.46MPa，否则应及时调整。试验完后应将安全装置复位。

② 打开抽气器冷却水阀门，使水侧充水，缓开进汽阀，使汽封冒汽管有小量蒸汽冒出。

关闭蒸汽管路疏水阀、调节级后疏水阀和背压排汽管路上的疏水阀。

③ 调速保安系统试验：

a. 手拍危急遮断油门（二次），将主汽阀、抽汽阀及调速汽阀迅速严密关闭。

b. 试验轴向位移遮断器（二次），测取“位移—油压”曲线。

c. 试验磁力断路油门。

d. 在两个方向旋转同步器手轮，转速能平稳上升和下降。

e. 危急遮断器自动试验，动作转速一般为3300～3600r/min，如拒绝动作，应立即手拍危急遮断器，停机调整，试验合格后应将紧固螺钉铆死。危急遮断器动作后，应将主汽阀手轮迅速旋转到底，当转速下降到3000r/min时，可将危急遮断器油门重新挂上，再开主汽门，恢复额定转速。

f. 汽轮机进行调速系统空负荷静态特性试验。

④ 发电机进行开机试验。如果条件允许，应将发电机与电网并列一下，目的是发现更多的问题（包括汽轮机），然后停机处理，并做好机组72h试运行的准备工作。

（6）试发电操作　汽轮机及发电机空转正常后，即可进行试发电。实际上汽轮机一经冲动运转，发电机即由剩磁建立了电压，因此在整个汽轮机起动的过程中，电气人员要密切注意发电机空转的情况，各部的声响、轴温、油温、振动、集电环电刷、各部温度及冷却器的水门是否正常。

当汽轮机达到额定转速且正常运转后，电气控制室接到汽机人员的“汽机正常、可以并列”的信号时，如已准备齐备，即可回复“准备完毕、立即投励”的信号，这时电气人员应进行以下的开机操作：

1）合上发电机出线总开关合闸回路的小断路器或装好熔丝，合上发电机操作电源的小断路器或装好熔丝，并将馈电柜上所有分路的隔离开关、负荷开关拉掉。

2）合上发电机励磁开关，缓慢调节磁场变阻器，将电压升至额定值，并检查有无零序电压。

3）合上发电机的同期开关，并将同期表转换开关打在“粗调”位置，然后调整发电机的转速和电压使之与系统的频率、电压相等，再将同期表转换开关打在“细调”位置，经调节到同期时合上发电机出线总开关，将发电机输出电压送到母线上。这里要注意，无论并网或不并网都应按并网操作，以免发生误操作。

4）升压过程中应注意的事项如下：

① 发电机三相电压应平衡相等，高压机组可在电压互感器开口三角形上接电压表测试；同时电压应相对稳定。

② 发电机三相电流应为零，如有电流，说明定子回路或二次回路接线有误，如电能表的电流、电压线圈反接等。

③ 核对发电机的空载特性，应与厂家提供的数据相符，否则转子绕组有层间短路或磁场中心偏移等。

④ 电压升至额定值后三相电压的频率是基本稳定的，一般应为（50±0.1）Hz，否则说明汽轮机的转速不稳定或气压不稳以至转子不均衡等。

⑤ 汽轮机、发电机的振动应符合要求。

⑥ 其他有关事项可参阅本章第一节柴油发电机组。

（7）发电机负荷运行及负荷调整　发电机空载运行正常后，并网或不并网即可按规定带负荷运行。有功负荷增加的速度应按发电机容量的大小，冷热状态的不同而定。我们规定发电机定子绕组或铁心的温度在其额定值的50%及以上时，发电机即处于热态（一般为60℃），低于额定值的50%时，发电机即处于冷态。

1）汽轮发电机在冷态并入电网或不并网时，即可带50%的额定负荷，从50%～100%额定负荷的速度应按运行情况增加，一般是使发电机进入热态以后即可一一增加。

2）在热态或事故（指其他机组或电网故障影响用电的事故）时，不受限制即可带至额定负荷运行。

发电机的负荷运行，通常按发电机的额定电流来衡量，因此负荷运行时要密切注意发电机的三相电流。这时即可将馈电屏的开关合上，把电流送到用电系统中去，通过负荷的增减控制发电机的电流。

3）发电机有功负荷的调整主要是调整汽轮机的进气量。发电机输出功率在$\delta=90°$时最大，其中δ指发电机定子磁场与转子磁场中心线的夹角，因此进气门的开度不是随意的，而是应使转子加速在$\delta\leqslant 90°$的范围内，否则，$\delta>90°$的发电机将失步运行，发电机的功率会下降，并进入不稳定区运行。

发电机无功负荷的调整主要是调整发电机的励磁电流。励磁电流大，感性负载重，发电机端电压低；为了维持端电压为额定电压，就要增加励磁电流，这样无功功率增加，使定子与转子磁极间的磁拉力增大，发电机运行稳定。但是，当发电机端电压较高时，励磁电流的减小会影响发电的稳定运行，因此我们规定了发电机的功率因数不超过滞后0.95，也就是保证无功与有功的比值为1/3。当系统装有自动电压校正器时，必要时可在$\cos\varphi=1$上运行，并允许短时间在超前0.95～1.0的范围内运行。

因此，试运行中监视功率因数表是很必要的，上述两点在机组试运行中要引起注意。

（8）发电机试运行中机电联系信号的使用　汽轮发电机组的车间内噪声较大，在试车运行中，应用电话或布话机联系并用规定机电联系的信号、通常由汽机值班员和电控值班员互相联系，值班员接到对方发来的信号后应立即复诵一遍，然后无条件执行。任何操作的执行必须由两个人进行，其中一人作为监护。

（9）机组的停机操作　电气方得到停机命令后应进行下列操作：

1）回复停机信号；

2）停用强励及自动电压校正器；

3）逐渐降低发电机有功、无功负荷至零；

4）拉开发电机总出线开关；

5）将磁场变阻器返回至最大值位置；

6）关断励磁开关；

7）关闭同期开关并将其调至粗调位置；

8）关闭操作电源小断路器或取下熔丝；

9）关闭总开关合闸回路小断路器或取下熔丝。

汽机方得到电气方回复的停机信号后，如正常停车，则应进行下列准备工作。

与锅炉车间联络、检查主汽阀阀杆，校验汽动油泵，检查盘车装置，逐渐减小负荷，用同步器将负荷降到零，减负荷速度如下：

1）100%负荷→25%负荷的速度为10%负荷/min；

2）25%负荷→0的速度为5%负荷/min；

3）共计10min。

然后进行下列操作：

1）手拍危急油门，将主汽阀关严，检查转速是否下降，开启汽缸、蒸汽和抽油管道上的疏水阀；

2）关闭背压管道电动主闸阀，打开对空排汽门，停汽封加热器；关闭主蒸汽管路上电动主闸阀（隔离阀），开启防腐阀及有关疏水阀门。

在停机降速的过程中要注意以下事项：

① 严密注意汽轮机油泵是否自动投入运行，否则应手动开启，维持润滑系统油压不低于0.04MPa，当油压低于0.04～0.05MPa时，电动机泵应自动起动。

② 停机时，转子惯性转动时间约为15～18min，应注意测听汽轮机、发电机、励磁机内部及轴承部位的声响，注意轴承、机座的振动情况。

③ 停机后，辅助油泵需继续运行2～3h，以冷却轴承。

④ 当冷油器出口温度降至35℃以下时，可停用冷油器。

⑤ 转子停止后，为了使下次起动顺利，应利用盘车装置盘车，每次起动盘车装置前必须注意先起动辅助油泵，盘车使用时间表见表5-10。

表5-10　盘车使用时间表

转子静止后时间	盘车时间间隔	盘车度数
2h内	每15min盘车一次	180°
2～8h	每30min盘车一次	180°
8～12h	每60min盘车一次	180°

⑥ 停机后应检查所有的电气开关、汽水阀门，应恢复起动前的正常状态。

⑦ 停机后应注意观察仪表盘上各部位温度情况。

⑧ 总结前段试车情况。

3. 余热发电机组试运行的监护

（1）汽轮机的运行监护

1）主汽阀前蒸汽参数应保持在规定范围内，以保持汽轮机组在最佳经济状态下运行，见表5-11，应及时调整各项运行指标，保持机组处于最佳状态。

2）汽轮机在运行中，各轴承进油温度应保持在35～45℃之间，温升一般不超过10～15℃。

3）经常监视各指示仪表，至少每60min抄表一次，示值应在正常范围之内。定期维护保养仪表，并进行校验或加表油。

4）定时对机组进行巡视检查，重点是转速、监视段压力、各轴承的油温、油流和振动情况以及汽、水、油系统的严密情况。

表5-11 主汽阀前蒸汽参数

额定参数	变化范围
3.5MPa（绝）	3.45～3.55MPa（绝）
435℃	430～440℃
2.9MPa（绝）	2.85～2.95MPa（绝）
400℃	395～405℃

5）定时检查油箱油位及油路系统，保持滤网清洁畅通，注意及时调整轴封蒸汽压力。监视汽动油泵运行情况，以严防漏汽到油系统内使油质恶化。定期化验油质。

6）检查调速汽阀开关情况，防止阀杆卡涩，检查主汽阀等重要阀门的阀杆有无卡涩咬死现象，一般在小负荷时进行。

7）调节系统传动连杆活节处、滚轮处及传动部位应加润滑油。

8）汽轮油泵自起动装置应随时处于准备起动状态。

9）油系统的滤网、冷却水滤水器的滤网要经常保持清洁畅通，定期或不定期检查清理。

10）定时对汽轮机进行测听和检查，特别是负荷显著变化时、主蒸汽压力和温度有较大变化时、轴向位移增加时、有异常声响时、运行方式改变时更要注意。

11）保持设备清洁，通过巡检和擦拭设备发现不正常现象。

（2）发电机组的运行监护

1）定时巡视发电机、励磁机运行情况 测听各部声响，有无过热或火花，振动是否超标，注意仪表运行情况，至少每60min记录一次。

2）温度的监测 主要有定子线圈温度和转子线圈温度，可参考电动机线圈温度，见表4-1；进出风温度，见表5-12；轴承温度，一般在60℃左右，进油温度一般在35～45℃之间。

表5-12 发电机进出风温度 （单位:℃）

额定温度	最低允许进风温度	最高允许进风温度	进出风温升最高允许值	两侧进风温差最高允许值
35～40	0～20 以不凝结 （水珠为准）	50	25	3

3）负荷（电流）的监测：在正常情况下，发电机不允许过负荷运行，当进风温度低于额定进风温度每1℃时，允许定子电流升高0.5%额定电流，此时转子电流亦允许相应增加。一般机组把进口温度规定在10℃之内。

在特殊情况下允许短时超过额定电流的20%，时间为15min；或15%，时间为60min。

当发电机进风温度高于额定值时，应按规定降低输出电流，其数值一般不超过表5-13的规定。

表5-13 发电机进风温度与定子电流的关系

规定值	进风温度每高于额定值1℃时所降电流率			
温度/℃	35～40	40～45	45～50	50以上
下降率（%）	1	1.5	2	3

在事故情况下允许短时过负荷运行，应加强进出风温度、力率、频率、电压的监视，允许过负荷的数值和时间应按表5-14的规定执行。

表5-14　发电机过负荷数值与时间的关系

定子电流对额定电流的比值	1.1	1.12	1.15	1.2	1.25	1.3	1.4	1.5	2
允许时间/min	60	30	15	6	5	4	3	2	1

4）电压的监测：当电压在额定值的±5%范围内变化时是允许长期运行而不降低输出功率。电压变化而引起电流变化的关系见表5-15。电压、电流的监测除上述内容外，应根据负载的情况尽力保持三相的平衡。

表5-15　发电机定子电压与电流的关系

额定线电压（%）	110	109	108	107	106	105	100	95	90	85
额定电流（%）	84	86.5	88.5	91	93	95	100	105	105	105

5）频率的监测：频率应在50Hz左右，一般不超过±0.2Hz，最大不超过±0.5Hz，否则应与电网解列。

6）绝缘电阻的监测：定子回路和励磁回路的绝缘电阻应在安装前后、开机前、停机后测量。对运行中的励磁回路的绝缘电阻R应每8h测算一次，数值来自控制屏励磁电压表和电压切换开关读出对地的电压数值，按下式求出：

$$R = R_v\left(\frac{U}{U_1 + U_2} - 1\right) \times 10^{-6} \quad (5\text{-}1)$$

式中　R——励磁回路的绝缘电阻（MΩ）；

U——励磁机端电压（V）；

U_1——正极对地电压（V）；

U_2——负极对地电压（V）；

R_v——电压表内阻（Ω）。

U_1和U_2均为零，说明绝缘良好无接地，当$U_1 + U_2 = U$时，说明励磁回路有一点接地，应投入转子两点保护接地，查明原因予以清除。

7）功率因数的监测　发电机的功率因数一般为0.80，为保证运行的稳定性，最大不超过滞后0.95，在装有自动调整励磁装置时，可在1.0时运行，特殊情况允许短时在超前0.95~1.0运行，这时要特别注意防止振荡和失步。

发电机组运行中主要的监视项目与电动机、变压器基本相同，即温升和声响，此外还应注意振动情况，一般不超过0.07mm。

4. 余热发电机组试运行中故障的处理

（1）汽轮机的故障处理

1）当有下列任一情况发生时，且无法改变和恢复汽轮机正常工作时，应发出故障报警信号并立即故障停机：

① 汽轮机转速上升到3360r/min且危急遮断器不动作时；

② 汽轮机轴承强烈振动，超过0.07mm时；

③ 主油泵发生故障，备用泵又不能投入时；

④ 调速系统作大幅度摆动且无法恢复；调速油压和润滑油压不能满足正常运行时；

⑤ 转子轴向位移超过0.7mm，而轴向位移遮断器不动作时；

⑥ 轴承油温超过70℃或轴承内冒烟；

⑦ 油系统着火且不能很快扑灭时；

⑧ 油箱油位突然下降至下限以下时；

⑨ 发生水冲击时；

⑩ 汽轮机内部有不正常声响或有燃烧焦糊味时；

⑪ 主蒸汽管或背压排气管道破裂时；

⑫ 背压升高到1.46~1.47MPa而安全阀不动作时；

⑬ 机组功率超过额定值而采取措施无效时；

⑭ 主汽阀或调节汽阀卡涩不能活动时；

⑮ 其他意外事故危及主机正常运行时。

2）主汽阀前蒸汽参数变化时应作以下处理：

① 主汽阀蒸汽压力超过3.55MPa，应通知锅炉车间迅速降压；当超过3.70MPa时，应关小隔离阀节流降压以保持主汽阀进气压力正常，如节流无效应立即故障停机。

② 主汽阀前温度达445~450℃时，应通知锅炉车间降温，当运行30min后仍未能降温时，应故障停机，并记录实际运行时间。

③ 主蒸汽阀前蒸汽压力低于3.2MPa或温度低于420℃，应适当减小机组负荷。

3）汽轮机组并网后，甩电负荷时，电负荷骤降到零，转速升高时的处理。

① 迅速监视功率表，确认电负荷已降至零位。

② 切断调压器，使汽轮机由调速器维持空负荷运行，并通知有关部门。

③ 当转速稳定后，将向空排气阀打开，关闭背压管道上的电动排气阀。

④ 检查推力轴承温度，检查机组有无异常声响和振动，并调整气封。

⑤ 检查发电机运行情况，电流、温升、振动、音响等。

⑥ 在电气部分恢复正常后，必须按照规定程序重新接带负荷。

⑦ 如甩负荷引起危急遮断器动作，除按规定程序操作外，还需重开（先关）主汽阀维持机组空负荷运行，对于调速系统动态不合格缺陷，应尽快解决。

4）机组并网后，甩热负荷时，将引起背压升高，安全阀动作的处理。

① 迅速检查功率表和蒸气流量指示，确认负荷已降到零。

② 将向空排气阀开启，关闭背压管道上的排气阀，切断调压器，此时安全阀应复位。

③ 检查轴承温度、检查机组有无异常声响及振动情况或其他异常，同时调整汽封。

④ 当供热部分恢复正常后，必须按照规定程序重带负荷运行。

背压机组在正常情况下，不允许在向空排汽方式下接带负荷运行，只有在危急情况下，才允许采用向空排汽带负荷运行，但此时要严格规定调节级后的极限运行压力，并严密监视。

（2）发电机组故障的处理

1）励磁机无剩磁：励磁机无剩磁，使发电机不能建立电压。一般应在第一次冲动汽轮机至1/3额定转速时，灭磁开关在断开位置，这时应用万用表测量励磁机的空载电压，一般为5V左右，且随着转速增加而增加，则说明励磁机有剩磁。此时若测无空载电压或在2V以下且不随转速增加，则说明无剩磁。此时应用6V蓄电池对励磁机励磁线圈进行充磁，恢复磁性。充磁时要注意极性，电池正极接励磁线圈正极，电池负极接励磁线圈负极，同时把励磁开关拉闸，充磁时间应按实际情况而定，一般不小于10s。如充磁后仍未能建立电压，应从以下几方面寻查原因。

① 检查励磁机出线连接是否正确，是否因为励磁线圈与电枢中间极线圈的出线连接接反，抵消剩磁。

② 检查励磁机励磁线圈回路是否断路，串联的电流表是否接好，电流表是否良好准确等。

③ 励磁机电刷与换向器接触是否良好，换向器表面是否不洁或电刷压力不够等。

④ 励磁机电刷不在正负磁极的几何中性位置上，使电枢反应的减磁作用而消磁等。

⑤ 励磁机正负极是否短路。

2）发电机中性点侧星形联结电流互感器相序接反：见图5-9a，这里要注意发电机差动保护电路中，中性点侧的电流互感器的相位及极性应与出线端的相位必须一致。

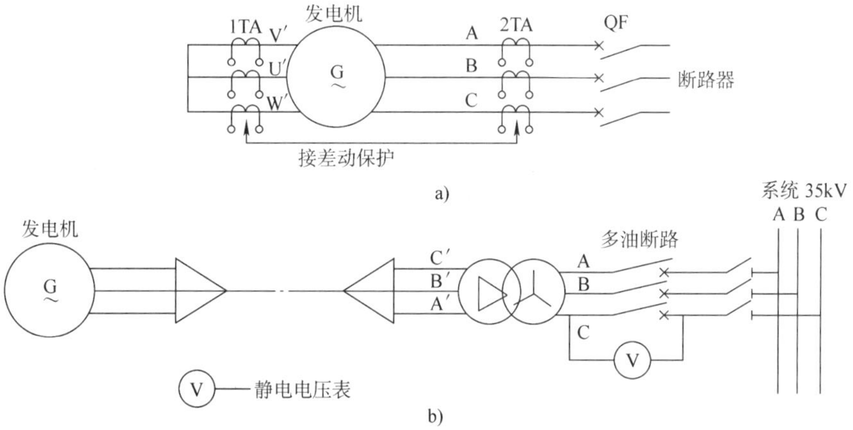

图5-9　相序接反

a）1TA相序接反　b）发电机出线相序接反

3）发电机—变压器组发电机侧一次相位接反发电机经变压器与系统并网时，发电机、变压器与系统的相序三者要对应一致，图5-9b是错误接线，发电机的相序要以制造厂标注的相序为准。

4）发电机主开关及励磁开关自动跳闸：事故特征是，表针指到最大或零位、继电器动作、有关保护掉牌，强励装置动作、发电机负荷降到零位，开关指示红灯熄灭，绿灯闪光，音响报警信号动作，锅炉安全阀可能动作等。这时应先解除灯光、音响信号，将发电机磁场电阻回至最大位置，停用自动装置，检查继电保护动作情况并按此相应处理。

① 低压闭锁过电流动作跳闸的处理：

发出“注意—解列”信号；

根据运行方式切换备用电源；

若事故是由于系统、母线或其他用电故障引起，则可在隔离故障点后（切除故障点）对发电机零起升压，正常后并网发电进入工作状态；

若由于其他故障应修复后重新投入运行。

② 差动或转子二点接地保护动作跳闸的处理：

发出“注意—停机”信号；

进行电源的切换工作；

对发电机本体及差动保护范围内的各部进行检查，并进行修复。

5）发电机的振荡和失步的处理：事故特征是，发电机定子电流表、功率表、电压表指针向两侧剧烈摆动，且电压下降；励磁电压电流表的指针在正常值附近摆动；发电机发出鸣叫声且与表针摆动节奏一致，强励磁装置可能间歇动作。若几台机组并列运行，其中失步机组的表针摆动幅度最大，方向与其他正常机组及系统联络线路相反。如果所有并列机组的表针与系统联络线路表针摆动方向一致，则说明系统中的其他部分失步。

① 发出“注意”信号；

② 根据表针摆动的幅度和方向判断是某台机组失步，还是系统失步；

③ 若某台机组失步而自动调整励磁装置未投入，应迅速调整磁场变阻器，尽可能地增加发电机的励磁电流，并降低有功负荷将失步机拉入同步；

④ 当自动调整励磁装置投入运行，应适当减小有功负荷使转子加速不致过大，以利进入同步；

⑤ 调整无效，且失步时间超过2min应将失步机解列，发出“解列”信号；

⑥ 如果为系统间失步，经过2min应考虑与系统解列运行。

6）发电机变成调相机运行的处理：事故特征是，发电机有功表突然指示为零以下；锅炉安全阀可能动作；无功表指示升高；定子电流表指示下降，转子回路表针正常。

① 当自动电压校正器未投入时，可调整磁场变阻器降低减小励磁电流无功功率到正常值；

② 发出“注意”信号；

③ 如系人为误操作碰击危急保安器或有关保护使主汽阀关闭，则即可恢复运行且接带负荷，不必解列。

7）发电机失去励磁的处理：事故特征是，转子电流为零或接近于零；转子电压可能升高或降低；定子电流显著增加并摆动；发电机有功和电压降低并摆动，与其并列的其他机组在自动电压校正器投入时无功自动止升；该机无功指示到负值，功率因数超前，汽轮机转速升高，发电机失去同期，表针摆动。

① 发出“注意”信号；

② 将失磁机组的强励及自动电压校正器切除；

③ 对于凸极式转子是不允许无励磁运行的，失磁后应立即与系列解列，发出“注意—解列”信号，故障排除后再并网运行；

④ 对于整体转子，失磁后应降低有功负荷，一般可带60%的负荷运行，运行时间不超过30min，消除后使其同步，不必解列，否则应停机检查。

8）发电机逆励磁的处理：事故特征是，励磁电流、电压表的指针均指向零以下，其他表针正常。发生在运行中时，发电机由失步到同步的过程中表针将剧烈摆动。

① 对于在开机并列前发生的逆励磁，可能是接线错误或电气试验反充磁等原因，改正后按图样要求进行充磁。

② 在运行中发生逆励磁时应先停用自动装置，将励磁电流、电压表的接线头调换一下，不必解列发电机，可在下次停机后将励磁机极性和表针接线正式接好。

9）发电机开机时电压不能升起的处理：事故特征是，发电机到额定转速后，合上励磁开关调节磁场变阻器时励磁电流表、电压表、发电机定子电压表都无指示。

① 检查励磁开关是否闭合良好；

② 检查励磁回路有无断线，接触是否良好，励磁机电刷位置是否正确并在两极电刷上测量有无电压；

③ 检查励磁机的励磁线圈极性是否与图样相符；

④ 如剩磁消失应充磁。

10）励磁系统两点接地的处理：运行中的发电机励磁系统发生一点接地时，励磁系统与地未形成回路，励磁回路仍正常，发电机可继续运行，但必须查出故障点并消除。在故障未消除前而又非下列情况时，应投入两点接地保护装置。

① 经查确为发电机转子外接连线发生一点接地。

② 经查确为励磁机的励磁绕组发生一点接地。

一般情况下总是在发生一点接地时即投入两点接地保护，如再有一点接地，保护就动作，特征是：

a. 发电机控制屏或信号屏发出“励磁回路两点接地”或“掉牌未复位”信号。

b. 有关表针指针摆动、发电机主开关和励磁开关跳闸，并有声光报警信号。

c. 故障切除前可能听到发电机内部有响声和机组振动。

③ 对于未装设转子两点接地保护的发电机，在发生两点接地时的特征是：

a. 转子电流增加，严重时骤增，电刷打火。

b. 励磁电压下降，严重时迅速下降。

c. 无功表指示下降，严重时变为负值，功率因数变为超前，电压校正器输出电流增加，有可能失步。

d. 发电机定子电流增加，定子电压下降。

e. 发电机发生强烈振动，内部可能有火花。

f. 与其并列的发电机无功上升（指有电压校正器时）。

④ 处理方法。

a. 对于有两点接地保护的发电机：

复归声光信号；

发出“注意—停机”信号；

切除自动装置并将磁场变阻调至最大位置；

停机后对发电机转子回路进行检查并消除故障。

b. 对于未装两点接地保护的发电机：

利用发电机励磁回路绝缘监察装置经常检查回路的绝缘电阻，发现问题隐患及时根除。

出现上述现象和特征后应与系统电网解列，停机检查并彻底消除。

5. 并网操作

汽轮发电机组试运行正常以后征得供电部门的允许即可进行并网操作。并网操作是一项重要而关键的技术，由于操作不当或时机掌握不准即会发生严重事故，短路电流可达20～30倍额定电流，定子转子线圈端部将严重变形，还可使机轴发生弯曲而损坏机组。容量较大的机组还会影响电力系统甚至构成重大事故。

（1）并网操作的必要条件　并网是在核相基础上进行，操作时必须具备下列四个条件：

1）待并发电机组的相序与运行电力系统的相序必须相同；

2）待并发电机组的三相电压的相位与运行电力系统三相电压的相位相同，允许相位差±15°电角；

3）待并发电机组的电压有效值与运行电力系统电压有效值相等，允许压差±5%额定值；

4）待并发电机组的频率与运行电力系统的频率相等，允许频率差±0.1Hz。

（2）并网操作的程序　见图5-10、图5-11。

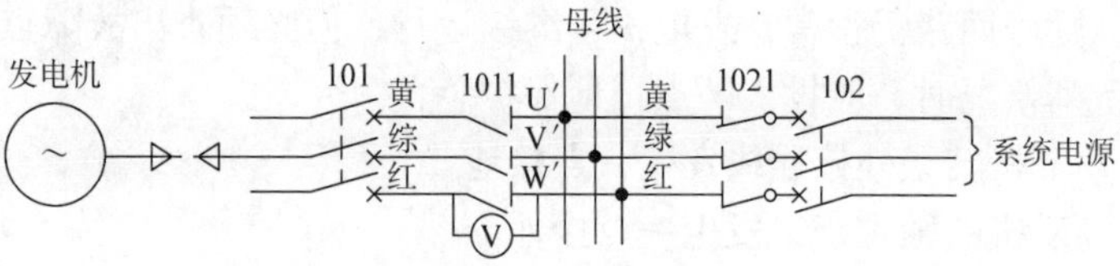

图5-10　发电机一次相位核对试验接线图
101—发电机断路器　1011—发电机隔离开关
V—静电电压表或核相棒　102—系统电源
断路器　1021—系统电源隔离开关

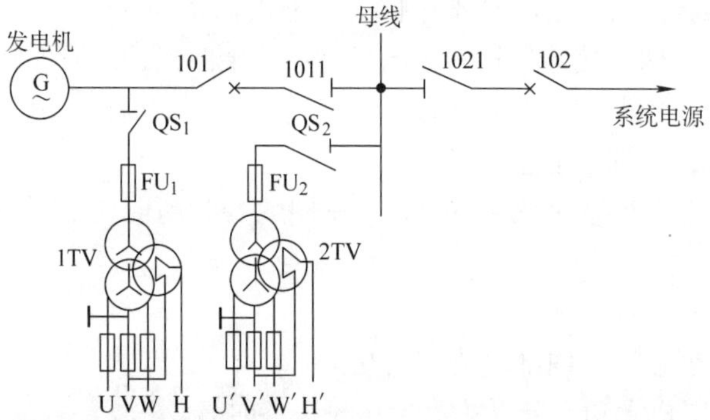

图5-11　发电机一次相位与二次同期电压回路核相试验接线图
101—发电机断路器　1011—发电机隔离开关　1021—系统电源隔离开关
1TV—发电机电压互感器　2TV—母线电压互感器　102—系统
电源断路器　QS_1—发电机电压互感器刀开关　QS_2—母线电
压互感器刀开关　FU_1—发电机电压互感器一次熔断器
FU_2—母线电压互感器一次熔断器

1）核实“发电机三相出线相位与系统电源相位是否一致及发电机一次相位相对应的二次同期电压回路是否正确”的核相资料记录，确认相序的一致。

2）用电话联系，向汽轮机发出“并列”的信号，同时将电力负荷减到最小限度，必要时可将负荷全部甩掉；汽轮机方应保持稳定的额定转速；并作好紧急停车的准备，机组人员进入并车状态工作；调节励磁的磁场变阻器手柄或旋钮应握在手内，双眼紧盯仪表盘，操作监护人已到位进入工作状态；锅炉出口汽压应稳定。

3）操作人员尽量将发电机的电压与系统电压调整一致，并掌握稳定一致时的持续时间，掌握规律。

4）操作人员尽量将发电机的频率与系统频率调整一致，同时掌握稳定一致时的持续时间，掌握规律。

5）观察发电机和电力系统的相位表，掌握相差在±10°（应小于允许误差）时的规律。

6）核校同步表的同期点，也就是发电机电压与系统电压差值达到最小时同期表指针的位置（同期点）防止接至同步表上的电压线相位接错。掌握到达同期点的规律，特别是即将到达同期点到同期点的时间间隔及规律。

7）当发电机和系统中的电压表、相位表、频率表的指针读数同时达到允许并列值时且同期表的指针向同期点偏移即将到达同期点时（这里要注意一定是还没有达到同期点只差一点时）即可操作合闸回路，使101#断路器合闸，发电机即可安全进入并列运行。

（3）并列操作的注意事项如下：

1）同期并列时发电机侧和系统侧使用的电工仪表（电压表、频率表、相位表、同期表）应检定合格，精度一般应在0.5级以内，且接线正确无误，牢固可靠，必要时应有两套仪表。一套是同期盘上的固定仪表，一套是临时配接的同期仪表（一般由供电部门提供）。

2）同期并列前应彻底检查所有二次接线，必须保证正确无误。

3）同期并列时应有供电部门的技术人员参加，必要时要邀请有并列经验的人员参加。

4）同期并列时，锅炉、汽轮机、发电机及其附属配套设备应运行正常，且进入并列投切状态。

5）并列运行的低压配电室送电与动力电路一样，应有组织方案或计划、安全防护措施、技术交底、通信联络、消防设施，见第四章相关内容。

四、风力发电机组

风力发电机组涉及的技术领域很宽，特别是风速控制系统、自动控制系统、传感器变换系统等内容已远远地超出了电气工程及自动化工程安装调试、运行测试的内容。

这里只说明一下测试、调试、试运行方面的运行控制要求、控制及安全系统安全运行技术要求、控制与安全系统技术要求及常见故障处理等内容。

风力发电机组全部安装完毕并调整试验后，只要风力、集电线路和升压站的条件满足运行即可发电运行。一般条件下，风力发电厂都是单机安装完毕后即可发电，因为它只涉及机组本身的条件，除风力外与外界无关，这与水力、火力、核动力发电大不相同。风力发电机组试发电运行，主要满足以下要求。

（一）运行控制要求

1. 机组控制系统和机组保护系统

机组控制系统主要控制功率极限、风叶转速、电气负载、起动停机过程，电网或负载丢失时的停机、纽缆限制、机头对风迎风、运时电量及温度等。

机组保护系统主要是当控制失效、出现故障、危机状况机组非正常运行时、超载、超速、振动、脱网停机失败等，机组保护系统动作保证机组安全停机待修。同时，系统有防雷系统，主电路和控制电路分别进行防雷保护。控制线路中每一电源和信号输入端均设有防高压元件，主控柜设有良好的接地并提供简单而有效的疏雷通道。

2. 自动运行的控制要求

(1) 开机并网控制　当风速10min平均值在系统工作区域内，机械闸松开，叶尖复位，风力作用于风轮旋转平面上，风力发电机组慢慢起动，当发电机转速大于20%的额定转速持续5min，转速仍达不到60%额定转速，发电机进入电网软拖动状态，当转速达到软切转速时，风力发电机组进入软切入状态；当转速升到发电机同步转速时，旁路主接触器动作，机组并入电网运行。软切入控制方式是全自动的，见图5-12。

主开关合上后，风力发电机组控制器准备自动动作。初始化—检查控制程序—微控制器硬件和外设—传感器来的脉冲及比较所选的操作参数，备份系统工作表，接着就正式起动。起动的第一秒钟内，先检查电网、设置各个计数器、输出机构初始工作状态及晶闸管的开通角。正常后，风力发电机组开始自动运行。用于风轮的叶尖本来是90°，现在恢复为0°，风轮开始转动。计算机开始时刻监测各个参数、输入，判断是否可以并网，判断参数是否超过极限、执行偏航、相位补偿、机械制动或空气制动。其中相位补偿的作用在于使功率因数保持在0.95~0.99之间。控制系统工作原理流程框图见图5-12。

(2) 小风和逆功率脱网　小风和逆功率停机是将风力发电机组停在待风状态，当10min平均风速小于小风脱网风速或发电机输出功率负到一定值后，风力发电机组不允许长期在电网运行，必须脱网，处于自由状态，风力发电机组靠自身的摩擦阻力缓慢停机，进入待风状态。当风速上升，风力发电机组即可自动旋转起来，达到并网转速，风力发电机组又投入并网运行。

(3) 普通故障脱网停机　机组运行时发生参数越限、状态异常等普通故障后，风力发电机组进入普通停机程序，机组投入气动制动，软脱网，待低速轴转速低于一定值后，再抱机械闸，是由于内部因素产生的可恢复故障，计算机可自行处理，即可恢复正常开机。

(4) 紧急故障脱网停机　系统发生紧急故障如风力发电机组发生飞车、超速、振动及负载丢失等故障时，风力发电机组进入紧急停机程序，机组投入气动刹车的同时执行90°偏航控制，机舱旋转偏离主风向，转速达到一定限制后脱网，低速轴转速小于一定转速后，抱机械闸。

(5) 安全链动作停机　安全链动作停机指电控制系统软保护控制失败时，为安全起见所采取的硬性停机，即叶尖气动刹车、机械刹车和脱网同时动作，风力发电机组在几秒内停下来。

(6) 大风脱网控制　当风速10min平均值大于25m/s时，风力发电机组必须进行大风脱网停机。先投入气动刹车，同时偏航90°，等功率下降后脱网，20s后或者低速轴转速小于一定值时，抱机械闸，风力发电机组完全停止。当风速回到工作风速区后，风力发电机组开始恢复自动对风，待转速上升后，风力发电机组又重新开始自动并网运行。

(7) 对风控制　风力发电机组在工作风速区时，应根据机舱的控制灵敏度，确定每次偏航的调整角度。一般是按偏离的程度和风向传感器的灵敏度，及时调整机舱偏左和偏右的角度。

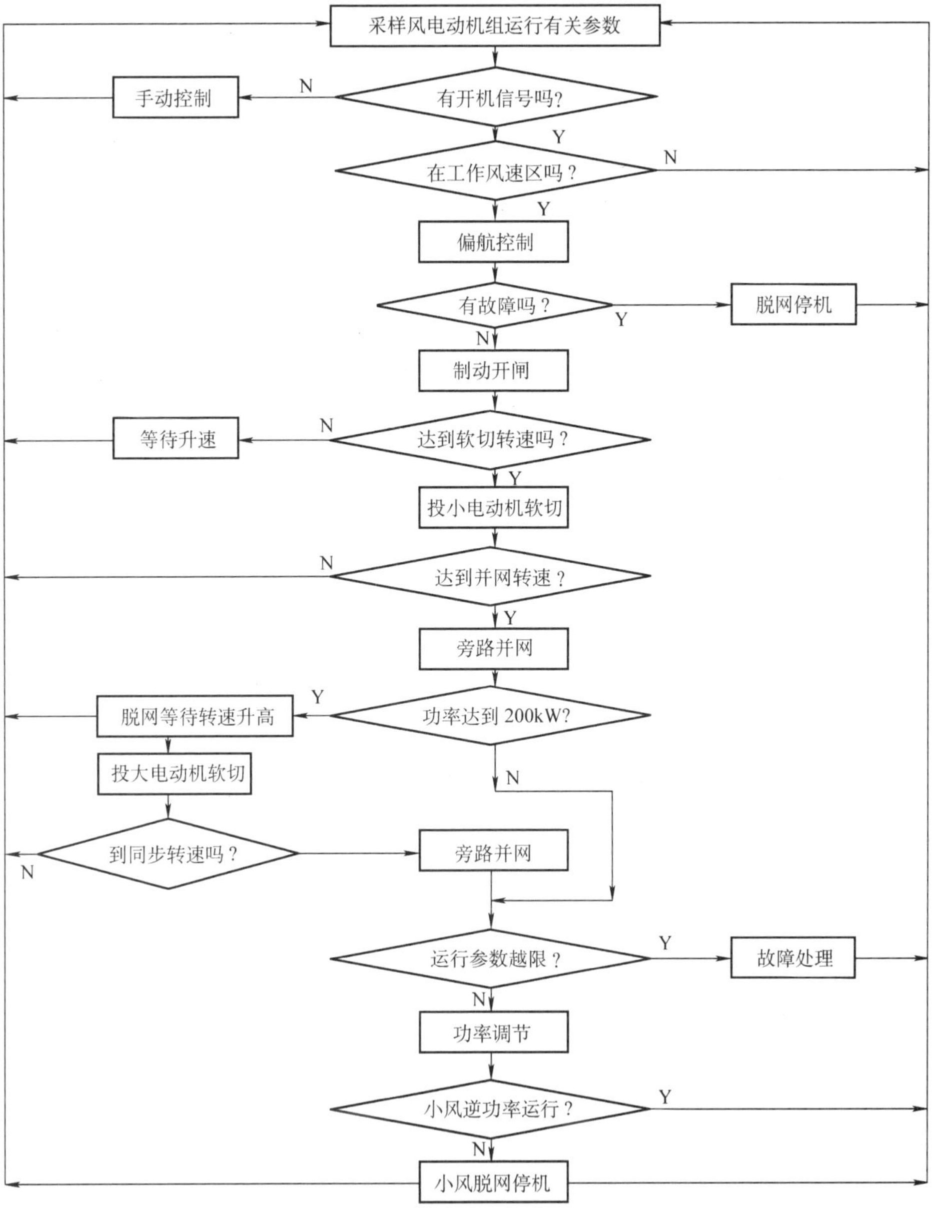

图5-12　控制系统工作流程图

（8）偏转90°对风控制　当10min平均风速大于25m/s或风力发电机组转速大于转速超速上限时，风力发电机组作偏转90°控制，同时投入气动制动，脱网，转速降下来后，抱机械闸停机。

（9）功率调节　风力发电机组在额定风速以上并网运行时，发电机的功率不会超过额定功率的15%。一旦发生过载，必须脱网停机。

（10）软切入控制　风力发电机组在进入电网运行时，必须进行软切入控制，当机组脱离电网运行时，也必须软脱网控制。目的是通过不断监测机组的三相电流和发电机的运行状态，限制软切入装置，通过控制主回路晶闸管的导通角，以控制发电机的端电压，达到限制起动电流的目的。在发电机转速接近同步转速时，旁路接触器动作，将主回路晶闸管断开，软切入过程结束，软并网成功。

3. 控制保护要求

（1）主电路保护　变压器低压侧三相四线进线处设置低压配电低压断路器，以实现机组电气元件的维护操作安全和短路过载保护，发电机三相电缆线入口处也设有配电自动断路器，用来实现发电机的过电流、过载及短路保护。

（2）过电压、过电流保护　主电路计算机电源进线端、控制变压器进线端和有关伺服电动机进线端，均设置过电压、过电流保护措施。系统的整流电源、液压控制电源、稳压电源、控制电源一次侧、调向系统、液压系统、机械闸系统、补偿控制电容都设有过电流、过电压保护控制装置。

（3）防雷设施及熔丝　主避雷器与熔丝及合理可靠的接地线为系统主避雷保护，控制系统有专门的防雷保护装置。计算机电源及直流电源变压器一次侧及所有信号的输入端均设有相应的瞬时超电压和过电流保护装置。

（4）热继电保护　所有运转机构的发电机、电动机、各传动机构的过热、过载保护控制装置。

（5）接地保护　风力发电机组的零部件、传动装置、执行电动机、发电机、变压器、传感器、照明器具及其他电器的金属底座和外壳；电气设备的传动机构；塔架机舱配电装置的金属框架及金属门；配电、控制和保护用的盘（台、箱）的框架；交、直流电力电缆的接线盒和终端盒金属外壳及电缆的金属保护层和穿线的钢管；电流互感器和电压互感器的二次线圈；避雷器、保护间隙和电容器的底座、非金属护套信号线的1或2根屏蔽芯线等；上述均可靠接地。

（二）控制及安全系统安全运行的技术要求

控制与安全系统是风力发电机组安全运行的大脑指挥中心，控制系统的安全运行就是保证了机组安全运行。

风力发电机组在起停过程中，机组各部件将受到剧烈的机械应力的变化，其中起决定因素是风速变化引起的转速的变化。所以转速的控制是机组安全运行的关键。

1. 控制系统安全运行的必备条件

1）风力发电机组开关出线侧相序必须与并网电网相序一致，电压标称值相等，三相电压平衡。

2）风力发电机组安全链系统硬件运行正常。

3）调向系统处于正常状态，风速仪和风向标处于正常运行的状态。

4）制动和控制系统液压装置的油压、油温和油位在规定范围内。

5）齿轮箱油位和油温在正常范围。

6）各项保护装置均在正常位置，且保护值均与批准设定的值相符。

7）各控制电源处于接通位置。

8）监控系统显示正常运行状态。

9）在寒冷和潮湿地区，停止运行一个月以上的风力发电机组再投入运行前应检查绝缘，合格后才允许起动。

10）经维修的风力发电机组控制系统在投入起动前，应办理工作票终结手续。工作票的内容详见《电工安全技术365问》一书，机械工业出版社出版，白公主编。

2. 风力发电机组工作参数的安全运行范围

（1）风速　自然界风的变化是随机的、没有规律的，当风速在3～25m/s的规定工作范围时，只对风力发电机组的发电有影响，当风速变化率较大且风速超过25m/s以上时，则对机组的安全性产生威胁。

（2）转速　风力发电机组的风轮转速通常低于40r/min，发电机的最高转速不超过额定转速的20%，当风力发电机组超速时，对机组的安全性产生严重威胁。

（3）功率　额定风速以下时，不作功率调节控制，只有在额定风速以上应作限制最大功率的控制，通常运行安全最大功率不允许超过设计值20%。

（4）温度　运行中风力发电机组的各部件运转将会引起温升，通常控制器环境温度应为0～30℃，齿轮箱油温小于120℃，发电机温度小于150℃，传动等环节温度小于70℃。

（5）电压　发电电压允许的范围为设计值的10%，当瞬间值超过额定值的30%时，视为系统故障。

（6）频率　机组的发电频率应限制在50Hz±1Hz，否则视为系统故障。

（7）压力　机组的许多执行机构由液压执行机构完成，所以各液压站系统的压力必须监控，由压力开关设计额定值确定，一般低于100MPa。

3. 系统的接地保护安全要求

1）配电设备接地　变压器、开关设备和互感器外壳、配电柜、控制保护盘，金属构架、防雷设施及电缆头等设备必须接地。

2）塔筒与地基接地装置，接地体应水平敷设。塔内和地基的角钢基础及支架要用截面25mm×4mm的扁钢相连做接地干线，塔筒做一组，地基做一组，两者焊接相连形成接地网。

3）接地网形式以闭合型为好。当接地电阻不满足要求时，引入外部接地体。

4）接地体的外缘应闭合，外缘各角要做成圆弧形，其半径不宜小于均压带间距的一半，埋设深度应不小于0.6m，并敷设水平均压带。

5）变压器中线点的工作接地和保护地线，要分别与人工接地网连接。

6）避雷线宜设单独的接地装置。

7）整个接地网的接地电阻必须保证小于4Ω。

8）电缆线路的接地。

9）电缆在地下敷设，两端部应接地。

（三）控制与安全系统技术要求

1. 安全守则

详见《电工安全技术365问》一书，机械工业出版社出版，白公主编。

1）维修前机组必须完全停止下来，各维修工作按安全操作规程进行。

2）工作前检查所有维修用设备仪器，严禁使用不符合安全要求的设备和工具。

3）各电器设备和线路的绝缘必须良好，非电工不准拆装电器设备和线路。

4）严格按设计要求进行控制系统硬件和线路安装，全面进行安全检查。

5）电压、电流、断流容量、操作次数、温度等运行参数应符合要求。

6）设备安装好后，试运转合闸前，必须对设备及接线仔细检查，确认无问题时方可合闸。

7）操作刀开关和电气分合开关时，必须戴绝缘手套，并要设专门人员监护。电动机、执行机构进行实验或试运行时，也应有专人负责监视，不得随意离开。如发现异常声音或气味时，应立即停止机器切断电源进行检查修理。

8）安装发电机时，必须检查绝缘电阻是否合格，转动是否灵活，零部件是否齐全，同时必须安装接地线。

9）拖拉电缆应在停电情况下进行，若因工作需要不能停电时，应先检查电缆有无破裂之处，确认完好后，带好绝缘手套才能拖拉。

10）带熔断器的开关，其熔丝应与负载电流匹配，更换熔丝必须先拉开刀开关。

11）电器元件应垂直安装，一般倾斜不超过5°，应使螺栓固定在支持物上，不得采用焊接，安装位置应便于操作，手柄与周围建筑物间应保持一定距离，不易被碰坏。

12）低压电器的金属外壳或金属支架必须接地（或接零），电器的裸露部分应加防护罩，双头刀开关的分合闸位置上应有防止自动合闸的位置。

2. 运行前的检查和试验要求

1）控制器内是否清洁，无垢，所安装的电器其型号、规格是否与图样相符，电器元件安装是否牢靠。

2）刀开关、组合开关、断路器等，不应有卡住或用力过大的现象。

3）刀开关、断路器、熔断器等各部分应接触良好。

4）电器的辅助触点的通断是否可靠，断路器等主要电器的通断是否符合要求。

5）二次回路的接线是否符合图样要求，线段要有编号，接线应牢固、整齐。

6）仪表与互感器的变比与接线极性是否正确。

7）母线连接是否良好，其支持绝缘子、夹持件等附件是否牢固可靠。

8）保护电器的整定值是否符合要求，熔断器的熔体规格是否正确，辅助电路各元件的节点是否符合要求。

9）保护接地系统是否符合技术要求，并应有明显标记。表计和继电器等二次元件的动作是否准确无误。

10）用绝缘电阻表测量绝缘电阻值是否符合要求，并按要求作耐压试验。

3. 控制与安全系统运行的检查

详见《电工安全技术365问》一书，机械工业出版社出版，白公主编。

1）保持柜内电器元件的干燥、清洁。

2）经常注意柜内各电器元件的动作顺序是否正确、可靠。

3）运行中特别注意柜中的开断元件及母线等是否有温升过高或过热、冒烟、异常的声音及不应有的放电等不正常现象，如发现异常，应及时停电检查，并排除故障，并避免事故的扩大。

4）对断开、闭合次数较多的断路器，应定期检查主触点表面的烧损情况，并进行维修。断路器每经过一次断路电流，应及时对其主触点等部位进行检查修理。

5）对主接触器，特别是动作频繁的系统，应及时检查主触点表面，当发现触点严重烧损时，应及时更换，不能继续使用。

6）定期检查接触器、断路器等电器的辅助触点及电器的触点，确保接触良好。定期检查电流继电器、时间继电器、速度继电器、压力继电器等整定值是否符合要求，并作定期整定，平时不应开盖检修。

7）定期检查各部位接线是否牢靠及所有紧固件有无松动现象。

8）定期检查装置的保护接地系统是否安全可靠。

9）经常检查按钮、操作键是否操作灵活，其接触点是否良好。

10）必须建立日、周、月、年巡视检查制度，并贯彻执行。

（四）常见故障处理

风力发电机组和其他电气设备一样，在安装、调试及试运行中易出现一些故障，其中电动机、变配电柜、线缆、照明、控制部分可参见第三章、第四章、第七章、第八章和第九章的相关内容。这里仅列出风力发电机组的一些故障及处理方法，供读者参考。

1. 机组常见故障

（1）绝缘电阻低　造成发电机绕组绝缘电阻低的可能原因有，电机温度过高，机械性损伤，潮湿、灰尘、导电微粒或其他污染物污染侵蚀电机绕组及机组先天不足等。

（2）振动、噪声大　造成发电机振动、噪声大的可能原因有转子系统（包括与发电机相连的变速箱齿轮、联轴器）动不平衡，转子笼条有断裂、开焊、假焊或缩孔，轴径不圆，轴弯曲、变形，齿轮箱——发电机系统轴线未对准，安装不紧固，基础不好或有共振，转子与定子相擦或风叶上挂有异物等。

（3）轴承过热、失效　造成发电机轴承过热、失效的可能原因有，不合适的润滑脂，润滑脂过多或过少，润滑脂失效，润滑脂不清洁，有异物进入滚道，轴电流电蚀滚道，轴承磨损，轴弯曲、变形。轴承套不圆或椭圆形变形，发电机底脚平面与相应的安装基础支撑平面不是自然的完整接触，发电机承受额外的轴向力和径向力，齿轮箱——发电机系统轴线未对准，轴的热膨胀不能释放，轴承跑外圈，轴承跑内圈或风上挂有异物、轴承先天不足等。

（4）绕组断路、短路接地　造成发电机绕组断路、短路接地的可能原因有绕组机械性拉断、损伤，小头子和极间连接线焊接不良，虚焊、假焊，电缆绝缘破损，接线头脱落，匝间短路，潮湿、灰尘、导电微粒或其他污染物污染、侵蚀绕组，相序反，长时间过载导致电机过热，绝缘老化开裂，其他电器元件的短路、故障引起的过电压、操作过电压、过电流而引起绕组局部绝缘损坏、短路，雷击损坏及机组先天不足等。

发电机故障后，首先必须先停机、脱网、仔细核查找出引起故障的原因和发生故障的部位，然后再采取相应的措施予以消除。必要时应由专业的发电机修理商或制造商修理。

2. 预防故障发生的方法措施

风力发电机组一般都是无人值机的，预防故障发生的根本办法有两条，一是把好设备、元件、材料、安装、调试关，二是建立完善的巡检制度且认真执行，三是建立周期检查制度并真正做到周期检修，做到预防为主、计划检修、应修必修、修必修好。

（1）机组常规巡检　为保证风力发电机组的可靠运行，提高设备利用率，在日常的运行维护工作中要建立日常登机巡检制度。维护人员应当根据机组运行维护手册的有关要求并结合机组运行的实际状况，有针对性地列出巡检标准及工作内容。如每2h检查内容，每班检查内容，每天检验内容，每周、每月、每半年、每年检查内容，具体方法参阅白公主编的《电工安全技术365问》相关巡检的内容。

（2）风力发电机组的日常故障检查处理如下：

1）标志机组有异常情况的报警信号时，要根据报警信号所提供的故障信息及故障发生时计算机记录的相关运行状态参数，分析查找故障的原因，并且根据当时的气象条件，采取正确的方法及时进行处理，并在《运行日志》上认真做好故障处理记录。

2）液压系统油位及齿轮箱油位偏低时，应检查液压系统及齿轮箱有无泄漏现象发生。若是，则根据实际情况采取适当防止泄漏措施，并补加油液，恢复到正常油位。在必要时应检查油位传感器的工作是否正常。

3）风力发电机组液压控制系统压力异常而自动停机时，应检查油泵工作是否正常。如油压异常，应检查液压泵电动机、液压管路、液压缸及有关阀体和压力开关，必要时应进一步检查液压泵本体工作是否正常，待故障排除后再恢复机组运行。

4）风速仪、风向标发生故障，即风力发电机组显示的输出功率与对应风速有偏差时，应检查风速仪、风向标转动是否灵活。如无异常现象，则进一步检查传感器及信号检测回路有无故障，如有故障予以排除。

5）风力发电机组在运行中发现有异常声响时，应查明声响部位。若为传动系统故障，应检查相关部位的温度及振动情况，分析具体原因，找出故障隐患，并做出相应处理。

6）风力发电机组在运行中发生设备和部件超过设定温度而自动停机时，即风力发电机组在运行中发电机温度、晶闸管温度、控制箱温度、齿轮箱温度、机械卡钳式制动器制动片温度等超过规定值而造成了自动保护停机。应结合风力发电机组当时的工况，通过检查冷却系统、制动片间隙、润滑油脂质量，相关信号检测回路等，查明温度上升的原因。待故障排除后，才能起动风力发电机组。

7）风力发电机组因偏航系统故障而造成自动停机时，应首先检查偏航系统电气回路、偏航电动机、偏航减速器以及偏航计数器和扭缆传感器的工作是否正常。必要时应检查偏航减速器润滑油油色及油位是否正常，借以判断减速器内部有无损坏。对于偏航齿圈传动的机型还应考虑检查传动齿轮的啮合间隙及齿面的润滑状况。此外，因扭缆传感器故障致使风力发电机组不能自动解缆的也应予以检查处理。待所有故障排除后再恢复起动风力发电机组。

8）风力发电机组转速超过限定值或振动超过允许振幅而自动停机时，即风力发电机组运行中，由于叶尖制动系统或变桨系统失灵，瞬时强阵风以及电网频率波动造成风力发电机组超速；由于传动系统故障、叶片状态异常等导致的机械不平衡、恶劣电气故障导致的风力发电机组振动超过极限值。以上情况的发生均会使风力发电机组故障停机。应检查超速、振动的原因，经检查处理并确认无误后，才允许重新起动风力发电机组。

9）风力发电机组桨距调节机构发生故障，对于不同的桨距调节形式，应根据故障信息检查确定故障原因，需要进入轮毂时应可靠锁定叶轮。在更换或调整桨距调节机构后应检查机构动作是否正确可靠，必要时应按照维护手册要求进行机构连接尺寸测量和功能测试。经检查确认无误后，才允许重新起动风力发电机组。

10）风力发电机组安全链回路动作而自动停机，应借助就地监控机提供的故障信息及有关信号指示灯的状态，查找导致安全链回路动作的故障环节，经检查处理并确认无误后，才允许重新起动风力发电机组。

11）风力发电机组运行中发生主断路器动作，应当目测检查主回路元器件外观及电缆接头处有无异常，在拉开箱变侧开关后应当测量发电机、主回路绝缘以及晶闸管是否正常。若无异常可重新试送电，借助就地监控机提供的有关故障信息进一步检查主断路器动作的原因。若有必要应考虑检查就地监控机跳闸信号回路及断路器自动跳闸机构是否正常，经检查处理并确认无误后，才允许重新起动风力发电机组。

12）风力发电机组运行中发生与电网有关故障，应当检查场区输变电设施是否正常。若无异常，风力发电机组在检测电网电压及频率正常后，可自动恢复运行。对于故障机组必要时可在断开风力发电机组主空气开关后，检查有关电量检测组件及回路是否正常，熔断器及过电压保护装置是否正常。若有必要应考虑进一步检查电容补偿装置和主接触器工作状态是否正常，经检查处理并确认无误后，才允许重新起动机组。

13）气象原因导致的机组过负荷或发电机、齿轮箱过热停机，叶片振动，过风速保护停机或低温保护停机等故障，如果风力发电机组自起动次数过于频繁，可根据现场实际情况决定风力发电机组是否继续投入运行，或先行停机处理。

14）风力发电机组运行中发生系统断电或线路开关跳闸，或当电网发生系统故障造成断电或线路故障导致线路开关跳闸，应检查线路断电或跳闸原因（或逢夜间应首先恢复主控室用电），待系统恢复正常，则重新起动机组并通过计算机并网。

15）风力发电机组因异常需要立即进行停机操作的顺序：

① 利用主控室计算机遥控停机。

② 遥控停机无效时，则就地按正常停机按钮停机。

③ 当正常停机无效时，使用紧急停机按钮停机。

④ 上述操作仍无效时，拉开风力发电机组主开关或连接此台机组的线路断路器，之后疏散现场人员，做好必要的安全措施，避免事故范围扩大。

16）风力发电机组事故处理：在日常工作中风电场应当建立事故预想制度，定期组织运行人员做好事故预想工作和模拟事故处理演练，并要根据风电场自身的特点完善基本的突发事件应急措施。

第六章　电动起重机械电气设备及装置

电动起重机械电气设备及装置除了功能上的要求以外，最重要的则是安全性，因此，在投入使用前必须进行整机调试及试车，从源头上保证其安全性和功能性。

起重机械的电气设备安装、结线完毕后，待机械设备部分安装调整完毕且具备试车条件时，须征得装机人员及有关技术人员的同意后，即可进行整机调试及试车工作。调试及试车的程序应先单机，后联动；先空载，后负载；先静载，后动载，最后全载联动试车，中间有一环节不妥，即应检查修复，否则不得继而试车。电动起重机械的结构很多，现以一台15/3t桥式起重机为例，见图6-1。

一、设备及元件电气参数的测试调整

1. 绝缘电阻的测试

用500V的绝缘电阻表测试导线对地、导线线间以及滑触器、滑线、继电器、接触器、电磁抱闸、控制开关、凸轮与主令控制器、行程开关等带电部分与系统正常时不带的金属部分以及相与相之间的绝缘电阻，应大于1MΩ。同时将测试结果填写在调试报告上。

2. 接地电阻的测试

用接地电阻表测试接地系统的接地电阻，不得大于1Ω，车身金属构架的任何部位的接地电阻不得大于4Ω。接地引线的焊接应符合要求。

3. 接触电阻的测试

用电桥或数字万用表测试滑接器的触头、电刷的接触电阻，其阻值应小于$10^{-6}\Omega$。有弹簧装置的应用标准弹簧秤测试弹簧装置的压力，一般应大于0.02MPa。

4. 耐压试验

硬件滑线应做耐压试验，试验电压1000V、试验时间1min无击穿及闪络现象。并测量其电源电压是否平衡。

5. 电动机的试验

见第四章。

6. 过电流继电器的整定

每台电动机控制相线的过电流继电器的整定值一般整定在被保护电动机额定电流的2.25~2.50倍。非控制相线的总过电流继电器0KA的整定值一般整定在全部电动机额定电流之和的1.2~1.5倍。试验时，当电流升至整定值时，电流继电器应在动作时间到达时动作，见表6-1。否则可调整调节螺钉，使其符合表中的要求。

从配电室送至桥式起重机的总电源应能保护系统的短路；操作回路的熔丝一般为5A。

7. 电磁抱闸的试验调整

电磁抱闸一般分粗调、细调两步。

(1) 粗调　先将电动机与减速机的联轴器摘开，但电动机及抱闸的安装位置不动，这时我们用手用力盘动电动机机轴，应盘不动，则说明在不通电的情况下抱闸的闸瓦将电动机

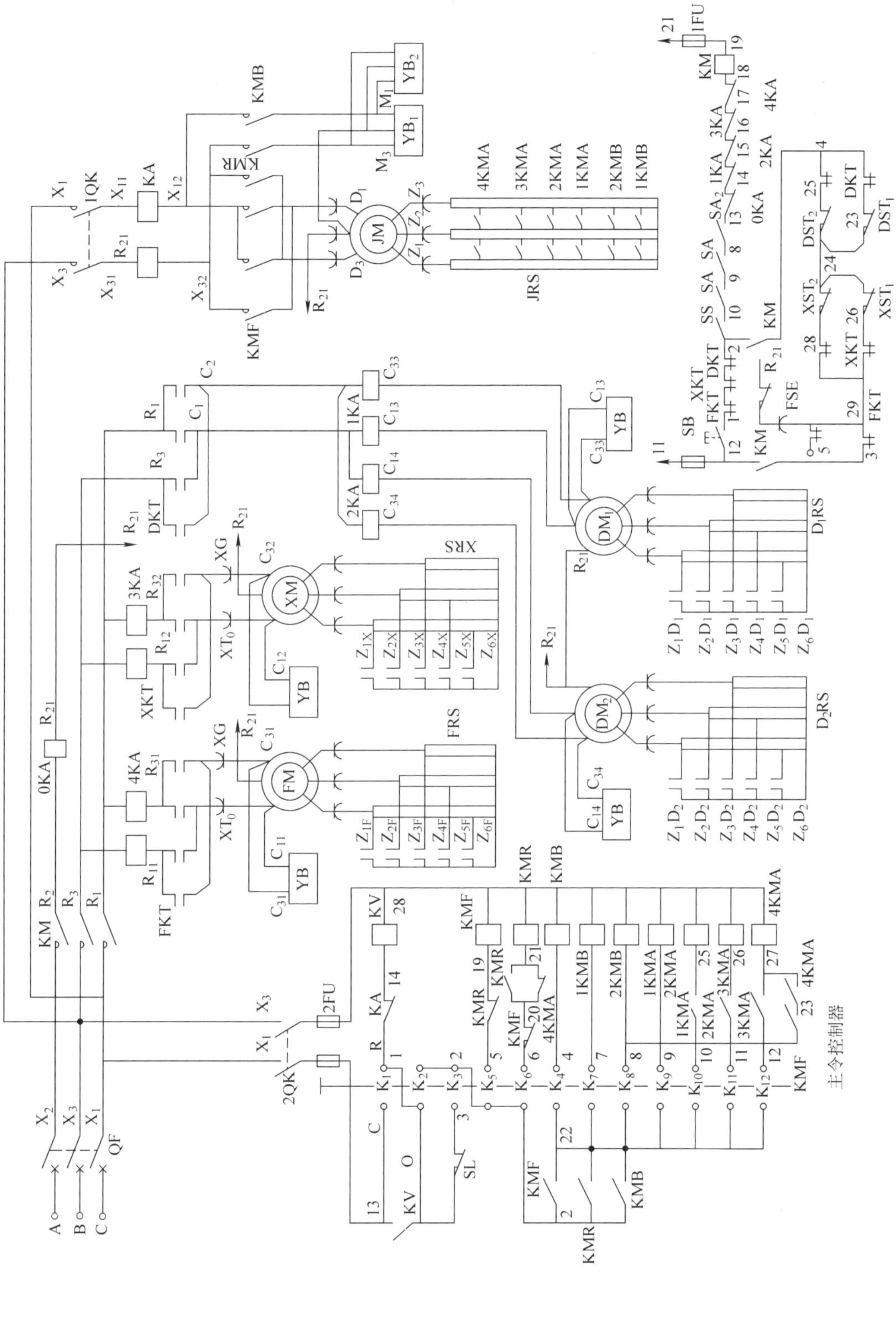

图6-1 15/3t桥式起重机控制线路图

表6-1　JL12系列过电流继电器反时限特性

电流/A	动作时间及说明
I_N （额定电流）	不动作 持续1h不动作为合格
$1.5I_N$	<3min（热态）
$2.5I_N$	10s±6s（热态）
$6I_N$	<1~3s 当环境温度大于0℃时，动作时间小于1s 当环境温度小于0℃时，动作时间小于3s

的制动轮死死抱住，否则应将间隙调小。这时我们只给抱闸的线圈接上临时电源（一般为380V，但要看清线圈上的标注，因为也有使用220V的电磁铁线圈），接通后，电磁铁动作，这时我们用手盘动电动机机轴，应灵活无卡，则说明通电的情况下闸瓦均匀地离开了制动轮，同时可观测间隙是否符合要求。否则应调整间隙。然后我们把抱闸的电源撤掉，并重新将抱闸的接线与电动机接在一起，这时再将电动机接上临时电源，并起动电动机、切除全部电阻，使电动机达到额定转速，然后突然将电动机断电，这时抱闸制动，将由于惯性而转动的电动机的制动轮抱住，电动机立即停止，动作迅速准确，否则说明间隙太大或不均匀，应重新调整。这样反复几次，直到符合要求。

粗调完成后将联轴器重新装好，并将临时电源拆除，将现场清除干净。

（2）细调　细调是指单机调整试验完毕，起重机进入负载试车时，对电磁抱闸的调整。细调可为操作停车或事故停车（行程开关动作，过电流继电器动作等），调整方法基本同前，并符合下列要求：

起重机及其附属部分（吊钩、抓斗、小车等）的制动距离极限值，不应超过制造厂规定值的百分数：当制动距离为250mm以下时为+10%；当制动距离为250~500mm时为+5%；当制动距离为500mm以上时为+3%。同时应测定大车两台电动机制动器动作时间的一致性。

8. 行程开关的调整

行程开关也分粗调和细调两步。

粗调已在保护回路的接线中做了试验。而细调则是在单机调试完毕，起重机进入联动空载试验时对行程开关撞块位置是否准确的调整。

在额定速度的情况下，起重机的行程限位开关动作后，能使起重机运行机构在下列位置准确停止上升或移动：

吊钩、抓斗、起重臂升到离极限位置不小于100mm处；起重机桥架和小车等，离行程末端不小于200mm处；一台起重机临近另一台起重机时（同一对导轨上同时有几台起重机运行），相距不小于400mm处。

上述的数值是最小的极限值，通常我们都把撞块的安装位置调整在下列位置上：大车距导轨顶端5m的位置，室内为1m；小车距导轨顶端1m，室内为0.5m；提升机构距顶点为0.5m。

反复测定撞块的高低及位置，直至动作准确无误后，把撞块固定好。行程开关撞块的调整必须开动大车、小车或吊钩进行实测，调整时要将凸轮或主令打在最慢档，以防撞车。当调整好后，再打快车进行试验。

二、整机检查

主要有整机各部、接线、滑线有无错误、松脱，元件有无破损，电阻器抽头接线位置和星点封头是否正确等，不妥之处应一一修复。

三、空载电气试验

以上各试验调整合格后，即可进行空载电气试验。先将电动机与传动装置、减速机的联轴器摘开，将凸轮主令置于零位，将各种开关置于断开位置，检查无误后，通知配电室将桥式起重机馈电回路的开关合上。下述相关图样及文字符号见图6-1。

1）测量滑线上的电压，应为380V ± 10V，且三相平衡，电源指示灯正常。同时观察滑线及支持绝缘子有无异常，用钳形表测量进户处的三相电流，应均为零。

2）将总开关QF闭合，关闭舱门（SA闭合）、关闭横梁栏杆门（SA_1、SA_2闭合）、闭合紧急开关SS，操作按钮SB，主接触器KM应吸合。这时观察电源保护屏、凸轮控制器及通电各部位有无异常、冒烟、焦味、声响、电打火等，可用万用表测量得电部位的电压，应正常。

3）试验声响信号、照明电路应正常，同时测量各插座电压应正常。

4）将小车凸轮控制器XKT的手轮置于向前的第一档，电动机应正转起动且为慢速，可用转速表测量转速，这时电磁抱闸YB得电吸合，闸瓦松开，无摩擦，否则应用前述调整方法进行调整。然后将手轮置于2档，电动机加速，再将其置于3、4、5档，电动机应逐级加速，同时在每档可用转速表测量转速并用钳形表测量电流，应正常。

正转加速正常后，可将其由5档逐级退回零位，电动机制动停止。在加速或减速的换档中，电磁抱闸应准确动作制动。然后将手轮置于向后第一档，并按向前步骤一样逐级增速、减速试验，应正常。

当置于5档时电动机的空载电流应为1/3额定电流左右；各个档位电动机的声音、温升、轴承温度以及电刷部位应正常。

进行副钩和小车试验时，要测量其在辅助滑线上的电压是否正常。

5）用同样的方法和步骤，试验副钩及大车电动机，内容基本相同，所不同的是大车的凸轮控制器同时控制两台电动机，同时切除两组电阻、同时控制两台电磁抱闸。电路及设备、元件必须保证两台电动机功能和转向的同步性和一致性，否则桥架要发生扭斜，这是要绝对禁止的。

同步性的试验要进行三种数据的测量，一是要用同一转速表、同一测量方法及部位测量正反方向上每一档位的转速，两台电动机应相等；二是用同一电桥测量每一档位下转子串接的电阻应相同，否则必须调整为一致；三是换档的同步性测量。通常是用下面的办法进行的。

准备两块钳形电流表，型号相同且同时经计量部门检定合格，允许误差调节成相同值，把两块表放在同一位置，然后加长两台电动机的控制相线，使其穿过表的钳口，这样即可在一个位置同时观察两台电动机的电流（转速）切换情况。检查无误后，即可操作大车的凸轮控制器，起动及换档时，电流表的指示及切换时指针的摆动应一致。否则说明凸轮控制器触头的切换不一致，或电阻、电动机的匹配不一致，应作进一步的调整。见图6-2。

同步性的测试也可用灯泡法，见图6-3。

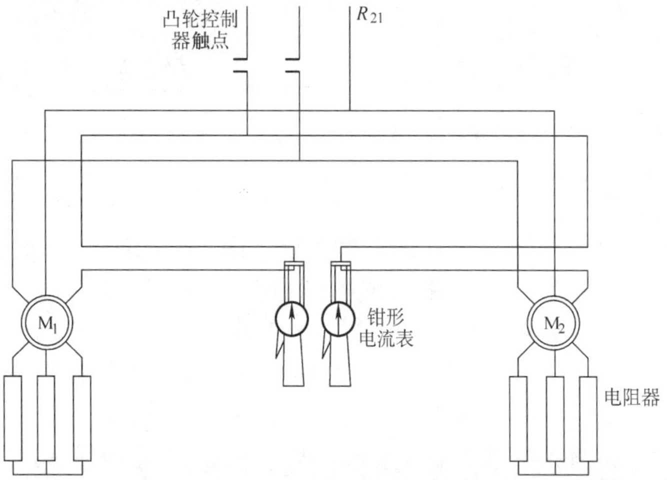

图6-2　同步性测试示意图（一）

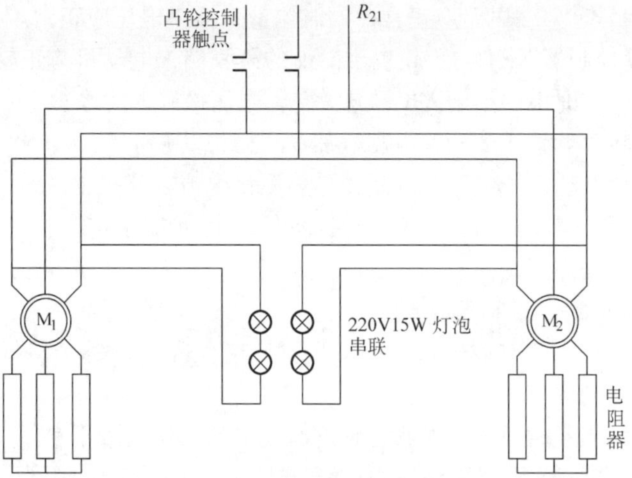

图6-3　同步性测试示意图（二）

6）将控制屏上的1QK、2QK合上，测试主钩，这时先观察控制屏及主令控制器有无异常，一切正常后即可操作主令。

主令手柄在“0”位时，触头K_1闭合，电压继电器被接通动作，其常开触点闭合自锁，为控制电路提供电源，为起动电动机做好准备。

在上升的1~6档中，转速逐级增加，从6~1档中，转速逐级减小，主令触点控制接触器的动作切除或接入电阻，这与凸轮控制是相同的，测试项目和方法与前述相同。

在下降的J~5档中，则有所不同。前三个位置J~2,电动机相序接法与提升相同，但转子串入较大的电阻，速度较慢。如果接入负荷，在一定位能转矩负载下，会使电动机运行在速度反向的倒拉反接制动状态，从而得到较小的下降速度。这种工作方式常用在重载下降。

在 J 的位置上，K_7、K_8 闭合，使 1KMB 和 2KMB 接触器吸合，短接两段电阻，电动机发出较大的起制动作用的转矩；此时 K_4 不闭合，使 KMB 接触器不得电，电磁抱闸也起制动作用，能使重物保持一定的位置而静止不动，此位置用于下降制动停止。在下降的 1～5 的位置上，K_4 都闭合，KMB 接通制动电磁铁，抱闸松开，无制动作用。

在“1”档上，K_2、K_4、K_6、K_7 闭合，接触器 KMF、KMB、1KMB 得电吸合，电动机转子串入五段电阻，电动机仍接成上升相序，机械特性与提升位置 1 相同，不同的是为提升 1 位置时机械特性在第Ⅳ象限的延伸，见图 6-4，主令控制器的控制电路见图 6-5。

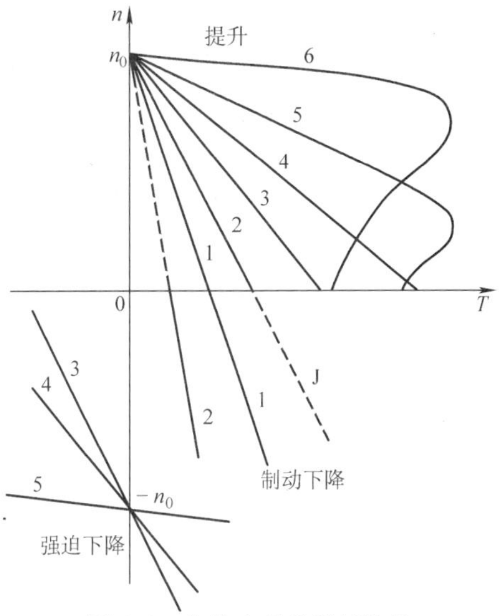

图 6-4　主钩电动机机械特性

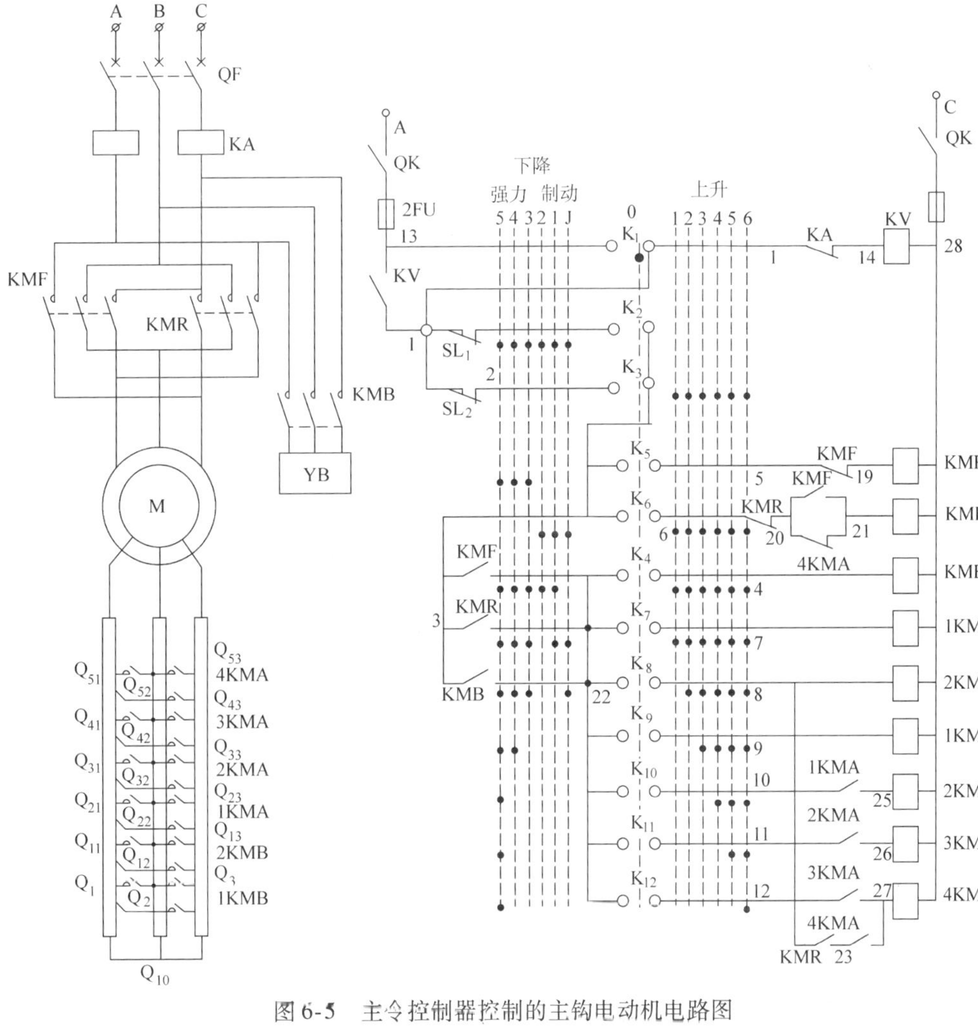

图 6-5　主令控制器控制的主钩电动机电路图

在“2”档上，K_2、K_4、K_6 闭合，KMF、KMB 得电吸合，电动机转子串入六段电阻，机械特性比提升 1 位置更软，仍在第Ⅳ象限，见图 6-4。如果负载转矩不能克服电动机产生的转矩，则重物不但不下降，反而上升，所以常用于重载下降。

在下降的 3、4 档，可获得强迫下降，使重物在极轻时也能得到下降速度。在“3”档时，K_2、K_4、K_6、K_7、K_8 触头闭合、KMR、KMB、1KMB、2KMB 得电吸合，抱闸松开、电动机接成反转，转子接入四段电阻，由于转矩反了，转速反了，机械特性进入Ⅲ象限，如图中的曲线 3。在 4 档中除 3 外，K_9 闭合，1KMA 得电吸合，转子接入三段电阻反转，机械特性如图中的曲线 4。

在下降位置 5 档时，电阻除常串电阻外全部切除，负载较轻时，也可得到较快的强迫下降速度。负载较重时，在重物的作用下使电动机进入再生发电制动状态，把重力位能转换成电能反馈回电网，机械特性进入第Ⅳ象限。

当负载较重时，处于再生发电制动下放状态，这时若由 5 切换到 J 或 1、2 时，为了避免经过 3、4 而造成的过高的下降速度，而用 4KMA 常开触头（23—27）与 KMR 常开触头（8—23）串联，使 4KMA 线圈回路形成自锁，保证切换时 4KMA 仍然通电，使电动机始终运行在特性 5 曲线上。

7）保护功能的试验：在进行上述电动机空转试验时，应人为地使行程限位开关或保护回路中任一开关打开以至过电流继电器动作，电动机都能停止且制动；重新起动时，必须使凸轮或主令回到零位，否则不能重新起动。

四、空载试运转试验

经过上述试验全部合格后，将电源回路断开，并在配电室的屏上挂好禁止合闸的标牌，然后将电动机与传动装置、减速机的联轴器连接好，同时派人检查整机及线路、元件有无不妥之处，导轨上有无异物障碍或不妥，测量轮距及轨距，全部合格后征得机装负责人员的同意并在其配合下即可进行起重机的运转试验。

1. 桥式起重机的试运转必须具备下列条件

1）电气装置安装已全部结束，且电气设备（电动机、控制器、接触器、制动器、继电器、各类开关元件及滑线等）已经调整试验合格，各元件接线正确、动作正常可靠；

2）电气设备及线路的绝缘电阻应符合规范或设计要求；

3）保护接地良好；

4）安全保护装置已经试验、调整，动作正确可靠；

5）声光信号装置显示正确、清晰可靠。

6）控制器手轮或手柄指示的方向及档位变换与所控大车、小车、吊钩的运行方向和速度符合设计或产品要求。

7）机械安装及调整完毕，且大车及小车已在导轨上推动前进和后退试验正常，应灵活无卡（推动时应先将电磁抱闸的接线拆下，接上临时电源，使其动作，松开抱闸）。

2. 小车行走的空载试验

先观察电源进户处滑线上的电源指示正常与否，关好舱门和横梁栏杆门，闭合紧急开关，按动 SB，主接触器吸合，按动电铃按钮，发出试车信号。然后即可操作小车的凸轮控制器，先慢速来回行驶，再加速。试验的项目有正反车、加速、减速、制动，零位、限位及紧急开关保护等，应正常。速度的变化应明显，制动、零位、限位及紧急开关保护准确可靠无滑行；正反转行驶时，车身平稳无振动、无倾斜、无晃动。每个速度下全程来回行驶不得少于三次。

如果行走方向和凸轮控制上标注的方向相反，可在控制器进线处的接点上倒转。

3. 副钩升降的空载试验

副钩升降试验同小车，吊钩应上下灵活，吊钩下降到最低位置时，卷筒上的钢丝绳不应少于 5 圈。副钩试验完毕后，再做小车和副钩的空载联动试验，小车全行程来回行驶，同时副钩上下升降，应灵活自由，无任何不妥。

4. 大车行走的空载试验

大车行走的空载试验基本同小车，但要特别注意观测两台电动机的同步性以及大车桥架在两根导轨上行走时的速度及距离的一致性。一般是用钢卷尺测量开车前至停车制动后两轮的距离，两根导轨应相同。

大车行走试验时还要观测滑线的运行情况，使用卷筒软电缆时，收缆和放缆的速度应与运行机构的速度相协调。

大车行走正常后应做小车、副钩、大车的联动试验，即小车、大车来回行走，副钩上下升降，应灵活自如，无不妥之处。

5. 主钩的空载试验

如图 6-5 所示为主令控制器控制的主钩电动机电路图。主钩的空载试验同副钩，然后进行主钩、大车、小车的联动试验，应正常。

以上空载试验时应测量各台电动机的空载电流、温升、轴承温度、声音、振动控制屏、保护屏、控制器工作状况及滑线温升等，详见第四章，滑线同母线试验。

五、负载试运转试验

1）空载试运转试验正常合格后即可进行静负荷试运转试验；室内天车应将起重机的桥架停放在厂房的柱子处，进行试验。静负荷试验应按先小钩、后大钩，先慢速、后加速，先半载、后全载，先单机、后联动的原则进行。

通常是先吊起本钩额定负载的 1/4 试验，然后再按 1/2 试验，同时开动小车，在桥架上全行程来回行走。正常后再进行 3/4 及全负载的起吊试验，并开动小车，使其在桥架上全行程来回行走。试验过程中电气系统，保护回路的功能正常，整机无振动、无倾斜、无晃动、无异常声响、平稳协调。

将小车停在桥架中间位置，提升 1.25 倍的额定负载，离开地面 100mm 停留 10min，然后卸去负载，将小车开到跨端或支腿处，由装机人员检查桥架，应无永久变形；反复三次后，测量主梁的实际拱度或翘度：

通用桥式起重机的上拱度应大于 $0.8L/1000$；L 为跨度。

冶金起重机、龙门起重机和装卸桥的上拱度应大于 $0.7L/1000$。

然后将小车停在桥架中间位置，吊起额定负荷，测量下挠度，应符合表 6-2 的规定。

表6-2　起重机桥架或悬臂在额定载荷下的下挠度

起重机类别		下挠度不应超过值
通用桥式起重机		$L/700$
龙门吊、装卸桥	主梁	$L/1000$
	悬臂	$L_0/350$
冶金起重机		$L/1000$
电动单梁、电动单梁悬挂起重机		$L/600$
手动单、双梁起重机		$L/400$
壁行式悬臂起重机		$3L_0/1000$

注：L—跨度　L_0—悬臂长度

2）静负荷试验正常后即可进行动负荷运转试验，原则同静负荷试验。

应先在1.1倍额定负载的条件下，同时提升与运行（大车、小车）机构反复运转，累计起动试验时间不应少于10min，各机构（电气和机械）动作应灵敏、平稳、可靠，性能满足使用要求，限位开关和保护联锁装置的作用应可靠准确，制动准确无滑车现象。试验限位行程开关时，操作者应手把紧急开关，一旦行程开关动作不灵或滑行超差应立即切断保护回路，停车，然后再修复调整。

冶金起重机达到上述要求后，再以1.25倍的额定负载慢速起车，试验锥形摩擦联轴器等过载安全装置，均应安全可靠。

抓斗应作张开、下降、抓取和倒空动作的试验，并应在连续2次无负载和5次负载试验中能工作正常，安全可靠，动作准确。

3）静负载和动负载试验中电气参数的测量和检测项目

① 各台电动机的电流及三相是否平衡；

② 系统的总电流及三相是否平衡；

③ 电动机的温升、轴承温度、转速、振动、声音；

④ 电磁抱闸、行程限位开关、紧急开关、凸轮与主令控制器、保护屏、控制屏、滑线、滑触器及声响信号系统的工作状况。

为了更好地观察试车及滑线的运行情况，一般应在静态和动态试验合格后，安排一次夜间额定负载的试验，方法程序同上。进一步观测滑线、滑接器有无打火、过热、温升过高及所有电气设备及元件包括照明电路的运行情况。届时应将打火位置标出，以便处理。处理时应用放大镜观察，以便用最有效的办法和最得力的工具消除故障。

对装有起重量限制器的起重机，其限制器的综合误差为不大于8%；当负荷达到额定起重量的90%时，应能发出提示性报警信号；当负荷达到额定起重量的110%时，应能自动切断提升机构的电源，并发出禁止性报警信号。

进行以上试验应严格遵守安全操作规程，操作人员应由有经验的天车工在电气人员和机械人员的协同下进行，轿厢内外要规定好联络信号，必要时应用布话机。起吊后桥架下不准有人，试验完毕后大车应将止轮器装好，同时检查配重应安全可靠。

最后整理安装、调试记录及工程有关资料、技术文件等，装袋存档，交工验收。

电动起重机械电气设备及装置调试、送电试运行前质量标准及检验方法见表6-3～表6-10。

表 6-3　型钢滑接线支架制作及安装

工序	检验项目		性质	质量标准	检验方法及器具
支架及滑接线制作	型钢检查	规格	主要	按设计规定	对照图纸检查
		型钢平直度		≤0.1%且型钢长度不大于10m	拉线检查
		中心误差		≤10mm	
		滑接面外观	主要	光滑、平整	观察检查
		锈迹清理		干净，无浮锈	
		底漆涂刷		均匀，无漏刷	
	螺孔尺寸	同相各孔间中心误差		≤1mm	用尺检查
		三相间中心误差	主要	≤2mm	
		孔径与螺栓配合		1mm	用螺栓检查
支架安装	支架位置	间距	主要	按设计规定	对照图样检查
		与滑线伸缩缝两侧距离		≤150mm	用尺检查
	各支架与滑线走向的垂直度误差			≤5mm	拉线或吊线检查
	成列支架横向中心线与轨道中心线平行度误差		主要	<10mm	拉线检查
	支架固定		主要	牢固，可靠	扳动检查
	支架接地		主要	可靠	
绝缘子安装	绝缘子检查	瓷件外观	主要	清洁，无裂纹	观察检查
		铁瓷胶合处		粘合牢固	
	绝缘套外形			完好、清洁	观察检查
	绝缘子两侧软垫配置			齐全、完好	
	安装固定			紧固	用扳手检查

表 6-4　型钢滑接线安装

工序	检验项目		性质	质量标准	检验方法及器具
滑接线安装	滑线焊接		主要	牢固，无变形	观察检查
	安装固定			牢固，且能自由伸缩	扳动检查
	接头接触面	接缝表面	主要	平整、光滑	观察检查
		两侧高低差	主要	≤0.5mm	用尺检查
	伸缩缝	间隙大小		20mm	用尺检查
		滑接面两端高低差	主要	≤1mm	
	伸缩缝跨接线	材料		软铜线	观察检查
		截面	主要	不小于电源导线容许载流量	用千分尺检查
		长度		有伸缩余量	观察检查
	补偿器设置			滑线长大于50m或跨越建筑物伸缩缝处	观察检查
	与导线连接处导电镀层			完整	

（续）

工序	检验项目			性质	质量标准	检验方法及器具
滑接线安装	相邻导电体间及导电体对地净距			主要	≥30mm	用尺检查
	分段供电滑线	分段间隙	允许并联运行时	主要	20mm	用尺检查
			不允许并联运行时	主要	大于滑接器接触长度40mm	
		间隙绝缘托板			完好、平滑	观察检查
		间隙两侧电源相位		主要	一致	用电压表检查
	均压线连接距离				≤12m	用尺检查
	滑线末端与终端支架距离				≤800mm	
	相色标志				齐全、正确	观察检查
	支架油漆				完整，无漏刷	
	滑接面防氧化涂层				完整（薄涂中性凡士林）	触摸检查
	滑线中心线与起重机轨道中心线平行度误差			主要	<10mm	用尺检查
	滑线相间平行度误差					
整体检查	外形				平直	观察检查
	末端余长				≥200mm	起重机在终端位置时用尺检查
	整体绝缘电阻			主要	≥0.5MΩ	用绝缘电阻表检查
	安全防护装置装设				按设计规定	对照图样检查

表6-5 圆形滑接线安装

工序	检验项目			性质	质量标准	检验方法及器具
滑接线安装	滑线外观检查			主要	无扭曲、变形	观察检查
	接头接触面	接缝外形		主要	平整、光滑	观察及触摸
		两侧高低误差		主要	≤0.5mm	用尺检查
	与导线连接处导电镀层				完整	观察检查
	相邻导体间及导电体对地净距				≥30mm	用尺检查
	夹线器及与滑线连接				牢固，可靠	扳动检查
	自由悬吊滑接线	终端拉紧装置			按设计规定	对照图样检查
		拉紧装置调节余量	滑线长≤25m		≥0.1m	用尺检查
			滑线长>25m		≥0.2m	
		相间弛度误差			≤20mm	拉线后用尺检查
		各档距间弛度误差				
	滑线中心线与起重机轨道中心线平行度误差			主要	<10mm	用尺检查
	滑线相间平行度误差					

（续）

工序	检验项目	性质	质量标准	检验方法及器具
整体检查	外形		平直	观察检查
	末端余长		≥200mm	起重机在终端位置时用尺检查
	支架油漆		完好	观察检查
	相色标志		齐全、正确	
	整体绝缘电阻值	主要	≥0.5MΩ	用绝缘电阻表检查
	安全防护装置装设		按设计规定	对照图样检查

表 6-6　滑动及卷筒型软电缆安装

工序	检验项目	性质	质量标准	检验方法及器具
电缆	外观检查	主要	无机械性损伤	观察检查
卷筒型软电缆	电缆与卷筒间拉力		适当（起重机停止时卷筒不能自由转动）	扳动检查
	卷筒电缆的收、放速度	主要	与起重机移动速度一致	观察检查
	调节用重砣行程		与电缆长度适应	
	电缆线芯应力检查		在全行程中线芯无应力	
	集电环及刷架固定		牢固	扳动检查
	电刷接触压力	主要	压力适当，接触良好	
	电刷与刷握间	主要	能上下自由移动	
	刷握与集电环间隙		2~4mm	用尺检查
悬吊式软电缆	吊索拉紧装置调节余量　吊索长度≤25m		≥0.1m	用尺检查
	吊索拉紧装置调节余量　吊索长度>25m		≥0.2m	
	吊索弛度		按制造厂商规定	拉线检查
	型钢滑道　滑接面外观	主要	平直，光滑	观察检查
	型钢滑道　接缝检查　两侧高低误差	主要	≤0.5mm	用尺检查
	型钢滑道　接缝检查　两侧横向误差			
	吊索（或滑道）固定连接		牢固	扳动检查
	电缆悬挂装置动作	主要	灵活无跳动、卡阻	操动试验
	电缆与电缆夹固定连接		可靠	扳动检查
	电缆夹间距		≤5m	用尺检查
	软电缆移动段长度		大于15%~20%起重机移动距离	
	软电缆两端与起重机、钢索连接		可靠，牢固	扳动检查
	钢索牵引的电缆受力检查	主要	无外加应力	观察检查

表6-7　安全滑接线的安装

<table>
<tr><th>工序</th><th colspan="2">检验项目</th><th>性质</th><th>质量标准</th><th>检验方法及器具</th></tr>
<tr><td rowspan="8">安全滑接线安装</td><td rowspan="2">悬吊夹间滑接线固定</td><td>有供电器或连接装置时</td><td></td><td>不装设固定夹</td><td rowspan="2">观察检查</td></tr>
<tr><td>无供电器或连接装置时</td><td></td><td>装一个加强固定夹</td></tr>
<tr><td colspan="2">悬吊夹固定</td><td>主要</td><td>牢固</td><td>扳动检查</td></tr>
<tr><td colspan="2">热膨胀伸缩装置设置</td><td></td><td rowspan="2">按制造厂商规定</td><td rowspan="2">对照厂家图检查</td></tr>
<tr><td colspan="2">膨胀点补偿间隙</td><td></td></tr>
<tr><td colspan="2">滑接线接头电气连接</td><td></td><td>可靠，导通良好</td><td>通灯试验</td></tr>
<tr><td colspan="2">滑线中心线与轨道中心线平行度误差</td><td rowspan="2">主要</td><td rowspan="2"><10mm</td><td rowspan="2">拉线检查</td></tr>
<tr><td colspan="2">滑线间平行度误差</td></tr>
<tr><td rowspan="4">整体检查</td><td colspan="2">外形</td><td></td><td>无变形，无掉漆</td><td>观察检查</td></tr>
<tr><td colspan="2">滑线余留长度</td><td></td><td>≥200mm</td><td>起重机终端位置用尺检查</td></tr>
<tr><td colspan="2">整体绝缘电阻</td><td>主要</td><td>≥0.5MΩ</td><td>用兆欧表检查</td></tr>
<tr><td colspan="2">安全防护装置安装</td><td></td><td>按制造厂规定</td><td>对照厂家规定检查</td></tr>
</table>

表6-8　起重机控制设备安装及调整

<table>
<tr><th>工序</th><th colspan="3">检验项目</th><th>性质</th><th>质量标准</th><th>检验方法及器具</th></tr>
<tr><td rowspan="3">电阻器安装</td><td rowspan="2">电阻箱叠装高度</td><td colspan="2">直接叠装</td><td></td><td>≤4 箱</td><td rowspan="2">观察检查</td></tr>
<tr><td colspan="2">支架固定</td><td></td><td>≤6 箱</td></tr>
<tr><td colspan="3">轿厢及电器室外的电阻器防护措施</td><td></td><td>有防护罩</td><td>观察检查</td></tr>
<tr><td rowspan="2">控制器安装</td><td colspan="3">操作手柄至操作室地面高度</td><td></td><td>1～1.2m</td><td rowspan="2">用尺检查</td></tr>
<tr><td colspan="3">控制器相互间及与操作室墙壁间距离</td><td></td><td>>150mm</td></tr>
<tr><td rowspan="10">配线</td><td colspan="3">电线管、线槽敷设安装</td><td></td><td>按 GB 50303—2002 规定</td><td>对照规范检查</td></tr>
<tr><td rowspan="7">电缆敷设</td><td colspan="2">易受机械损伤处；
有油质浸蚀部位；
穿钢结构孔洞处</td><td></td><td>有保护措施</td><td>观察检查</td></tr>
<tr><td colspan="2">规格及型号</td><td></td><td>按制造厂规定</td><td>对照厂家规定检查</td></tr>
<tr><td colspan="2">排列</td><td></td><td>整齐</td><td rowspan="3">观察检查</td></tr>
<tr><td colspan="2">固定</td><td></td><td>牢靠，非铠装电缆有软垫保护</td></tr>
<tr><td colspan="2">支点距离</td><td></td><td>≤1m，且均匀</td></tr>
<tr><td rowspan="2">弯曲半径</td><td>固定电缆</td><td>主要</td><td>≥5 倍电缆直径</td><td rowspan="2">用尺检查</td></tr>
<tr><td>移动电缆</td><td>主要</td><td>≥8 倍电缆直径</td></tr>
<tr><td rowspan="2">其他</td><td colspan="2">电缆头制作及接引</td><td></td><td>按 GB 50168—2006 规定</td><td>对照规范检查</td></tr>
<tr><td colspan="2">回路检查</td><td></td><td>正确</td><td>试灯或操动检查</td></tr>
</table>

（续）

<table>
<tr><th>工序</th><th colspan="3">检验项目</th><th>性质</th><th>质量标准</th><th>检验方法及器具</th></tr>
<tr><td rowspan="9">调整</td><td rowspan="4">电磁制动装置</td><td colspan="2">动作检查</td><td>主要</td><td>迅速、准确</td><td>操动检查</td></tr>
<tr><td colspan="2">闸带或闸瓦与闸轮间隙（非制动状态时）</td><td></td><td>无摩擦，且均匀</td><td>观察检查</td></tr>
<tr><td colspan="2">两侧独立行走机构动作时间</td><td></td><td>一致</td><td>操动检查</td></tr>
<tr><td colspan="2">制动距离误差</td><td></td><td>按制造厂规定</td><td>对照厂家规定检查</td></tr>
<tr><td colspan="3">行程开关动作检查</td><td>主要</td><td>正确、可靠</td><td>操动检查</td></tr>
<tr><td rowspan="3">行程开关</td><td rowspan="3">额定速度下被控机构停车点离行程末端距离</td><td>吊钩、抓斗及起重臂</td><td></td><td>≥100mm</td><td rowspan="3">用尺检查</td></tr>
<tr><td>桥架及小车</td><td></td><td>≥200mm</td></tr>
<tr><td>两台起重机间</td><td></td><td>≥400mm</td></tr>
<tr><td rowspan="3">其他</td><td colspan="3">两侧独立行走机构的联锁保护</td><td>主要</td><td>灵敏、可靠</td><td rowspan="2">操动检查</td></tr>
<tr><td colspan="3">音响信号</td><td></td><td>清晰</td></tr>
<tr><td colspan="3">照明</td><td></td><td>专用中性线或隔离变压器</td><td>观察检查</td></tr>
<tr><td rowspan="7">接地</td><td colspan="3">每条轨道及轿厢接地点数</td><td></td><td>均不少于两点</td><td>观察检查</td></tr>
<tr><td colspan="3">跨线连接</td><td>主要</td><td>牢固，导通良好</td><td>扳动及导通检查</td></tr>
<tr><td colspan="3">轨道接地线截面积/mm²</td><td></td><td>按设计规定</td><td>用尺检查</td></tr>
<tr><td rowspan="3">轿厢接地线</td><td colspan="2">铜编织软线</td><td></td><td>≥16mm²</td><td rowspan="3">用尺检查</td></tr>
<tr><td colspan="2">扁钢截面积</td><td></td><td>≥40×4mm²</td></tr>
<tr><td colspan="2">圆钢直径</td><td></td><td>≥12mm</td></tr>
<tr><td colspan="3">接地线安装</td><td></td><td>牢固，导通良好</td><td>扳动并导通检查</td></tr>
</table>

表 6-9　滑接器及撞杆安装

<table>
<tr><th>工序</th><th colspan="2">检验项目</th><th>性质</th><th>质量标准</th><th>检验方法及器具</th></tr>
<tr><td rowspan="3">滑接器检查</td><td colspan="2">绝缘子及绝缘套外观</td><td>主要</td><td>无裂纹、破损</td><td rowspan="2">观察检查</td></tr>
<tr><td colspan="2">滑接面</td><td></td><td>光滑，无尖锐边棱</td></tr>
<tr><td colspan="2">导电部分对地绝缘电阻</td><td>主要</td><td>≥0.5MΩ</td><td>用绝缘电阻表检查</td></tr>
<tr><td rowspan="7">滑接器安装</td><td colspan="2">固定连接</td><td></td><td>牢固</td><td>扳动检查</td></tr>
<tr><td colspan="2">滑接器沿滑线全长接触</td><td>主要</td><td>紧密可靠</td><td rowspan="2">操动检查</td></tr>
<tr><td colspan="2">沿滑线全长滑动</td><td></td><td>无卡阻</td></tr>
<tr><td rowspan="2">平面滑接器中心线与滑线中心线偏移</td><td>单轨吊</td><td></td><td>≤6mm</td><td rowspan="2">操动检查</td></tr>
<tr><td>桥吊</td><td></td><td>≤15mm</td></tr>
<tr><td colspan="2">槽形滑接器与可调滑杆间配合</td><td></td><td>移动灵活</td><td>操动检查</td></tr>
<tr><td colspan="2">自由悬吊滑线的轮型滑接器安装高度</td><td></td><td>高于滑线中间托架不少于 10mm</td><td>用尺检查</td></tr>
</table>

（续）

工序	检验项目	性质	质量标准	检验方法及器具
撞杆安装	撞杆及支架固定连接		牢固	扳动检查
	撞杆安装位置		在开关滚轮或推杆轴线上	观察检查
	对开关的作用力		无冲击	
	对开关的动行程	主要	小于开关允许值	操动检查
	撞杆宽度	主要	大于机械横向窜动值	
	撞杆长度	主要	大于机械惰走量	
	可调撞杆防松件检查		齐全、紧固	用扳手检查

表6-10 （分部工程名称）起重机电气装置带电试运签证

起重机型式		规格		控制方式	
制造厂商		出厂编号		出厂日期	

带电前设备及系统检查			
检验项目	检验结果	检验项目	检验结果
电源箱标识		轨道、电气盘、箱、接地	
盘、箱内封堵		盘、箱内有无杂物	
电动机有未经过抽芯检查		电缆挂牌	
一次回路接线		二次回路接线	
一次回路绝缘最低值	MΩ（环境温度： ℃，湿度： %）		
二次回路绝缘最低值	MΩ（环境温度： ℃，湿度： %）		
一次设备电气试验		保护整定	
照明系统投入检查		电动机是否经过2h空转	
带电后运行状态检查			
检验项目	检验结果	检验项目	检验结果
大车限位开关灵敏度		小车限位开关灵敏度	
其他限位开关灵敏度		力矩开关灵敏度	
音响信号试验		紧急停车试验	
控制器操作与大车行走方向		控制器操作与小车行走方向	
控制器操作与大钩升降		控制器操作与小钩升降	
电气联锁试验			

第七章　架空线路的测试、送电及试运行

架空线路经过质量检查合格后，应安排有关人员进行送电前的准备工作，主要有巡线检查、核对相序、测试电气参数、导线垂度、安全距离、电气间隙等及整理有关安装记录、技术资料。所有内容均合格后才允许申请冲击试验或试运行。

一、巡线检查

1. 巡线检查携带的工具及备件

登杆脚扣、安全带、扳手、榔头、盒尺、电工常用工具、绑线、放大镜、望远镜、接地绝缘电阻表、$\phi10$ 麻绳、线路用各种规格的螺母、平光垫、弹簧垫、开口销子、垂度尺、铝包带、防锈灰漆、黄绿红相色油漆、油刷子、油画笔、无线报话机、棉丝、记录纸、油笔及工具袋等。

2. 巡线检查的工作内容

巡线一般分成几个小组，每组 2 ~4 人，出发前由总指挥布置任务，指明负责的杆位、杆塔编号及线路名称代号和相序的写法，标注及其体位置。发现问题后能当即处理的要尽力处理；不能处理的将杆塔号位、问题部位及内容记录好，再组织人力处理；有重大紧急问题又不能处理时，要用报话机通知基地派人增援，并讲明需要的材料和机具。检查要一杆一塔逐个检查，每个杆塔不得漏掉任何部位。几个人要分工明确，精诚合作，不得马虎，认真负责。

1）杆身、塔身、横担有无歪斜超差，杆上元件及金具的螺母是否松动、有无破损、缺母、缺垫、开口销子是否完整且已对称劈开 60° ~90°，金具有无开焊脱锌或锈蚀；绝缘子有无裂纹、松动、污渍，绑扎是否正确或松动、悬式绝缘子串是否歪斜、夹线元件安装是否正确及牢固、铝包带包扎长度及方法是否正确；杆塔上或导线上有无遗留杂物，防振锤安装位置是否正确，有无松动，杆上受力部件有无裂纹或变形或其他不妥。

2）相序是否正确，特别是耐张、转角、分支等有跨接线的杆塔要核对连接是否和原相序相同，连接有无松动或接触不良，连接方法是否正确，导线及跨接线的安全距离是否符合要求，最大风摆时能否有短路的可能。同杆架设不同电压等级的线路时，横担的距离是否符合规定。

3）用望远镜观测架空线有无断股、背花，接头是否良好、有无同相导线在同一档距内有两个接头；对地面或跨越距离是否符合要求，垂度有无变化，重要线路要实测垂度。复核弧垂、间距、对地距离、交叉跨越及与建筑物距离。

4）杆塔基础有无变化，松动，双杆位置偏差是否符合要求，杆身、塔身有无缺陷。

5）拉线有无松动，地锚有无异常，螺栓有否生锈、松动、缺垫，绑扎是否正确，有无松动散股，拉线方向、角度是否正确，杆基、拉坑堆土有无被雨水冲没或踏平。

6）接地装置是否完整，连接是否可靠牢固，实测接地电阻，其值是否在规定之内，有无漏装漏接或错接，附加引线是否影响登杆。

7）越线架是否拆除，临时接地线是否拆除，临时拉线及地锚是否拆除，有无剩余水泥制件或其他材料，有无遗留机具等。

8）有无其他不利于送电的因素或不妥，如障碍物、树木等是否影响送电等。

9）按照统一编号在杆塔的规定位置，用统一字体书写杆塔编号，线路代号，标注相序。

10）用放大镜观测焊接杆的焊缝有无砂眼、汽泡、裂纹或其他不妥，受力较大的杆塔有关焊接部位的观察也应符合要求。

二、绝缘电阻的测试

根据线路的电压等级选择合适的绝缘电阻测试仪进行绝缘电阻的测试。

低压220/380V选用500V绝缘电阻测试仪。

6～10kV选用1000～2500V绝缘电阻测试仪。

35kV选用5000V绝缘电阻测试仪。

测试时不得少于2人，测试前必须将通至用户线路的跌开式熔断器或隔离开关断开，低压线路须将用户的总开关拉掉。

低压220/380V配电线路相与相、相与地、相与中性线的绝缘电阻应大于等于1.0MΩ。

6～10kV架空线路相与相、相与地的绝缘电阻应大于等于300MΩ。

35kV架空线路相与相、相与地的绝缘电阻应大于等于500MΩ。

同杆架设不同电压等级的线路时，35kV与10kV的绝缘电阻应用1000V的绝缘电阻表测试，阻值应大于1000MΩ以上；10kV与220/380V的绝缘电阻应用500V的绝缘电阻表测试，阻值应→∞。否则说明线混线或线间距离不够，应查明原因。

三、升压试验

对于35kV及以上的线路应做升压试验，升压试验与耐压试验相同，一般应使用三相升压器进行，如无条件也可用单相升压器进行，只将三相线路短接而已。

通常对于35kV线路升压时，一般以500V为一个档位，间隔1min；当电压升至30kV后以1000V为一个档位，间隔5min。升至35kV后应停留30min，并观察各个杆塔的情况。正常后，应以1000V为一个档位，将电压升至55kV，且注意每个档时的情况，间隔1min。55kV停留5min，试验完毕。

升压试验应派人分段监视，随时将线路情况报告给试验台和总指挥，派员应认真负责。升压试验杆塔上面不得有人。

四、冲击合闸试验

以上试验与检测合格后即可当天进行冲击合闸试验。合闸前应通知并检查所有人员不得在杆上；检查所有用户或负载的开关应在断开位置并上锁或有人监护；同升压试验一样派人监视，并携带报话机，监视人员应逐个向总指挥报告准备完毕、可以送电的请求报告。总指挥接到所有观测点的报告后，复核无误后，即向供电部门请求送电，进行合闸试验。

合闸试验是在额定电压下，对空载线路冲击合闸三次。所谓冲击合闸就是将送电开关合闸后再立即拉闸，其时间间隔不做规定，但应不小于30s；每次拉闸后，再合闸其时间间隔应小于20s。合闸的过程中，线路的所有绝缘不得有任何损坏。

五、试运行

冲击合闸试验成功后，线路即可进行空载运行72h。空载运行时应加强巡视，特别是夜间巡视是最必要的，观察有无异常、有无闪络或其他不正常现象。空载运行时，用户或负载的开关，必须有人监护。72h空载试运行成功后，即可交付正式运行。

有关变台、箱变的测试、送电及试运行详见本书第九章变配电装置及变配电所测试、送电及试运行相关内容。

架空线路调试、送电、试运行前的质量检验标准及方法见表 7-1 ~ 表 7-3。

表 7-1　电杆组立及拉线的安装

工　序	检 验 项 目	性　质	质 量 标 准	检验方法及器具
线材	绞线外观	主要	无松股、交叉及破损	观察检查
线材	型号及规格	主要	按设计规定	对照图样检查
金具	钢铁制品	主要	热浸镀锌件	观察检查
金具	镀锌层检查		完好	观察检查
金具	型号及规格		按设计规定	对照图样检查
紧固件	镀锌层检查	主要	完好	观察检查
紧固件	规格	主要	按设计规定	对照图样检查
绝缘子	铁件外观		镀锌层完好	观察检查
绝缘子	瓷表面检查		瓷釉光滑清洁，无裂纹、缺釉、斑点、烧痕气泡及碰损	观察检查
绝缘子	铁瓷胶合连接		填料饱满，紧密无松动	观察及扳动检查
绝缘子	型号及规格	主要	按设计规定	对照图样检查
绝缘子	绝缘检查	主要	绝缘良好	检查试验记录
混凝土电杆	规格	主要	按设计规定	对照图样检查
混凝土电杆	外观检查		表面光洁，壁厚均匀，无露筋、跑浆；无纵、横向裂纹	用尺检查
混凝土电杆	杆身平直度		不大于 0. 1% 杆长	拉线检查
横担	用料规格	主要	按设计规定	对照图样检查
横担	长度误差		±5mm	用尺检查
横担	安装孔距误差		±2mm	用尺检查
横担	防腐方法	主要	热浸镀锌，镀锌层完好	观察检查
杆基定位	直线杆　顺线路方向位移　35kV 线路		不大于设计档距的 1%	用尺检查
杆基定位	直线杆　顺线路方向位移　10kV 及以下线路		不大于设计档距的 3%	用尺检查
杆基定位	直线杆　横线路方向位移		≤50mm	用尺检查
杆基定位	转角杆、分支杆位移		≤50mm	用尺检查
电杆基础及底盘	表面水平度		水平	用水平尺检查
电杆基础及底盘	双杆　两底盘中心根开误差		≤ ±30mm	用尺检查
电杆基础及底盘	双杆　两杆坑深度		一致	用水平仪或 U 形连通管检查
电杆坑深允许误差		主要	≤ +100mm，−50mm	用尺检查
混凝土电杆	连接混凝土杆用的钢圈　焊接	主要	牢固、可靠	观察检查
混凝土电杆	连接混凝土杆用的钢圈　焊接后整杆弯曲度		不大于 0. 2% 杆长	拉线检查

（续）

工　序	检验项目			性　质	质量标准	检验方法及器具
立杆	直线杆	横向位移			≤50mm	用尺检查
		倾斜度	35kV 线路	主要	不大于0.3%杆长	目测或用经纬仪
			10kV 及以下线路		不大于1/2 杆梢直径	
	转角杆倾斜度	向内角		主要	不允许	经纬仪检查
		向外角			顶端位移不大于杆梢直径	
	终端杆倾斜度	向承力侧			不允许	
		向拉线侧（预偏值）			不大于杆梢直径	
	同基双杆	直线杆横向位移			≤50mm	用尺检查
		转角杆横、顺向位移			≤50mm	用尺检查
		迈步			≤30mm	经纬仪检查
		根开			≤ ±30mm	用尺检查
横担安装	横担安装位　置	直线杆			受电侧	观察检查
		分支杆、90°转角及终端杆			拉线侧	
	端部上下歪斜			主要	≤20mm	用水准仪检查
	端部左右扭斜					
	多层横担间距				按 GB 50173—1992 规定	用尺检查
	瓷横担绝缘子安装	垂直安装顶端顺线路歪斜			≤10mm	用经纬仪检查
		水平安装	顶端顺线路歪斜		≤20mm	用水准仪检查
			顶端上下歪斜		向下不允许，上翘允许 5°～10°	
	全瓷式横担绝缘子固定处软垫			主要	齐全、完好	观察检查
连接螺栓	螺栓连接			主要	紧固	用扳手检查
	紧固后螺杆露扣				2 扣～5 扣（双螺母可平扣）	观察检查
接地	电杆及构架接地				按设计规定	对照图样检查
普通拉线	装设位置				按设计规定	
	拉线与地平面夹角与设计值误差	直线地段		主要	≤1°（35kV 线路），≤3°（10kV 及以下线路）	用尺测量计算
		特殊地段			按设计规定	
	拉线盘埋设深度及方向			主要	按设计规定	对照图样检查
拉线柱拉线	拉线柱埋设深度				不小于1/6 拉线柱长	用尺测量
	拉线柱向张力反方向倾斜度				10°～20°	
	坠线	与拉线柱夹角			≥30°	用尺检查
		上端固定点与柱顶端距离			250mm	
		镀锌铁线最小缠绕长度			按规范规定	

（续）

工　　序	检验项目		性　　质	质量标准	检验方法及器具
固定连接	线夹	可调丝扣位置		居中间	观察检查
		螺杆封固	主要	紧固	扳动或扳手检查
	绑扎	绑扎的镀锌铁线直径		≥3.2mm	扳动检查
		缠绕长度及方法		按 GB 50173—1992 规定	
其　　他	镀锌合股拉线	股数		≥3 股	观察检查
		单股直径		≥4mm	
		外观	主要	绞合均匀，无抽筋现象	
	同杆各拉线张力			大小适度，均匀	扳动检查
	拉线绝缘子装设位置		主要	断线时对地距离不小于 2.5m	用尺检查
	顶（撑）杆安装	顶杆底部埋深	主要	≥0.5m	用尺检查
		与主杆间夹角设计值误差		≤ ±5°	
		与主杆连接		紧密、牢固	扳动检查

表 7-2　导线架设检查

工　　序	检验项目		性　　质	质量标准	检验方法及器具
导线检查	局部磨损截面积			≤5% 导电部分截面积	观察及计算
	钢芯			无断折	观察检查
	修补及修补后外观			按 GB 50173—1992 和 GB 50233—2005 规定	
	连接头检查	压口尺寸及数量		按 GB 50173—1992 和 GB 50233—2005 规定	观察及计算 观察检查
		接头两端外形		无灯笼、抽筋现象	用尺检查
		接头两端露出导线头长度		≥20mm	
		接续管弯曲度		不大于 2% 管长	观察检查
		接续管表面外观		无裂纹	
导线连接与紧固	档距内每相允许接头数			按 GB 50173—1992 和 GB 50233—2005 规定	按规范规定
	接头与固定点距离				用尺检查
	接头两侧（档距内）导线	金属种类		相同	观察检查
		导线规格		一致	
		导线绞向			
	导线弧垂误差	35kV		−2.5%，+5% 且最大正误差不大于 200mm	用尺检查
		10kV 及以下		±5%	

（续）

工序	检验项目			性质	质量标准	检验方法及器具
导线连接	水平排列的10kV及以下导线弧垂各相误差				≤50mm	用尺检查
	导线固定	直线转角杆			在针式绝缘子转角外侧脖颈上	观察检查
		直线越跨杆	边相		在外侧绝缘子上	
			中相		在右侧绝缘子上（面向电源侧）	
	绑扎后外形				平直无硬弯、折角	观察检查
	裸铝导线	与绝缘子及线夹接触部分防护措施			包绕铝带	
		铝带包绕长度			超出接触段30mm	
		10kV及以下导线作耐张时绑扎长度	导线≤50mm²		≥150mm	用尺检查
			导线≤70mm²		≥200mm	
	异种金属导线连接				有过渡金具	观察检查
	引线连接	10kV及以下同种金属导线绑扎长度	导线≤35mm²及以下		≥150mm	用尺检查
			导线≤50mm²		≥200mm	
			导线≤70mm²		≥250mm	
		并沟线夹线夹数量			≥2个	观察检查
	绑扎用线	材料			与导线材料相同的单股线	
		线径			≥2mm	
	固定				牢固	用扳手检查
过引线及引下线安全距离	相间	1~10kV			≥300mm	用尺检查
		1kV以下			≥150mm	
	电杆构件拉件	35kV			≥600mm	
		1~10kV			≥200mm	
		1kV以下			≥100mm	
其他	1~10kV线路同相或相邻相间距				≥300mm	
	1kV以下线路同相或相邻相间距				≥150mm	
	导线对地及交叉跨越距离				按设计规定	
接地	中性线重复接地				按设计规定	对照图样检查

表 7-3　杆上电气设备安装

<table>
<tr><th>工　序</th><th colspan="3">检 验 项 目</th><th>性　质</th><th>质 量 标 准</th><th>检验方法及器具</th></tr>
<tr><td rowspan="5">变压器安装</td><td colspan="3">平台水平偏差</td><td></td><td>不大于台架根开 1%</td><td>用 U 形连通管检查</td></tr>
<tr><td colspan="3">平台固定</td><td></td><td>牢固可靠</td><td>用扳手检查</td></tr>
<tr><td colspan="3">本体检查及安装</td><td></td><td>按 GB 50173—1992 规定</td><td>对照规范检查</td></tr>
<tr><td colspan="3">一、二次引线安装</td><td></td><td>排列整齐、绑扎牢固</td><td>扳动检查</td></tr>
<tr><td colspan="3">变压器外壳接地</td><td></td><td>按设计规定</td><td>用接地绝缘电阻表检查</td></tr>
<tr><td rowspan="2">跌开式熔断器安装</td><td colspan="3">安装</td><td></td><td>按 GB 50147—2010 规定</td><td>对照规范检查</td></tr>
<tr><td colspan="3">两侧引线安装</td><td></td><td>整齐牢固，接触点紧密</td><td>扳动检查</td></tr>
<tr><td rowspan="10">避雷器安装</td><td colspan="3">本体安装</td><td></td><td>按 GB 50147—2010 规定</td><td>对照规范检查</td></tr>
<tr><td colspan="3">瓷套与抱箍间防护垫</td><td></td><td>齐全、完好</td><td>观察检查</td></tr>
<tr><td colspan="3">相间距离</td><td></td><td>≥350mm</td><td>用尺检查</td></tr>
<tr><td colspan="3">引线安装</td><td></td><td>整齐、短而直</td><td>观察检查</td></tr>
<tr><td colspan="3">引线连接</td><td></td><td>紧固、接触良好</td><td>扳动检查</td></tr>
<tr><td rowspan="4">绝缘引线截面</td><td rowspan="2">上引线</td><td>铜线</td><td></td><td>≥16mm²</td><td rowspan="4">观察检查</td></tr>
<tr><td>铝线</td><td></td><td>≥25mm²</td></tr>
<tr><td rowspan="2">下引线</td><td>铜线</td><td></td><td>≥25mm²</td></tr>
<tr><td>铝线</td><td></td><td>≥35mm²</td></tr>
<tr><td colspan="3">接地电阻值</td><td></td><td>按设计规定</td><td>用接地绝缘电阻表检查</td></tr>
<tr><td rowspan="4">隔离开关安装</td><td colspan="3">本体安装</td><td></td><td>按 GB 50147—2010 规定</td><td>对照规范检查</td></tr>
<tr><td colspan="3">固定及连接</td><td></td><td>牢固、紧密</td><td>用扳手检查</td></tr>
<tr><td colspan="3">分闸间隙</td><td></td><td>≥200mm</td><td>用尺检查</td></tr>
<tr><td colspan="3">电源连接部位</td><td></td><td>在静触头侧</td><td>观察检查</td></tr>
</table>

第八章　电缆线路

电缆线路与架空线路的测试、送电及试运行基本相同，主要是巡线检查、核对相序、测试电气参数，电缆头电气间隙及整理相关记录及技术资料等。

一、巡线检查

架空敷设与架空线路相同，埋地、电缆间、管内、水下等敷设方式主要是核对路径、标志、缆间距离、固定方式、防火防水措施、电缆头相间距离、相序、编号及设备连接等是否符合要求等。特别是路径有无塌陷、电缆有无外露、井盖有无丢失及其他不妥等。

二、绝缘电阻测试

同架空线路。

三、耐压试验

同架空线路，但一般用直流进行耐压试验。

四、冲击合闸试验

同架空线路。

五、试运行

冲击合闸试验成功后，即可投入空线运行72h，主要监视项目有缆皮温度，电缆头有无不正常现象等。其他同架空线路。

电力电缆及控制电缆，包括电缆头制作、支架附件调试、送电、试运行前的质量检验标准及方法见表8-1～表8-11。

表8-1　电缆管路配制

<table>
<tr><th>工序</th><th colspan="3">检验项目</th><th>性质</th><th>质量标准</th><th>检验方法及器具</th></tr>
<tr><td rowspan="10">电缆管制作</td><td rowspan="6">外观检查</td><td rowspan="2">金属管</td><td>内表面</td><td></td><td>光滑，无毛刺</td><td rowspan="2">观察检查</td></tr>
<tr><td>外表面</td><td></td><td>无穿孔、裂缝，显著的凹凸不平及锈蚀</td></tr>
<tr><td rowspan="2">塑料管</td><td>敷设温度</td><td></td><td rowspan="2">按设计规定</td><td rowspan="2">按图样检查并检查出厂合格证</td></tr>
<tr><td>管材强度</td><td></td></tr>
<tr><td colspan="2">切断口（管口）</td><td></td><td>光滑</td><td rowspan="2">观察检查</td></tr>
<tr><td colspan="2">弯曲部分</td><td></td><td>无裂缝及显著的凹瘪</td></tr>
<tr><td colspan="2" rowspan="2">每根电缆管的弯头数</td><td>一般弯头</td><td></td><td>≤3个</td><td rowspan="2">观察检查</td></tr>
<tr><td>直角弯头</td><td></td><td>≤2个</td></tr>
<tr><td colspan="3">弯曲半径</td><td>主要</td><td>与所穿电缆弯曲半径匹配</td><td>用样板检查</td></tr>
<tr><td colspan="3">电缆管弯扁度</td><td></td><td>不大于1/10电缆管外径</td><td>用尺检查</td></tr>
<tr><td rowspan="2">电缆管检查</td><td colspan="3">电缆管内径</td><td></td><td>按设计规定，且不小于1.5倍电缆外径</td><td>用尺检查</td></tr>
<tr><td colspan="3">管内畅通检查</td><td>主要</td><td>光滑，无积水、杂物</td><td>用0.85倍管内径拉线球检查</td></tr>
</table>

（续）

工序	检验项目			性质	质量标准	检验方法及器具
敷管	路径				按设计规定	对照图样检查
	明敷	单管敷设			横平竖直	观察检查
		排管敷设	管口高度		一致	观察检查
			弯曲弧度			
		引至设备的管口位置			便于电缆与设备连接，并不妨碍设备拆装和进出	观察检查
		与热力管道、热力设备之间净距	平行敷设	主要	≥1m，不宜敷设于热力管道上部	用尺检查
			交叉敷设		≥0.5m	
		与保温层之间净距	平行敷设	主要	≥0.5m	
			交叉敷设		≥0.2m	
	直埋	直埋管距地面深度（混凝土内除外）			≥700mm	用尺检查
		伸出建筑物散水坡的长度			≥250mm	
		伸出道路路基长度			≥2m	
		伸出地面的排管外观检查			排列整齐，高度一致	观察检查
		引入建筑物和建筑物内的埋置深度（混凝土内除外）			300 ~ 500mm	用尺检查
		电缆管道与其他管道、道路、建筑物之间平行和交叉时的净距		主要	按 GB 50168—2006	
电缆管连接	金属管	套管连接	套管长度		1.5D ~ 3D 电缆管外径	用尺检查
			外观检查		焊接牢固	观察检查和用镀锌铁丝绑棉纱通入管内检查
		丝扣连接	管端套丝长度		≥1/2 管接头长度	用尺检查
			外观检查		连接牢固，密封良好	观察检查
		防腐漆检查			涂刷均匀，漆层完好	
	硬质塑料管	套接			套管两侧封焊牢固，密封良好	观察检查
		插接			插接面用胶合剂粘和牢固，密封良好	
		插入深度			1.1D ~ 1.8D 电缆管内径	用尺检查
	硬质塑料管补偿装置安装				按 GB 50168—2006 规定	对照图样或规范检查
	金属软管固定与连接			主要	牢固、紧固	用手扳动检查
其他	镀锌管				镀锌层完整	观察检查
	电缆管接地			主要	牢固，导通良好	扳动并导通检查

表8-2　电缆支架（桥架）制作及安装

工序	检验项目		性质	质量标准	检验方法及器具
电缆架配制	型钢检查	外观检查		无显著扭曲，切口无卷边、毛刺	观察检查
		规格		按设计规定	对照图样检查
	电缆架	电缆支架层间允许最小距离		按GB 50168—2006	用尺检查
		焊接	主要	牢固	观察检查
	电缆托架配制			按设计规定	对照图样检查
	镀锌层			完好	观察检查
	预埋件	布置		按设计规定	对照图样检查
		固定强度	主要	牢固	用手扳动检查
电缆支吊架安装	布置及间距		主要	按设计规定	对照图样检查
	最上（下）层横撑至沟顶或楼板距离			按GB 50168—2006	对照规范检查
	水平布置电缆架高低误差			≤5mm	用拉线和尺检查
	垂直布置电缆架左右误差				用铅坠和尺检查
	在有坡度的电缆沟内或建筑物上电缆架布置			与电缆沟或建筑物同坡度布置	观察检查
	电缆架固定		主要	牢固	扳动检查
	电缆托架安装			按设计规定	对照图样检查
组装后的钢结构竖井检查	垂直误差			≤0.2%竖井高度	用尺检查
	支架横撑水平误差			≤0.2%竖井宽度	用尺检查
	对角线误差			≤0.5%竖井对角线长度	
	外观检查			无损伤，变形	观察检查
其他	电缆架焊缝及竖井保护罩油漆			完整	观察检查
	电缆架全长接地			牢固，全长导通良好	对照规范检查

表8-3　生产厂房内及隧道、沟道内的35kV及以下电缆敷设

工序	检验项目		性质	质量标准	检验方法及器具
敷设前检查	电缆	型号、电压及规格		按设计规定	对照图样检查
		外观检查		无机械损伤和渗油	观察检查
		绝缘检查	主要	良好	用绝缘电阻表检查
	敷设路径			按设计规定	对照图样检查
	敷设温度			按GB 50168—2006规定	对照规范检查
	端头密封	油纸绝缘电力电缆		铅封密实，无渗油	观察检查
		交联聚乙烯电缆		可靠，严密	
		充油电缆		按GB 50168—2006规定	对照规范检查

（续）

工序	检验项目		性质	质量标准	检验方法及器具
电缆敷设	油纸电缆敷设位差		主要	按 GB 50168—2006 规定	对照规范检查电缆敷设记录
	电缆弯曲半径		主要		用样板检查
	与热力设备、管道之间净距	平行敷设	主要	≥1m，不宜敷设于热力管道上部	用尺检查
		交叉敷设		≥0.5m	
	与保温层之间净距	平行敷设	主要	≥0.5m	
		交叉敷设		≥0.2m	
	电缆排列	外观检查		排列整齐，弯度一致，少交叉	观察检查
		交流单芯电缆排列方式		按设计规定	
	电缆标志牌	装设位置		电缆终端、电缆中间接头处	按 GB 50168—2006
		标志	主要	按 GB 50168—2006 规定	对照电缆敷设清册检查
		固定		挂装牢靠	用手扳动检查
		规格		一致	观察检查
电缆固定	电缆支持点间距离			按 GB 50168—2006 规定	用尺检查
	水平敷设		主要	电缆首末端及转弯处、接头两端	观察检查
	超过45°倾斜敷设		主要	电缆每个支持点	
	夹具型式			按设计规定	对照图样检查
	交流单芯电缆固定夹具			夹具无铁件构成的闭合磁路	观察检查
	裸铅（铝）套电缆固定处保护			软衬垫齐全、可靠	
	电缆固定强度			牢靠	用手扳动检查
敷设后检查	电缆外观检查		主要	无机械损伤和渗油	观察检查
	电缆孔洞处理			电缆沟、隧道、竖井、建筑物及盘（柜）电缆出入口封闭良好	

表 8-4 管道内电缆敷设

工序	检验项目		性质	质量标准	检验方法及器具
敷设前检查	电缆	型号、电压、规格及长度		按设计规定	对照图样检查
		外观检查		无机械损伤和渗油	观察检查
		绝缘检查	主要	良好	用绝缘电阻表检查
	电缆管	畅通检查		内部无积水、杂物	疏通检查
		内径		按设计规定	用尺检查

（续）

工序	检验项目		性质	质量标准	检验方法及器具
电缆敷设	敷设路径			按设计规定	对照图样检查
	端头密封	油纸绝缘电力电缆		铅封密实，无渗油	观察检查
		交联聚乙烯电缆		防潮封端可靠、严密	
		充油电缆		按 GB 50168—2006 规定	
	电缆弯曲半径		主要	按 GB 50168—2006 规定	用样板检查
	交流单芯电力电缆	在支架上敷设		布置在同侧支架上	观察检查
		在钢管内敷设	主要	三相电缆共穿一管	
	电缆标志牌	装设位置		电缆终端两端及接头处	观察检查
		标志	主要	电缆线路设计编号、型号、规格及起迄地点；字迹清晰，不易脱落	对照电缆敷设清册检查
		固定		牢靠	扳动检查
		规格		统一	观察检查
电缆固定	固定			牢固	观察检查
	夹具	型式		按设计规定	对照图样检查
		交流单芯电缆固定		夹具无铁件构成的闭合磁路	观察检查
	固定强度			牢靠	用手扳动检查
	紧固件表面处理			镀锌	观察检查
敷设后检查	电缆管口封闭			按 GB 50168—2006 规定	

表 8-5　直埋电缆敷设

工序	检验项目		性质	质量标准	检验方法及器具
敷设前检查	电缆	型号、电压及规格		符合设计	对照图样检查
		长度		按设计，并联运行的电力电缆长度应一致	检查电缆敷设记录
		外观检查		无机械损伤和渗油	观察检查
		绝缘检查	主要	良好	用 10kV 绝缘电阻表检查
		敷设地点检查		无积水、沉陷；在可能使电缆受到机械损伤，化学作用，地下电流、振动、热影响，腐植物质、虫鼠等危害的地段应有保护措施	观察检查
	电缆沟深度		主要	≥0.7m	用尺检查

（续）

工序	检验项目		性质	质量标准	检验方法及器具
电缆敷设	敷设路径			按设计规定	对照图样检查
	端头密封	油纸绝缘电力电缆		铅封密实，无渗油	观察检查
		交联聚乙烯电缆		防潮端可靠、严密	
		充油电缆		按 GB 50168—2006 规定	
	电缆弯曲半径		主要	按 GB 50168—2006 规定	用尺检查
	电缆与铁路、公路、城市道路、厂区道路交叉敷设				
	电缆之间，电缆与管道、道路、建筑物之间平行和交叉的距离		主要		
	交流单芯电缆排列方式			按设计规定	观察检查
电缆回填	电缆外观检查		主要	无机械损伤和渗油	观察检查
	电缆上下保护层（软土或沙层）检查			按 GB 50168—2006 规定	对照规范检查
	方位标志（桩）检查	装设位置	主要	电缆两端、电缆直线段 50 ~ 100m 处、电缆接头及电缆改变方向的弯角处	观察检查
		标志		字迹清晰，不易脱落	
		标桩规格		防腐、统一	
		标桩固定		牢固	用手扳动检查

表 8-6　35kV 及以下电力电缆终端制作安装

工序	检验项目		性质	质量标准	检验方法及器具
制作前检查	电缆	位置		按设计规定	对照图样检查
		型号，电压及规格			
		绝缘检查	主要	良好	检查试验记录
电缆终端制作	电缆终端盒及其配件			齐全，无损伤	对照技术文件检查
	制作工艺			按工艺规程规定	

（续）

<table>
<tr><th>工序</th><th colspan="2">检 验 项 目</th><th>性质</th><th>质量标准</th><th>检验方法及器具</th></tr>
<tr><td rowspan="24">电缆终端制作</td><td rowspan="3">接地线</td><td>接地线规格</td><td></td><td rowspan="2">按 GB 50168—2006 规定</td><td rowspan="3">对照规范检查</td></tr>
<tr><td>电缆穿过零序电流互感器接地线</td><td></td></tr>
<tr><td>接地线焊接</td><td></td><td>牢固、可靠</td></tr>
<tr><td colspan="2">单芯电缆金属层接地</td><td></td><td>一端接地</td><td rowspan="2">观察检查</td></tr>
<tr><td colspan="2">电缆线芯外观检查</td><td></td><td>无损伤</td></tr>
<tr><td colspan="2">线芯绝缘包扎长度</td><td></td><td>按工艺规程规定</td><td>用尺检查</td></tr>
<tr><td rowspan="2">油纸电缆铅封</td><td>位置</td><td></td><td>电缆终端盒金属外壳与该处的电缆金属护套</td><td rowspan="2">观察检查</td></tr>
<tr><td>外观检查</td><td>主要</td><td>粘附密实，牢固，厚薄均匀，表面光滑，无夹渣、砂眼、缝隙</td></tr>
<tr><td colspan="2">环氧复合物配制和浇注</td><td>主要</td><td>按制造厂或工艺规程规定，搅拌均匀，无气泡</td><td>对照技术资料检查</td></tr>
<tr><td colspan="2">聚乙烯电缆线芯外观检查</td><td></td><td>无碳迹、划痕</td><td>观察检查</td></tr>
<tr><td colspan="2">预制电缆终端制作</td><td></td><td rowspan="3">按制造厂规定</td><td rowspan="3">对照厂家资料检查</td></tr>
<tr><td colspan="2">热缩电缆终端制作</td><td></td></tr>
<tr><td colspan="2">冷缩电缆终端制作</td><td></td></tr>
<tr><td rowspan="2">线鼻子</td><td>线鼻子规格</td><td></td><td>与线芯相符</td><td rowspan="2">观察检查</td></tr>
<tr><td>铜线鼻子镀锡</td><td></td><td>表面光滑，干净</td></tr>
<tr><td rowspan="2">线芯连接</td><td>压模规格</td><td></td><td>与导线规格相符</td><td rowspan="4">观察检查</td></tr>
<tr><td>压入深度</td><td></td><td>按工艺规程规定</td></tr>
<tr><td colspan="2">油纸电缆终端密封检查</td><td>主要</td><td>无渗油</td></tr>
<tr><td colspan="2">相色标志</td><td></td><td>正确</td></tr>
<tr><td colspan="2">固定强度</td><td></td><td>牢固</td><td>用手扳动检查</td></tr>
<tr><td colspan="2">线鼻子与电气装置连接</td><td></td><td>按 GB 50168—2006 规定</td><td>观察检查</td></tr>
</table>

表 8-7 控制电缆终端制作安装

<table>
<tr><th>工序</th><th>检 验 项 目</th><th>性质</th><th>质量标准</th><th>检验方法及器具</th></tr>
<tr><td rowspan="3">电缆排列</td><td>盘下入口处电缆排列</td><td></td><td>整齐，少交叉</td><td rowspan="3">观察检查</td></tr>
<tr><td>电缆上盘时弯度</td><td></td><td>一致</td></tr>
<tr><td>铠装剥切位置</td><td></td><td>在盘下侧，一致</td></tr>
<tr><td rowspan="3">一般要求</td><td>线芯绝缘层外观检查</td><td>主要</td><td>完好，无损伤</td><td>观察检查</td></tr>
<tr><td>屏蔽电缆的屏蔽接地</td><td></td><td rowspan="2">接地方式按设计规定</td><td rowspan="2">对照图样检查</td></tr>
<tr><td>钢铠接地</td><td></td></tr>
</table>

表 8-8 35kV 及以下电力电缆中间接头制作安装

工序	检验项目			性质	质量标准	检验方法及器具
制作前检查	电缆	型号、电压及规格			按设计规定	对照图样检查
		外观检查			无机械损伤和渗油	观察检查
		绝缘检查		主要	良好	检查试验记录
	电缆中间接头盒及其配件				齐全、无损伤	对照技术文件检查
电力电缆中间接头	制作工艺				按工艺规程规定	
	电缆中间接头、接头盒规格				按设计图样	
	电缆线芯外观检查				无损伤	观察检查
	连接管与线芯连接	连接管规格			与线芯相符	观察检查
		铜连接管镀锡			表面光滑，干净	
		压接	压模尺寸		与导线规格相符	
			外观检查	主要	完好	
	绝缘纸（带）包扎外观检查			主要	搭盖均匀，层间无空隙褶皱	观察检查
	油纸电缆铅封	位置			电缆接头盒金属外壳与电缆金属护套处	观察检查
		外观检查		主要	粘附密实、牢固，厚薄均匀，表面光滑，无夹渣，砂眼，缝隙	
	配制和浇注环氧复合物			主要	按制造厂或工艺规程规定	观察检查
	接地线	接地连接线规格			按 GB 50168—2006 规定	观察检查
		锡焊外观检查		主要	焊接平整、无毛刺	
		接头处屏蔽层、铠装层连接			按 GB 50168—2006 规定	
		外观检查			完好	
	油纸中间接头密封检查			主要	无渗油	观察检查
	热缩中间接头制作				按制造厂规定	对照技术资料检查
	冷缩中间接头制作					

表 8-9 35kV 及以上电缆线路安装

工序	检验项目		性质	质量标准	检验方法及器具
敷设前检查	电缆	电缆及附件技术文件		齐全	
		型号、规格及数量		按设计规定	对照图样检查
		外观检查		无机械损伤，油压正常，密封良好	观察检查
		电缆油样试验		合格	对照技术资料检查
		绝缘检查	主要	良好	检查试验记录
		敷设道路		畅通，无积水和杂物	观察检查

（续）

工序	检验项目		性质	质量标准	检验方法及器具
电缆敷设	敷设路径			按设计规定	对照图样检查
	敷设温度			按 GB 50168—2006 规定	对照技术资料检查
	110kV 及以上电缆敷设侧压力			≤3kNm	用张力计检查
	敷设速度			按 GB 50168—2006 规定	观察检查
	机械敷设牵引强度				用张力计检查
	端头密封	充油电力电缆		铅封严密、可靠	观察检查
		交联聚乙烯电缆		防潮封端严密、可靠	
	充油电缆敷设位差		主要	按 GB 50168—2006 规定	用尺检查
	电缆弯曲半径		主要		用样板检查
	电缆与热力管道及设备净距			按 GB 50168—2006 规定	用尺检查
电缆	直埋电缆	电缆覆盖软土		150～200mm	用尺检查
		直埋电缆标志		齐全	
	电缆并列敷设的净距			按设计规定	用尺检查
	电缆排列	断面布置		按 GB 50168—2006 规定	观察检查
		外观检查		排列整齐，弯度一致，少交叉	
		交流单芯电缆排列方式		按设计规定	
	电力电缆接头盒并列敷设布置			按 GB 50168—2006 规定	观察检查
	充油电缆截断			按 GB 50168—2006 规定	对照规范检查
	电缆标志牌	装设位置		电缆终端、电缆接头处	
		标志	主要	电缆线路编号、型号、规格及起迄地点；字迹清晰，不易脱落	对照电缆清册检查
		固定		挂装牢靠	用手触摸
		规格		防腐、统一	观察检查
电缆固定	电缆支持点间距离			按 GB 50168—2006 规定	对照规范检查
	水平敷设		主要	电缆首末两端及转弯、接头两端	对照技术资料检查
	垂直敷设		主要	电缆每个支持点	
	超过 45°倾斜敷设		主要	电缆每个支持点	
	充油电缆夹具			加衬垫耐油橡皮	
	交流单芯电缆夹具			不构成闭合磁路	观察检查
	裸铅（铝）套电缆固定处保护			软衬垫齐全、可靠	观察检查
	电缆固定强度			牢靠	用手扳动检查
敷设后检查	电缆外观检查		主要	无机械损伤和渗油	观察检查
	电缆孔洞处理			电缆沟、隧道、竖井、建筑物及盘（柜）的电缆出入口封闭良好	对照图样检查

（续）

工序	检 验 项 目	性质	质量标准	检验方法及器具
充油电缆终端（接头）制作安装	环境温度、湿度		按规范电缆线路篇规定	用温度计检查
	电缆油样检查		合格	对照技术资料检查
	电缆接地线		按 GB 50168—2006 规定	
	电缆终端（接头）制作顺序		先接头，后低位终端、高位终端	
	电缆终端（接头）制作工艺		按制造厂规定	
	热缩电缆终端（接头）制作			
	冷缩电缆终端（接头）制作			

表 8-10　电缆防火阻燃检查

工序	检 验 项 目		性质	质量标准	检验方法及器具
材料检验	防火材料型号及材质			按设计规定，鉴定资料齐全	对照图样检查并检查技术或产品鉴定报告
耐火封闭槽盒设置				按设计规定	对照图样检查
盘柜孔洞封堵	耐火衬板安装		主要	牢固	扳动检查
	防火堵料		主要	密实，无缝隙	
穿墙（楼板）孔洞封堵	防火包			填实，无缝隙	观察检查
	防火堵料		主要	密实，不透光亮	
	防火隔板安装			牢固，不透光亮	扳动并观察检查
阻火隔墙安装	阻火隔墙设置		主要	按设计规定	对照图样检查
	防火包			填实，无缝隙	观察检查
	防火堵料		主要	密实，无缝隙	
电缆竖井封堵	防火隔板安装		主要	牢固，不透光亮	扳动并观察检查
	防火包			填实，无缝隙	观察检查
	防火堵料		主要	密实，无缝隙	
其他	防火涂料或阻火包带使用			电力电缆接头两侧或相邻电缆 2 ~ 3m 长区段	观察检查
				阻火隔墙两侧电缆	
	防火涂料涂刷			按材料使用说明涂刷	观察检查
	防火包带	绕包		按材料使用说明绕包	观察检查
		固定		绑扎牢固	扳动检查
	电缆管封堵		主要	管口封堵严密，堵料凸起 2 ~ 5mm	观察检查

表8-11 直埋电缆（隐蔽前）检查签证

电缆编号		电缆命名	
电缆型号规格		电缆根数	
电缆起止点			

检验项目	检验结果	备注
电缆沟深度/m		
电缆沟宽度/m		
沟内有无石块、建筑垃圾		
电缆上、下铺沙或软土深度/m		
电缆间距/mm		
电缆与其他管道、建筑物最小距离/m		
电缆上部采用何保护措施		
电缆接头处有未设标志桩		
回填土是否经分层夯实		
电缆沟回填后何处设有标志桩		

隐蔽前检查结论：

（经检查，该部分直埋电缆施工隐蔽前、后质量符合规范要求）

质检机构	验收意见	签名
班组		年 月 日
工地		年 月 日
质检部		年 月 日
监理		年 月 日

第九章　变配电装置及变配电所

一所变电站经过室外变电装置和室内变电装置的安装、设备及元件的测试，一次及二次的结线以及防雷接地系统的安装后，已经有了一定的规模，并具备了送电运行的必要条件。在送电前，变配电装置要进行系统的调试，主要工作内容包括一次设备的分段检查和测试、继电保护装置的整定、模拟试验及倒送电升压试验。变配电装置及变配电所进入系统调试后，站内必须昼夜24h有人值班监护，以防不测，并加强安全保卫工作。

一、系统调试前的检查

1）检查室外变配电装置（包括水泥等径杆式支架、进户杆、隔离开关、电流互感器、电压互感器、油断路器、高压熔断器、避雷器、变压器、母线、绝缘子及绝缘子串、电缆、套管、避雷针、接地装置、端子箱、管路等）的外观质量、安装质量，并用干净棉丝擦拭其外部，以便发现不妥，同时进一步核对设备型号、规格应与设计相符。外观质量和安装质量应符合要求；从电源进户处核对相序，一直到室内开关柜的母线，相序应正确无误；所有的螺栓或紧固件应紧固无松动，并应符合第七章架空线路工程中的要求；所有设备的接地点应焊接良好、螺栓紧固，无漏焊、漏接部分，沟内与接地母线的连接应良好；从电源进户处测量母线的相间距离，一直到变压器引入室内的套管处，应符合设计要求，最大弧垂处与地面的距离应符合要求；复测设备与设备纵向、横向的间距应符合设计要求；沟内电缆的敷设及排列符合设计要求，且电缆编号正确，两端的引入位置正确无误；油开关、变压器、互感器的油位正确且无渗漏现象；核对变压器、互感器的极性位置应符合设计要求，对极性有怀疑者，应在下段测试中复测；检查隐蔽工程（支架混凝土基础、接地极及引线等已埋入地下的设施）的施工安装记录，必须有建设单位、安装单位有关人员的签字；发现的不妥之处应修复，并由工程师验收合格。站内地面及房屋不得有下沉、凹洼、裂缝、漏水等不妥。

变压器是否进行过吊芯检查及干燥处理、补油等，核查相关技术条件及记录。

2）检查室内变配电装置（包括10kV柜、低压柜、主控室的保护屏、控制屏、信号屏、直流屏、10kV母线及控制小母线、UPS、室内照明、维修闸箱等）的外观质量、安装质量，应符合设计要求，并用干净棉丝擦拭所有的部件，棉丝可蘸汽油，不得蘸水擦拭；螺栓及紧固件应锁紧，接地可靠；柜体内相间距离应符合要求，安装时检查出的缺陷及不妥已修复应验收合格；控制小母线的连接应正确无误，标牌或色标应符合图样要求；柜内及屏上的元件应完整无损，标签框、光字牌的文字或符号应与设计相符，端子排整齐，无裂无损无缺，布线整齐成束；手车柜中手车进出自如，联锁装置功能可靠，插头及触头接触紧密可靠；所有表计有检定证书及合格证，表门玻璃完整，指针于零位（除直流屏和UPS柜外）；柜内断路器无渗漏现象；柜内柜外，屏内屏外无不妥之处，所在接地部位螺栓紧固，焊接可靠；相色正确无误；继保元件试验记录完整，数据清晰，签字齐全，符合要求。对有怀疑者，应在下段试验中复测。

3）对照每台柜、屏的原理图、接线图及设计资料，复查结线是否正确、紧固，有无漏接或错接，否则应进行修正，通过查线进而发现元件的缺陷，以便更换或修复。

同时，对照二次接线原理图，从室外互感器、变压器、操作箱等部位到室外控制屏、保护屏、信号屏等所有的二次接线逐一检查，应正确无误，导线或电缆线芯符合设计要求，二次接线的端子编号应与设计相符。屏与屏之间、UPS与直流屏之间的连线应正确无误。

4）检查的组织工作要严谨，不得有漏查或误查现象，一般可分为室内、室外、二次线三个专业组，由工程师或技师负责，组内应进行互检，所有的检查应有检查记录。

这里还要强调一点，在前段安装中已进行了元件的测试或试验，并进行了详细的查线，这是属于安装段的必要工作，是由安装班组完成的。现在进入了调试段，人员也有了变化，是由调试班组进行的。作为调试班组，必须对安装班组的工作进行检查和验收，一是为了做到心中有数，有的放矢；二是为了改进安装班组的工作，进而提高整体的技术素质。当然调试班组使用的方法、性能指标以及仪器设备基本上与安装班组是相同的，但是，万万不能做的就是，安装班组不能依赖于试验班组，而对设备及元件只进行安装，而不进行测试或试验；而调试班组不能依赖于安装班组提供的试验报告，而不进行调试或省略有关试验的内容。从某种意义上来讲，两种测试的目的是不同的。前者是为了使被安装的设备元件是合格品，并具备一定的技术条件；后者是为了使设备及元件实现保护及控制的功能，进而验证设备及元件是否能够胜任系统的需要。同时，前者的试验只考虑设备或元件的本身对电流、电压的效应，与运行无关；而后者则更具有真实性，对保护装置、元件或回路试验时，应该使他们尽可能处于与实际运行状态相同一致，输入的交直流量要与实际运行时输入的量相同一致。因此常采用模拟线路或模拟电源装置进行试验，只有这样，才能使保护装置在运行状态中起到保护的作用，在各种非正常的状态下，发出信号或切断回路，进而保护系统的正常运行。后者的试验要具有完整性和系统性，不是单体元件试验，而是元件的联动试验，这与前者是大不相同的。

另外，通过系统调试能分清责任界限，以便发生故障也能确定是元件本身质量问题，还是安装技术问题，还是调试问题，对整个工程有很大好处，也有很大必要性。

二、室外电气设备的分段测试及试验

1. 电气设备及回路的分段

见图9-1，由于隔离开关的设置，我们可将室外电气设备分成以下几段（参见图9-14）：

（1）进线段共两段　从电源1进户线到QS_1段和电源2进户线到QS_2段，主要包括接地开关、避雷器、电压互感器、高压熔断器、电源进线母线及隔离开关QS_1和QS_2的进线侧。

（2）母线段共两段　从QS_1出线侧到QS_4、QS_5进线侧和QS_3左侧的一号母线段，从QS_2出线侧到QS_6进线侧和QS_3右侧的二号母线段。主要包括软母线和隔离开关QS_1、QS_2、QS_3、QS_4、QS_5、QS_6及电流互感器。

（3）断路器段共三段　主要有断路器QF_1、QF_2和跌落式熔断器FU_2及其出线侧的隔离开关和软母线。

（4）变压器段共三段　从隔离开关QS_7到10kV-1进线柜进线侧、从跌落式熔断器FU_2到站用变低压出口及从QS_9到10kV-2进线柜进线侧。主要有变压器、避雷器、电流互感器及母线、穿墙套管、绝缘子。

2. 室外电气设备的分段测试

电气设备分段后，主要测试的项目有绝缘电阻、耐压试验、直流泄漏电流试验、变压器

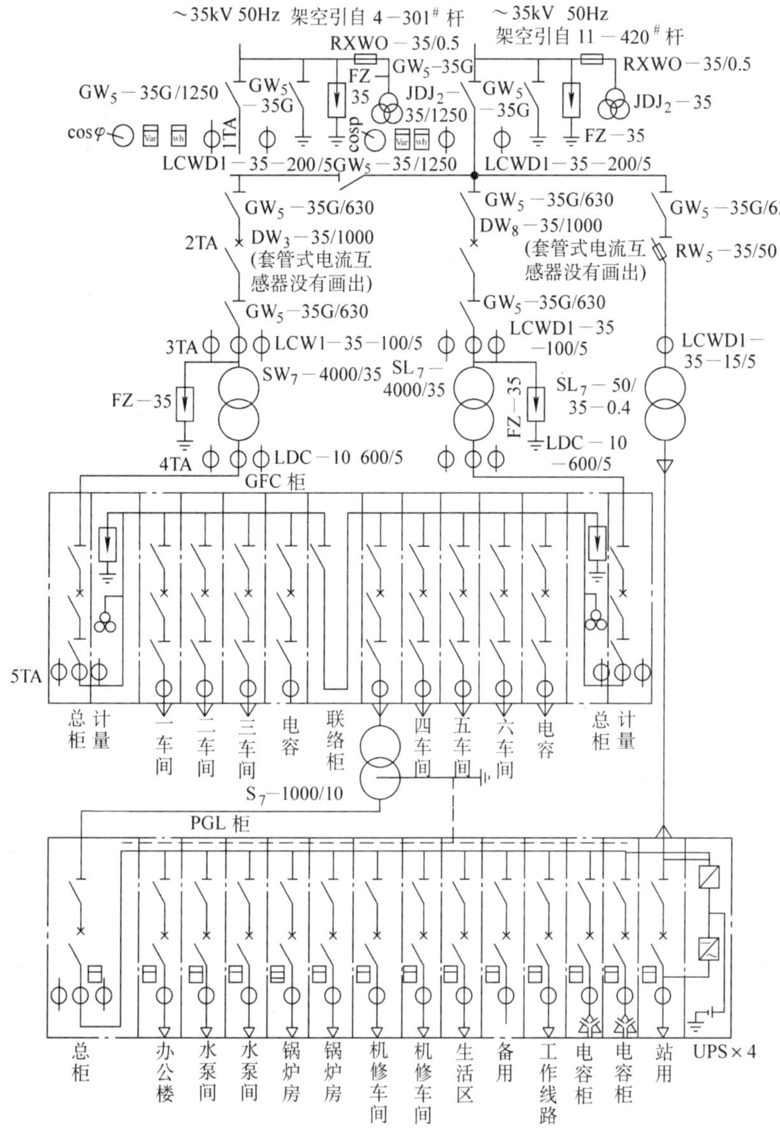

图 9-1　某 35kV 变电站供电系统图

油化验、隔离开关分合闸试验、油断路器分合闸试验、高压跌落式熔断器分合试验、直流电阻测试、接地电阻测试、变比等。

（1）将所有的隔离开关、油断路器和跌落式熔断器都处于断开的位置　详细检查系统中有无不妥，如临时短接线、跨接线、临时接地线、母线及设备上有无丢弃物、线头等。

（2）绝缘电阻的测试　使用 2500V 或 5000V 的绝缘电阻表，按段逐一测试母线和设备相与相、相与地间的绝缘电阻，绝缘电阻阻值应符合表 9-1 的要求。

表　9-1

段　　别	进线段	母线段	断路器段	变压器段
绝缘电阻/MΩ	≥2000	≥2500	≥2500	≥500

（3）交流耐压试验　交流耐压试验应将三相先临时短接起来，然后按级逐一试验，试

验电压应符合表9-2的规定。

表　9-2

段　　别	进线段	母线段	断路器段	变压器段
试验电压值/kV	85	85	85	72

（4）直流泄漏电流的测试　一般应按段逐一分相测试，试验电压的直流电压值及泄漏电流的允许值见表9-3，试验时间为1min。

表　9-3

段　　别	进线段	母线段	断路器段	变压器段
直流试验电压值/kV	30	30	40	20
泄漏电流值/μA	不作规定	不作规定	<10	不作规定

（5）变压器油化验　对变压器、断路器、互感器的绝缘油重新取样化验，应合格。

（6）隔离开关的分合闸试验　操作手动操作机构合闸，检查三相的同步性，测量触点的接触电阻，应符合技术要求。带接地刀闸的应复核主刀闸与接地刀闸的联锁情况。隔离开关的分合应灵活无卡，同时应在控制室有关屏的端子排处用万用表检查隔离开关的辅助开关触点的分合情况，应正常。检查时应先将触点的一个端子拆开，检查后再接好。分开闸试验不得少于5次。

如果采用的是电动、气动或液动机构的，则应进行电动、气动或液动的分合闸试验。电动操作的最低动作电压应在额定操作电压的30%～80%范围之内，气动或液动机构应在额定压力下进行。

（7）多油断路器的分合闸试验　多油断路器分合闸试验前应对其进行以下项目的测试。

提升杆的绝缘电阻、介质损失角正切值 $\tan\delta$（%）、泄漏电流、交流耐压试验、接触电阻、固有分合闸时间、分合速度、分合的同步性、分合闸线圈和合闸接触器的直流电阻、合闸接触器和分闸电磁铁的最低动作电压、均压电容器试验、绝缘油试验等，并与安装时的试验数据进行比较，测量误差应在±5%以内，具体方法及要求见本丛书《电气设备、元件、材料的测试及试验》分册相关内容。

试验项目全部合格后，方可进行电动分合闸操作试验，试验前应先在直流屏上接临时额定电压的电源。

先检查直流屏的工作是否正常，同时检查断路器控制箱到控制屏的接线是否正确，然后再进行分合试验。断路器应在直流母线额定电压下进行分、合闸操作各3次。

控制开关的手柄有6个不同的位置，操作时要注意顺序：合闸操作时，将手柄由水平位置顺时针方向旋转90°到垂直（固定位置），指示预备合闸。再旋转45°即发出合闸命令进行合闸操作（暂时位置），将手松开手柄后，在弹簧的作用下，手柄反向复位回到垂直位置，此时指示合闸位置。分闸操作的顺序与之相同，只是手柄向逆时针方向转动。

同时应在115%和90%额定电压下进行分合操作各两次，断路器应工作正常。

分合闸操作试验时要配合三相同步性和触点接触电阻的试验。

（8）高压跌落式熔断器的分合试验　高压跌落式熔断器应用高压拉杆进行分合试验，操作灵活轻便，挂钩可靠，合闸后的接触电阻应符合要求。高压跌落式熔断器不得因晃动、振动、风动而掉闸。

(9) 回路直流电阻的测试　将图 9-1 中 QS_7、QS_3、QS_9 隔离开关和 FU_2 跌落式熔断器断开，然后将系统中其他隔离开关及断路器，都闭合，这时要注意到进户处的隔离开关已将三相封为星点并接地。然后用电桥或数字万用表，分别在 QS_7、QS_9 和 FU_2 的进线侧测量三相之间相与相的直流电阻，对于每一个三相回路来讲，相与相的直流电阻应是相等的。同时也用三只表同时接在三相之间，这时操作回路中的隔离开关或断路器，以进一步测试三相的同步性及直流电阻。

(10) 测量接地电阻　站内接地网与设备接地部位的每一个测试点的接地电阻应≤4Ω，避雷针接地极的接地电阻应≤10Ω。

(11) 测试变压器、电流互感器、电压互感器的变比应与设备相符，方法同前。

三、室内电气设备的调整试验

1. 10kV 开关柜的调整试验

10kV 开关柜的调整试验已在安装中由安装人员进行了一次，进入系统调试阶段后要求由调试人员重做一次，并复核安装调试记录。现将主要项目列出：

(1) 母线　绝缘电阻、交流耐压试验。

(2) 开关柜

1) 一次回路及设备。绝缘电阻、交流耐压试验、直流泄漏电流测试、绝缘油试验、隔离开关及油断路器的分合闸试验（包括触头直流电阻的测试和同步性试验）、接地电阻的检查及测试。对于断路器要做所有项目的试验。

2) 二次回路。与 35kV 二次保护回路试验整定方法相同，见“四、继电保护回路的试验调整”的相关内容。

2. 低压开关柜的调整试验

见第四章低压动力装置及低压配电室。

四、继电保护回路的试验调整

1. 基本要求

1) 保证试验电源的电压三相平衡、波形良好。一般应由站用变压器的低压侧（380/220V）经专用线接到一组 380/110V、△/Y_0 接线的专用试验变压器上，引出三相四线作为保护装置的试验电源，以保证电压平衡、波形良好和电压幅值稳定。试验变压器的容量一般为 15～20kV·A 为宜。

2) 电流的调整方法一般可用大电流发生器（升流器）、可变电阻、水阻箱、电感均可，但要保证电流波形且能均匀调整电流。

3) 电压的调整一般可用电阻分压或自耦变压器分压，调整分压的电阻值应远远小于被试继电器电压回路的阻抗值，才能保证电压的波形及调节均匀、相位稳定。如需要进行微调，可采用两级分压的方法。

4) 相位的调整一般应用移相器，为了保证良好的电压波形，通常将自耦变压器按图 9-2 接线，以便输出电压的相位可在 70°左右的范围内移动。

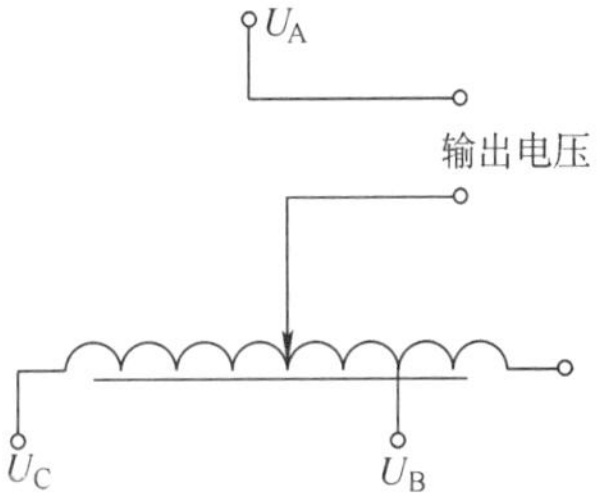

图 9-2　用自耦变压器调整输入电压的相位

5）任何过电流保护的电流回路都必须从一次加电流的方法来检查其回路接线的正确性和保护装置的动作情况。

6）试验用的仪表精度等级应在1.5级以内。动作时间的测量通常应用电气毫秒表。相位的测量通常应用相位电压表。

2. 继电器单体试验

各类继电器的单体试验已由安装人员进行了一次，进入系统调试后，由调试人员进行核复试验一次，并与安装试验进行比较，误差不得超过±5%。

3. 表计的校验及检定

对盘上所有的电工仪表应进行校验或检定，表的误差应在表的精度范围之内。

4. 系统辅助元件及绝缘测试

1）电压互感器二次侧装设的自动开关或熔断器应符合图样要求，安装牢固，质量上乘。

2）自动开关的动作电流应大于该回路短时间最大负载电流的120%。最小短路电流除以动作电流应大于或等于2~3。

3）熔断器熔体的额定电流应按下列选择其最大数值：

① 熔体额定电流应不小于被保护回路长时间最大负载电流的110%~120%。

② 熔体额定电流应大于或等于短时间的最大负载电流除以熔体的最小试验倍数，对于额定电流为15A以下的熔体一般取1.5。

按上述确定熔体的额定电流后，应校验熔断器在距电源最远的地方发生各种不同的短路时能否迅速熔断。最小短路电流除以熔体的额定电流应大于或等于5~10。

4）系统试验应用1000V的绝缘电阻表测量二次回路的每一连接回路的绝缘电阻，阻值不应小于1MΩ。可按以下项目进行：

① 各部分对地（指电缆外皮、电器金属外壳、底座或铁心等）的绝缘电阻。

② 不同回路间的绝缘检查，如电流、电压、直流操作及信号回路等。

③ 相同回路的电缆、导线、端子间的绝缘检查。

5）交流耐压试验。保护装置、二次回路的绝缘应承受1000V交流电压试验1min，也可用2500V的绝缘电阻表进行试验，时间1min。

试验时应将保护装置、二次回路中所有的接地线临时拆下，断开电压互感器的二次线圈、蓄电池及其他直流电源。对于有几只线圈的继电器和仪表，当试验电流回路时，应将电压线圈由电压回路断开只接电流线圈；当试验电压回路时，应将电流线圈由电流回路断开只接电压线圈。凡高欧姆值的电阻或线圈都应予以短路，以免在它们发生击穿时相邻近的元件遭到破坏。

5. 过电流保护装置的系统调整

根据过电流保护的电流回路接线方法的不同应采用不同的试验电路，见图9-3，并注意图中相与相的电流关系。

1）按图将试验设备及试验电路接好，并仔细检查互感器二次不得开路，电流表及标准互感器应匹配且量程合乎要求。其中负载变压器可用一般Yyn0（Y/Y0-12）的电力变压器代替，容量根据试验要求而定，一般为100kV·A 10kV/0.4kV即可通用。可把调压器接在高压侧的任两相上，低压对应的两相接至被试线路，高压为200V时，低压为8V，即可获得很大的电流。试验前先将调压器调至零位。

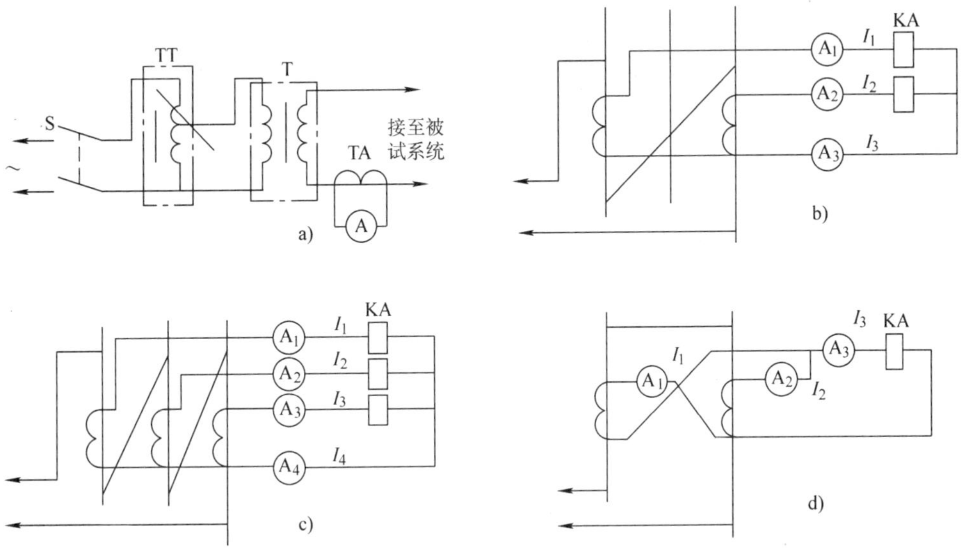

图 9-3　大电流试验的接线方式

a）试验设备接线　b）$I_1=I_2=I_3/2$　c）$I_1=I_2=I_3=I_4/3$　d）$I_1=I_2=I_3/2$

2）合上开关 S，调节 TT 手柄使电流升至被试回路额定电流的 0.1 倍，这时各电流表应有指示，然后再将电流升至互感器额定电流的 0.5 倍。如表无指示或个别无指示，应查明原因修复后，才能继续升流。由标准互感器 TA 测得的一次电流，应与被测回路中互感器测得的电流相等，误差应在互感器及电流表的精度等级，同时各电流表的读数应符合图中指出的电流关系。

3）将断路器用操作回路的 SA 合闸，并将继电器的动作刻度调整在设计计算的动作电流上，然后继续增大电流，直至断路器跳闸。继电器动作时的一次电流与保护装置计算的一次动作电流之差，应不大于 ±15%。

如果带时限保护的电路，应先将时间继电器调整在允许过电流的计算时间上，当过电流时间超过这个值时，应能可靠动作而使断路器跳闸。

4）带中间饱和变流器的交流操作的过电流保护，过电流试验应按图 9-4 接线，使一次电流通过断路器，不使继电器的触点直接断开有电流通过的电流脱扣器线圈，而是直接使断路器跳闸。

5）过电流整定好后，应将调节螺钉或旋钮铅封好，不经技术负责人允许不得拆封，必要时应由供电部门监督并铅封。

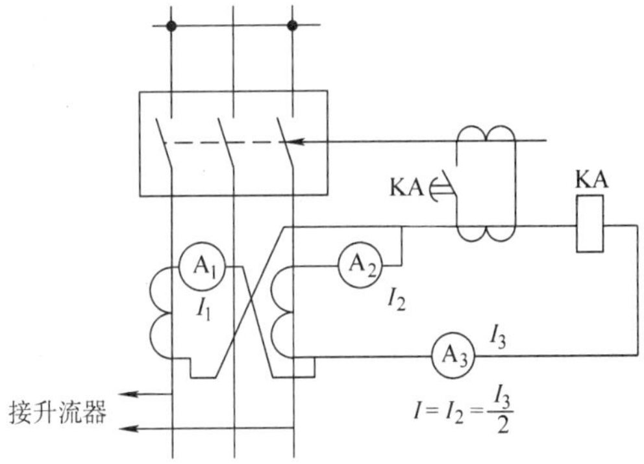

图 9-4　交流操作保护大电流试验接线示意图

6. 变压器纵联差动保护系统的调整

1）大电流试验的电源选择。

试验电流 I 可用下式计算：

$$I=I_e\frac{U\times 100}{U_e(U_d\%)} \tag{9-1}$$

试验电源容量 S 可用下式计算：

$$S=S_e\left(\frac{U}{U_e}\right)^2\frac{100}{U_d\%} \tag{9-2}$$

式中　I_e——被试变压器额定电流，单位为A；

U_e——被试变压器额定电压，单位为V；

$U_d\%$——被试变压器阻抗电压的百分数；

U——试验电压，单位为V；

S_e——被试变压器额定容量，单位为kV·A。

例如，一被试变压器 $SL_7-4000/35$，容量4000kV·A，额定电压35/10kV，额定电流66/231A，阻抗电压百分数7.5%。

达到额定电流所需的阻抗电压：

一次侧为 $35000\times7.5\%\text{V}=2625\text{V}$

二次侧为 $10000\times7.5\%\text{V}=750\text{V}$

可以看出从10kV侧加380V电源而35kV侧短路是合适的。这时

$$I=230\times\frac{380}{10000}\times\frac{100}{7.5}\text{A}=117\text{A}$$

$$S=4000\times\left(\frac{380}{10000}\right)^2\times\frac{100}{7.5}\text{kV}\cdot\text{A}=77\text{kV}\cdot\text{A}$$

2）测量二次电流及相位。试验接线见图9-5。被保护变压器的电压切换开关根据电源电压的大小而放在适当的位置，高于380V时则打在Ⅰ档（10500V），低于380V时则打在Ⅲ档（9500V），一般应打在Ⅱ档（10000V）。当试验时仪表读数有困难，则应用移相器YX改变电压的相位。

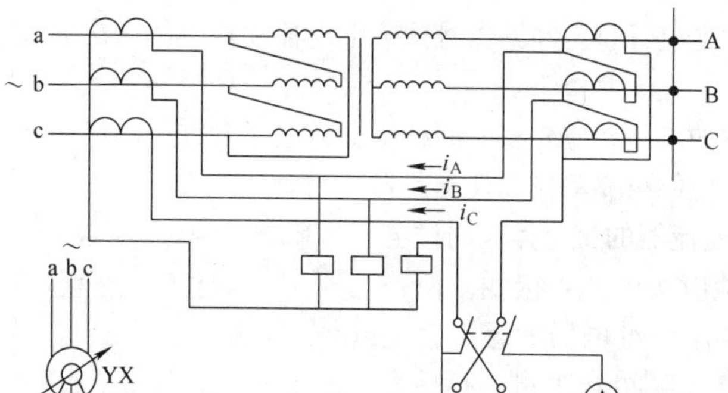

图9-5　变压器差动保护试验接线图

图中表示的是先把电流表和功率表接在变压器的短路侧C相电流 i_C 的回路中，功率表的电压线圈通过 S_1、S_2 的切换分别接至相位差为120°的三个线电压 U_{ab}、U_{bc}、U_{ca} 上，这时分别读取 i_C 在接入三个电压时的功率数。在这三次测量中，有一次或二次功率表指示负值，应将电压线换接一下，如 i_C 对 U_{ca} 时为负，应把接在＊号上的c换为a，记录时在前面加上

一个“-”号。当电流、电压波动较大或者三相电压相差较大时，应在读功率数的同时读取电流及电压值，然后可根据同一电流及电压换算，即用作为标准的电流或电压除以实测电流或电压，然后再乘以实测功率数，即为标准电流或电压时对应的功率数。

用上述同样的方法，改变功率表电流线圈的相序，即可测量 $\boldsymbol{i}_A$、$\boldsymbol{i}_a$、$\boldsymbol{i}_B$、$\boldsymbol{i}_b$、$\boldsymbol{i}_C$、$\boldsymbol{i}_c$ 分别对 $\boldsymbol{U}_{ab}$、$\boldsymbol{U}_{bc}$、$\boldsymbol{U}_{ca}$的功率数。这里要注意，换接电流回路时应通过可靠的试验端子板或短路开关，否则应断开电源并于放电后进行，较为麻烦。

将测量结果填入表 9-4，并以此作出二次电流的矢量图。

表　9-4

I / W / U	$\boldsymbol{i}_A$	$\boldsymbol{i}_a$	$\boldsymbol{i}_B$	$\boldsymbol{i}_b$	$\boldsymbol{i}_C$	$\boldsymbol{i}_c$
$\boldsymbol{U}_{ab}$ $\boldsymbol{U}_{bc}$ $\boldsymbol{U}_{ca}$						

现以 $\boldsymbol{i}_A$ 为例，并参考图 9-6 说明矢量图的作法。

① 画出三个大小相等、相位差为 120°的电压矢量 $\boldsymbol{U}_{ab}$、$\boldsymbol{U}_{bc}$、$\boldsymbol{U}_{ca}$；

② 设 $\boldsymbol{i}_A$ 对 $\boldsymbol{U}_{ab}$的功率数为 P_{abA}，对 $\boldsymbol{U}_{bc}$为 P_{bcA}，对 $\boldsymbol{U}_{ca}$为 P_{caA}，用相同的比例在 $\boldsymbol{U}_{ab}$上画出 P_{abA}，并在其终点作 $\boldsymbol{U}_{ab}$的垂线，P_{bcA}、P_{caA}为负值，则应在相应电压的反方向上按上述取点，并作 $\boldsymbol{U}_{bc}$、$\boldsymbol{U}_{ca}$的垂线，这三条垂线必然交于一点，从矢量的中心圆点 O 到交点的连线即为矢量 $\boldsymbol{i}_A$。

③ 用同样的方法确定其他五个电流的矢量。

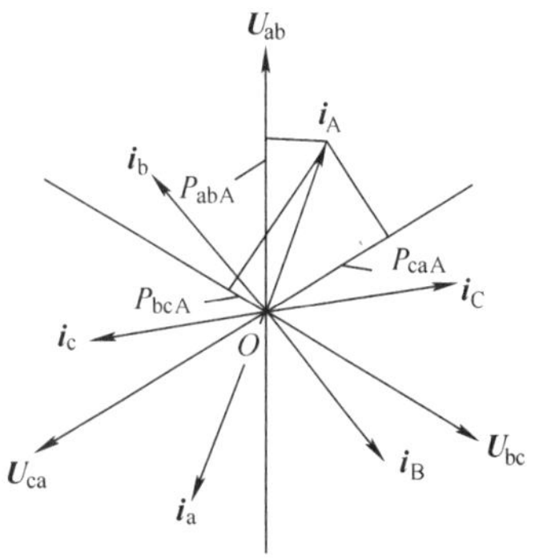

图 9-6　六角矢量图

如果 $\boldsymbol{i}_A$ 与 $\boldsymbol{i}_a$、$\boldsymbol{i}_B$ 与 $\boldsymbol{i}_b$、$\boldsymbol{i}_C$ 与 $\boldsymbol{i}_c$ 相差 180°而误差不大于 5°，则认为二次电流的相位是正确的。如果变压器二次侧只装两只互感器（B 相不装），则 $\boldsymbol{i}_B$ 与 $\boldsymbol{i}_b$ 同相。

做此项试验时应再次检查互感器的极性和接线的相序。

做这项试验时也可在变压器投入运行后进行，方法和接线与上述基本相同，只是将高压侧的短路线取掉，将移相器取掉。无论哪种方法，变压器一次电流最好在变压器额定电流的 60% 以上。如果实在达不到，最低也不应低于电流互感器额定电流的 15%，否则将会引起很大的误差。

3）不平衡电流的测量。不平衡电流是指在正常情况下，流过差动继电器动作线圈或者三只动作线圈中性线的不足以引起继电器动作的电流，这个电流一般应很小。当变压器为额定电流时，不平衡电流应不大于电流互感器二次电流的 5%，实际试验时，通入的电流常小于额定值，测出的差值允许稍大于试验时二次电流的 5%，但不应过大。测量电路同图 9-5，所不同的是先将图中的功率表 W 拆下。

使用的交流毫安表的内阻不应大于 5Ω，否则应用电子管毫伏表测量串联在差流回路中标准低电阻（一般用电阻箱）上的压降后计算电流值。如用毫安表直接测量时，应先用大量程，然后逐渐减小，以免由于接线错误而烧坏毫安表。

测量差动保护中性线的电流时，由于示值很小，表计很难反映出来，这时可将丫接侧的一个电流互感器线圈的非接地点与接地点短接，同时换用量程较大的表测量，此时仪表示值正好为被短接的那相电流。这样轮番三次，其值应近似相等，即可说明中性线的电流是正确的。

在实际生产当中，有时不测量差流，而测量差压，即用高阻电压表（1000Ω/V）测量执行元件的过流线圈的两端电压，当变压器为额定电流时，这个电压不应大于0.15V。

4）动作电流的调整及试验。对于差动继电器的整定值，通常设计只给出差动线圈的匝数 W，即可用下式计算动作电流值 I_D：

$$I_D = \frac{60 \pm 4}{W} \tag{9-3}$$

动作电流 I_D 的值一般为5～7.5A，试验前应复查差动线圈的匝数是否在给定的插头上，然后按图9-7进行试验，调节RP至使继电器动作，并读取动作电流，应与计算值近似相等。三只电流互感器应轮流试验一次，动作值应近似相等。试验时，另外两只互感器应按原来接好。

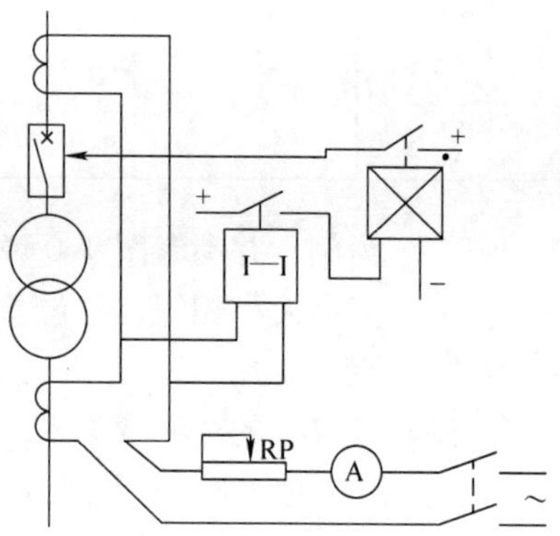

图9-7 从二次加小电流进行动作试验

5）上述试验完毕，应检查接线是否有错，并把拆过的线重新接好拧紧。确认无误后，在变压器的额定电压下，做5次空投试验。在试验过程中，保护装置不应动作，否则应重新调整动作电流或增加短路线圈的匝数。

6）继电器各电路对外壳的绝缘应能承受50Hz，交流2000V电压，历时1min的耐压试验，如用绝缘电阻表测量，绝缘电阻应→∞，特别是电流端子，绝缘程度小易进行分流，影响继电器的精度而导致误动。

7）现将BCH－2型差动继电器绕组和线圈的参数列出，供参考，见表9-5。

表9-5 绕组和线圈参数表

名称	数　据	备注
差动绕组	20匝，MF－1.56	中间抽头匝数见内部接线图
平衡绕组	$W_{P1}=W_{P2}=19$ 匝，MF－1.56	
短路绕组（中柱）	28匝，MF－1.45，3、8、16匝抽头	
短路绕组（边柱）	56匝，MF－1.45，6、16、32匝抽头	
二次绕组	48匝，MF－1.0	
执行元件DL－11/0.2	2×500匝，Q－0.35	双线圈并联

8）进行上述试验前，应再次复查差动继电器、电流互感器的接线、极性、相序、变比是否正确，现将该变电所差动保护系统的有关数据列出，供参考，见表9-6。

表 9-6　差动保护电流互感器的选择

数据名称	数　值	
	35kV 侧	10kV 侧
变压器一次额定电流/A	$\frac{4000}{\sqrt{3}\times35}=66$	$\frac{4000}{\sqrt{3}\times10}=231$
电流互感器接线方式	△	Y
电流互感器一次电流/A	$\sqrt{3}\times66=114$	231
电流互感器变比	150/5 = 30	300/5 = 60
电流互感器二次额定电流/A	$\frac{114}{30}=3.8$	231/60 = 3.85

7. 绝缘监察装置的调整

试验电路见图 9-8。将高压侧熔断器取下，隔离开关拉掉，把Y形联结的低压线圈 a、b、c 端连接起来，与接地端加在调压器上，检查无误后即升高电压至使继电器动作。如果电压表 V_1、V_2 的读数分别为 U_1、U_2，它们之间的关系应为：$U_2=\sqrt{3}U_1$，将电压继电器的动作电压整定在 15～20V 之间，当 V_1 的指示为 8.66～11.54V 时，保护继电器动作。

8. 电压互感器二次回路的通电试验

通电试验的接线见图 9-9，一种是用有两种电压的抽头变压器，一组为 24V，另一组为 36V。再一种是用电位器，并调整线间电压为 100V、60V 或 36V。

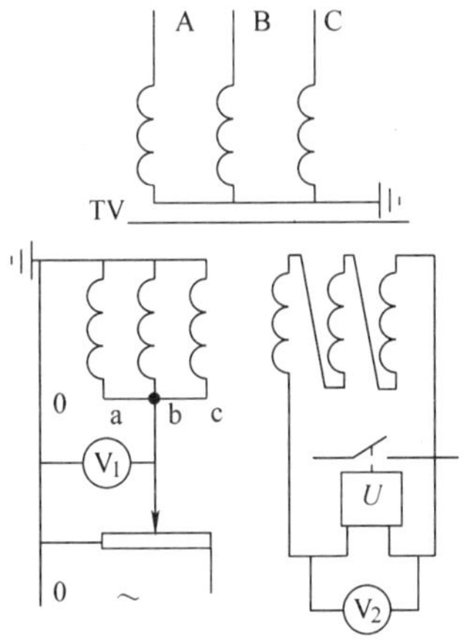

图 9-8　绝缘监察试验的接线

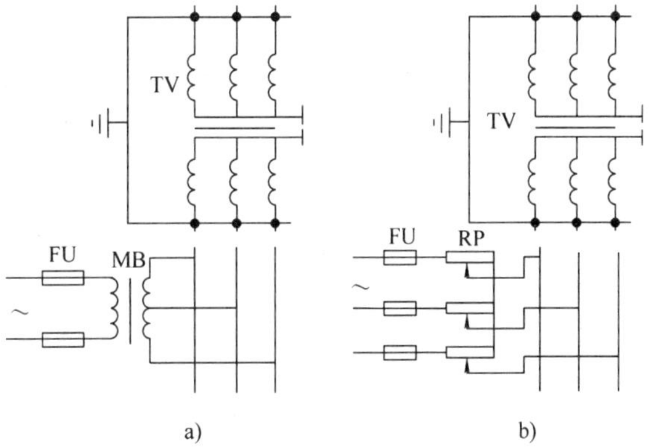

图 9-9　电压互感器通电试验的接线
a）抽头变压器法　b）电位器法

1）将电压互感器一、二次侧的三相短路接地，取下二次侧的熔断器，并把试验用的变压器接入，电源侧装有熔断器。

2）用 1000V 绝缘电阻表检查电压回路对地绝缘。

3）测量送出回路各相间的电阻是否与回路中所接的仪表、继电器的并联电阻相符，以免短路或错把电压接在电流线圈上。

4）接通电源，用万用表按相检查各保护屏、柜的电压端子，以及电压回路的仪表、继电器等端子上的电压，是否与试验变压器送入的电压相符，否则应查明原因。

9. 瓦斯保护装置的系统检查试验

1）检查变压器气体继电器侧的升高坡度是否符合1%～1.5%的坡度，变压器至储油柜的油管是否有2%～4%的升高坡度，否则气体继电器不能正确动作。

2）检查气体继电器顶盖上的箭头是否指向储油柜，储油柜与油箱之间的油管上的截门应打开。

3）接至气体继电器上的导线，应为耐油绝缘导线。接线的极性应符合要求。

4）用压缩空气或者强力的打气筒，如有试验装置则用顶针，分别使信号浮子动作、跳闸浮子动作，并用万用表去信号屏端板上和保护屏端子板上测试其触点对应的端子是否有闭合的信号，或者将断路器合闸，浮子动作时应能跳闸或者信号有显示。

5）最后将继电器内的残存气体放出，并把试验时更动部位复位。

10. 温度保护系统的检查试验

1）温度继电器应有检定合格证或试验报告，必要时应由计量检定机构进行测量温度元件的检定。

2）测温元件的安装位置应按变压器或设计要求进行。

3）试验时将测温元件取出，缓慢靠近热源（如电炉子）并观察指针上升情况，当达到报警温度及跳闸温度时，可用万用表去信号屏端子板上及保护屏端子板上测试其触点对应的端子是否有闭合的信号，或者将断路器合闸，触点动作时应有信号显示或使断路器跳闸。最后将元件重新装好。

4）测温元件应安置在注以变压器油的底座内，且密封良好，无渗油现象。

5）膨胀式信号温度计的细金属软管，其弯曲半径不得小于50mm，且不得有压扁或急剧的扭曲、弯曲等现象。

6）温度继电器的表盘玻璃必须完整无损，表内盘上的刻度必须清晰，指针灵活无卡无涩。

7）温度继电器一般安装在易于观察的散热器的一侧，安装应牢固。

11. 重合闸装置的系统试验

1）检查系统绝缘，应特别注意放电电阻引出端子及其所连接的传动装置的对地绝缘必须保证良好。

2）检查用操作开关断开断路器时，重合闸装置应当不动作；模拟利用操作开关手柄将开关投入于故障线路时，重合闸装置不应使开关重合；检查模拟线路发生永久性故障时，重合闸装置的动作情况。

3）分别以继电器额定电压及80%额定电压检查重合闸装置在线路发生暂时性故障时的动作情况。

4）模拟合闸中间继电器触点粘住、时间继电器滑动触点卡住或由操作开关手柄给出长时间脉冲时，检查防止跳跃装置的动作可靠性。

5）检查当重合闸闭锁装置动作时，重合闸装置的动作情况；检查重合闸与保护装置的前加速或后加速间的相互动作。

6）模拟线路故障通常是用手触动继电器的触点闭合或断开的。当模拟用操作开关手柄合闸于永久性故障的线路时，则应在合闸之前将保护继电器的触点闭合，并一直到开关合闸一跳闸完毕不再合闸为止。当模拟线路发生永久故障时，则应在开关合闸后，经过一段时，再把保护继电器的触点闭合，一直到开关跳闸—重合—跳闸后，重合闸装置不再动作为止。当模拟暂时性故障时，可用手短时间的闭合保护继电器的触点。

有时也可用通入电流的方法，然后用二次电流进行试验，试验的接线图见图 9-10。试验时先合上 QF，用电位器将电流调至保护继电器动作电流，然后模拟各种故障情况。暂时故障是将电流调至 KA 动作后立即又使电流恢复正常；线路发生永久性故障是在合闸后将电流调至 KA 动作并保持这个电流值。

这些模拟方法也可用在其他保护电路的试验中。

12. 零序电流互感器接地保护系统的试验

1）检查安装质量，见图 9-11，电缆头至电流互感器之间的电缆铠甲及接地线应可靠地与地绝缘；电缆头的接地线应穿过互感器后接地；互感器二次及互感器外壳应接地。同时按图 9-12 在接地线断开处接入交流电源及电流表，电流加至 10～20A，这时用高内阻毫伏表测量二次线圈的电压，一般不应超过 4～5mV。

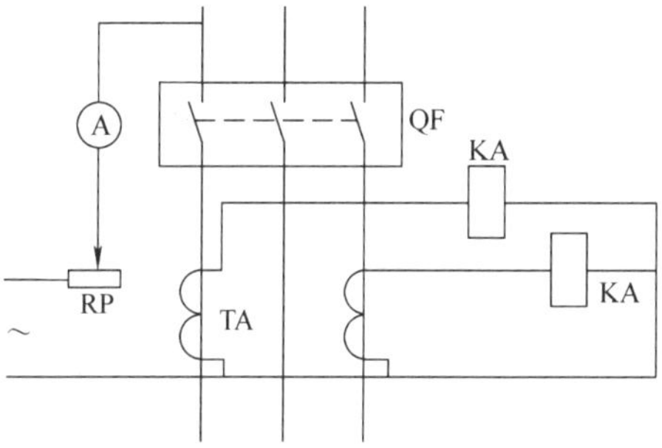

图 9-10　用二次电流进行重合闸试验

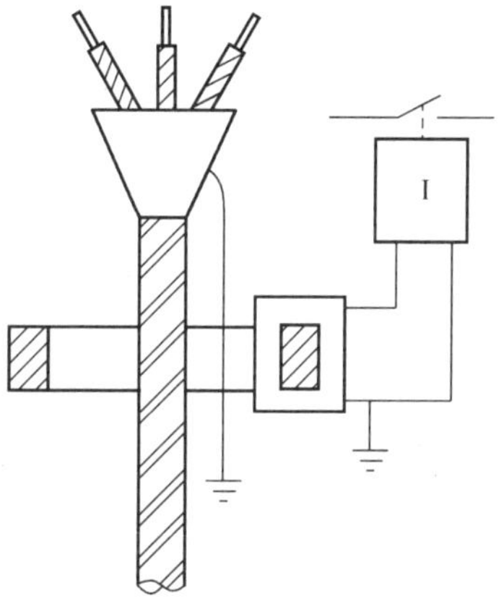

图 9-11　零序电流互感器安装示意图

2）一次动作电流的试验。接线见图 9-13，用一根穿过电流互感器的绝缘导线作为一次，并逐渐增加电流至继电器动作，这时电流表所指数值即为保护装置的一次动作电流。如果同一线路安装几只零序电流互感器以及它们的二次并联时，一次试验用的导线应串联穿过各个互感器，则所加的一次动作电流应为整定值的 $1/n$。

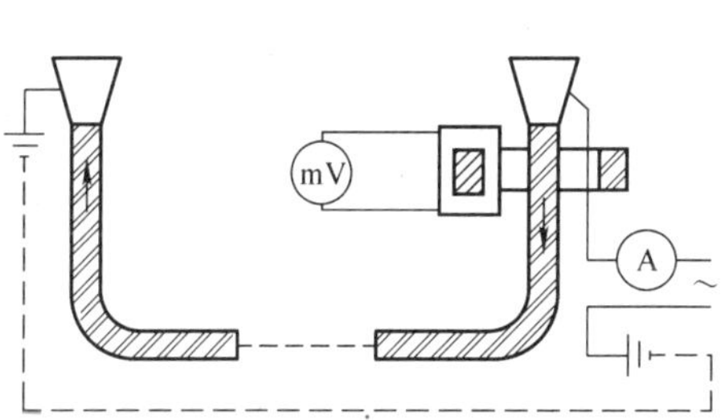

图 9-12　零序电流继电保护接地的检查

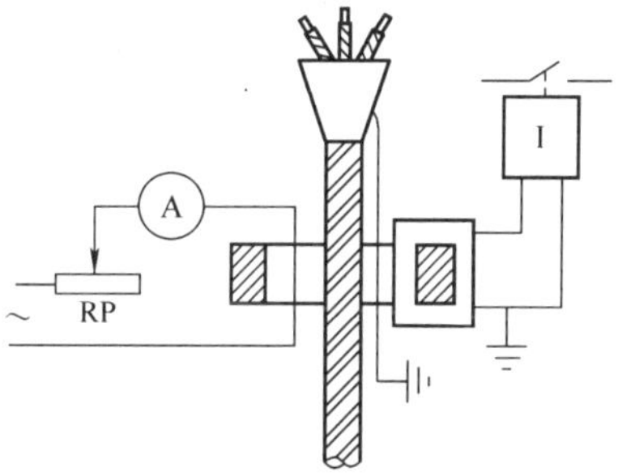

图 9-13　零序电流继电器动作电流试验

最后进行模拟动作试验，合上操作电源，将一次电流加至整定值，使继电器动作于信号或跳闸。

13. 控制室各屏的通电试验

在站内没有正式送电前，一般采用临时低压电源，如附近无低压电，也可用性能及转速稳定的汽油或柴油小型发电机组。如站内已正式送电，一般先将站用变压器投入，以获得380/220V低压电源。

1）试验前再次对各屏的安装、接线、元件、电缆及导线等进行最后的检查，并将站用屏上所有的开关断开，把其他各屏上各个回路的熔断器的熔丝安装好，并检查其接触是否良好。无不妥后，即可把临时电源接在站用屏进线总开关的下闸口，同时挂上警告牌“正在试验，不得合闸”。

2）将临时电源的开关接通，站用屏有电，然后按照“第四章低压动力装置及低压配电室”中送电的有关内容对站用屏进行检查和试验，不正常的应修复。

3）将站用屏上送至直流屏的开关合上，检查和试验直流屏，应正常工作，输出电压符合系统控制要求。

4）将直流屏送至各屏的控制电源开关、合闸电源开关、信号电源合上，各屏上的电压指示或用万用表测量各个小母线的电压应正常。空投断路器、隔离开关及拉闸后，各屏上的信号指示应正确；用手触动有关继电器模拟事故信号，断路器能准确跳闸，且信号指示正确；手动操作闪光信号试验钮、报警信号试验钮等，信号指示应正确；操作母线绝缘监察回路的转换开关，电压表指示正常；在电压监察回路中，把直流母线的电压升高或降低，电压继电器应动作，信号小母线上的预告信号正常；各控制屏、保护屏信号正确，动作正常。

5）将站用屏其他所控回路一一送出，各闸箱工作正常，所控设备（照明、检修、通风、通信等）工作正常。

6）站用UPS工作正常。控制室各屏通电试验时，应参照安装时检查试验的条款及本节继电保护二次回路试验调整的方法进行，或者将通电试验和继电保护二次回路试验调整一并进行。

五、零起升压倒送电试验

零起升压倒送电试验是正式送电前的最后一次模拟试验，它是全面考验电气设备绝缘强度、母线及电压互感器二次核相、电气仪表电压回路检查、继电保护装置以及同期回路，备用电源自动投入模拟试验等最有全面性的最接近正式送电的一种试验方法。所谓零起升压倒送电就是将三相调压器的输出端接在系统站用变压器低压侧（380/220V），先从零电压缓慢升压至380/220V，然后再将一次电压升压至10kV或35kV，使系统带上额定电压，模拟了35kV或10kV的送电试验。通过试验和检查，可发现电气设备本身及安装的隐患，并及时修复，把隐患消灭在正式送电之前，保证了一次送电成功和安全试运行。实践证明，采用零起升压倒送电试验的35kV变电站或10kV变电室均能一次送电成功，同时也可用于热电厂发电并网试验中。

1. 零起升压倒送电的准备工作

1）试验器具的准备。主要有三相调压器15kV·A，0～400V，三相试验电源～380V，电气试验常用仪表和仪器，继保及二次回路试验仪器仪表等。

2）电气安全用具。主要有高压拉杆、高压验电器、高压手套、绝缘靴、绝缘垫、临时接地线、医疗用品、救护车等。

3）站内所有的设备已安装调试完毕，电气设备交接试验全部合格，开关的分合试验和继电保护的系统整组试验全部正常合格，试验前应再次进行外观和接线的检查，清扫擦拭所有的设备。再次检查变压器、互感器、断路器的油位应合格，且无渗漏现象。

4）拟定试验方案，确定每项的检查和试验人员及负责人，准备各种记录表格，向所有试验人员进行技术交底，规定各种合闸、升压、停止等信号，宣布注意事项并要求按正式送电的要求进行。整个试验由工程师或技师负责。有关试验方案将在以下各项内容中详尽介绍。

2. 高压母线的低压试验

高压母线的低压试验就是用三相调压器直接向高压母线通入400V低压，主要是检查系统一次接线的正确性和开关件的导通关断性，核对相序和预测主变压器差动保护的六角图。现以图9-14说明试验方法。

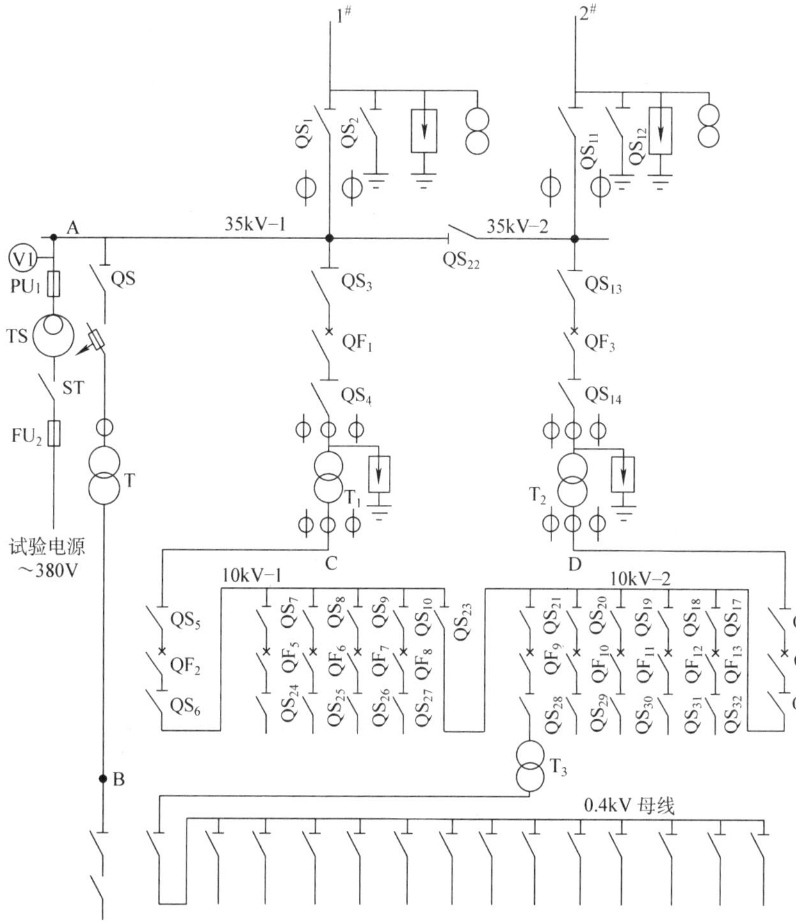

图9-14　35kV变电站零起升压倒送电试验示意图

1）将站内35kV侧、10kV侧、0.4kV侧所有的隔离开关、断路器、开关全部断开，检查电源进户处的电源应没有接引，且有足够的安全距离。

2）将试验变压器的输出端接在35kV母线段上，如图9-14中的A点，并将调压器调至零位，同时将试验电源与试验变压器接好，试验电源应为性能稳定的三相低压电源或者小型三相柴油或汽油发电机组，容量应大于15kV·A。熔丝一般选30～40A，并测量电源的电压及相序，其相序应与35kV母线的相序相对应。

3）将QS_1、QS_3、QS_4、QS_5、QS_6、QS_{11}、QS_{13}、QS_{14}、QS_{15}、QS_{16}、QF_1、QF_2、QF_3、QF_4及QS_{22}合上，检查无误后即可升压试验。

4）合上试验开关ST，电压表V_1的指示为零，然后调压升压器开始升压。如果在升压过程中调压沉重，且有严重的“嗡嗡”声，电压表无指示或指示很小，则说明一次回路有短路故障点，应停电分段检查，摇测绝缘电阻找出故障点修复后才能继续升压，直至400V。

5）测量一次回路及母线上的电压，均应为400V；测量变压器T_1、T_2的二次侧线电压均应为114.3V；用精密毫伏表测量所有闭合开关的上下闸口的电压，均应为0。

6）变压器T_1和T_2的核相。用数字万用表交流电压200V档测量隔离联络开关QS_{23}上下闸口的电压，同相电压为零，若为异相则为114.3V。相位确认后，将QS_{23}合上。

7）将10kV高压柜的开关合上（这里要注意，送出的电缆或架空线还没有接入），测量所有回路的电压均应为114.3V，所有开关闭合后上下闸口的电压均为0。

8）用上述方法测量T_3和站用变压器T_4二次的电压均应为4.57V，所有开关闭合后上下闸口的电压均为零，若有两台及以上变压器并列运行，应用上述方法核相。35kV、10kV、0.4kV的相序应一致，母线或电缆头相色标记应正确。

9）将QS_{15}、QS_5、QF_4、QF_2断开，并将图中9-14中C点、D点的三相短路，用双钳式相位表、电流表、电压表预测T_1和T_2差动保护六角图（参照本节变压器纵联差动保护系统的调整中的方法），应符合要求。

10）将调压器调至零位，断开试验电源，拆除试验接线及短路线，并将系统中所有的隔离开关、断路器断开，恢复试验前的状态。

3. 倒送电试验

倒送电试验就是利用站用变压器或者其他变压器，将低压400V从其二次侧送入，站用变压器或其他变压器将电压升高至35kV，主要考验电气设备及母线的绝缘强度，进行母线电压互感器二次核相和电气仪表电压回路检查及继电保护装置等模拟试验。

1）将三相调压器的输出端接在站用变压器二次侧的B点，并将QS和FU合上，同时将QS_1、QS_{11}、QS_{22}合上。

2）将调压器置于零位，合上试验开关ST，检查无误后即可将调压器输出电压缓慢升至200V，先暂停升压，详细监察母线设备情况，如正常即可将电压升至400V，站用变压器T正常。

3）监察主控室内一次回路的电压表应为35kV，且指针稳定，三相平衡。

4）将QS_3、QS_4、QS_5、QS_6、QS_{13}、QS_{14}、QS_{15}、QS_{16}、QF_1、QF_2、QF_3、QF_4顺序合上，闭合情况正常，观测T_1和T_2空载运行情况和绝缘情况，变压器应为均匀的较低“嗡嗡”声，绝缘状况良好，无异常现象。10kV母线电压正常，将QS_{23}闭合，10kV母线运行正常。用高压验电器在各部位验电，正常。

同样将10kV柜开关闭合应正常，T_3空载运行正常，低压侧电压正常。

5）用35kV及10kV电压互感器二次核相。核相点可在主控室保护屏的端子板二次熔断器的电源侧。同相电压等于零，异相电压为100V，同时二次电压的相序应与试验电源的相序相同。

6）将电压互感器二次熔断器插入，系统应正常。如有熔断，应停电检查并核对熔丝大小，如有短路应查明原因并修复后，才能继续试验。

7）控制室各屏分合闸信号正确，保护装置、电能表、功率表及其他电压信号装置指示或动作正确，相序正确。

8）反复断开闭合上述的开关，应正常，在断开或闭合变压器回路时应遵守合闸程序，断开时先断路器后隔离开关；闭合时先隔离开关后断路器。最后将所有开关断开。

9）将调压器调至零位，切断试验电源，拆除所有试验接线，并将原接线复位。最后将系统放电。

10）检查隔离开关、断路器及跌开式熔断器的触头应无闪络，无电弧烧焦等非正常现象。彻底检查一次、二次及继保系统应无异常现象。

最后说明一点，倒送电压试验系统已带高压，一切操作、试验、检查应按正式送电的规程进行，杜绝触电、误操作等事故。

六、正式送电

1. 正式送电的条件

1）送电线路安装完毕且倒送电试验空载运行正常；送电线路与站内进户点的接线已完成，且接头合格；双回路送电线路的相序已核定且应正确，核定方法可通入400V低压，参照零起升压倒送电的核相方法，或用相序表进行。

2）站内通信线路及设备已安装完毕且已通话运行。站内一般应有市区网内直拨电话、直通上一级供电降压站的电话，厂区总机直拨电话，除市区电话外均应为录音电话。

3）站内其他设施的安装已完毕，且试验正常。站内电气系统已全部安装完毕，系统试验及调试正常，且已经零起升压倒送电试验正常。

4）消防设施及装置已配备，且经试验，消防功能正常。

5）送电申请报告、调试和试验记录及有关技术文件已报当地供电部门，约定送电时间并邀请供电部门有关人员参加，必要时应请供电部门有关人员进行送电前的检查及测试，不妥之处已修复。供电部门已挂表接线。

6）主管部门电气总工程师、建设单位项目负责人及有关技术人员已对站内电气系统及其他设施进行了送电前的检查和必要的测试，所有不妥之处已修复。

7）编制送电方案和应急预案并确定各个项目的操作、监视、记录的负责人，送电指挥人员已向所有参与送电的人员进行了技术交底及安全交底。

8）所有安全用具、防护用品、交通工具、布话机及医护设施已准备齐全，并经试验检查合格。

9）仪器、仪表齐备且检定试验合格。

10）从系统调试开始，昼夜24h值班，监护人员认真负责，未发生任何意外或人为事故，除调试人员外，闲人一律禁止进入现场，以防不测，这样做的目的是为了万无一失，一旦有意外，即可查出。

2. 正式送电的时间及程序安排

1）正式送电的时间最好安排在零起升压倒送电的当天，同时应注意天气预报，应选择晴朗无风的天气进行。凡不能按时进行的，最好在正式送电前，再进行一次倒送电试验，做到有备无患、扎扎实实、万无一失。

2）正式送电的程序安排

① 先母线后变压器回路；

② 先站用变压器后主变压器；

③ 先35kV变压器后10kV变压器；

④ 先单台运行后并列运行；

⑤ 闭合回路时，先合隔离开关，后合断路器或负载开关；断开回路时，先分断断路器或负载开关，后分断隔离开关；

⑥ 操作时，先发命令后进行操作；先检查并背诵命令及操作规程，后进行操作，且监护及操作同步；

⑦ 接入变压器回路时，先投高压后投低压；切除回路时，先断开低压后断高压；

⑧ 送出回路时，先投入负载小的回路，后投入负载大的回路；

⑨ 变压器投入后，先空载运行并测试电流，测听声响及检查油路，一切正常后，再投入负载运行；

⑩ 有直控高压电机时，应先试高压电机，后送距离较远的送出回路。

3. 正式送电的组织

正式送电应组织严密，分工明确，责任到人，认真负责、一丝不苟，组织系统见图9-15。

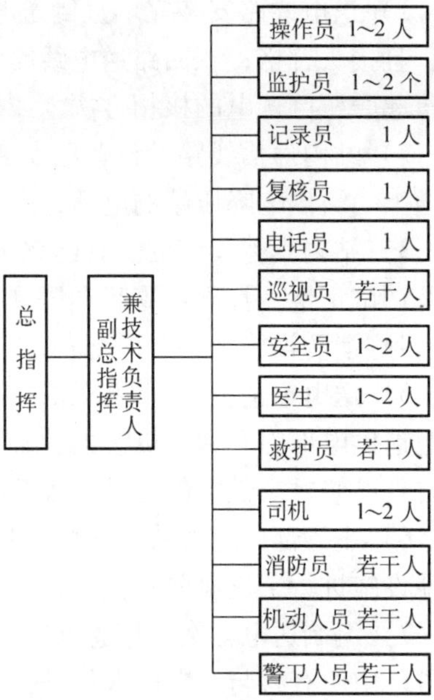

图9-15 送电组织系统图

(1) 总指挥 负责送电试车全部工作，编制送电试车方案，应急预案，人员分工安排，技术及安全交底，发布送电命令，处理事故及技术难题，编制送电申请报告，审核调试及试验记录，与有关部门联系并统筹送电有关事宜，协调有关部门的工作及关系等。

(2) 副总指挥（兼总工程师或技术负责人） 协助总指挥工作，主要负责送电试车的技术工作，必要时接替总指挥的工作。

(3) 操作员 一般设两人，执行总指挥或副总指挥的命令，进行合闸分闸操作或倒闸操作，严格执行操作规程，熟悉系统回路及安全用具的使用，能处理意外事故。

(4) 监护员 一般设两人，执行总指挥或副总指挥命令，监护操作员的操作动作，杜绝误操作及触电发生，复核操作员背诵命令及操作规程，熟悉系统回路及安全用具的使用，配合操作员处理事故。

(5) 记录员 一般设一人，按时顺序记录送电的命令，执行情况，开关分合及倒闸后系统运行情况及送电时发生的一切情况，熟悉系统回路及二次继保装置，能处理紧急事故。

(6) 复核员 一般设一人，复核记录员的记录，配合记录员工作，具备记录员的能力。

(7) 电话员 一般设一人，执行总指挥或副总指挥的命令，负责与供电部门、消防部门及市区有关单位、厂调度及厂内有关部门的通信联系，负责录音电话的处理及保管，并向指挥人员汇报有关电话内容。送电期间除指挥人员外，有权制止或拒绝他人动用电话。

(8) 巡视员 设若干人，负责系统各个部门及回路送电前后的检查、巡视及运行情况，并及时向指挥人员、操作员汇报，能果断处理事故，熟悉系统回路及其安装调试状况，同时按时抄录仪表数值。每投入一个回路或项目，巡视员便立即进入巡视。

巡视员应分段负责，如母线、变压器、隔离开关及油断路器、10kV 开关柜、计量仪表、屏及保护装置、低压系统、高压电动机运行、送至各个车间的电缆头及进户端等。

（9）安全员　一般为 1 ~ 2 人，应由技术高超的有威信的老工人担任，负责整个送电及试运行的安全工作。熟悉安全操作规程、掌握安全用具及防护用品的使用、保管、校验，监督所有人员的命令、操作程序及动作、工作状况，有权制止任何人违反操作规程或安全规程，杜绝事故发生，能果断处理意外事故，熟悉系统部位，制定送电方案中的安全要求及注意事项。

（10）医生　抢救受伤人员，熟练掌握人工呼吸、触电急救、烧伤处理等急救手术及方法，并能按国家劳动保护法规制定防护措施及各类用品的发放，熟练掌握急救药物的服用。

（11）救护员　若干人，协助医生工作并能进行各种急救。

（12）司机　熟练驾车及行车路线，直至急救中心或医院。

（13）消防员　若干人，熟悉掌握电气消防技术及消防用具的使用，果断处理火灾事故的发生。

（14）机动人员　若干人，能协助消防员、救护员工作。

（15）警卫人员　负责电站的保卫工作。

4. 准备工作、注意事项、安全要求请读者参阅“第四章低压动力装置及低压配电室”中“五、送电试车及试运行”中有关内容。

5. 事故处理的原则及方法

送电中可能发生的事故主要有人身触电或烧伤、熔断器熔断、自动开关或断路器掉闸、油开关爆炸或着火、电容器爆炸或着火、变压器爆炸或着火、母线烧断、绝缘子放电或短路以及设备事故伴随的人身触电或烧伤事故等。

人身触电或烧伤主要原因是没有按安全操作规程进行操作或设备故障引起。一切按操作规程执行并做好监护，人身触电或烧伤事故是可以避免的。

熔断器熔断或开关掉闸主要原因是线路或元件本身短路造成的。按照前述章节的内容或方法进行安装调试短路是可以避免的。

设备爆炸着火事故主要原因是设备本身的绝缘降低或损坏以致漏油漏电引起的，有时不排除人为的损坏及安装不当。按照前述章节的内容要求或方法，进行设备的购置、检查、测试、安装、调试、设备事故是完全可以杜绝的。

任何电气事故处理的原则是先断开上一级的断路器或负载开关（这里必须注意不是隔离开关或刀闸）将电源切断，然后进行人身触电或烧伤的救护及电气火灾的灭火。

（1）人身触电或烧伤事故的处理

1）迅速脱离电源。尽快使触电者脱离电源，是抢救的关键。要根据现场、环境、条件，采用最快、最安全的方法使触电者脱离电源，不可惊慌失措。触电者未脱离电源前，抢救者不得用赤手去拉触电者的身体任何部位，以避触电。触电者的位置处于高处时，应采取脱离电源后防止摔跌的措施，以免摔伤。

① 低压触电时脱离电源的方法：

电源开关在附近时，应立即拉闸。

电源开关不在附近时，可用绝缘物，如拉杆将电线挑开。也可穿绝缘靴并站在干燥木板或绝缘垫上，用绝缘绳套在触电者身上，将其拉开脱离电源。

紧急情况下，上述方法不能使用时，应用绝缘钳将电源线单根一一剪断。

② 高压触电脱离电源的方法　高压触电采用的方法基本与低压相同，但是使用的绝缘杆、物、垫、钳必须符合该高压电源的电压等级，并穿戴相应电压等级的绝缘靴和绝缘手套。

2）现场急救方法

① 对神志清醒、能回答问题，只感到心慌、无力、四肢发麻的症状较轻的触电者，应让其就地休息几小时，同时请医生现场诊断及观察事态发展，并做好抢救的准备工作，必要时可送医院治疗。

② 对神志不清、失去知觉，但呼吸正常的触电者，可将其抬到附近空气清新的干燥暖和的地方，解开衣服，可不做人工呼吸，但必须由医生现场诊治，并做好急救准备工作，随时准备送往医院。

③ 对已失去知觉，呼吸困难或逐渐微弱的触电者，应立即进行人工呼吸，同时医生速到现场急救，迅速驱车送医院，在途中不得停止人工呼吸和急救措施。

④ 对呼吸、脉搏和心跳都已停止的重触电者，应立即进行人工呼吸和胸外心脏按压手术。绝对禁止听心音、量血压而延误时间。医生立即进现场急救，同时迅速驱车送医院，途中不得停止人工呼吸、胸外心脏按压及急救措施。

⑤ 现场急救必须做好以下工作：

解开衣扣、松开裤带，用耳贴在触电者胸部仔细听有无心音或用医务听诊器测听，如没有，应立即进行胸外心脏按压。

检查并清除触电者口腔内的食物或呕吐物，有假牙者要立即取出。检查触电者呼吸道和喉头有无分泌物，如有应立即用口吸出。

用头发或毛絮放在触电者鼻孔处，确认是否呼吸，如无呼吸，应立即进行口对口的人工呼吸；如果心跳、呼吸都停止，要同时进行胸外挤压和口对口人工呼吸。

⑥ 电弧烧伤的处理。对于不危及生命的轻度外伤，可放在触电急救之后处理；对于严重外伤，应与人工呼吸和胸外心脏按压同时处理，如伤口出血应予以止血，为了防止感染，要进行包扎，同时立即送医院急救。

⑦ 用药要求。这里要注意，任何药物都不能代替人工呼吸和胸外心脏按压等急救方法，只是协助急救。

进行人工呼吸的同时，可用氧气口罩或氧气袋，使触电者恢复正常呼吸机能。或者酌情用以适量的呼吸中枢兴奋剂或克拉明。

进行人工呼吸和心脏按压的同时，对于心脏确已完全陷入停顿，可辅以微量适中的（由医生掌握）肾上腺素，增强心肌张力和兴奋性，刺激心脏起搏点和扩张营养心脏的冠状血管，可利于心脏复跳。使用肾上腺素必须在医生指导下且应慎重使用。

（2）熔断器熔断或开关自动跳闸的处理　这类故障均为短路或开关本身故障引起。故障发生后不得再次合闸，应找出短路点或查出开关本身的故障点，经修复后才能再度合闸。

（3）电气火灾灭火方法

1）先切断电源。切断电源的方法基本同人身触电断电方法相同，但必须注意以下几点：

①火灾发生后，由于着热烟熏，开关设备的绝缘强度下降，在拉闸时必须用相应电压等级的绝缘工具操作。

②断电时必须操作断路器或负载开关，断电的范围要选择适当，以免因为断电而影响灭火工作。

③剪断电源时，非同相间应错开断电的部位，以免相间断路；断开架空线时，应在电源方向的支持绝缘物附近，以免剪断的导线落下来，造成接地短路或触电事故。

2）灭火方法。合理选择灭火器具，二氧化碳、四氯化碳、二氟一氯一溴甲烷（1211）、二氟二溴甲烷或干粉灭火机（包括灭火剂），可用于带电灭火。泡沫灭火不宜带电灭火。采用喷雾水枪，可带电灭火。灭火人员与带电体间要有一定的安全距离。

①充油设备的灭火。一般使用二氧化碳、四氯化碳、1211、干粉灭火。其中使用四氯化碳时应站于上风侧，以免中毒，室内灭火要注意通风。火势很大时，应及时将油泄掉，进入储油池，池内及地上的油火要及时用泡沫灭火机扑灭，同时防止油火流入电缆沟中。

②电动机的灭火。切断电源后，可缓慢转动转子，并用喷雾水、二氧化碳、1211灭火，不得用干粉、砂土灭火。

③电缆灭火。先切断电源，同时切断非着火电缆的电源，关闭沟内隔火门或将电缆沟两端堵死，窒息灭火；也可戴防毒面具、绝缘手套、穿绝缘靴，手提干粉灭火机、1211、二氧化碳灭火机进入沟内直接灭火；沟内灌水也可灭火。电缆灭火时，严禁接触电缆[51]。

6. 送电试车方案的内容

1）送电试车的操作规序及安全操作规程；

2）组织及人员安排；

3）事故处理方法；

4）注意事项；

5）安全要求；

6）有关需要说明的特殊事宜等。

7. 正式送电前的最后检查

变压器在送电试运行前，应进行送电前的最后一次检查，确认其符合运行条件时，方可投入送电运行。检查应在送电前一刻进行，一般不得间隔，如有间隔，必须安排电气人员两人以上监护值班，不得有误，以防不测。检查应由工程师或技师负责，必要时应有建设单位、设计单位、供电部门、生产厂家的技术人员参加。检查项目如下：

（1）变压器的检查

1）变压器本体，冷却装置及所有附件均无缺陷，且不渗油；

2）变压器轮子的制动装置应牢固；

3）变压器顶盖上应无任何遗留杂物；

4）事故排油设施完好；消防设施齐全；

5）储油柜、冷却装置、净油器等油系统上的油门均应打开，油门开启指示及油位指示正确；

6）高压套管的接地小套管应予以接地；电压抽取装置不用时，其抽出端子也应接地；套管顶部结构的密封良好；任何部件应无漏渗油现象；

7）电压切换装置的位置应符合要求；有载调压切换装置远地操作应动作可靠，指示位置正确；消弧线圈的分接头位置应符合整定要求；

8）变压器的相位及线圈的接线组别应符合并列运行要求；

9）温度计指示正确，整定值符合要求；

10）冷却装置试运行正常，联动正确；水冷却装置的油压应大于水压；强迫油循环的变压器应起动全部冷却装置，进行较长时间循环后，放完残留空气。

（2）油断路器的检查

1）本体及操动机构固定牢固，外壳清洁完整；无渗漏油现象，且油位正常；

2）电气连接牢固可靠且接触良好；同步性符合要求；

3）断路器及其操动机构联动正常，无卡阻现象；分合闸指示正确；辅助开关动作准确可靠，接点无电弧烧损现象；

4）操动机构箱的密封垫应完整，电缆穿孔应予以封闭。

（3）隔离开关的检查

1）操动机构、传动装置、辅助开关及闭锁装置应安装牢固，动作灵活可靠；位置指示正确；

2）合闸三相同步性符合要求；

3）相间距离及分闸时触头的打开角度或距离符合技术要求。

4）触头接触紧密良好。

（4）互感器的检查

1）外观完整无缺损；

2）无渗漏现象，油位正常；

3）保护间隙的距离符合规定；

4）接线正确，极性符合要求。

（5）避雷器的检查

1）安装支架制作安装符合规定；

2）避雷器外部完整无损，阀型避雷器封口处密封良好；

3）法兰连接处无缝隙；

4）避雷器安装牢固，垂直度符合要求，均压环应水平，接线正确牢固；

5）放电记录器完整无损，密封良好；

6）管型避雷器的倾角和隔离间隙符合技术要求。

（6）电容器的检查

1）电容器组的布置与接线正确并符合产品要求，保护回路完整；

2）三相电容量误差符合允许值的要求；

3）外壳无凹凸或渗油现象，引出端子连接及接线牢固，垫圈、螺母齐全；

4）熔断器熔体的额定电流应符合设计规定；

5）放电回路完整且操作灵活；

6）室内的通风装置运行良好。

（7）母线的检查

1）金属构件的加工、制作、焊接、螺栓连接、安装符合设计要求；

2）各部螺栓、垫圈、开口锁、线夹等零部件应齐全可靠；

3）母线的配制及安装架设符合规定，连接正确，螺栓紧固、接触可靠；相间及对地电气距离符合规定；软母线的垂度符合要求；

4）瓷件应完整清洁；铁件和瓷件胶合处完整，充油套管无渗油现象，油位正常；

5）相色正确完好，接地良好。

（8）成套屏、柜的检查

1）屏、柜的固定、接地可靠，安装清洁整齐；

2）屏、柜上的元件完好，安装位置正确，固定牢固，接线正确牢固；直流屏、UPS柜工作正常；

3）二次接线正确、可靠，标志齐全，清晰整齐；

4）手车推入拉出灵活无卡，机械联锁准确可靠，接触紧密，照明装置齐全；

5）柜内一次设备安装质量符合要求，操作及联动试验动作正确，分合闸试验灵活可靠，接触良好。

（9）电缆的检查

1）电缆规格符合设计规定，排列整齐，无机械损伤，标志牌齐全、正确、清晰；

2）电缆的固定、弯曲半径、距离要求符合要求；

3）电缆头安装牢固，无渗漏现象；

4）电缆沟内无杂物，盖板齐全，防水措施可靠。

（10）接地装置的检查

1）整个接地网外露部分连接可靠，接地线规格符合设计要求，标志齐全明显；

2）设备及构件的接地点连接或焊接可靠；

3）避雷针的安装位置及高度符合设计要求，且接地良好；

4）供临时连接接地线用的连接板的数量和位置符合设计要求；

5）接地网的接地电阻符合设计要求。

（11）其他项目的检查

1）电气设备、屏柜的安装、测试、试验、调试记录齐全，数据真实可靠，签字手续完备且符合要求；

2）电气设备、屏柜的接地符合要求，接地点正确、无漏接、错接点；

3）电气设备、屏柜的油漆层完整无损，相色标志正确；

4）隐蔽工程（接地系统、混凝土杆式支架的基础、埋地电缆及管路等）安装过程中的中间验收资料齐全，签字手续完备齐全；

5）系统无其他不妥。

8. 35kV变电站的送电程序及要点

仅以图9-14为例说明。

1）检查系统所有开关均应在断开位置，主控室直流屏已充电且工作正常。

2）双回路电源均已送电，闭合QS_1和QS_{11}，高压35kV母线得电空载运行，主控室电压指示正常，母线无异常。

仅有一路电源送电，另一路无电时，闭合QS_1或QS_{11}和QS_{22}，将母线投入运行，电压及母线正常。

3）闭合站用变压器回路的QS，然后用高压拉杆闭合跌开式熔断器FU2（先合两个边相，后合中相），站用变首次投入，巡视员注意监视声响、油位、油温，应正常，合闸后空载运行时间不少于10min，主控室二次侧电压应正常。

4）将跌开式熔断器断开（先拉中相，后拉两个边相）使站用变断电，然后进行5次冲击合闸，时间间隔一般为1～3min，变压器应无异常情况。

5）最后一次冲击合闸后，站用变投入运行。

① 闭合直流屏回路开关，直流屏投入运行，应正常，可参阅安装调试的有关项目进行。

② 闭合站用屏其他各回路开关，并使各闸箱的所控回路投入运行，应正常，可参阅"第四章第五节送电试车及试运行"的有关项目进行。

6）闭合QS3、QS4，然后由控制室操作SA转换开关，使QF1合闸，主变T1首次投入，巡视员注意监视声响、油位、油温及主控室各屏及电压应正常，励磁涌流不应引起保护装置动作。首次投入空载运行时间不少于10min。

7）操作SA，使T1断电，然后进行5次冲击合闸，时间间隔一般为1～3min，变压器及系统应无异常。

8）最后一次冲击合闸后，T1主变投入运行。

① 闭合QS5、QS6和QF2使10kV－1段母线投入运行，应正常；

② 分别投入10kV各台高压柜，应正常；

③ 每台柜的负载投入试运行应正常，保护装置动作正确。

9）用6、7、8的程序投入主变压器T2，运行正常。

10）T3投入后，低压系统的投入见第四章第五节的内容。

11）将QF1或QF2断开，闭合QS22系统应无异常，同样断开QS22，应正常。

12）QS22闭合后，两台主变压器并列运行，系统正常。

13）将10kV－1段或10kV－2段母线上的负载断开，闭合QS23，系统运行正常，同样断开QS23，应正常。

14）QS23断合后，将10kV两段母线的负载投入运行应正常。

这里要注意一点，联络开关QS22、QS23的投入和切除断开，只能在一段母线上有负载时进行，而另一段母线上的断路器QF是断开的，也就是不能带负荷投切。

15）系统投入后，可模拟故障发生，继保装置动作应正常，信号正常。

16）正式送电后，应带一定负载（可能的最大负载）运行24h，如不能进入试运行，24h后可将全部负载拉掉，并将T1、T2主变压器切除运行，只保留站用变运行，同时安排值班人员24h昼夜值班，直至交付建设单位进入试运行阶段。

17）清理现场。

七、试运行

1. 试运行的条件

1）正式送电合闸成功，变压器及系统空载或部分负载运行正常。系统带电后，变压器、油断路器、互感器及冷却装置无渗漏油现象，主控室的电气设备及断路器、隔离开关、互感器运行正常，变压器声音、油温、油位正常。

2）供电部门已书面或电话（录音）通知可投入运行。

3）建设单位的运行人员已进入站内并已确定负责人，人员已分工；安装单位已向建设单位的运行人员交底，并已安排人员协助值班运行；运行人员已培训合格，具备一定的处理事故的能力。

4）建设单位已编制各种安全运行制度且有效地贯彻执行，主要制度有：

① 岗位责任制；

② 交接班制度；

③ 巡视检查制度；

④ 试验切换制度；

⑤ 缺陷管理制度；

⑥ 检修验收制度；

⑦ 运行分析制度；

⑧ 技术培训制度；

⑨ 站内保卫制度；

⑩ 电气事故处理规程；

⑪ 本站运行及操作规程等。

5）建设单位已印制抄表记录、运行记录，并规定了记录的要求。

6）建设单位已配齐试验合格的安全用具，如高压拉杆、验电器、绝缘手套、绝缘靴、临时地线、绝缘垫并在操作走廊内铺好橡皮绝缘垫。

7）建设单位已配备足够数量的电气消防器材。

8）建设单位已配齐了警告标牌，如“高压危险”、“有人工作、禁止合闸”等，系统模拟板已能使用。

9）建设单位已配齐了电工常用检修仪表及工具。

10）建设单位、安装单位质检部门、供电部门、设计单位必要时应有设备生产厂家的技术人员对站内的土建工程、安装工程及调试工作进行了验收，安装质量符合国家标准规范的要求，不妥之处已修复并验收合格。

2. 试运行

1）用电话与供电部门联系，允许送电后，即可按正式送电的程序和要求送电，使系统进入空载运行。

2）根据用户的请求可将10kV回路闭合，同时将站内10kV变压器投入运行。

3）送电后运行人员定时或不定时地进行值班巡视，主要有变压器、开关设备、母线、屏柜、互感器、电容器，检查有无异常声响、闪光、气味、油温、油位、振动及电压、电流等。如有异常，应及时报告及处理，必要时接操作规程拉闸。

4）运行值班人员每2h抄表一次，主要有一次、二次电压，各级电流、变压器油温、有功功率、无功功率、环境温度及有无异常现象。

5）试运行值班时每班至少6人，其中包括3名建设单位的人员，带班者应为有经验的技师担任。运行人员应严格按各种制度及安全操作规程进行工作。

6）试运行一般为72h，如甲方需要，可派员协商协助甲方运行。

3. 运行中常见故障的处理

（1）电压不平衡或缺相

1）电压不平衡超过允许范围且严重时，一般由下列原因引起：

① 熔断器松动或接触不良；
② 二次接线松动或接触不良；
③ 电压互感器局部短路；
④ 供电线路故障；
⑤ 电压表不准；
⑥ 供电质量低劣。

2）缺相由下列原因引起：
① 熔断器熔丝熔断；
② 二次接线断开；
③ 电压互感器开路；
④ 供电线路故障或变压器故障；
⑤ 电压表损坏；
⑥ 发电厂或降压站故障。

（2）电流不平衡或缺相

1）电流不平衡一般由以下原因引起：
① 电压严重不平衡；
② 负载不平衡；
③ 电流互感器局部短路；
④ 电流表不准；
⑤ 电流表与互感器不匹配或相与相间不对称；
⑥ 二次回路接线错误。

2）电流缺相由下列原因引起：
① 电压缺相；
② 电流互感器短路或开路；
③ 电流表损坏；
④ 开关触头有一相未接触或一相熔断器熔丝熔断；
⑤ 二次回路断开或接触不良。

（3）熔断器熔断　熔断器熔丝熔断多为短路引起，少数为过载或接触不良发热而烧断。应查明原因后，更换同型号规格的熔丝。

（4）供电线路停电后的处理

1）通知停电情况下，一般应在接到通知后，经厂调度发布减荷命令，逐步在停电前将各路负载减小或关掉。然后将变压站内各路开关拉掉，只留站用变压器。停电后可安排检修作业。

2）突然停电情况下，低压断路器或油断路器跳闸，则应将低压断路器复位到断开位置，将断路器的操作开关复位到预备合闸位置。站用变压器的跌开式熔断器一般不断开。

UPS 投入运行，则应观察系统的断开情况。

用电话向供电部门询问，以便根据停电的时间长短或迟早安排检修作业项目。同时做好送电的准备工作，来电后即可送电。

用电话向受电部门说明情况，受电部门应将低压断路器或少油断路器复位到断开位置，准备来电后合闸。

(5) 电缆头被击穿（俗称放炮）　电缆头放炮多为制作时质量低、漏油、受潮等原因，绝缘强度降低被高压击穿所致。处理时，一般将电缆头及其所连的1m以内的电缆锯断，并判断绝缘良好后重新制作电缆头。

(6) 高压配电装置　运行中的高压配电装置发生异常情况时，值班人员应迅速、正确地进行判断和处理。通常应先将站内设备或线路发生的异常情况报告供电部门，如威胁人身安全或设备时，应先组织人员进行处理，同时向有关部门或上级报告。

1) 10kV送出线路高压开关掉闸时，应按下列规定进行处理：

① 装有一次重合闸而重合未成功者，隔1min后允许再送一次。如试送成功，应及时进行巡视线路，查找事故原因；试送未成功时，应排除故障，方可送电，不得强行送电。

② 装有两次重合闸而重合两次未成功，不允许试送；若重合闸未动作，可试送一次。

③ 无重合闸或重合闸失灵时，可允许手动试送两次，第二次试投与第一次试投掉闸时间间隔为1min。

④ 装有重合闸的开关手动试送前，应解除重合闸。

⑤ 开关掉闸时，严重喷油或开关本身有故障，不得试送。

2) 变压器、电容器及全线为电缆的线路开关掉闸时，不允许试送，待查明故障原因并排除修复后，方可试送。

3) 开关越级掉闸应按下列规定进行处理：

① 分路开关保护动作未掉闸，而造成主变压器或电源总开关掉闸时，应先拉掉所有分路开关，试送主变压器或电源总开关，后送无故障分路开关；故障回路分开关，应查明原因排除故障后，方可试送；

② 分路开关与主变压器或电源开关同时掉闸时，应先拉开无故障的分路开关，先试送主变压器或电源开关，后试送分路开关；

③ 在试送故障分路前，应先检查或校验两级继电保护的配合情况及保护元件的完好性准确性，必要时要重新调整参数。

4) 站内发生全站无电时，应按以下情况进行处理：

① 电源有电

各分路开关的继电保护装置均未动作，应详细检查站内设备，排除故障后方可恢复送电；

分路开关的继电保护装置已动作，不论掉闸与否，可按越级掉闸处理。

② 电源无电

电源开关的继电保护装置已动作而未掉闸时，应立即拉开电源开关，检查站内设备，查明故障点，待故障排除后，试验电源确实有电时，方可恢复送电，或倒闸至备用电源恢复送电；

本站无故障时，可倒闸至备用电源供电，但应先拉开停电线路的开关，后合备用电源的开关。

5) 35kV及以下中性点非直接接地系统发生单相接地时，应按下列规定处理：

① 立即检查站内设备有无接地，在查明站内设备无接地时，可用分路开关按线路的重要程度依次拉闸，当某一回路拉闸后故障即排除即为该回路故障；

② 两台及以上变压器并列发生单相接地时，应先断开母线上的联络开关，以便判断哪段母线系统接地；

③ 应采用开关来断开接地点的电源，禁止使用隔离开关断开接地点电源；

④ 消弧线圈在单相接地情况下，运行时间应以铭牌数据为准，但最长不宜超过2h且上层油温不得超过95℃。

6）高压开关在运行中发生异常现象的处理

① 合闸后，开关内部有严重打火、放电等异常声音，应立即拉闸，停电检查原因；

② 高压油断路器因漏油而严重缺油，应将负载倒闸或停掉负载，停电处理；

③ 高压套管或绝缘子发生闪络、断裂及其他严重损伤时，应立即停电处理；

④ 高压开关分合闸失灵时，一般由下列原因造成：

二次回路熔断器熔丝熔断或接触不良；

二次接线断开或接触不良；

合闸接触器及其触头故障；

直流电压太低；

继电器触点没有断开；

操作开关触头故障；

操动机构分合闸铁心卡住；

操动机构三联板中间连接轴的位置过高或过低；

操作联杆长度不合适；

合闸托架与滚轴不匹配，传动轴杆松脱；

掉闸顶杆太短或铜帽脱落；

液压或气压压力太低等。

7）隔离开关异常运行及处理

① 引线接线处发热变色时，应立即减少负载，并迅速停电进行处理；

② 隔离开关操作费力，不得强行操作，应仔细检查找出卡涩之处，修复后才能操作；

③ 当发生带负载错拉隔离开关时，而刀片刚离刀闸口则有弧光出现时，这时应立即将其合上；如已断开，不得再合；

④ 当发生带负载错合隔离开关时，无论造成事故与否，均不准将错合的隔离开关再错拉开。

8）互感器异常运行及事故处理

① 电压互感器一次侧熔丝熔断而二次侧熔丝完好时，应将隔离开关断开，使互感器退出系统，放电后摇测绝缘电阻，如绝缘良好，可更换合格同规格熔丝后试投，如再次熔断则应进行试验；

② 电压互感器二次侧熔丝熔断，可更换合格熔丝后试投，如再次熔断，应立即查找线路上有无短路现象；

③ 电流互感器发生异常声响，表计指示异常，二次回路有打火现象等异常，应立即停电检查二次侧是否开路或减少负载进行处理；

④ 装有限流电阻或熔断器的35kV及以下电压互感器发生异常现象需要退出运行时，可用隔离开关断开其电源。110kV及以上的电压互感器和不带隔离开关的小车式电压互感器

柜，必须用开关断开故障；

⑤ 瓷套管表面及半导体漆的边缘处发生放电或瓷套管破裂、漏油严重、冒烟等现象，应立即停电处理。

9）消弧线圈异常运行及事故处理

① 系统正常情况下，中性点的位移电压见表9-7；

表9-7　消弧线圈中性点位移电压

系统额定电压	35kV	10kV
中性点位移电压	≤3kV	≤0.9kV

② 系统发生单相接地时，禁止拉开消弧线圈的隔离开关；

③ 系统发生单相接地时，禁止使用消弧线圈盘上的小电流表观察，以免烧毁。

（7）低压配电装置

1）低压母线和设备连接点超过允许温度时，应先迅速拉掉次要负载，然后停下故障或缺陷设备进行检修。如遇异常现象时，除作紧急停电处理时，应报告电气主管部门。

2）各种开关电器触头和接点过热时，应停电断荷后检查触头压力或接触连接点紧固程度，消除氧化层，打磨接点，调整压力，拧紧连接处螺栓。

3）电磁铁噪声过大，应检查铁心接触面是否平整、对齐，有无污垢、杂物、铁锈，短路环是否断裂，电源电压是否过低等，以至采用相应措施。

4）低压电器内部发生放电声响、焦煳冒烟，应立即停止运行，取下灭弧罩或外壳，检查触头接触情况及传动机构，摇测相与相、相与地的绝缘电阻。

5）每相的灭弧罩必须保持完整无损，否则应停止该回路设备，修复后方可使用。

6）接地线损坏或脱落，处理时，应检查是否漏电，并使用绝缘工具进行不停电修理。

7）三相电压发生缺相或电流互感器二次开路，应及时停电进行处理。

8）空气开关发生越级跳闸时应重新整定并检查配合是否正确。

（8）变压器异常运行及处理

1）发现变压器异常运行后（如漏油、油枕内油面高度不够、温度不正常、声音异常、瓷绝缘破损或放电等），应立即组织人员排除，同时报告上级主管部门，并将事故情况记入运行记录。

2）变压器运行中发生以下异常情况时，应立即拉闸停止运行：

① 变压器内部声响很大，且不均匀，有严重的放电声或撞击声；

② 在正常冷却条件下，变压器温度不断上升且不正常；

③ 储油柜喷油或防爆管喷油；

④ 严重漏油致使油面降落于油位计下限刻度；

⑤ 油色变化过甚，油内出现碳质等；

⑥ 套管有严重破损和放电现象。

3）变压器过负载运行超过允许值时，值班人员应及时调整并限制负载。

4）变压器油的温度超过允许限度时，值班人员应判明原因，立即采取办法使其降低，同时检查：

① 温度表是否正常；

② 冷却系统运行是否正常；

③ 通风是否良好；

④ 变压器的负载与冷却介质的温度是否与曲线相符。

若油温升高的原因是由于冷却系统的故障并需停电修理时，应将变压器停下修理；若不停电可修复时，如风扇故障，则应按操作规程进行，并将变压器减荷至无机械冷却时的容量上。

若油温较正常同样负载和冷却温度下高出10℃以上，或变压器负载不变，油温不断上升，且温度计、冷却系统及通风良好正常时，则为变压器内部故障，且保护拒动，这时应立即将变压器停下修理。

5）变压器油位显著降低时，应立即补油，并解除气体继电器所接的掉闸回路，改接至信号回路。变压器加油后，待变压器完全排出空气气泡后，才可将气体继电器接入。加油必须按规程进行，主要是油试验及混油试验，同时注意加油季节，夏季油位在+40℃的位置，冬季在-20℃的位置，春秋宜在+20℃的位置，详见本丛书《变配电装置及变配电所的安装调试》分册。

6）变压器的瓦斯、差动保护同时动作掉闸，未查明原因和消除故障之前，不得送电；轻瓦斯动作于信号后，应查明原因。

7）气体继电器信号动作的原因，一般是因空气浸入变压器内或油位降低，或由于二次回路的故障，或变压器故障而产生少量气体，或由于发生穿越性短路而引起。如变压器外部无故障，则应鉴定继电器内积聚的气体性质。气体如为无色无臭而不可燃的，变压器仍可继续运行；如为可燃气体，必须停下变压器，仔细查找原因。检查气体是否可燃时，不得将火柴靠近继电器顶端，一般在其上面50~60mm处。

如不为空气侵入所致，则应取油样检查油的闪光点，若闪光点较原记录降低5℃以上时，则说明变压器内部有故障，必须将变压器停下。

如为油内剩余空气析出而致，则应放出继电器内聚积的空气，并注意这次信号与下次信号动作的时间间隔。若时间间隔逐次缩短，说明开关即将跳闸。

8）信号和开关同时动作或仅开关动作，一般是由于变压器内部发生严重故障、油面下降太快或保护装置二次回路有故障。

9）气体继电器动作原因及故障性质的判断可按表9-8中所列进行。

表　9-8

故障现象	原因及判断
气体多	故障大
气体少	故障小
气体无色无臭、不可燃	动作原因是油中分离出来的空气所致
气体可燃	动作原因是变压器内部故障
气体发黄不易燃烧	本质材料故障
气体为淡灰色且带强烈臭味可燃者	纸或纸板故障
灰色、黑色易燃烧	油故障

10）变压器开关掉闸后，如检查证明不是由于内部故障引起，则故障消除后可重新投入运行，否则应进行外部检查。

11）变压器发生火灾，应立即将所有开关和隔离开关拉开，并将备用变压器投入运行。并同时进行灭火，方法及器材见前述送电的内容。

若变压器的油溢在变压器顶盖上着火，则应打开变压器下部的放油阀放油，使油面低于着火处。

12）变压器的一次熔丝熔断后，应进行停电检查。检查内容包括外部有无闪络、接地、短路及过载现象，放电后摇测绝缘电阻。

（9）电容器的异常运行与事故处理

1）当电容器发生下列故障之一者，应立即退出运行：

① 电容器发生喷油、爆炸或起火；

② 电容器瓷套管发生严重的放电闪络；

③ 电容器内部或放电设备有严重的异常声响；

④ 接线处严重过热或熔化等。

2）电容器组的开关掉闸后，不准强送。保护熔丝熔断后，应查明原因，更换熔丝后方可送电。电容器组因内部元件故障掉闸后，在未拆除故障电容器前，严禁重新合闸送电。

3）电容器组发生故障需拆除时，各相应均衡拆除，以保持三相平衡，否则应立即更换同型号规格经试验合格的电容器。

4）电容器组发生事故进行处理时，先对全组电容器进行人工放电，其次对每台电容器进行逐个放电，然后才能进行作业。

5）装有功率因数自动补偿控制器的电容器组，当自动装置发生故障时，应立即退出运行，而且把电容器组的自动投切改为手动，避免电容器组因自动装置故障而频繁投切，以致损坏。

（10）过电压保护装置的异常现象和缺陷处理

1）管形避雷器有下列情况之一时，应退出运行：

① 绝缘管的纵向裂纹大于其长度的1/3时；

② 绝缘管有烧伤痕迹时；

③ 绝缘管终端堵头不牢固或漆层有严重裂纹时。

2）在雷雨时，因避雷器瓷质裂纹而造成闪络，但未引起系统永久性接地，在可能条件下应将故障避雷器停用。

3）阀形避雷器在运行中突然爆炸，但未造成系统永久性接地或危及系统安全运行时，可在雷雨过后，拉开故障相的隔离开关，更换合格的避雷器。若已引起系统永久性接地，则禁止用隔离开关操作停用故障避雷器。

4）当发现避雷器内部有异常音响或瓷套有炸裂而引起系统接地故障时，应避免靠近。一般用断路器或人工接地，断开故障。

5）当发现动作记录器内部烧黑、烧毁或接地引下线接点处有烧痕、烧断等现象时，应对避雷器做电气特性试验并解体检查，同时更换记录器。

6）阀形避雷器瓷套有裂纹且无备品更换时，可在裂纹深处涂绝缘漆和环氧树脂以应急处理，然后安排更换合格的避雷器。

（11）继电保护装置与自动装置的异常运行与事故处理

1）保护装置动作而引起开关跳闸后，应检查保护装置动作情况并查明原因。恢复送电前，必须将保护装置所有的掉牌信号全部复位，通常应由两人进行。

2）发现表计指针指示异常，如电流冲击摆动、电压下降等，应立即检查信号装置，如光字牌等，以判明是否发生故障。

3）差动保护装置动作，若为引线故障、电流互感器或二次回路等原因造成，经处理后，变压器可继续投入运行。

4）气体保护装置动作，若不能明显判断是变压器内部故障时，应立即收集气体继电器内聚积的气体，并判定其性质，见表9-8。

5）分析继保动作时，应注意以下几点：

① 保护装置动作时，系统有关部分的运行方式；

② 故障发生的时间、部位、顺序、延续时间、故障种类及其事故的现象；

③ 开关跳闸、合闸的顺序和因之引起运行方式的变化；

④ 故障发生时，系统中出现了哪些不正常现象，如振荡、电压及频率的变化、负载的失去等；

⑤ 故障前后有功和无功负载的情况；

⑥ 故障时，哪些保护装置的动作引起了跳闸，哪些保护装置虽已动作，但未引起跳闸；

⑦ 必要时，可对保护装置进行校验或整定，这样可找出保护装置本身存在的缺陷；

⑧ 继电器的接线及二次回路有无错接或松动等。

（12）电气火灾的灭火　请读者参阅本丛书《电气工程安全技术及实施》分册有关内容。

4. 线路及设备故障处理时的安全技术措施

处理线路及电气设备的故障时，必须有可靠的安全技术措施，这些措施是电气工作人员必须遵守的，这些措施也是长久以来从实践中总结且修改完善的，并被实践证明是正确的。这些措施包括停电、验电、放电、装设临时接地线、悬挂警告标志牌、装设临时遮栏等。

（1）停电　是指将发生事故的线路或设备的电源拉闸，使其断电。停电应注意以下几点：

1）将事故的线路和设备停电，必须把电源进端和出端两端的开关都断开，禁止只在断开电源的线路和设备上作业。

2）必须拉开隔离开关（刀闸），使各方面至少有一个明显的断开点，与停电线路或设备有直接联系的变压器、电压互感器，必须从高低压两侧断开，以防反送电。

3）将断路器或自动开关操作回路的熔断器断开，如为气动或液动，则应将气门或油门关掉，以及将气动操作回路与大气联通。

4）当开关和相应的继保装置同时修理时，应将跳闸线圈在开关处解开，以防保护装置试验时误合闸。

5）断开的隔离开关操作手把必须锁住，对一经合闸就可送到停电设备或线路的开关操作手柄必须锁住。

6）修理作业时，正常活动范围内不得有带电体；作业人员正常活动的空间位置，对带电体必须保持足够的安全距离，见表9-9。

表9-9 作业人员在工作中，正常活动范围与带电设备的安全距离

电压等级/kV	安全距离/m
10以下	0.7
35	1.0
110	1.50
220	3.00

7）当安全距离达不到时，如其他带电体能停电且不影响其他回路或设备运行时，则应将其他带电体停电；如不能停电，则可在作业地点和带电部分之间，加装牢固、可靠的绝缘遮栏。否则，不得进行作业。

（2）验电 是指验证停电后的线路或设备是否带电，只有经验证确实无电时，才允许进行作业。验电应注意以下几点：

1）验电时必须使用电压等级相应、事先在电压等级相应的带电体上试验合格良好且在校验周期以内的验电器（包括操作杆）。

2）高压验电必须戴合格的高压绝缘手套。35kV及以上的电气设备在没有合格验电器时，可使用高压绝缘拉杆验电，当拉杆顶端逐渐靠近带电体时，可根据端部有无火花和放电的“噼啪”声来判断有无电压。操作要求同上。

低压验电可用试电笔进行，要求同1）。

3）验电时，必须在电气设备进出线两侧各相分别进行；同杆架设多层电力线路时，应先验低压，后试高压；先验下层，后验上层。

4）表示设备断电的常设信号或标牌、表示允许进入间隔的闭锁装置信号、接入的电压表等，指示无压，只能作为参数，不能作为设备无电的依据，必须用验电器验电。但表计或信号装置指示有电，在未查明原因前，禁止在该设备上作业。

（3）放电 是指将被修试的电气设备或线路上剩余的电荷引入大地。放电应使用专用的导线，先将其一端与接地体可靠连接，另一端则利用绝缘拉杆或开关操作，与设备或线路接触，人体不得与放电导线接触。电容器的剩余电荷较多，一般使用专门的放电设备。

（4）装设接地线 是指将被修试的电气设备或线路三相短路后与大地用专用临时接地线（铜辫子）可靠连接。装设接地线应注意以下几点：

1）对于可能送电至停电设备或线路的各方面（包括线路各支路）或停电设备有可能产生感应电压的，都要装设接地线。

2）临时接地线的装设应考虑最大风摆情况下与带电体的安全距离，不得小于表9-10、表9-11中的规定。当有可能产生危险感应电压的情况下，应增设临时接地线。

3）临时接地线应装设在作业地点可以看见的地方；检修部分若分成几个在电气上不相连接的部位（如分段母线用隔离开关或断路器隔开），则各段母线应分别验电和接地；接地线与检修部分之间不应装设开关或熔断器。

4）接地线必须使用专用的线夹固定在导体上，禁止用缠绕的方法接地或短路连接。接地线应用多股软裸铜线，其截面积应符合短路电流热稳定的要求，最小不得小于25mm²。使用时应按不同的短路电流来选择，因此接地线必须有明确的编号。

5）装设接地线必须由两人进行，装有接地刀闸的线路或设备应用接地刀闸接地。装设接地线必须先接接地端，后接线路或设备端，拆除时与之相反。装拆接地线时，必须使用绝缘棒、戴绝缘手套和穿绝缘靴，其电压等级应与设备或线路相应。

6）装拆临时接地线，必须做好记录，交接班时应交待清楚，以免误操作。

表9-10　架空电力线路对建筑物水平和垂直最小间隔距离　　（单位：m）

项　　目	线路额定电压/kV		
	0.22~0.38	1~15	20~35
在最大弧垂时的垂直距离	2.5	3	4
在最大风偏时对接近部分的水平距离	1	1.5	3

表9-11　架空导线对地面、水面和公路的最小垂直距离　　（单位：m）

项　　目			线路额定电压/kV		
			0.22~0.38	1~20	35
经过地区跨越项目及距离/m	对地面（水面）	居民区	6	6.5	7
		非居民区	5	5.5	6
		居民密度小、交通困难的地区	4	4.5	5
		不能通航及不能浮运的河湖（冬季至冰面）	5	5	6
		不能通航及不能浮运的河湖的最高水位	3	3	3
	对铁路	标准轨	7.5	7.5	7.5
		窄轨	6	6	6
	对公路和城市道路		6	7	7
	对河流	常年洪水位（至水面）	6	6	6
		至最高航行水位的最高桅顶	1	1.5	2

（5）悬挂警告标志牌　是指在有关部位挂上警告牌，以示人们注意，并按标志牌的内容去做，以防误操作。悬挂警告标志牌应注意以下几点：

1）一经合闸，即可送到作业地点的开关或隔离开关的操作手把上，均应悬挂“禁止合闸，有人工作”的标志牌。如果停电设备有两个断开点串联时，标志牌应挂在最靠近电源的刀闸把手上；对远距离操作的开关和刀闸，标志牌应挂在控制屏的操作手把上；对两地都能操作的开关应分别挂牌。

2）在开关柜内悬挂接地线后，应在开关柜门上挂“已接地”的标志牌。

3）在变配电所外线路上工作，其控制设备在所室内的，则应在控制线路的开关或隔离开关的操作手柄上悬挂“禁止合闸，线路上有人工作”的标志牌。

4）在室内部分停电的高压设备上作业，则应在作业地点两旁间隔和对面间隔的遮栏上以及禁止通行的过道上悬挂“止步，高压危险!”的标志牌。

5）在室外高压电气设备上作业，应在作业地点四周用红绳做好围栏，并在围栏上悬挂数量适当的“止步，高压危险!”的标志牌。

6）在构架上作业，则应在作业地点邻近带电部分的横梁上悬挂“止步，高压危险!”的标志牌。在作业人员上下用的铁架或梯子上，应挂“从此上下!”的标志牌。在邻近其他可能误登的构架上，悬挂“高压危险，禁止攀登!”的标志牌。在作业地点悬挂“在此工作!”的标志牌。

7）标志牌的悬挂和拆除，应按命令或作业规定执行，并有详细记录和交接记录，作业人员不得随意移动。

8）标志牌一般应用木板制作，白漆粉刷，红漆写字。

（6）装设遮栏　是指当高压作业地点与带电体的距离小于表9-12中的规定时，则在作业地点与带电体之间装设临时遮栏，以防作业中造成对高压带电体的危险接近。装设遮栏应注意以下几点：

1）临时遮栏一般用干燥木材、橡胶或其他坚韧的绝缘材料制成且装设牢固。35kV及以下电气设备的临时遮栏，如因特殊需要或现场作业空间不允许，可用绝缘板与带电部分直接接触，这种绝缘板必须具有与带电部分电压等级相应的绝缘性能，并按周期进行耐压试验。

2）一般情况下，临时遮栏与带电体的距离应按表9-12执行。

表9-12　临时遮栏的安全距离最小允许值

电压等级/kV	安全距离/m
10及以下	0.35
35	0.60
110	1.50
220	3.00

3）临时遮栏的设置必须与标志牌配合使用。

4）临时遮栏的设置和拆除，应执行标志牌中7）的规定。

上述6条安全技术实施后，作业人员才允许进入工作面进行作业，并且有监护人。作业必须按操作规程进行，且进行有关试验和测试。

作业完毕且检查无误后，则应按拆除遮栏、取下标志牌、拆下临时接地线的顺序处理作业现场，再经有关人员检查无误特别是有无遗留工具、线头等。必须核对人员和工具，无误后报告负责人，经核实后负责人用电话联系，有关部门允许送电时，才能进行送电，恢复供电。

有关故障处理及安全技术措施详尽内容请参阅本丛书《电气工程安全技术及实施》分册相关内容。

八、110kV变电所系统调试

110kV变电所与35kV变电所的最大不同是电压高、系统控制保护复杂，特别是引入微机继电控制系统后更为复杂。但是复杂的东西是由简单的东西组成的，只要单体测试试验正常且接线正确无误即可进行系统调试。

（一）系统调整试验

110kV系统调整试验与35kV变电所基本相同，应先进行准备工作、调整试验前的检查、编制系统调整试验计划；第二步进行室外电气设备及线路、母线的分段测试和试验，室内设备的调整和试验；第三步进行控制、继保二次回路的检查、试验、调整及模拟试验；第四步应进行零起升压倒送电试验（由站用变倒送220/380V）；第五步进行防雷、接地、周边建筑物照明、火灾报警、通信、供水空调等相关项目的检查调试，并经三方验收合理，只有上述条件均具备的时候，才算调整试验完毕，才可以进行下一步的并网试验及并网送电。

系统调整试验、并网送电是一项复杂、细致、烦琐的技术工作、组织工作和管理工作，作为项目经理、电气工程技术人员，必须在工程实践中磨炼进而掌握这项工作。

前面我们对35kV变电所系统调试、送电及试运行已经有了详细的讲述，这里我们将其归纳起来，就是系统调整试验、送电试运行计划（方案）。施工组织设计是用文字的形式将电气工程的开工准备到竣工验收全过程进行的描述，作为项目经理或电气工程技术人员应考虑严密，计划周全，做到万无一失。

变配电工程系统调整、试验、送电试运行计划的主要内容一般应有以下几点：

1. 准备部分

1）全套图样和相关标准规范；

2）安装、调试记录；

3）仪器、仪表、工具、材料、备品、备件；

4）天气预报及气候条件；

5）临时电源；

6）交通工具、通信工具、安全用具、防护用品、医护设施等；

7）应急方案及其所用设施；

8）与电力部门联系，确定日期、报送方案；

9）与建设单位、照明单位、电力部门沟通协商，确定调试、送电日期和相关事宜；

10）作业现场布置等。

2. 技术质量部分

1）室外电气部分及相关部分的检查，细小到螺栓的紧固、垫片、焊点、除锈、油漆、镀锌、几何尺寸、水平度、垂直度、角度等应符合规范要求。

2）室内电气部分及相关部分的检查，基本同上，要细小到标牌、端子标号、线束等，应符合规范要求。

3）对照图样查线，室内到室外、室内对室内、室外对室外，每个点、每条线必须保证接线正确牢固，并用布话机核实。

4）设备元件调整试验并与安装时的调整试验记录对比，结果应符合规范要求。

5）清除设备、元件、线路上的灰迹、油污、斑点、尘埃，进一步发现有无缺陷。

6）室内外设备分段测试，主要有绝缘电阻、耐压试验、泄漏电流、变压器油试验、开关分合试验、直流电阻、接地电阻、电压比等，并与原记录对比，结果应符合要求。

7）控制/继保的调整试验及整定，并与原始记录对比应符合要求。

8）控制屏、保护屏、测控屏临时通电试验确定合闸程序及要求，应符合要求。

9）倒送电试验，确定合闸程序及要求。

10）其他检查和试验。

3. 组织部分

1）上述各个项目的分工并责成主要负责人和操作人员，规定操作程序和注意事项及要求。

2）确定上述各个项目的日程安排，并由技术负责人交底，提出质量要求。

3）确定安全负责人、安全要求及安全方案、设施、器具等。

4）确定总负责人，规定作业纪律、要求、规定操作质量标准、技术要点，规定操作信号和标准用语等。

5）确定监护员、操作员、记录员、复核员、巡视员、安全员以及为其服务的医生、救护员、消防员、警卫人员和后勤服务人员等，规定其责任范围、协作范围等。

6）确定注意事项、安全要求等。

4. 管理部分

1）确定作业时间、纪律。

2）做好调整试验，检查记录，至少有两人签字。

3）操作人员、检查人员向子项目负责人负责，子项目负责人向总负责人负责，层层落实责任。

4）做好保卫工作。

5）保存原始记录、存档。

6）人员必须是对工作认真负责、兢兢业业且技术较高的人员。

7）单独设置分项工程质量检查员，对各个分项进行检查验收，层层把关。

8）室内中心控制室、室内35kV设备、室外变压器、室外开关分别由四个安全员和四个质量核查复检员对所辖工作负责。

（二）并网试验及并网试送电

前述要求及内容均已做好就已具备并网条件，同时做以下工作：

1）与电网沟通并汇报升压站安装调试情况，提出书面并网申请。派相关人员实施核查电网后，初步确定并网日期。

2）并网前测试电压、相序、频率，必须与电网的一致，一般应在一周时间保持平稳。

3）并网日期内除上述三项参数外再用同步表分别接于电网和110kV出线端，在电压、相序、频率相同的时间内，两个系统同步时即可合闸并网。

4）并网后应试运行144h。

5）加强运行监视和维护工作。

九、变配电装置调试、送电前质量标准及检验方法

变配电装置调试、送电及试运行前应进行质量检查，这里将变配电装置安装调试质量标准及检验方法列出，供读者在工作中参照执行，见表9-13～表9-83。其工程中有关低压电器部分质量标准及检验方法见表4-19～表4-45。

表9-13 干式变压器的安装

工序	检验项目		性质	质量标准	检验方法及器具
设备检查	外壳及附件	铭牌及接线图标志		齐全清晰	观察检查
		附件清点		齐全	对照设备装箱单检查
		绝缘子外观		光滑，无裂纹	观察检查
	铁心检查	外观检查		无碰伤变形	观察检查
		铁心紧固件检查		紧固，无松动	用扳手检查
		铁心绝缘电阻	主要	绝缘良好	打开夹件与铁心接地片用绝缘电阻表检查
		铁心接地	主要	1点	观察检查
	绕组检查	绕组接线检查	主要	牢固正确	扳动检查
		表面检查		无放电痕迹及裂纹	观察检查
		绝缘电阻	主要	绝缘良好	检查试验报告
	引出线	绝缘层		无损伤、裂纹	观察检查
		裸露导体外观	主要	无毛刺尖角	
		裸导体相间及对地距离	主要	按GB 50149—2010规定	对照规范检查
		防松件	主要	齐全、完好	扳动检查
		引线支架		固定牢固、无损伤	
本体附件安装	本体固定			牢固、可靠	用扳手检查
	温控装置		主要	动作可靠，指示正确	扳动及送电试转
	风机系统			牢固，转向正确	
	相色标志			齐全、正确	观察检查
接地	外壳接地			牢固，导通良好	扳动且导通检查
	本体接地				
	温控器接地			用软导线可靠接地，且导通良好	观察及导通检查
	风机接地				
	开启门接地				

表 9-14　1600kV · A 及以下油浸变压器的安装

工序	检验项目		性质	质量标准	检验方法及器具
基础安装	制作及布置			按设计规定	对照图样检查
	与预埋件连接			牢固	观察检查
本体就位	位置			按设计规定	对照图样检查
	与基础配合			牢固	扳动检查
附件安装	气体继电器安装	密封及校验	主要	良好、合格	检查试验报告
		继电器安装		水平、标志方向正确	观察检查
		连通管升高坡度		按制造厂规定	对照厂家规定检查
		连通管插入箱盖深度		与箱盖内表面平齐	试装检查
	安全气道安装	管道导通性		畅　通	观察检查
		膜片外形	主要	完整、无变形	
		法兰密封		无渗漏	
	温度计安装	插孔内介质及密封		同箱内绝缘油良好、严密	观察检查
		测温包毛细管导通		弯曲半径大于 50mm	
	吸湿器安装	与储油柜连接		牢固、密封	观察检查
		油封油位		在油面线处	
		吸湿剂		干燥	
	压力释放阀安装	阀盖及升高座内部		清洁、密封良好	观察检查
		电触点动作		准确	仪器检查
		绝缘水平		良好	绝缘电阻表测试
整体检查	箱体及附件	铭牌及接线图标志		清晰	观察检查
		油　漆		完整	
		附件安装		无短缺，完好	
		散热片		无变形	
		密　封		无渗油	
		油　门		无漏油	
	引出线端子	瓷　套	主要	清洁，无机械损伤，无裂纹	观察检查
		结合面		紧固、无渗油	
		与导线连接	主要	紧固、端子不受外力	操作检查
	电压切换装置	接点分断情况	主要	手感明显	观察检查
		装置密封		无渗油	
		指示位置和标识	主要	符合运行规定	对照运行规定
	温度控制器指示			正常	观察检查
	绝缘油	试　验	主要	合格	检查试验报告
		油　位	主要	正常	观察检查
其他	中性点接地			按设计规定	对照设计图检查
	基础及本体接地			分别接地，且接地牢固导通良好	观察检查

表9-15　中等以上容量油浸变压器本体安装

工序	检验项目		性质	质量标准	检验方法及器具
基础安装	预埋件			按设计规定	对照设计图样检查
	基础水平误差			<5mm	用U形管或水准仪检查
	轨道间距误差			<5mm	用尺测量
就位前检查	密封性能	充气运输气体压力		0.01～0.03MPa	检查压力表
		带油运输		不渗油，顶盖螺栓紧固	观察检查
	油绝缘性能			标准规定值	检查试验报告
本体就位	套管与封闭母线中心线		主要	一致	用尺及经纬仪检查
	滚轮装配	滚轮安装		能灵活转动	扳动检查
		制动器安装		牢固，可拆	
	支墩与变压器及预埋件连接			牢固	观察检查
	本体接地		主要	牢固，导通良好	
	冲击值和次数			按制造厂规定值	对照厂家规定检查
其他	油箱顶部定位装置			无变形，无开裂	观察检查

表9-16　中等以上容量油浸变压器的检查

工序	检验项目		性质	质量标准	检验方法及器具
器身外观	器身各部位		主要	无移动	观察检查
	各部件外观		主要	无烧伤、损坏及变形	
	各部位绑扎措施			齐全、紧固	扳动检查
	绝缘螺栓及垫块		主要	齐全、无损坏，且防松措施可靠	用扳手检查
	绕组及引出线绝缘层		主要	完整，包缠牢固紧密	观察检查
铁心	铁心接地		主要	1点，连接可靠	观察检查
	铁心绝缘		主要	用绝缘电阻表加压1min，不闪络	用绝缘电阻表检查
绕组	裸导体	外观		无毛刺、尖角、断股、断片、拧弯	观察检查
		焊接		满焊，无脱焊	观察检查
	高压应力锥			完好	观察检查
	油路（有围屏者除外）			无异物，畅通	
	均压屏蔽罩（500kV高压侧）			完好，无损伤	
	线圈固定检查		主要	固定牢固	手指摇动检查
	绕组绝缘		主要	不低于出厂值的70%	用2500V绝缘电阻表检查
电压切换装置	连接			可靠	观察检查
	开关触头	清洁度、弹力		无锈蚀、油污且弹性良好	扳动检查
		接触	主要	可靠，塞尺塞不进	用0.05mm×10mm塞尺检查
		对应位置		正确、一致	操动检查
	部件装配			齐全、正确	观察检查
	无励磁分接开关	操作杆长度		三相一致	观察检查
		转动器		动作灵活，密封良好	
	有载调压分接开关	开关动作顺序	主要	正确，切换时无开路	仪表测量
		切换开关密封		良好	观察检查
其他	强油循环管与下轭绝缘接口密封			良好	观察检查
	各部位清理		主要	无杂物、污迹、屑末	
	阀门动作			开闭灵活，指示正确	操动检查
回罩	法兰连接			紧固，螺栓受力均匀；结合面无渗油	观察并用力矩扳手检查
	器身暴露在空气中的时间		主要	符合GB50147—2010的规定	记录实际值

表 9-17　中等以上容量油浸变压器附件的安装

工序	检验项目				性质	质量标准	检验方法及器具
高压套管安装	套管及电流互感器试验				主要	合格	检查试验报告
	升高座安装	外观检查	接线端子			牢固，无渗漏油	观察检查
			放气塞			升高座最高处	
		安装位置				正确	观察检查
		绝缘筒装配				正确，不影响套管穿入	
		法兰连接				紧密	
	套管安装	套管检查				清洁，无损伤，油位正常	观察检查
		法兰连接螺栓			主要	齐全，紧固	用力矩扳手检查
		引出线安装	穿线			顺直、不扭曲	观察检查
			220kV	应力锥		在均压罩内，深度合适	
			500kV	均压球		在均压屏蔽罩内间距 15mm 左右	用尺检查
				等电位铜片		连接可靠	扳动检查
			引线与套管连接		主要	连接螺栓紧固，密封良好	观察并用力矩扳手检查
低压套管安装	套管检查					清洁，无损伤	观察检查
	法兰连接				主要	连接螺栓紧固	用力矩扳手检查
电压切换装置	无励磁分接开关	传动连杆				回装正确，转动无卡阻	转动检查
		指示器				密封良好	观察检查
	有载调压开关	分接头位置与指示器指示			主要	对应，且联锁、限位正确	操动检查
		油室密封				良好	观察检查
储油柜安装	内部检查					清洁、无杂物	触摸、观察
	胶囊或隔膜					无变形、损伤，且清洁	观察检查
	胶囊或隔膜气密性				主要	无泄漏	缓慢充气试验
	胶囊口密封					无泄漏，呼吸通畅	观察检查
	油位计检查					反映真实油位	
吸湿器安装	连通管					无堵塞、清洁	观察检查
	油封油位					在油面线处	
	吸湿剂					颜色正常	

（续）

工序	检验项目		性质	质量标准	检验方法及器具
安全气道安装及压力释放阀安装	内部检查			无杂物、污迹	观察检查
安全气道安装及压力释放阀安装	隔膜			完好	观察检查
安全气道安装及压力释放阀安装	隔膜与法兰连接		主要	严密，不与大气相通	观察检查
安全气道安装及压力释放阀安装	隔膜位置触点			动作准确，绝缘良好	试灯、绝缘电阻表
安全气道安装及压力释放阀安装	释放器压力	位置		正确	观察检查
安全气道安装及压力释放阀安装	释放器压力	阀盖及弹簧	主要	无变动	观察检查
安全气道安装及压力释放阀安装	释放器压力	电触点检查		动作准确，绝缘良好	检查试验报告
气体继电器安装	校验		主要	合格	检查试验报告
气体继电器安装	继电器安装			位置正确，无渗漏	观察检查
气体继电器安装	连通管升高坡度		主要	便于气体排向气体继电器	观察检查
温度计安装	温度计校验			制造厂已校验	查校验报告
温度计安装	插座内介质及密封			与箱内油一致，密封良好	观察检查
温度计安装	测温包毛细导管			无压偏、死弯，弯曲半径大于50mm	观察检查
冷却器安装	外观检查			无变形，法兰端面平整	观察检查
冷却器安装	密封性试验		主要	按制造厂规定	检查记录
冷却器安装	支座及拉杆调整		主要	法兰面平行、密封垫居中不偏心受压	观察检查
冷却器安装	潜油泵			结合面严密	观察检查
冷却器安装	流速、差压继电器			按制造厂规定	对照厂家规定检查
冷却器安装	风扇			牢固，叶片无变形	观察检查
冷却器安装	阀门动作			操作灵活，开闭位置正确	操动试验
冷却器安装	外接管路			内壁清洁，流向标志正确	观察检查
净油器安装	内部检查			清洁，无杂物、污迹	观察检查
净油器安装	滤网检查		主要	完好	观察检查
净油器安装	吸湿剂			白色不透明	观察检查
其他	耐油绝缘导线			排列整齐，保护措施齐全	观察检查
其他	接线箱盒			牢固，密封良好	观察检查
其他	控制箱安装			牢固	扳动检查

表 9-18　中等以上容量油浸变压器注油及密封试验

<table>
<tr><th>工序</th><th colspan="2">检验项目</th><th>性质</th><th>质量标准</th><th>检验方法及器具</th></tr>
<tr><td rowspan="15">变压器注油</td><td colspan="2">绝缘油试验</td><td>主要</td><td>合格</td><td>检查试验报告</td></tr>
<tr><td colspan="2">油温（220kV 及以上变压器）</td><td></td><td>高于器身温度</td><td rowspan="2">用温度计检查</td></tr>
<tr><td colspan="2">器身温度</td><td></td><td>>20℃</td></tr>
<tr><td colspan="2">真空度</td><td>主要</td><td>按制造厂规定</td><td>对照规范检查</td></tr>
<tr><td colspan="2">注油前真空保持时间</td><td></td><td>按制造厂规定</td><td>检查记录</td></tr>
<tr><td colspan="2">注油（循环）速度/（L/min）</td><td></td><td>按制造厂规定</td><td>用流量计检查</td></tr>
<tr><td colspan="2">注油过程检查
（220kV 及以上变压器）</td><td></td><td>按制造厂规定</td><td>观察检查</td></tr>
<tr><td colspan="2">注油后真空保持时间</td><td></td><td>按制造厂规定</td><td>对照规范检查</td></tr>
<tr><td rowspan="2">油位检查</td><td>油标指示</td><td rowspan="2">主要</td><td>正确</td><td rowspan="2">观察检查</td></tr>
<tr><td>油标指示与储油柜油面高度</td><td>按制造厂规定</td></tr>
<tr><td rowspan="4">500kV 变热油循环器</td><td>净油设备出口油温/℃</td><td></td><td>按制造厂规定</td><td rowspan="2">用温度计检查</td></tr>
<tr><td>油箱内温度/℃</td><td></td><td>按制造厂规定</td></tr>
<tr><td>循环时间/h</td><td></td><td>按制造厂规定</td><td>检查记录</td></tr>
<tr><td>热油循环后油质试验</td><td>主要</td><td>合格</td><td>检查试验报告</td></tr>
<tr><td rowspan="3">整体密封试验</td><td colspan="2">试验压力/MPa</td><td></td><td>按制造厂规定</td><td>检查压力表</td></tr>
<tr><td colspan="2">试验时间/h</td><td></td><td>按制造厂规定</td><td>检查记录</td></tr>
<tr><td colspan="2">所有焊缝及结合面密封</td><td>主要</td><td>无渗漏</td><td>观察检查</td></tr>
</table>

表 9-19　中等以上容量油浸变压器整体检查

<table>
<tr><th>工序</th><th colspan="2">检验项目</th><th>性质</th><th>质量标准</th><th>检验方法及器具</th></tr>
<tr><td rowspan="19">变压器整体检查</td><td colspan="2">铭牌及接线图标志</td><td></td><td>齐全，清晰</td><td rowspan="7">观察检查</td></tr>
<tr><td colspan="2">所有附件安装</td><td></td><td>正确，牢固</td></tr>
<tr><td colspan="2">油系统阀门</td><td></td><td>打开，且指示正确</td></tr>
<tr><td colspan="2">变压器外观</td><td></td><td>清洁，顶盖无遗留物</td></tr>
<tr><td colspan="2">分接开关位置及指示</td><td></td><td>符合运行要求位置指示正确</td></tr>
<tr><td colspan="2">油位</td><td>主要</td><td>正常</td></tr>
<tr><td colspan="2">测温装置</td><td></td><td>指示正确</td></tr>
<tr><td colspan="2">气体继电器</td><td>主要</td><td>模拟试验良好</td><td>模拟试验检查</td></tr>
<tr><td colspan="2">冷却装置</td><td></td><td>试运良好，联动可靠</td><td>观察检查</td></tr>
<tr><td colspan="2">事故排油消防设施</td><td>主要</td><td>完好，投运可靠</td><td>投运检查</td></tr>
<tr><td colspan="2">试验项目</td><td>主要</td><td>合格，无漏项</td><td>检查试验报告</td></tr>
<tr><td colspan="2">整体密封</td><td>主要</td><td>无渗油</td><td rowspan="2">观察检查</td></tr>
<tr><td colspan="2">相色标志</td><td></td><td>齐全，正确</td></tr>
<tr><td rowspan="5">接地</td><td>铁心和夹件接地引出套管</td><td></td><td rowspan="2">牢固，导通良好</td><td rowspan="2">扳动且导通检查</td></tr>
<tr><td>高压套管末屏</td><td></td></tr>
<tr><td>电流互感器备用二次端子</td><td></td><td>短路后可靠接地</td><td rowspan="3">观察检查</td></tr>
<tr><td>本体及基础</td><td></td><td>牢固，导通良好</td></tr>
<tr><td>引线与主接地网连接</td><td></td><td>牢固，导通良好</td></tr>
<tr><td colspan="2">孔洞封堵</td><td></td><td>严密</td><td>观察检查</td></tr>
</table>

表9-20 电抗器安装

<table>
<tr><th>工序</th><th colspan="2">检验项目</th><th>性质</th><th>质量标准</th><th>检验方法及器具</th></tr>
<tr><td rowspan="2">基础安装</td><td colspan="2">相间中心距离误差</td><td></td><td>≤10mm</td><td rowspan="2">用尺检查</td></tr>
<tr><td colspan="2">预留孔中心线误差</td><td></td><td>≤5mm</td></tr>
<tr><td rowspan="7">支柱绝缘子安装</td><td colspan="2">外观检查</td><td>主要</td><td>清洁，无裂纹</td><td rowspan="3">观察检查</td></tr>
<tr><td colspan="2">瓷铁浇装连接</td><td>主要</td><td>牢固</td></tr>
<tr><td colspan="2">找平用钢垫片检查</td><td>主要</td><td>固定</td></tr>
<tr><td rowspan="3">绝缘硬纸板或橡胶垫片（电抗器叠装时）</td><td>位置</td><td>主要</td><td>在绝缘子顶帽上</td><td rowspan="2">观察检查</td></tr>
<tr><td>大小</td><td></td><td>与顶帽相同</td></tr>
<tr><td>厚度</td><td></td><td>≤4mm</td><td>用尺检查</td></tr>
<tr><td colspan="2">螺栓连接</td><td></td><td>紧固</td><td>用扳手检查</td></tr>
<tr><td rowspan="10">电抗器安装</td><td rowspan="2">外观检查</td><td>混凝土支柱</td><td>主要</td><td>无损伤、裂纹</td><td rowspan="2">观察检查</td></tr>
<tr><td>绕组</td><td>主要</td><td>清洁，无破损、变形</td></tr>
<tr><td colspan="2">垂直安装三相中心线</td><td></td><td>一致</td><td>用尺检查</td></tr>
<tr><td rowspan="3">绕组绕向</td><td>三相垂直排列</td><td>主要</td><td>中间相与上下两相相反</td><td rowspan="3">观察检查</td></tr>
<tr><td>两相重叠，一相并列</td><td>主要</td><td>重叠两相相反，
另一相与上面一相相同</td></tr>
<tr><td>三相水平排列</td><td>主要</td><td>三相相同</td></tr>
<tr><td colspan="2">连接螺栓</td><td></td><td>齐全，紧固</td><td>扳动检查</td></tr>
<tr><td rowspan="2">接线端子与母线连接</td><td>连接</td><td></td><td>按 GB 50149—2010 规定</td><td>对照规范检查</td></tr>
<tr><td>螺栓材料</td><td>主要</td><td>非磁性金属材料
（额定电流≥1500A 时）</td><td>用磁铁检查</td></tr>
<tr><td colspan="2">磁性材料各部件</td><td></td><td>固定牢固</td><td>扳动检查</td></tr>
<tr><td rowspan="3">支柱绝缘子接地</td><td colspan="2">叠装</td><td></td><td>底层可靠接地</td><td rowspan="2">扳动且导通检查</td></tr>
<tr><td colspan="2">独立安装</td><td></td><td>每相均可靠接地</td></tr>
<tr><td colspan="2">接地线连接</td><td>主要</td><td>不构成闭合环路</td><td>观察检查</td></tr>
<tr><td rowspan="2">其他</td><td colspan="2">电抗器风道检查</td><td>主要</td><td>通畅</td><td>观察检查</td></tr>
<tr><td colspan="2">阻波器内部电容器及避雷器检查</td><td></td><td>完整，连接及固定可靠</td><td>扳动检查</td></tr>
</table>

表 9-21　干式互感器的安装

工序	检验项目		性质	质量标准	检验方法及器具
本体检查	铭牌标志			完整、清晰	观察检查
	外观		主要	完整、无损伤	
	二次接线板	引线端子		连接牢固	扳动检查
		绝缘检查	主要	绝缘良好	检查试验报告
	电磁比及极性检查		主要	正确	检查试验报告
互感器安装	极性方向			三相一致	观察检查
	接线端子位置			在维护侧	
	等电位弹簧	固定	主要	牢固	扳动检查
		与母线接触	主要	紧密可靠	
	零序电流互感器铁心与其他导磁体间		主要	不构成闭合磁路	观察检查
	所有连接螺栓			齐全，紧固	用扳手检查
接地	外壳接地			牢固可靠	扳动并导通检查
	电流互感器备用二次绕组接地		主要	短路后可靠接地	

表 9-22　油浸式互感器的安装

工序	检验项目		性质	质量标准	检验方法及器具
本体检查	铭牌标志			完整，清晰	观察检查
	瓷套外观		主要	完整，无裂纹	
	密封检查		主要	无渗漏	观察检查
	油位			正常	
	呼吸孔检查		主要	无阻塞	
	二次接线板	引线端子		连接牢固	观察检查
		绝缘检查	主要	绝缘良好	检查试验报告
	电压比及极性检查		主要	正确	检查试验报告
互感器安装	极性方向			三相一致	观察检查
	隔膜式储油柜	隔膜检查	主要	完好	观察检查
		顶盖螺栓检查		齐全，紧固	用扳手检查
	电容式电压互感器	组件编号	主要	按制造厂规定	对照厂家规定检查
		组件间接触面		无氧化层，并涂有电力复合脂	观察检查
	均压环	外观检查		清洁，无损坏	观察检查
		与瓷裙间隙		均匀一致	
	所有连接螺栓			齐全，紧固	用扳手检查
接地	外壳接地			牢固可靠	扳动并导通检查
	分级绝缘及电容式电压互感器接地		主要	按制造厂规定，接地可靠	
	电容式电压互感器末屏及铁心接地		主要	牢固，导通良好	
	电流互感器备用二次绕组接地		主要	短路后可靠接地	
其他	相色标志			齐全，正确	观察检查

表 9-23　(变压器名称编号) 变压器运输冲击记录

变压器型号		额定电压/kV		接线方式	
额定容量/(MV·A)		额定电流/A		冷却方式	
短路阻抗(%)		调压方式		油重/t	
制造厂家		出厂编号		出厂日期	

变压器运输和装卸过程中冲击记录值：

注1：冲击记录仪应在变压器就位后，方可拆下；

注2：应附厂家冲击记录仪的记录复印件；

注3：如变压器未装设冲击记录仪，应在此注明，并应填写变压器外观检查结果

表 9-24　(变压器名称编号)变压器破氮前氮气压力检查记录

变压器型号		额定电压/kV		接线方式	
额定容量/(MV·A)		额定电流/A		冷却方式	
短路阻抗(%)		调压方式		油重/t	
制造厂家		出厂编号		出厂日期	

检　查　项　目

	各　阶　段		气体压力值/MPa	环境温度/℃	检查日期	检查人
油箱内气体压力	到达现场时					
	保管期间	第1次检查				
		第2次检查				
		第3次检查				
		第4次检查				
		第5次检查				
		第6次检查				
		第7次检查				
		第8次检查				
		第9次检查				
	破氮前					

表 9-25　(变压器名称编号)绝缘油试验记录

变压器型号		额定电压/kV		绝缘油牌号	
额定容量/(MV·A)		额定电流/A		油总重/t	
冷却方式		绝缘油批数		绝缘油桶数	
制造厂家		出厂编号		出厂日期	

（续）

绝　缘　油　验　收				
批　次	桶　数	出厂试验报告编号	抽样桶数	抽样分析报告份数
		（后附）		（后附）
		（后附）		（后附）

绝缘油试验报告登记表

试验项目	注油前	报告编号	冲击前	报告编号	冲击后	报告编号
简化分析 或全分析			—		—	
色谱分析	—					
微水含量 /(μg/g)			—		—	
含气量(%)					—	

表 9-26　（变压器名称编号）气体继电器检验记录

变压器型号		额定电压/kV		冷却方式	
额定容量 /(MV·A)		额定电流/A		调压方式	
制造厂家		出厂编号		出厂日期	
气　体　继　电　器					
变压器气体继电器 型　号　规　格		管路内径/mm		报告编号	
调压开关气体继电器 型　号　规　格		管路内径/mm		报告编号	
（附气体继电器检验报告）					

表 9-27 （变压器名称编号）变压器检查（隐蔽）签证

变压器型号		额定电压/kV		接线方式	
额定容量/(MV·A)		额定电流/A		冷却方式	
短路阻抗(%)		调压方式		油重/t	
制造厂家		出厂编号		出厂日期	
检查日期		气象条件		环境温度/℃	
相对湿度(%)		检查方式		铁心暴露时间	
开始放油或排气时间			开始抽真空时间		

检 查 记 录

检查项目	检查结果	检查项目	检查结果	检查项目	检查结果
临时支撑是否拆除		器身无位移		螺栓是否紧固	
螺栓防松措施		绝缘螺栓		铁心有无变形	
绝缘部件		铁心对地绝缘		铁心点接地点数	
铁轭螺杆与铁心绝缘		铁轭与夹件绝缘		螺杆与夹件绝缘	
铁轭钢带对铁轭绝缘		铁心屏蔽绝缘		绕组排列	
绕组引出线绝缘包扎		油路		引出线裸露部分	
引出线焊接良好		引出线绝缘距离		出线与套管连接	
切换装置连接		分接头接触		分节开关操作	
触点位置		油箱底部			

检查结论：

（经检查，该变压器器身未发现缺陷、异常）

表 9-28 （变压器名称编号）冷却器密封试验签证

变压器型号		额定电压/kV		冷却方式	
额定容量/(MV·A)		额定电流/A		油重/t	
制造厂家		出厂编号		出厂日期	
冷却器组数		试压介质			

冷却器密封试验

检查项目	各组冷却器检查结果									
	1	2	3	4	5	6	7	8	9	10
油系统试验压力/MPa										
油系统承压时间/min										
水系统试验压力/MPa										
水系统承压时间/min										
承压下检查结果										
冷却器试压后循环冲洗										

试验结论：

（经对该变压器的全部 组冷却器，分别进行承压试验，未见渗漏。冷却器内部已用合格的绝缘油冲洗干净，可以安装）

表 9-29　(变压器名称编号)真空注油及密封试验签证

变压器型号		额定电压/kV		接线方式	
额定容量/(MV·A)		额定电流/A		冷却方式	
短路阻抗(%)		调压方式		油重/t	
制造厂家		出厂编号		出厂日期	

真空注油记录内容

气象条件			环境温度/℃	
相对湿度(%)			变压器接地	
抽真空	储油柜是否隔离		安全气道是否隔离	
	真空度允许值/kPa		真空度保持值/kPa	
	真空保持时间/h		器身温度/℃	
真空注油	绝缘油温度/℃		绝缘油耐压强度/kV	
	绝缘油 tanδ 值(%)		油中微水含量/(μg/g)	
	注油速度(L/min)		油面距油箱顶/mm	
热油循环时间/h			排气方法	
注油后静止时间/h				
排气次数			密封试验压力/MPa	
密封试验持续时间/h			器身外观检查	

表 9-30　(变压器名称编号)变压器带电试运签证

型　　号		额定电压/kV		接线方式	
额定容量/(MV·A)		额定电流/A		冷却方式	
短路阻抗(%)		调压方式		油重/t	
制造厂家		出厂编号		出厂日期	

带电前设备及系统检查

检　查　项　目	检查结果
变压器已命名，外观清洁，油坑内的卵石大小符合要求	
本体、冷却装置等附件无缺陷，制动装置固定牢靠	
变压器中性点、本体、轨道等已与接地网可靠连接	
储油柜、冷却装置、净油装置等油系统上的阀门已全部打开	
控制箱、端子箱内清洁，电缆牌齐全，孔洞封堵严密	
变压器相位、相色正确，分接头位置符合运行要求	
测温指示仪表已校验、储油柜油位正常	

（续）

检　查　项　目	检查结果
变压器全部电气试验合格，保护装置已校验并按要求整定	
所有操作及联动试验正确，冷却装置已经试运正常	
变压器各部位残留空气已排完	
事故排油设施、火灾报警及灭火喷淋装置已验收	
带电后运行状态检查	
检　查　项　目	检查结果
年　月　日　时　分开始，对变压器进行5次冲击合闸试验	
变压器音响	
保护投入率	
保护动作情况	
表计及信号指示	
年　月　日　时　分开始，变压器带电运行24h	
对变压器本体、附件等所有连接面及焊缝检查，无渗漏油	

带电试运结论：（本变压器于　年　月　日　时　分～　年　月　日　时　分，带电试运24h，设备及控制、保护、信号等系统工作正常）

表9-31　六氟化硫封闭式组合电器基础及设备支架安装

工序	检验项目		性质	质量标准	检验方法及器具
基础检查	相间标高误差		主要	220kV以下：　≤2mm 220kV及以上：≤5mm	用水准仪检查
	同相标高误差		主要	≤2mm	
	同组间 x、y 轴线误差		主要	≤1mm	用经纬仪检查
	断路器各组中相 x、y 轴与电器室 x、y 轴线及其他设备 x、y 轴线误差		主要	220kV以下：　≤3mm 220kV及以上：≤5mm	
	电器室内与室外设备基础标高误		主要	220kV以下：　≤5mm 220kV及以上：≤10mm	用水准仪检查
	电器室 y 轴与室内外设备基础 y 轴误差		主要	≤5mm	用经纬仪检查
	地基表面	相邻基础埋件误差		≤2mm	水准仪检查
		全部基础埋件误差		≤5mm	
支架安装	外观检查			无机械损伤	观察检查
	固定螺栓			牢固	用扳手检查
	接地			牢固，且导通良好	扳动及导通检查
	防腐层检查			完整	观察检查

表 9-32　六氟化硫封闭式组合电器本体安装

工序	检验项目		性质	质量标准	检验方法及器具
设备检查	组合元件及附件			齐全，无损伤、锈蚀	观察检查
	绝缘部件检查			清洁，无受潮、无变形	
	元件接线端子、插接件及载流部分检查			光洁，无锈蚀	
	紧固螺栓			齐全，无松动	
	支架及接地引线			无锈蚀、损伤	
	母线及气室筒内壁		主要	平整，无毛刺	
元件组装	元件表面			洁净，无杂物	观察检查
	盆式绝缘子检查			清洁，无裂纹	
	母线安装	母线外观		清洁，无氧化物、划痕及凸凹不平	观察检查
		条状触指检查	主要	光洁，无锈蚀、划痕	
		触头座检查		清洁，无划痕	
	吸附剂检查			干燥	观察检查
	法兰连接	元件内部检查	主要	清洁，无杂物	观察检查
		密封垫(圈)检查	主要	完好，清洁，无变形	
		密封槽及法兰面检查	主要	光洁、无伤痕	
		法兰连接		导销无卡阻	
		连接螺栓紧固力矩		按制造厂规定	用力矩扳手检查
操动机构检查	操动机构行程			按制造厂规定	对照厂家规定检查
	驱动转矩				
	操动机构动作		主要	准确，可靠	操动试验
	分、合闸指示		主要	正确	
	联锁装置		主要	动作可靠、灵活	观察检查
套管安装	密封槽及法兰表面		主要	光洁、无划痕	观察检查
	密封垫(圈)检查		主要	完好，清洁，无变形	
	连接螺栓紧固力矩			按制造厂规定	用力矩扳手检查
SF_6 气体充注	充气前充气设备及管路检查			洁净，无水分、油污	观察检查
	充气前断路器内部真空度		主要	按制造厂规定	对照厂家规定检查
	密度继电器			报警、闭锁压力值按制造厂规定整定	
	SF_6 气体含水量		主要	按制造厂规定	检查试验报告
	SF_6 气体压力		主要		观察密度继电器
	整体密封试验		主要		对照厂家规定检查

（续）

工序	检验项目	性质	质量标准	检验方法及器具
接地线安装	接地线检查		无锈蚀、损伤	观察检查
	连接方式		螺栓连接	
	连接螺栓	主要	紧固	用扳手检查
	各元件法兰连接处	主要	跨接可靠，导通良好	扳动并导通检查
	接地连接		牢固，导通良好	扳动并导通检查

表9-33 支柱式六氟化硫断路器安装

工序	检验项目		性质	质量标准	检验方法及器具
基础检查	基础中心距离误差			≤10mm	用尺检查
	基础高度误差			≤10mm	用水准仪检查
	预留孔或预埋件中心距离误差			≤10mm	用尺检查
	预埋螺栓中心距离误差			≤2mm	用尺检查
支架安装	与基础间垫铁检查			不超过3片，总厚度不大于10mm，各片间焊接牢固	用尺检查
	支架固定			牢固	扳动检查
机构箱安装	外观检查			完整，无损伤	观察检查
	机构箱固定		主要	牢固	用扳手检查
	接地	连接面检查		接触良好	导通检查
		接地连接	主要	牢固，导通良好	扳动并导通检查
支柱瓷套安装	外观检查		主要	完整，无裂纹	观察检查
	相间中心距离误差			≤5mm	用尺检查
	支柱与机构箱连接	密封圈（垫）检查		完好，清洁，无变形	观察检查
		螺栓紧固力矩	主要	按制造厂规定	对照厂家规定用力矩扳手检查
灭弧室安装	外观检查		主要	清洁，无损伤	观察检查
	吸附剂检查			干燥	对照厂家规定检查
	三联箱与支柱连接	气路连接	主要	正确可靠	观察检查
		传动杆连接	主要	正确可靠	
		密封圈（垫）检查		完好，清洁，无变形	
	密封槽面检查		主要	清洁，无划痕	观察检查
	螺栓紧固力矩		主要	按制造厂规定	对照厂家规定用力矩扳手检查
	导电部分检查		主要	清洁，无损伤，且连接牢固	观察，并用扳手检查

（续）

<table>
<tr><th>工序</th><th colspan="2">检验项目</th><th>性质</th><th>质量标准</th><th>检验方法及器具</th></tr>
<tr><td rowspan="3">均压电容安装</td><td colspan="2">外观检查</td><td></td><td>清洁，无损伤</td><td>观察检查</td></tr>
<tr><td colspan="2">均压电容值</td><td></td><td rowspan="2">按制造厂规定</td><td>检查试验报告</td></tr>
<tr><td colspan="2">安装位置</td><td>主要</td><td>对照厂家规定检查</td></tr>
<tr><td rowspan="17">操动机构</td><td rowspan="2">油箱</td><td>内部检查</td><td>主要</td><td>清洁，无杂质</td><td rowspan="2">观察检查</td></tr>
<tr><td>油位</td><td></td><td>正常</td></tr>
<tr><td colspan="2">连接管路</td><td></td><td>清洁，无渗漏</td><td>观察检查</td></tr>
<tr><td colspan="2">液压油检查</td><td>主要</td><td>标号正确，无杂质</td><td>检查油质合格证件</td></tr>
<tr><td colspan="2">额定油压时液压回路检查</td><td>主要</td><td>无渗漏油</td><td>观察检查</td></tr>
<tr><td colspan="2">预充氮气压力</td><td>主要</td><td>按制造厂规定</td><td>对照厂家规定检查</td></tr>
<tr><td rowspan="2">工作缸活塞杆</td><td>动作检查</td><td>主要</td><td>无卡阻、跳动</td><td rowspan="2">操动试验检查</td></tr>
<tr><td>行程</td><td>主要</td><td>按制造厂规定</td></tr>
<tr><td colspan="2">微动开关动作检查</td><td>主要</td><td>准确可靠，接触良好</td><td>操动试验检查</td></tr>
<tr><td colspan="2">电接点压力表校验</td><td></td><td>合格，联动闭锁压力值按制造厂规定整定</td><td>检查校验报告</td></tr>
<tr><td colspan="2">电气回路绝缘检查</td><td></td><td>绝缘良好</td><td>用绝缘电阻表检查</td></tr>
<tr><td colspan="2">油泵或空压机检查</td><td></td><td>转向正确，无异常现象</td><td>通电试运检查</td></tr>
<tr><td colspan="2">分、合闸线圈铁心动作检查</td><td>主要</td><td>可靠，无卡阻</td><td>操动试验检查</td></tr>
<tr><td colspan="2">辅助开关检查</td><td></td><td>触点无烧损，接触良好</td><td>观察检查</td></tr>
<tr><td colspan="2">加热装置</td><td></td><td>无损伤，绝缘良好</td><td>用万用表及绝缘电阻表检查</td></tr>
<tr><td rowspan="6">SF_6 气体充注</td><td colspan="2">充气设备及管路检查</td><td></td><td>洁净，无水分、油污</td><td>观察检查</td></tr>
<tr><td colspan="2">充气前断路器内部真空度</td><td>主要</td><td>按制造厂规定</td><td rowspan="2">对照厂家规定检查</td></tr>
<tr><td colspan="2">密度继电器</td><td></td><td>报警、闭锁压力值按制造厂规定整定</td></tr>
<tr><td colspan="2">SF_6 气体含水量</td><td>主要</td><td rowspan="3">按制造厂规定</td><td>检查试验报告</td></tr>
<tr><td colspan="2">SF_6 气体压力</td><td>主要</td><td>观察密度继电器</td></tr>
<tr><td colspan="2">整体密封试验</td><td>主要</td><td>对照厂家规定检查</td></tr>
<tr><td rowspan="7">其他</td><td colspan="2">断路器与操动机构联动试验</td><td>主要</td><td>正常，无卡阻</td><td rowspan="3">操作试验检查</td></tr>
<tr><td colspan="2">分、合闸指示</td><td></td><td>与断路器分、合位置对应</td></tr>
<tr><td colspan="2">操作计数器指示</td><td></td><td>正确</td></tr>
<tr><td rowspan="2">控制箱</td><td>零部件检查</td><td></td><td>齐全，完好</td><td>观察检查</td></tr>
<tr><td>接地</td><td></td><td>牢固，导通良好</td><td>扳动并导通检查</td></tr>
<tr><td colspan="2">机构箱及控制箱密封</td><td></td><td>密封良好</td><td rowspan="2">观察检查</td></tr>
<tr><td colspan="2">相色标志</td><td></td><td>正确，齐全</td></tr>
</table>

表9-34　罐式六氟化硫断路器安装

工序	检验项目			性质	质量标准	检验方法及器具
基础检查	基础中心距离误差				≤10mm	用尺检查
	基础高度误差				≤10mm	用水准仪检查
	预留孔中心误差				≤10mm	用尺检查
	预埋螺栓中心距离误差				≤2mm	用尺检查
罐体安装	外观检查				完整，无损伤	观察检查
	在安装面上的水平误差			主要	≤0.5%罐体长度	用水准仪检查
	相间中心距离误差				≤5mm	用尺检查
	固定强度			主要	平稳，牢固	观察，用扳手检查
	接地	螺栓连接面检查			接触良好	导通检查
		与接地网连接		主要	可靠，牢固	扳动检查
	内部检查	触头外观		主要	光洁，镀银层完好	观察检查
		行程	主动触头行程	主要	按制造厂规定	对照厂家规定检查
			主动触头超行程			
		元件装配			位置正确，固定牢固	观察检查
		清洁检查		主要	无灰尘、杂物	
瓷套安装	外观检查			主要	光洁，无裂纹	观察检查
	内部检查			主要	无灰尘、杂物	
	电流互感器试验				合格	检查试验报告
	屏蔽罩检查			主要	清洁，无损伤、变形	观察检查
	导电部分	接线端子安装	接触面外观		光洁，无损伤，并涂有电力复合脂	观察检查
			螺栓紧固力矩	主要	按制造厂规定	对照厂家规定用力矩扳手检查
		导电杆表面			表面涂镀层完整	观察检查
		导电杆与罐体内导电回路连接		主要	位置正确，接触可靠	
	均压环	外观			无损伤、变形	观察检查
		安装位置		主要	正确，固定牢靠	
	与罐体连接	密封垫(圈)检查			完好，清洁，无变形	观察检查
		密封槽面检查		主要	清洁，无划痕	
		连接螺栓紧固力矩		主要	按制造厂规定	对照厂家规定用力矩扳手检查

（续）

工序	检验项目		性质	质量标准	检验方法及器具
手孔盖密封	密封垫(圈)检查			完好，清洁，无变形	观察检查
	密封槽面检查		主要	清洁，无划痕	
	吸附剂检查			干燥	对照厂家规定检查
	连接螺栓紧固力矩		主要	按制造厂规定	按制造厂规定用力矩扳手检查
操动机构	油箱	内部检查	主要	清洁，无杂质	观察检查
		油位		正常	
	液压油检查		主要	标号正确，无杂质	检查油质合格证件
	额定油压时液压回路检查		主要	无渗漏油	观察检查
	预充氮气压力		主要	按制造厂规定	对照厂家规定检查
	工作缸活塞杆	动作检查	主要	无卡阻、跳动	操动试验检查
		行程	主要	按制造厂规定	
	电气回路绝缘检查			绝缘良好	用绝缘电阻表检查
	油泵电动机检查			转向正确，无异常现象	通电试转检查
	分、合闸线圈铁心动作检查		主要	可靠，无卡阻	操动试验检查
	压力开关动作检查		主要	准确可靠，接触良好	
	压力表校验			制造厂已校验	查校验报告
	辅助开关检查			触点无烧损，接触良好	观察检查
	电加热装置			无损伤，绝缘良好	用万用表及绝缘电阻表检查
SF_6气体充注	充气设备及管路检查			洁净，无水分、油污	观察检查
	充气前断路器内部真空度		主要	按制造厂规定	对照厂家规定检查
	密度继电器			报警、闭锁压力值按制造厂规定整定	
	SF_6 气体含水量		主要	按制造厂规定	检查试验报告
	SF_6 气体压力		主要		观察密度继电器
	整体密封试验		主要		对照厂家规定检查
其他	断路器与操动机构联动试验		主要	可靠，无卡阻	操动试验检查
	分、合闸指示			与断路器分、合位置对应	
	操作计数器指示			正确	
	罐体电加热装置检查			无损伤，绝缘良好	用万用表及绝缘电阻表检查
	控制箱	零部件检查		部件齐全，完好	观察检查
		接地		牢固，导通良好	扳动并导通检查
	机构箱及控制箱密封			密封良好	观察检查
	相色标志			正确，齐全	

表9-35　3～35kV真空断路器（接触器）安装与调整

工序	检验项目		性质	质量标准	检验方法及器具
本体检查	外观检查			部件齐全，无损伤	观察检查
	灭弧室外观检查		主要	清洁，干燥，无裂纹、损伤	
	绝缘部件		主要	无变形，且绝缘良好	检查试验报告
	分、合闸线圈铁心动作检查			可靠，无卡阻	操动检查
	熔断器检查		主要	导通良好，接触牢靠	观察及用万用表检查
	螺栓连接			紧固均匀	用力矩扳手检查
	二次插件检查			接触可靠	观察及用万用表检查
	绝缘隔板			齐全，完好	观察检查
	弹簧机构	牵引杆的下端或凸轮与合闸锁扣	主要	合闸弹簧储能后，蜗扣可靠	操动检查
		分合闸闭锁装置动作检查	主要	动作灵活，复位准确、迅速，扣合可靠	
		合闸位置保持程度	主要	可靠	观察检查
导电部分检查	触头外观检查		主要	洁净光滑，镀银层完好	观察检查
	触头弹簧外观检查		主要	齐全，无损伤	
	可挠铜片检查			无断裂、锈蚀、固定牢靠	
	触头行程		主要	按制造厂规定	对照厂家规定检查
	触头压缩行程				
	三相同期				
其他	辅助开关	切换触点外观检查		接触良好，无烧损	观察检查
		动作检查		准确、可靠	操动检查
	手动合闸			灵活、轻便	操动检查
	断路器与操动机构联动		主要	正确，可靠	操动检查
	分、合闸位置指示器检查			动作可靠，指示正确	观察检查
	手车推拉试验		主要	进出灵活	推动检查
	手车接地			牢固，导通良好	扳动并导通检查
	相色标志			正确	观察检查

表9-36　3～330kV屋外少油断路器的安装

工序	检验项目	性质	质量标准	检验方法及器具
瓷套外观检查		主要	清洁，无机械损伤、裂纹	观察检查
导电部分	触头外观检查	主要	洁净光滑，镀银层完好	观察检查
	同相各触头弹簧压力	主要	按制造厂规定	对照厂家规定检查
	铜编织线或可挠软铜片	主要	清洁，无断裂	观察检查

（续）

工序	检验项目		性质	质量标准	检验方法及器具
机械传动装置	机构箱内部			清洁	观察检查
	提升杆绝缘	外观检查		清洁，无损伤、变形，且连接牢固	观察检查
		绝缘电阻	主要	符合标准	检查试验报告
	防松零件外观检查			锁片锁牢，防松螺母拧紧，开口销张开	观察检查
缓冲器	外观检查			清洁，无损坏	扳动检查
	动作检查		主要	灵活，无卡阻	操动试验
断路器附件	油标油位		主要	符合制造厂规定	观察检查
	注、放油阀密封		主要	无渗漏油	
	加热装置	完好性检查		无损伤，绝缘良好	用万用表检查
		绝缘电阻		≥0.5MΩ(对地)	用绝缘电阻表检查
操动机构	操动机构动作		主要	可靠	操作检查
	机构箱密封			完整，无损坏	观察检查
	电缆孔洞处理			封闭良好	
其他	接线端子与母线连接		主要	符合规定	对照规范检查
	断路器整体密封检查		主要	无渗漏油，顶盖及检查孔密封良好	观察检查
	分、合闸位置指示		主要	正确	
	油断路器与操动机构联动		主要	可靠，无卡阻	操动试验
	辅助开关与断路器配合		主要	动作正确，配合可靠	
	相色标志			正确	观察检查
	橡胶密封垫圈		主要	完好，清洁，无变形	
	接地			良好、牢靠	

表 9-37　屋内手车式少油断路器安装

工序	检验项目	性质	质量标准	检验方法及器具
瓷套	外观检查	主要	清洁，无机械损伤、裂纹	观察检查
	与金属法兰浇装连接	主要	粘合密实，牢固	
	螺栓连接		紧固均匀	用扳手检查
灭弧室	外观检查	主要	清洁、干燥，无损伤、变形	观察检查
	部件装配	主要	按制造厂规定	对照厂家规定检查

（续）

工序	检验项目	性质	质量标准	检验方法及器具
导电部分	触头外观检查	主要	洁净光滑、镀银层完好	观察检查
	触头装配	主要	紧固、正确，钨铜合金触头无脱松、裂纹	
	触头弹簧外观检查		完整、齐全	
	触头同心度误差	主要	动触头进出灵活轻快	用专用工具检查
	触头动作检查	主要	接触过程中无卡阻	操动试验
绝缘油油位		主要	在油位计中间	观察检查
传动装置	拐臂回转角度		按制造厂规定	用专用量尺检查
	制动装置		可靠，拆卸方便	操动检查
	连杆和铸件外观检查		清洁、无裂纹，无焊接不良	观察检查
	防松零件外观检查	主要	防松螺母拧紧，开口销张开	观察检查
	零部件外观检查		清洁，齐全，无损伤	
	二次插件	主要	接触可靠	用万用表检查
	辅助开关动作检查	主要	正确、可靠	操动试验
	分、合闸线圈铁心动作	主要	灵活、无卡阻	操动试验
其他	手车推拉		进出灵活	操动试验
	断路器与操动机构联动检查	主要	正常，无卡阻	
	合、分闸位置指示	主要	正确	观察检查
	相色标志			
	接地		牢固、可靠	用扳手检查

表9-38　隔离开关的安装及调整

工序	检验项目		性质	质量标准	检验方法及器具
瓷柱安装	外观检查		主要	清洁，无裂纹	观察检查
	瓷铁胶合处检查		主要	粘合牢固	
	瓷柱与底座平面操作轴间连接螺栓			紧固	用扳手检查
	均压环外观检查			清洁，无损伤、变形	观察检查
导电部分	可挠软连接检查			连接可靠，无折损	扳动检查
	接线端子检查		主要	清洁，平整，并涂有电力复合脂	观察检查
	接触部位检查	触头表面镀银层		完整，无脱落	观察检查
		线接触	主要	塞尺塞不进	用0.05mm×10mm塞尺检查
		接触面宽度≤50mm	主要	≤4mm（塞尺塞入深度）	用0.05mm×10mm塞尺检查
		接触面宽度≥60mm	主要	≤6mm（塞尺塞入深度）	

（续）

工序	检验项目		性质	质量标准	检验方法及器具
传动装置	传动部件	部件安装		连接正确，固定牢靠	观察检查
		操作检查		咬合准确，轻便灵活	操动检查
	定位螺钉调整		主要	可靠，能防止拐臂超过死点	操动检查
	辅助开关检查			动作可靠，触点接触良好	操动检查
	接地刀与主触头间机械或电气闭锁		主要	准确可靠	
	限位装置动作检查		主要	在分、合闸极限位置可靠切除电源	操动检查
	机构箱密封垫检查			完整	观察检查
隔离开关调整	合闸状态	触头间相对位置	主要	按制造厂规定	对照厂家规定检查
		备用行程			
		触头两侧接触压力	主要		
	分闸状态触头间净距或拉开角度		主要	按制造厂规定	对照厂家规定检查
	触头接触时不同期允许值				
	引弧触头与主动触头动作顺序			正确	操动检查
	隔离开关与操动机构联动试验		主要	动作平稳，无卡阻	
接地	底座接地			牢固，导通良好	扳动并导通检查
	机构箱接地				
其他	防松件检查		主要	防松螺母紧固，开口销打开	观察检查
	相色标志			正确，清晰	
	孔洞处理			密封良好	

表 9-39　负载开关安装

工序	检验项目		性质	质量标准	检验方法及器具
阀门及管路	气阀元件外观检查			清洁、无锈蚀、损伤	观察检查
	滑动工作面			薄涂润滑脂	
	密封垫	外观检查	主要	清洁，无扭曲、变形、裂纹和毛刺	
		安装方向		正确	
	气孔及进出气管接口畅通检查			无堵塞	观察检查
	胀圈的张口位置		主要	沿四周均匀分布	
	阀门动作检查		主要	正确可靠，无卡阻	
瓷套	外观检查		主要	清洁，无机械损伤	观察检查
	密封垫检查		主要	完好，清洁，无变形	观察检查
触头	触头外观检查		主要	洁净光滑，镀银层无损伤	观察检查
	插入式触头严密性		主要	塞尺塞不进	用 0.05mm×10mm 塞尺检查
	触头动作检查		主要	灵活、准确，接触中无卡阻、弹跳	观察及检查试验报告

（续）

工序	检验项目		性质	质量标准	检验方法及器具
灭弧室	灭弧室外观检查		主要	清洁、干燥，无损伤变形	观察检查
	导气孔畅通检查			无堵塞	
	接线端子检查	接线端子外观		光洁，无损伤	观察检查
		与灭弧室连接		牢固	扳动检查
		与母线连接		牢固，无外应力	
	并联电阻	外观检查		无损伤、断线、短接	观察检查
		固定连接		牢固	
传动装置	转轴及摩擦部位			清洁，涂有防冻润滑脂	观察检查
	连杆和铸件外观检查		主要	无裂纹及焊接不良	
	防松帽外观检查			防松螺母无松动	用扳手检查
缓冲器	外观检查			清洁，无损伤	观察检查
	固定强度			牢固可靠	
其他	安全阀、减压阀校验		主要	合格，动作正确	检查校验记录
	压力继电器及电触点气压表校验		主要	合格，动作正确	检查校验记录
	辅助开关切换触点检查			接触良好，无锈蚀	观察检查
	电气控制接线			正确，无断线、短接	
	接地			牢固可靠	扳手检查
	金属表面油漆			完整	观察检查

表9-40 避雷器的安装

工序	检验项目		性质	质量标准	检验方法及器具
外观检查	瓷件外观		主要	光洁，完整无裂纹	观察检查
	防爆片检查		主要	无损坏、裂纹且安装时取下	
避雷器安装	金属接触面		主要	清洁，无氧化膜， 并涂有电力复合脂	观察检查
	各节位置			按制造厂规定	对照厂家规定检查
	垂直度				
	相间中心距离误差			≤10mm	用尺检查
	同相串并联组合单元非线性系数误差			按 GB 50150—2006 规定	检查试验报告
	绝缘底座绝缘检查		主要	绝缘良好	
	放电计数器安装检查	外观检查	主要	密封良好	观察检查
		安装位置		三相一致，便于观察	
		动作试验		正确、可靠	检查试验报告
		与避雷器连接	主要	按制造厂规定	对照厂家规定检查
		底座接地	主要	牢固可靠	扳动检查
		计数指示		数字相同	观察检查
	均压环安装			牢固	用扳手检查
	均压环与瓷裙间隙		主要	均匀一致	观察检查

（续）

工序	检验项目	性质	质量标准	检验方法及器具
其他	接线端子与设备连接		牢固、无应力	观察检查
	相色标志		正确，清晰	

表 9-41　电容器及耦合电容器安装

工序	检验项目		性质	质量标准	检验方法及器具
电容器安装	外观检查			完整，无损伤	观察检查
	密封检查		主要	良好，无渗漏油	
	三相电容量允许误差（无设计时）		主要	不大于三相平均电容值的 5%	检查试验报告
	电容器耦合	电容器编号		按制造厂规定	对照厂家规定检查
		顶盖螺栓检查		紧固	用扳手检查
	引线与电容器端子连接			端子无过大横向拉力	观察检查
	与地绝缘的电容器外壳与固定电位连接		主要	牢固	扳动检查
	所有连接螺栓		主要	齐全，紧固	用扳手检查
其他	放电装置检查			回路正确，操作灵活	操动检查
	外壳及构架接地			牢固可靠	扳动检查

表 9-42　电容器组安装

工序	检验项目	性质	质量标准	检验方法及器具
支架安装	支架安装水平误差		≤3mm	用 U 形管或水准仪检查
	支架立柱间距离	主要	≤5mm	钢卷尺测量
	支架连接紧固		1 片垫片不大于 3mm	对照出厂说明书
电容器检查	电容器瓷套管		无掉瓷、无裂纹	外观检查
	电容器套管芯棒		无弯曲、无滑扣	外观检查
	电容器出线铜螺钉垫圈		齐全	外观检查
	电容器外观	主要	无变形、无锈蚀、无裂缝渗油	外观检查
	单支电容器容量检查	主要	符合出厂说明书	电容量表检测
电容器组安装	三相电容量差值	主要	≤5%，应符合设计要求	用电容表整组分相测试
	电容器支架固定及防腐	主要	固定牢固，防腐无剥落	外观检查
	电容器安装及接线		铭牌、编号在通道侧，顺序符合设计，相色完整	外观检查
	电容器接地	主要	牢靠，符合设计	用接地绝缘电阻表检查
附助设备	熔断器安装	主要	排列整齐，倾斜角度符合设计，指示器正确	外观检查
	放电线圈	主要	放电线圈瓷套无损伤，相色正确，接线牢固美观	外观检查
	接地刀闸	主要	操动灵活	外观检查
	避雷器	主要	在线监测仪接线正确	外观检查

表9-43　气体互感器及接地线圈安装

工序	检验项目	性质	质量标准	检验方法及器具
支架安装	支架安装水平误差		≤3mm	用U形管或水准仪检查
	支架立柱间距离	主要	≤5mm	钢卷尺测量
	底座连接		1片垫片不大于3mm，牢固	观察
外观检查	瓷套管		无掉瓷、无裂纹	观察
	出线铜螺钉、垫圈		齐全，连接牢固	观察
	膨胀器检查		符合规定	观察
气体压力检查	气体压力(20℃)		额定值	观察
	报警压力		制造厂规定	试验
	闭锁压力		制造厂规定	试验
出线连接检查			牢固、可靠	用扳手检查
接地检查			牢固、可靠	用扳手检查

表9-44　（设备名称编号）断路器调整记录

型　号		额定电压/kV		额定电流/A	
额定频率		最高工作电压/kV		额定开断电流/kA	
操动机构型号		传动方式		传动载体	
制造厂家		出厂编号		出厂日期	

项　目		制造厂数据	现场测试值	项　目	制造厂数据	现场测试值
灭弧系统调整	工作缸活塞行程/mm			合闸时间/ms		
	分闸时间/ms			三相不同期时间/ms		
断路器内介质工作特性	注气24h后含水量/(μg/g)			工作压力/MPa		
	低压报警压力/MPa			报警解除压力/MPa		
	闭锁压力/MPa			闭锁解除压力/MPa		
操动机构特性试验	储能筒预充压力/MPa			压力母管耐压试验		
	升压泵启动压力/MPa			升压泵停止压力/MPa		
	合闸闭锁解除压力/MPa			合闸闭锁压力/MPa		
	分闸闭锁解除压力/MPa			分闸闭锁压力/MPa		

检查结论：

（该断路器调整试验结果，符合制造厂要求）

表 9-45　(设备名称编号)隔离开关、负荷开关调整记录

型　　号			额定电压/kV		额定电流/A	
额定频率			操动机构方式		操作方式	
制造厂家			出厂编号		出厂日期	
检查调整项目						
拉杆内径与操动机构轴直径间隙/mm			允许值	≤1mm		
			实测值			
相间距离误差/mm				A—B 相间	B—C 相间	
			允许值			
			实测值			
触头调整	动触头插入深度/mm			A 相	B 相	C 相
			允许值			
			实测值			
	备用行程/mm		允许值			
			实测值			
	分闸状态触头间距/mm		允许值			
			实测值			
	不同期值/mm		允许值			
			实测值			

检查结论：

（该隔离开关调整试验结果，符合制造厂要求）

表 9-46　新 SF_6 气体抽样检验记录

产品名称	SF_6 气体	总瓶数		质量证书编号	
生产厂家		出厂日期		检验报告编号	

新 SF_6 气体验收

批次	瓶数	出厂试验报告编号	抽样瓶数	复验报告编号	复验单位

新 SF_6 气体质量标准

项　目　名　称	IEC 376	GB 12022—1989
纯度(SF_6)		≥99.8%
空气(N_2+O_2)	≤0.05%	≤0.05%
四氟化碳(CF_4)	≤0.05%	≤0.05%

（续）

新 SF_6 气体质量标准		
项　目　名　称	IEC 376	GB 12022—1989
湿度(H_2O)	≤15μg/g	≤8μg/g
酸度(以 HF 计)	≤0.3μg/g	≤0.3μg/g
可水解氟化物(以 HF 计)	≤1.0μg/g	≤1.0μg/g
矿物油	≤10μg/g	≤10μg/g
毒性	生物试验无毒	生物试验无毒

注1：进口新气也应抽检，并应符合 IEC 376 标准。

注2：充入封闭式组合电器的每瓶气体，充前都应进行气体湿度测量，湿度超标者不得使用

抽检结论：新进 SF_6 气体　批　　瓶，按比例抽检了　瓶。抽检结果：(见附后的检验报告)

表9-47　封闭式组合电器安装及调整记录

组合电器型号		额定电压/kV		间隔编号	
母线接线方式		布置方式		传动载体	
操动机构型号		传动方式		出厂日期	
制造厂家		出厂编号			

检　查　项　目		检查结果	检　查　项　目	检查结果
外观检查	盘柜密封孔洞封堵		压力表、油位计指示	
	控制开关位置、信号指示		开关分合闸指示	
	波纹管螺栓位置		开关连杆螺栓	
	接地连接		仪表检验	
联锁试验	接地开关与电压互感器		隔离开关与接地开关	
	隔离开关与隔离开关		隔离开关与断路器	
	双母隔离开关倒母线			
试　验　项　目		规定值	测　试　值	试验报告编号
主回路电阻值/Ω				
主回路绝缘电阻最低值/MΩ				
辅助回路绝缘电阻最低值/MΩ				
密度继电器动作值				
密度继电器返回值				
操动机构气源母管耐压试验				
操动机构液压装置启停试验				

表 9-48　封闭式组合电器隔气室气体密封试验记录

序号	回路名称	隔气室名称编号	检漏真空度/Pa			允许值/Pa	测量日期
			真空度 A	真空度 B	真空度 C		

注：1. 该检漏方法是当隔气室真空度达(　　　)Pa 再抽(　　　)min 后停泵，记录此时真空度为 A，间隔(　　　)h 后记录真空度 B，当 $B-A\leqslant$(　　　)Pa 则认为密封性能良好。

2. 当制造厂另有规定时，应以制造厂规定为准

表 9-49　封闭式组合电器隔气室气体湿度检测记录

序号	回路名称	隔气室名称编号	隔气室气体湿度(%)	制造(规范)允许值(%)	测量日期
测量方法					
使用仪表	名称			型号规格	
	编号			使用有效期	

注：SF_6 气体湿度检测必须在充气至额定压力下 24h 后进行，检测时环境湿度不大于 85%。

表9-50 封闭式组合电器带电试运签证

组合电器型号		额定电压/kV		间隔数	
操动机构型号		传动方式		传动载体	
制造厂家		出厂编号		出厂日期	

带电前设备及系统检查

检查项目	检查结果
组合电器各回路、设备已命名编号，外观清洁	
控制柜、端子箱内清洁，电缆牌齐全，孔洞封堵严密	
压力表、油位计指示	
波纹管螺栓位置与制造厂规定对照	
隔气室气体密封试验、隔气室气体湿度检测	
密度继电器动作返回试验	
所有接地点已与接地网可靠连接	
电气试验合格：保护装置已校验并按要求整定	
所有操作、联动及闭锁操作试验正确	
操动机构气源母管耐压试验结果	

带电后运行状态检查

检查项目	检查结果
表计及信号指示	
保护投入率	
保护动作情况	

带电试运行结论：

（ 年 月 日 时 分，对组合电器进行额定电压下空负荷3次冲击合闸试验，冲击试验过程中，一、二次设备工作正常。）

表9-51 电容器组安装签证

产品型号		额定电压/kV		接线方式	
额定容量/Mvar		额定电流/A		出厂日期	
安装位置		生产厂家		产品编号	

检查项目	性质	标准	检查结果		
			A	*B*	*C*
电容器规格核对检查	主要	符合设计			
电容器外观检查	主要	无渗漏凹凸不平			
电容器出线套管芯棒检查	主要	无弯曲滑扣			
电容器外壳间距检测值	主要	符合设计			
母线支线安装检查		符合设计			
熔断器熔丝检查		符合设计指示牌指示正确			
电容器编号检查		清晰一致			
电容器铭牌布置检查		向通道			
放电回路检查	主要	完整			

检查结论：

（经检查该电容器组符合设计及验收评定标准）

表 9-52　组合式油浸电容器安装签证

电容器型号		额定电压/kV		接线方式	
额定容量/Mvar		额定电流/A		出厂日期	
安装位置		生产厂家		产品编号	

检查项目	性质	标准	检查结果
绝缘油试验结果	主要	符合交接试验标准	
设备底座与基础连接	主要	牢固	
器身检查		无变形、无凹凸、绝缘子无破损、无裂纹、无渗漏油、储油柜油位正常	
附件检查	主要	油温计指示正确、压力释放器无渗油	
设备接线		符合设计、美观，三相引线一直，相色正确，套管出线连接紧固	
器身接地	主要	牢固、接地良好	

检查结论：

（经检查该电容器组符合设计及验收评定标准）

表 9-53　电容器带电试运签证

电容器型号		额定电压/kV		接线方式	
额定容量/Mvar		额定电流/A		出厂日期	
安装位置		生产厂家		产品编号	

检　查　项　目	检　查　结　果
设备已命名，外观清洁，电容器油池内卵石符合要求	
本体、压力释放器、冷却装置等附件无缺陷且固定牢靠	
控制箱、端子箱内清洁、孔洞封堵严密	
测温指示仪已校验	
电容器相位、相色正确	
储油柜及冷却装置的阀门已打开，储油柜油位正常	
避雷器在线监测仪安装正确	
接地开关调试完毕，验收合格	
设备接地及接地装置，验收合格，接地电阻符合设计	
电气设备一次试验合格，保护装置已校验并按要求整定	
电容器室通风设施已验收	
带电后运行状态检查	
设备带电后熔断器未熔断	
电容器组各相电流相互间的差值（$\leqslant 5\%$）	

带电运行结论：

（本电容器于　　年　　月　　日　　时　　分，开始对电容器冲击 3 次合闸试验于　　年　　月　　日　　时　　分～　　年　　月　　日　　时　　分带电试运 24h，保护、信号装置等系统工作正常）

表9-54 盘、柜基础安装

工序	检验项目			性质	质量标准	检验方法及器具
基础型钢安装	基础型钢安装允许误差	不直度	每米		<1mm	拉线检查
			全长		<5mm	
		水平度	每米		<1mm	水平尺检查
			全长		<5mm	
	位置误差及不平行度			主要	<5mm	用尺检查
	基础接地点数				≥2点	
	接地连接				牢固，导通良好	扳动并导通检查

表9-55 手车式高压成套配电柜安装

工序	检验项目		性质	质量标准	检验方法及器具
柜体就位找正	间隔布置		主要	按设计规定	对照设计图检查
	垂直度		主要	<1.5mm/m	用铅坠检查
	水平误差	相邻两柜顶部		<2mm	拉线检查
		成列柜顶部		<5mm	
	盘面误差	相邻两柜边		<1mm	
		成列柜面		<5mm	
	柜间接缝			<2mm	用尺检查
柜体固定	螺栓固定			牢固	观察或扳动检查
	紧固件检查			完好、齐全	观察检查
	紧固件表面处理			镀锌	
	振动场所的防振措施			按设计规定	对照设计图检查
柜体接地	底架与基础连接		主要	牢固，导通良好	观察及导通检查
	装有电器可开启屏门的接地			用软铜导线可靠接地	
开关柜机械部件检查	柜面检查			平整，齐全	观察检查
	设备附件清点			齐全	对照设备清单检查
	门销开闭			灵活	操动检查
	柜内照明装置			齐全	观察检查
	手车推拉试验		主要	轻便不摆动	操动检查
	电气“五防”装置			齐全，灵活可靠	操动试验
	安全隔离板开闭			灵活	操动检查

（续）

工序	检验项目		性质	质量标准	检验方法及器具
开关柜电气部件检查	设备型号及规格			按设计规定	对照设计图检查
	设备外观检查			完好	观察检查
	活动接地装置的连接			导通良好，通断顺序正确	操动试验
	电气联锁触点接触			紧密，导通良好	导通检查
	触头检查	动、静触头中心线		一致	观察检查
		动、静触头接触	主要	紧密、可靠	
		动、静触头接触间隙		按制造厂规定	用尺检查
		小车与柜体接地触头接触		紧密、可靠	观察检查
	仪表继电器防振措施			可靠	观察检查
	带电部分对地距离/mm	一次回路		按 GB 50149—2010 规定	对照规范检查
		二次回路		按 GB 50171—2012 规定	

表 9-56　固定式高压成套配电柜安装

工序	检验项目		性质	质量标准	检验方法及器具
柜体就位找正	间隔布置		主要	按设计规定	对照设计图检查
	垂直度		主要	<1.5mm/m	用铅坠检查
	水平误差	相邻两柜顶部		<2mm	拉线检查
		成列柜顶部		<5mm	
	盘面误差	相邻两柜边		<1mm	
		成列柜面		<5mm	
	柜间接缝			<2mm	用尺检查
柜体固定	固定			牢固	扳动检查
	紧固件检查			完好、齐全	观察检查
	紧固件表面处理			镀锌	
	振动场所的防振措施			按设计规定	对照设计图检查
柜体接地	底架与基础连接		主要	牢固，导通良好	扳动并导通检查
	有防振垫的柜体接地			每段柜有两点以上明显接地	观察检查
	装有电器可开启屏门的接地			用软铜导线可靠接地	观察及导通检查
柜体检查	柜面检查			平整、齐全	观察检查
	设备附件清点			齐全	对照设备清单检查
	柜内照明装置			齐全	观察检查
	电气“五防”装置			齐全，灵活可靠	操动试验
	盘柜前后标识			齐全、清晰	观察检查

（续）

工序	检验项目		性质	质量标准	检验方法及器具
开关柜电气部件检查	设备型号及规格			按设计规定	对照设计图检查
	设备外观检查			完好，瓷件无掉瓷、裂纹	观察检查
	电气联锁触点接触			紧密，导通良好	观察并导通检查
	动触头与静触头的中心线		主要	一致	观察检查
	动触头与静触头接触			紧密，可靠	
	仪表继电器防振措施			可靠	
	带电部分对地距离/mm	一次回路		按规范 GB 50149—2010 规定	对照规范检查
		二次回路		按规范 GB 50171—2012 规定	

表 9-57　控制及保护屏台的安装

工序	检验项目		性质	质量标准	检验方法及器具
屏台就位找正	安装位置		主要	按设计规定	对照设计图检查
	垂直度误差		主要	<1.5mm/m	用铅坠检查
	水平误差	相邻两盘顶部		<2mm	拉线检查
		成列盘顶部		<5mm	
	盘面误差	相邻两盘边		<1mm	
		成列盘面		<5mm	
	盘间接缝			<2mm	用尺检查
屏台固定	固定连接		主要	牢固	用扳手检查
	紧固件检查			完好、齐全、紧固	观察检查
	紧固件表面处理			镀锌	
屏台接地	底架与基础间连接		主要	牢固，导通良好	观察并导通检查
	有防振垫的盘接地			每段盘有两点以上明显接地	
	装有电器可开启屏门的接地			用软铜导线可靠接地	
屏台设备检查	盘面检查			平整、齐全	观察检查
	设备及附件检查		主要	按设计规定	对照设计图检查
	设备外观检查			完好，无损伤	观察检查
	电器元件固定			牢固	
	盘上标志			正确齐全、清晰、不易脱色	
	安全距离/mm	电气间隙		按 GB 50171—2012 规定	对照规范检查
		爬电距离			

（续）

工序	检验项目		性质	质量标准	检验方法及器具
小母线安装检查	铜棒或铜管直径			≥6mm	用尺检查
	安装间距	电气间隙		≥12mm	
		爬电距离		≥20mm	
	固定			牢固	扳动检查
	平直度			无局部扭曲	观察检查
	接触面处理			搪锡	
	母线标志			正确清晰、不易脱色	

表 9-58　励磁盘安装检查

工序	检验项目		性质	质量标准	检验方法及器具
盘体就位找正	安装位置		主要	按设计规定	对照设计图检查
	垂直度误差		主要	<1.5mm/m	用铅坠检查
	水平误差	相邻两柜顶部		<2mm	拉线检查
		成列柜顶部		<5mm	
	盘面误差	相邻两盘边		<1mm	
		成列盘面		<5mm	
	盘间接缝			<2mm	用尺检查
盘体固定	固定连接		主要	牢固	用扳手检查
	紧固件检查			完好、齐全、紧固	观察检查
	紧固件表面处理			镀锌	
盘体接地	底架与基础间的连接		主要	牢固，导通良好	观察及导通检查
	装有电器可开启屏门的接地			用软铜导线可靠接地	
盘上设备检查	盘面检查			平整、齐全	观察检查
	设备及附件检查		主要	按设计规定	对照设计图检查
	设备外观检查			完好，无损伤	观察检查
	电器元件固定			牢固	
	盘上标志			齐全、清晰	
	二次回路对地距离/mm	电气间隙		按 GB 50171—2012 规定	对照规范检查
		爬电距离			
自动灭磁开关检查安装	开关固定			牢固	用扳手检查
	操作手柄(或传动杆)开合位置			正确	观察检查
	电动操动机构		主要	动作可靠	操动试验

（续）

工序	检验项目	性质	质量标准	检验方法及器具
自动灭磁开关检查安装	开关跳合闸检查		无卡阻、跳跃	操动试验
	触头外观		清洁，镀银层完好	观察检查
	触头接触面检查		平整，接触紧密	
	有极性开关的触头接线及线圈接线		极性与主回路一致	操动试验
	灭弧栅并联电阻检查		完好	观察并用万用表检查
	灭弧室内绝缘衬件检查	主要	完好，电弧通道畅通	观察检查
	开关机械挂钩	主要	可靠	操动试验
	开关触点通断顺序		正确	操动试验

表 9-59 二次回路检查及控制电缆接线

工序	检验项目		性质	质量标准	检验方法及器具
导线检查	导线外观		主要	绝缘层完好，无中间接头	观察检查
	导线连接（螺栓连接、插接、焊接或压接）		主要	牢固、可靠	螺钉旋具及用手拉
	导线配置		主要	按背面接线图	对照接线图检查
	导线端部标志			清晰正确，且不易脱色	观察检查
	盘内配线绝缘等级			耐压不小于500V	查出厂证明
	盘内配线截面积	电流回路		$\geq 2.5\text{mm}^2$	用线规检查
		信号、电压回路		$\geq 1.5\text{mm}^2$	
		弱电回路		在满足载流量和电压降以及机械强度情况下不小于0.5mm^2	
	用于可动部位的导线		主要	多股软铜线	观察检查
控制电缆接线	控制电缆接引			按设计规定	对照设计图检查
	线束绑扎松紧和形式			松紧适当、匀称，形式一致	观察检查
	导线束的固定			牢固	
	每个接线端子并接线芯数			≤2 根	
	备用芯预留长度			至最远端子处	
	导线接引处预留长度			适当，且各导线余量一致	
	电气回路连接（螺栓连接、插接、焊接或压接）			紧固可靠	螺钉旋具或用手拉
	导线线芯端部弯圈			顺时针方向，且大小合适	观察检查
	导线线芯外观		主要	无损伤	
	多股软导线端部处理		主要	加终端附件或搪锡	
	紧固件配置			齐全，且与导线截面相匹配	
	二次回路连接件		主要	铜质制品	
	导线端部标志		主要	正确、清晰，不易脱色	对照设计图检查
	接地检查	二次回路		设有专用螺栓	观察检查
		屏蔽电缆	主要	屏蔽层按设计规定可靠接地	观察及导通检查
	裸露部分对地距离/mm		主要	按 GB 50171—2012 规定	对照规范检查
	裸露部分表面漏电距离/mm				

表 9-60　支(吊)架安装

<table>
<tr><th>工序</th><th colspan="2">检验项目</th><th>性质</th><th>质量标准</th><th>检验方法及器具</th></tr>
<tr><td rowspan="3">型钢检查</td><td colspan="2">型钢规格</td><td></td><td>按设计规定</td><td>对照设计图检查</td></tr>
<tr><td colspan="2">型钢全长平直度允许误差</td><td></td><td>≤5mm</td><td>用尺检查</td></tr>
<tr><td colspan="2">螺孔及加工面外观</td><td></td><td>圆滑，无变形</td><td>观察检查</td></tr>
<tr><td rowspan="5">支吊架安装</td><td colspan="2">标高误差</td><td></td><td rowspan="4">≤5mm</td><td>用水准仪检查</td></tr>
<tr><td colspan="2">水平误差</td><td></td><td rowspan="3">用尺检查</td></tr>
<tr><td colspan="2">沿走向垂直误差</td><td></td></tr>
<tr><td colspan="2">支架对角线误差</td><td></td></tr>
<tr><td colspan="2">支(吊)架固定</td><td>主要</td><td>牢固可靠</td><td>扳动检查</td></tr>
<tr><td rowspan="3">其他</td><td rowspan="2">油漆</td><td>除锈</td><td>主要</td><td>干净，无锈迹</td><td rowspan="2">观察检查</td></tr>
<tr><td>防腐漆涂刷</td><td></td><td>均匀，无漏刷</td></tr>
<tr><td colspan="2">接地</td><td>主要</td><td>牢固，导通良好</td><td>扳动并导通检查</td></tr>
</table>

表 9-61　保护网栏安装

<table>
<tr><th>工序</th><th colspan="2">检验项目</th><th>性质</th><th>质量标准</th><th>检验方法及器具</th></tr>
<tr><td rowspan="3">型钢检查</td><td colspan="2">型钢规格</td><td></td><td>按设计规定</td><td>对照设计图检查</td></tr>
<tr><td colspan="2">型钢全长平直度允许误差</td><td></td><td>≤5mm</td><td>用尺检查</td></tr>
<tr><td colspan="2">螺孔及加工面外观</td><td></td><td>圆滑，无变形</td><td>观察检查</td></tr>
<tr><td rowspan="4">框架制作</td><td colspan="2">框架焊接</td><td>主要</td><td>牢固，外观工艺符合焊接规范要求</td><td>扳动并观察检查</td></tr>
<tr><td colspan="2">外形尺寸误差</td><td></td><td>≤5mm</td><td rowspan="3">用尺检查</td></tr>
<tr><td colspan="2">对角线互差</td><td></td><td>≤5mm</td></tr>
<tr><td colspan="2">框架不平度</td><td></td><td>≤5mm</td></tr>
<tr><td rowspan="4">网栏安装</td><td colspan="2">网板平面检查</td><td></td><td>无凹凸不平</td><td>用尺检查</td></tr>
<tr><td colspan="2">网眼检查</td><td></td><td>牢固，均匀一致</td><td>扳动检查</td></tr>
<tr><td colspan="2">框架与网板间隙</td><td></td><td>≤5mm</td><td rowspan="2">用尺检查</td></tr>
<tr><td colspan="2">网栏垂直误差</td><td>主要</td><td>≤5mm</td></tr>
<tr><td rowspan="4">其他</td><td rowspan="2">油漆</td><td>除锈</td><td>主要</td><td>干净，无锈迹</td><td rowspan="2">观察检查</td></tr>
<tr><td>防腐漆涂刷</td><td></td><td>均匀，无漏刷</td></tr>
<tr><td rowspan="2">接地</td><td>网栏接地</td><td rowspan="2">主要</td><td>用软导线可靠接地</td><td rowspan="2">扳动并导通检查</td></tr>
<tr><td>框架接地</td><td>牢固，导通良好</td></tr>
</table>

表 9-62　悬式绝缘子串安装

<table>
<tr><th>工序</th><th>检验项目</th><th>性质</th><th>质量标准</th><th>检验方法及器具</th></tr>
<tr><td rowspan="6">外观检查</td><td>规格型号核对</td><td></td><td>按设计规定</td><td rowspan="4">观察检查</td></tr>
<tr><td>瓷件外观</td><td>主要</td><td>光洁，完整无裂纹</td></tr>
<tr><td>瓷铁胶合处检查</td><td>主要</td><td>粘合牢固</td></tr>
<tr><td>连接金具及附件</td><td></td><td>齐全，完好</td></tr>
<tr><td>弹簧销检查</td><td></td><td>弹性充足</td><td>扳动检查</td></tr>
<tr><td>均压环及屏蔽罩检查</td><td></td><td>完整，无变形</td><td>观察检查</td></tr>
</table>

（续）

工序	检验项目	性质	质量标准	检验方法及器具
绝缘子串安装	绝缘子装配前试验	主要	合格	检查试验报告
	连接螺栓、销钉、弹簧销等贯穿方向		一致	观察检查
	球头挂环、碗头挂板及锁紧销间配合		灵活，无卡阻	扳动检查
	连接金具防松措施检查	主要	防松螺母紧固，开口销张开	观察检查
	悬式绝缘子串允许倾斜角度(无设计时)		≤5°	观察检查
	绝缘子串并联时每串所受张力	主要	均匀	
	绝缘子串吊装前整体检查		清洁，装配正确，碗口朝上	

表 9-63 支柱绝缘子安装

工序	检验项目	性质	质量标准	检验方法及器具
外观检查	瓷件外观	主要	光洁，完整无裂纹	观察检查
	瓷铁胶合处检查		粘合牢固，无缝隙	
绝缘子安装	绝缘子底座水平误差	主要	≤5mm	用尺检查
	母线直线段内各支柱绝缘子中心线误差		≤2mm	用尺检查
	叠装支柱绝缘子垂直误差			
	纯瓷绝缘子与金属接触面间垫圈厚度	主要	≥1.5mm	
	绝缘子固定	主要	螺栓齐全，紧固	用扳手检查
接地	接地线排列		方向一致	观察检查
	与接地网连接	主要	牢固，导通良好	扳动并导通检查

表 9-64 穿墙套管的安装

工序	检验项目			性质	质量标准	检验方法及器具
外观检查	瓷件外观			主要	光洁，完整无裂纹	观察检查
	瓷铁胶合处检查			主要	粘合牢固，无缝隙	
套管安装	预留孔径与套管嵌入部分配合				>5mm	用尺检查
	混凝土安装板最大厚度				≤50mm	
	1500A 及以上套管固定钢板				不构成闭合磁路	观察检查
	法兰位置	垂直安装			法兰应向上	
		水平安装			法兰应在外	
	600A 及以上套管	端部金属夹板	夹板材料	主要	非磁性材料	观察检查
			厚度		≥3mm	用尺检查
			与母线等电位连接	主要	牢固可靠	观察检查
	充油套管	密封检查		主要	无渗漏	观察检查
		油位指示		主要	正常	
	连接螺栓			主要	齐全，紧固	用扳手检查
	接地端子及未用的电压抽取端子			主要	可靠接地	扳动并导通检查

表 9-65　矩形母线的安装

工序	检验项目			性质	质量标准	检验方法及器具
母线加工配置	外观检查		表面检查		光洁，无裂纹褶皱	观察检查
			外形检查		平直无变形扭曲	
	螺栓连接面加工		搭接面长度	主要	按 GB 50149—2010 规定	对照规范用尺检查
			搭接面螺孔布置及规格	主要		
			螺孔间中心距误差		±0.5mm	用尺检查
			端面外观		平直、光洁，无尖角毛刺	观察检查
			接触面平直度		平整无局部凹陷	钢尺靠测
			接触面断面减少量	主要	铜 ≤3%，铝≤5%	用游标卡尺检查
	母线弯制		允许最小弯曲半径	主要	按 GB 50149—2010 规定	对照规范用样板检查
			弯曲始点至接头边缘最小距离		≥50mm	用尺检查
			弯曲始点至母线支持器边缘距离		≥50mm；≤0.25 支点间距	
			90°扭弯的扭转长度/mm		2.5～5 倍母线宽	
			弯曲部分外观	主要	无裂纹，无明显褶皱	观察检查
			三相同一断面上的弯曲弧度		一致	用样板检查
			同相多片母线弯曲弧度		一致	观察检查
			相同布置的分支母线各相弯曲弧度			
母线安装	金具安装		金具检查		清洁，无损伤	观察检查
			单相交流母线金具连接	主要	牢固，且无闭合磁路	
			固定装置外观		无尖角、毛刺	
	母线安装		母线平置时母线与支持器上部夹板间隙		1～1.5mm	用尺检查
			母线立置时上部夹板与母线的距离		1.5～2mm	
			母线与支持器间应力检查	主要	无外应力	观察检查
			同相多层母线层间间隙		同母线厚度	用尺检查
			母线在绝缘子上的固定死点		每段设置一个，且在全长或两伸缩节中点	观察检查
	母线连接		支持器与接头边缘距离		≥50mm	用尺检查
			母线间及母线与设备端子连接	主要	无外应力	连接时检查
			搭接面	主要	平整、无氧化膜，镀银层不得锉磨，涂有电力复合脂	观察检查
		端子连接与螺杆形	外观	主要	无弹簧垫	
			平垫圈		铜质搪锡	观察检查
			锁紧螺母		齐全、紧固	
		连接螺栓	与孔径配合		≤1mm	用螺栓检查
			螺栓穿入方向		母线平置时由下向上，其余螺母均在维护侧	观察检查
			防松件外观		齐全、完好、压平	
			紧固力矩		按 GB 50149—2010 规定	对照规范用力矩扳手检查
			螺栓紧固后露扣长度		2～3 扣	观察检查
			相邻垫圈间隙	主要	≥3mm	观察或用尺检查
			伸缩节安装		无裂纹、断股和褶皱现象	观察检查
总体检查	带电体间及带电体与其他物体间距离			主要	按 GB 50149—2010 规定	对照规范用尺检查
	相色及油漆				齐全、正确	观察检查

表 9-66　共箱封闭母线的安装

工序	检验项目		性质	质量标准	检验方法及器具
共箱母线检查	外壳外观			完整、无裂纹、变形	观察检查
	导体	外观		无损伤、裂纹、变形	观察检查
		螺栓连接面检查	主要	光洁、平整，并涂有电力复合脂	
		电缆母线	主要	无机械损伤	
	绝缘子检查	外观检查		光洁，完整，无裂纹	观察检查
		底座连接	主要	螺栓紧固	扳动检查
		绝缘试验		绝缘良好	用绝缘电阻表测量
共箱母线安装	相间距离偏差			≤5mm	用尺检查
	导体伸缩节	伸缩节外观	主要	无局部断裂	观察检查
		螺栓连接面保护层		涂层适量、均匀	
		螺栓紧固力矩	主要	按 GB 50149—2010 规定	对照规范检查
	矩形母线安装		主要	按矩形母线安装规定	对照“矩形母线安装”中有关规定检查
	电缆母线安装		主要	按电缆线路规定	对照“电缆线路”中有关规定检查
	母线长度超过 300～400m 需换位处		主要	不小于一个循环或按设计规定	观察及对照设计图检查
	重型母线与设备间软连接			连接线截面不小于母线截面	用尺检查
	外壳接口组装			牢固，且密封良好	观察检查
	外壳伸缩节	伸缩节密封	主要	良好	观察检查
		伸缩节两端导通连接		良好、牢固	观察及扳动检查
	外壳接地		主要	可靠，全长导通良好	观察及导通检查

表 9-67　全连式离相封闭母线安装

工序	检验项目		性质	质量标准	检验方法及器具
封闭母线检查	各段标志及编号		主要	齐全，清晰	观察检查
	外观检查			无损伤、裂纹、变形	
	导体螺栓连接面		主要	光洁，平整，无损伤	
	绝缘子检查	外观检查		光洁，完整，无裂纹	观察检查
		底座密封	主要	完好	
		绝缘检查	主要	绝缘良好	用绝缘电阻表检查
	外壳内部检查		主要	清洁，无遗留物	观察检查
	电流互感器试验		主要	合格	检查试验报告
封闭母线调整	各段位置			正确	对照图样检查
	外壳纵向间距分配			均匀	用尺检查
	导体与外壳不同心度			≤5mm	用尺或深度尺检查
	对口中心误差			≤0.5mm	用尺检查
	三相母线标高误差			≤5mm	拉线用尺检查

（续）

工序	检验项目		性质	质量标准	检验方法及器具
封闭母线安装	封闭母线焊接	焊接方式	主要	氩弧焊	观察检查
		焊接材料		与母材相同且清洁，无氧化层	
		坡口两侧表面50mm范围内处理	主要	清洁，无氧化层	
		焊后的弯折度	主要	≤0.2%	拉线测量检查
		焊缝加强高度	主要	2～4mm	用尺检查
		焊缝质量检查	主要	按DL/T 754—2001规定	目测或放大镜检查
	导体螺栓连接处连接螺栓紧固力矩值		主要	按GB 50149—2010规定	对照规范用力矩扳手检查
	导体伸缩节检查		主要	无局部断裂	观察检查
	外壳伸缩节密封检查		主要	良好	
	外壳伸缩节两侧连接			牢固，导通良好	
	分段绝缘外壳绝缘措施			完好	
	短路板安装	安装位置		按设计规定	对照图样检查
		与外壳连接		牢固可靠	扳动检查
		接地线规格	主要	按设计规定	对照图样检查
整体检查	焊接后整体油漆			均匀，完整	观察检查
	相色标志			齐全、正确	
	密封性能		主要	按制造厂规定	检查微正压装置运行情况或制造厂要求检查

表9-68　管形母线安装

工序	检验项目		性质	质量标准	检验方法及器具
铝合金管及金具	铝合金管外观检查			光洁，无裂纹	观察检查
	铝合金管口			平整，且与轴线垂直	用尺检查
	铝合金管弯曲度			按GB 50149—2010规定	对照规范检查
	金具检查			光洁，无损伤、裂纹	观察检查
管母线焊接	焊接方式		主要	氩弧焊	观察检查
	焊口尺寸		主要	按GB 50149—2010规定	对照规范检查
	坡口处理	两侧50mm范围内表面处理		清洁，无氧化膜	观察检查
		坡口加工面	主要	无毛刺、飞边	
	对口	弯折偏移		≤0.2%	用尺检查
		中心线偏移		≤0.5mm	
	衬管	纵向轴线位置	主要	位于焊口中央	用尺检查
		与管母线间隙		≤0.5mm	
	焊缝检查	焊缝高度		2～4mm	用尺检查
		焊缝外观	主要	符合DL/T 754—2001规定	观察检查

（续）

工序	检验项目	性质	质量标准	检验方法及器具
管母线安装	金具连接	主要	无闭合磁路	观察检查
	金具固定		平整，牢固	观察检查
	焊口距支持器边缘距离		≥50mm	用尺检查
	母线与滑动式支持器轴座间隙		1～2mm	
	伸缩节外观	主要	无裂纹、断股、褶皱	观察检查
	母线终端防晕装置		表面光滑，无毛刺、凹凸不平	
	三相母线管段轴线		互相平行	观察检查
	均压环及屏蔽罩检查	主要	完整，无变形，且固定牢靠	观察检查
整体检查	带电体间及带电体对其他物体间距离		按 GB 50149—2010 规定	对照规范检查
	母线相色标志		齐全，正确	观察检查

表9-69　软母线安装

工序	检验项目		性质	质量标准	检验方法及器具
导线及金具检查	导线外观		主要	无断股、松散及损伤，扩径导线无凹陷、变形	观察检查
	导线切断口			整齐、无松散、毛刺，并与线股轴线垂直	
	金具型号及规格		主要	与连接导线相匹配	
	金具及紧固件外观		主要	光洁，无裂纹、毛刺及凸凹不平	
	导线与连接线夹接触面处理		主要	清洁，无氧化膜，并涂有电力复合脂	
液压压接	扩径导线与耐张线夹压接		主要	中心空隙填满相应的衬料	观察检查
	导线插入线夹长度		主要	等于线夹长度	
	压接钢模及压接钳检查			规格匹配	
	相邻压接段重叠长度			≥5mm	用尺检查
	压接后检查	压接管弯曲度		≤2%	用尺检查
		压接管表面		光滑，无裂纹、凹陷	观察检查
		管端导线外观	主要	无隆起、松股	
		六角形对边尺寸/mm	主要	≤$0.866D+0.2$ 接续管外径	用尺检查
	压接试件试验		主要	合格	检查试件试验报告
螺栓连接	导线与线夹间铝包带绕向			与外层铝股旋向一致	观察检查
	铝包带露出线夹口长度			≤10mm	用尺检查
	铝包带端口处理			压回线夹内	观察检查
	连接螺栓		主要	紧固均匀，且螺栓露出螺母2～3扣	用力矩扳手检查
	耐张线夹引至设备的母线配置			完整，无断口	观察检查
软母线安装及整体检查	档距内母线配置			无接头	观察检查
	连接金具零件装配			完整，紧固	
	母线弛度误差		主要	−2.5%～+5%（设计温度下）	观测检查
	同档距内三相母线弛度			一致	观察检查
	相同布置分支线弯曲度及弛度				
	跳线和引下线线间及对构架距离		主要	按 GB 50149—2010 规定	对照规范检查
	组合导线	固定线夹间距误差	主要	≤±3%	用尺检查
		固定线夹与导线交角		90°	用角尺检查
		弛度		一致	观察检查
	母线与电器接线端子连接			端子无变形、损坏	观察检查
	可调金具检查			调节螺母锁紧	用扳手检查
	母线相色标志			齐全，正确	观察检查

表 9-70　(　号机组) 离相封闭母线封闭前检查签证

母线材质规格		外壳规格		额定电压/kV	
额定电流/A		冷却方式		介质压力/MPa	
制造厂家		出厂编号		出厂日期	

检查项目	检查结果	检查项目	检查结果
支座安装		母线段就位位置	
母线与外壳中心误差/mm		对口中心偏差/mm	
外壳内表面		母线外表面	
支持绝缘子固定		支持绝缘子表面	
母线对地最低绝缘值/MΩ		电流互感器电气试验	
焊接方式		焊工资格证编号	
焊工资格证有效期		母线焊接工艺评定结果	
短路板位置		伸缩节连接螺栓规格	
伸缩节连接螺栓力矩		母线外壳接地	

检查结论：

（该离相封闭母线经逐段封闭前、封闭后检查，施工质量符合规范要求；焊接质量见后附的“焊接质量验收报告”）

表 9-71　(　号机组) 共箱封闭母线封闭检查签证

母线材质		母线规格		额定电压/kV	
额定电流/A		外壳材质		外壳规格	
制造厂家		出厂编号		出厂日期	

检查项目	检查结果	检查项目	检查结果
箱体内部清洁		母线表面绝缘护套	
支撑绝缘子固定		支撑绝缘子表面	
绝缘子电气试验		电流互感器电气试验	
母线接触面		是否涂有电力复合脂	
母线连接螺栓方向		螺栓露出螺母/扣	
连接螺栓规格		螺栓连接力矩/(N·m)	
母线伸缩节连接		母线相间最低绝缘值/MΩ	
母线对地最低绝缘值/MΩ		外壳接地连接	

检查结论：

（该共箱封闭母线经逐段封闭前、后检查，施工质量符合规范要求）

表9-72 （配电装置名称）kV段高压配电装置母线（隐蔽）检查签证

母线材质		母线尺寸		额定电流/A	
制造厂家		出厂编号		出厂日期	
检验项目		检验结果		备　注	
母线表面漆层或绝缘护套					
绝缘子是否完好并擦拭干净					
母线是否受额外应力					
母线金具是否构成闭合磁路					
母线与上部压板间隙/mm					
母线接头接触面是否平整					
母线接头是否涂有电力复合脂					
母线连接螺栓规格/mm					
抽检螺栓连接力矩值/(N·m)					
母线连接螺母是否均在维护侧					
螺杆露出螺母扣数					
母线伸缩节完好					

检查结论：

（经检查，上列检查项目施工质量符合规范要求）

表9-73 （配电装置名称）V段低压配电装置母线检查签证

母线材质		母线尺寸		额定电流/A	
制造厂家		出厂编号		出厂日期	
检验项目		检验结果		备　注	
母线表面漆层或绝缘护套					
绝缘子是否完好并擦拭干净					
母线是否受额外应力					
母线金具是否形成闭合磁路					
母线与上部压板间隙/mm					
母线接头接触面是否平整					
母线接头是否涂有电力复合脂					
母线连接螺栓规格/mm					
抽检螺栓连接力矩值/(N·m)					
母线连接螺母是否均在维护侧					
螺杆露出螺母扣数					
母线伸缩节完好					

检查结论：

（经检查，上列检查项目施工质量符合规范要求）

表 9-74 蓄电池台架安装

工序	检验项目	性质	质量标准	检验方法及器具
水泥台架检查	表面耐酸瓷砖检查		完整、无破损	观察检查
	表面平整度		无高低不平现象	
	瓷砖间缝隙填料		耐酸材料，无漏缝、裂纹	
	外形尺寸		按设计规定	对照设计图检查
	台架水平误差		≤±5mm	拉线检查
厂制台架安装	外形尺寸		按制造厂规定	对照厂家图检查
	台架油漆		完整、无剥落	观察检查
	安装方式		按制造厂规定	
	台架固定	主要	牢固	扳动检查
	台架水平误差		≤±5mm	拉线检查

表 9-75 蓄电池安装

工序	检验项目		性质	质量标准	检验方法及器具
容器检查	外观检查			无损伤、裂纹	观察检查
	附件清点			齐全	
	正负极端柱的极性		主要	正确	
	槽盖密封			良好	
	容器表面清洁度			无尘土油污	
	电池连接条及紧固件			完好、齐全	
	透明密封容器内部检查	带电解液的液面	主要	在两液面线间	观察检查
		极板外形	主要	完好，无弯曲剥脱	
		容器内部清洁度		清洁，无杂物	
		极间橡胶隔板		齐全、完好	
		密度计、温度计检查			
容器安装	容器安装		主要	平稳，间距均匀	观察及用尺检查
	同一排、列蓄电池			高低一致，排列整齐	
	抗振设施(有抗振要求时)			按有关规定，牢固可靠	轻推手感
	温度计、密度计、液位计			位于易检查侧	观察检查
	连接条与端子连接		主要	正确、紧固，接触部位涂有电力复合脂	用扳手检查
	电池编号			齐全、清晰	观察检查
其他	电缆与蓄电池连接		主要	正确、紧固	扳手检查
	电缆引出线极性标志		主要	正确	观察检查
	电缆孔洞封堵			用耐酸材料密封	观察检查

表9-76　铅酸蓄电池电解液的配制

<table>
<tr><th>工序</th><th colspan="2">检验项目</th><th>性质</th><th>质量标准</th><th>检验方法及器具</th></tr>
<tr><td rowspan="3">配制电解液</td><td colspan="2">硫酸及蒸馏水检验</td><td>主要</td><td>按规程规定</td><td>检查出厂证件或化验报告</td></tr>
<tr><td colspan="2">电解液密度</td><td>主要</td><td>按制造厂规定</td><td>用密度计检查</td></tr>
<tr><td colspan="2">无厂家要求时电解液的密度（$T=25$℃时）</td><td>主要</td><td>（1.215±0.005）g/m³</td><td>用温度计、密度计检查</td></tr>
<tr><td rowspan="7">注液条件</td><td colspan="2">母线绝缘子台架及电池本体清洁度</td><td></td><td>无尘土、油污</td><td>观察检查</td></tr>
<tr><td colspan="2">电池组的绝缘</td><td>主要</td><td>≥0.5MΩ</td><td>用绝缘电阻表检查</td></tr>
<tr><td colspan="2">极板间绝缘</td><td>主要</td><td>无短路</td><td>观察检查</td></tr>
<tr><td colspan="2">充电设备试运行</td><td></td><td>按制造厂规定</td><td>查试运记录</td></tr>
<tr><td colspan="2">放电设备安装</td><td></td><td>完毕</td><td rowspan="2">观察检查</td></tr>
<tr><td colspan="2">室内暖通排水设施</td><td></td><td>正常</td></tr>
<tr><td colspan="2">室内照明</td><td></td><td>完好</td><td>投照明检查</td></tr>
<tr><td rowspan="4">注液</td><td rowspan="2">待注电解液温度</td><td>通常</td><td>主要</td><td>≤30℃</td><td rowspan="2">酒精温度计</td></tr>
<tr><td>室温>30℃</td><td>主要</td><td>不高于室温</td></tr>
<tr><td colspan="2">电解液面高度</td><td></td><td>接近上液面线</td><td>观察检查</td></tr>
<tr><td colspan="2">注酸完毕呼吸器注酸孔盖检查</td><td></td><td>拧紧，敞口式盖板齐全</td><td>扳、拧检查或观察</td></tr>
</table>

表9-77　碱性蓄电池电解液的配制

<table>
<tr><th>工序</th><th colspan="2">检验项目</th><th>性质</th><th>质量标准</th><th>检验方法及器具</th></tr>
<tr><td rowspan="3">配制电解液</td><td colspan="2">KOH及检验</td><td>主要</td><td>化学纯</td><td>出厂证件或化验报告</td></tr>
<tr><td colspan="2">电解液密度</td><td>主要</td><td>按制造厂规定</td><td>用密度计检查</td></tr>
<tr><td colspan="2">无厂家要求时电解液的密度（$T=25$℃时）</td><td>主要</td><td>（1.22±0.3）g/m³</td><td>温度计、密度计</td></tr>
<tr><td rowspan="5">注液条件</td><td colspan="2">配置电解液</td><td></td><td>加盖存放沉淀大于6h</td><td>查施工记录</td></tr>
<tr><td colspan="2">充电设备试运行</td><td></td><td>按制造厂规定</td><td>查试运记录</td></tr>
<tr><td colspan="2">放电设备安装</td><td></td><td>完毕</td><td>观察检查</td></tr>
<tr><td colspan="2">室内暖通排水设施</td><td></td><td>正常</td><td>观察检查</td></tr>
<tr><td colspan="2">室内照明</td><td></td><td>完好</td><td>投照明检查</td></tr>
<tr><td rowspan="4">注液</td><td rowspan="2">待注电解液温度</td><td>通常</td><td>主要</td><td>≤30℃</td><td rowspan="2">酒精温度计</td></tr>
<tr><td>室温>30℃</td><td>主要</td><td>不高于室温</td></tr>
<tr><td colspan="2">电解液面高度</td><td></td><td>在高低液面线范围内</td><td>观察检查</td></tr>
<tr><td colspan="2">注液完毕呼吸器注液孔盖检查</td><td></td><td>拧紧，敞口式盖板齐全</td><td>扳、拧检查或观察</td></tr>
</table>

表 9-78 铅酸蓄电池试运(充电、放电)

工序	检验项目	性质	质量标准	检验方法及器具
初充电	电解液注完后静止时间		3~5h	查充电记录
	注酸开始至初充电时间		<8h	
	充电过程中允许液温		<45℃	
	电流值 厂家无规定时 恒流充电/A	主要	不大于厂家规定最大值	电流表电压表检查
	电流值 厂家无规定时 恒压充电/V	主要	不大于厂家规定最大值，单体电池电压不大于 2.4V	
	每个阶段的初充电时间/h		按制造厂规定	查充电记录
	初充电开始必须保证电源连续供电的时间		≥25h	
初充电完成	充电容量	主要	达到厂家规定值	查充电记录
	恒流充电法 电池电压		连续 3h 不变	查充电记录
	恒流充电法 电解液密度		连续 3h 不变，产生大量气泡	
	恒压充电法 充电电流		连续 10h 不变	
	恒压充电法 电解液密度		连续 3h 不变(或按制造厂规定)	
	电池电压及密度	主要	按制造厂规定	用直流电压表和密度计检查
	再充电 电池电解液密度及液面		与初充电开始相同	查再充电记录
	再充电 再充电时间		30min	
首次放电检查	放电电流及时间		按制造厂规定	查放电记录
	无厂家规定时的放电电流		10h 放电率的电流	
	电池终止电压及密度	主要	按制造厂规定	用直流电压表和密度计检查
	不合格电池的电压与电池组平均电压的差值	主要	≤2%	查放电记录
	电压不合标准的电池数	主要	≤5%	查放电记录
	25℃时放电容量检查	主要	不小于 85% 额定电容量	
	极板外形检查		无弯曲、剥脱	观察检查
	放电完后至再充电搁置时间		≤10h	查充放电记录
总体检查	5 次充放电循环内放电容量(25℃时)		不小于 10h 放电率容量的 95%(或按制造厂规定)	按充放电记录计算
	充放电过程测试记录	主要	齐全、正确	查充放电记录
	充放电特性曲线绘制		正确	检查绘制的曲线
	特性曲线检查		与厂家特性曲线相似	核对曲线

表 9-79 镉镍碱性蓄电池试运(充电、放电)

工序	检验项目	性质	质量标准	检验方法及器具
初充电	电解液注完后静止时间		1~4h	查充电记录
	注液开始至初充电时间/h		按制造厂规定	
	充电过程中允许液温		≥5℃；≤35℃	
	初充电的电流值/A	主要	按制造厂规定	用直流电流表检查
	初充电时间/h		按制造厂规定	查充电记录
	初充电开始必须保证电源连续供电的时间		≥25h	

（续）

工序	检验项目		性质	质量标准	检验方法及器具
初充电完成	达到规定时间		主要	按制造厂规定	查充电记录
	单体电池电压				
充放电检查	5次充放电循环内容量检查	(20±5)℃时	主要	不小于额定容量	按放电记录计算
		<15℃时		按制造厂修正系数修正	
	按$0.2C_5$电流值放电时	单体电流电压	主要	按制造厂规定	
		>0.9V或<1.0V的电池数	主要	少于电池总数的5%	
	冲击负载放电	超高倍率单体电压		≥1.1V	查放电记录
		高倍率单体电压		≥1.05V	
	再充电		主要	与初次充电相同	检查充电记录
总体检查	充电结束后用蒸馏水或离子水调整液面位置			上液面线	观察检查
	充放电过程测试记录			齐全、正确	查充放电记录
	充放电特性曲线绘制			正确	检查绘制的曲线
	特性曲线检查			与厂家特性曲线相似	核对曲线

表9-80　(　　号机组)蓄电池组充放电的检查签证

电池型号		额定容量/(A·h)		额定电压/V	
电池特性		介质状态		电池个数	
制造厂家		出厂编号		出厂日期	

检查项目	检查结果	检查项目	检查结果
蓄电池室内环境		蓄电池室内防腐	
蓄电池室内通风		蓄电池室照明	
应急安全设施		蓄电池室孔洞封堵	
蓄电池组外观		蓄电池组编号	
连接端子间有未涂电力复合脂		连接螺栓规格	
螺栓紧固力矩值/(N·m)		电池组相色标志	
电池组对地绝缘/MΩ		极板有无弯曲变形	
初次充电电压/V		初次充电电流/A	
充电结束电池组电压/V		充电结束电解液密度	
电池组放电电流/A		放电终止单瓶最低电压/V	
电池组放电时间/h		电池组放电容量/(A·h)	
充放电结束电解液密度		充放电结束电解液液面	

检查结论：

（本蓄电池组于　　年　　月　　日，充放电结束。放电容量为　　A·h，达到额定容量的　　%。现蓄电池组已投入浮充电运行。）

表 9-81　（配电装置名称）　kV　段厂用高压配电装置带电试运签证

电源开关型式		电源开关额定电流/A		盘柜数量	
制造厂家		出厂编号		出厂日期	
带电前设备及系统检查					
检查项目	检查结果	检查项目		检查结果	
盘前后标识		盘柜内部清洁			
整列盘两点接地位置		盘柜内设备接地			
盘内电缆牌		二次回路接线标志			
二次回路绝缘值/MΩ		测量仪表使用有效期			
盘柜内照明装置		开关推拉及机械闭锁			
一次设备电气试验		保护整定			
操作及传动试验		开关分、合闸指示			
电源相位		测量仪表指示			
盘内所有孔洞封堵		室内消防设施			
带电后运行状态检查					
检查项目	检查结果	检查项目		检查结果	
设备是否有异常音响		保护投入率			
表计及信号指示		保护动作情况			

带电试运结论：

（本　kV　段厂用高压配电装置于　年　月　日　时～　年　月　日　时，带电试运行　h，设备及控制、保护、信号等系统工作正常）

表 9-82　×××kV 配电装置带电试运签证

电源进线间隔名称		电源开关额定电流/A		母线型式	
带电范围					
带电前设备及系统检查					
检查项目	检查结果	检查项目		检查结果	
设备间隔标识		构架防雷接地			
盘柜及设备接地		电缆沟有无积水			
沟盖板是否齐全、平整		盘柜内部清洁、密封			
盘内电缆牌		盘柜内电缆孔洞防火封堵			
二次回路接线标志		抽查 10% 二次接线，应牢固			
二次回路绝缘值/MΩ		测量仪表指示			
一次设备电气试验		操作及传动试验			
开关分、合闸指示		保护整定			
电源相位					
带电后运行状态检查					
检查项目	检查结果	检查项目		检查结果	
设备是否有异常音响		保护投入率			
表计及信号指示		保护动作情况			

带电试运结论：

（本×××kV 配电装置于　年　月　日　时　分～　年　月　日　时　分，带电试运行　h，设备及控制、保护、信号等系统工作正常）

表 9-83　(配电装置名称)Ⅴ段厂用低压配电装置带电试运签证

电源开关型式		电源开关额定电流/A		盘柜数量	
制造厂家		出厂编号		出厂日期	

带电前设备及系统检查			
检查项目	检查结果	检查项目	检查结果
盘前后标识		盘柜内清洁	
整列盘两点接地位置		盘内设备接地	
盘内电缆牌		二次回路接线标志	
二次回路绝缘值/MΩ		测量仪表使用有效期	
盘柜内照明装置		开关推拉及机械闭锁	
一次设备电气试验		保护整定	
操作及传动试验		开关分、合闸指示	
电源相位		测量仪表指示	
盘内所有孔洞封堵		室内消防设施	
带电后运行状态检查			
检查项目	检查结果	检查项目	检查结果
设备是否有异常音响		保护投入率	
表计及信号指示		保护动作情况	

带电试运结论：

（本　V　段厂用低压配电装置于　年　月　日　时～　年　月　日　时，带电试运行　h，设备及控制、保护、信号等系统工作正常）

第十章　高压电动机

高压电动机在大中型企业及专业(供水、供气、供油等)系统运用较多，高压电机除电压高、容量大以外主要是保护系统较低压复杂的多。这里以图10-1为例简要说明高压电动机测试、试验、试运行的要点，其他详见第四章相关内容。

一、高压电动机试车条件

1)电动机单体试验、抽心检查、干燥处理合格。

2)电动机及其起动柜安装合格且空投操作正常。

3)电动机温度、转速、油压力保护装置试验合格。

4)电动机继电保护装置单体试验合格。

5)电源装置及变配电所已正式运行。

6)被拖机械安装调整完毕合格具备试车条件。

7)现场其他条件具备(见第九章)。

二、电气控制系统的试验及空投操作

(1)过载保护电流继电器的整定　保护装置的动作电流应为可靠系数和返回系数的商再乘以电动机的额定电流：$1.2/0.85\times I_e=1.2/0.85\times68=96A$

继电器整定电流应通过电流互感器的比来计算：$100/5=96/I_z$

$$I_z=4.8A$$

用升流器和标准电流表将电流继电器整定在4.8A。

时间的整定一般在10～16s之间，这里选为12s，待测出起动时间后再调整。起动时间的测定应用秒表法按实际起动时测定，整定时间应略大于起动时间，躲开起动电流，避免起动时误动作。

(2)短路保护的整定

1)纵联差动保护。其系统原理图见图10-2。常用于有6个出线端容量在2000kW以上或空量小于2000kW重要的电动机上，图10-1为笼型电动机，无差动保护。当采用不带速饱和变流的差动继电器时，动作电流应整定为(1.5～2.0)倍电动机额定电流；当采用带速饱和变流器的差动继电器时，动作电流可整定为(1.2～1.3)倍过渡过程中的不平衡电流。

2)电流速断保护。其系统原理图见图10-1中，TA和KA构成的保护回路，常用于没有装设纵联差动保护的高压电动机。

动作参数采用DL－10型继电器时一次动作电流应为额定电流的1.4～1.6倍；采用GL－10型继电器时一次动作电流应为额定电流的1.8～2倍，整定方法同前。

(3)低电压保护的整定　低电压保护的电路见图10-1中TV和KV构成部分，电压继电器整定的电路图见图10-3，先合上开关，将电压调至继电器的额定电压，这时继电器的触点断开，然后逐渐降低电压使触点闭合。触点闭合时的最高电压即为该刻度的动作电压。当继电器动作后再逐渐增高电压，使触点断开的最低电压即为返回电压。

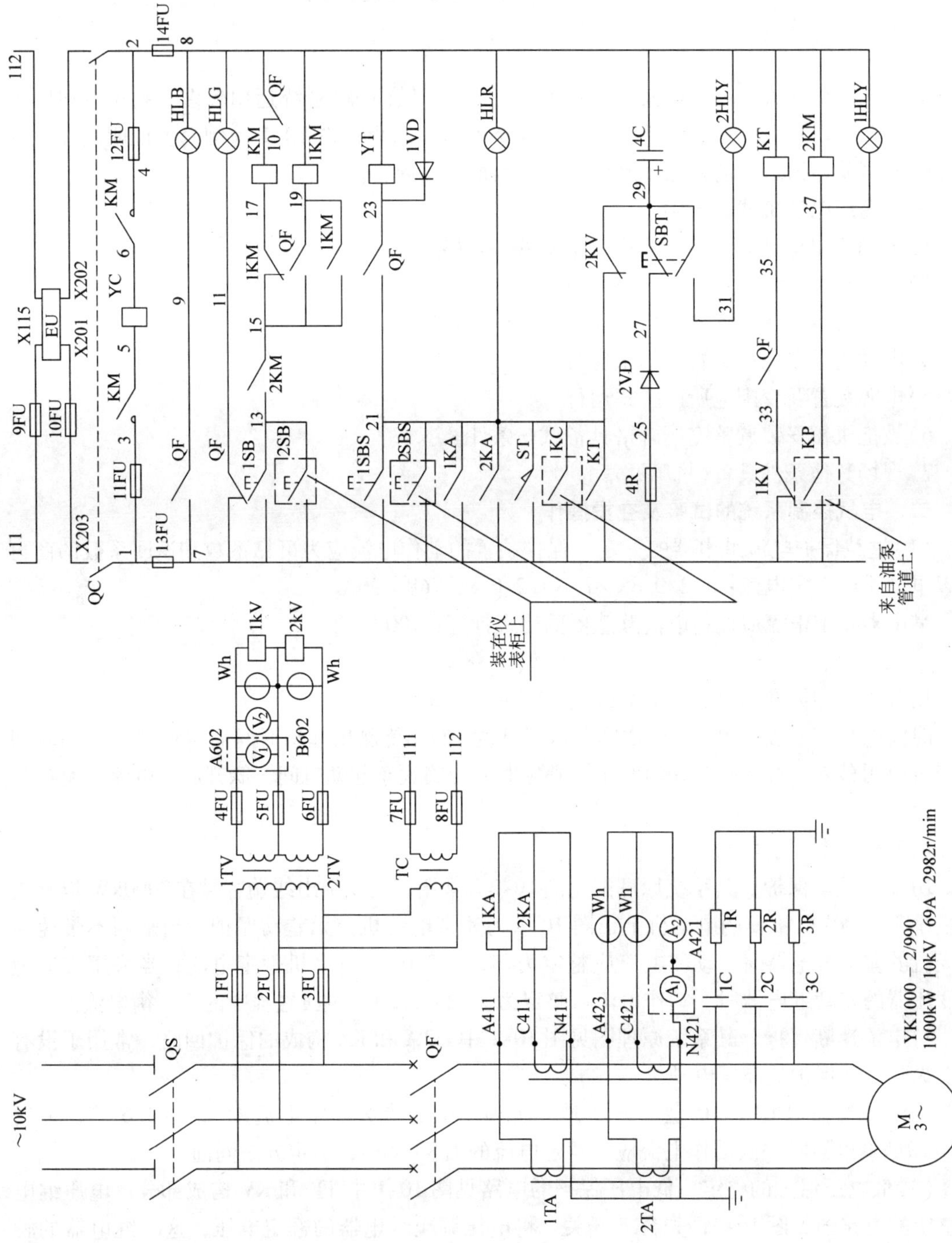

图10-1　10kV、1000kW交流异步电动机起动控制原理图

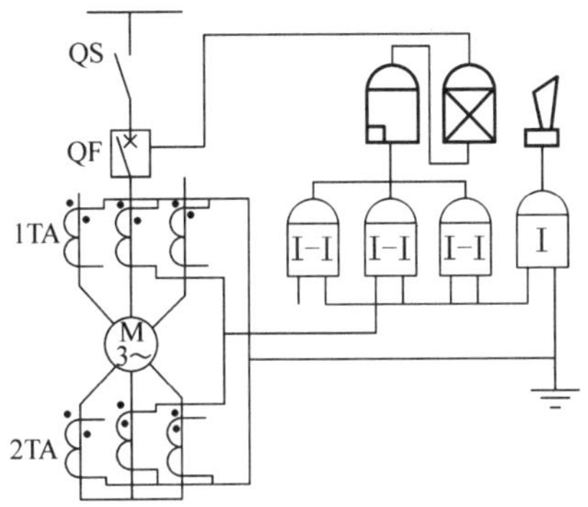

图 10-2　电动机无延时三相纵联差动保护示意图

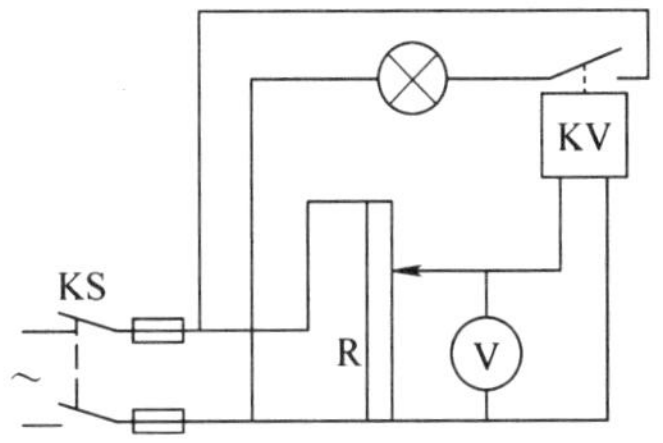

图 10-3　电压继电器的整定

然后进行冲击试验，先将电压由零升至 1.25 倍额定电压，在电压上升过程中检查触点接触情况和可动部分的振动情况，若正常，以此电压作三次冲击，然后复查动作电压和返回电压，与冲击前的记录基本相同即为合格，否则应调整。

(4)单相接地保护的整定　单相接地保护图10-1中没有设置，应设零序电流继电器，其整定的接线示意图见图 9-13，调节电位器 RP 逐渐增加电流至使继电器动作，此时电流表的数值即为保护装置的一次动作电流。

(5)检查及摇测绝缘　空投操作前应由两人详细检查电气和仪表系统的元件、接线并和图样核对，应无差错。然后用 2500V 绝缘电阻表摇测主回路和主开关元件的绝缘电阻，其值应大于 0.5MΩ/kΩ，二次回路应用 1000V 绝缘电阻表摇测，其值应大于 10MΩ。

其他调整的注意事项和具体操作方法参看第四章。

(6)空投操作　空投操作就是在没有负载电流的情况下，操作控制回路使主回路的元件按照起动程序正确动作并且检验保护元件能否正确动作且能使主回路元件跳闸或作用于信号的操作。

当高压电动机及电气系统安装完毕后，并且按上述要求进行整定和检查合格后即可进行空投操作。

现按图 10-1 来说明操作的步骤：

1)将原柜中操作电源 EU 的进线端断开，并用一调压器的输出端接在 EU 的进线端，调压器的进线经开关接在低压电源上，调压器应能调至 245V。

2)验证隔离开关 QS 在断开的位置上

3)接通油系统的油泵，当压力达到规定值后(一般为 0.1MPa)，其压力触点 KP 闭合，中间继电器 2KM 吸合，指示灯 1HY 点亮，表示油压正常；中间继电器 2KM 的常开触点闭合(13 ~15)，为起动做好准备。为了可靠起见，先将 13 或 15 断开一点，用万用表测一下该常开点的接通情况，然后再将其断开点接好。

4)用万用表验证真空断路器的辅助常开触点、常闭触点，且指示灯 HB、HG 应点亮。

5)操作合闸按钮 1SB，合闸接触器 KM 得电，接通合闸线圈 YC 回路，真空断路器主触点闭合，用万用表或电桥测量其接触电阻，接触电阻应趋向于零；此时信号灯应切换。

6)操作停止按钮 1SBS 或 2SBS 真空断路器应可靠掉闸；重新合闸分别用手按动电流继电器衔铁，真空断路器也应可靠掉闸，同样分别手动操作 2KM、KT、ST 及 KV，真空断路器也应可靠掉闸。真空断路器掉闸后应用万用表测量其分闸电阻，其阻值应大于500kΩ。

7)把油系统油油压减小，当小于0.1MPa后，真空断路器应自动掉闸。

空操作完毕后将调压器拆掉，并把原来的接线恢复接好，然后再很好地检查一下柜内柜外和现场，不妥之处应及时修复。

三、试车及试运行

高压电动机试车及试运行和低压电动机基本相同，具体参见第四章，现在就主要问题说明如下：

(1)必备条件　安装好的电动机进行交接试验的项目全部合格，详见GB50150—1991。机械设备安装完毕，并有质检人员、安装人员签发的《安全质量检验报告单》和《试车通知单》。试车应有机械安装人员和建设单位技术人员参加，如果供电电压和电动机额定电压相同则应有供电部门的技术人员参加，同时应编制试车方案和测量相序。

(2)试车程序　如果有条件应先不拖动负载试车，只试电动机；如果机械上不允许，只能带负载试车。带负载试车时如果有条件可先试空车，如关住风门、不投料或不加负荷等，否则应小开风门、少投料等；空车试车正常后才能负载试车。但无论哪种试车都应经过全面检查(包括机械、电气、仪表)、摇测绝缘电阻、启动油路系统、盘车、起动、测试各种情况下的电气参数、听测运行声音、观察振动情况等，并且详细记录，作好交接班及联络工作。

(3)试车方法及注意事项参见第四章。

(4)技术指标。

1)72h运行无异常；

2)电动机空载电流应在额定电流的1/3左右，且三相平衡；

3)电动机的负载电流应不大于额定电流，且三相平衡；

4)振动符合规范要求；

5)噪声符合设备要求；

6)温升见表10-1和表10-2；

7)油温、轴温定子温度正常；

8)转速恒定且等于额定转速；

9)电压不得小于额定电压的90%，且三相应平衡；

10)无漏油现象；

11)电动机及被拖设备的运转声正常；

12)保护装置、起动柜正常，无误动现象；

13)系统运行正常。

表10-1　发电机、交直流电动机和同步电动机的允许温升　(单位:℃)

1	2	3	4	5	6
绝缘等级和测量方法	5000kV·A及以上汽轮发电机交流线圈；5000kV·A及以上或铁心长1m以上同步电动机的交流线圈	小于第2栏的交流线圈；除第4、5、6栏外的用直流励磁的交直流电动机的磁场线圈；有换向器的电枢线圈	用直流励磁的汽轮发电机的磁场线圈	低电阻磁场线圈及补偿线圈	表面裸露的单层线圈

（续）

1	2	3	4	5	6
A 级(1)	—	50	—	60	65
(2)	60	60	—	60	65
(3)	60	—	—	—	—
E 级(1)	—	65	—	75	80
(2)	70	75	—	75	80
(3)	70	—	—	—	—
B 级(1)	—	70	—	80	90
(2)	80	80	90	80	90
(3)	80	—	—	—	—
F 级(1)	—	85	—	100	110
(2)	100	100	110	100	110
(3)	100	—	—	—	—
H 级(1)	—	105	—	125	135
(2)	125	125	—	125	135
(3)	125	—	—	—	—

注：1. 本表表中(1)为温度计法；(2)为电阻法；(3)为每槽线圈边上的埋置检温计法。

2. 采用沥青胶的 B 级线圈，其温升限度按胶的耐热性能，在该类型电动机的标准中另作规定。

3. 第三栏(1)项所指的交流线圈可用埋置温度计法测温，温升限度与电阻法相同。

4. 绕组电压超过 11kV，但不超过 16.5kV 的交流线圈，用温度计法测得的允许温升在 11kV 的基础上，每提高 1kV 需降低 1.5℃。

5. 凡间歇工作的电动机，其各部分温升不论用何法测量，允许再提高 10℃。

6. Y 或 JO2 系列三相异步电动机，如为双封闭式，可再提高 5℃。

7. 表中所列的电阻法及温度计法的温升不能作为互相校核用，也不需要同时用此两法测量温升。如果为了补充电阻法所得的数据，希望还有温度计的读数，则由放在最热点的温度计所测的允许温升不应超过下列各值：A 级 65℃；E 级 80℃；B 级 90℃；F 级 110℃；H 级 135℃。

8. 容量超过 5000kV · A 或者铁心长度超过 1m 的电动机，它用 F 级或 H 级材料所组成的部件的温升，除非另有规定，不应超过 B 级材料允许的限度。

表 10-2　电动机部件的允许温升　（单位:℃）

序　号	名　称	A 级	E 级	B 级	F 级	H 级
1	不与线圈接触的铁心及其他部件和永久短接的未绝缘线圈	这些部件的温升不应达到足以使绝缘或其他附近材料有损坏危险的数值				
2	与线圈接触的铁心及其他部件	60	75	80	100	125
3	开启式或封闭式整流子及集电环	60	70	80	90	100
4	永久短接的绝缘线圈	60	75	80	100	125
5	滑动轴承	最高温度 80　温升 40				
6	滚动轴承	最高温度 95　温升 55				
7	电动机轴承的外加润滑油	流入　45 流出　60				

注：流入轴承的外加润滑油温度不应低于 25 ~ 35℃。

第十一章　防雷与接地系统

防雷与接地系统与每一电气工程都有很大的关系，是电气系统最重要的安全保护装置。防雷与接地系统的测试较为简单，但责任重大。测试和检查主要是沿敷设路径检查、测试接地电阻、测量避雷针高度及相关记录及技术资料等。

一、沿敷设路径检查

主要是接地引线的敷设路径，有无裸露、塌陷、有无标志、与设备的连接是否正确可靠及其他不妥。

二、避雷针及特殊场所避雷措施的检查

主要是是否符合标准规范要求。避雷器试验相关内容见第九章。

三、接地电阻的测试

1. 接地电阻测试仪应有检查合格证书或校验报告，并在规定的周期之内。

2. 测试方法正确，详见本丛书《电气工程安全技术及实施》分册相关内容。

3. 测量标准应符合要求，详见本丛书《电气工程安全技术及实施》分册，防雷一般为≤10Ω，要求较高的地方为≤4Ω；接地一般为≤4Ω，要求较高的地方为≤1Ω，见表11-1和表11-2。

表11-1　各种接地装置的接地电阻允许值

<table>
<tr><th colspan="3">类　型</th><th>接地装置使用条件</th><th>允许的工频接地电阻值/Ω</th><th>备　注</th></tr>
<tr><td rowspan="9">架空电力线路的接地</td><td rowspan="2">35kV及以上有避雷线的一般线路</td><td rowspan="2">土壤电阻率/(Ω·m)</td><td>100及以下
100以上至500
500以上至1000
1000以上至2000</td><td>一般不应超过：10
15
20
25</td><td></td></tr>
<tr><td>2000以上</td><td>30Ω；或敷设6~8根放射式地线（总长不超过500m），或连续伸长接地，电阻值不作规定</td><td></td></tr>
<tr><td colspan="2" rowspan="2">大跨越档</td><td>有避雷线线路的杆塔和管形避雷器或间隙</td><td rowspan="2">不应超过一般线路接地电阻值的50%，在高土壤电阻率地区，也不宜超过20</td><td rowspan="2"></td></tr>
<tr><td>无避雷线线路的管型避雷器或间隙</td></tr>
<tr><td colspan="2">线路交叉部分</td><td>交叉档两端（上下共四基）的钢筋混凝土杆、金属杆塔、管形避雷器或间隙</td><td>不应超过一般线路的接地电阻值的两倍</td><td></td></tr>
<tr><td colspan="2" rowspan="4">35kV及以上变电所的进线段</td><td>35kV及以上一般变电所的进线段杆塔</td><td>应不超过一般线路的接地电阻</td><td></td></tr>
<tr><td>未沿全线架设避雷线的35kV及以上木杆或钢筋混凝土杆木担进线段首端的GB_1</td><td>一般不应大于10</td><td>GB表示管形避雷器</td></tr>
<tr><td>35~60kV小容量变电所（1000~5000kV·A）简化进线段首端的GB或JX</td><td>一般不应大于5</td><td>JX表示保护间隙
在高土壤电阻率地区，R可提高，但不应超过10Ω</td></tr>
<tr><td>35~60kV，1000kV安以下变电所简化进线段首端JX</td><td>一般不应大于10</td><td>在高土壤电阻率地区，R可提高，但不应超过20Ω</td></tr>
</table>

（续）

类　型		接地装置使用条件		允许的工频接地电阻值/Ω	备　注
架空电力线路的接地	电动机直配线的进线段	1500～6000（不包括6000）kW电动机保护接线的GB		3.6kV：$R \leqslant l/200$	若装两组管形避雷器GB_1、GB_2，则R取两接地的并联值
				10kV：$R \leqslant l/150$	
		300kW以上，1500kW以下的电动机的保护接地	≥500m电缆段首端：GB	不应大于5	FS表示阀形避雷器
			≥50m电缆段电缆头旁：FS	不应大于3	
			≥100m避雷线保护段前：GB_1	不应大于10	
			≥100m避雷线保护段首：GB_2	不应大于5	
			400～500m避雷针保护段：GB_1	不应大于30	
			400～500m避雷针保护段：GB_2	不应大于5～10	
		300kW及以下电动机进线保护间隙或绝缘子铁脚接地		10	
	无避雷线电路的一般杆塔	35kV及以上小接地短路电流系统中，无避雷线电路的钢筋混凝土杆、金属杆塔及木杆线路中的铁担接地		年平均雷电日[1]在40以上地区一般不应超过30（$\rho \leqslant 100\Omega \cdot m$的地区，钢筋混凝土杆、金属杆塔，可不另作接地）	运行经验证明，雷击跳闸及断线事故不多的地区，以及40雷电日及以下的地区，电阻值不规定，或不做人工接地装置
		3kV及以上小接地短路电流系统中，居民区的钢筋混凝土杆、金属杆塔		一般不超过30	有运行经验，未发生触电事故的地区以及沥青路面上的杆塔，可不接地
		中性点非直接接地系统中，低压线路的钢筋混凝土杆和金属杆塔		一般不超过50	直接接地系统中的金属杆塔、混凝土杆的钢筋、铁横担，只与零线连接即可；凡属上栏备注情况可不接地或不与零线连接
		低压架空线路零线的每一重复接地（并列运行电气设备总容量为100kV·A以上）		不应大于10	
		同上，且重复接地不少于3处（并列运行电气设备总容量为100kV·A及以下）		不应大于30	

（续）

<table>
<tr><th colspan="2">类　型</th><th>接地装置使用条件</th><th>允许的工频接地电阻值/Ω</th><th>备　注</th></tr>
<tr><td>架空电力线路的接地</td><td>无避雷线路的一般杆塔</td><td>低压接户线的绝缘子铁脚接地</td><td>一般不大于30（$\rho\leqslant100\Omega\cdot m$的地区，钢筋混凝土杆、金属杆塔，可不另做人工接地）</td><td>年平均雷电日不超过30的地区，低压线受建筑物等屏蔽的地区，以及接户线距低压干线接地点不超过50m的地方，绝缘子铁脚都可不接地</td></tr>
<tr><td rowspan="6">电力设备的接地</td><td rowspan="3">1kV及以上的设备</td><td rowspan="2">大接地短路电流系统</td><td>一般应符合$R\leqslant2000/I$</td><td rowspan="2">高土壤电阻率地区，接地电阻允许提高，但不应超过5Ω</td></tr>
<tr><td>当$I>4000A$时，可取$R\leqslant0.5\Omega$</td></tr>
<tr><td>小接地短路电流系统：
高低压设备共用接地
仅用于高压设备的接地</td><td>$R\leqslant120/I$
$R\leqslant250/I$ } 但一般不应大于10</td><td>高土壤电阻率地区，R允许提高，但不应超过：发、变电所15Ω，其余30Ω</td></tr>
<tr><td>低压设备</td><td>中性点直接接地与非直接接地：
并联运行电气设备的总容量为100kV·A以上时
并联运行电气设备的总容量不超过100kV·A时</td><td>一般不应大于4
可不大于10</td><td>高土壤电阻率地区，R允许提高，但不应超过30Ω</td></tr>
<tr><td>利用大地作导线的电气设备</td><td>利用大地作相线、回线或零线时：
永久性工作接地
临时性工作接地
线路分相带电作业时作业区段两侧临时接地（3kV及以上线路）</td><td>应符合$R\leqslant50/I$
应符合$R\leqslant100/I$
每侧最好不大于5Ω，最大不应超过10Ω</td><td>低压电网（1kV以下）禁止使用大地作导线或零线</td></tr>
<tr><td colspan="2" rowspan="4">电力网中防雷装置的接地</td><td>发、变电所内建筑物或设备的金属屋顶或钢筋混凝土结构的集中接地</td><td>根据土质情况，打入3~5根垂直接地体或敷设3~5根水平接地体（电阻值不规定）</td><td></td></tr>
<tr><td>发电厂烟囱附近的引风机，装有避雷针的架构以及发、变电所内阀形避雷器的集中接地</td><td>根据土质情况，打入3~5根垂直接地体或敷设3~5根水平接地体（电阻值不规定）</td><td>集中接地还应与主接地网相连接</td></tr>
<tr><td>独立避雷针</td><td>按计算确定，但一般土壤电阻率地区，工频接地电阻不宜大于10</td><td></td></tr>
<tr><td>配电线路上的阀形避雷器</td><td>一般不大于10</td><td></td></tr>
</table>

（续）

类型		接地装置使用条件	允许的工频接地电阻值/Ω	备注
建、构筑物防雷装置的接地	一般建筑物	建筑物上的避雷针、避雷带和避雷线 独立的或沿树干、旗杆等装设的避雷针及避雷线	不大于 20 ~ 30	
	公共建筑物 人员密集的	建筑物上的避雷针、避雷带和避雷线 独立的或沿树干、旗杆等装设的避雷针及避雷线	不大于 10	
	有易爆物、易燃物的建筑物、构筑物	防护直击雷、感应雷的接地与电气设备保护接地连在一起	不应大于 10	
		低压线和通信线的引入线绝缘子铁脚接地、保护电缆段的阀形避雷器的接地及电缆金属皮的接地连在一起	不应大于 10	
		30 雷电日以下地区，低压线、通信线直接引入时： 入户处阀形避雷器或保护间隙的接地与入户线绝缘子铁脚接地和电气设备的保护接地连在一起	不应大于 5	
		靠近建筑物第 1 根电杆绝缘子铁脚的接地	不应大于 10	
		同上，第 2、3 根电杆	不应大于 20	
		架空和埋入地下引入的金属管道、电缆等距建筑物约 25m 处的接地	不应大于 10	
	大型大牲畜棚	独立的避雷针、避雷线 房顶上的避雷针、避雷线、避雷带： 房屋两侧的带型接地 每侧环绕房屋敷设的闭合环形接地	不应大于 10 不应大于 10 不应大于 5	
	高耸的建筑物	烟囱、旗杆等的避雷带、避雷针	一般不大于 20 ~ 30	附近经常有人经过时，其接地电阻不应大于 10Ω
		水塔上的避雷带、避雷针	一般不大于 10	
		瞭望台	不应大于 10	
		风车磨房	不应大于 10	

注：1. 雷电日也叫雷暴日，只要该地在一天内听到雷声（最远可听 25 ~ 30km，离观察者 3km 以内的叫近雷，3km 以外的叫远雷），不论雷暴延续多长时间或听到多少次，也不论是否下雨，都算一个雷电日。年雷电日数等于全年雷电日数的总和。年平均雷电日数，是多年雷电日数的平均值。

2. I—流经接地装置的短路电流（A）。

3. l—架空线路或电缆线路的进线段总长度（m）。

4. GB 表示管形避雷器，FS 表示阀形避雷器。

表11-2　土壤和水的电阻率参考数值

类别	名　称	近似值/（Ω·m）	不同情况电阻率的变动范围/（Ω·m）		
			较湿时（多雨区）	较干时（少雨区）	地下水含盐碱时
泥土	陶粘土	10	5～20	10～100	3～10
泥土	泥炭、泥灰岩、沼泽地	20	10～30	50～300	3～30
泥土	黑土、园田土、陶土、白垩土、粘土	50 60	30～100	50～300	10～30
泥土	砂质粘土	100	30～300	80～1000	10～30
泥土	黄土	200	100～200	250	30
泥土	含砂粘土、砂土	300	100～1000	1000以上	30～100
泥土	多石土壤	400	—	—	—
泥土	表层红色风化粘土、下层红色页岩	500 （30%湿度）	—	—	—
泥土	表层土夹石、下层石子	600 （15%湿度）	—	—	—
砂	砂子、砂砾	1000	250～1000	1000～2500	
砂	地层深度大于10m地下水在深处时草原的砂粒；地层深度不大于1.5m、位于多岩石基底上的软质粘土	1000	—	—	—
岩石	砾石、碎石	5000	3000～10000	—	—
岩石	多岩石地	5000	—	—	—
岩石	花岗岩	200000	—	—	—
水	海水	1～5	—	—	
水	湖水、池水	30	—	—	
水	泥水	15～20	—	—	
水	泉水	40～50	—	—	
水	地下水	20～70	—	—	
水	溪水	50～100	—	—	
水	河水	30～280	—	—	
其他	金属矿	0.01～1	—	—	—
其他	混凝土　在水中	40～55	—	—	—
其他	混凝土　在湿土中	100～200	—	—	—
其他	混凝土　在干土中	500～1300	—	—	—
其他	混凝土　在干燥的大气中	12000～18000	—	—	—

电气装置安装工程中，主厂房、变电站及辅助车间屋内、外及避雷装置的接地装置的制作安装工程，送电、试运行前其质量标准和检验方法见表 11-3 ~ 表 11-7。

表 11-3　屋外接地装置制作安装

工序	检验项目	性质	质量标准	检验方法及器具
垂直接地体制作及敷设	材料规格	主要	按设计规定	对照图样检查
	镀锌件表面检查		镀锌层表面完好	观察检查
	接地体（顶面）埋深	主要	≥600mm	用尺检查
	接地体间距离		≥2 倍接地体长度	
水平接地体敷设	扁钢截面及厚度	主要	按设计规定	对照图样检查
	接地体入地下最高点与地面距离（埋深）	主要	≥600mm	用尺检查
	通过公路处接地体的埋设深度		按设计规定	
	接地体外缘闭合角形状		圆弧形	观察检查
	接地体圆弧弯曲半径		1/2 均压带间距离	用尺检查
	相邻两接地体间距离		≥5m（或按设计规定）	
	接地体与建筑物距离		按设计规定	对照图样检查
	通过公路、铁路、管道等交叉处及可能遭机械损伤处的保护		用角钢覆盖或穿钢管	观察检查
	通过墙壁时的保护		有明孔、钢管或其他坚固保护套	
	接地体引出线的防腐措施		刷防腐漆	
	引向建筑物的入口处和检修临时接地点标记		刷白色底漆并标以黑色“⏚”符号	
	采用镀锌件时锌层检查		完好	
接地装置连接	搭接长度：扁钢与扁钢		≥2 倍宽度，且焊接面≥3 面	用尺检查
	搭接长度：圆钢与圆钢或圆钢与扁钢		≥6 倍圆钢直径	
	搭接长度：扁钢与钢管（角钢）		接触部位两侧焊接，并焊以加固卡子	观察检查
	焊接部位表面处理		刷防腐漆	观察检查
	焊接部位检查		牢固	扳动检查
	与其他接地装置间连接点数		≥2 点（或按设计规定）	观察检查（或对照图样检查）
回填土	回填土质		无石块、杂物	观察检查
	密实度	主要	分层夯实	观察检查
接地电阻		主要	按设计规定	检查试验记录

表 11-4　屋内接地装置安装

<table>
<tr><th>工序</th><th colspan="3">检 验 项 目</th><th>性质</th><th>质 量 标 准</th><th>检验方法及器具</th></tr>
<tr><td rowspan="19">接地装置安装</td><td colspan="3">明敷接地线敷设位置</td><td></td><td>便于检查，不妨碍设备拆卸检修</td><td>观察检查</td></tr>
<tr><td rowspan="4">支持件安装</td><td rowspan="3">支持件间距</td><td>水平直线部分</td><td></td><td>0.5～1.5m</td><td rowspan="3">用尺检查</td></tr>
<tr><td>垂直直线部分</td><td></td><td>1.5～3m</td></tr>
<tr><td>转弯部分</td><td></td><td>0.3～0.5m</td></tr>
<tr><td colspan="2">支持件固定</td><td>主要</td><td>牢固</td><td>扳动检查</td></tr>
<tr><td colspan="3">沿墙壁或建筑物敷设时的走向</td><td></td><td>与墙壁或建筑物平行</td><td>观察检查</td></tr>
<tr><td colspan="3">沿墙壁敷设时与墙壁间距</td><td></td><td>10～15mm</td><td rowspan="2">用尺检查</td></tr>
<tr><td colspan="3">距地面高度</td><td></td><td>250～300mm</td></tr>
<tr><td colspan="3">跨越建筑物伸缩缝或沉降缝处</td><td></td><td>有伸缩补偿装置</td><td rowspan="4">观察检查</td></tr>
<tr><td colspan="3">穿过墙壁、楼板处保护措施</td><td>主要</td><td>已加装钢管或坚固的保护管</td></tr>
<tr><td colspan="3">引向建筑物的入口处和检修临时接地点标记</td><td>主要</td><td>刷白色底漆并标以黑色“⏚”符号</td></tr>
<tr><td colspan="3">连接临时接地线使用的接线板和螺栓</td><td></td><td>齐全</td></tr>
<tr><td rowspan="5">接地体连接</td><td colspan="2">连接方式</td><td></td><td>搭接焊</td><td>观察检查</td></tr>
<tr><td colspan="2">扁钢搭接长度</td><td></td><td>≥2 倍宽度</td><td>用尺检查</td></tr>
<tr><td colspan="2">焊接面数</td><td></td><td>≥3 面</td><td>观察检查</td></tr>
<tr><td colspan="2">焊接部位检查</td><td>主要</td><td>牢固</td><td>扳动检查</td></tr>
<tr><td colspan="2">焊接部位表面处理</td><td></td><td>刷防腐漆</td><td>观察检查</td></tr>
<tr><td colspan="3">与屋外或其他接地装置连接点数</td><td>主要</td><td>≥2 点（或按设计规定）</td><td>观察检查（或对照图样检查）</td></tr>
<tr><td colspan="3">接地线与支持件间连接</td><td></td><td>牢固</td><td>扳动检查</td></tr>
<tr><td rowspan="2">其他</td><td colspan="3">明敷接地线标志（每个导体全长或区间或可接触部位）</td><td>主要</td><td>涂以 15～100mm 等宽的黄色、绿色相间条纹</td><td rowspan="2">观察检查</td></tr>
<tr><td colspan="3">中性线标志</td><td></td><td>涂以淡蓝色防腐漆</td></tr>
</table>

表 11-5　避雷针接地装置的安装

工序	检验项目	性质	质量标准	检验方法及器具
引下线安装	引下线与接地网的连接方式		焊接	观察检查
	扁钢截面积/mm^2	主要	按设计规定	用尺检查
	引下线距墙壁距离		10～15mm	用尺检查
	紧固件	主要	均为镀锌制品	观察检查
	引下线及固定装置的防腐层		完好	
	引下线固定		牢固	扳动检查
	断接卡设置（多根引下线时）		距地面1.5～1.8m处	用尺检查
	金属筒壁作引下线时筒壁厚度	主要	≥4mm	
	金属筒壁底部与接地体连接		两点对称	观察检查
接地装置安装	独立避雷针及其接地装置与道路或建筑物的出入口距离	主要	>3m	用尺检查
	独立避雷针接地装置与接地网的地中距离			
	架构或屋顶上避雷针集中接地装置设施	主要	按设计规定	对照图样检查
其他	避雷针与主接地网连接处距35kV及以下设备与主接地网连接处沿接地体的长度		≥15m	用尺检查
	避雷针或防雷金属网与建筑物顶部其他金属物体连接		牢固，连成一体	导通检查
	避雷针架构上的照明电缆金属护层或金属管接地		牢固，导通良好	扳动并导通检查
	照明电缆埋入地中的长度	主要	>10m	用尺检查
	接地电阻	主要	按设计规定	检查试验记录

表 11-6　（分部工程名称）屋外接地装置隐蔽前检查签证

检查范围			
检　验　项　目	检　验　结　果		备　　注
接地沟深度 /m			
水平接地体材质、规格			
垂直接地体材质、规格			
接地装置连接方法			
接地体搭接长度			
接地体焊接面数			
水平与垂直接地体连接方法			
焊接处的防腐措施			
接地装置顶面距地面高度/m			
沟内有无石块、建筑垃圾			
接地装置布置图应有份数		实有份数	

隐蔽前检查结论：

（经检查，上列屋外接地装置隐蔽前检查项目，施工质量符合规范规定，可以隐蔽，但回填土中不应含有石块及建筑垃圾，回填后应分层夯实）

质检机构	验　收　意　见	签　　名
工　　地		年　月　日
质　检　部		年　月　日
监　　理		年　月　日
建设单位		年　月　日

表 11-7　（分部工程名称）避雷针及接地引下线检查签证

接闪器安装高度/m		接闪器材质		避雷针长度/m	
引下线材质规格/mm		引下线根数		引下线固定点最大距离/m	
水平接地体材质规格/mm		垂直接地体材质规格/mm		引下线搭接最小长度/mm	
检验项目		检验结果		备　注	
避雷针与引下线连接方式					
接地沟深度/m					
接地装置连接方法					
接地体搭接长度/mm					
接地体焊接面数					
水平与垂直接地体连接方法					
焊接处的防腐措施					
接地装置顶面距地面高度/m					
沟内无石块、建筑垃圾					
接地装置与道路的距离/m					
接地装置与主接地网的距离/m					
避雷针接地装置接地电阻/Ω					

隐蔽前检查结论：

（经检查，上列接地装置隐蔽前检查项目，施工质量符合规范规定，可以隐蔽，但回填土中不应含有石块及建筑垃圾，回填后应分层夯实）

质检机构	验　收　意　见	签　　名
工　　地		年　月　日
质　检　部		年　月　日
监　　理		年　月　日
建设单位		年　月　日

第十二章　电梯及其电气装置

电梯及其电气装置的测试、试验、调整及运行是一项很复杂的工作。其中控制系统及其元件装置与第四章中的要求和方法基本相同。但电梯控制的多样性及新元件较为普及，又给调试带来很多难度。因此，要求电梯调试人员应具有相当的技术能力和较高的职业道德。

电梯调试是安装电梯的最后一个工序，也是安装过程中一个最重要的环节。电梯调试又分机械调整和电气调试两部分。调试工作应通过一定的步骤、方法对各种装置进行试验、调整，使系统能安全可靠地工作，使电梯达到国家有关规定和产品的设计要求。电梯调试也是对产品的性能和安装质量的全面考核，可同时修正和弥补安装及制造上的某些不足之处，使电梯以优良的质量为用户服务。

一部优良的电梯应具备以下基本条件：

1. 安全可靠

电梯在使用中应能避免安全事故的发生，同时又要降低故障率，使用户有安全感。

2. 乘座舒适

电梯在整个运行过程中应平衡舒适，在变速时能较平稳地过渡，满足乘客心理状态的要求。

3. 功能正确

电梯有很多功能，应能正确地反映出来，发挥其应有的作用。

电梯调试是一项机电相结合的细致工作，应由技术素质高、专业知识强、实践经验丰富的专业人员承担。调试前调试人员应熟悉电气原理图，熟悉电梯布线和接线图，熟悉各装置的位置及作用，熟悉机组性能和特点以及有关电梯的标准和规范。

一、电梯调试总体原则

（一）电梯调试的原则

1. 必须保证电梯运行的安全性

电梯运行的安全性包括人身安全和设备安全。因此必须保证自身安全和他人安全；必须保证电气设备和机械设备安全。进行电梯调试必须注重安全，遵守安全操作规范。

2. 必须保证电梯运行的可靠性

通过调试和检查，消除各种电梯故障隐患，提高电梯运行可靠性。

3. 必须保证电梯运行的舒适性

在保证电梯安全、可靠运行的基本条件，兼顾电梯运行效率的同时，将电梯运行舒适感调试至最佳状态。在电梯运行效率与电梯运行舒适感之间，一般条件下，办公楼、商务楼电梯较为讲究运行效率；而酒店和住宅电梯较为注重电梯运行舒适感，这要引起调试人员的重视。

（二）调试总则

与电梯运行舒适感相关的因素主要有三点：一是机械方面的因素，如导轨垂直度、表面平整度、连接处导靴松紧度、钢丝绳张力均匀度等；二是运行曲线相关参数设置，如加速度、减速度、S 曲线弯角时间、起动抱闸延时、停车抱闸延时等；三是矢量控制相关 PI 参数设置，如比例增益、积分时间等。机械系统各方面的工作配合状态是决定电梯运行舒适感的最根本性的因素。

如果机械系统方面存在着问题而影响舒适感，电气调试只能是改善舒适感更好一些，而无法根本改变机械缺陷。

调试的总则就是在保证电梯安全性和运行可靠性的前提下，协助电梯安装人员调整好电梯机械系统的各部件工作配合状态的同时，调整好设备相关参数以进一步改善舒适感，使舒适感达到最佳的状态，测试并确认各项功能正常。

（三）**舒适感的性能指标**

1. 电梯起动舒适感

起动是否平稳，有无台阶感、振动等。

2. 电梯高速运行中舒适感

高速运行是否平稳，有无振动、晃动等。

3. 电梯停车舒适感

平层停车是否平稳可靠，有无制动感、振动等。

4. 电梯加速是否很急

通过运行曲线加速斜率调节。

5. 电梯减速是否很急

通过运行曲线减速斜率调节。

6. 电梯运行中是否有风鸣共振声音

一般与轿厢密封度、机械装配及井道有关。

（四）电梯调试程序及要点（见表 12-1）

表 12-1　电梯调试程序要点

序号	项目/程序	主要调试内容	备　注
1	线路检查	通电前线路检查，通电后线路检查	
2	曳引机自整定	旋编安装，参数设置，曳引机自整定	
3	慢车运行	安全回路，门锁回路，上、下限位，上、下强慢	
4	井道学习	井道各开关，平层感应器，井道学习，井道学习数据保存	自学习指微机电梯
5	快车运行	单层、双层、多层、顶层、底层运行，冲顶沉底试验	
6	舒适感调试	机械调整，运行曲线设定，速度环 PI 值（电流环 PI 值）	
7	功能检查	按合同要求逐一测试各项标准功能和特殊功能	
8	平层调整	平层精度测量记录，平层感应器插板调整，相应平层参数调整	
9	其他	其他不妥	

二、交流双速电梯的调试（货梯）

交流双速电梯一般由双速笼型电动机驱动，采用继电器逻辑控制，其调试可分为慢车运行和快车试车两个阶段，慢车作为检修维护电梯时使用，快车作为正常运行，两者既是独立系统，又是密切配合的。

（一）**慢车运行**

1. 准备工作

1）检查清理井道，井道内应无任何安装遗留物，无积水；孔洞均已修补堵塞；清扫井道内的灰尘、土建遗留物，清扫轿厢顶部杂物、灰尘，并把厢内清扫干净。

2）用500V绝缘电阻表重新摇测电动机和电气线路的绝缘电阻，应符合规定。

3）机械设备的转动部分应注油润滑，有脏污的部位应清洗后再注油；曳引机的油箱应清洗后加规定的齿轮油。

4）制动器的抱闸应进行初步调整，动作应灵活可靠。

5）所有的安全装置应全部在正常位置，拆除短接线，使之正常投入使用。

6）检查所有部位有无不妥之处，并及时修复。

2. 运行步骤及方法

1）拆除开关门控制线，使门电动机不能工作。将轿厢门打开，使门刀脱离滚轮或暂不安装门刀，运行时不准碰擦滚轮。

2）在机房里单独给制动器通电或用机械扳手开启抱闸，并随时可制动。用手盘动电动机的平衡轮，分别使轿厢向上、向下各运行500～600mm，凭手感判断蜗轮、蜗杆有无咬死现象，其他部位有无卡住情况，然后将轿厢盘行到中间层位置。必要时要进行全程的盘车试验。

3）将电源开关合上，在机房用螺钉旋具按动1KAU（向上方向继电器）和KMU（上行接触器）或1KAD（向下方向继电器）和KMD（下行接触器）的铁心衔铁使电梯点动慢行，上下行不超过1m，确认轿厢运行方向与实际操作的继电器的标志是否一致，如不符可将电动机的三相进线任意对倒两相，然后按上述方法将电梯向上、向下各运行数次，通过选层器观察，不应使轿厢行驶到最高层或最低层。

4）机房点动操作无误后，可分别进入厢内或轿顶，以操作上下行检修按钮，根据行驶方向复核按钮标志是否正确，否则应调换按钮的接线。

3. 慢车运行后的调整

1）慢车运行时应观察和倾听轿厢有无碰撞和异常声响，如有应找出原因并使之消除。

2）检查和调整机械装置，不妥之处应修复至合格，如导靴与导轨顶面的间隙、轿厢地坎与各层层门锁滚轮的距离、开门刀与各层层门地坎的距离、开门刀与各层层门开门滚轮的吻合情况、平层感应器与各层感应板的吻合情况、限速器钢丝绳随轿厢运行情况及各种安全开关的触碰距离、随行软电缆与井道中盒管槽及其他物体的距离有无碰触的可能、安全钳4个楔块与导轨的间隙等。

3）调整时一般应由轿顶上和轿内的人员配合且内外联系，发现问题及时停车，并触动上下行限位开关，看其是否能使轿厢停车制动。

4. 制动电路的调整

制动器调整应包括机械装置和电气控制两个部分，应在调整过程中相互配合，使制动器在制动时能迅速有力地刹住制动轮，且只产生较小的冲击，又能满足电梯静载试验的要求。在运行中，电磁铁的吸力必须迅速克服弹簧力使制动器松闸，保证电梯起动运行。

图12-1是常见的制动器电气原理图，电梯起动时，继电器KTF得电，制动器线圈LB两端承受全部电压；在运行时KTF失电，LB两端承受与REC的分压，维持制动器开启状态。合

适的维持电压可以减小制动器线圈的功率损耗，又能迅速制动，同时又能保证外界电压波动时，制动器的状态不受影响，仍能可靠地工作。维持电压一般应为释放电压的 1.3 ~ 1.5 倍。

先调整 RD，使其阻值为线圈 LB 直流阻值的 3 ~ 5 倍，然后在线圈两端 CD 并接一只直流电压表。将 REC 的滑动触点向 C 点移动，并用导线短接 AB、BC 使 AD 间为额定电压 110V，电磁铁应立即吸合。然后拆除 BC 短接线，并逐渐将 REC 的触点向 B 点缓慢移动，使制动器刚好释放即停止移动，这时电压表指示的电压即为释放电压。将上述步骤重复一次，当 REC 动触点由 C 向 B 点移动且使电压表指示为 1.3 ~ 1.5 倍释放电压时，将动触点固定在此位置上。最后拆除电压表，至此调整工作完毕。

一般情况下维持电压是额定工作电压的 75% 左右，即 80V。

5. 开关门电路的调整

（1）门开关电路的工作原理　门电动机通常是直流电动机，电动机的转速与电枢电压成正比，转速方向由电枢电压的极性来决定。图 12-2 是常见的门开关电气原理图。

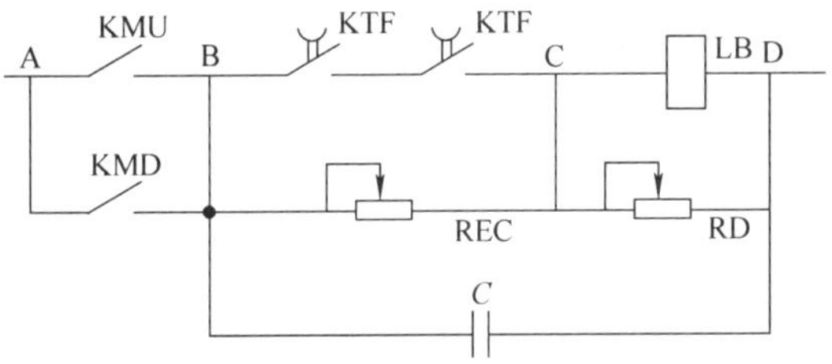

图 12-1　典型的制动器电气原理图

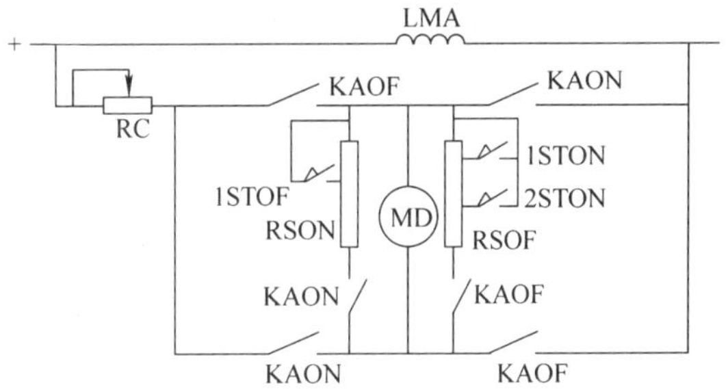

图 12-2　典型的门开关电气原理图

当开门继电器 KAOF 通电吸合后，使门电动机 MD 向开门方向旋转，电枢在串联电阻 RC 和并联电阻 RSON 全部电阻下运转，当门开至 75% 左右时，行程开关 1STOF 接通，短接了 RSON 的大部分电阻，分流后使 MD 的转速降低，门继续慢速开启，最后当门开足时，限位开关 2STOF 断开，KAOF 释放，MD 失电停转。2STOF 在继电器 KAOF 回路。

当关门继电器 KAON 通电吸合时，使 MD 反向得电，电动机向关门方向旋转，当门关至 70% 行程时，行程开关 1STON 接通，短接了 RSOF 的大部分电阻，于是 MD 的转速降低，门继续关闭，当门关至 90% 行程时，2STON 接通，又短接了 RSOF 一部分电阻，MD 的转速继续降低，直至关门，限位开关 3STON 断开，KAON 释放，MD 失电停转。3STON 在 KAON 回路。

上述的 2STOF、3STON 是开关门停止的限位开关，画在电气原理图中。

（2）速度调整　图 12-3 是开关门的速度图。调整速度主要是调整行程开关的位置，从而改变变阻器的值来改变速度。

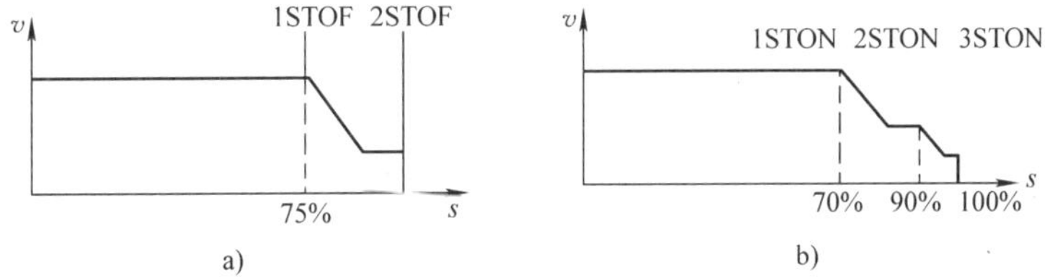

图 12-3　开关门速度曲线图

a）开门　b）关门

1）拆下电动机上的V带，用手盘动曲柄轮使轿厢门开启或关闭，从而初步确定限位开关2STOF和3STON的位置。

2）接通电源，在操作盘上按住开门按钮，电动机正转（开门），然后再分别手动按动1STOF和2STOF，电动机转速降低和停止。同样操作关门按钮，电动机反转（关门），分别手动1STON、2STON和3STON，转速会由高到低直至停止。

3）盘动曲柄轮，分别使轿门开启和关闭，观察各开关与碰铁碰撞情况，适当调整碰铁的位置或开关的位置。

4）装上V带使关门电动机工作，试验开、关门速度。一般开门为2s关门为2.5s。

5）分别关上层门，从上至下慢车行驶，到每层都停止，然门按动开门钮，厢门带动厅门开启，然后按动关门钮，门关闭。每层的开关速度应平稳，碰撞声音应符合规定。每层调整后再固定所有开关的位置。同时应将固定螺栓封漆，一般情况下不得变动。

在调整过程中，应使曲柄轮上的弧形碰铁在门电动机变速时同时碰撞两个开关，否则会使门电动机转速有瞬时加快的现象，影响门运行质量。

6. 安全系统的试验和调整

安全系统由机械和电气两部分组成，它们之间联系紧密，系统中任何装置发生故障都会引起电梯不能起动或在运行中自动停止，保证电梯的安全运行。

机械安全保护装置有：电磁制动器、限速器、缓冲器、层门、轿门、安全触板、安全钳等。

电气安全保护装置有：限位开关、极限开关、超载装置、超速保护开关、急停开关、断相保护、错相保护等，详见表12-2。

表12-2　电梯安全保护装置表

安全保护装置名称	保护方式
△极限开关（打头开关）	电梯失控开到极限位置、撞顶、蹲底时，切断总电源开关
△终端限位开关	用行程开关装在基站和顶站适当位置，以限制电梯越位
△终端缓速开关	电梯到终端站时，迫使减速（换速）
△超速保护	以限速器代动联锁开关、切断控制线路
轿厢超载保护	用压磁式或杠杆式称量装在轿底，带动开关保护
△轿顶安全窗保护	打开轿顶安全窗时，切断控制回路，不能开车
△厅门轿门安全保护	打开厅门，轿门切断控制回路，不能开车
△轿厢门安全触板	在自动开关门的电梯中，轿门侧面装有活动安全触板；在关门过程中，人触及触板门即开，防止夹人
轿厢侧门安全保护	在并排电梯中轿厢设有侧门，当侧门打开时不能开车
轿顶，底坑安全作业保护	当工作人员在轿顶或底坑工作时，电梯不能开车
△涨绳保护	限速器钢绳随轿厢运行，在底坑装有涨绳轮，当钢绳发生故障，涨绳轮开关即切断控制回路
△选层器钢带断裂保护	当选层器钢带断裂时，涨紧装置带动开关切断控制回路
△测速机断绳保护	当测速发电机断绳（带）时，带动开关切断控制线路

（续）

安全保护装置名称	保护方式
△事故逆转保护	直流电梯的检测、给定信号与速度信号产生差值时，事故继电器动作切断控制线路
△急停按钮	在轿厢操纵盘上装有急停按钮，在事故情况下，按急停按钮即停车
△直流电动机弱磁保护	当直流电动机弱磁时，欠磁继电器动作，即停车
相序及断相保护	当电源相位颠倒或断相，相序继电器动作，切断控制回路
△过载短路保护	当电动机过载电流增大发热时，热继电器动作或熔断器断开，直流电动机用反时限或延时继电器动作，切断控制回路

注：有△者为基本安全装置。

电梯慢车试验后，应按 GB/T 10059—1997《电梯试验方法》进行安全装置的调整和试验。

（1）限位和极限的调整　电梯以检修速度向上和向下运行，当超越上、下限位工作位置时，限位开关应动作，动作后电梯应停止，轿厢地坎越过上、下层站地坎的距离应在50～100mm 范围内；试验极限开关时应先将限位开关的接点短接（试验完毕后再拆除），当超越上、下极限位置时，极限开关应动作，动作后电梯应停止，轿厢超越上、下端站层地坎的距离应在 100～200mm 范围内。

上述制动后溜车太长一是应调整开关的位置，再是调整电磁制动器闸瓦和制动轮的间隙，一般应小于 0.7mm。

（2）供电系统断相、错相保护装置的调整　可将总开关取掉一只熔断器或交换相序，再合闸试车，这时相序继电器应发出信号，电梯不能起动。

（3）限速器和安全钳的调整　电梯停在底层端站的上一层，轿空载，用检修速度向下运行，然后在机房人为动作限速器，这时安全钳开关动作使电动机停转，安全钳卡住导轨。试验后将安全钳开关复位，这时再点动下行，电梯应停止不动。如果能向下运行，说明安全钳没有卡紧导轨，修复调整安全钳后再试验，直到卡住导轨为止。然后可把轿厢停在底层端站的上三层，重复以上试验，安全钳应动作准确无误。

瞬时式安全钳或具有缓冲作用的瞬时式安全钳，轿厢应载有均匀分布的额定载荷并在额定速度下进行试验；渐进式安全钳，轿厢应载有均匀分布 125% 的额定载荷，在平层速度或检修速度下进行。

（4）缓冲器的试验　试验前应将限位开关和极限开关短接，轿厢以空载和额定载荷分别对对重缓冲器和轿厢缓冲器进行静压 5min，然后将轿厢和对重提起，放松缓冲器，使其恢复正常位置。液压缓冲器复位时间应小于 90s，弹簧缓冲器复位时间应小于 5s。

（5）层门锁与轿厢门电气联锁装置的调整　当任一层门轿门没有关闭或锁紧时，操作按钮起动电梯，电梯应不能起动；轿厢运行时，将层门或轿门强迫打开一点，电梯应立即停止运行，否则应调整。

通常由底层向上，一层一层试验，直到全部合格为止。

（6）安全窗的试验　电梯运行时将安全窗打开，电梯应立即停止；安全窗没有关好关严，电梯不能起动。

（二）快车运行

交流双速电梯采用双绕组电动机，其中一组为6极，供电梯起动和快车运行；另一组为24极，供平层和检修之用。由于控制系统简单，在起动、减速和制动方面性能较差，平层准确度低、乘座舒适感差。因此，双速电梯的调整比较困难，需要各方面兼顾配合，在符合规定的基础上提高调试质量。

1. 双速电动机的特性

（1）双速电动机的特性曲线　当电源电压和电源频率均为额定值时，在定子电路和转子电路中不接电阻和电抗，按照规定方式接线时的机械特性称为固有特性；凡是不同时具备上述条件的机械特性都是人为特性，如图12-4所示。电动机的起动、运行、减速和制动过程都将沿着曲线工作。

（2）电动机起动加速过程　图12-5为定子串联阻抗起动的电路图，电动机接通电源后，就在串联阻抗特性曲线上起动，较大的起动电流在电阻R和电抗L上产生了较大的电压降，降低了定子电压，使电梯起动时有较好的舒适感。当转速升高到80%额定转速时，KM_1动作，短接了阻抗，定子绕组直接接到电源上，并在固有特性曲线继续加速到稳态运行。

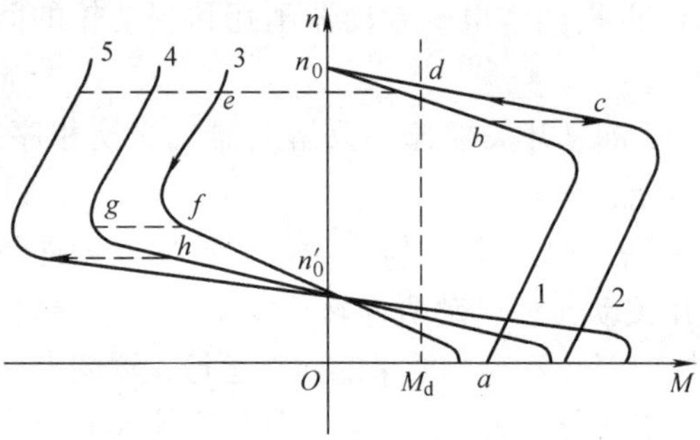

图12-4　双速电动机运行特性曲线

1—串联阻抗　2—快速固有特性（6极）

3—串联阻抗特性　4—串联电抗特性

5—慢速固有特性（24极）　M_d—恒负载转矩

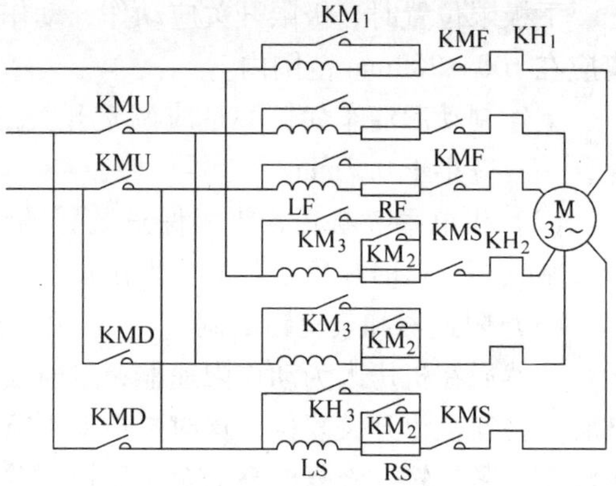

图12-5　双速电动机主电路

电梯专用交流双速电动机的起动转矩是负载转矩的1.8倍左右，按照这样的起动转矩进行加速，将给电梯设备带来较大的冲击，降压起动电压就是为了将起动转矩限制在1.2～1.3倍负载转矩以下，使电梯有较好的加速过程。但是电压又不能降得太大，否则会造成起动困难，使起动电流剧增，损坏电动机绝缘。起动过慢应减小起动阻抗，起动过猛应加大起动阻抗。

由于不同规格电梯的载重量、轿厢自重、静阻力矩等参数不一样，每台电动机所需的起动转矩也不相同，因此在实际调整时应根据实际情况进行整定，一般串入电抗的匝数是20～40匝，经1.5～2s切除阻抗。

（3）电梯减速过程　电梯进入平层区之前需要减速制动，这时由井道信号装置或机房选层器提供减速信号，切断电动机6极绕组的电源，同时给24极绕组通电，由于转动惯量的原理，转速不能突变。在减速一开始实际转速大于电动机同步转速，电动机处于发电制动状态，强行将电动机由950r/min降至225r/min后产生很大的制动转矩，出现明显的阶跃感。因此在变速过程中，24极绕组回路中要串联阻抗，以减小发电制动力矩，提高舒适感。

如图12-4和图12-5所示，当快车接触器KMF释放后慢车接触器KMS立即吸合，电动机制动转矩降低，当转速下降到f点时KM_2吸合短接电阻RS，电动机只串接电抗慢速运行；当KM_3吸合将阻抗LS全部短接，电动机转入24极慢速运行，进入平层阶段。

在减速过程中分两级切除电阻和电抗，时间分别为1s和0.5s，这时串入电抗大约是40～60匝。

2. 减速点的选择和调整

电梯减速应有减速点，也就是从什么时候开始减速。减速点关系到减速过程的舒适感和平层准确度，因此，减速点的设置必须保证有适当长的减速距离及平层段距离。减速点的选择有三种方法。

(1) 方法一　加长减速板，使铁板提前插入减速感应器，这样减速就会提前，如图12-6所示，铁板提前插入，使A点移至A'点，由于减速度不变，相当于把AB平移为$A'B'$，平层段延长了BB'长度，保证了制动时转速在225r/min左右。但是铁板加长后不能超过任一层的层高，否则会使感应板同时插入邻近层的感应器，造成系统混乱。这种方法简单方便，但受到层高的限制，对于低于3m的楼层不适用。

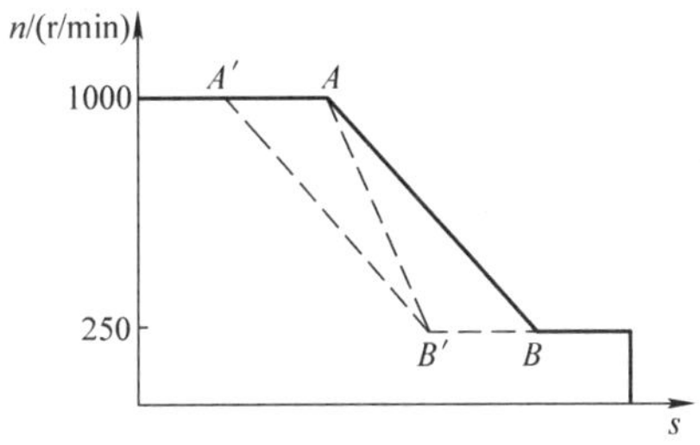

图12-6　减速示意图

(2) 方法二　调整串联在主回路中的电阻和电抗的抽头及切换时间，就可以改变减速度的大小。如图12-6中减速点A没有变，减速度加大，使B点移到B'点，形成斜线AB'，平层段相应延长了BB'长度，保证了制动时的转速。这种方法效果明显，但减速度加大会使舒适感变差。电抗器抽头调整的原则是：串入的电抗大，制动力弱，减速度小；串入的电抗小，制动力强，减速度大。调整电抗器一般作为粗调，调整电阻作为细调，两者需配合进行，同时每相串入的阻抗大小应平衡。

(3) 方法三　改变电气控制线路，增加减速感应器，使电梯上下行的减速点分别控制，使减速点提前到达，延长平层段。在减速不变的情况下，如图12-6中的$A'B'$。这种方法较好，可以调整任何层的减速距离，但不能将减速距离调的太长，否则会引起运行效率降低和电动机发热。减速感应器增加的个数是$N-2$，N为层站数。

实际调整时应根据具体情况选择最佳方案，使减速过程舒适感好，平层准确。

一般的交流双速电梯控制原理图是在选层上加装了换速触点来改变电动机转速的，可适当调整触点的位置来改变减速点。

3. 平层段的确定

电梯进入平层段运行，转速应在225r/min以内，否则平层准确度差，还会使电梯制动时发生冲击。平层段的转速可用下述方法来确定。

1) 用转速表来测量。

2) 在机房内观察电动机转度的变化情况。

3）在厢内凭感觉，判断检修运行制动和正常运行制动所产生的冲击大小，如两者相同，则说明转速在225r/min左右。

以上方法均应在空载上行和满载下行时进行，这样才能较正确地反映实际情况。测量时应注意转速变化后能稳定时间的长短，制动器才动作。

4. 平衡系数的调整

（1）平衡系数的概念　当电梯轿厢的重量与对重侧的重量基本相等时，在对重侧多加的重量与轿厢额定载重的比值称为平衡系数，一般用式（12-1）来表示：

$$K = \frac{W_{\mathrm{d}} - G}{Q} \tag{12-1}$$

式中　K——平衡系数；

W_{d}——对重侧重量总和，单位为kg；

G——轿厢自重，单位为kg；

Q——轿厢额定载重量，单位为kg。

平衡系数的选取，直接影响电梯的平层准确性、电动机的正常工作、实际速度与额定速度之间的误差，直接影响电梯的运行质量。

平衡系数该取多大，需要在调试和运行中确定，一是要考虑轿厢空载和满载两种运行情况，二是要根据梯型（客梯、货梯）不同加以考虑。客梯的流量变化较大，常常不在额定负荷下运行，K可取0.45左右；货梯常在额定负荷或接近负荷下运行，K可取0.5。

（2）平衡系数的测定方法

① 手感法：现以载重1t的客梯为例说明手感法测定平衡系数的方法。

在轿厢内放置450kg的重物，其中包括操作人员的体重，先把轿厢停在和对重同一水平位置上。然后在机房用手盘动电动机的飞轮盘，使轿厢分别向上和向下300~500mm，可几人分组重复盘动几次，凭手感判断轿厢与对重两边的重量是否相等，若不相等，则应调整对重的重量，直到两边的重量相等。盘动飞轮前应先使电梯处于检修状态，并把主开关的电源关掉，用机械扳手将抱闸松闸，否则盘不动车，且有安全作用。两边重量调整到相等后，轿厢仍负载450kg，一人在机房手持转速表，顶针顶住轴心，另一人站在轿顶上，用明显的标志标出井道的中间位置，并用步话机联络。然后将电源送上，将电梯打入运行状态，使电梯上升至顶层，再降至底层，当轿厢经过中间位置时，机房即测量电动机的转速，反复测几次，若向上和向下时中间位置的转速相差2~3转，即可认为平衡系数为0.45。

手感法测出的平衡系数准确度尚小，但方法简单，常用在货梯和层站不多的一般客梯上。

② 坐标法：现以1t的客梯为例说明坐标法测定平衡系数的方法。

先使轿厢与对重处于同一水平位置上，并在机房里的曳引轮与曳引绳上作好标志，绳上的标志要牢固。然后操作电梯快行，当曳引轮上的标志和曳引绳上的标志重合时，说明轿厢与对重在同一水平位置上。然后使轿厢分别以额定负载的25%、40%、50%、60%、100%作上、下快车运行，当两个标志重合时，记录主回路的电压、电流及转速，并在坐标纸上分别做出转速与载重的坐标点以及功率（电压×电流×$\sqrt{3}$×cos ϕ）与载重的坐标点，把这些点连接起即为两条曲线，这两条曲线的交点对应的横坐标就是平衡系数的值。

③ 还有一种方法是先使电梯慢车并加上少量的重块，用“手感法”使轿厢重量等于对重重量。然后根据设定的 K 值（客梯取 0.45，货梯取 0.5），先计算一下需要增加对重块的数量：

$$n = K \cdot G/g \tag{12-2}$$

式中　n——需要增加对重的块数；

G——电梯载重量，单位为 kg；

g——对重块每块的重量，单位为 kg。

然后将 n 块对重块放在对重装置上，轿厢内放置 K 倍的额定重量，快车运行进行校验，测定快车上行、下行列中间位置时电动机的转速，若相差 2～3 转，说明正确，否则应调整，有时也可用“坐标法”作图校验。

5. 电梯平层的调整

平衡系数调整后，应先做静载试验，才可进行平层的调整。

（1）电梯的静载试验　将轿厢停在底层，先将轿门打开，然后将电源切断，陆续加重物于厢内。客梯、医用梯和 2t 以上的货梯可到额定载重的 200%；其他型号的电梯可加到额定载重的 150%。保持上述状态 10min，观察各承重构件有无损坏现象或变形、曳引绳在槽内有无滑移溜车现象、制动器刹车是否可靠、系统中有无异常声响及其他不妥之处。试验时应几人从机房、井道、轿顶、厢内等处来回检查发现问题并及时解决。试验完后，将重物取出，使电梯进入正常。

（2）基准层的调整　将整个楼层的中间层站作为调整感应器和铁板位置的基准层，在这里轿厢和对重基本相等，有利提高平层的准确性。

在电梯轿厢内加 50% 额定载重或按平衡系数确定加入重量，将电梯运行到中间层，使轿厢地坎与层门地坎处在同一水平位置，误差不得大于 ±2mm。先固定轿厢顶上的上下两个平层感应器及该层平层铁板位置，并使铁板两端各超过感应器 10mm 左右。然后将轿厢从中间层快车运行到中间层的下层，调整上感应器的位置，再从此快车上行到中间层，调整下感应器的位置，使平层精度在 2～3mm 以内。调整后再多次从其他层上行或下行到中间层，也能保证平层精度在 2～3mm 内。这时将上下两个感应器固定好，中间层的调整完毕。

调整其他层的平层只需调整每层感应铁板的位置，不得调整感应器的位置。

（3）平层感应铁板的调整　用图 12-7 来说明平层感应板的调整。

图中 A、B、C 分别表示每层感应板的不同位置，a 为上下感应器的距离，b 为轿厢地坎与层门地坎的距离。

在图 12-7a 中，电梯上行时感应板在 A 的位置时，感应板插入感应器后，轿厢地坎与层门地坎平层，说明感应板的位置正确；当感应板在 B 的位置时，感应板插入感应器后，轿厢地坎就要高于层门地坎 50mm；当感应板在 C 的位置，轿厢平层时其地坎就要低于层门地坎 50mm。

在图 12-7b 中，电梯下行时感应板于 A 位置，插入感应器后，轿厢地坎与层门地坎平层，说明感应板位置正确；B 的位置平层时，轿厢地坎就要低于层门地坎；C 的位置平层时，轿厢地坎就要高于层门地坎。

调整铁板时，无论上下行，只要平层高，应将感应板往下移；平层低，应将感应板往上移。平层的调整必须耐心且反复调整，特别是感应板的移动需经多次试验，才能找到最良好

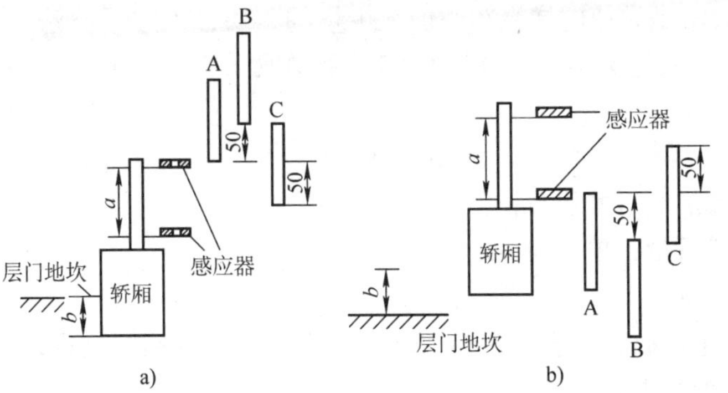

图 12-7 平层感应铁板位置示意图

a）电梯上行 b）电梯下行

的固定点。

6. 轿厢载荷试验

电梯调试的最后一步就是载荷试验。载荷试验分三种状态，即试运行、负荷静载、超载运行。前面已讲述了静载试验，下面说明试运行和超载运行试验。试运行和超载运行试验必须在全部调整工作完毕后进行。

（1）试运行试验 试运行分空载、额定载重量的50%、额定载重量的100%三种情况进行。每一种情况均应在通电持续率不少于40%的情况下往复升降1.5h。运行时应观察起动、运行和制动停止时有无剧烈振动，制动器制动是否可靠，平层情况，制动器线圈的温度（一般不超过60℃），曳引机油温（一般不超过85℃），曳引机、轿厢、井道是否有异常声响，电梯信号及各种控制是否正常，控制柜、操作盘是否工作正常，应多人在各层站呼梯试验。试运行中应符合下列要求：

① 电梯的起动、制动应平稳、迅速，加、减速度最大值不大于$1.5m/s^2$，可用加速度测试仪测试；交流、直流快速电梯平均加、减速度不小于$0.5m/s^2$；直流高速电梯平均加、减速度不小于$0.7m/s^2$。

② 运行时厢内应无剧烈振动和冲击；客梯、医用梯的水平振动加速度不应大于$50mm/s^2$。

③ 指令、召唤、选层定向、程序转换、开车、截车、停车、平层等装置应准确无误，声光信号显示清晰正确。

④ 上下端站极限、限位、缓速开关位置准确，保护要可靠。

⑤ 门电动机的速度、减速和停止符合机械要求；安全触板等保护装置灵敏可靠。

⑥ 厅门机械、电气联锁装置、极限开关和其他机械、电气联锁开关的作用应可靠；控制屏、柜和电动机、发电机组、曳引机、制动器等工作应正常。

⑦ 消防专用电梯，消防员专用开关应转换迅速，可靠。

（2）超载运行试验 经空载试验合格后，即可进行超载运行试验，使轿厢在承载额定载重的110%，通电持续率40%的情况下运行30min，观察电梯起动、制动、平层误差，制动器是否可靠，曳引机工作是否正常。超载试验时应将超载开关短接，试验后再拆除。

超载运行试验，电梯应正常工作。

(3) 电梯运行指标

① 交流双速电梯在额定载重量时实际升、降速度的平均值，对额定速度的差值不应超过 ±3%。

② 直流高、快速电梯在额定载重量时的实际升、降速度的平均值，对额定速度的差值不应超过 ±2%。

③ 电梯的平层准确度应符合表 12-3 的要求。

表 12-3　平层准确度

电梯类别	额定速度/(m/s)	平层准确度不应超过/mm
交流双速	≤0.63	±15
交流双速	≤1.00	±30
交直流调速	≤2.00	±15
交直流调速	≥2.50	±10

④ 根据不同的要求，对于较高级的电梯还要进行加速度、振动加速度的测试以及噪声的测试，采用的仪器分别为加速度测试仪、振动加速度测试仪和声级计。其测试结果应符合电梯设计要求。

三、交流调速电梯的调试要点

随着电子技术的发展，特别是半导体功率器件——晶闸管在电力拖动系统的广泛应用以及大规模集成电路和微型计算机的出现，控制装置和控制技术不断提高、完善，交流调速技术已应用于电梯的拖动系统，出现了交流调压调速电梯和变频变压调速电梯，有取代交流双速电梯之势。但交流双速电梯具有结构简单、维修方便、控制系统简单、价格低廉等优点，所以仍是目前应用最广泛的一种电梯。

交流调压调速电梯的工作原理：

通过测速发电机取出一个速度信号送入速度调节系统，经过处理后控制晶闸管器件的导通角，使电压在一定范围内无级变化，从而控制电动机的力矩，使电梯尽可能沿着人为的理想给定曲线运行，即实行对电动机速度的闭环控制。

交流调压调速电梯有分立元件和继电器组成的控制系统，也有微型计算机为主的控制系统。

交流调速电梯的调试除控制系统外和双速电梯基本相同，这里列出控制系统的调试要点，供参考。这里涉及的各种符号接触器和继电器的编号、电位器的编号等，都是模拟的，应以电梯生产厂家配套的原理图上的标注为准。

交流调速电梯主拖动电路如图 12-8 所示。

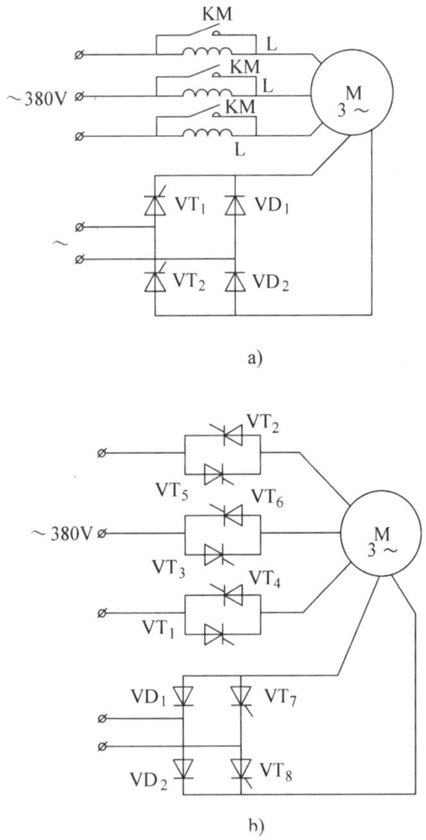

图 12-8　交流调速电梯主拖动电路
a) 有触点控制　b) 无触点控制

交流调速（电梯）系统由给定电压、速度调节器、触发电路、变流装置等组成，其结构框图如图12-9所示。

1. 交流调速装置的静态参数

1）控制板上交流输入电压为18V。

2）控制板上直流输出电压为±12V。

3）同步变压器副边输出交流电压为30V。

4）给定直流电压：

多层：$U_{gd}=-8V$；

单层：$U_{gd}=-6V$；

爬行：$U_{gd}=-1.6V$；

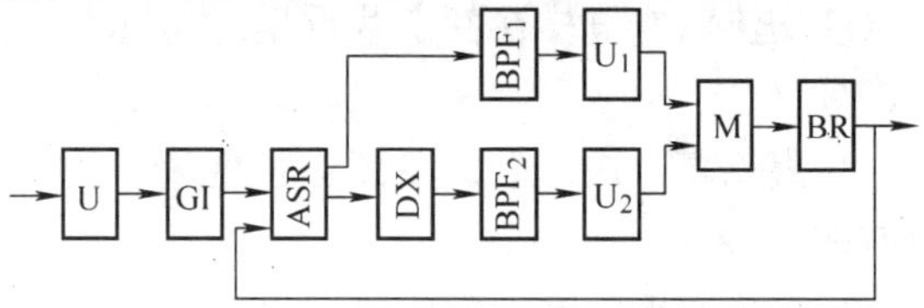

图12-9　交流调速电梯结构原理图

U—稳压电源　GI—给定积分器

ASR—速度调节器　DX—倒相器

BPF_1—触发器　BPF_2—触发器

U_1—三相整流装置　U_2—单相整流装置

M—交流电动机　BR—测速发电机

调节给定环节电路中的RP_2，可使爬行电压在$-1.6\sim0V$范围内变化。

2. 交流调速装置的动态参数

1）电网电压波动应小于±7%。

2）部分参数对应关系：

多层：$U_{gd}=-8V$对应$U_{fn}=76V$转速1350r/min，U_{fn}大小可调节速度调节器中的电位器RP_4；

单层：$U_{gd}=-6V$对应$U_{fn}=55V$转速900r/min；

爬行：$U_{gd}=0\sim-1.6V$对应$U_{fn}=4\sim6V$大小可调节给定环节的RP_2。

3）U_{fn}与转速大约对应关系：当U_{fn}不超过76V，U_{fn}每升高1V对应电动机转速升高20r/min；U_{fn}每降低1V对应电动机转速下降20r/min。

3. 调整步骤与方法

（1）准备工作

1）所有安全回路都应正常工作，且不得有短接线。

2）确保上、下行制动减速距离为2.2~2.7m，并保证所有层站制动减速距离一致，偏差控制在3cm范围以内。

3）上、下平层感应器的距离为12cm，开门感应器应安装在两只感应器的中间位置，偏差控制在2mm以内，电梯平层时，平层铁板应准确插入感应器间隙内。

4）电梯在检修速度下运行全程，在机房观察各层站继电器和基站控制继电器能否按顺序正常运行。然后电梯停止在某层平层位置，置于有司机状态，观察上、下平层感应器和开门感应器应都能吸合，此时不准起动电梯。

5）电梯置于司机状态，拆去门电动机熔丝，关闭12V触摸式开关稳压电源。

6）断开快车接触器KMF的线圈回路。

7）试验检修急停开关的可靠性，在调试过程中应能随时手动切断电源。

（2）模拟运行试验　先将起动、制动保护电路中的保护继电器K从插座上拔出。这样，因为快速继电器的回路已经断开，其他回路得电后，给单层或多层运行指令，手动一级起动继电器（手推动衔铁使其吸合），就可以模拟电梯单层或多层运行。

1）给多层运行指令，手动一级起动继电器吸合，单层运行判别继电器不吸合，这时在线路板上测得$U_{gd}=-8V$；给单层运行指令，手动一级启动继电器吸合，多层运行判别继电器不吸合，这时可测得$U_{gd}=-6V$。同时，一级起动继电器吸合后，三相指示灯应很快同时发亮。

2）保持上述状态，手动开门继电器吸合，应看到三相指示灯慢慢变暗，能耗指示灯慢慢变亮；松开开门继电器，三相指示灯很快变亮，能耗指示灯很快变暗。

3）用检修急停开关切断电源，消除1）和2）状态，再用其开关将电源送上，使控制系统重新得电，不给指令，手动运行继电器吸合，测得$U_{gd}=0\sim-1.6V$，同时三相指示灯变亮。

4）以上试验正常后，手动制动保护继电器且自保，使电梯处于检修状态。然后手动向上或向下运行继电器，将电梯运行到中间层站，用检修急停开关切断电源，消除检修状态。接通快速接触器的供电回路，再合上检修急停开关，使电梯恢复正常并处于有司机状态。

（3）电梯试运行

1）任给一层指令，手动一级起动继电器吸合，电梯起动运行，注意观察电梯是否按指令运行，有无反向，否则应调换相序。

2）给多层运行指令，电梯运行，测出电动机转速为1380r/min，若偏低，可调节电位器RP_4，见速度调节器。

3）电梯进入平层段运行时，调节电位器RP_2，使平层速度尽量慢，但又不抖动，见给定电路。

4）给单层指令，单层运行判断继电器应吸合，手动一级起动继电器使电梯起动运行。当进行制动减速后，因为单层运行距离短，应注意观察，若平层段运行时间太长，可调节电位器RP_1，见减速点触发电路。

（4）起动和制动减速保护电路 先将保护继电器K插入插座。

1）起动保护可靠性试验。拆去接触器KMF的供电线圈，给指令并手动继电器K_6使之吸合，K_6吸合后3~4s，继电器K也应吸合，控制柜上保护制动减速继电器K_7吸合，系统处于检修状态，说明起动保护正常。

2）制动减速保护可靠性试验。接通接触器KMF，断开能耗回路，给单层或多层运行指令。当多层继电器K_8失电时单层继电器KT吸合，电梯进入制动减速阶段1~2s，K吸合，系统处于检修状态。这里要注意，电梯不能给最高或最低层指令，以防冲顶或撞底。

（5）单层制动点调试 单层运行距离短，特别是层站距离不一致时，调试较为困难。

单层调试关键在于电位器RP_1的负电位及爬行速度，见减速点触发电路。由于现场情况复杂，层楼有高有低，在调整时以楼层低的为起点，兼顾高层的运行效果，U_{RP1}越高，KT动作时间越早，U_{RP1}越低，KT动作时间越迟。通常U_{RP1}调节至$-3.3\sim-2.5V$，要根据现场情况精心调节，从小到大逐步调整，效果最佳为止，并把RP_1封好。

四、直流调速电梯的调试要点

直流电梯是由交流电动机、直流发电机和直流电动机组成的拖动系统，发电机的励磁电流受三相晶闸管整流装置控制，从而调节电动机的转速。系统引入速度负反馈和其他反馈，使电动机的转速跟随给定曲线自动控制运行，电梯便按照要求的速度图线运行。直流电梯的调整主要在于励磁系统，其他部分和前述相同，这里仅列出励磁系统的调试要点，供参考。

高速直流电梯系统结构如图12-10所示。

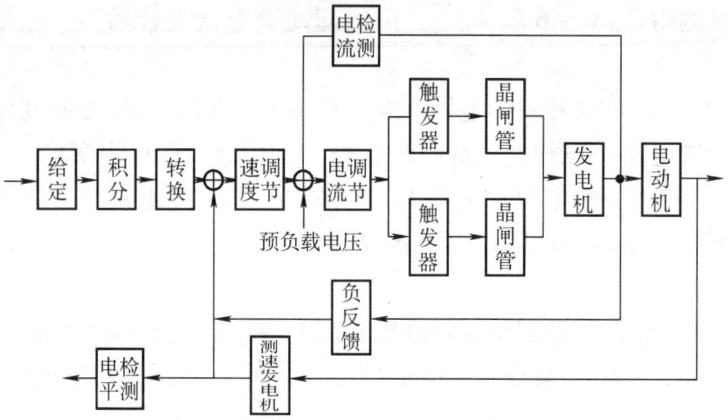

图12-10　高速直流电梯系统结构图

1. 极性的确定

1）检查系统的全部接线应和电气原理图相符，并保证正确无误。通常应有两人检查。

2）断开发电机和电动机的连线，使发电机空载。起动直流发电机组，使触发电路工作，这时用万用表直流电压挡确定两个极的“+”和“-”，发电机的“+”和“-”应和电动机的“+”和“-”一致，转速方向才和电梯升降一致，否则应调换发电机励磁绕组两端的接线。

3）把主回路上发电机和电动机的连接按“+”和“-”接好，并将电动机和曳引机的联轴器摘开，取掉测速发电机的连线，起动发电机组，使系统开环空载正反转运行，观察转速方向是否和电梯一致。

4）开环空车运行时测试正反转的电压和极性。

以上确认无误后，将系统接线连好，准备闭环运行试车。

2. 空车调试

起动直流发电机组使系统在较低的速度下正反向空载运行，观察系统中各环节输入、输出情况，应保证：

正向给定电压→速度调节器负输入→速度调节器正输出→电流调节器正输入→电流调节器负输出→正向触发脉冲前移
→反向触发脉冲后移→晶闸管输出正向电压，轿厢下降。

反向给定电压与上述相反。

3. 预负载调试

将联轴器接好，让曳引机带动轿厢，以低速把轿厢运行至井道中间位置，将轿厢内的称重信号电压加在电流调节器的同相输入端，使速度调节器输出为零。打开制动器仍抱闸，调节称重信号的衰减度，改变称重信号的大小，使轿厢在抱闸松开的情况下不发生溜车即可。

把预负载信号加入控制系统，即可保证电梯在起动瞬间电磁抱闸松开后不会溜车，同时提高乘坐舒适感和拖动系统的可靠程度。

4. 拖动轿厢调试

在轿厢上加上负载（重物），使其与对重平衡，以低速上下运行。若出现振荡现象，应仔细调节速度调节器中的3RP和电流调节器中的2RP。然后把测速发电机电枢电压的分压电阻调至最大的位置上，使测速负反馈最强。

1）电梯高速运行，实测运行速度。若电梯运行速度高于所需速度，可适当调整给定分压电阻的高速端的分压值，即 R_1 的值，使轿厢速度降低；若电梯运行速度低于所需速度，则保持在给定最大输出的前提下，调整测速发电机电枢的分压电阻 R_1，降低测速反馈强度，直到轿厢有合适的运行速度为止。

2）平快、平慢速度只需调整给定分压电阻 $R_1 \sim R_4$，就可以得到所需的速度。

3）起动、制动时间的调整应在乘坐舒适的前提下，与选层器的调整相配合，尽量缩短起、制动时间，可适当调整转换电路的积分时间常数，通常调整 C_1 或 $R_1 \sim R_6$ 的数值。

4）用超低频示波器观察速度反馈信号对速度给定信号的跟踪情况，若发现两信号曲线的跟踪较差，则在保证系统稳定的前提下，适当调节速度调节器中的 RP_3 和 RP_4 及电压负反馈中的 RP_1 和 RP_2。

5. 励磁系统反馈的作用

励磁系统引入了多种反馈，有速度反馈、电压反馈、电流反馈，目的是使系统工作稳定。

1）直流测速发电机的电枢电压反映电梯轿厢的运行速度，经分压滤波与给定信号比较后输入调节器，进行调节放大，控制晶闸管的输出电压。速度反馈可以减小静态转速降，扩大调节范围，提高系统静特性的硬度，使电梯轿厢的运行速度跟随给定速度。速度负反馈系统的抗干扰能力很强，任何原因引起的速度变化，都将通过反馈的作用，使速度变化明显减弱，保证良好的运行指标。

2）电流负反馈信号由电流检测电路提供，它反映主回路电流的变化情况，可稳定输出电流，提高系统动态品质。电流负反馈可限制电梯在起动和制动过程中可能出现的大电流，达到保护电动机和晶闸管的目的，改善和提高电梯在起动、制动时的舒适感。

3）电压负反馈信号取自发电机电枢电压，经电压把电压谐波分量滤掉，得到较平直的电压量，经过电阻和电容微分回路，把电压变化量$\frac{dv}{dt}$反馈到速度调节器上，在电压突变时起反馈作用，保证系统稳定运行。

继电器电梯调试过程常见故障和排除方法见表 12-4。

表 12-4　继电器电梯调试过程常见故障和排除方法

故障现象	可能原因	排除方法
关闭厅门、轿门经选层起动，轿厢不能运行	开关门锁电气接点松动，未能接通 KAL	调整门锁电气接点 S_7 触头簧片，使之接触良好，或更换触头簧片并检查 KAL
	关门行程开关未接通	调整行程开关位置、角度、使之接触动作灵活，紧固行程开关，固定螺钉
	起动回路接点未接通或元件故障	检查起动回路，找出故障元件
厅门未关能选层开车	门锁继电器动作不正常	调整门锁继电器，更换门锁继电器
	门锁连接线短路	检查门锁线路，排除短路点
关门夹人，安全触板失灵	安全触板微动开关被压死，不能动作	更换微动开关，使之连接或断开灵活
	安全触板接线短路	检查线路排除短路点
	安全触板传动机构损坏	检查调整传动机构触板拉链。转轴等，使之动作灵活

（续）

故障现象	可能原因	排除方法
开关门速度明显降低	开门机励磁线圈串联电阻 RADJ 阻值过小	适当增大 RADJ 电阻值进行试验，一般调至全电阻 3/4 比较合适
	开门机带轮皮带打滑或皮带太松	调整带轮偏心轴或开门机底座螺栓，更换皮带
开关门速度明显过快	开门机励磁线圈串联电阻 RADJ 阻值过大或短路	（1）适当减小 RADJ 电阻值 （2）找出故障点
开关门时门扇跳动，振动过大	吊门滚轮磨损或导轨偏斜	调整门导轨，更换吊门滚轮
	吊门滚轮下的偏心轴挡轮间隙过大	调整门导轨下的偏心轴挡轮间隙
	地坎门滑道积尘过多，卡有异物	清扫地坎门滑道，排除卡阻异物，并用铅粉润滑
电梯运行中轿厢有抖动或晃动	蜗轮副齿侧间隙增大，蜗杆推力轴承磨损或曳引机故障	更换中心距调整垫及轴承盖处调整垫，或更换轴承，检修曳引机组
	曳引机地脚螺栓或挡板压板松动	检查紧固地脚螺栓和挡板压板并进行找正
	个别导轨架或导轨压板松动	检查导轨架及压道板紧固情况，并进行紧固，校正轨距
	导轨接口不平滑，有“台阶”	用细齿锉刀按要求进行修光平整并校正
电梯运行时在轿厢中听到摩擦响声	轿厢滑动导靴尼龙衬磨损严重，其金属压板与导轨发生磨蹭	更换新的导靴衬，并调整导靴弹簧，使四只导靴压力一致
	滑动导靴衬套油槽中卡入异物	清除卡存在导靴内的异物并进行清洗
	安全钳楔块与导轨间隙过大，有时摩擦导轨	调整安全钳楔块与导轨间隙使之符合要求（2～3mm 为宜）
电梯运行中轿厢在通过厅门时有碰撞摩擦声响	开门刀与厅门地坎间隙过小或摩擦	测量各层间隙并检查轿厢有无倾斜现象，必要时用砣块调平轿厢
	开门刀与门锁滚轮相碰或与异物相碰	检查轿门倾斜度，必要时调整开门刀和门锁滚轮位置，清除异物
限速器有时误动作或有响声	限速器转动轴由于油路不畅、锈蚀或磨损	清洗限速器通畅油路，对转动轴磨损者可用零号砂布细磨修饰，清除杂物
	弹簧或压紧螺钉松动	螺钉松动可进行紧固，压簧松紧程度与限速器动作速度有关，应送电梯厂进行调整整定
预选层站不停车（选不上）	内选层继电器 KMI 失灵	检修或更换 KMI 继电器，检修内选线路或更换元件
	选层器上滑块接触不良或接不上，滑块碰坏	调整滑块距离，使接触良好，检修选层器
未选层站停车	快速保持回路接触不良	检查调整快速回路中的继电器接触器接点，使之动作灵活接触良好并检修线路
	有的层站换速碰块连接线与换速电源相碰或选层器上的层间信号隔离二极管击穿短路	调整滑块连接线或更换二极管或调整选层器

（续）

故障现象	可能原因	排除方法
局部熔丝经常烧断	该回路导线有接地点或电气元件有接地	检查回路接地点，加强电气元件与接地体的绝缘，找出接地或短路故障点
	有的继电器绝缘垫片击穿	加绝缘垫片绝缘或更换继电器
主熔丝经常烧断	熔丝片容量小，压接松，接触不良	按额定电流更换熔丝片，并压接紧固
	有的接触器接触不良有卡阻或造成相间短路	检查调整接触器，排除卡阻或更换接触器
	起动、制动时间过长	按厂规定，调整起动、制动时间
	起动、制动电阻（电抗器）接头压片松动	紧固接点，压紧压片
个别信号灯不亮	灯丝烧断	核对电压，更换灯泡
	线路接点断开或接触不良	检查线路，紧固接点
呼梯按钮和选层按钮失灵或不复位	按钮连接线有断开点或接触不良	检查线路，紧固接点
	按钮块与边框有卡阻	清除孔内毛刺，调整安装位置
	隔离二极管装反	调整或更换二极管
	呼梯继电器或选层继电器失灵或线路故障	更换继电器找出故障点
停梯断电后再使用，发现运行方向相反	内无相序保护装置，外线三相电源相序接反	将三相电源线中任意两相互换
	相序故障	检修相序继电器或更换
电梯起动和运行速度有明显降低	抱闸未完全打开或局部未张开	调整抱闸间隙
	三相电源有一相接触不良	检查三相电源线路、紧固各接点，使接触良好
	接触器接点接触不良	检修或更换接触器
	电源电压低或电动机故障	调整三相电压使压降不超过 ±5% 或检修电动机或绕组
轿厢或厅门有麻电感觉	轿厢接地线断开或接触不良	检查接通接地线，并测量接地电阻不大于 4Ω
	接零系统零线重复接地线断开	检查零线重复接地恢复保护接零系统
	轿厢上的线路有接地漏电	检查线路绝缘，使其绝缘电阻值不低于每伏工作电压 1kΩ
平层误差过大（上行平层高，下行平层低）	抱闸弹簧过松，间隙大或不均匀	调整弹簧压力并按规定调整抱闸间隙或更换元件
平层误差过大（上行平层低，下行平层高）	抱闸弹簧过紧，间隙小或不均匀	调整弹簧压力，并按规定调整抱闸间隙，调整平层器与感应铁距离间隙或重新调整平层

（续）

故障现象	可能原因	排除方法
平层误差过大（上行平层高下行平层也高）	对重重量（平衡砣）过重	按平衡系数计算，用电流表测量正反向电流值，调整对重砣块 如对轿厢和对重重量不清楚，一时不能进行平衡计算时，可参考下列方法进行调整： （1）将轿厢停在梯井全高的1/2处，并使轿厢和对重在同等高度线上（可按绳头组合位置的高度一致为准）。 （2）在机房中松开抱闸，用摇车手轮反正摇车试验轿厢和对重重量，并使轿厢和对重的重量相等。如摇车手轮正反转用力一致时，则表明两者相等。 （3）在增减砣块后，如果轿厢和对重的重量相等，摇车手轮反正摇动都很松快。 （4）在对重一方再加上轿厢额定载重量的45%~50%
平层误差过大（上行平层低下行平层也低）	对重重量（平衡砣）过轻	按平衡系数计算，用电流表测量正反方向电流值，调整对重砣块

五、微机控制交流变频调速电梯的调试要点

目前，微机控制的电梯系统其具体电路有很多，且各个厂家的电路也不尽相同，这里仅以上海新时达电气公司STEP生产的微机控制交流变频调速电梯的调试为例，讲述调试方法，供读者参考。其中，接触器、继电器、自动开关等元件与前述相同。

（一）通电慢车试运行

1. 通电前的检查

（1）检查机械系统的装配　支架、导轨、曳引机、对重、轿厢、钢丝绳、控制柜、限速器等按标准安装到位。

确认所有安全回路组件，如机房、轿厢、轿顶、底坑共四处急停按钮，相序，限速器开关，上、下极限开关，液压缓冲器开关，断绳开关，安全钳开关，安全窗开关等，都安装到位，动作有效，处于正常工作状态。

确认所有厅门、轿门都安装到位，动作有效，处于正常工作状态。

拆除井道中的脚手架及一切有碍电梯运行的障碍物。

（2）检查电气系统的装配

1）检查下列接线是否按图接线，确保接线正确。

① 电梯总电源箱至控制柜R1、S1、T1的三相进线。

② 主机抱闸线圈至控制柜中01、ZQ1的接线。

③ 控制柜U1、V1、W1至主电动机三相进线的接线。

④ 主机编码器与控制柜中12V、0V、A、B间的接线。

⑤ 安全回路102、114是否通路。

⑥ 门锁回路120、118是否通路。

⑦ 轿顶接线应正确。

⑧ 检修回路通断逻辑正确。

⑨ 门机电源及信号接线正确。

⑩ 轿厢CAN-BUS通信回路接线正确。

⑪ 井道CAN-BUS通信回路接线正确。

⑫ 电脑板电源接线正确。

2）检查通信线，测量绝缘电阻。

① 检查TXV+、TXV-、TXA+和TXA-四根线与其他电源线（R1、S1、T1、U1、V1、W1、200、201、202、101、102、104、01、02、04、ZQ1、401、402、501、502、601、602）之间的电阻应接近无穷大。

② 测量TXV+、TXV-、TXA+、TXA-与PE（接地）之间的电阻，阻值为无穷大。

③ 测量TXA+、TXA-之间的电阻。先确认轿厢内的SM-04板上的JP5跨线是否已接上，以及最低一层的井道模块、SM-04板上的JP5跨线是否已接上。当只接井道通信模块等时，其阻值应为120Ω左右；当只接轿厢通信模块等时，其阻值应为120Ω左右；当全部井道和轿厢通信模块接上后，其阻值应为60Ω左右。

3）检查电动机三相之间的电阻是否平衡。

4）接地检查

① 以下检查的电阻阻值应趋向于无穷大，若发现电阻值偏小，应立即检查，找出故障，修复后才能继续调试。

a. R1、S1、T1与PE之间；b. 01-、02+、04、ZQ1与PE之间；c. 200、201、202与PE之间；d. 101、102、104与PE之间；e. 501、502与PE之间；f. 601、602与PE之间；g. TXV+、TXV-、+24V、COM、TXA+、TXA-与PE之间；h. 电动机三相U、V、W与PE之间；i. 旋转编码器12V、A、B、0V与PE之间；j. 401、402与PE之间；k. 变频器及制动单元上各信号端子及动力电端子与PE之间；l. 安全回路及门锁回路中的中间接线的端子与PE之间；m. 检修回路中的端子与PE之间。

② 以下检查要求各测量端子及部位与PE接地的电阻值尽可能小，一般为0~3Ω。

a. 市电电源接地点与PE之间；b. 电动机接地点与PE之间；c. 旋转编码器线缆屏蔽层与PE之间；d. 旋转编码器线缆外用金属软管进柜端与PE之间；e. 变频器接地点与PE之间；f. 开关电源接地点与PE之间；g. 抱闸接地点与PE之间；h. 控制柜壁及门与PE之间；i. 线槽末端与PE之间；j. 限速器与PE之间；k. 轿厢与PE之间；l. 厅门电气门锁与PE之间；m. 井道底坑由各安全开关接地点与PE之间。

（3）编码器的检查

1）检查编码器的固定应牢固，编码器轴与主机延伸轴之间的联轴器应连接固定良好。

2）编码器连线最好直接从编码器引入控制柜。

3）若编码器连线线不够长，需要增加连接线，应延长部分也应为屏蔽线，并且与编码器原线的连接最好采用烙铁焊接，线与线之间应绝缘隔离，外套金属纸进行屏蔽。

4）按接线图及编码器上线色定义正确接线。

5）编码器屏蔽线接在控制柜中的接地端子上。

6）编码器线缆必须穿在金属软管中排布，金属软管须从编码器一直排布至控制柜中，如长度不够需增加。两段接头需可靠相连，且金属软管进柜端必须接地。若发现编码器屏蔽线原本接地，则该屏蔽线可悬空不接，但应保证不能与任何有电端子或接地外壳接触。

7）将编码器脱机，用手转动并用数字表测试其输出，其显示应正确。

2. 通电后的检查工作

（1）确认及检查

1）取掉抱闸线01、ZQ1。

2）确认所有的开关、熔丝处于断开状态。

3）确认控制柜上的检查/正常开关拨在检修位置，急停开关被按下。

4）确认轿顶、轿厢上的检修开关处在正常位置。

5）确认井道、轿厢、轿顶、底坑无人，并具备适合电梯安全运行的条件。

6）确认井道外的施工不可能影响电梯安全运行。

（2）检查现场提供的三相五线制的进线电压，三相电压应为380(1±7%)V，相间偏差不应大于15V，每一相与N线之间的单相电压为220(1±7%)V，N线与PE之间若相通，则N-PE之间的电压不能大于30V。

（3）检查总进线线规及总开关容量应达到设计图纸的要求。

（4）以上检查都得以确认正常后，则可通电调整。

（5）通电后的检查

1）合上总电源开关，检查相序继电器KAP，若KAP上有绿灯显示，则表示相位正常，否则应关闭总电源开关，然后更换任意两相进线相位。

2）检查控制柜中的控制变压器，并测量电压，控制变压器的电压见表12-5。

表12-5 控制变压器端子电压值

控制变压器端子	5-6	7-9	8-9	10-11	10-12	0-2	R1-S1	S1-T1	R1-T1
测量电压/V	220(1±7%)	110(1±7%)	90(1±7%)	12(1±7%)	24(1±7%)	380(1±7%)	380(1±7%)	380(1±7%)	380(1±7%)

3）若与表12-5不符，应立即检查故障。

4）若检测正常，则合上FU2，端子101-102的电压应为110(1±7%)V，端子01-02的电压应为110(1±7%)V；合上FU3，端子200-202的电压应为220(1±7%)V；合上SW，主控板SM-01上的液晶显示器应有显示。

5）将控制柜上的急停开关STOP复位后，应检查以下项目：

① 开关电源PB直流电源检查，见表12-6。

表12-6 开关电源直流电压值

端子	L-N	+24-COM	+5-COM
电压/V	200(1±7%)	24.3±0.3	5.1±0.1

若上述直流电压不能达到要求，则可调节PB端子排右侧的电位器适当调整至以上数值。

② 检查TXV+、TXV-间的电压为24.3V±0.3V。

③ 检查主板上 LED 的发光显示情况，下面以 SM－01－F 为例说明。

SM－01－F 板上的 LED 的发光显示情况见表 12-7。

④ 检查控制柜中继电器吸合的情况，柜中继电器 KAP（相序继电器）、KAS（安全继电器）、KAD（门锁继电器）、KMC（电源接触器）均应动作吸合。

表 12-7　SM－01－F 板 LED 发光显示表

LED 名称	4*	5*	6*	7*	8*	9*	14	15	C	B	D3
对应的输入、输出端子	JP1.4	JP1.5	JP1.6	JP1.7	JP1.8	JP1.9	JP2.4	JP2.5	JP11.1	JP11.3	JP9.3

注：打*的符号表示调试时可能尚未接线，所以只有通过跨接 COM 端子才能使 LED 亮起。

3. 显示界面的操作

通电检查合格后，在液晶操作器上输入密码，进入参数菜单，检查参数设置，并根据合同及调试要求进行设置。

（1）菜单结构　菜单结构如下：

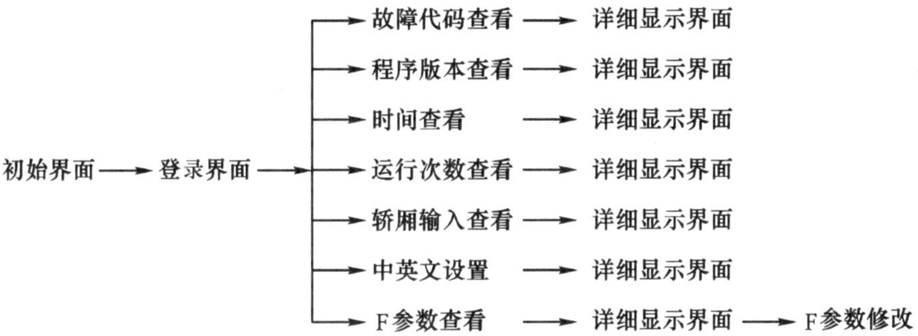

（2）操作说明　连好线通电后，液晶屏首先出现的是初始界面，提示电梯状态、并联/单梯、当前楼层、当前速度及运行方向等信息，其界面如下：

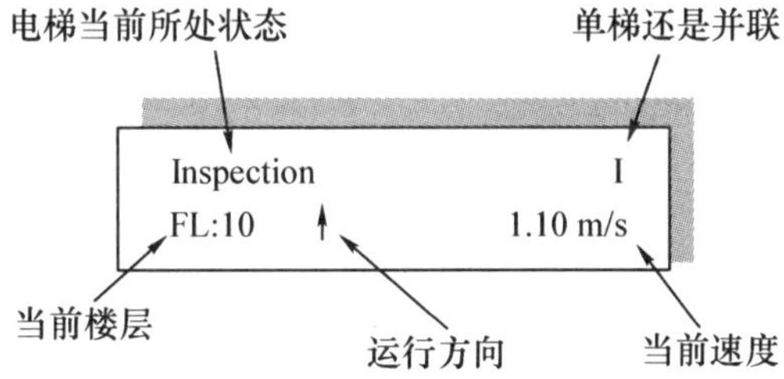

按下“Enter”功能键进入登录界面：

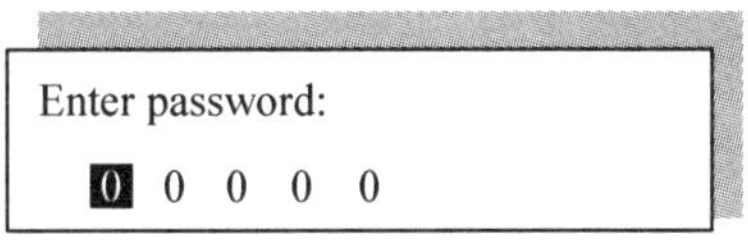

按键盘“←”、“→”键移动光标位置，按键盘“↑”、“↓”键设置密码。密码分为 3 级。

按下“Enter”功能键进入第一个子界面，即故障代码查看界面，如下：

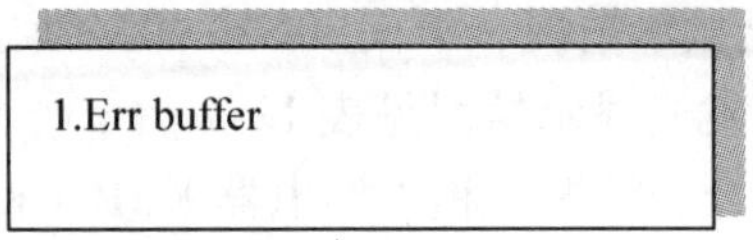

此时，按“↑”或“↓”功能键可在七个子界面中轮流切换，界面如下：

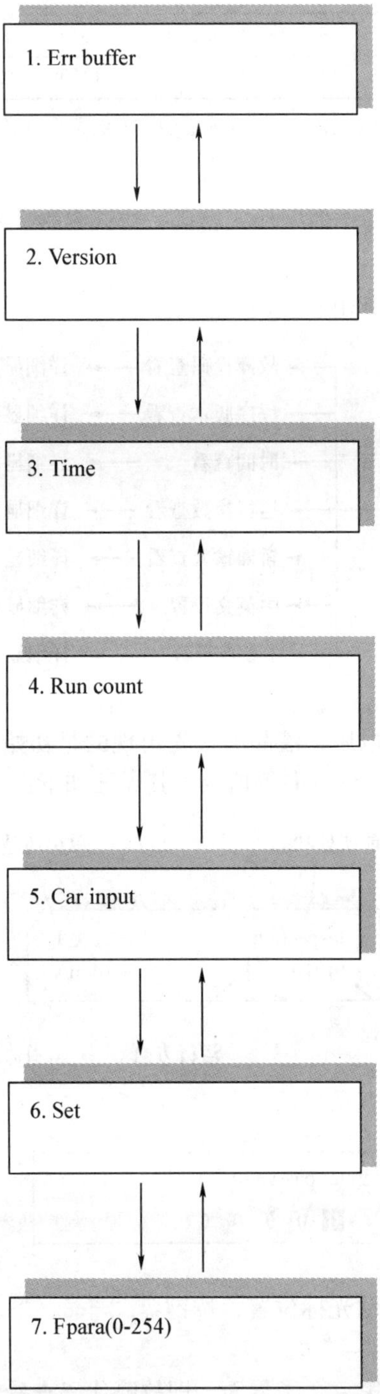

在子界面中按下“Enter”功能键可以进入子界面的详细显示界面。

（3）重要的子界面如下：

1）子界面1的详细显示界面如下：

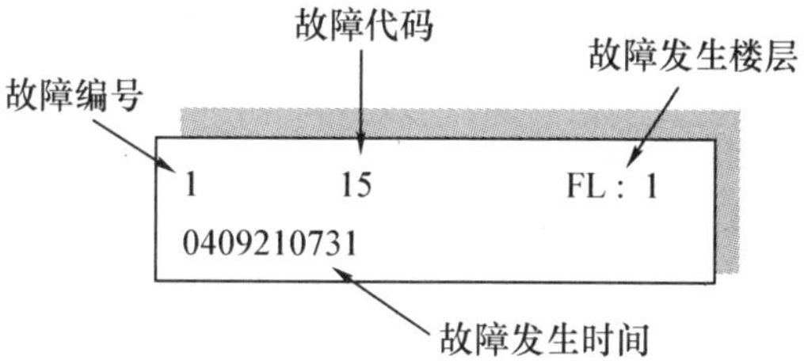

可以显示20个最近发生的故障代码，按“↑”或“↓”功能键轮流切换显示。

2）子界面5的详细显示界面如下：

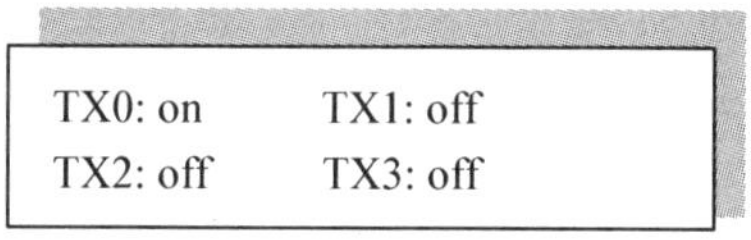

每屏显示4个轿厢输入点的状态，共6屏，用“↑”或“↓”键轮流切换显示。

3）子界面6的详细显示界面如下：

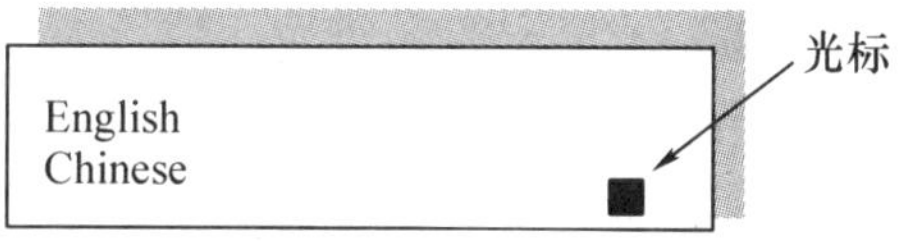

光标停留在哪一行，显示界面文字就会以对应的文字来显示。如上图中，光标在第二行是中文，原来的显示文字是英文，那么此时按下“Enter”功能键后，界面变为下图：

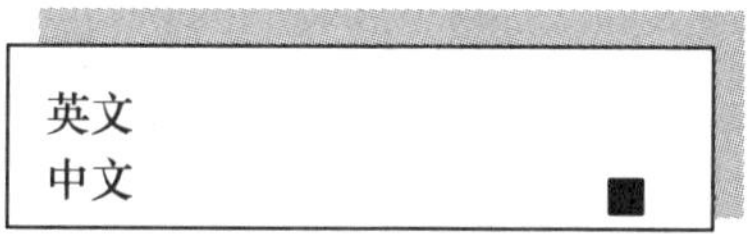

此时，再切换到其他界面后，文字都以中文显示。

4）子界面7的详细显示界面如下：

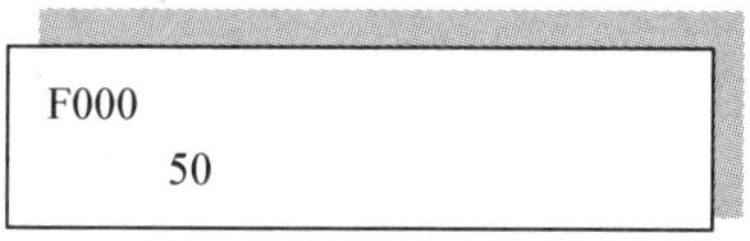

用“↑”或“↓”键切换查看F000～F254的各个参数。

按“Enter”键可以进入各个参数的设置界面。设置界面中会有光标显示，按“↑”或“↓”键设置数值大小，按“←”和“→”键来移动光标位置。修改确定后按“Enter”键来保存设置。如不想保存可按“ESC”键退出。

在F参数查看和修改菜单中，根据登录时输入的不同密码级别来开放相应的权限。输入初级密码只能查看F参数，输入中级密码可以查看和修改除高级密码外的其他所有F参数，输入高级密码可以查看和修改所有F参数。

4. 电动机参数自学习

1）关掉电梯电源，按下控制柜上的急停开关，将控制柜中自动运行/检修开关拨至检修位置；确认主机抱闸线已正确接在控制柜01、ZQ1端子上；将轿厢吊起，卸下钢丝绳，确认电动机在空转时，不会出现安全故障。

2）将编码器按照要求装好，将编码器线对号入座。

3）将抱闸、抱闸强激接触器KMB和KMZ，变频器输入、输出接触器KMC有效吸合。

4）把变频器参数A1－02设置为3，并根据变频器相关参数设置。

5）设定变频器为“AUTO－TUNING（电动机参数自学习）”模式。共需输入9个数据，依次为：

① T1－00：选择电动机1#或2#（不选择电动机2时，此参数不被显示）。

② T1－01：选择电动机自学习模式#（0：旋转型自学习；1：停止型自学习；2：只对线间电阻的停止型自学习）。

③ T1－02：电动机的输出功率（kW）。

④ T1－03：电动机的额定电压（V）。

⑤ T1－04：电动机的额定电流（A）。

⑥ T1－05：电动机的额定频率（Hz）。

⑦ T1－06：电动机极数。

⑧ T1－07：电动机的额定转速（r/min）。

⑨ T1－08：旋转编码器脉冲数。

6）按“▲”键，变频器出现“Tuning Ready? /Press RUN Key”画面后，将输出接触器KMY有效吸合，观察抱闸是否打开，要确认电动机空转时没有摩擦阻力。再按“RUN”键，变频器即开始进行自整定。

7）整定结束后断电，将抱闸、抱闸强激接触器KMB和KMZ，变频器输入、输出接触器KMC和KMY的短接线拆掉，再将电梯的机械部分等恢复原样。

5. 检修运行

1）合上总电源，将控制柜急停开关复位。

2）安全回路畅通：102～104畅通，相序正常，控制柜急停按钮复位，即LED灯C和D14亮。一般灯C和D14亮，Y2就会亮，电源接触器KMC吸合，D16亮，变频器得电。

如果相序异常，则在关掉总电源后，将电源线R、S、T中任意两根对调重新接线即可。

3）门锁回路畅通：120～116畅通，厅门串联回路畅通；116～118畅通，轿门回路畅通，即LED灯B和D15亮。

4）上、下限位回路畅通：COM～111畅通，上行限位畅通，即D6亮。COM～113畅通，下行限位畅通，即D7亮。

5）上、下强迫减速回路也必须保持畅通，否则慢车运行时，电梯实际运行速度将为检修速度的一半。COM～84畅通，上行强迫减速畅通，即D8亮。COM～86畅通，下行强迫减速畅通，即D9亮。

6）确定检修回路接线无误。

① COM～JP1.1闭合为正常，即D1亮，主板液晶左上角显示为“自动”。

② COM～JP1.1断开为检修，即D1不亮，主板液晶左上角显示为“检修”。

7）检修时按上行按钮，D2 亮，主板液晶上有“↑”，慢车上行；按下行按钮，D3 亮，主板液晶上有“↓”，慢车下行。

① 当电梯运行时，变频器显示当前电梯的运行转速或频率；

② 同时也可在变频器的输入输出状态中检查信号的接收和输出状态；

③ 若原先开环方式可开慢车，设为闭环并修改变频器相关参数后，电梯慢车运行发生振动或速度异常时，可将电动机编码器的 A、B 相在关电后对换，然后再送电观察运行情况；

④ 若电梯的运行方向与按钮的方向不一致，则在关电后对换电动机进变频器的相线 V、W，同时将电动机编码器的 A、B 两线对换，然后再送电检查运行情况；

⑤ 检查液晶操作器上显示的速度，上行应为正值，下行应为负值。若异常，则在关电后调换变频器 PG 板输出到主板的 A、B 相即可；

⑥ 检查液晶操作器上显示的速度是否与设定的速度值相一致，如果显示的数值波动厉害，则需检查编码器和电动机的接地状况。

8）机房慢车运行正常后则可进行剩下的排布接线工作。

（二）通电快车试运行

1. 电气系统检查和确认

1）电机及系统接线应正确，光幕接线应正确。

2）轿顶平层感应器接线正确，安装尺寸正确。

3）井道内各安全开关动作正确有效。

4）井道内上、下极限安全开关安装位置正确且开关动作正确有效。

5）上、下限位开关安装位置正确且开关动作正确有效。

6）上、下强迫减速开关安装位置正确且开关动作正确有效。

7）对讲机接线应正确，并确认通话正常。

8）到站钟接线应正确。

9）呼机通信板的接线可靠、正确。

10）关闭总电源开关，检查通信线。

11）轿厢照明及风扇接线正确。

2. 通电检查

（1）在上述检查和确认后，需进行下列步骤的确认及检查

1）电源关闭。

2）确认所有开关处于断开位置。

3）确认控制柜上的检修/自动开关在检修位置，急停开关被按下。

4）确认井道、轿厢内无人，并具备适合电梯安全运行的条件。

5）确认井道外的施工不可能影响电梯安全运行。

（2）门机的检查和调试

1）合上熔丝 FU1、FU2、FU3、FU4、FU5、SW。

2）合上电梯电源。

3）复原控制柜急停开关。

4）合上控制柜门机电源开关，将轿顶检修/自动开关转至检修位置。

5）检查变频门机板电源端子之间的电压应为220(1±7%)V。

6）按照门机说明书进行门机调试。

7）检查开、关门动作：

① 将门机设置成自动状态，门处于关闭状态。

② 用手按开门 KAO 继电器，门机执行开门动作。

③ 用手按关门 KAC 继电器，门机执行关门动作。

④ 让门处于完全打开位置，手按轿顶上行或下行按钮，此时门机应自动关闭。

8）检查开、关门到位动作：

① 使电梯停在平层位置，把检修/自动开关转到正常位置，门处于关闭状态。

② 观察液晶操作器上应显示自动状态。

③ 让液晶操作器处于输入状态监视栏，观察开门到位 TX0 右边应显示“※”，关门到位 TX1 右边应显示“—”。

④ 用手按开门 KAO 继电器，门机执行开门动作，开门到位后 TX0 右边显示“—”，TX1 右边应显示“※”。

⑤ 用手按关门 KAC 继电器，门机执行关门动作，关门到位后 TX0 右边显示“※”，TX1 右边应显示“—”。

（3）光幕的检查

在自动状态下进入输入状态监视栏，观察安全触板 TX2，当光幕无阻挡物时，TX2 右边应显示“※”；当光幕有阻挡物时，TX2 右边应显示“—”。

（4）轿厢显示器的检查

1）关闭电梯电源，接上轿厢通信线，然后合上电梯电源。

2）确认轿厢显示器显示正常，而且随控制柜上液晶操作器上的显示改变而同时改变。

3）将 S1 跨接线端子短接，确认层显显示$\frac{1}{0}$，而后将 S1 跨接线去除。如果显示的不是$\frac{1}{0}$，可重新设置该板为$\frac{1}{0}$。作为轿内显示板，应设为“0”；作为厅外显示板，应设为“1”。

4）将层显板后 JP5 跨接线端子短接。

（5）平层感应器接线检查

1）平层感应器接线应按图正确接线，以 YPS 为上平层信号，YPX 为下平层信号。

2）平层感应器信号的检查。

① 将电梯由上至下行驶，进入平层区域时，平层感应器的信号顺序为先 YPS，再 YPX。

② 对应的信号输入点 LED 应该是上平层灯先亮，下平层灯后亮（平层为常开信号）。

3）限位及极限开关位置的检查

① 在液晶操作器上输入检修速度为0.05m/s。

② 以0.05m/s 的速度将轿厢向上运行，直至上限位开关 SLUT 动作，此时轿厢地坎应高出顶层厅门地坎 50mm。

③ 以0.05m/s 的速度将轿厢向下运行，直至下限位开关 SLDT 动作，此时轿厢地坎应低于底层厅门地坎 50mm。

④ 将上、下限位开关跨接后，将轿厢以0.05m/s 的速度向上运行直至上极限安全开关

（SLUL 开关）动作，此时轿厢地坎应高出顶层厅门地坎 130mm。

⑤ 将轿厢以 0.05m/s 的速度向下运行直至下极限安全开关（SLDL 开关）动作，此时轿厢地坎应低于顶层厅门地坎 130mm。

⑥ 调整完后，将跨接线取掉，恢复原来的接线。

（6）终端强迫减速开关的检查和调整

1）将电梯以 0.05m/s 的速度上行至上终端强迫减速开关 SSU 动作，此时轿厢地坎低于顶层厅门地坎的距离为 h，见表 12-8。

表 12-8　终端强迫减速开关动作距离

电梯额定速度/(m/s)	h/mm
0.5 ~ 0.63	1000
1.00	1500
1.75	2700

2）将电梯以 0.05m/s 的速度下行至下终端强迫减速开关 SSD 动作，此时轿厢地坎高于底层厅门地坎的距离为 h，见表 12-8。

3）调整完毕后，将所有接线恢复至该调整前的状态。

（7）检查每层平层插板安装位置、数量应正确无误。

3. 井道位置自学习

1）将电梯检修速度设定为 0.25m/s，电梯处于机房检修状态。

2）将电梯往下运行至下限位开关动作，并确认 SM－01 主板上的相关信号已经动作。

3）保持安全回路畅通。

4）确认电梯能安全地在井道全程行驶。

5）在液晶操作器上进入井道自学习模式。

6）电梯将自动以检修速度向上运行，并自动记录各平层插板位置，上、下限位开关，上、下终端强迫减速开关的位置。

7）在井道自学习模式，液晶操作器上将自动显示相关的楼层指示、速度等信息。

8）当电梯行驶至上限位开关后，系统自动结束井道学习程序，液晶操作器上显示井道学习结束界面。保存井道自学习的数据后，将液晶操作器上的显示退至状态窗口。

4. 快车运行

井道位置自学习完毕后可先在机房运行快车，并在液晶操作器上观察反馈速度是否正确。

1）轿厢、轿顶、井道和底坑等处不要留任何人，所有厅门和轿门都关好，确认安全和门锁回路正常。

2）在机房将电梯慢车运行至中间楼层，转为自动，在控制柜中打单层指令，电梯会跑单层速度，观察反馈曲线、平层信号及曳引机等，看其是否能正常起动、加速、减速、平层、停车。如异常，调整相关参数。

3）单层运行正常后，打双层指令，电梯会跑双层速度，观察反馈曲线、平层信号及曳引机等，看其是否正常起动、加速、减速、平层、停车。如异常，调整相关参数。

4）双层运行正常后，再打多层指令，让电梯跑多层观察是否正常起动、加速、减速、平层、停车。如异常，调整相关参数。

5）多层运行正常后，分别让电梯以多层速度到顶层和底层，看其是否正常。

6）顶层和底层运行正常后，检查上、下强迫减速开关动作有效距离是否符合标准。确认强迫上、下减速开关距离符合标准后，分别让电梯向下错层和向上错层，观察电梯到顶层和底层时是否会冲顶和沉底。如异常，调整上、下强迫减速开关距离。

5. 调整平层

1）平层插板要插入光敏开关或磁开关2/3深度，并且要检查每一层的平层插板都要垂直并且插入深度都一样。

2）平层插板插入光敏开关或磁开关后要保证两端露出10～30mm。

3）安装时注意保持平层时每层的插板的中心和感应器的中心在同一直线上，确保平层。

4）电梯正常分别上行、下行到达每个楼层，记录轿厢地坎与厅门地坎的高度差异。电梯向上运行时，轿厢地坎高为平层越层，轿厢地坎低为平层不到；电梯向下运行时，轿厢地坎低为平层越层，轿厢地坎高为平层不到。记录后对个别不平层的楼层相应移动本层的井道插板，移动后要注意再次记录。

如果各楼层平层高低差异较大，则可通过调整平层插板使大多数楼层平层偏差相同，以此为参照，调试参数使这些楼层平层偏差控制在标准范围内。

① 模拟量平层调整：平层偏差在15mm以内的，可用F56、F57来调节平层精度；平层偏差大于15mm的，必须先调整平层插板，然后用F56、F57来调节平层精度。

当上行时冲过平层则减小F56，不到平层则增大F56。当下行时冲过平层则减小F57，不到平层则增大F57。F56和F57的设定范围是0～100，50为出厂值，表示没有偏移。

② 数字量平层调整：上、下平层精度都是平层不到，可将爬行速度适当调大；上、下平层精度都是平层冲过层，可将爬行速度适当调小。爬行速度调得太大，舒适感会很差。因此，上行或下行平层精度相差太多时，可先调整平层开关和平层插板相对位置。

另外，也可用C1－02、C2－03、C2－04调整平层精度。

③ 当旋转编码器受干扰或质量较差时也会影响平层精度，要注意检查编码器是否用屏蔽线，并且屏蔽层要在控制柜一端接地。还要注意布线时使编码器接线不和动力线在同一线槽。

（三）**舒适感的调试**

1. SM－01主板相关参数的调整

电梯运行曲线如图12-11所示，图中表示电梯准备运行，先打开抱闸，经F_{16}（打开抱闸机械延时时间）后，开始按运行曲线运行：起动→起动过渡时间T_0→匀加速F_0→加速未过渡时间T_1→匀速运行→初减速过渡时间T_2→匀减速F_1→平层信号检测→减速停车过渡时间T_3→消号停车，经F_{17}（释放抱闸机械延时时间）后，抱闸抱牢，开门。其参数设置见表12-9。

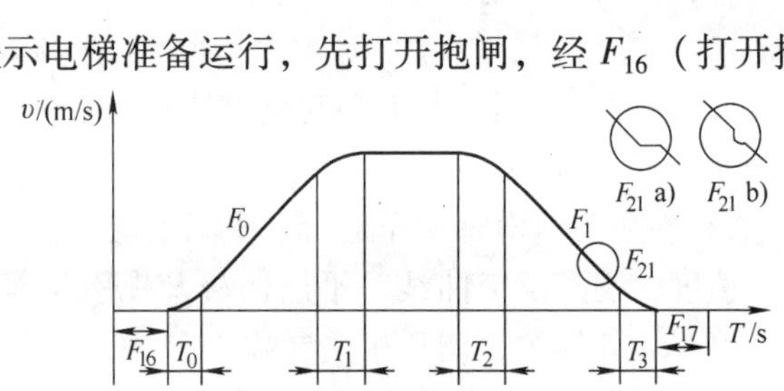

图12-11　电梯运行曲线图

表 12-9　舒适感调整推荐参数

参数号	参数名称	推荐值和参考范围	参 数 范 围
F_{16}	抱闸延时 1/s	10 (5 ~ 12)	电梯起动时，先打开抱闸，经过此延时后才给出速度。一般不调，起动时有明显延时即可。如果带闸起动，则调大此延时；如果起动有倒溜，可酌情适当调小
F_{17}	抱闸延时 2/s	5 (5 ~ 12)	电梯停止时，先降为零速，经过此延时后才合上抱闸。一般不调，停车时有明显延时即可。如果抱闸动作太快，停车太急，可适当调大；如果抱闸太慢，停车回溜，可适当调小，也可调抱闸机械结构
F_0	加速斜率 $a1$	50 (40 ~ 65)	此值越小，加速越平稳，太小则效率不高。越大加速越急：①太急则用户感觉不太舒适；②太急易引起变频器出现“0C”过电流故障。一般 1m/s 为 40；1.5 ~ 1.8m/s 为 50；2.0m/s 为 60 较为合适。尤其是酒店及老人小孩较多的住宅电梯不宜太大
F_1	减速斜率 $a2$	50 (40 ~ 65)	此值越小，减速越平稳，太小则效率不高；越大减速越急：①太急则用户感觉不太舒适，②太急易引起变频器出现“0V”过电压故障。一般 1m/s 为 40；1.5 ~ 1.8m/s 为 50；2.0m/s 为 60 较为合适。尤其是酒店及老人小孩较多的住宅电梯不宜太大
F_2	运行曲线 T_0	140 (130 ~ 160)	T_0：起动到加速段初的过渡时间曲线，调大起动更平稳。此时段电梯速度很低，太长易出现电动机拖不动电梯的现象致使变频器出现“PG0”故障，或过电流“0C”故障，尤其轿厢重载、满载时
F_3	运行曲线 T_1	110 (100 ~ 120)	T_1 为加速段末到最高速度间的过渡时间曲线，T_2 为最高转速到减速段初的过渡时间曲线 T_1 和 T_2 对舒适感没有明显的影响，一般不调。T_2 调得太大易出现冲层现象
F_4	运行曲线 T_2	110 (100 ~ 120)	
F_5	运行曲线 T_3	140 (130 ~ 160)	T_3 为减速段末到停车间的过渡时间曲线，调大停车更平稳。此时段电梯速度很低，太长易出现电动机拖不动致使变频器出现“PG0”故障，或过电流“0C”故障，尤其轿厢重载、满载时
F_{21}	平层延时调整	73 (56 ~ 90)	此参数为平层延时补偿。因为光敏开关和磁开关动作灵敏程度不一样，所以各个电梯现场平层插板长度不一样（同一台电梯的平层插板必须长度一致）。如果第一个平层开关插入平层插板时有台阶感，则根据图 12-11a、b 所示圆圈处是平台状，还是凹进状的调整该值。平台状 F_{21} 调小；凹进状 F_{21} 调大。主要看舒适感而调

2. 变频器相关参数的调整

电梯运行速度曲线如图 12-12 所示。

当电梯运行发生振动或抖动时，可通过改变变频器相关参数进行调整，电梯运行速度曲线分为以 C5 - 07 为分界的高速区和低速区。

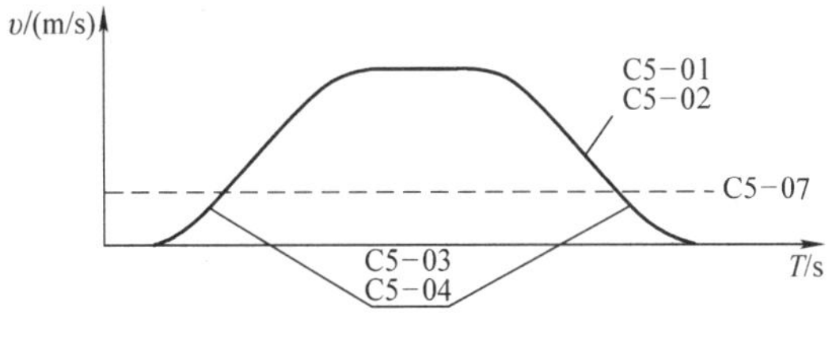

图 12-12　电梯运行速度曲线图

(1) 低速区　包括 0 速→C5 - 07 起

动段和C5－07→0速停车段。如有抖动或振动，则将C5－03调大，C5－04调小，效果会更明显一些。

（2）高速区 即从起动段C5－07→恒速→停车段C5－07。如有抖动或振动，则将C5－02调大，C5－01调小，效果会更明显一些。调整参数见表12-10。

表12-10 变频器参数调整范围

参数名称	推荐值/mm	参考范围/mm
C5－01	15	12～20
C5－02	0.5	0.4～0.6
C5－03	30	20～55
C5－04	0.5	0.3～0.6
C5－07	8	3～15

（3）顶层起动有倒溜 C5－03调大一点，可消除倒溜，但一般C5－03不宜大于55。

（4）机械方面没有问题 如果高速或低速时有抖动或振动，调整相关比例和积分增益均无明显变化，则有“电气共振”的可能。可适当调一下滤波时间H3－12和C5－06，然后再重新调整舒适感，参数调整范围见表12-11。

表12-11 滤波时间参数调整范围

参数名称	推荐值/s	参考范围/s	备注
C5－06	0.004	0.004～0.008	一般不调
H3－12	0.04	0.04～0.08	一般不调

（5）C5－07＝5Hz，而抖动发生在8Hz或10Hz处 调试人员在轿厢中仍感觉是低速段发生的抖动或振动，但是用C5－03和C5－04调节仍消除不了，此时可设C5－07为10Hz或12Hz，再重新用C5－03和C5－04来调，即可消除该点的抖动或振动。

3. 机械相关因素的调整

（1）导轨 导轨表面平整度、导轨安装垂直度、导轨之间连接头的处理是导轨安装最重要的指标。

导轨垂直度和两导轨平行度应控制在国家标准规定的范围以内。如果误差太大，则会影响高速运行时的电梯舒适感，会出现抖动或振动，或在某些位置处轿厢左右有晃动。导轨连接头处理不好，会使电梯运行在某些固定位置处出现台阶感。

（2）导靴松紧程度 导靴太紧起动易有台阶感，停车易有制动感；导靴太松运行时轿厢中易有晃动感。导靴是滑动式的，则导靴与导轨之间应留有少量间隙。如果没有间隙，甚至导靴紧蹭导轨面，会使电梯在起动和停车时出现振动或台阶感。调试时，可在轿顶上，用脚左右用力晃轿厢，如果轿厢有明显晃动则可将导靴在左右方向上少许位移。

（3）钢丝绳张紧均匀度 钢丝绳张紧不均匀，会出现电梯运行时某几根钢丝受力绷紧，某几根很松受力而抖动或振动，对电梯起动、高速运行、停车都有影响。调试时，可将电梯停在中间楼层，在轿顶上用手以同样的力，拉每一根钢丝绳。如果拉开距离大致相同，则说明该钢丝绳张紧均匀；如果拉开距离不一样，则必须让安装人员调整钢丝绳张紧均匀度。

另外，钢丝绳在安装以前盘旋捆扎，内有回复扭应力，如果直接安装，电梯运行时容易产生振动。所以钢丝绳安装之前必须先充分释放这种回复扭应力。

（4）轿厢安装紧固、密封度　电梯高速运行时，整个轿厢要受到很大的作用力。如果轿厢支架或轿厢壁等处某个部位没有紧固好，则当电梯高速运行时，该部位处很容易有相对错动，使轿厢产生振动。高速运行中，轿厢有时会出现风鸣共振声，这多与轿厢安装紧固度、轿厢密封度及井道有关。

（5）检查是否有防机械共振的装置

1）曳引机搁置钢梁下应垫橡胶垫。

2）在轿厢钢丝绳绳头处用木头夹头或其他类似装置有利于振动的消除。

3）轿厢采用新颖轻质材料，使轿厢质量较轻，易产生“机械共振”，尤其是高层高速电梯。出现此种现象时，可在轿厢处适当加一些负载改变轿厢的固有频率，从而消除机械共振。

（6）曳引机　曳引机由于装配不当，蜗轮蜗杆或齿轮之间啮合不好，或使用时间长了，蜗轮蜗杆或齿轮之间磨损较大，会出现电梯加速或减速时有轴向窜动，导致加速或减速时有台阶感。

（7）轿厢平衡问题　由于设计或安装等原因，导致轿厢质量不平衡而向一侧倾斜，电梯运行时，导靴紧蹭导轨面，在运行中有抖动或振动感。此时，可在轿厢质量较轻的一侧加重块测试，使之保持基本平衡。

（8）其他　应按标准对曳引轮导向轮平行度、运行时抱闸间隙进行调整，确保符合标准要求。

4. 调试舒适感的宗旨要点

舒适感是电动机调试中一项最重要的指标，电梯舒适感调试一般需考虑以下相关因素，才能保证舒适感达到用户要求。

（1）电梯起动时，应确保以下参数正确

1）主板：加速斜率 F_0，S 曲线 T_0，抱闸延时时间 1；

2）变频器：C5－03，C5－04，C5－07；

3）机械：导靴松紧度，钢丝绳张紧均匀度。

（2）电梯停车时，应确保以下参数正确

1）主板：减速斜率 F_1，S 曲线 T_3，抱闸延时时间 2，平层调整 F_{21}；

2）变频器：C5－03，C5－04，C5－07；

3）机械：导靴松紧度，钢丝绳张紧均匀度。

（3）电梯高速运行时，应确保以下参数正确

1）变频器：C5－01，C5－02；

2）机械：导轨垂直度，导轨连接头处理，钢丝绳张紧均匀度。

（四）微机控制交流变频调速电梯故障判断及处理

这里以上海新时达电气公司 STEP 电梯为例，详细说明。

1. 故障说明

（1）故障类别

1）显性故障：显性故障指电梯系统发生了比较严重而又不能自动复位且必须由维修人

员或经过专业培训的人员排除、手动复位才能再次正常运行的故障。

如电梯运行中，由于门刀撞坏门锁或其他原因，使门锁回路在运行中突然断开并且不能自动复位，故障代码为02，该故障必须由维修人员手动修复门锁回路才能完成。

显性故障必须查明原因，并及时解决问题。

2）隐性故障：隐性故障指电梯系统发生了比较轻微的、无须维修人员或经过专业培训的人员排除、手动复位就能再次正常运行的一般性故障。

如电梯运行中，门刀瞬间蹭开厅门滚轮一下，或门锁某一处触点接触不好，跳一下又马上复位，也就是说门锁回路瞬间断开一下又立即复位。此时就会记录下02和22、31三个故障代码。

电梯运行中，门锁回路瞬间断开（02），又立即复位，电梯马上溜车急停（31）。溜车急停过程中，遇到平层插板，则平层停车；没有遇到平层插板，电梯系统认为前方出现故障，则电梯会在停下来后，马上反向自动找平层22，俗称反向溜车，到达最近的楼层平层停车。平层停车开门后，主板自动检测运行条件，判断是否符合正常运行条件，则会继续运行。如图12-13所示，图中虚线为理想运行曲线。09、31、24、31故障现象和曲线类似于02、31故障。09、31、22、24、31、22故障现象和曲线类似于02、31、22故障。

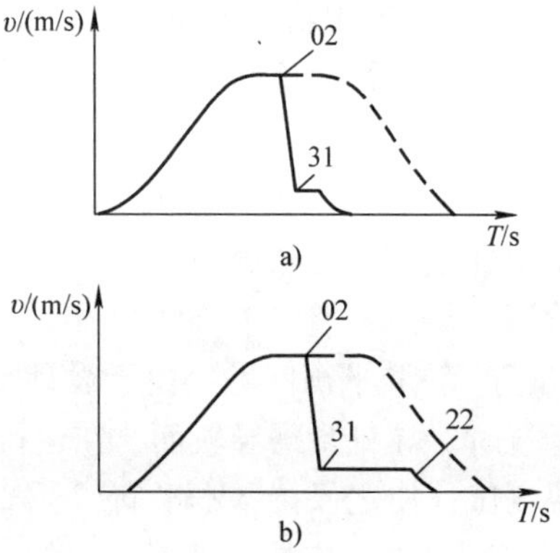

图12-13　电梯运行曲线及故障示意图

根据故障记录分析，02、09、24是故障发生的根本原因，31或31、22则是02、09、24故障引起的联锁故障，是主板在电梯故障时发出的保护性动作。

隐性故障具有隐蔽性，一般可通过故障记录查询，维修人员可根据故障记录找出原因，并通过对相关部件或线路的检查和调整，消除故障隐患。

3）运行条件错误：运行条件错误指电梯运行中，人为地使运行条件出错而不满足电梯运行条件，造成运行中断的情况，只是电梯运行条件不满足，而不是故障。

例如，02故障，维修人员在5楼厅外想上轿顶，这时可打一个4楼指令，然后看着厅外显示，估计能上轿顶了，就用三角钥匙打开5楼厅门。如果这时电梯还在运行，就会马上停止，故障代码只有一个02。这时的02就并不是真正的故障，而是人为造成的条件错误。

电梯正常使用时，一般4s即可关门；超过1min关不上，蜂鸣器就会鸣叫，提醒门中间的人注意避开或不要阻挡关门；超过4min关不上，除蜂鸣器继续鸣叫外，还会留下06（关门关不上）这一故障记录。一般故障轻微，在较短的时间内门中间的物件或人移开，系统会在错误条件消除后，自动复位继续投入正常运行；当故障严重时，则需人工断电再通电复位。所以，06故障记录并不是真正的故障，而是人为造成的条件错误。

主板内最多只能保存20个故障记录。但真正有意义的故障信息很容易被一些没有实际意义的故障记录冲掉，而不利于故障隐患的查找和排除。因此，要求现场维修保养人员在维保和现场维修时，都必须用专用统一的笔记本记录下所有故障记录。一是便于分析故障发生规律，查找并排除故障隐患；二是便于总结现场经验，提高调试、维修、保养人员素质。

（2）电梯发生故障后的注意事项 在完成调试工作任务外，还必须针对一些重点事项和电梯现场经常容易出错的地方（详见2. 安装调试维修注意事项）做详细的检查。这样有利于提高工作的效率，也有利于提高系统的可靠性和稳定性。

电梯发生故障后，应注意以下几点：

1）外围线路是否满足系统运行的条件；

2）必须重点检查的事项是否都逐一认真检查；

3）通信电压是否正常；

4）主板及变频器内参数是否有异常值；

5）机械系统是否有潜在的隐患；

6）接地是否良好；

7）电源是否正常；

8）电梯轿厢移动时有无异常声响和振动；

9）较大故障时必须详细检查系统硬件和设备；

10）较大故障修复后必须进行系统测试。

2. 安装调试维修注意事项

（1）通信回路的正确接线方法

1）接线、换线必须注意记录清楚相关线号，以免错接。

2）外呼板接线必须注意插头线号与进柜端的线号对应关系，准确接线。只有逐一测量通信电压均正确无误后，才可插上该插头。外呼板通信电压标准及顺序参看SM－04外呼显示板图及现场应用图纸。

3）操纵箱内02轿厢板和04显示板必须在使用之前先拔下通信插头，轿厢通信线接好无误后才可送电，这时在轿内用万用表测量通信插头电压顺序均正确无误后（两个插头都要量！切记！），方可插上该插头。严禁未知接线是否正确就盲目插上该插头。

4）02轿厢板和04显示板插头一样，顺序一样。注意插头括口朝上！

5）通信板的正确安装方法和操作方法：

① 检查所有通信板与周围金属部件绝缘隔离情况，防止通信板与周围金属部件接触而发生短路。

② 所有通信板电路部分都不可用手直接接触，以防电子元件氧化或被静电损坏。安装召唤控制板（04板）之前先用手接触一下旁边接了地的金属部分放掉静电，安装04显示板或设置召唤地址时不要用手接触电路板部分，尤其不要接触芯片部分。

③ 通信插头接线应注意：看插针、卡簧片是否损坏；线不要拉得太紧，防止拉脱接触不好；夹线时应先将夹头顶到线的塑料皮处再夹紧，预防线头相互碰接短路。

6）严禁将TXV＋、TXV－、24V－COM、5V－COM、12V－0V挪作其他电源用。

7）通信线如用屏蔽双绞线，则屏蔽线必须单端接地，严禁将屏蔽线与通信线中的任意一根线相连。

8）通电之前必须先量一下开关电源24V、5V、COM，旋转编码器12V、0V、A、V，通信线TXV＋、TXV－、TXA＋、TXA－与接地之间阻值大于10kΩ；否则，请仔细检查一下相关回路。

9）串行系统的所有电路板（01、02、04板等）和变频器上绝不允许做任何改动和烙焊。变频器上方接线时，要用纸盖严在变频器上，以防金属线头等掉入变频器中引起短路。

10）错误方法：接线错误都会损坏通信板，影响电梯运行。

（2）两块平层插板之间高度绝对不允许超过8m　平层板之间间隙一般不宜超过6m，如超过8m时，必须加上平层插板作为虚拟楼层。

召唤控制器地址设置：一般底层平层插板所对应的召唤地址设为1，向上每个平层插板所对应的召唤地址依次增1；轿厢显示板的地址必须设为0。

平层开关和平层插板位置一般不得变动，必须变动时，必须重新进行井道自学习，电梯才能投入正常运行。

楼层召唤控制器不得更动安装位置，当某一楼层召唤控制器拿到其他楼层用时，必须重新设置对应正确的楼层地址值方能投入使用。各楼层召唤控制器都必须设置相应的正确楼层地址值。

（3）未经允许，调试人员不准擅自修改系统的接线，如需调整外围接线的，修改之前必须进行设计，改完后必须由非接线人员先检查一下对应线路的修改是否达到目的，并用万用表测量每一条线，要特别注意已接好的地方是否有必要修改，以防止接好的地方被改错。

检查无误后，方可通电试车。

（4）平层开关、限位开关、极限开关、强慢开关安装时必须调整到位。

1）看其是否有效动作；

2）其动作距离按技术标准设定；

3）用电梯正常检修速度运行进行实际测试。

（5）平层开关安装标准　轿厢地坎与厅门地坎保持绝对水平时，平层插板上面高出下平层开关、下面低出上平层开关的长度都是10mm左右，这样便于调舒适感和平层精度。平层插板标准长度为220mm，并且要保证每块都一样长（长度误差不超过3mm），如图12-14所示。

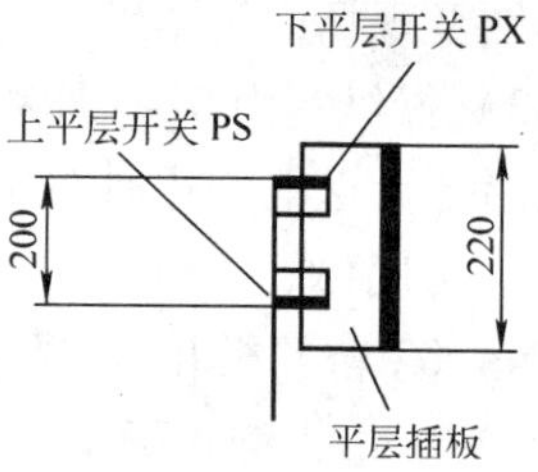

图12-14　平层开关安装示意图

1）平层开关用磁开关的，必须注意：

① 平层插板插入平层开关的深度必须足够深，以保证平层开关动作的有效性和可靠性。

② 平层插板上下垂直度要求较高，以保证平层停车时不会出现一只平层开关动作有效，另一只平层开关却已脱离有效动作范围的现象，这样易影响电梯正常运行。

2）平层开关用光敏开关的，系统输入接口一般接受低电平有效信号：

① 将安装孔周围阴影部位的油漆全部刮去，使光敏开关金属外壳通过螺栓、支架、轿顶良好接地；如果刮去油漆后在安装螺栓下面压一根接地线，连到轿顶接线箱接地桩头上，效果更好，如图12-15所示。

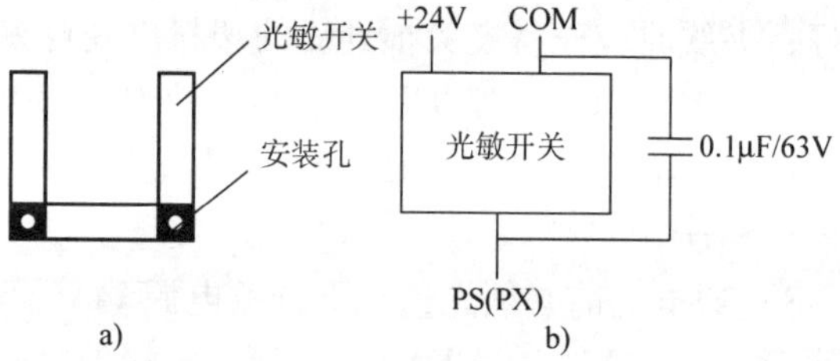

图12-15　光敏平层开关

a）安装示意图　b）并联电容图

② 光敏开关最好用屏蔽线缆连到轿顶接线箱，并且将屏蔽层接地。

③ 光敏开关最好用常开开关，这样可

大大降低光敏开关本身受干扰的程度。

④ 如果运行时光敏开关有闪烁现象而导致电梯运行或平层有所异常，可能是受干扰，这时可在光敏开关的 COM 与 PS（或 PX）之间连接一个 0.1μF/63V 的电容，如图 12-15 所示。

（6）通信线必须用双绞线，绞距在 2～3cm 之间。

（7）旋转编码器必须用屏蔽线；如需加长，则加长的部分也必须用屏蔽线，两者的屏蔽层必须可靠焊接，并与控制柜的接地端子连接；连接头部分须用金属屏蔽纸及胶带裹好。旋编多余的线头（如 Z 相）都必须用胶带单独裹好，不能与屏蔽线等接触。无论旋编线是否与动力线一起排布，都必须穿在金属管中，金属软管须从旋编一直到控制柜，如有接头，两接头金属部分须可靠相连，且在进控制柜的一端接地，另一端不能接地，如图 12-16 所示。

（8）通信回路必须在底层的外呼显示板和轿内显示板各加一个终端电阻跳线。

（9）继电器、接触器、抱闸线圈、到站钟等电感性负载必须在线圈一侧加装吸收回路。交流型用 RC 吸收，电阻为 100Ω/4W，电容为 0.1μF/630V；直流型用反向并联二极管吸收。直流抱闸回路电流较大的可以用整流桥堆代替二极管。

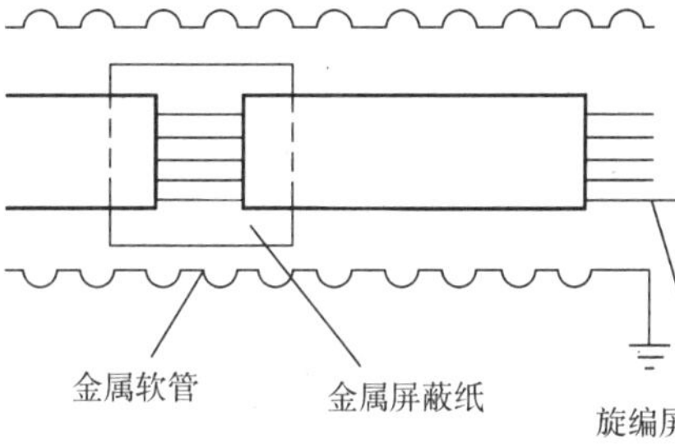

图 12-16　旋转编码器接线示意图

（10）井道电缆和随行电缆要注意强电线缆和弱电线缆分开，中间用地线隔开，如果没有地线，至少用两根 0.75mm² 铜导线作地线，此处强电线缆主要指 24V 以上的（如 36V、80V、110V、220V、380V 等），弱电线缆主要指 24V（包括 24V）以下的控制回路的线缆。

（11）接地系统

1）以控制柜接地端子为基准，其他与之相连的部位有：曳引机地线、市电地线，旋编用金属软管进柜端和屏蔽线接地，变频器接地，开关电源接地，井道接地线，轿厢随行电缆的接地线，抱闸接地，通信电缆的屏蔽线等；

2）轿顶接线箱以接地端子为基准；随行电缆中的接地线有：门机接地、门机变频器接地、操纵箱外壳接地、光幕接地和平层光敏开关用的屏蔽线等；

3）井道接地线：每个外呼盒均须用一根黄绿线接地，厅门接地，通信线的屏蔽线等。

（12）通信电压

1）正常情况下，没有接外围通信线时，在控制柜接线端子上可直接测量出主板通信电压；

2）接入外围通信线，并且在底层外呼显示板和轿厢显示板各短接一个终端电阻跳线，这时，可测量得电梯串行系统正常使用时的通信电压为：

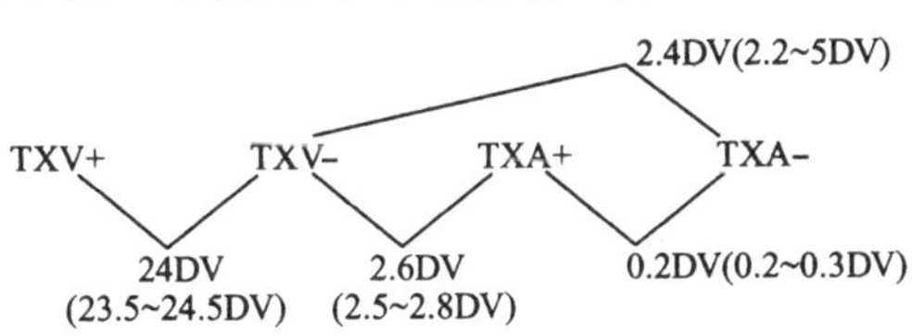

其中，未加括号的是正常标准值，括号内为较理想的偏差范围值。

通信电压如偏差太大，则说明通信回路异常。

① 检查通信线路有无断线、接触不良或接错线，是否存在接地短路等现象。

② 检查 SM－02－B 轿厢板和 SM－04 显示板有无损坏等现象。

查找方法：①将轿厢和井道两路通信线分别单独接入系统测量通信电压，电压异常时说明接入的线路有通信板损坏；②通信回路电压异常，将某一块通信板脱离通信线时，通信电压立即恢复正常，则该板损坏；③正常情况下，SM－02－B 轿厢板或 SM－04 显示板与通信回路断开时，用万用表 20kΩ 挡测量 TXV－与 TXA＋，TXV－与 TXA－间的阻值均为“1”，即无穷大，则可以认为该板是正常的；而如果 TXV－与TXA＋、TXV－与 TXA－间任一值不为“1”，即有阻值显示，则可以认为该通信板已损坏（通信回路故障）；④外呼和显示不接，主板空载通信电压应是 TXA＋对 TXV－为 3.0V 左右，TXA－对 TXV－为 2.0V 左右，否则主板通信口损坏。

外围通信板（SM－02－B 和 SM－04）通信回路故障时，表现为：电梯在大部分时间内能正常运行，偶尔会要指令或外召打不进，或者偶尔也会影响开门、关门动作，或可能造成主板“死机”；有时故障出了几分钟后能自动复位，有时需人为断一下电再送电后恢复正常。

（13）轿厢布线　操纵盘内部布线要尽可能使强电线路远离轿厢板，因为强电有可能造成轿厢板 CPU 死机。

（14）到站钟　到站钟建议用 24V 电子式，如果用强电线圈式则交流必须加阻容吸收，直流加反向二极管。

（15）电梯舒适感　对于主板加减速斜率按表 12-12 设置。

表 12-12　主板加减速斜率表

项目 / 速度/(m/s)	Acceleration 加速斜率	Deceleration 减速斜率	S Jerk t0 起动初弯角时间/s	S Jerk t1 加速末弯角时间/s	S Jerk t2 减速初弯角时间/s	S Jerk t3 减速末弯角时间/s
1	40～45	40～45	130～160	110	110	100～130
1.5	50～55	50～55	130～160	110	110	100～130
1.6	50～55	50～55	130～160	110	110	100～130
1.75	55～60	55～60	130～160	110	110	100～130
2.0	60～65	60～65	130～160	110	110	100～130

对于变频器参数（以安川为例）可按以下参数设置（富士变频器不要在变频器中加斜率）：

C1－01＝1.0，C1－02＝1.0，C2－01＝0.5，C2－02＝0.5，C2－03＝0，C2－04＝0，C5－01＝15，C5－02＝0.5，C5－03＝30，C5－04＝0.5，C5－07＝10，H3－12＝0.04。

（16）观察轿厢输入信号　轿厢输入信号有无必须通过主板液晶显示器才能观察，主板在自动状态下在“轿厢输入”界面下观察，当为“*”显示时表示此输入点导通，当为“－”显示时表示此输入点断开。当轿厢板通信正常时可以看到轿厢板上“D1”常亮，“D2”快速闪亮。

（17）调整平层的方法

1）平层插板要插入光敏开关或磁开关2/3深度，并且要检查每一层的平层插板都要垂直并且插入深度都一样。

2）平层插板插入光敏开关或磁开关后要保证两端露出10～30mm。

3）安装时必须保证平层时每层的插板的中心和感应器的中心在同一直线上。

4）电梯正常上行、下行到达每个楼层，记录轿厢地坎与厅门地坎高度差异。电梯向上运行时：轿厢地坎高为平层越层，轿厢地坎低为平层不到；电梯向下运行时：轿厢地坎低为平层越层，轿厢地坎高为平层不到。调整后对个别不平层的楼层相应移动本层的井道插板，移动后要注意再次调整。

如果各楼层平层高低差异较大，可通过调整平层插板使大多数楼层平层偏差相同，以此为参照，使这些楼层平层偏差控制在标准范围内。

5）模拟量平层调整如下：

平层偏差在15mm以内的，可用F56、F57来调节平层精度；平层偏差大于15mm的，必须先调整平层插板，然后用F56、F57来调节平层精度。

当上行时冲过平层则减小F56，不到平层则增大F56。当下行时冲过平层则减小F57，不到平层则增大F57。F56和F57的设定范围是0～100，50为出厂值，表示没有偏移。

6）数字量平层调整如下：

如果上、下平层精度都是平层不到，可将爬行速度适当调大；如果上、下平层精度都是平层冲过层，可将爬行速度适当调小。

但爬行速度调得太大，舒适感会很差。所以，上行或下行平层精度相差太多时，可先调整平层开关和平层插板相对位置。也可用C1－02、C2－03、C2－04调整平层精度。

7）旋转编码器受干扰或质量较差时也会影响平层精度，要注意检查编码器是否用屏蔽线，并且屏蔽层要在控制柜一端接地。布线时使编码器接线不得和动力线在同一线槽内。

3. 常见故障判断

PLC·变频电动式电梯常见故障见表12-13。

表12-13　PLC·变频电动式电梯常见故障判断

故障代码	内　容	故障原因	处理方法
02	运行中门锁脱开（急停）	运行中门刀擦门球	调节门刀与门球的间隙
		门锁线头松动	压紧线头
03	错位（超过45cm），撞到上限位开关时修正，即层楼置为最高层	上限位开关误动作	检查限位开关
		限位开关移动后未写层	重新写层
		编码器损坏	更换编码器
04	错位（超过45cm），撞到下限位开关时修正，即层楼置为最低层	下限位开关误动作	检查限位开关
		限位开关移动后未写层	重新写层
		编码器损坏	更换编码器

（续）

故障代码	内　　容	故 障 原 因	处 理 方 法
05	电梯到站无法开门	门锁短接	停止短接
		门电动机打滑	检查皮带
		门机不工作	检查门机控制器
06	关门关不上，蜂鸣器响	关门时门锁无法合上	检查门锁
		安全触板动作	检查外呼按钮
		外呼按钮卡死	检查安全触板
		门电动机打滑	检查门电动机
		门机不工作	
08	通信中断	通信受到干扰	检查通信线是否远离强电
		通信中断	连接通信线
		终端电阻未短接	短接终端电阻
09	变频器出错，急停，停止运行	变频器故障	对应变频器故障代码表处理
10	错位（超过45cm），撞到上终端减速开关时修正	上行多层减速开关误动作	检查多层减速开关
		多层减速开关移动后未写层	重新写层
		编码器损坏	更换编码器
11	错位（超过45cm），撞到下终端减速开关时修正	下行多层减速开关误动作	检查多层减速开关
		多层减速开关移动后未写层	重新写层
		编码器损坏	更换编码器
12	错位（超过45cm），撞到上终端减速开关时修正	上行单层减速开关误动作	检查单层减速开关
		单层减速开关移动后未写层	重新写层
		编码器损坏	更换编码器
13	错位（超过45cm），撞到下终端减速开关时修正	下行单层减速开关误动作	检查单层减速开关
		单层减速开关移动后未写层	重新写层
		编码器损坏	更换编码器
15	变频器未输出运行信号到SM-01的JP2.10（X19）	电动机电源接触器吸合后无运行信号	检查变频器
		接触器不吸合	检查连接线
16	变频器运行信号在上抱闸前无	抱闸接触器吸合后运行信号掉	检查变频器
17	参数错误	主控制器的设置参数超出本身的默认值	修改到允许范围以内

（续）

故障代码	内　容	故 障 原 因	处 理 方 法
18	平层时层楼不符	设定参数与实际层楼不符	设定成一致
		平层插板偏离	调整平层插板
		平层感应器受到干扰	平层感应器接地，整理线路
20	平层开关动作不正确	动作次序不对，两个平层开关接反了	更改接线
		平层开关坏	更换平层开关
		轿厢卡死或钢丝绳打滑使电动机空转	检查轿厢或钢丝绳
22	电梯反向溜车	变频器未工作	检查变频器
		严重超载	调整超载开关
		编码器损坏	更换编码器
23	电梯超速急停	编码器打滑或损坏	检查编码器的连接或更换
		严重超载	调整超载开关
24	电梯失速急停	机械上有卡死现象，如：安全钳动作，蜗轮蜗杆咬死，电动机轴承咬死	检查安全钳，蜗轮、蜗杆、齿轮箱、电动机轴承
		抱闸未可靠张开	检查抱闸张紧力
		编码器损坏	检查编码器连线或更换
31	电梯溜车急停	抱闸弹簧过松	检查抱闸状况，紧抱闸弹簧
		严重超载	减轻轿厢重量，调整超载开关
		钢丝绳打滑	更换绳轮或钢丝绳
		编码器损坏	更换编码器
32	安全回路断开急停	相序继电器不正常	检查相序
		安全回路动作	检查安全回路
33	电动机电源接触器保护，停止起动	接触器损坏，不能正常吸合	更换接触器
		接触器卡死	更换接触器
		X16 输入信号断开	检查连接线
34	抱闸接触器保护，停止起动	接触器损坏，不能正常吸合	更换接触器
		接触器卡死	更换接触器
		X17 输入信号断开	检查连接线

（续）

故障代码	内　　容	故 障 原 因	处 理 方 法
35	抱闸接触器保护，停止起动	接触器损坏，不能正常断开	更换接触器
		接触器卡死	更换接触器
		X17 输入信号断开	检查连接线
36	电动机电源接触器保护，停止起动	接触器损坏，不能正常吸合	更换接触器
		接触器卡死	更换接触器
		X16 输入信号断开	检查连接线
37	轿门锁继电器保护，停止起动	接触器损坏，不能正常吸合	更换接触器
		接触器卡死	更换接触器
		输入信号 X23 与 X27 不一致	检查连接线
38	抱闸开关故障	抱闸不张	检查连接线
		抱闸开关坏	更换抱闸开关
39	安全回路的触点保护	其中 KAS（安全继电器）的一副常开点是进主板的 X13 检测信号，另外 KAS 的线圈电压也进主板 X26 检测，这两路的检测信号应该是一致动作的	安全继电器卡死
			主板进线 AC110V 的部分损坏
44	门区开关动作不正确	两个平层感应器都动作而门区开关不动作	检查门区开关
		两个平层感应器都不动作而门区开关动作	检查门区开关
45	开门再平层继电器触点保护	接触器损坏，不能正常吸合	检查连接线，更换接触器
		接触器卡死	更换接触器
49	在开门到位的状态下厅门锁与轿门锁不一致	厅门锁短接	拆除短接线
		轿门锁短接	拆除短接线
50	厅门锁与厅门锁继电器检测不一致	接触器损坏，不能正常吸合	更换接触器
		接触器卡死	更换接触器
		输入信号 X14 与 X28 不一致	检查连接线
51	门连续受阻超过 3 次	门地坎有异物	去除异物并加少许炭粉
52	开门再平层超过 10s 仍不平	平层感应器坏	更换平层感应器
53	控制调速器进线接触器信号与调速器进线接触器触点检测不一致	接触器损坏，不能正常吸合	更换接触器
		接触器卡死	更换接触器
		输入信号 X15 断开	检查连接线

注：X□□　X 为主板输入点，后面的数字为编号。

4. 常见故障处理程序

常见故障处理方法一般可按下列程序进行。其中，主要字母的意义是：

LCD——液晶显示器，KMY——输出接触器，LED——主板显示器，KMB——抱闸接触器，KAO——开门继电器，KAQ——提前开门继电器，KAC——关门继电器，TXA +/TXA -——通信电缆的正负极，CAN——总线。

（1）电梯不能起动：

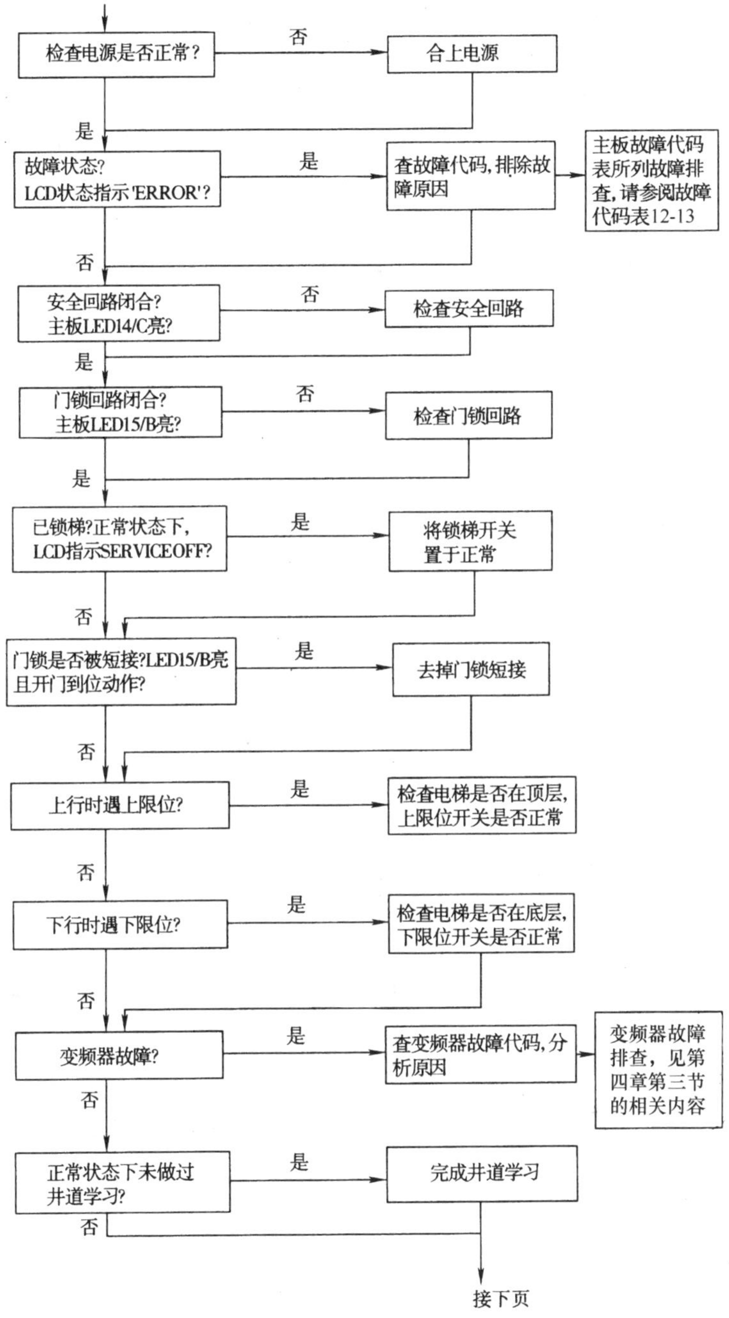

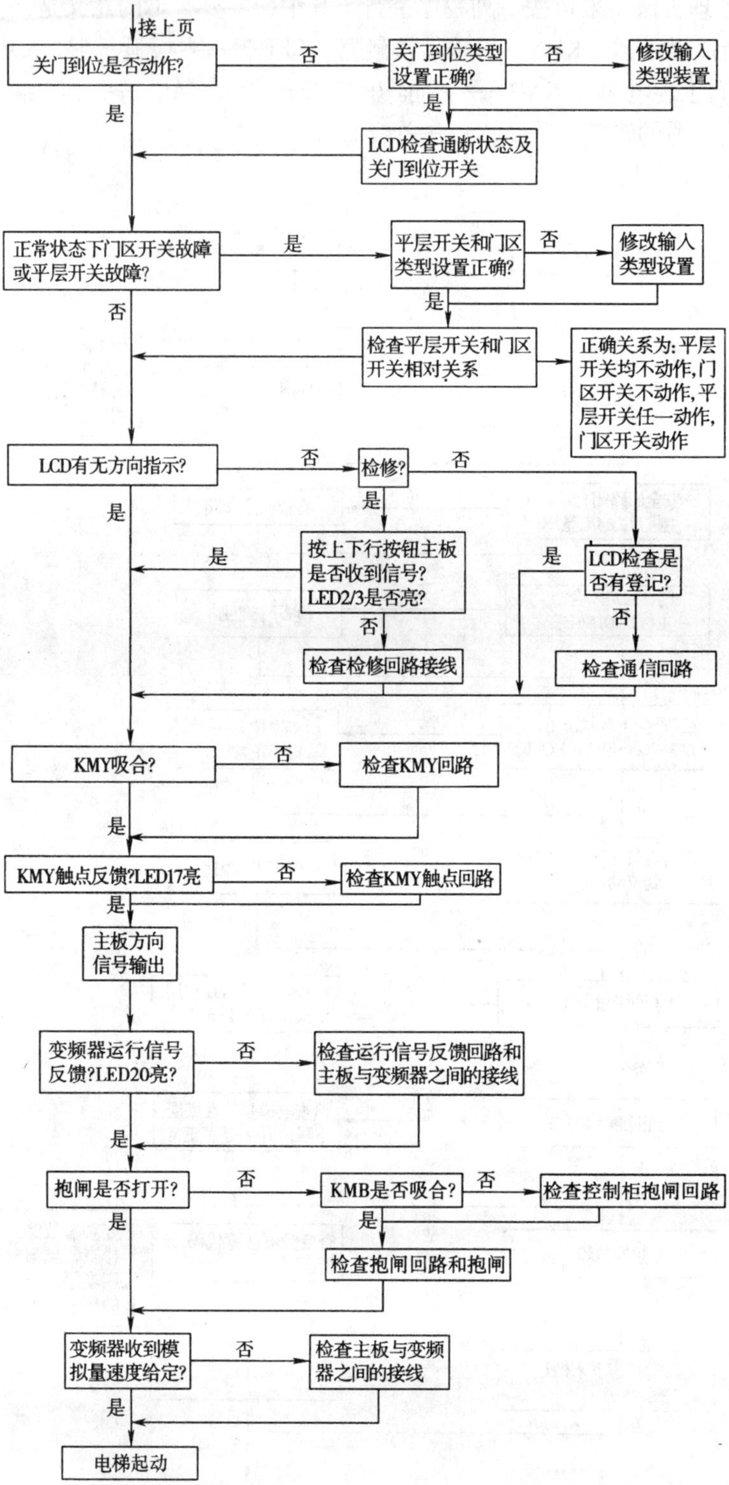
接上页
关门到位是否动作?
否
关门到位类型设置正确?
否
修改输入类型装置
是
是
LCD检查通断状态及关门到位开关
正常状态下门区开关故障或平层开关故障?
是
平层开关和门区类型设置正确?
否
修改输入类型设置
是
否
检查平层开关和门区开关相对关系
正确关系为:平层开关均不动作,门区开关不动作,平层开关任一动作,门区开关动作
LCD有无方向指示?
否
检修?
否
是
是
按上下行按钮主板是否收到信号?LED2/3是否亮?
是
LCD检查是否有登记?
是
否
否
检查检修回路接线
检查通信回路
KMY吸合?
否
检查KMY回路
是
KMY触点反馈?LED17亮
否
检查KMY触点回路
是
主板方向信号输出
变频器运行信号反馈?LED20亮?
否
检查运行信号反馈回路和主板与变频器之间的接线?
是
抱闸是否打开?
否
KMB是否吸合?
否
检查控制柜抱闸回路
是
是
检查抱闸回路和抱闸
变频器收到模拟量速度给定?
否
检查主板与变频器之间的接线
是
电梯起动

（2）电梯不能井道自学习：

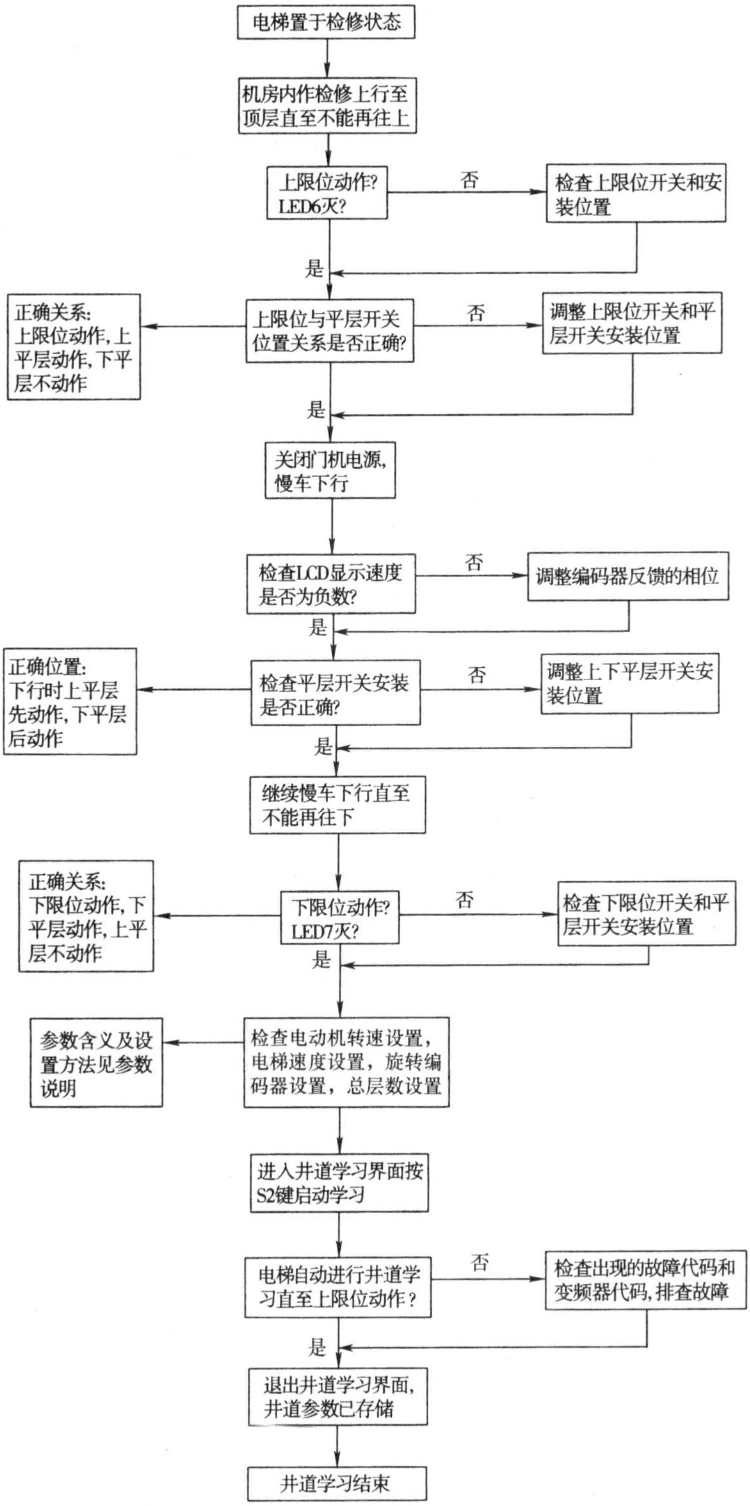

电梯置于检修状态
机房内作检修上行至顶层直至不能再往上
上限位动作？LED6灭？
否
检查上限位开关和安装位置
是
正确关系：上限位动作，上平层动作，下平层不动作
上限位与平层开关位置关系是否正确？
否
调整上限位开关和平层开关安装位置
是
关闭门机电源，慢车下行
检查LCD显示速度是否为负数？
否
调整编码器反馈的相位
是
正确位置：下行时上平层先动作，下平层后动作
检查平层开关安装是否正确？
否
调整上下平层开关安装位置
是
继续慢车下行直至不能再往下
正确关系：下限位动作，下平层动作，上平层不动作
下限位动作？LED7灭？
否
检查下限位开关和平层开关安装位置
是
参数含义及设置方法见参数说明
检查电动机转速设置，电梯速度设置，旋转编码器设置，总层数设置
进入井道学习界面按S2键启动学习
电梯自动进行井道学习直至上限位动作？
否
检查出现的故障代码和变频器代码，排查故障
是
退出井道学习界面，井道参数已存储
井道学习结束

（3）电梯不能开门：

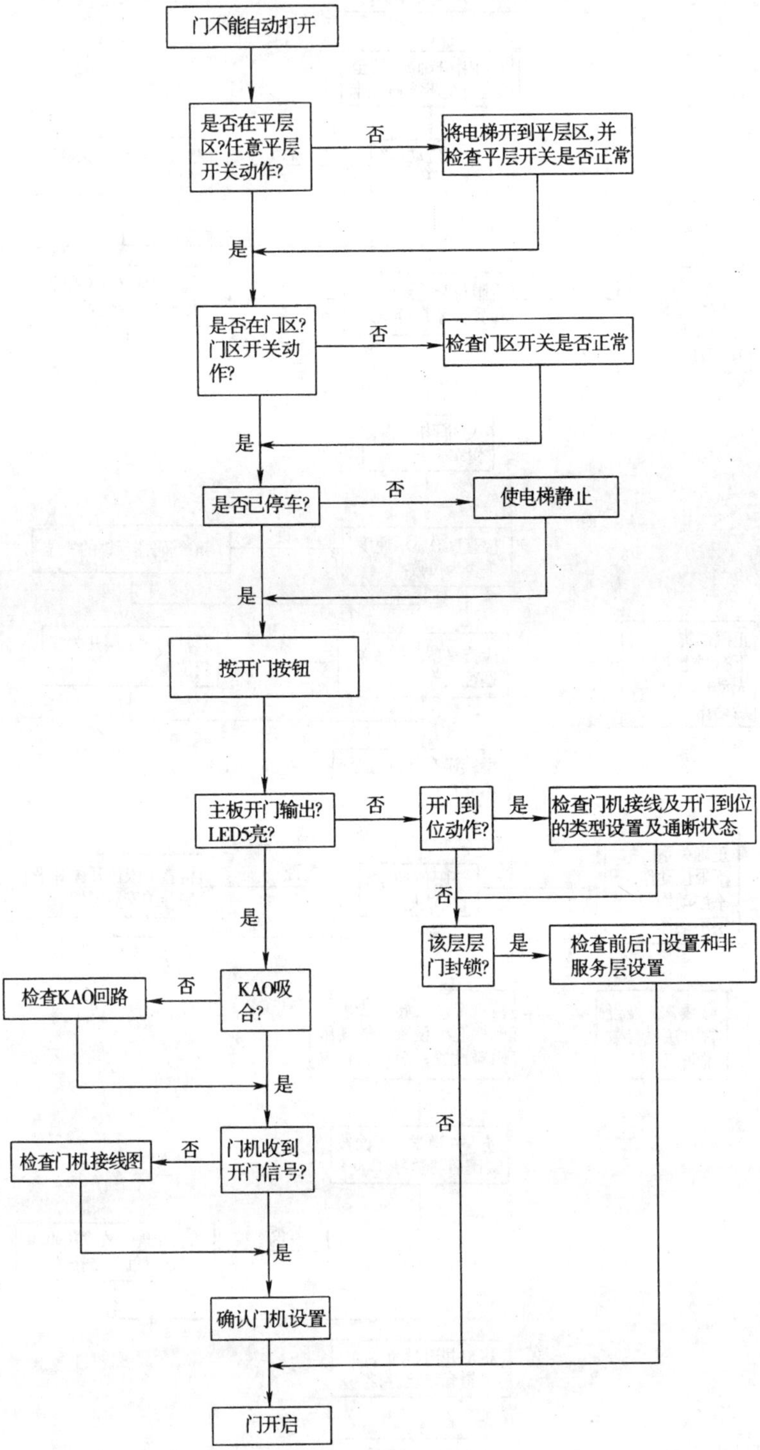
门不能自动打开
是否在平层区?任意平层开关动作?
否
将电梯开到平层区,并检查平层开关是否正常
是
是否在门区?门区开关动作?
否
检查门区开关是否正常
是
是否已停车?
否
使电梯静止
是
按开门按钮
主板开门输出?LED5亮?
否
开门到位动作?
是
检查门机接线及开门到位的类型设置及通断状态
否
该层层门封锁?
是
检查前后门设置和非服务层设置
否
是
KAO吸合?
否
检查KAO回路
是
门机收到开门信号?
否
检查门机接线图
是
确认门机设置
门开启

（4）电梯不能关门：

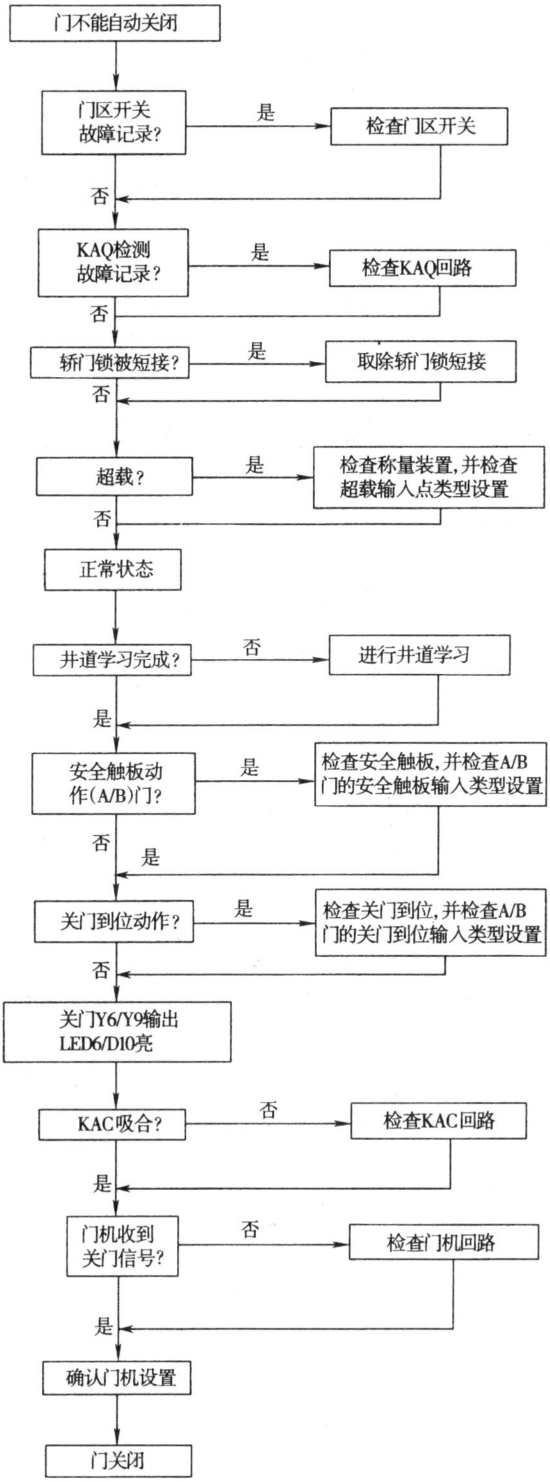
门不能自动关闭
门区开关故障记录?
是
检查门区开关
否
KAQ检测故障记录?
是
检查KAQ回路
否
轿门锁被短接?
是
取除轿门锁短接
否
超载?
是
检查称量装置,并检查超载输入点类型设置
否
正常状态
井道学习完成?
否
进行井道学习
是
安全触板动作(A/B)门?
是
检查安全触板,并检查A/B门的安全触板输入类型设置
否
是
关门到位动作?
是
检查关门到位,并检查A/B门的关门到位输入类型设置
否
关门Y6/Y9输出LED6/D10亮
KAC吸合?
否
检查KAC回路
是
门机收到关门信号?
否
检查门机回路
是
确认门机设置
门关闭

(5) CAN（总线）通信检查：必须注意，在未进行通信线检查之前请勿连接通信总线。

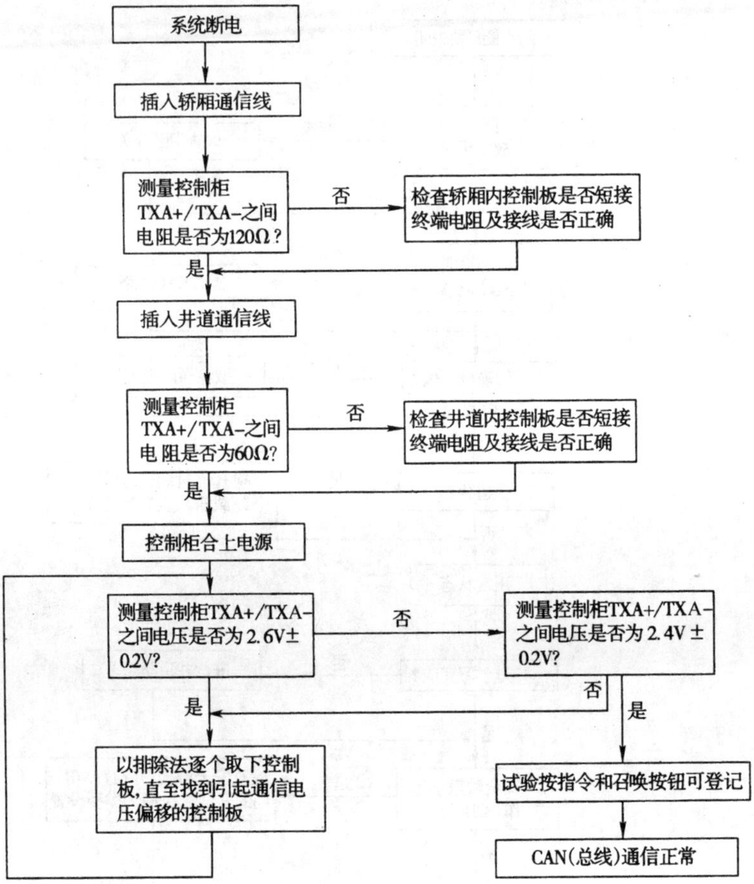

六、整机调整及试运行中的检测

电梯经安装、质量检测、调试及运行已基本具备了运行的条件，但在调试及运行中还要进行一系列检测，主要内容有：

1) 平衡系数的测定。

2) 限速器与安全钳动作可靠性试验。

3) 液压缓冲器复位、负载试验。

4) 静载试验。

5) 运行试验。

6) 轿厢满超载装置动作可靠性试验。

7) 额定运行速度试验。

8) 平层准确度试验。

9) 噪声测定。

试验方法、要求及注意要点见表12-14～表12-23。

电梯在调试及运行中会出现一些故障，这些故障一般是由制造、安装或调试不当造成的，通常经过修复均可达到满意效果。电梯调试是一项复杂且技术难度较大的工作，是提升技术能力的最好机会。读者也应不断总结安装、调试、维修的经验，进而保证电梯的安装质量，以赢得用户的信赖，进而取得更大的效益。

表 12-14　平衡系数的测定

试验方法	试验要求及注意要点
轿厢以空载且额定载荷的 25%、50%、75%、100%、110% 作上、下运行，当轿厢与配重运行到同一水平位置时，分别记录电压、电流、转速各参数。电流测量并结合速度的测量适用于交流电动机，电流测量并结合电压的测量适用于直流电动机 电流的测量，当电梯轿厢与配重运行到同一水平位置时，用钳形表测量上行、下行的电流	配重砣块应放多少块与轿厢的载重有关，通常用 $W_d = G + KQ$ 计算 式中　W_d——配重总重，单位为 kg； G——轿厢自重，单位为 kg； Q——轿厢额定载重量，单位为 kg； K——平衡系数，一般为 40% ~50%
速度的测量，当电梯轿厢与配重运行到同一水平位置时，用转速表在曳引机飞轮端测量上行、下行的转速	轿厢的载荷一般用砝码，测量参数时要注意正确使用仪表，同时应注意安全

表 12-15　限速器与安全钳动作可靠性试验

试验方法	试验要求及注意要点
1. 安全钳楔块检查 牵动轿厢上的绳头拉手、安全钳的楔块应同时接触导轨工作面，此项检查轿厢应位于底层。检查人员在井道底坑内检查安全钳楔块的实际动作情况 2. 限速器与轿厢安全钳动作可靠性试验 试验应在轿厢下行期间进行 （1）瞬时式安全钳或具有缓冲作用的瞬时式安全钳，轿厢应载有均匀分布的额定载荷，并在额定速度时进行。 （2）渐进式安全钳，轿厢应载有均匀分布 125% 的额定载荷，在平层速度或检修速度下进行	（1）安全钳动作时，电梯必须可靠地停止 （2）安全钳动作使轿厢停止时，轿厢地板的倾斜度应与其正常位置差 <5% （3）刹车动作发生后，应不借助任何外力，即正常的上行开车，能使轿厢自动脱离闸车状态 （4）此项试验对轨道面有不同程度的损伤，不宜多做
先把空载轿厢停于上端站附近，在机房手动限速器夹住钢绳，然后以检修速度开始下降，安全钳应动作，并使轿厢可靠地停止于轨道上，同时还应观察与之联锁的电气开关是否先于刹车动作而可靠断开	

表 12-16　液压缓冲器复位试验、负载试验

项目	试验方法	试验要求（结果）
复位试验	在轿厢空载的情况下，以检修速度下降，将缓冲器全压缩，然后轿厢离开缓冲器使其自然回复原状	从轿厢开始离开缓冲器一瞬起，直至缓冲器回复原状止，所需时间应小于 90s
负载试验	轿厢以额定载荷和额定速度碰撞缓冲器 对重以轿厢空载和额定速度碰撞缓冲器	缓冲器应平稳，零件应无损伤和明显变形

表 12-17 静载试验

试验方法	试验要求
将轿厢位于底层，陆续、平稳地加入载荷 乘客、医院用电梯和额定起重量不大于2000kg的载货电梯，载以额定起重量的200%；其余各种电梯载以额定起重量的150%，历时10min	在试验过程中 （1）各承重构件无损坏 （2）曳引绳在槽内无滑移 （3）制动器应可靠地刹紧

表 12-18 运行试验

试验方法	试验要求
轿厢分别以空载平衡载荷（额定起重量的40%～50%，根据取定的平衡系数确定）、满载（额定起重量的100%）在通电持续率40%的情况下，往复升降，各自历时2h 减速机箱内油温升的测定，可在运行试验开始时放入温度计，待运行结束时进行观察	（1）电梯起动、运行和停止时，轿厢内应无剧烈的振动和冲击 （2）控制柜、电动机、曳引机工作应正常，电压、电流实测最大值应符合相应的规定：平衡载荷运行试验，上、下方向的电流值应基本相符，差值不应超过5% （3）制动器动作可靠，运行时制动器闸瓦与制动轮无摩擦：制动器线圈温升不应超过60℃ （4）减速器油的温升不应超过60℃，且温度不应超过85℃ （5）集选控制电梯，轿厢内指令、召呼和选层装置的作用应准确无误 （6）按钮操纵的电梯，选层定向应可靠 （7）设有消防员专用控制钮的电梯，消防员专用开关应及时转换可靠 （8）多台程序控制的电梯，程序转换应良好可靠 （9）各层门的机械电气联锁装置、极限开关和其他电气联锁的作用应良好可靠 （10）平层准确、声光信号正确、运行无故障

表 12-19 超载试验

试验方法	试验要求
轿厢内载以110%的额定起重量，在通电持续率40%的情况下，历时30min 加载物可利用试车砝码或其他重物 设有超载保护装置的电梯，在试验时先将超载保护装置电气回路断开	（1）电梯能安全起动、运行和停止 （2）曳引机工作正常、起动运行可靠 （3）制动器动作可靠 （4）减速机电动机工作正常 （5）系统（包括钢丝绳、绳轮、钢架、导轨）工作正常

表 12-20 轿厢满超载装置动作可靠性试验

试验方法	试验要求
当轿厢负载超过额定起重量时	轿厢内超载灯应亮，蜂鸣器应响，电梯不能关门，电梯不能起动
当轿厢负载降至额定起重量或低于额定起重量时	电梯应立即恢复正常
当轿厢在满载状态下	电梯不接受任何召呼

表 12-21　额定运行速度试验

试验方法	试验要求
（1）用转速表测量电动机转速并按下式计算轿厢运行速度： $$V_{平均}=\frac{\pi D\ (n_{上}+n_{下})}{2\times 60ii_{曳}}$$ 式中　$V_{平均}$——轿厢实际升降速度的平均值，单位为 m/s D——曳引绳直径，单位为 m $n_{上}$、$n_{下}$——额定起重量升、降时电动机转速，单位为 r/min i——减速机速比 $i_{曳}$——轿厢的曳引速比 注：对直流高速电梯（无齿轮）， $i_{曳}=1$ （2）实际升、降速度的平均值对额定速度的差值、按下式计算： 允差值=（实测速度－额定速度）/额定速度×100% （3）轿厢运行速度也可以用测速装置测量曳引绳线速度	（1）轿厢内加入平衡载荷，分别上下运行至行程中段（除去加速和减速段）时的速度平均值不应超过额定速度的5% （2）加速度或减速度应≤1.5m/s² （3）额定速度大于1m/s，小于2m/s 的电梯，平均加速度和平均减速度应≥0.5m/s² （4）额定速度大于2m/s 的电梯，平均加速度和平均减速度应≥0.7m/s² （5）客梯、病床梯，运行中水平方向振动加速度应≤0.15m/s²，垂直方向振动加速度应≤0.25m/s² （6）转速表的转速与计算线速度的换算不应大于2%

表 12-22　平层准确度检测

检测方法	平层准确度要求		
	电梯类别	额定速度/（m/s）	允许偏差/mm
（1）电梯分别在空载和额定载荷以正常速度升降时，轿厢停靠各层站后，测量其地坎上平面对层门地坎上平面垂直方向的误差值 （2）检测时应特别注意上、下两个站点，即轿厢空载上行至上端站，轿厢满载下行至下端站的平层情况	交流双速	≤0.63	±15
	交流双速	≤1.00	±30
	交直流调速	≤2.00	±15
	交直流调速	≥2.5	±10

表 12-23　噪声测定

项目	技术要求	测量方法
轿厢内运行（货梯不测）	<55dB	传声器置于轿厢内距轿厢地面高1.5m，以额定速度上行、下行时测试取最大值
轿厢门和层门开关过程	<65dB	传声器分别置于层门和轿厢门宽度中央；距门0.20m、距地面高1.5m。以开、关门过程的峰值作评定依据
机房内	<80dB	传声器在机房中，距地面高1.5m、距声源1m处测四点，在声源上部1m处测一点，共测五点。峰值除外，取平均值

七、电梯试运行

电梯经上述调试、检测各项运行指标达到要求后，即可进入试运行阶段。试运行一般应约业主派员参加，主要程序及内容是：

1. 慢车全程；
2. 快车全程；
3. 任意层呼梯叫停（上人后到达目的层自动停车，运行平稳且平层符合要求）；

4. 超载试验；
5. 舒适度良好；
6. 平衡度，平稳度，噪声正常；
7. 停车试验；
8. 轿内电话试验；
9. 开门关门试验；
10. 试运行时间24h，测试各部温度应正常；
11. 安全急停试验；
12. 详尽记录试运行及试验各种数据。

上述试验4～11是随机的，随开随停应正常。试验结果应无不妥，无故障。电梯试运行是一个较为烦琐而复杂的过程，必须耐心和细致才能达到满意的效果。

电梯及其电气装置调试、送电及试运行前应对其进行检测，其质量标准及检测方法见表12-24。

表12-24　电气装置安装检测要点

项目	质量检测要点
控制柜（屏）安装	1）控制柜周围应有比较大的空地，维修侧与墙壁的距离必须在600mm以上，其封闭侧不宜小于50mm，而且最好把控制柜稳固在高约50～100mm的水泥墩上。双面维修的屏、柜成排安装时，当宽度超过5m时，两端均应留有出入通道，通道宽度不应小于600mm。屏、柜与机械设备距离不应小于500mm 2）控制柜的过线盒要按安装图的要求用膨胀螺栓固定在机房地面上。若无控制柜过线盒，则要制作控制柜型钢底座或混凝土底座，如图12-17所示 控制柜与型钢底座采用螺钉连接固定，控制柜与混凝土底座采用地脚螺栓连接固定 3）控制柜安装固定要牢固，其垂直度偏差不应大于1.5/1000。多台柜并排安装时，柜之间应无明显缝隙，且柜面应在同一平面上 4）小型的励磁柜安装在距地面高1200mm以上的金属支架上（以便于调整） 5）电梯主开关安装应符合下列规定： ①　每台电梯均应设置能切断该电梯最大负荷电流的主开关 ②　主开关不应切断下列供电线路： a. 轿厢照明、通风和报警 b. 机房、隔层和井道照明 c. 机房、轿顶和底坑电源插座 ③　主开关的位置应能从机房入口处方便、迅速地接近 ④　在同一机房安装多台电梯时，各台电梯主开关的操作机构应装设识别标志
中间接线盒（箱）安装	1）中间接线盒设在梯井内，其高度按下式确定： 高度（底层层门地槛至中间接线盒底的垂直距离）=1/2电梯正常提升高度+1500mm+200mm 若中间接线盒设在夹层或机房内，其高度（盒底）距夹层或机房地面不低于300mm 2）中间接线盒水平位置要根据随缆既不能碰轨道支架又不能碰层门地槛的要求来确定 若梯井较小，轿门地槛和中间接线盒在水平位置上的距离较近时，要统筹规划，其间距不得小于40mm，如图12-18所示 3）中间接线盒用膨胀螺栓固定于墙壁上
配管及配线槽安装	控制柜至极限开关、曳引电动机、制动器线圈、层数指示器或选层器、限位开关、干簧管换速传感器、井道中间接线箱、井道内各层站分接线箱、各层站分接线箱至各层站召唤箱、指层灯箱、层门电联锁等均需敷设电线槽或电线管

（续）

项目	质量检测要点
配管及配线槽安装	1）机房配管除图纸规定沿墙敷设明管外，均要敷设暗管，梯井允许敷设明管。电线管的规格要根据敷设导线的数量决定。电线管安装要横平竖直，其水平度和垂直度偏差应符合下列要求 ① 机房内不应大于0.2% ② 井道内不应大于0.5%，全长不应大于50mm 2）配 ϕ20mm 以下的线管采用螺纹管箍连接。ϕ5mm 以上的线管可采用焊接连接。管子连接口、出线口要用钢锉锉光，以免划伤导线 管子焊接接口要齐，不能有缝隙或错口。如果焊工不能保证管内焊缝处不出现焊瘤，或者在安装位置允许的条件下，最好采用加套管焊 3）进入落地式配电箱（柜）的电线管路，应排列整齐，管口高于基础面不小于50mm 4）明配管以下各处需设支架：直管每隔2~2.5m，横管不大于1.5m，金属软管不大于1m，拐弯处及出入箱盒两端为150mm。每根电线管不小于2个支架，支架可直埋在墙内或用膨胀螺栓固定。如用管卡固定，固定点间距均匀，且不应大于3m 5）钢管进入接线盒及配电箱，暗配管可用焊接固定，管口露出盒（箱）小于5mm，明配管应用锁紧螺母固定，露出锁母的螺纹为2~4个螺距。暗敷时，保护层厚度不应小于15mm 6）钢管与设备连接，要把钢管敷设到设备外壳的进线口内，如有困难，可采用下述两种方法 ① 在钢管出线口处加软塑料管引入设备，但钢管出线口与设备进线口距离应在200mm以内 ② 设备进线口和管子出线口用配套的金属软管和软管接头连接，软管应用管卡固定。与电线槽连接，应用锁紧螺母锁紧，管口应装设护口 7）设备表面上的明配管或金属软管应随设备外形敷设，以求美观 8）井道内敷设电线管时，各层应装分支接线盒（箱），并根据需要加装端子板 9）管盒要用开孔器开孔，孔径不大于管外径1mm 10）机房配线槽除设计选定的厚线槽外，均应沿墙、沿梁或梯板下面敷设，线槽敷设应满足以下要求 ① 线槽敷设在电梯井道内靠近外呼按钮较近的墙上。安装时，在顶层敷设线槽的位置，离墙25mm处放下一根铅垂线至底坑，并在底坑内固定，为安装线槽时作为校正准绳 ② 每距800mm钻凿一墙孔，埋设固定螺栓，将线槽底固定。线槽安装应横平竖直，其水平度和垂直偏差应满足 a. 机房内不应大于0.2% b. 井道内不应大于0.5%，全长不应大于50mm ③ 电线槽应平整，无扭曲变形，内壁无毛刺，接口应平直，接板应严密，槽盖应齐全，盖好后应平整、无翘角。在每层的外呼按钮箱、层楼指层灯与线槽相对应的位置，用适当的开孔刀在线槽侧面开孔，连接金属软管或电线管。出线口应无毛刺，位置应准确 ④ 按照接线图上的电线数量再加10%的备用线放线。这些线一般应包括外呼按钮线、层灯线、方向灯线、厅门锁线、底坑急停线、底坑照明线、底坑220V插销座线、上下端站开关线等。将以上诸线和备用线在室外放开，按长度截断，在电线两端标明线号，每隔几米捆扎成束，然后将展放好的线束放在线槽内 ⑤ 在线槽的每个出线孔，将相应的线按线号分接出来，穿金属软管或电线管接至各用电器处。也有用电缆直接从各出线孔接至用电器处的 ⑥ 在转弯处，线槽与金属软管用接头做成直角连接 11）梯井线槽到每层的分支导线较多时，应设分线盒并考虑加端子板 12）由线槽引出分支线，如果距指示灯、按钮盒较近，可用金属软管敷设；若距离超过2m，应用钢管敷设。出线口应无毛刺，位置正确 13）线槽应有良好的接地保护，线槽接头应严密并作跨接地接 14）切断线槽需用手锯操作（不能用气焊），拐弯处不允许锯直口，应沿穿线方向弯成90°保护口，以防伤线

（续）

项目	质量检测要点
配管及配线槽安装	15）线槽采用射钉或膨胀螺栓固定。每根电线槽固定点不少于2个。并列安装时，应使槽盖便于开启 16）线槽安装完后补刷沥青漆一道，以防锈蚀 17）金属软管安装应符合下列规定 ① 无机械损伤和松散，与箱、盒、设备连接处应使用专用接头 ② 安装应平直，固定点均匀，间距不应大于1m，端头固定应牢固
导线敷设	1）穿线前将钢管或线槽内清扫干净，不得有积水、污物 2）根据管路的长度留出适当余量进行断线。穿线时不能出现损伤线皮及扭结等现象，并留适当备用线（10~20根备1根，20~50根备2根，50~100根备3根） 3）导线要按布线图敷设，电梯的供电电源必须单独敷设，并应由建筑物配电间直接送至机房。动力和控制线路宜分别敷设。微信号及电子线路应按产品要求单独敷设或采取抗干扰措施。若在同一线槽中敷设，其间要加隔板 4）截面积$6mm^2$以下铜线连接时，按冷压技术进行操作，也可本身自缠不少于5圈，缠绕后涮锡。多股导线（截面积$10mm^2$及以上）与电气设备连接，使用连接卡或接线端子，使用连接卡时，多股铜线应先涮锡 5）接头先用橡胶布包严，再用黑胶布包好放在盒内 6）设备及盘柜压线前应将导线沿接线端子方向整理成束，然后用小线或尼龙卡子绑扎，以便故障检查 7）导线终端应设方向套或标记牌，并注明该线路编号 8）导线压接要严、实，不能有松脱、虚接现象 9）动力线和控制线应隔离敷设。有抗干扰要求的线路应符合产品要求 10）配线应绑扎整齐，并有清晰的接线编号。保护线端子和电压为220V及以上的端子应有明显的标记 11）接地保护线宜采用黄绿相间的绝缘导线 12）电线槽弯曲部分的导线、电缆受力处，应加绝缘衬垫，垂直部分应可靠固定 13）敷设于电线槽内的导线总截面积不应超过电线管内截面积的40%，敷设于电线槽内的导线总截面积不应超过电线槽内截面积的60% 14）线槽配线时，应减少中间接头。中间接头宜采用冷压端子，端子的规格应与导线匹配，压接可靠，绝缘处理良好 15）配线应留有备用线，其长度应与箱、盒内最长的导线相同
极限开关、限位开关、端站强迫减速装置安装	铁壳开关一般安装在机房入口附近距地面1.3~1.5m处，上、下滚轮组按电梯安装平面布置图的要求，装在井道内两端站的轿厢导轨上，铁壳开关和上、下滚轮组之间通过直径为4mm左右的钢丝绳连接起来，轿厢超越两端站楼面的预定距离时，固定在轿架立梁上的打板，碰打上、下滚轮组的滚轮，通过钢丝绳把铁壳开关的闸刀拉开，从而切断电梯的总电源 限位开关包括上第一、二限位开关和下第一、二限位开关四只限位开关。四只限位开关按安装平面布置的要求是和极限开关的上、下滚轮组同装在井道内两端站轿厢导轨的一个方位上。经安装调整校正后，两者滚轮的外边缘应在同一垂直线上，使打板能可靠地碰打两者的滚轮，确保限位开关和极限开关均能灵活可靠地动作 端站强迫减速装置用于直流快速梯和直流高速梯。端站强迫减速装置由一个开关箱和碰压开关箱的两副打板构成。安装时，根据安装平面图的要求，把开关箱固定在轿厢顶上，碰打开关箱滚轮的两副打板安装在井道内两站的轿厢导轨上。轿厢上、下运行时，开关箱的滚轮左或右碰打上、下打板，强迫电梯到上、下端站时提前一定距离自动将快速运行切换为慢速运行。经调整校正后，上、下两副打板中心应对开关箱的滚轮中心，滚轮按预定距离碰打上、下打板，滚轮通过连杆推动开关箱内的两套接点组，按预定距离准确可靠地断开预定的控制电路

（续）

项目	质量检测要点
层楼指示器、选层器安装	用于货、病床电梯电气控制系统的层楼指示器，跟随曳引机位于机房内。通过装在曳引机主轴上的链轮及链条，带动层楼指示器的电刷跟随轿厢上、下运行而左右转动，使电刷上的动触头依次触碰指示器头板上的触头，实现自动消除外召唤记忆信号，从而自动接通或断开指层灯的电路。层楼指示器可以通过地脚螺栓稳装在机房楼板上，也可以固定在与承重梁连接在一起的支架上 安装机械选层器时应按电梯安装平面布置图的要求正确确定位置，并用砖块把选层器向上垫至要求的高度，然后从钢带主动轮两侧的轮缘中心处放下两根铅垂线，并使铅垂线对准轿厢和对重装置卡带机件的中心。校正校平后穿好稳固选层器的地脚螺栓，制作混凝土基础模板并浇筑混凝土砂浆，把选层器固定在混凝土墩子上。待混凝土凝固后可以挂装钢带 层楼指示器和选层器的调整校正工作，可以在电梯安装工作基本结束后，使电梯在慢速运行状态下进行 机械选层器安装应符合下列要求： 1）位置合理，便于维修检查 2）固定牢固，其垂直度偏差不应大于0.1% 3）应按机械速比和楼层高度比检查调整动、静触头位置，使其与电梯运行、停层的位置一致 4）换速触头的提前应按电梯减速时间和平层距离调节 5）触头动作和接触应可靠，接触后应留有压缩余量
召唤箱、指层灯箱、干簧管换速平层装置安装	指层灯箱装在层门正上方距离门框0.25～0.30m处。召唤箱装在层门右侧，距离门框0.20～0.30m处，距离地面约1.3m处。也有把指层灯箱和召唤箱合并为一个部件装在层门侧面的。指层灯箱的召唤箱经安装调整校正校平后，面板应垂直水平，凸出墙壁2～3mm 层门召唤盒、指示灯盒及开关盒的安装应符合下列规定 1）盒体应平正、牢固，不变形；埋入墙内的盒口不应突出装饰面 2）面板安装后应与墙面贴实，不得有明显的凹凸变形和歪斜 3）安装位置当无设计规定时，应符合下列规定： ①　层门指示灯盒应装在层门口以上0.15～0.25m的层门中心处（指示灯在召唤盒内的除外） ②　层门指示灯盒安装后，其中心线与层门中心线的偏差不应大于5mm ③　召唤盒应装在层门右侧距地1.2～1.4m的墙壁上，且盒边与层门边的距离应为0.2～0.3m ④　并联、群控电梯的召唤盒应装在两台电梯的中间位置 4）在同一候梯厅有2台及2台以上电梯并列或相对安装时，各层门对应安装位置的对应位置应一致，并应符合下列规定： ①　并列梯各层门指示灯盒的高度偏差不应大于5mm ②　并列梯各召唤盒的高度偏差不应大于2mm ③　各召唤盒距离偏差不应大于10mm ④　相对安装的电梯，各层门指示灯盒偏差和各召唤盒的高度偏差均不应大于5mm
按钮、操纵盘安装	1）按钮盒、操纵盘箱安装应横平竖直，其垂直度、水平度偏差不应大于0.4% 2）按钮、操纵盘的面板应盖平，遮光罩良好，不应有漏光和串光现象 3）按钮及开关应灵活可靠，不应有阻塞现象
安装底坑检修盒	1）底坑检修盒的安装位置应选择在距线槽或接线盒较近、操作方便、不影响电梯运行的地方 2）底坑检修盒用膨胀螺栓固定在井壁上。检修盒电线管、线槽之间都要跨接地线
电梯照明安装	1）机房照明电源应与电梯电源分开，并应在机房内靠近入口处设置照明开关 2）电梯机房内应有足够的照明，其地面照度应不低于200lx 3）轿厢照明和通风电路的电源可由相应的主开关进线侧获得，并在相应的主开关近旁设置电源开关进行控制

（续）

项目	质量检测要点
电梯照明安装	4）井道照明应符合下列规定 ① 电源宜由机房照明回路获得，且应在机房内设置具有短路保护功能的开关进行控制 ② 照明灯具应固定在不影响电梯运行的井道壁上，其间距不应大于7m ③ 在井道的最高和最低点0.5m以内各装设一盏照明灯
接地安装要求	电气设备的柜、屏、箱、槽、管应设有易于识别的接线端，接地线的颜色为黄绿双色绝缘电线。零线和接地线应始终分开 所有电气设备的金属外壳均应良好接地，其接地电阻值应不大于4Ω。接地线应用铜线，其截面积不应小于相线截面积的1/3，但最小截面积，对裸铜线不应小于$4mm^2$，对绝缘铜线不应小于$1.5mm^2$。钢管接头处的连接线可用钢筋跨接焊牢。电梯轿厢可通过电线电缆的钢芯或芯线进行接地。用电缆芯线接地时，不得少于两根 1）接地电阻：对TN系统，其中所有设备的外露可导电部分均接在公共PE线或PEN线上 2）人工接地体：当自然接地体电阻不能满足接地要求时，应设置人工接地装置作为补充。人工接地体有垂直埋设和水平埋设两种基本结构型式 3）对微机控制的电梯，必须将接地单独引入机房控制柜中
保护线的布置	凡是可能引起间接触电的装置都应将其外壳与PE线或PEN线连接。如电梯的曳引机组、电源总开关、控制柜、线槽、轿厢、导轨、箱盒等都在该范围内 TN—C连接，供电电源进入总电源开关后，将PEN线引至控制柜的PEN分线板，再从分线板用导线或其他导体与各装置外壳连接。为了确保PEN线安全可靠，在电源进线处及底坑采取重复接地措施 TN—C—S连接，供电电源进入总电源开关后，将PEN线分成N线和PE线引至控制柜的N分线板和PE分线板，两极之间不连通，以后也始终分开。N线接单相用电设备，如轿厢、底坑照明灯、插座等；PE线与各装置外壳连接。为了确保PE线安全可靠，在电源进线处采取重复接地措施 两种连接方法，都应采取并联方式，即各装置外壳单独与PE或PEN干线连接。当某一处发生断线不会涉及其他装置的保护线

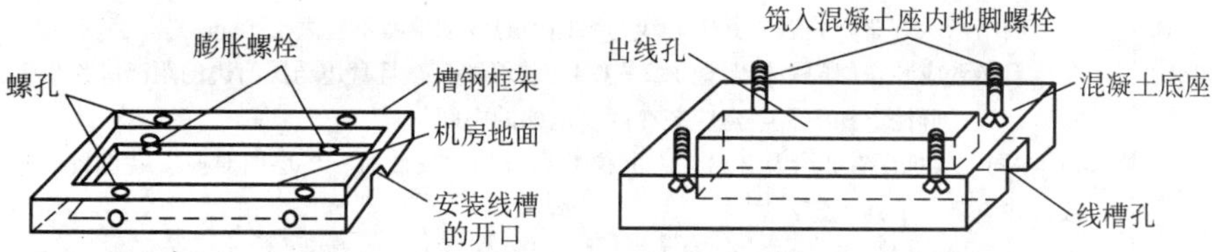

图12-17　控制柜底座

a）用型钢制作的控制柜底座　b）控制柜混凝土底座

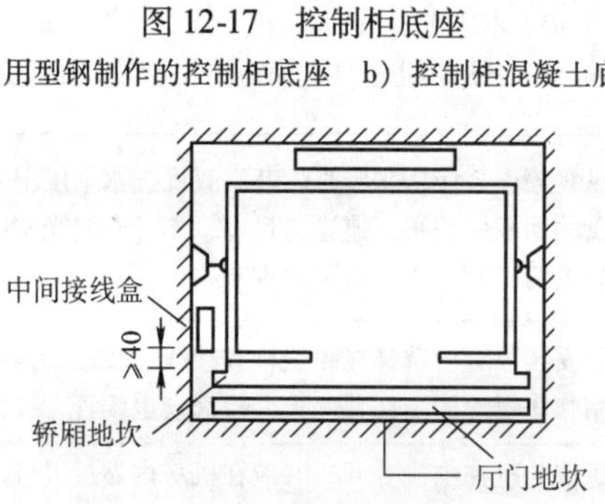

图12-18　中间接线盒的安装位置

图12-17所示为控制柜底座，图12-18所示为中间接线盒的安装位置。电梯电气装置安

装及调整的质量检查及标准见表 12-25 和表 12-26。

表 12-25　电梯电气装置

工序	检验项目		性质	质量标准	检验方法及器具
设备检查	设备规格		主要	按设计规定	对照设计图检查
	零部件检查			齐全，无损伤	观察检查
电源及照明	机房照明电源与电梯电源		主要	单独设置源	观察及操动试验
	电梯电源		主要	专用	观察检查
	轿厢内照明			可靠	通电检查
	轿厢内通风装置		主要	牢固，通风良好	
	机房内地面照度			≥200lx	用专用表测试
	轿顶检修用 220V 电源插座			设明显标志	观察检查
	井道照明	照明灯具固定间距		≤7m	用尺检查
		井道最高和最低点设照明灯距离		≤0.5m	
配线	铜导线电压等级			≥500V	查出厂合格证件
	电线管、槽，电缆架与轿厢、钢绳等距离	机房内		≥50mm	用尺检查
		井道内		≥20mm	
	电线管、槽安装	固定点间距		均匀且不大于 3m	用尺检查
		机房内水平和垂直误差		≤0.2%	
		井道内水平和垂直误差		≤0.5%，全长≤50mm	
	电缆敷设			按规范 GB 50310—2002 规定	对照规范检查
电气设备安装	配电盘柜安装			按规范 GB 50171—2012 规定	对照规范检查
	机械选层器安装			固定牢固，便于检修	观察检查
	井道和轿顶传感器安装			按制造厂规定	对照厂家规定检查
	层门召唤盒、指示灯盒及开关盒的安装			按设计规定	观察及对照设计图纸检查
	层门闭锁装置安装		主要	固定牢固，断开可靠	观察及操动试验
安全保护装置	安全保护开关螺接固定			牢固	扳动检查
	安全保护开关动作		主要	灵敏可靠	操动检查
	电气安全保护装置动作		主要	灵活可靠	
	限位开关和碰铁的安装			牢固	
	交流电梯极限开关安装			钢绳横平竖直，动作灵活可靠	
	轿厢自动门的安全触板安装		主要	灵活可靠，碰撞力不大于 5N	
接地	电气设备的外露可导电部分			可靠接地或接零	导通检查
	电气设备保护线的连接			按设计规定	对照设计图检查
	电梯轿厢接地线			用电缆的钢芯或芯线，采用芯线不少于 2 根	观察检查
	计算机控制的电梯“逻辑地”			按制造厂规定	对照厂家规定检查
	接地保护线			黄绿相间的绝缘导线	观察检查

（续）

工序	检验项目	性质	质量标准	检验方法及器具
调整	电气设备导体间及导体与地间绝缘		≥0.5MΩ	用兆欧表测量
	速度调试		按制造厂规定	对照厂家规定检查
	运行试验		按规范 GB 50310—2002 规定（或按设计规定）	对照规范检查或对照设计图纸检查
	超载试验		安全可靠地起动运行	试车检查

表 12-26 电梯电气装置调整试运签证

电梯型号		载重质量/kg		额定速度/（m/s）	
电动机容量/kW		电动机电压/V		电动机电流/A	
控制方式		安全钳型式		层站数	
制造厂家		出厂编号		出厂日期	

检查项目	检查结果	检查项目	检查结果
照明电源与电梯电源		电缆敷设挂牌	
电气设备保护线接地		电梯轿厢接地	
控制回路“逻辑地”		盘柜内孔洞封堵	
电动机过电流、短路保护整定		轿厢内通风	
一次回路绝缘电阻		二次回路绝缘电阻	
层门召唤灯及指示灯		机房、井道及轿厢照明	
轿厢自动门安全触板动作		井道和轿顶传感器动作	
安全保护开关动作		层门闭锁装置动作	
平层装置功能		速度调试	
额定速度试验		运行功能试验	

检查结论：

（ 年 月 日，对该电梯进行了运行功能试验，其指令、召唤、选层定向、程序转换、起动运行、截车、减速、平层、安全等功能可靠，声光指示信号正确清晰。）

第十三章 自动化仪表系统

自动化仪表主要的功能是测量、计量并将其结果用于控制系统，实现生产工艺系统的自动控制。自动化仪表系统主要由传感器、变送器、调节器、控制器、执行器及其显示仪表、累计仪表、管线线缆等装置组成。

自动化仪表系统最关键的是系统组成元器件本身的质量及其精度等级。因此，元器件的校验、检定、试验并通过这些技术手段确定的结论是重中之重。所以，元器件在安装前必须进行校验、检定或试验，这些技术手段的记录是系统调整试验及试运行的第一手资料，也是最重要的技术资料。

自动化仪表系统的调整试验及试运行是一项较为复杂的技术工作，要求参与调整试验及试运行的人员具备一定的技术能力及细心耐心的作风。

自动化仪表及自动装置经过施工准备、校验/检定、线缆安装敷设、设备元件安装、系统管路安装、系统接线后已具备了系统调整试验及投入试运行的条件。自动化仪表及自动装置系统调整试验及投入试运行与电气工程系统调整试验及试运行基本相同。不同的是试验时，温度、压力、差压、分析等信号应有模拟试验装置。

一、调整试验及试运行的准备工作

1）收集整理系统中所有仪表、元件、装置的校验/检定记录，并核对其可靠性，对没有记录的要单独重新进行校验/检定，出具记录。

2）从取源部件、传感器、变送器、仪表、执行器到仪表柜箱及整个系统（包括电源）仔细查找、核对接线是否正确可靠，并与安装使用说明书或图纸对照，确保接线正确可靠。

3）从取源部件、传感器、变送器到盘柜仔细核对仪表管路是否正确，并核查气密试验记录，没有记录的要单独重新进行气密试验，出具记录，确保系统管路正确无误，核对时应与安装使用说明书或图纸对照。

4）检查系统中所有仪表、元件、装置的安装质量及其管线进出的正确性。

5）与其他专业、建设单位沟通，确认其设备装置的状态，确认是否具备系统调试及试运行的条件，出具书面文件。

6）清理现场、准备调试用的设备装置材料、进行人员分工、制订纪律和要求、准备记录纸和笔。

7）制订调试方案和试运行方案，并向所有人员交底，提出注意事项和关键部位的要求。

8）与电气专业的技术人员沟通，并请其协同搞好调试工作，及时开启电源及其动力装置。

9）提出安全注意事项，设置安全设施。

10）制订应急预案，准备必要的消防器械和交通工具、急救药品等。

二、系统调整试验

主要包括平台仪表及其附件的校准和试验、仪表电源设备的试验、综合控制系统的试验和回路试验等。

1. 一般规定

1）仪表在安装和使用前，应进行检查、校准和试验，确认符合设计文件要求及产品技术文件所规定的技术性能。

2）仪表安装前的校准和试验应在室内进行。试验室应具备下列条件：

① 室内清洁、安静、光线充足，无振动，无对仪表及线路的电磁场干扰；

② 室内温度保持在10～35℃；

③ 有上下水设施。

3）仪表试验的电源电压应稳定。交流电源及60V以上的直流电源电压波动不应超过±10%。60V以下的直流电源电压波动不应超过±5%。

4）仪表试验的气源应清洁、干燥，露点比最低环境温度低10℃以上。气源压力应稳定。

5）仪表工程在系统投用前应进行回路试验。

6）仪表回路试验的电源和气源宜由正式电源和气源供给。

7）仪表校准和试验用的标准仪器仪表应具备有效的计量检定合格证书，其基本误差的绝对值不宜超过被校准仪表基本误差绝对值的1/3。

8）仪表校准和试验的条件、项目、方法应符合产品技术文件的规定和设计文件要求，并应使用制造厂已提供的专用工具和试验设备。

9）对于施工现场不具备校准条件的仪表，可对检定合格证书的有效性进行验证。

10）设计文件规定禁油和脱脂的仪表在校准和试验时，必须按其规定进行。

11）单台仪表的校准点应在仪表全量程范围内均匀选取，一般不应少于5点。回路试验时，仪表校准点不应少于3点。

2. 单台仪表的校准和试验

1）指针式显示仪表的校准和试验：

① 面板清洁，刻度和字迹清晰；

② 指针在全标度范围内移动应平稳、灵活。其示值误差、回程误差应符合仪表准确度的规定；

③ 在规定的工作条件下倾斜或轻敲表壳后，指针位移应符合仪表准确度的规定。

2）数字式显示仪表的示值应清晰、稳定，在测量范围内其示值误差应符合仪表准确度的规定。

3）指针式记录仪表的校准和试验

① 指针在全标度范围内的示值误差和回程误差应符合仪表准确度的规定；

② 记录机构的划线或打印点应清晰，打印纸移动正常；

③ 记录纸上打印的号码或颜色应与切换开关及接线端子上标示的编号一致。

4）积算仪表的准确度应符合产品技术性能要求。

5）变送器、转换器应进行输入输出特性试验和校准，其准确度应符合产品技术性能要求，输入输出信号范围和类型应与铭牌标志、设计文件要求一致，并与显示仪表配套。

6）温度检测仪表的校准试验点不应少于2点。直接显示温度计的示值误差应符合仪表准确度的规定。热电偶和热电阻可在常温下对元件进行检测，不进行热电性能试验。

7）压力、差压变送器的校准和试验除应符合本条5款要求外，还应按设计文件和使用要求进行零点、量程调整和零点迁移量调整。

8）对于流量检测仪表，应对制造厂的产品合格证和有效的检定证明进行验证。

9）浮筒式液位计可采用干校法或湿校法校准。干校挂重质量的确定，以及湿校试验介质密度的换算，均应符合产品设计使用状态的要求。

10）贮罐液位计、料面计可在安装完成后直接模拟物位进行就地校准。

11）称重仪表及其传感器可在安装完成后直接均匀加载标准重量进行就地校准。

12）测量位移、振动等机械量的仪表，可使用专用试验设备进行校准和试验。

13）分析仪表的显示仪表部分应按照本节对显示仪表的要求进行校准。其检测、传感、转换等性能的试验和校准，包括对试验用标准样品的要求，均应符合产品技术文件和设计文件的规定。

14）单元组合仪表、组装式仪表等应对各单元分别进行试验和校准，其性能要求和准确度应符合产品技术文件的规定。

15）控制仪表的显示部分应按照本节对显示仪表的要求进行校准，仪表的控制点误差，比例、积分、微分作用，信号处理及各项控制、操作性能，均应按照产品技术文件的规定和设计文件要求进行检查、试验、校准和调整，并进行有关组态模式设置和调节参数预整定。

16）控制阀和执行机构的试验应符合下列要求：

① 阀体压力试验和阀座密封试验等项目，可对制造厂出具的产品合格证明和试验报告进行验证，对事故切断阀应进行阀座密封试验，其结果应符合产品技术文件的规定；

② 膜头、缸体泄漏性试验合格，行程试验合格；

③ 事故切断阀和设计规定了全行程时间的阀门，必须进行全行程时间试验；

④ 执行机构在试验时应调整到设计文件规定的工作状态。

17）单台仪表校准和试验合格后，应及时填写校准和试验记录；仪表上应有合格标志和位号标志；仪表需加封印和漆封的部位应加封印和漆封。

3. 仪表电源设备的试验

1）电源设备的带电部分与金属外壳之间的绝缘电阻，用500V绝缘电阻表测量时不应小于5MΩ。当产品说明书另有规定时，应符合其规定。

2）电源的整流和稳压性能试验，应符合产品技术文件的规定。

3）不间断电源应进行自动切换性能试验，切换时间和切换电压值应符合产品技术文件的规定。

4. 综合控制系统的试验

1）综合控制系统应在回路试验和系统试验前对装置本身进行试验。

2）综合控制系统的试验应在系统安装完毕，供电、照明、空调等有关设施均已投入运行的条件下进行。

3）综合控制系统的硬件试验项目：

① 盘柜和仪表装置的绝缘电阻测量；

② 接地系统检查和接地电阻测量；

③ 电源设备和电源插卡各种输出电压的测量和调整；

④ 系统中全部设备和全部插卡的通电状态检查；

⑤ 系统中单独的显示、记录、控制、报警等仪表设备的单台校准和试验；

⑥ 通过直接信号显示和软件诊断程序对装置内的插卡、控制和通信设备、操作站、计算机及其外部设备等进行状态检查；

⑦ 输入、输出插卡的校准和试验。

4）综合控制系统的软件试验项目

① 系统显示、处理、操作、控制、报警、诊断、通信、冗余、打印、复制等基本功能的检查试验；

② 控制方案、控制和联锁程序的检查。

5）综合控制系统的试验可按产品的技术文件和设计文件的规定安排进行。

5. 回路试验和系统试验

1）回路试验应在系统投入运行前进行，试验前应具备下列条件：

① 回路中的仪表设备、装置和仪表线路、仪表管道安装完毕；

② 组成回路的各仪表的单台试验和校准已经完成；

③ 仪表配线和配管经检查确认正确完整，配件附件齐全；

④ 回路的电源、气源和液压源已能正常供给并符合仪表运行的要求。

2）回路试验应根据现场情况和回路的复杂程度，按回路位号和信号类型合理安排。回路试验应做好试验记录。

3）综合控制系统可先在控制室内以与就地线路相连的输入输出端为界进行回路试验，然后再与就地仪表连接进行整个回路的试验。

4）检测回路的试验

① 在检测回路的信号输入端输入模拟被测变量的标准信号，回路的显示仪表部分的示值误差，不应超过回路内各单台仪表允许基本误差平方和的平方根值。

② 温度检测回路可在检测元件的输出端向回路输入电阻值或mV值模拟信号。

③ 现场不具备模拟被测变量信号的回路，应在其可模拟输入信号的最前端输入信号进行回路试验。

5）控制回路的试验

① 控制器和执行器的作用方向应符合设计规定。

② 通过控制器或操作站的输出向执行器发送控制信号，检查执行器执行机构的全行程动作方向和位置应正确，执行器带有定位器时应同时试验。

③ 当控制器或操作站上有执行器的开度和起点、终点信号显示时，应同时进行检查和试验。

6）报警系统的试验

① 系统中有报警信号的仪表设备，如各种检测报警开关、仪表的报警输出部件和接点，应根据设计文件规定的设定值进行整定。整定值应由工艺技术人员提供。

② 在报警回路的信号发生端模拟输入信号，检查报警灯光、音响和屏幕显示应正确。报警点整定后宜在调整器件上加封记。

③ 报警的消音、复位和记录功能应正确。

7）程序控制系统和联锁系统

① 程序控制系统和联锁系统有关装置的硬件和软件功能试验已经完成，系统相关的回路试验已经完成。

② 系统中的各有关仪表和部件的动作设定值，应根据设计文件规定或工艺技术人员提供的数据进行整定。

③ 联锁点多、程序复杂的系统，可分项和分段进行试验后，再进行整体检查试验。

④ 程序控制系统的试验应按程序设计的步骤逐步检查试验，其条件判定、逻辑关系、动作时间和输出状态等均应符合设计文件规定。

⑤ 在进行系统功能试验时，可采用已试验整定合格的仪表和检测报警开关的报警输出接点直接发出模拟条件信号。

⑥ 系统试验中应与相关的专业配合，共同确认程序运行和联锁保护条件及功能的正确性，并对试验过程中相关设备和装置的运行状态及安全防护采取必要措施。

三、投入试运行

（一）自动化仪表及自动装置投入试运行的条件

1）仪表、元件、装置单体校验/检定合格；

2）系统接线已查线，接线正确牢固；

3）系统管路已核对，气密试验合格；

4）仪表、元件、装置安装质量合格；

5）系统调整试验（包括模拟试验）已进行，且符合设计要求；

6）电气系统已验收合格；

7）被控设备或系统已具备试运行条件。

（二）投入试运行的程序

投入试运行的程序可按系统车间、房号依次进行，具体程序如下：

1）温度测控系统，将每个子系统按顺序一一分别试投入后关闭，处理出现的问题；

2）压力测控系统，其他同上；

3）流量测控系统，其他同上；

4）物位测控系统，其他同上；

5）机械量测控系统，其他同上；

6）其他测控系统，其他同上；

7）相连系统按顺序分别同时投入，并调整相关量，使系统达到平衡。

8）所有测控系统同时投入，调整相关量，使系统达到平衡，试运行72h。

9）每项试投入时：先模拟，后实际；先接通仪表设备电源，后观测显示仪表；先调整变送器，后调整计算控制元件；先观测控制结果，后调整执行器；先观测、后调整，最后定值。

（三）投入试运行的方法

1. 热电偶测温线路的投入

以热电偶多点测量为例，测温线路投入步骤如下：

1）打开显示仪表上防止运输时指针摆动的短路线。

2）将切换开关切换到零位（或拆下显示仪表接线柱的任意一根导线），用螺钉旋具转动仪表前的指针定位螺钉，使仪表指示于冷端补偿温度上（此温度值标在冷端补偿器铭牌上，一般为0℃或+20℃）。

3）恢复仪表接线，投入冷端补偿器电源（测量其输入电压为直流4V）切换开关切换到任一点热电偶上，若此时热电偶的热端温度高于冷端温度，则显示仪表指示出相应的热端温度值；若此时热电偶的热端处于室温状态，冷端的温度又较补偿温度为低，则仪表指针应向减小的方向移动；反之，指针应向增大的方向移动，其减小、增大的数值应等于冷端温度与补偿温度的差值。

4）热电偶测温线路投入后的常见故障及处理

① 显示仪表无指示：对于热电偶单点测量线路，可用便携式电位差计或数字万用表按下列顺序逐段测量线路的热电势，缩小故障范围，找出故障部位，加以消除。

对于热电偶多点测量线路，应先将切换开关顺序切换一遍，若各点都无指示，则应检查显示仪表；若只有某几点不指示，则应检查切换开关是否接触不好或断线；如仍无指示，则可按上述方法检查热电偶线路的故障部位。

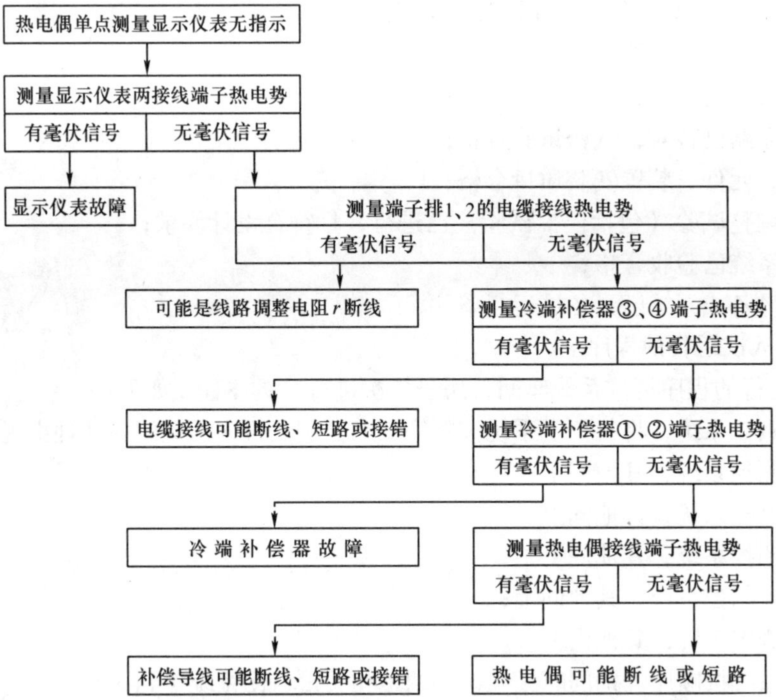

② 显示仪表指示异常：按照上述方法用便携式电位差计确定故障部分，以便修理。热电偶测温线路可能发生的仪表指示异常现象和原因分析见表13-1。

2. 热电阻测温线路的投入

以热电阻多点测量为例，测温线路投入步骤如下：

1）打开动圈仪表上防止运输时指针摆动的短路线。

2）在仪表未投入电源以前，调整好指针的零位。

3）投入仪表电源，切换开关切换到零位，仪表指示为零；逐点转动切换开关，仪表指针应指示到相应的温度值。

4）热电阻测温线路投入后的常见故障及处理：热电阻测温线路投入后发生异常时，应首先判断是显示仪表还是线路的故障。对于热电阻多点测量线路，若各测量点的现象是一样的，则可判断故障在仪表内部或在线路公用部分；若只有其中一点或数点有异常而其他测量点正常，则指示异常的测量点有故障。

表 13-1　热电偶测温线路中仪表指示异常分析

故障现象	原因分析	修理方法
指示偏低	1）热电偶变质； 2）热电偶的热接点将要断开； 3）热电偶受潮、有灰尘等原因而漏电或短路； 4）热电偶接线端子（胶木型的）因高温损坏而漏电； 5）补偿导线与热电偶的极性接反； 6）补偿导线绝缘不好或短路； 7）在冷端温度高于补偿温度的情况下，冷点补偿器电源消失； 8）在冷端温度高于补偿温度的情况下，补偿电源接反（断电后指示增大）； 9）线路调整电阻偏大； 10）切换开关接触不良，接触电阻大； 11）接线端子接触不良； 12）热电偶、补偿导线、冷端补偿器、显示仪表的分度号不符	1）更换热电偶； 2）重新焊接热接点； 3）将热电偶烘干，清理干净；若由于瓷管绝缘不良，应予更换； 4）换用瓷接线柱； 5）补偿导线在热电偶处的接线以及补偿导线在接线盒处的接线，同时改接极性； 6）将短路处重新绝缘，或换补偿导线； 7）检查后送电； 8）重新改接； 9）测量阻值后，重新配制； 10）用酒精清洗切换开关的接触铜片，调整好动触头的压紧螺钉； 11）紧固接线端子螺钉； 12）更换设备，使之型号相同
指示偏高	1）热电偶变质； 2）在冷端温度低于补偿温度情况下，冷端补偿器电源消失； 3）在冷端温度低于补偿温度情况下，冷端补偿器电源接反（断电后指示减小）； 4）线路调整电阻短路或偏小； 5）热电偶、补偿导线、冷端补偿器、显示仪表的分度号不符	1）更换热电偶； 2）检查后送电； 3）重新改接； 4）消除短路或重新配制； 5）更换设备，使之型号相同
指示摆动	1）热电偶热端已断，但有断续连接现象； 2）热电偶安装不牢固，发生摆动； 3）线路连接端子、切换开关等接触不良； 4）线路有断续短路或接地	1）重新焊接热端； 2）将热电偶安装牢固； 3）紧固各接线端子螺钉，清洗切换开关的接触铜片； 4）找出短路处或接地处
指针指向刻度终端	一般是由于冷端补偿器的直流 4V 电源串入显示仪表	立即断开电源，检查线路，清除故障点
指针反方向指示	热电偶的极性接反	在多点测量线路中，若此现象各点都出现，可将显示仪表两接线调换；若此现象只在切换开关到某一点时出现，则应将此点的补偿导线在热电偶处的接线以及补偿导线在接线盒处的接线同时改换极性

对于热电阻单点测量线路，可拆下显示仪表 1、2、3 接线端子上的导线，将 1、2 短接，2、3 接一电阻箱。改变电阻箱的电阻值时，若指示随电阻箱的变化而变化，示值与电阻值

能基本对得起来，则故障发生在线路上；否则故障在仪表本身。

热电阻测温线路可能发生的故障及原因见表13-2。

表13-2 热电阻测温线路可能发生的故障及原因

故障现象	原因分析	修理方法
仪表指示值无限大	热电阻所在桥臂上的线路断路，如热电阻、接线端子、切换开关、线路调整电阻等断路	用万用表逐段检查断路部位，修复或更换
仪表指示反向	1）热电阻桥臂上的线路短路，如热电阻接线端子等短路； 2）XCZ-102动圈指示仪接线端子“2”的线路断路； 3）XCZ-102动圈指示仪接线端子“2”与“3”接线接反； 4）三线制接线的负电源线在热电阻接线端子上的线号接错	1）用万用表逐段检查短路部位，修复或更换； 2）用万用表逐段检查断路部位，对其进行修复； 3）重新换接； 4）查对线号
指示偏高	1）热电阻桥臂上的电阻过大，如热电阻温度计电阻值、线路调整电阻、切换开关和连接导线的接触电阻等过大； 2）另一桥臂的电阻过小，如该桥臂线路调整电阻短路或过小等； 3）电源电压过高	1）用万用表逐段测量电阻值，检查故障部位，对其进行修复； 2）用万用表逐段测量该桥臂线路电阻，检查故障部位，对其进行修复； 3）用万用表测量电源电压值，调整电压至规定值
指示偏低	1）热电阻桥臂上的电阻过小，如热电阻温度计局部短路或受潮后绝缘降低，线路调整电阻短路或过小等； 2）另一桥臂的电阻过大，如该桥臂的切换开关和连接导线接触电阻、线路调整电阻过大等； 3）电源电压过低	1）用万用表逐段测量阻值，检查故障部位，对其进行修复； 2）用万用表逐段测量阻值，检查故障部位，对其进行修复； 3）用万用表测量电源电压值，调整电压至规定值
指示波动	1）热电阻保护套管内有水，引起断续短路； 2）线路连接点或供电线路上有接触不良的现象	1）将水清除，并将热电阻干燥至绝缘良好； 2）用万用表逐段测量阻值，检查故障部位后，使接点接触良好

3. 压力表的投入程序

1）开启一次阀门，使导管充满介质。

2）二次阀门为三通门时，缓缓开启排污手轮，用被测介质冲洗导管。干净后，再关闭排污手轮。

3）缓慢开启二次阀门（蒸汽或高温介质的压力表，应待导管内有凝结水或高温介质温度已降低至不烫手时，才开启二次阀门），投入仪表。

4）测量蒸汽或液体的压力表投入后，如指针指示不稳或有跳动现象，一般是导管内有空气，装有放气阀门的应进行放气。未装放气阀门的，可关闭二次阀门，将仪表接头稍稍松开，再稍稍打开二次阀门，放出管内空气。待接头有液体流出来后，再关紧二次阀门，拧紧接头，重新投入仪表。

5）多点测量的风压表投入后，应逐点检查指示是否正常。

6）真空压力表投入后，应进行严密性试验。在正常状态下，关闭一次阀门，5min 内指示值的降低不应大于3%。

4. 差压仪表的投入程序

（1）冲洗仪表导管

1）关闭差压仪表的正、负压门，打开平衡门。

2）开启排污门，缓缓打开一次阀门，冲洗导管。

3）关闭排污门。

（2）准备启动仪表

待导管冷却后，再启动仪表；若管路中装有空气门，应先开启一下空气门，排除空气后，才能启动仪表。

（3）仪表的启动

1）检查仪表平衡门是否已处在开启位置。

2）渐渐开启仪表正压门。当测量介质为蒸汽或液体时，待充满被测凝结水或液体后，松开仪表的正、负测量室的排污螺钉。待介质逸出并排净气泡后，拧紧排污螺钉，然后检查仪表各部分是否有渗漏现象，并检查仪表零点。

3）关闭平衡门，逐渐打开负压门，此时仪表应有指示。

（4）仪表投入后的检查

1）在运行过程中，如要检查导管及仪表是否工作正常，可稍开排污门。开正排污门时，仪表指示应减小；开负排污门时，仪表指示应增大。

2）在运行过程中，如要检查仪表零位，可先打开平衡门，再关负压门，从而进行观察（切勿在平衡门，正、负压门都在打开位置时，检查仪表零位）。

3）在运行过程中，如要进行排污冲洗时，必须注意先打开仪表平衡门，再关闭正、负压门，然后打开排污门，以免仪表承受过大的单向静压。

5. 补偿式平衡容器水位表的投入

水位表投入前，先关闭汽包与平衡容器相接的蒸汽管上的一次阀门，打开连接下降管的排水管的上、下两个阀门，炉水即由排水管流入平衡容器，充满正压恒位水槽。然后冲洗导管，待导管内凝结水冷却后，打开汽包与平衡容器相接的一次阀门，水位表即可投入。

6. 带隔离容器的仪表投入

带隔离容器的仪表在投入前，应先将仪表内的残余介质排除，并检查各连接接头已拧紧，再从隔离容器的上堵头处灌入隔离液。当仪表为差压表时，应同时把差压表的三个阀门全部打开，在一个隔离容器内灌注液体，并稍开差压计测量室的排污螺钉，排出空气后，再拧紧排污螺钉，继续灌注液体，直到由另一个隔离容器内溢出时为止，然后把差压表上的正、负压门同时关闭。

隔离容器灌液后，仪表即可投入运行。在运行中应检查是否有泄漏，防止隔离液漏光、腐蚀介质进入仪表。

7. 差压测量仪表校验和注意事项

1）利用节流装置测量流量时，由于被测流量是与差压的平方根成正比例关系，因此仪表的流量指示值应为差压值的方根值。表计常用的显示方法有：

① 指示式流量表的标尺采用方根刻度。

② 差压变送器输出电流（或电压）与差压值成正比例关系，欲使显示仪表的指示与变送器电流或电压亦成正比例关系，则显示仪表的流量标尺应采用方根刻度。

③ 差压变送器的输出电流与差压值成正比例关系，经电子开方器后输入给显示仪表，则显示仪表的流量标尺便采用比例刻度。

④ 差压变送器（如差动变压器式差压变送器）的输出信号与差压值成正比例关系，显示仪表（如电子差动仪）采用平方特性的凸轮作为反馈，则显示仪表的流量标尺为比例刻度。

⑤ 差压流量变送器（如DBL型）在反馈回路内接入一个平方转换器，则变送器的输出电流就和被测的流量成正比，显示仪表的流量标尺采用比例刻度。

2）利用平衡容器产生差压，测量受压容器水位时，由于差压值是随着被测水位的升高而减小的，因此仪表的水位指示值与差压值成正比例关系而方向相反。一般仪表的指针机械零位在左边，标尺刻度都是从左向右增大，不能满足上述要求。解决方法是：

① 指示式水位表的导管连接采用正接，表针机械零位仍在左边，将标尺刻度改为从左向右减小。这样，水位最低时（差压值最大）水位表指示值最小。

② 差压变送器的导管连接采用正接，其输出电流与差压值成正比例关系。将指示式显示仪表指针的机械零位改在右边，并将显示仪表与变送器输出电流的连线反接，显示仪表标尺上的指示值由左向右增大。在差压增大时（水位降低），显示仪表接收负信号，指针就由右向左向水位标尺减小的方向移动。

③ 差压变送器（如差动变压器式差压变送器）的导管连接采用正接，变送器与显示仪表（如电子差动仪）两差动变压器次级之间的连接线反接，则差压增大时显示仪表接受负信号，指针向水位刻度减小的方向移动。

④ 差压变送器（如电动单元组合仪表的差压变送器）的导管连接采用正接，显示仪表（如电子电位差计）与变送器输出电流的连线采用反接，并在显示仪表输入端接入恒流单元输出的10mA电流，使显示仪表输入为恒流单元与变送器输出的差值，如图13-1所示。在最高水位时（变送器输出电流为0mA），显示仪表接受恒流单元输出的10mA电流，指针指向右边（指示最高水位），随着水位的降低，差压值增大，变送器输出电流增大（与恒流单元的差值减小），显示仪表的指针向水位刻度减小的方向移动。

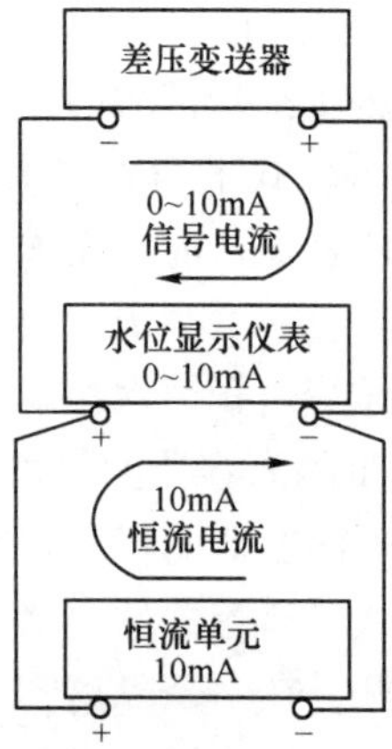

图13-1　显示仪表接入信号电流与恒流电流差值的接线图

⑤ 差压变送器（如电动单元组合仪表变送器）的导管连接采用反接（即水位测点的正压管接至变送器的负压侧；负压管接至正压侧），对变送器进行零点负迁移，使水位最低时（差压为负的最大）变送器的输出电流为零，显示仪表指针在左边（最低水位），而水位最高时，变送器输出电流为10mA，显示仪表指示最高水位。

压力测量仪表不存在上述问题，其指示值与压力值成正比例关系，因此，无论是指示式仪表或与变送器配套的显示仪表，都是均匀刻度，各校验点的示值与输入值成正比例。

8. 流量仪表的投入

1）按4. 差压仪表的投入程序对蒸汽流量、汽包水位、给水流量的取源管道进行检查和测试，管路必须畅通无阻。

2）用数字万用表测试蒸汽流量、汽包水位、给水流量三台变送器的输出（以实际量为准）。

3）用数字万用表测试比例积分调节器的输出，这时应观测伺服放大器的动作情况（先自动、后手动），并观测执行器的动作情况：

① 如果汽包水位较高，可适当调小给水流量；

② 如果蒸汽流量较大，可适当调大给水流量；

③ 同时记录反馈信号的大小，如果反馈量较小应适当调大，并观察基本平衡点的量并将其记录锁定；

④ 如果汽包水位较低，可适当调大给水流量；

⑤ 如果蒸汽流量较小，可适当调小给水流量；

⑥ 同时记录反馈信号的大小，如果反馈量较小应适当调大，并观察基本平衡点的量并将其记录锁定。

用上述方法反复测试调整，最终使系统达到平衡。也就是蒸汽流量较大时，给水流量增加，保证水位不高于上限；蒸汽流量较小时，给水流量减小，保证水位不低于下限。因为系统采用负反馈，反复耐心调整可达到基本满意结果。

流量调试投入较为烦琐，要耐心、细心，不要急于求成，调整时切记要微调。

仪表系统的投入内容很多，这里仅以常见的为例讲述，读者可在其中摸索规律和经验，其实也不难，世上无难事，只怕有心人。

最后说明两点，一是自动化仪表的类别很多，上述是以大型锅炉常用自动化仪表为例而讲述的，其他装置的自动化仪表可参照执行。二是自动化仪表单体元件校验、试验、检定详见本丛书《电气设备、元件、材料的测试及试验》分册相关内容。

第十四章　空调系统电气设备

空调系统电气设备的测试、试验、调整及试运行较为复杂，因为空调系统除自身的控制系统及电气设备外，还有空调系统自身的机械设备及装置，这与电梯、起重机械一样，必须有机械设备人员参加并确保设备安装及其调整符合标准及设计要求。

一般空调系统电气设备调整试验及试运行的条件主要是：

（1）系统机械设备给水系统安装调试完毕。

（2）电气设备及测控元件单体试验完毕，电气设备及测控元件单体测试同前，请参见本丛书《电气设备、元件、材料的测试及试验》分册。

（3）电气人员及机械设备人员密切配合。

（4）调试、试验仪器设备齐全。

空调系统调整试验及试运行基本与第十三章自动化仪表系统相同，不同的是除元件、设备可模拟试验外，系统调试时以实际送风调试，并按夏天、冬天分别调试。

这里以图 14-1 为例说明调试方法。

一、工艺流程图及设置

1. 工艺上设新风—送风管和回风—排风管，其中新风—送风管 1 中设置新风阀、空气过滤器、空气冷却器和加热器、送风机、加湿器、湿度传感器、温度传感器和热电阻。回风—排风管 2 中设置排风风阀、排风机、湿度传感器、温度传感器。新风和回风管间设回风风阀。在被调节空气的室内设湿度传感器、温度传感器和 CO_2 传感器。

2. 系统设联锁装置，并设温度调节指示仪、CO_2 调节指示仪、湿度调节指示仪、焓值调节器和最大信号选择器，其他设置与上述新风机组基本相同。

二、调节控制原理

调节控制原理可分调节自控和信号报警两个内容。

1. 调节及自动控制系统

1）系统采用 220V 交流电源，控制部分采用经 TC 变压后的交流 24V 电源。

2）调节控制系统采用串级调节，所谓串级调节就是系统采用主调节器与副调节器串接的形式，其中主调节器的输出作为副调节器副调参数的给定值，进而形成双回路闭环调节，如图 14-2 所示。系统中主调参数为回风温度和湿度，副调参数为送风温度和湿度。

3）系统设置 4 只温湿度传感器，分别去测量新风、送风、回风和被调室内的温度和湿度，被调室内还设有 CO_2 传感器，测量室内的 CO_2 浓度，并且将测量到的非电信号变为电信号。其中送风、回风和室内的信号送到温度调节器和湿度调节器中，与给定信号比较后输出连续 PI 调节信号去控制冷水、热水和蒸汽电动阀的开度，同时将信号送至新风处的焓值调节器中。焓值调节器是调节热能的，它接受温度和湿度信号，可进行 PI 调节。

4）焓值调节器一方面接受新风的温度、湿度信号，同时又接受回风和室内的温度、湿度信号，此外还接受送风被调节后的调节信号和室内 CO_2 浓度调节器的信号，根据新风和回风的焓值比较来调节新风阀、排风阀和回风阀的开度，达到经济运行的开度。

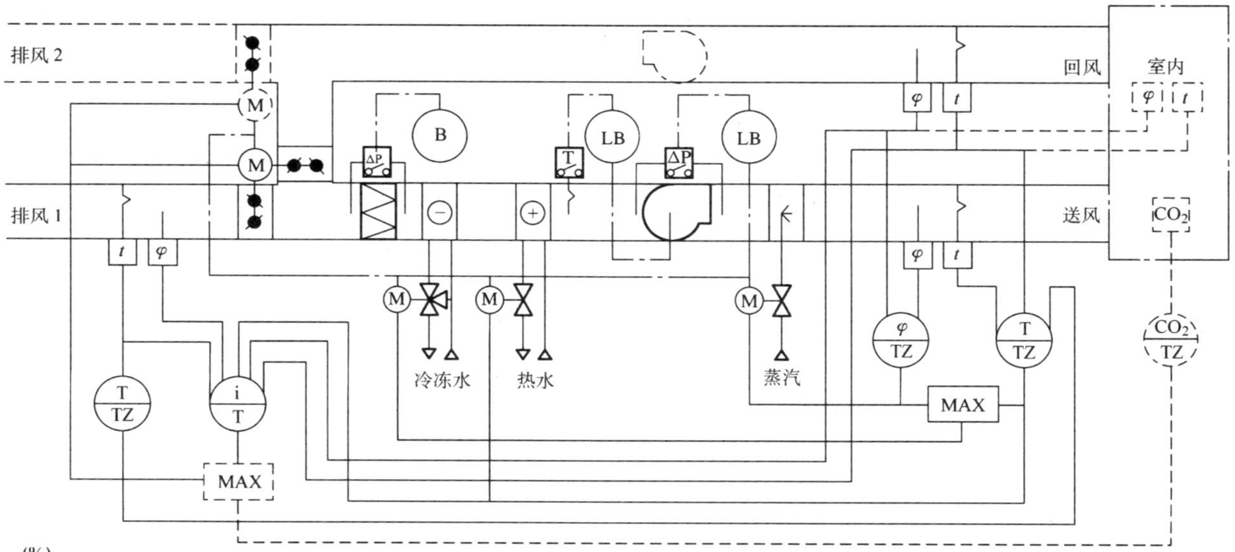

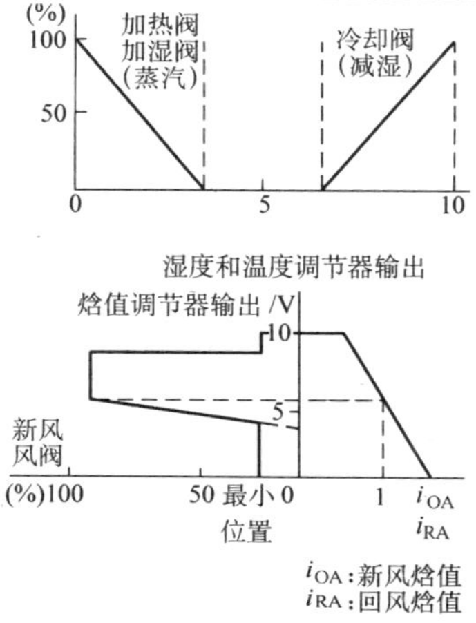

所需元件：

编号	元件名称	型号	编号	元件名称	型号
01	温湿度传感器（回风）	EKFM020/40	13	补偿调节器	ESRL11
02	温湿度传感器（送风）	EKFM020/40	14	电压给定器	ESTS
03	温湿度传感器（新风）	EKFM020/40	15	电动调节阀（加湿）	EGSVD (EPOS) (AC 24V)
04	指针式显示器（回风温度）	EAKT020/40	16	电动调节阀（加热）	EGSVD (EPOS) (AC 24V)
05	指针式显示器（送风温度）	EAKT020/40	17	电动调节阀（冷却）	EGSVD (EPOS) (AC 24V)
06	指针式显示器（新风温度）	EAKT020/40	18	电动风阀（新风）	ESM (EPOS) (AC 24V)
07	指针式显示器（回风相对湿度）	EAKE0/100	19	电动风阀（回风）	ESM (EPOS) (AC 24V)
08	指针式显示器（送风相对湿度）	EAKE0/100	20	电动风阀（排风）	ESM (EPOS) (AC 24V)
09	指针式显示器（新风相对湿度）	EAKE0/100	21	压差开关（过滤网）	CYM (AC 24V)
10	温度调节器	ESRL31	22	压差开关（风机）	CYM (AC 24V)
11	湿度调节器	ESRL31	23	温度开关（盘管防冻）	A11D-4
12	焓值调节器	ESRL51			

a)

图14-1　空气处理机组四管制送冷风和热风且加湿控制电气原理接线图

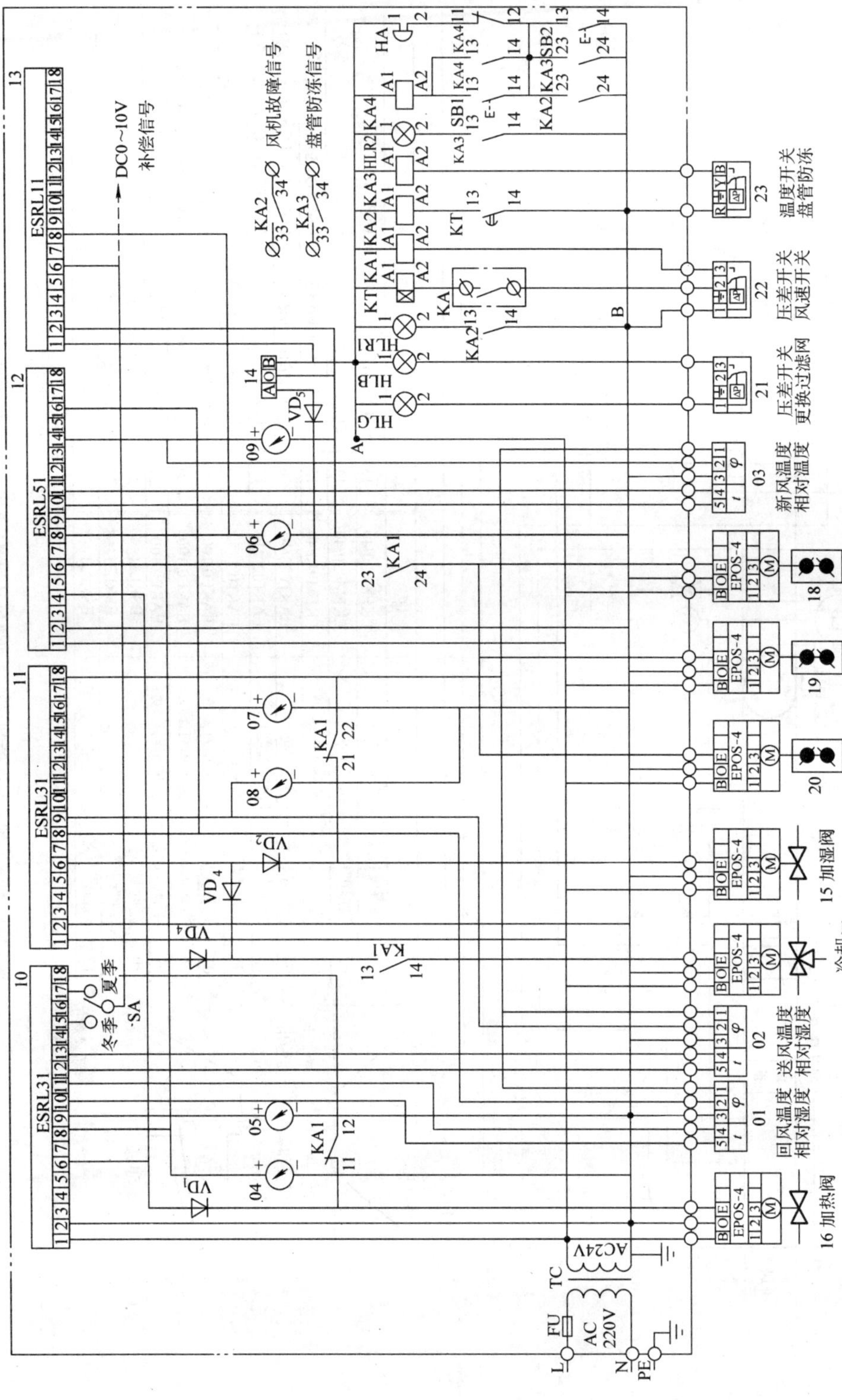

b)

图14-1 空气处理机组四管制送冷风和热风且加湿控制电气原理接线图（续）

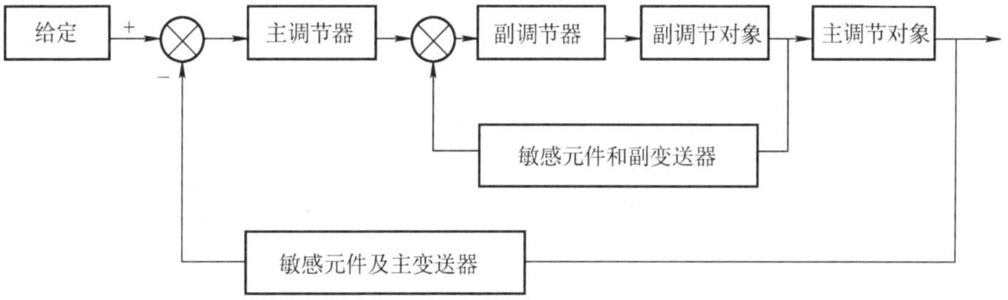

图 14-2　串级调节方框示意图

5）根据以上分析可以看出系统是通过两个调节器串联的方式进行工作的。串级温度调节器分程调节加热阀、冷却阀和控制焓值调节器，来控制回风的温度，副调送风温度，又按新风温度通过补偿调节器设定回风温度给定值。同时串级湿度调节器也是分程调节蒸汽加湿阀、冷却减湿阀来控制回风的相对湿度，副调送风湿度，其中冷却阀的控制是取之温度湿度调节器输出的最大（max）信号来自动选择调节的。焓值调节器的调节方式使两组串级调节（温度、湿度）达到配合合理，促使系统经济运行。

6）调节系统中设置了转换开关 SA，并由其决定冬季和夏季的工作方式。同时设置了 6 块针式显式仪表，显示回风、送风、新风的温度和相对湿度。

2. 信号报警系统

信号报警系统取掉了工况转换中间继电器，请读者自行分析。同时系统设置了两只温度调节指示仪、一只湿度调节指示仪、一只焓值调节仪、一只 CO_2 调节指示仪，均装在仪表柜上。

该系统可人为按最小新风需要量设置风阀的最小位置，也可选用指针式仪表显示探测部位的温度和阀位，这些应按工艺设计要求进行。

其他形式的几种空气调节机组电气控制原理与上述内容基本相同，除了工艺上的差异外，在新风调节上采用的是混风调节器，实际上是一个温差调节器 $\left(\frac{\Delta T}{T}\right)$，它只接受新风、回风的温度信号及送风温度调节器的调节信号，然后进行超驰控制来调节新风阀、回风阀和排风阀而达到经济开度。超驰控制是指某参数达到临界时，为了系统安全，执行器受此参数控制，或处于最大或处于最小位置，有时比临界值稍小一点，保证系统安全。

三、调试程序内容

1. 准备工作

2. 系统调整试验

3. 投入试运行

（1）试运行条件

（2）试运行程序

四、调试及试运行方法

1）将转换开关 SA 打到夏季/冬季。

2）开启电压变压器 TC 的电源，使所有元件接通电源，然后检查柜、箱、设备、元件、线路是否正常，并及时处理。

3）开启冷冻水泵/热水泵，并开启新风风机和排风风机，室外空气干燥时可开启蒸汽汽源，同时检查机械、电气是否正常，并及时处理。

4）微量手动开启17号电动调节阀（冷却）/16号电动调节阀（加热）及18号新风电动阀、19号回风电动阀和20号排风电动阀，同时观测06号新风温度显示器、04号回风温度显示器和05号送风温度显示器，根据下列要求进行调节：

① 室内温度较高可适当加大17号/16号以及18号、19号、20号电动阀，并记录04号、05号、06号温度显示器数值，精心掌握电动阀加大/减小量与温度的关系，最后锁定在设计温度上，然后将其打到自动调节上。

② 观测自动调节运行中的上述三表温度变化情况，若较大，则适当减少反馈量；反之加大反馈量。

③ 按上述几经调整，让温度保持在设计温度的±1℃上，试运行8h，观测其变化，否则再进行微调。

5）观测07号回风相对湿度显示器、08号送风相对湿度显示器和09号新风相对湿度显示器，其相对湿度偏低/偏高时，可适当微调11号湿度调节器，使其反馈量增大/减小，以观测结果，如有效，则可适当再度微调；如无效，则应加大/减小蒸汽的汽源，这时再度观测，然后用上述方法进行微调。

湿度调整时，上述4）的调整保持不变。

6）上述4）、5）调整基本衡定后，观测12号焓值调节器，其值较低则可微调17号/16号及15号调节阀，以观结果，有效即可再度微调；无效则应加大/减小17号/16号和15号调节阀。反复调整，并掌握其变化规律和关系，最后将其锁定在设计数值上。

7）上述调整有效即可再度精调，否则应将系统全部停止，按上述方法再度进行调整。

8）空调系统的调整是一项非常细致的工作，同时调整受到多方因素的制约和影响，一般情况下，一次、二次是难以调好的，因此，应做到以下几点：

① 细致耐心，不得急于求成；

② 调试时应由一人指挥并确定调节元件及其调节的大小，任何人不得随意调节；

③ 调试时现场最好有建设单位的各种人员进行正常的工作，但不得干预或参与调整；

④ 开启的冷冻泵/热水泵、新风机、排风机和蒸汽汽源不得随意增大/减小给出量，如需变动时，必须由指挥人发出指令；

⑤ 调试时非调试人员应退出现场；

⑥ 调试时冷冻泵、热水泵、新风机、排风机、蒸汽汽源、电源等处必须有运行值班人员，随时接受指挥人的指令，不得擅离职守；

⑦ 调试时最好昼夜不停、一气呵成，中途除不可抗力外，调试人员应坚守岗位（可轮班现场休息），确保调试一次成功。

⑧ 空调系统较大时，应编制调试方案，并组织全体调试人员充分发挥每个人的积极性，修改方案，最后组织学习，照章办事。

⑨ 调试工作最好在天气较好时进行，要避开风雪雨天气。

⑩ 其他参照电气调试和仪表调试相关内容。

9）送风机的调试与动力电路相同，详见第四章。

五、调整试验总体要求

1. 一般要求

1）系统调试所使用的测试仪器和仪表的性能应稳定可靠，其精度等级及最小分度值应能满足调试的要求，并应符合国家有关计量法规及检定规程的规定。

2）通风与空调工程的系统包括电气控制调节系统调试，应由施工单位负责和实施，并由多工种配合，监理监督。

施工单位无能力的可委托给具有调试能力的其他单位并有合同协议约束。

3）系统调试前，承包单位应编制调试方案，报送专业监理工程师审核批准；调试结束后，必须提供完整的调试资料和报告。

4）通风与空调工程系统无生产负荷的联合试运转及调试，应在制冷设备和通风与空调设备单机试运转合格后进行。空调系统带冷（热）源的正常联合试运转不应少于8h，当竣工季节与设计条件相差较大时，仅做不带冷（热）源试运转。通风、除尘系统的连续试运转不应少于2h。电气控制调节系统应先进行单体调试。

5）净化空调系统运行前应在回风、新风的吸入口处和粗、中效过滤器前设置临时用过滤器（如无纺布等），实行对系统的保护。净化空调系统的检测和调整，应在系统进行全面清扫，且已运行24h及以上达到稳定后进行。

洁净室洁净度的检测，应在空态或静态下进行或按合约规定。室内洁净度检测时，人员不宜多于3人，均必须穿与洁净室洁净度等级相适应的洁净工作服。

2. 主要项目要求

1）通风与空调工程安装完毕，必须进行系统的测定和调整（简称调试）。系统调试应包括下列项目：

① 设备单机试运转及调试；

② 系统无生产负荷下的联合试运转及调试。

2）设备单机试运转及调试应符合下列规定：

① 通风机、空调机组中的风机，叶轮旋转方向正确、运转平稳、无异常振动与声响，其电动机运行功率应符合设备技术文件的规定。在额定转速下连续运转2h后，滑动轴承外壳最高温度不得超过70℃；滚动轴承不得超过80℃；

② 水泵叶轮旋转方向正确，无异常振动和声响，紧固连接部位无松动，其电动机运行功率值符合设备技术文件的规定。水泵连续运转2h后，滑动轴承外壳最高温度不得超过70℃；滚动轴承不得超过75℃；

③ 冷却塔本体应稳固、无异常振动，其噪声应符合设备技术文件的规定。风机试运转应符合①的规定；

冷却塔风机与冷却水系统循环试运行不少于2h，运行应无异常情况；

④ 制冷机组、单元式空调机组的试运转，应符合设备技术文件和现行国家标准GB 50274—1998《制冷设备、空气分离设备安装工程施工及验收规范》的有关规定，正常运转不应少于8h；

⑤ 电控防火、防排烟风阀（口）的手动、电动操作应灵活、可靠，信号输出正确。

⑥ 电气控制自动调节系统应与设备功能配套，显示参数准确，自动调节及时有效，电气控制系统电动机运行正常，温度调节误差为±1℃，湿度调节误差为±10%，其他参数为

±15% ~20%。

3）系统无生产负荷的联合试运转及调试应符合下列规定：

① 系统总风量调试结果与设计风量的偏差不应大于10%；

② 空调冷热水、冷却水总流量测试结果与设计流量的偏差不应大于10%；

③ 舒适空调的温度、相对湿度应符合设计的要求。恒温、恒湿房间室内空气温度、相对湿度及波动范围应符合设计规定。

4）防排烟系统联合试运行与调试的结果（风量及正压），必须符合设计与消防的规定。

5）净化空调系统还应符合下列规定：

① 单向流洁净室系统的系统总风量调试结果与设计风量的允许偏差为0~20%，室内各风口风量与设计风量的允许偏差为15%。

新风量与设计新风量的允许偏差为10%。

② 单向流洁净室系统的室内截面平均风速的允许偏差为0~20%，且截面风速不均匀度不应大于0.25。

新风量和设计新风量的允许偏差为10%。

③ 相邻不同级别洁净室之间和洁净室与非洁净室之间的静压差不应小于5Pa，洁净室与室外的静压差不应小于10Pa。

④ 室内空气洁净度等级必须符合设计规定的等级或在商定验收状态下的等级要求。

高于等于5级的单向流洁净室，在门开启的状态下，测定距离门0.6m室内侧工作高度处空气的含尘浓度，亦不应超过室内洁净度等级上限的规定。

3. 一般项目要求

1）设备单机试运转及调试应符合下列规定：

① 水泵运行时不应有异常振动和声响、壳体密封处不得渗漏、紧固连接部位不应松动、轴封的温升应正常；在无特殊要求的情况下，普通填料泄漏量不应大于60mL/h，机械密封的不应大于5mL/h；

② 风机、空调机组、风冷热泵等设备运行时，产生的噪声不宜超过产品性能说明书的规定值；

③ 风机盘管机组的三速、温控开关的动作应正确，并与机组运行状态一一对应。

2）通风工程系统无生产负荷联动试运转及调试应符合下列规定：

① 系统联动试运转中，设备及主要部件的联动必须符合设计要求，动作协调、正确，无异常现象；

② 系统经过平衡调整，各风口或吸风罩的风量与设计风量的允许偏差不应大于15%；

③ 湿式除尘器的供水与排水系统运行应正常。

3）空调工程系统无生产负荷联动试运转及调试还应符合下列规定：

① 空调工程水系统应冲洗干净、不含杂物，并排除管道系统中的空气；系统连续运行应达到正常、平稳；水泵的压力和水泵电动机的电流不应出现大幅波动。系统平衡调整后，各空调机组的水流量应符合设计要求，允许偏差为20%；

② 各种自动计量检测元件和执行机构的工作应正常，满足建筑设备自动化（BA、FA等）系统对被测定参数进行检测和控制的要求；

③ 多台冷却塔并联运行时，各冷却塔的进、出水量应达到均衡一致；

④ 空调室内噪声应符合设计规定要求；

⑤ 有压差要求的房间、厅堂与其他相邻房间之间的压差，舒适性空调正压为 0～25Pa；工艺性的空调应符合设计的规定；

⑥ 有环境噪声要求的场所，制冷、空调机组应按现行国家标准 GB/T 9068—1998《采暖通风与空气调节设备噪声声功率级的测定—工程法》的规定进行测定。洁净室内的噪声应符合设计的规定；

⑦ 电气控制及自动调节系统应满足设计要求。

4）通风与空调工程的电气控制和自动监测设备，应能与系统的检测元件和执行机构正常运行，系统的状态参数应能正确显示，设备联锁、自动调节、自动保护应能正确动作。

六、常用测试方法

系统调试基本正常后应测试管道漏风及室内静压差、空气过滤器泄漏、洁净度、风量/风速、菌类、温度、相对湿度、单向流速、噪声等参数，这些测试是电工和通风工配合进行的。主要仪器仪表有：精密测压仪、微差压力计、光学粒子计数器、激光粒子计数器、凝结核计数器、热球风速仪、微生物采样皿、高精度温度计、高精度湿度计、测定架固定风速仪、倍频程分析声级计等。仪器的使用应按其使用说明书进行。测定后再对自检系统微调，以达到更高的满意度。

1. 漏风的测量试验

1）漏风量测试应采用经检验合格的专用测量仪器仪表，并由有使用经验的人员进行。

2）漏风量测试装置可采用风管式或风室式。风管式测试装置采用孔板做计量元件；风室式测试装置采用喷嘴做计量元件。

3）漏风量测试装置的风机，其风压和风量应选择分别大于被测定系统或设备的规定试验压力及最大允许漏风量的 1.2 倍。

4）漏风量测试装置试验压力的调节，可采用调整风机转速的方法，也可采用控制节流装置开度的方法。漏风量值必须在系统经调整后，保持稳压的条件下测得。

5）漏风量测试装置的压差测定应采用微压计，其最小读数分格不应大于 2.0Pa。

6）风管式漏风量测试装置：

① 风管式漏风量测试装置由风机、连接风管、测压仪器、整流栅、节流器和标准孔板等组成，如图 14-3 所示。

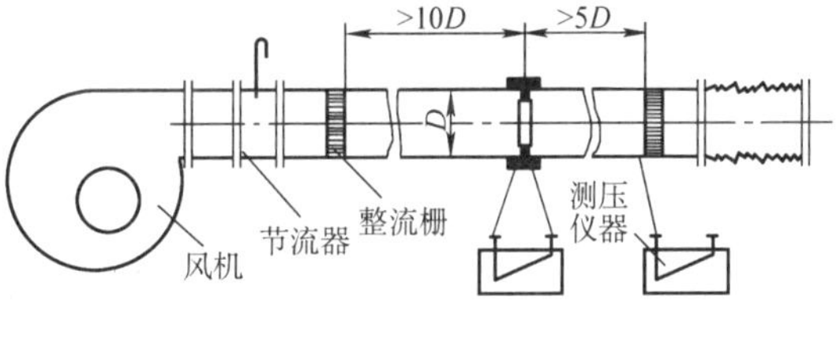

图 14-3　正压风管式漏风量测试装置

② 采用角接取压的标准孔板。孔板 β 值范围为 0.22～0.7（$\beta = d/D$）；孔板至前、后整流栅及整流栅外直管段距离，应分别符合大于 10 倍和 5 倍圆管直径 D 的规定。

③ 连接风管均为光滑圆管。孔板至上游 $2D$ 范围内其圆度允许偏差为 0.3%；下游为 2%。

④ 孔板与风管连接，其前端与管道轴线垂直度允许偏差为 1°；孔板与风管同心度允许偏差为 $0.015D$。

⑤ 在第一整流栅后，所有连接部分应该严密不漏。

⑥ 用下列公式计算漏风量：

$$Q = 3600\varepsilon\alpha A_n\sqrt{\frac{2}{\rho}\Delta P} \quad (14\text{-}1)$$

式中 Q——漏风量，单位为 m^3/h；

ε——空气流束膨胀系数；

α——孔板的流量系数；

A_n——孔板开口面积，单位为 m^2；

ρ——空气密度，单位为 kg/m^3；

ΔP——孔板差压，单位为 Pa。

⑦ 孔板的流量系数与 β 值的关系根据图 14-4 确定，其适用范围应满足下列条件，在此范围内，不计管道粗糙度对流量系数的影响。

$10^5 < Re < 2.0\times10^6$

$0.05 < \beta^2 \leqslant 0.49$

$50mm < D \leqslant 1000mm$

雷诺数小于 10^5 时，则应按相应流量测量节流装置规范求得流量系数 α。

⑧ 孔板的空气流束膨胀系数 ε 值可根据表 14-1 查得。

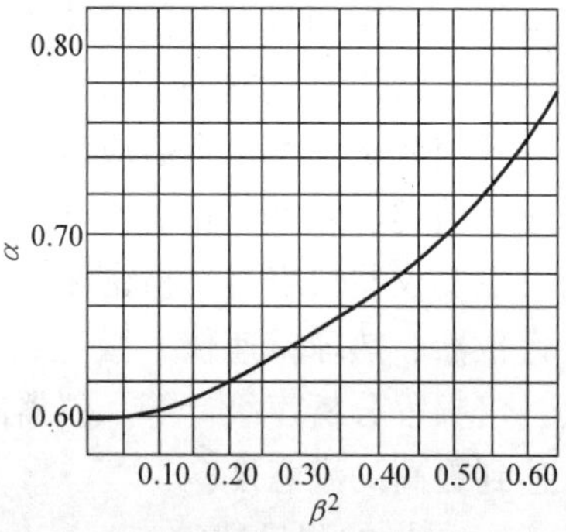

图 14-4 孔板流量系数图

表 14-1 采用角接取压标准孔板流束膨胀系数 ε 值（$k=1.4$）

β^4 \ P_2/P_1	1.0	0.98	0.96	0.94	0.92	0.90	0.85	0.80	0.75
0.08	1.0000	0.9930	0.9866	0.9803	0.9742	0.9681	0.9531	0.9381	0.9232
0.1	1.0000	0.9924	0.9854	0.9787	0.9720	0.9654	0.9491	0.9328	0.9166
0.2	1.0000	0.9918	0.9843	0.9770	0.9698	0.9627	0.9450	0.9275	0.9100
0.3	1.0000	0.9912	0.9831	0.9753	0.9676	0.9599	0.9410	0.9222	0.9034

注：1. 本表允许内插，不允许外延。

2. P_2/P_1 为孔板后与孔板前的全压值之比。

⑨ 当测试系统或设备负压条件下的漏风量时，装置连接应按图 14-5 进行。

7）风室式漏风量测试装置：

① 风室式漏风量测试装置由风机、连接风管、测压仪器、均流板、节流器、风室、隔板和喷嘴等组成，如图 14-6 所示。

② 测试装置采用标准长颈喷嘴，如图 14-7 所示。喷嘴必须按图 14-6 的要求安装在隔板上，数量可为单个或多个。两个喷嘴之间的中心距离不得小于较大喷嘴喉部直径的 3 倍；任一喷嘴中心到风室最近侧壁的距离不得小于其喷嘴喉部直径的 1.5 倍。

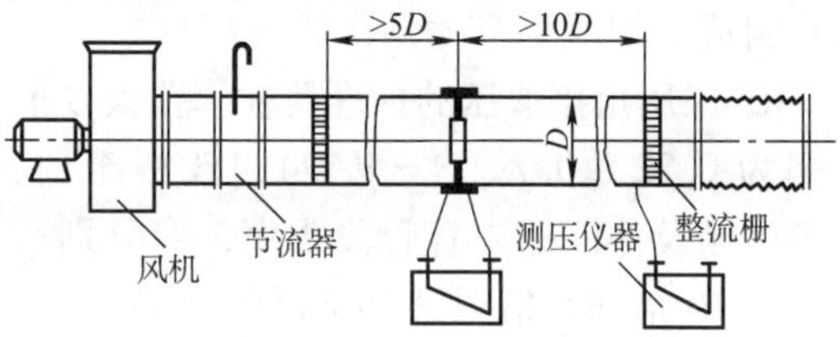

图 14-5 负压风管式漏风量测试装置

③ 风室的断面面积不应小于被测定风量按断面平均速度小于 0.75m/s 时的断面积。风室内均流板（多孔板）安装位置应按图 14-6 进行。

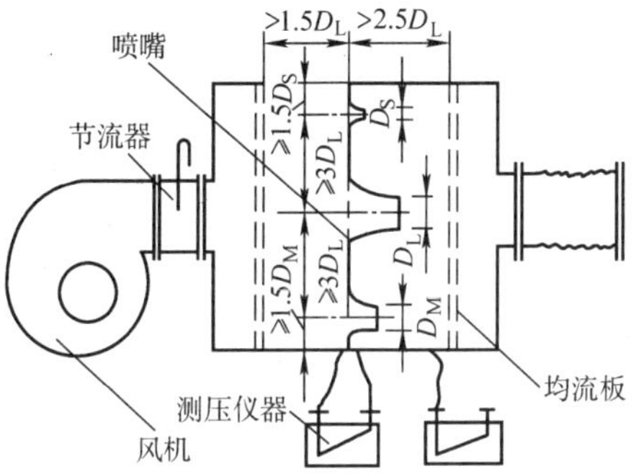

图 14-6　正压风室式漏风量测试装置

D_S—小号喷嘴直径　D_M—中号喷嘴直径　D_L—大号喷嘴直径

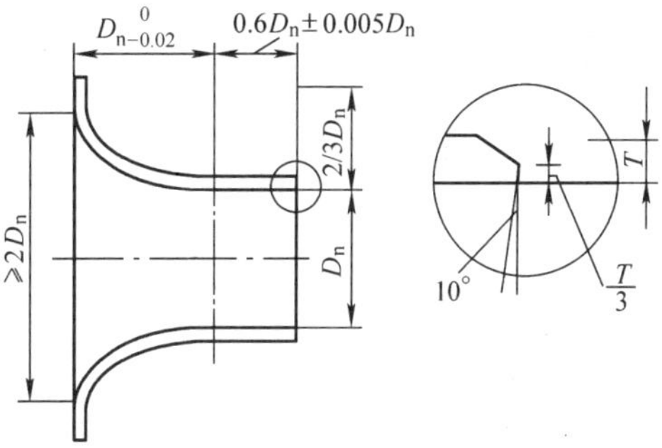

图 14-7　标准长颈喷嘴

④风室中喷嘴两端的静压取压接口，应为多个且均布于四壁。静压取压接口至喷嘴隔板的距离不得大于最小喷嘴喉部直径的 1.5 倍。然后，并联成静压环，再与测压仪器相接。

⑤采用此装置测定漏风量时，通过喷嘴喉部的流速应控制在 15～35m/s 范围内。

⑥本装置要求风室中喷嘴隔板后的所有连接部分应严密不漏。

⑦用下列公式计算单个喷嘴风量：$Q_n = 3600C_d \cdot A_d\sqrt{\frac{2}{\rho}\Delta P}$　　(14-2)

多个喷嘴风量：

$$Q = \sum Q_n \tag{14-3}$$

式中　Q_n——单个喷嘴漏风量，单位为 m^3/h；

C_d——喷嘴的流量系数（直径 127mm 以上取 0.99，小于 127mm 按表 14-2 或图 14-8 查取）；

A_d——喷嘴的喉部面积，单位为 m^2；

ΔP——喷嘴前后的静压差，单位为 Pa。

表 14-2　喷嘴流量系数表

Re	流量系数 C_d	Re	流量系数 C_d
12000	0.950	8000	0.983
16000	0.956	90000	0.984
20000	0.961	100000	0.985
30000	0.969	150000	0.989
40000	0.973	200000	0.991
50000	0.977	250000	0.993
60000	0.979	300000	0.994
70000	0.981	350000	0.994

注：不计温度系数。

⑧ 当测试系统或设备负压条件下的漏风量时，装置连接应按图 14-9 进行。

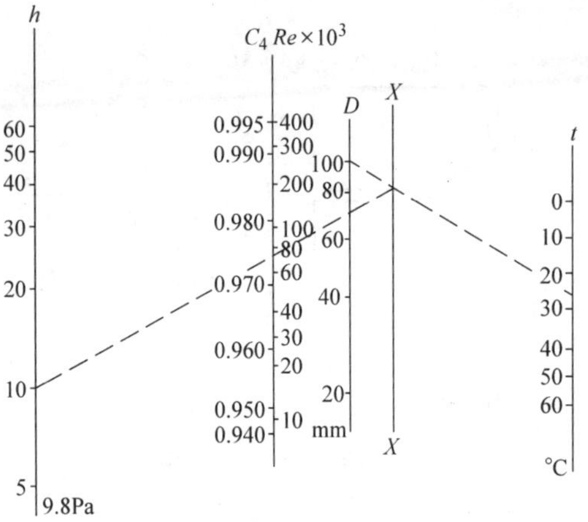

图 14-8 喷嘴流量系数推算图

注：先用直径与温度标尺在指数标尺（X）上求点，再将指数与压力标尺点相连，可求取流量系数值。

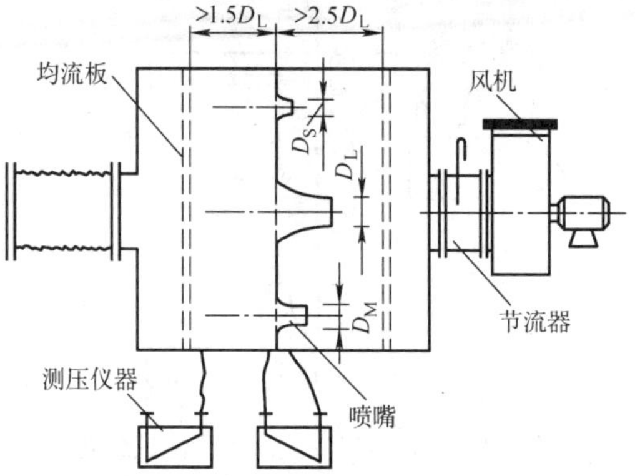

图 14-9 负压风室式漏风量测试装置

8）漏风量测试：

① 正压或负压系统风管与设备的漏风量测试，分正压试验和负压试验两类。一般可采用正压条件下的测试来检验。

② 系统漏风量测试可以整体或分段进行。测试时，被测系统的所有开口均应封闭，不应漏风。

③ 被测系统的漏风量超过设计和国家标准规范的规定时，应查出漏风部位（可用听、摸、观察、水或烟检漏），做好标记；修补完工后，重新测试，直至合格。

④ 漏风量测定值一般应为规定测试压力下的实测数值。特殊条件下，也可用相近或大于规定压力下的测试代替，其漏风量可按下式换算：

$$Q_0 = Q\ (P_0/P)^{0.65} \tag{14-4}$$

式中 P_0——规定试验压力，500Pa；

Q_0——规定试验压力下的漏风量，单位为 $m^3/(h\cdot m^2)$；

P——风管工作压力，单位为 Pa；

Q——工作压力下的漏风量，单位为 $m^3/(h\cdot m^2)$。

2. 静压差的检测

1）静压差的测定应在所有的门关闭的条件下进行，并由高压向低压、由平面布置上与外界最远的里间房间开始，依次向外测试。

2）采用的微差压力计，其灵敏度不应低于 2.0Pa。

3）有孔洞相通的不同等级相邻的洁净室，其洞口处应有合理的气流流向。洞口的平均风速大于等于 0.2m/s 时，可用热球风速仪检测。

3. 空气过滤器泄漏测试

1）高效过滤器的检漏，应使用采样速率大于 1L/min 的光学粒子计数器。D 类高效过滤器宜使用激光粒子计数器或凝结核计数器。

2）采用粒子计数器检漏高效过滤器，其上风侧应引入均匀浓度的大气尘或含其他气溶胶尘的空气。对大于等于 0. 5μm 的尘粒，浓度应大于或等于 3.5×10^5pc/m³[㊀]；或对大于或等于 0. 1μm 的尘粒，浓度应大于或等于 3.5×10^7pc/m³；若检测 D 类高效过滤器，对大于或等于 0. 1μm 的尘粒，浓度应大于或等于 3.5×10^9pc/m³。

3）高效过滤器的检测采用扫描法，即在过滤器下风侧用粒子计数器的等动力采样头，放在距离被检部位表面 20～30mm 处，以 5～20mm/s 的速度，对过滤器的表面、边框和封头胶处进行移动扫描检查。

4）泄漏率的检测应在接近设计风速的条件下进行。将受检高效过滤器下风侧测得的泄漏浓度换算成透过率，高效过滤器不得大于出厂合格透过率的 2 倍；D 类高效过滤器不得大于出厂合格透过率的 3 倍。

5）在移动扫描检测工程中，应对计数突然递增的部位进行定点检验。

4. 室内空气洁净度等级的检测

1）空气洁净度等级的检测应在设计指定的占用状态（空态、静态、动态）下进行。

2）检测仪器的选用：应使用采样速率大于 1L/min 的光学粒子计数器，在仪器选用时应考虑粒径鉴别能力、粒子浓度适用范围和计数效率。仪表应有有效的检定合格证书。

3）采样点的规定：

① 最低限度的采样点数 N_L，见表 14-3；

表 14-3　最低限度的采样点数 N_L 表

测点数 N_L	2	3	4	5	6	7	8	9	10
洁净区面积 A/m²	2. 1～6. 0	6. 1～12. 0	12. 1～20. 0	20. 1～30. 0	30. 1～42. 0	42. 1～56. 0	56. 1～72. 0	72. 1～90. 0	90. 1～110. 0

注：1. 在水平单向流时，面积 A 为与气流方向呈垂直的流动空气截面的面积。

2. 最低限度的采样点数 N_L 按公式 $N_L=A^{0.5}$ 计算（四舍五入取整数）。

② 采样点应均匀分布于整个面积内，并位于工作区的高度（距地坪 0. 8m 的水平面），或设计单位、业主特指的位置。

4）采样量的确定：

① 每次采样的最少采样量见表 14-4；

② 每个采样点的最少采样时间为 1min，采样量至少为 2L；

③ 每个洁净室（区）最少采样次数为 3 次。当洁净区仅有一个采样点时，则在该点至少采样 3 次；

④ 对预期空气洁净度等级达到 4 级或更洁净的环境，采样量很大，可采用 ISO 14644—1 规定的顺序采样法。

5）检测采样的规定：

① 采样时采样口处的气流速度，应尽可能接近室内的设计气流速度；

② 对单向流洁净室，其粒子计数器的采样管口应迎着气流方向；对于非单向流洁净室，采样管口宜向上；

③ 采样管必须干净，连接处不得有渗漏。采样管的长度应根据允许长度确定，如果无规定时，不宜大于 1. 5m；

㊀ pc 即颗粒。

表 14-4　每次采样的最少采样量 V_s(L) 表

洁净度等级	粒　径/μm					
	0.1	0.2	0.3	0.5	1.0	5.0
1	2000	8400	—	—	—	—
2	200	840	1960	5680	—	—
3	20	84	196	568	2400	—
4	2	8	20	57	240	—
5	2	2	2	6	24	680
6	2	2	2	2	2	68
7	—	—	—	2	2	7
8	—	—	—	2	2	2
9	—	—	—	2	2	2

④ 室内的测定人员必须穿洁净工作服，且不宜超过3名，并应远离或位于采样点的下风侧静止不动或微动。

6）记录数据评价。空气洁净度测试中，当全室（区）测点为2~9点时，必须计算每个采样点的平均粒子浓度 C_i 值、全部采样点的平均粒子浓度 N 及其标准差，导出95%置信上限值；采样点超过9点时，可采用算术平均值 N 作为置信上限值。

① 每个采样点的平均粒子浓度 C_i 应小于或等于洁净度等级规定的限值，见表14-5。

表 14-5　洁净度等级及悬浮粒子浓度限值

洁净度等级	大于或等于表中粒径 D 的最大浓度 C_n/(pc/m³)					
	0.1μm	0.2μm	0.3μm	0.5μm	1.0μm	5.0μm
1	10	2	—	—	—	—
2	100	24	10	4	—	—
3	1000	237	102	35	8	—
4	10000	2370	1020	352	83	—
5	100000	23700	10200	3520	832	29
6	1000000	237000	102000	35200	8320	293
7	—	—	—	352000	83200	2930
8	—	—	—	3520000	832000	29300
9	—	—	—	35200000	8320000	293000

注：1. 本表仅表示了整数值的洁净度等级（N）悬浮粒子最大浓度的限值。

2. 对于非整数洁净度等级，其对应于粒子粒径 D（μm）的最大浓度限值（C_n），应按下列公式计算求取。

$$C_n = 10^N \times \left(\frac{0.1}{D}\right)^{2.08}$$

3. 洁净度等级定级的粒径范围为0.1~5.0μm，用于定级的粒径数不应大于3个，且其粒径的顺序级差不应小于1.5倍。

② 全部采样点的平均粒子浓度 N 的 95% 置信上限值，应小于或等于洁净度等级规定的限值，即

$$(N + t \times s/\sqrt{n}) \leqslant \text{级别规定的限值}$$

式中　N——室内各测点平均含尘浓度，$N = \sum C_i / n$；

n——测点数；

s——室内各测点平均含尘浓度 N 的标准差：$s = \sqrt{\dfrac{(C_i - N)^2}{n-1}}$；

t——置信度上限为 95% 时，单侧 t 分布的系数，见表 14-6。

表 14-6　t 系数

点数	2	3	4	5	6	7 ~ 9
t	6.3	2.9	2.4	2.1	2.0	1.9

5. 风量或风速的检测

1）对于单向流洁净室，采用室截面平均风速和截面积乘积的方法确定送风量。离高效过滤器 0.3m，垂直于气流的截面作为采样测试截面，截面上测点间距不宜大于 0.6m，测点数不应少于 5 个，以所有测点风速读数的算术平均值作为平均风速。

2）对于非单向流洁净室，采用风口法或风管法确定送风量，做法如下：

① 风口法是在安装有高效过滤器的风口处，根据风口形状连接辅助风管进行测量。即用镀锌钢板或其他不产尘材料做成与风口形状及内截面相同，长度等于 2 倍风口长边长的直管段，连接于风口外部。在辅助风管出口平面上，按最少测点数不少于 6 点均匀布置，使用热球式风速仪测定各测点的风速。然后，以求取的风口截面平均风速乘以风口净截面积求取测定风量。

② 对于风口上风侧有较长的支管段，且已经或可以钻孔时，可以用风管法确定风量。测量断面应位于大于或等于局部阻力部件前 3 倍管径或长边长，局部阻力部件后 5 倍管径或长边长的部位。

对于矩形风管，是将测定截面分割成若干个相等的小截面。每个小截面尽可能接近正方形，边长不应大于 200mm，测点应位于小截面中心，但整个截面上的测点数不宜少于 3 个。

对于圆形风管，应根据管径大小，将截面划分成若干个面积相同的同心圆环，每个圆环测 4 点。根据管径确定圆环数量，不宜少于 3 个。

6. 室内浮游菌和沉降菌的检测

1）微生物检测方法有空气悬浮微生物法和沉降微生物法两种，采样后的基片（或平皿）经过恒温箱内 37℃、48h 的培养生成菌落后进行计数。使用的采样器皿和培养液必须进行消毒灭菌处理。采样点可均匀布置或取代表性地域布置。

2）悬浮微生物法应采用离心式、狭缝式和针孔式等碰击式采样器，采样时间应根据空气中微生物浓度来决定，采样点数可与测定空气洁净度测点数相同。各种采样器应按仪器说明书规定的方法使用。

沉降微生物法，应采用直径为 90mm 的培养皿，在采样点上沉降 30min 后进行采样，最少培养皿数应符合表 14-7 的规定。

表 14-7　最少培养皿数

空气洁净度级别	培养皿数
<5	44
5	14
6	5
≥7	2

3）特殊环境洁净室（包括药厂生物洁净室）室内浮游菌和沉降菌测试，也可采用按协议确定的采样方案。

4）用培养皿测定沉降菌，用碰撞式采样器或过滤采样器测定浮游菌，还应遵守以下规定：

① 采样装置采样前的准备及采样后的处理，均应在设有高效空气过滤器排风的负压实验室进行操作，该实验室的温度应为（22±2)℃；相对湿度应为50%±10%；

② 采样仪器应消毒灭菌；

③ 采样器选择应审核其精度和效率，并有合格证书；

④ 采样装置的排气不应污染洁净室；

⑤ 沉降皿个数及采样点、培养基及培养温度、培养时间应按有关规范的规定执行；

⑥ 浮游菌采样器的采样率宜大于100L/min；

⑦ 碰撞培养基的空气速度应小于20m/s。

7. 室内空气温度和相对湿度的检测

1）根据温度和相对湿度波动范围，应选择相应的具有足够精度的仪表进行测定。每次测定间隔不应大于30min。

2）室内测试点布置：

① 送回风口处；

② 恒温工作区具有代表性的地点（如沿着工艺设备周围布置或等距离布置）；

③ 没有恒温要求的洁净室中心；

④ 测点一般应布置在距外墙表面大于0.5m，离地面0.8m的同一高度上；也可以根据恒温区的大小，分别布置在离地不同高度的几个平面上。

3）测点数应符合表14-8的规定。

表 14-8　温、湿度测点数

<table>
<tr><th>波动范围</th><th>室面积≤50m²</th><th>每增加20～50m²</th></tr>
<tr><td>Δt=±0.5～±2℃</td><td rowspan="2">5个</td><td rowspan="2">增加3～5个</td></tr>
<tr><td>ΔRH=±5%～±10%</td></tr>
<tr><td>Δt≤ =0.5℃</td><td colspan="2" rowspan="2">点间距不应大于2m，
点数不应少于5个</td></tr>
<tr><td>ΔRH≤±5%</td></tr>
</table>

4）有恒温恒湿要求的洁净室。室温波动范围按各测点的各次温度中偏差控制点温度的最大值占测点总数的百分比整理成累积统计曲线。如90%以上测点偏差值在室温波动范围内，为符合设计要求。反之，为不合格。

区域温度以各测点中最低的一次测试温度为基准，各测点平均温度与超偏差值的点数占测点总数的百分比整理成累计统计曲线，90%以上测点所达到的偏差值为区域温差，应符合设计要求。相对温度波动范围可按室温波动范围的规定执行。

8. 单向流洁净室截面平均速度，速度不均匀度的检测

1）洁净室垂直单向流和非单向流应选择距墙或围护结构内表面大于0.5m，离地面高度0.5～1.5m作为工作区。水平单向流以距送风墙或围护结构内表面0.5m处的纵断面为第一工作面。

2）测定截面的测点数和测定仪器应符合“7. 室内空气温度和相对湿度的检测的3)”的要求的规定。

3）测定风速应用测定架固定风速仪，以避免人体干扰。不得不用手持风速仪测定时，手臂应伸至最长位置，尽量使人体远离测头。

4）室内气流流形的测定，宜采用发烟或悬挂丝线的方法，进行观察测量与记录。然后，标在记录的送风平面的气流流形图上。一般每台过滤器至少对应1个观察点。

风速的不均匀度β_0按下列公式计算，一般β_0值不应大于0.25。

$$\beta_0 = \frac{s}{v} \tag{14-5}$$

式中　v——各测点风速的平均值；

s——标准差。

9. 室内噪声的检测

1）测噪声仪器应采用带倍频程分析的声级计。

2）测点布置应按洁净室面积均分，每50m^{2}设一点。测点位于其中心，距地面1.1～1.5m高度处或按工艺要求设定。

第十五章　弱电系统及装置

弱电系统泛指火灾自动报警及自动消防系统、通信广播系统、电视系统、安全警务系统、楼宇自动控制系统、停车场管理系统、智能建筑和综合布线系统及微机控制管理系统。弱电系统测试、试验、调整及试运行的程序、条件、规则基本与前述电气系统相同。不同的是弱电系统传输的信号是低电压（mV 级）、小电流（mA 级）或数字信号。因此，调试使用的仪器、仪表、设备要求较为严格精密，而方法有的则与自动化仪表相同，模拟试验单体试验和直线尤为重要。而智能建筑及微机系统则与前述内容中微机在电气控制系统的应用基本相同。

一、火灾自动报警及火灾自动消防系统

该系统调试应保证系统功能的实现，主要功能有：火灾报警自检功能、消音复位功能、故障报警功能、火灾优先功能、报警记忆功能、电源自动转换和备用的自动充电功能、备用电源的欠电压和过电压报警功能。

（一）调试程序

1）查线及设备元件的检查；

2）电源系统；

3）探测器—区域报警器—集中报警器；

4）消防设备；

5）操作柜及联动系统；

6）消防电话及广播系统；

7）试运行。

（二）主要仪器及工器具

步话机、移动电话机、烟雾发生器、电炉子及点式温度计、3kV · A 调压器、拖布、手提泡沫灭火器、手提 CO_2 灭火器、电工常用仪表等。其中烟雾发生器、电炉子及点式温度计、3kV · A 调压器等模拟火灾的器具。在有条件的情况下，可购置 BHTS－1 型携带式火灾探测试验器。该仪器可产生烟、温、可燃气体三种模拟信号，并分别由烟杆或烟瓶、温杆、单点试验器组成。也可用 FJ－2706/001 型火灾探测器检验装置进行。

（三）查线及设备元件的检查

一般应由专业技术人员和安装人员每组至少三人按照图纸要求分别仔细检查各个部件、管线、箱盒、柜及各层处的消防栓按钮、管网系统压力继电器、流水指示器、泡沫干粉、卤代烷二氧化碳灭火装置、防排烟装置、防火门、卷帘门、消防电话、广播、电梯系统等有关与消防系统联动或反馈部件的安装是否符合要求，接线是否正确，不妥之处及时修复并验收合格，必要时应由消防、给水专业的人员配合。检查顺序与调试顺序相同，逐点检查。

（四）电源系统的检查

电源的检查包括交流电源、交流备用电源（第二电源或 UPS）、直流电源（包括蓄电池组）及配电装置的检查。主要内容有电压、相位、切换，详见第四章动力电路部分内容。

这里要特别提请注意的是，有的元件使用220V交流电，有的使用24V直流电，两者绝对不能混淆，必须用导线颜色或编号严格区分；再者系统若采用控制室集中供电，则应先接通控制室或集中报警器的电源，并一一插上区域报警器的熔断器，并用万用表测量有关各点（包括探测器、测量或反馈信号点）的电压，应符合要求，否则应即查明原因修复；如果电源系统集用双回路供电，而各区域单独由消防电源供电，接通总电源后则应分别测试。电源正常后即可进行以下的试验。

（五）探测器—区报器—集报器的试验

该试验应按区域报警器的控制范围为界，逐区进行，通常由首层开始，现以某层为例详细说明。

1）集中报警器，区域报警器处应有两人，各持步话机。另三人持步话机、万用表、试验装置，按房号顺序或编码地址一一进行。

2）通话后，系统接通或合上电源开关，先测量探测器端的电压，正常后把探测器拧入底座，并使其接触良好。

3）根据探测器的性质（烟、温、光、可燃气体等）准备试验器具，然后进行模拟火灾试验。

4）试验开始时，立即通知区报器和集报器，这时区报警应声光报警，并显示“火灾”部位，应与试验房号相同，并记下时间和部位；同时集报器声光报警且巡检火灾部位，片刻在“火灾”部位信号牌处光信号停留2s，同时发出变调声响，并记下火灾时间，应与试验房号相同。经电话联系后，将“火灾”去掉，报警应解除。

5）将探测器的接线断开一点或将探测器取下，这时区报器故障灯亮，并发生单音调的故障报警信号，同时集报器故障报警，按自检按钮巡检，即在故障信号牌处光信号停留2s，并发出变调声响。然后将断开点恢复或将探测器拧好，并投入“火灾”信号，自检停止，优先“火灾”巡检。

6）区报器与集报器接线正确与否的检查：将区报器通往集报器的接线拆掉一根或将两条线对倒接上，这时集报器报警，手动总检按钮，先发出置“0”信号，并将检查信号输入五进制计数电路，这时则按1～10、11～20、21～30、31～40、41～50顺序亮灯，这时该区灯不亮，说明有故障。

7）按动手动火灾报警钮，区报警和集报器应报警并显示部位。

每个房间试验时应及时清理现场，熄灭火源，杜绝事故，并专门委托一人作为监护和检查。

8）探测器的试验方法、仪器的使用方法等详见本丛书《电气设备、元件、材料的测试及试验》分册及《火灾自动报警设备的测试》的相关内容。

（六）自动消防系统的试验

1）消火栓泵的投入应先手动，后自动，并且要从现场按钮分别操作，各种信号应正确无误，试验方法及要求见第四章动力电路及低压配电室的电动机的试验运行。

2）自动喷水灭火系统：试验前应将管网及高位水箱的水加满直到高水位继电器或高压压力继电器动作为止。

在设置喷水灭火的房间里，用温杆或电炉子在喷头300mm远处升温加热，并用点式温度计测温，当升至喷头额定喷水温度时（通常有57℃、68℃、79℃、93℃等）开始喷水，这时水流继电器动作，综合操作柜报警铃响，指示灯亮，并指出报警部位。在首层试验时，喷水时间应长一些，便使加压泵自动起动。

喷头应抽检，一般为10%，各个区域试完后，应将积水清除干净，试验前应有可靠的排水或防水措施，并由给水专业配合。

水幕阻火系统与上述相同。

3）泡沫、干粉、卤代烷、CO_2 灭火系统的试验应在有关专业人员的配合下进行，控制信号正确，试验时要把灭火剂气瓶或容器的出口闸阀关闭，只试验电磁阀开闭的情况，不实际喷射。试验动作程序及方法是，用模拟火灾信号使现场安装的火灾探测器发出火灾信号给控制盘，经过确认后先发出第一次灭火的警报，这时人员可疏散，同时空调系统的阀门及百叶窗关闭；经延时后，起动装置（起动用的气瓶或容器）的电磁阀自动打开，放出起动用的灭火剂，当该灭火剂进入选择开关后打开阀门，灭火用的气瓶或容器的灭火剂被送入管道，向消防区域内喷射，同时由于压力开关的动作，发出信号使声光报警。

上述动作时消防控制中心的综合操作柜应有反馈信号，并能进行远距离操作。

4）其他自动灭火控制装置：在综合操作柜上操作事故照明、火警信号疏散指示灯、风机、防火阀、防火门、防火卷帘及电梯动作，并能切断非消防电源，且反馈指示信号正确。试验时要在现场与机房用步话机联系好，试验后应做好装置的复位及其他善后工作。

5）火灾电话广播系统的试验见前述内容。此外还要试验插孔移动电话，火警广播能切断正常广播的控制系统。

（七）电源系统的切换试验

在进行上述各项试验时，应同时进行电源系统的切换试验。一般采用将正常市电消防电源拉闸而备用电源（第二消防电源、UPS、蓄电池组）则能自动投入并不影响试验的进行，否则应进行切换时间的调整。备用直流电源应进行连续三次充放电试验，且应工作正常。

（八）系统的试运行

系统经调试进入正常后，可根据建设单位的要求进行试运行，试运行通常要连续进行120h，无故障且能正常报警工作时，才能填写调试报告。

1. 系统运行的条件

1）建设单位应有经过专门培训并经过考试合格的专门负责系统管理、操作、维修及消防的人员。

2）应有操作规程、值班员职责、值班记录及图表、技术资料等。

3）系统竣工图、接线图。

4）全员的安全、消防教育已全面进行并验收合格。

2. 防灾系统的定期检查、试验

1）每日应检查火灾报警控制器的功能并记录。

2）每季应检查试验探测器动作功能、报警器声光显示；水流指示器、压力开关报警功能、信号显示；主电源及备用电源的自动切换；直流电源充放电；自动或手动进行综合控制柜各种功能试验；消防电梯、火警通信广播试验；所有分断开关、切换开关试验、自动消防系统的检查及灭火试验。

3）系统运行两年后及以后每隔三年应全部清洗探测器一遍，并做响应阈值及其他功能试验，不合格的应进行更换。

系统在运行中有时还应不定期地进行各种功能的抽验，进而保证系统长期处于正常工作状态。只有这样才能保证在火灾发生时准确报警，自动消防，减少火灾发生，减少火灾损失。否则达不到“养兵千日，用兵一时”的效果。

二、有线电视系统

有线电视系统的调试及试收看，最主要的是测量系统各个接口部位的信号电平、查找并进行各元器件的测试。

（一）准备工作

1）由至少两人按照天体—前端—分支—用户插孔的顺序检查各个部件、电缆型号、接线是否正确，各个插孔、插头插接有无松动或接触不良、元件是否符合设计要求。检查必须耐心和细微，不漏不错。

2）检查系统受控部件如天线、电缆钢索、杆、基础及拉线等是否稳妥，有无质量问题。

3）准备测试仪器，熟悉使用方法及注意事项，并验证其准确性，对其示值或图像有怀疑或仪器超周期的应送技术监督部门校验、校准。

常用的有扫频仪、电平表或场强仪、电视信号发生器、质量尚好的电视机或高频示波器等。

4）准备步话机、手电、爬梯、安全带，冬季还要准备防寒用品及临时电源线（防水线）等。

（二）调试顺序

一般情况下，应按天线系统、前端设备、干线系统、分配系统，直到用户端进行，要防止急于求成或越级测试。

（三）调试方法

现以图 15-1 为例，说明系统调试方法。

1. 天线的调整

天线一般已在安装时调整好，现在主要是重新测试并核对电平。天线的测试通常用以下的方法：

将天线的输出 75Ω 同轴电缆直接插接在电平表或场强仪上，测量信号电平，同时适当调整天线方向或高度，观察指示有无变化，最后把方向定在最大位置上或图中标注数值上。如果调整时示值无明显变化，则说明天线组装、阻抗变换、电缆与天线的接点、电缆本身、天线放大器、滤波器等元件存在故障，应逐个检查，直到找到故障点并加以修复或调换，然后重新测试，直至合格。

2. 天线的实测

把天线馈线接在彩色电视接收机的天线插孔上，接通电源，观察每个频道的图像和伴音质量。如有重影可稍转动天线方向，直到重影消失为止，并把该频道的天线固定好。白天没有节目的频道可在夜间进行实测，但必须注意安全。

3. 前端设备的调试

1）将天线信号接入混合器，对于有源混合器，应调整输入端的电位器，使混合器输出电平差在 2dB 左右。对于无源混合器，应在强信号频道的混合器输入端加接衰减器，使混合器输出端各频道电平差控制在 ±2dB 左右。可将混合器输出端插入仪表直接读出各频道的

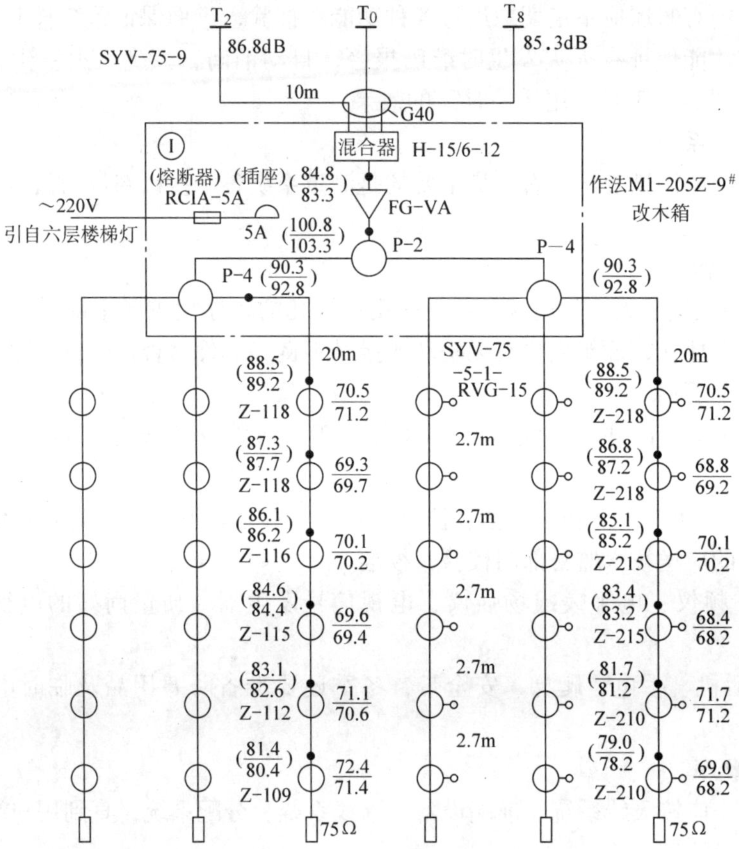

图 15-1　共用天线电视系统图

电平值，图 15-1 中的电平值为 84. 8/83. 3dB。

2）接入放大器，并直接测试输出端各频道的电平，应大于 105dB，一般不超过 110dB，图中因距离较短，控制在 100. 8/103. 3dB 上，能满足收看。然后在放大器输出端接一彩电，观察各频道收视效果和交、互干扰情况。如有交、互干扰，可适当减小放大器的输出电平，直至干扰消除，但一般不得小于 100dB，条件差时不得小于 105dB，否则说明该放大器抗干扰性能差，应更换放大器。

如果系统有闭路自办电视节目，应投入系统，逐个检查摄像机、录像机、调制器的工作情况及输出电平的大小，并用彩电收视检查效果。如有杂波等故障，应检查系统，包括主机、线路、插接、录像带等，直到效果正常。

如果系统装有卫星天线，则应按说明书进行，同时应测试各级的电平，并调节调制器的输出电平，使之与系统匹配，进入混合器时一般应保持在 85dB 左右，一般不大于 95dB。

4. 干线系统的调试

对于输送距离较长的干线应进行调试，特别是向本楼以外的单元输送信号必须进行干线的调试。

干线系统的调试首先是调整干线放大器输入端各频道的电平差；再是调整干线放大器输入端的电平，以防止信号通过干线放大器产生交、互干扰。

根据实际经验，各频道信号电平差应控制在 2 ~ 4dB 之间，同时应保证放大电路输出端的电平，使其符合设计要求，一般应在 100 ~ 110dB 之间。如果有交、互干扰，应在输入端串入衰减器。为了保证收视效果，则应在放大器输出端接一电视接收机，以观看实际效果。

5. 分配系统的调试

将前端的电源关掉，并将放大器的输入端断开，同时将电视信号发生器的输出端接在前端的分配器上，选择 U 道信号，调整输出电平与设计相符，图 15-1 中为 90. 3/92. 8dB，然后用电平表或电视机，从上至下分别在分支器和用户端进行测量和观看，其电平值应与设计相符，见图中所标注，图像应良好、无重影、无干扰（电视主要技术指标和评价标准可参见表 15-2 和表 15-3）。如果系统有断线、短路、错接、屏蔽无接地等故障，应逐级查找并修复。电平值与设计相差较大，可能是元件选择不当或元件本身有故障，应更换元件后再测；也许是电缆长度或每米衰减分贝不准，设计不当造成。若调整无效，则要改变分配方式或重新计算，而获得理想均衡的电平信号，这就是审图时进行核算的必要性。用户电平的极限值是 57/83dB，最好是保持在 70dB 左右。

调试完后即可将放大器接入前端的分配器，检查无误后即可开机工作。在用户端接入电视机观测收视效果，一般情况下应工作正常，图像清晰，信号无干扰、杂波，声音正常。如有不妥可适当变换一下电视机的位置，即可得到满意的效果。

分配系统调试应注意以下几点：

1）分配系统若有线路放大器，应先用万用表检查各分支线路有无短路或断路，再接通其电源；然后测其输出输入电平及各频道间的电平差，应符合要求。相差太大应调整放大器的增益。

2）有源分配系统有无交、互干扰决定着系统能否正常工作，可在系统输入端接入高、中、低三个频道信号，如有干扰，可调整延长放大器的输入衰减或前端放大器的输出电平。如不能消除，应调换放大器。

（四）常见故障及处理方法

1. 常见故障

1）电视屏幕出现雪花，无法收看，这是由于接收到的信号电平低，干扰信号相对突出引起的。

2）重影是由于系统某一部位发生短路或开路等故障造成的反射，也可能是系统外部高大建筑物使接收到的信号有较强的反射波的成分，也可能是电视台附近有较强的直射波造成。

3）除接收本频道的图像外，屏幕同时出现另一频道的图像，情况不严重时只出现一个慢慢移动的黑色竖直道。这是由于线路放大器中干扰频道信号的输出电平太高，超过其最大输出电平所致。

4）当引入电视机天线插孔的平行馈线或同轴电缆有一接线端断开时，电视图像基本正常，而将线接好时，则有严重雪花干扰，这是由于系统部件本身或接线端的短路造成的。接一根导线相当于加长了天线，亦可正常收视；由于部件短路接两根线相当于将电视机天线插孔短路，因此无法收看。

5）电视接收机只能收到部分频道的节目，这是由于前端故障所致。

2. 处理方法

系统有故障时，首先要确定电视台、录像系统有无故障，有无电气或磁场干扰，电视接收机有无故障等。然后再看故障的范围，是个别单一用户或部分用户，还是竖向干线上所有用户，还是系统所有用户。必须仔细查找，反复测试或收看，才能有的放矢地处理，使之正常。

1）个别用户收视不好，则是连接这台接收机的天线馈线或该线两端的插接件有故障或松动，也许是与之相连的分支器或分配器有故障，也可能是这台接收机有故障，可更换元件重新插接收看。也可用仪器测试各插接件的电平，找出故障。

2）某竖向干线单元内所有用户收视不好，则为该干线分配器、电缆插接或分配器本身故障，可调换同型号分配器试看，同样可测试各插接件的电平，找出故障。

3）系统所有用户收看所有频道效果不好，则是混合器电路焊点虚脱、元件损坏、干线短路或开路，或放大器故障，可将前端以后全部摘开，一一查找。

4）系统收视效果不好的只是某一或两个频道，则说明该频道天线损坏或方向变动，或天线馈线开路或短路、脱焊或螺钉松动；或混合器中有关元件脱焊开路或损坏，插头接触不良、电缆短路；或频道放大器、UV 变换器发生故障等。

上述故障检查时，不要将仪器或电视机并接在系统中观测，要将被测点后面部分甩掉，直接在该点测量，以保证系统的匹配。这样可缩小故障范围，很容易找到故障点。

5）重影的消除：

① 调节天线方向或选用方向性强的天线，如反射波来自和电视台相反的方向，应选择前后比大的天线；

② 采用差值天线或其他抗干扰天线；

③ 合理选择传输电缆的长度，重新计算，使系统内匹配；

④ 适当提高用户接收电平，使之达到 80～85dB；

⑤ 在室内改变电视机的位置或高低，观察其效果，以最好为准；

⑥ 增设频道转换器，在天线后将电视频道转换到另一空闲频道上，通过高频头的选择，将干扰波隔断，并将转换器屏蔽起来；

⑦ 将接收机屏蔽起来，并选用屏蔽性能好的电缆、分支器和分配器为用户提供信号。

现将常见故障检查及处理方法列于表 15-1 中，供参考。

表 15-1　常见故障检查及处理方法

现象症状	判断故障点	检查办法和地点
无信号	前端的电源失效	现场检查电源电压 220V
	前端设备失效	测量输入信号有无
	天线系统故障	检查短路和开路传输线，插头变换器，检查天线放大器电源（18V 或 220V）
	线路放大器的电源失效	检查输入插头是否开路和电源 DC21～18V，总电源 220V 从头测量每只放大器的输出信号和稳压电源是否工作正常
	干线电缆故障	同上，前端至各级放大器间电缆是否开路或断路，包括各种插头

（续）

现象症状	判断故障点	检查办法和地点
信号微弱，所有信号均有雪花	分支器短路	断开分支器测量分支信号。若信号电平正常，可能为馈线和引下线短路
	前端设备故障	
	天线系统故障	同前（天线系统故障），也检查天线放大器
	线路放大器故障	同前（线路放大器）
	干线故障	同前（干线电缆故障），检查电缆和线路放大器电平是否过低
	分支器故障	同前（分支器短路），除了电缆损坏外，到放大器距离间可能短路
只有一个频道的信号	前端设备故障	测量这段频道放大器的输出
	天线系统故障	同前（天线系统故障），若为频道天线，则检查出现故障单频道信号的天线
	广播中止	通过电话询问，或在前端用电视机接收判断
一个或多个频道信号微弱，其余正常	线路、放大器故障或需要调节	同前（广播中止），检查频响曲线
重影（在所有引入线处）	天线引出故障	用便携式电视机，检查天线系统质量，检查图像质量
	干线故障	同前（干线故障），除采用便携式电视机观看图像外，隔断故障电缆部分
	线路放大器故障	同前（干线故障），判断是否由放大器发生故障
重影（同一分配电缆传送到所有引下线）	桥接放大器故障	在桥接输出外，用便携式电视机检查图像质量
	分配或馈线电缆故障	同前（桥接放大器故障），若图像质量好应分析重影属于什么原因
	电缆终端故障	断开终端电阻，用便携式电视机检查图像质量，若好更换终端电阻
	分支处故障	从线路每一端入手，一次一个，用电话联系，同时看便携式电视机图像质量
其图像失真	信号电平超出	测量线路放大器和用户分支器的信号电平
来自 CB 通信站的干扰干扰所有用户	前端有谐波和寄生参量的接收	在前端用可调接收机检查是否落在有干扰电视机频道上，在天线和天线传输线终端接滤波器或安装高通滤波器、开路线和短路线
同上，但仅在一个或多个用户出现	由于用户接收机对谐波和寄生参量的接收	在电视机天线终端接高通滤波器
在同一频道同时收到两个电视频道（经常）	来自远地站的跳跃传输	采用抗同频干扰天线来消除

三、闭路电视保安监控系统

（一）系统元器件检查及线路检查

1. 系统元器件有无国家或行业主管部门授权的认证机构或检测机构的认证证书，有无检测报告或试验报告等技术元件。

2. 电缆、光缆及布线、接线应正确可靠。

3. 探测器、摄像机、云台、控制器、对讲设备安装部位有无干扰或不妥。

4. 探测器、控制器、执行器、传感器等部件电气性能、功能自检模拟试验报告，自检及模拟试验是否采用逐点测试的形式进行。必要时要对其再次进行模拟试验测取实际结果。

5. 控制室、监控室、控制柜、箱、台的检查，接线正确，模拟试验报告可行。

（二）调整试验

1. 系统检测

（1）检测内容

1）系统功能检测：云台转动，镜头、光圈的调节，调焦、变倍，图像切换，防护罩功能的检测。

2）图像质量检测：在摄像机的标准照度下进行图像的清晰度及抗干扰能力的检测。

检测方法：按表15-2和表15-3的规定对图像质量进行主观评价，主观评价不应低于4分；抗干扰能力按相关安防视频监控系统技术要求进行检测。

3）系统整体功能检测：功能检测应包括视频安防监控系统的监控范围、现场设备的接入率及完好率；矩阵监控主机的切换、控制、编程、巡检、记录等功能。

对数字视频录像式监控系统还应检查主机死机记录、图像显示和记录速度、图像质量、对前端设备的控制功能以及通信接口功能、远端联网功能等。

对数字硬盘录像监控系统除检测其记录速度外，还应检测记录的检索、回放等功能。

4）系统联动功能检测：联动功能检测应包括与出入口管理系统、入侵报警系统、巡更管理系统、停车场（库）管理系统等的联动控制功能。

5）视频安防监控系统的图像记录保存时间应满足管理要求。

（2）摄像机抽检的数量应不低于20%且不少于3台，摄像机数量少于3台时应全部检测；被抽检设备的合格率100%时为合格；系统功能和联动功能全部检测，功能符合设计要求时为合格，合格率100%时为系统功能检测合格。

监控电视技术指标、图像评价标准见表15-2和表15-3。

表15-2　监控电视主要技术指标

序号	项目名称	测试频道	主观评测标准
1	系统输出电平（dBμV）	系统内的所有频道	60～80
2	系统载噪比	系统总频道的10%且不少于5个，不足5个全检，且分布于整个工作频段的高、中、低段	无噪波，即无“雪花干扰”
3	载波互调比	系统总频道的10%且不少于5个，不足5个全检，且分布于整个工作频段的高、中、低段	图像中无垂直、倾斜或水平条纹

（续）

序号	项目名称	测试频道	主观评测标准
4	交扰调制比	系统总频道的10%且不少于5个，不足5个全检，且分布于整个工作频段的高、中、低段	图像中无移动、垂直或斜图案，即无“窜台”
5	回波值	系统总频道的10%且不少于5个，不足5个全检，且分布于整个工作频段的高、中、低段	图像中无沿水平方向分布在右边一条或多条轮廓线，即无“重影”
6	色/亮度时延差	系统总频道的10%且不少于5个，不足5个全检，且分布于整个工作频段的高、中、低段	图像中色、亮信息对齐，即无“彩色鬼影”
7	载波交流声	系统总频道的10%且不少于5个，不足5个全检，且分布于整个工作频段的高、中、低段	图像中无上下移动的水平条纹，即无“滚道”现象
8	伴音和调频广播的声音	系统总频道的10%且不少于5个，不足5个全检，且分布于整个工作频段的高、中、低段	无背景噪声，如丝丝声、哼声、蜂鸣声和串音等

表15-3　图像的主观评价标准

等级	图像质量损伤程度
5分	图像上不觉察有损伤或干扰存在
4分	图像上有稍可觉察的损伤或干扰，但不令人讨厌
3分	图像上有明显觉察的损伤或干扰，令人讨厌
2分	图像上损伤或干扰较严重，令人相当讨厌
1分	图像上损伤或干扰极严重，不能观看

2. 系统调试

（1）调试程序　设备调试（或自检）、分系统调试、系统联调。

（2）调试常用设备仪器　万用表、场强仪（用于射频传输系统）、示波器、逻辑笔、小型监视器（用于室外分系统或摄像机的测试）和彩色信号发生器（或方格机）。

（3）调试专用设备　噪声测量仪（用于系统信噪比的测量）、波形监视器（用于系统中心的测试、图像等级评估等）、扫频仪（用于频带宽度的测量）、光纤传输用的专用测试仪等。

（4）单项设备的调试　摄像机电气性能的调试，如电子快门、逆光处理、γ校正、增益控制、ABL调整等。配合镜头的调整，包括后截距的调整；终端解码器的自检；云台转角限位的测定和调试；放大器的调试；视频放大器或射频放大器以及其他一些能独立进行调试的设备、部件的调试或测试。单项设备调试一般应在设备安装前进行，以保证系统调试方便进行。

（5）分系统的调试　一个是按其功能或作用划分；另一个是按所在部位或区域划分。分系统的调试主要是传输系统，特别是摄像机路数多、传输距离远的系统。每条线路要分别一一进行通、断、短路测试并做出标记。传输系统在调试中要在传输线上接入“纵向扼流圈”以较好地消除噪声干扰；阻抗不匹配时，会产生高频振荡而严重影响图像质量，应在末端接入线性电阻75Ω时消除。

（6）系统调试 系统联调主要环节是供电电源的正确性（不能短路、断路，供电电压要符合设备的要求），其次就是信号线路的连接正确性、极性的正确性、对应关系的正确性（例如输入、输出的对应关系）。

系统联调顺序：首先开通系统电源，然后依次开通电源控制箱上各分电源开关，使系统进入工作状态。

通过控制主机或控制台选定1#监视器、1#摄像机，在1#监视器上观看到1#摄像机图像。操作控制台显示2#摄像机图像，……，依此类推，可把全部摄像机图像浏览一遍，即先支路、后分别，最后总路，与变配电调试程序相同。

从1#摄像机开始，逐台进行摄像机上下左右角度、镜头聚焦和光圈的仔细调整，直到图像清晰，数据精确为止。

（7）注意事项：

1）聚焦时应取下镜头盖，放松定距环固定螺钉；再观察监视器荧光屏，转动定距环直到目的物影像清晰为止；最后，旋紧定距环螺钉，以防止因振动使得定距环转动。

2）敏感度调整已在出厂前预先设定，一般使用时不需进行调整。若画面过暗或过亮，则可用螺钉旋具转动敏感度控制器，使画面达到理想。

3）镜头焦点调整时，可装一个ND滤光片，打开光圈，然后再调整焦点。有时调整透镜仍不能聚焦时，则必须调整摄像机背焦。将镜头装在背焦调整环内，使背焦调整环螺钉放松，然后依反时针方向慢慢转动镜头，将镜头聚焦并旋紧螺钉。

4）调整时，前端设备处人员应与监控室人员及时进行通信联系，以获得最佳的图像质量信号。

5）带云台和变焦镜头的摄像机，要摇动操作杆，使云台按此对应地转动，再按控制台上的ZOOM、FOCUS、IRIS键分别调节镜头的焦距、聚焦和光圈。

按上述操作步骤，将某摄像机图像显示在其余的各监视器上，检查各监视器的工作是否正常。按操作说明书规定，要将全部摄像机分组显示在所有监视器上，可按自动切换操作键，按下停止操作键，图像停止切换。录像机检查，先自动倒带后自动录像，操作多画面处理器或控制台，按录像机的放像键，实现录像带的重放。

调整时不要急于求成，要从单体元件、设备一一调整开始，直到最后成功。

四、保安系统总体调整试验及试运行

保安系统总体调整试验与动力变配电基本相同，这里列出程序要点和注意事项，具体参见三、闭路电视保安监控系统。保安监控系统包括的子系统较多，如可视对讲、电门锁系统、闭路电视保安系统、防盗报警系统、出入监控系统、电子巡更系统、停车场管理系统、保安集中监控系统等，前述讲了一例。

（一）**各子系统**

1）元件、设备的检测试验；

2）查线及接线正确可靠；

3）子系统接地良好；

4）通电试验正常；

5）与集中控制接口电路或元件的信号应统一，接口电路正确，线路正确。

（二）系统调整试验

1）各子系统按顺序将信号传入控制中心，查显示、记录、打印情况，应正确正常。

2）每个子系统运行后将信号传入控制中心，显示、记录、打印、切换等情况应正常。

3）试运行 72h 后仍应正常。

（三）试运行后应做到以下 8 点

1）记录所有的数据和运行情况；

2）随时监控各子系统的运行情况；

3）用电话与子系统通话，了解其运行情况；

4）出现故障后应及时排除；

5）将系统记录与子系统记录对照，查有无不妥；

6）检查所有设备、元件运行情况有无不妥，及时修复；

7）每天跟踪设备的运行情况，并做详细记录，为交验做好准备；

8）运行时要注意电源的运行情况等。

（四）系统检测

1. 安全防范系统的系统控制

安全防范系统的系统检测应由国家或行业授权的检测机构进行检测，并出具检测报告，检测内容、合格判据应执行国家公共安全行业的相关标准。

2. 安全防范系统检测

安全防范系统检测应依据工程合同技术文件、施工图设计文件、工程设计变更说明和洽商记录、产品的技术文件进行。

3. 安全防范系统进行系统检测时应提供的内容

1）设备材料进场检验记录；

2）隐蔽工程和过程检查验收记录；

3）工程安装质量和观感质量验收记录；

4）设备及系统自检测记录；

5）系统试运行记录。

4. 安全防范系统综合防范功能检测应包括的内容

1）防范范围、重点防范部位和要害部门的设防情况、防范功能，以及安防设备的运行是否达到设计要求，有无防范盲区；

2）各种防范子系统之间的联动是否达到设计要求；

3）监控中心系统记录（包括监控的图像记录和报警记录）的质量和保存时间是否达到设计要求；

4）安全防范系统与其他系统进行系统集成时，应按规范规定检查系统的接口、通信功能和传输的信息等是否达到设计要求。

5. 安全防范综合管理系统的检测

综合管理系统完成安全防范系统中央监控室对各子系统的监控功能，具体内容按工程设计文件要求确定。

(1) 检测内容

1) 各子系统的数据通信接口：各子系统与综合管理系统以数据通信方式连接时，应能在综合管理监控站上观测到子系统的工作状态和报警信息，并和实际状态核实，确保准确性和实时性；对具有控制功能的子系统，应检测从综合管理监控站发送命令时子系统响应的情况；

2) 综合管理系统监控站：对综合管理系统监控站的软、硬件功能的检测包括：

① 检测子系统监控站与综合管理系统监控站对系统状态和报警信息记录的一致性；

② 综合管理系统监控站对各类报警信息的显示、记录、统计等功能；

③ 综合管理系统监控站的数据报表打印、报警打印功能；

④ 综合管理系统监控站操作的方便性，人机界面应友好、汉化、图形化。

(2) 综合管理系统功能 应全部检测，功能符合设计要求为合格，合格率为100%时为系统功能检测合格。

五、综合布线系统

1. 系统电气测试要求

(1) 电缆、光缆性能测试且接线正确无误。

(2) 电气性能测试仪应满足表15-4的要求。

表15-4 测试仪精度最低性能要求

序号	性能参数	1~100/MHz	序号	性能参数	1~100/MHz
1	随机噪声最低值	65-15 (f/100) dB	5	动态精确度	±0.75dB
2	剩余近端串音 (NEXT)	55-15 (f/100) dB	6	长度精确度	±(1±4%)m
3	平衡输出信号	37-15 (f/100) dB	7	回损	15dB
4	共模抑制	37-15 (f/100) dB			

注：动态精确度适用于从0dB基准值至优于NEXT极限值10dB的一个带宽，按60dB限制。

(3) 现场测试仪应能测试3类、5类对绞电缆及光缆。

(4) 测试仪表应有输出端口，将测试数据输入至计算机和打印机，进行维护和文档管理。

(5) 电缆、光缆测试仪表应有合格证书及计量检定证书。

2. 现场测试仪应能对屏蔽电缆屏蔽层两端作导通测试

总屏蔽的直流电阻应小于下列公式的计算值：

$$R(D)=\frac{62.5}{D}$$

式中 $R(D)$——总屏蔽电阻，单位为Ω/km；

D——总屏蔽外径，单位为mm。

100m以内大对数主干电缆及所连接的配线模块可按布线系统的类别进行长度、接线图、衰减的测试，对于5类大对数电缆布线系统应测试近端串音，测试结果不得低于5类4对对绞电缆布线系统所规定的数值。

综合布线系统工程电缆电气性能测试记录表中四项内容测试不合格产生的原因见表15-5。

表 15-5　测试项目不合格产生的原因

测量结果	可能产生的原因
近端串音（NEXT）不合格	电缆与接插件卡接不良 电缆线对扭绞不良 外部噪声源影响 接插件性能不良或没有达到 5 类产品技术指标
衰减不合格	布线系统水平电缆超过规定长度 现场高温影响 电缆与接插件卡接不良 接插件性能不良或没达到 5 类产品技术指标
布线图不合格	线对交叉 终接处线对非扭绞长度超过要求 线对串接 终接处及芯线断线 终接处及芯线短路
长度不合格	测试仪表传播时延（NVP）调整不准确 布线系统电缆超过规定长度 电缆断线 电缆短路

对于光缆链路的测试，首选在两端对光纤进行测试的连接方式，如果按两根光纤进行环回测试时，对于所测得的指标应换算成单根光纤链路的指标来验收。

3. 综合布线系统工程电气测试方法及测试内容

（1）测试连接

1）基本链路连接如图 15-2 所示。

2）信道连接如图 15-3 所示。

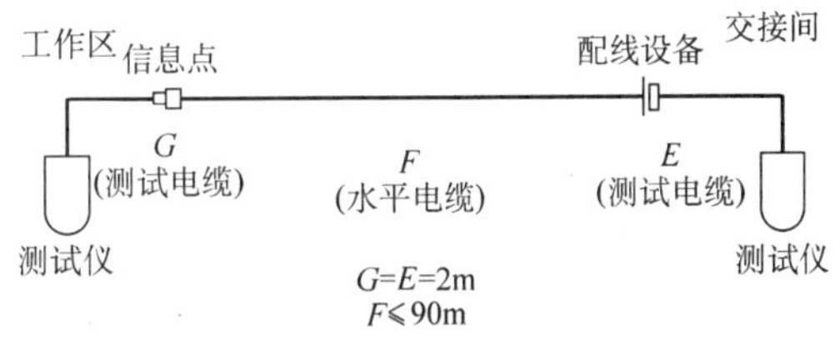

图 15-2　基本链路测试连接

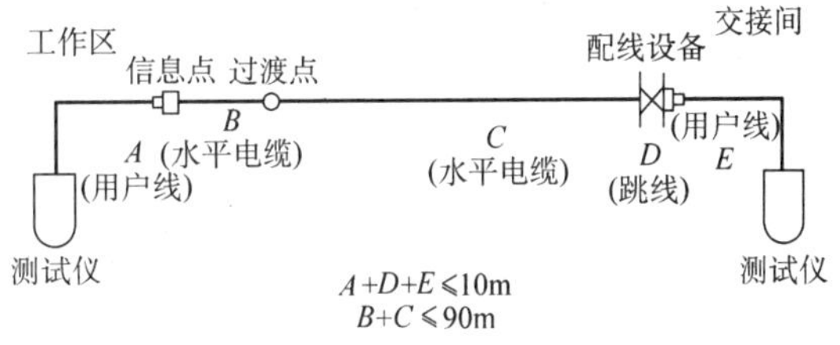

图 15-3　信道测试连接

（2）测试包括以下内容

1）接线图的测试，主要测试水平电缆终接工作区 8 位模块式通用插座及交接间配线设备接插件接线端子间的安装连接正确或错误，具体如图 15-4 所示。

2）测试长度应在测试连接图所要求的范围之内。

3）在选定的某一频率上信道和基本链路衰减量应符合表 15-6 和表 15-7 的要求，信道的衰减包括 10m（跳线、设备连接线之和）及各电缆段、接插件的衰减量的总和。

4）近端串音是对绞电缆内两条线对间信号的感应。对近端串音的测试，必须对每对线在两端进行测量。某一频率上，线对间近端串音应符合表 15-8 和表 15-9 的要求。

（3）所有测试结果　应有记录，并纳入文档管理。

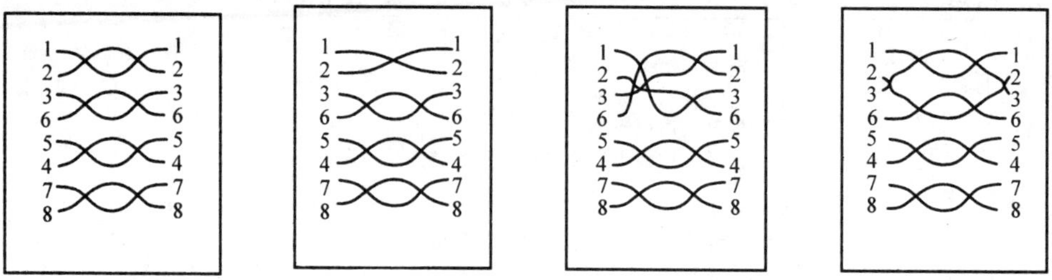

a) 正确线路　　b) 反向线对　　c) 交叉线对　　d) 串对

图 15-4　接线图

表 15-6　信道衰减量

频率/MHz	3类/dB	5类/dB
1.00	4.2	2.5
4.00	7.3	4.5
8.00	10.2	6.3
10.00	11.5	7.0
16.00	14.9	9.2
20.00	—	10.3
25.00	—	11.4
31.25	—	12.8
62.50	—	18.5
100.00	—	24.0

注：总长度在100m以内。

表 15-7　基本链路衰减量

频率/MHz	3类/dB	5类/dB
1.00	3.2	2.1
4.00	6.1	4.0
8.00	8.8	5.7
10.00	10.0	6.3
16.00	13.2	8.2
20.00	—	9.2
25.00	—	10.3
31.25	—	11.5
62.50	—	16.7
100.00	—	21.6

注：1. 总长度在94m以内。

2. 以上测试是以20℃为准，对3类对绞电缆，每增加1℃则衰减量增加1.5%，对5类对绞电缆，则每增加1℃会有0.4%的变化。

表 15-8　信道近端串音（最差线间）

频率/MHz	3类/dB	5类/dB
1.00	39.1	60.0
4.00	29.3	50.6
8.00	24.3	45.6
10.00	22.7	44.0
16.00	19.3	40.6
20.00	—	39.0
25.00	—	37.4
31.25	—	35.7
62.50	—	30.6
100.00	—	27.1

注：最差值限于60dB。

表 15-9　基本链路近端串音（最差线间）

频率/MHz	3类/dB	5类/dB
1.00	40.1	60.0
4.00	30.7	51.8
8.00	25.9	47.1
10.00	24.3	45.5
16.00	21.0	42.3
20.00	—	40.7
25.00	—	39.1
31.25	—	37.6
62.50	—	32.7
100.00	—	29.3

注：最差值限于60dB。

4. 光纤链路测试方法

1）测试前应对所有的光连接器进行清洗，并将测试接收器校准至零位。

2）测试包括以下内容：

① 对整个光纤链路（包括光纤和连接器）的衰减进行测试；

② 光纤链路的反射测量以确定链路长度及故障点位置。

3）测试按下图进行连接。

① 在两端对光纤逐根进行测试，连接方式如图 15-5 所示。

② 在一端对 2 根光纤进行环回测试，连接方式如图 15-6 所示。

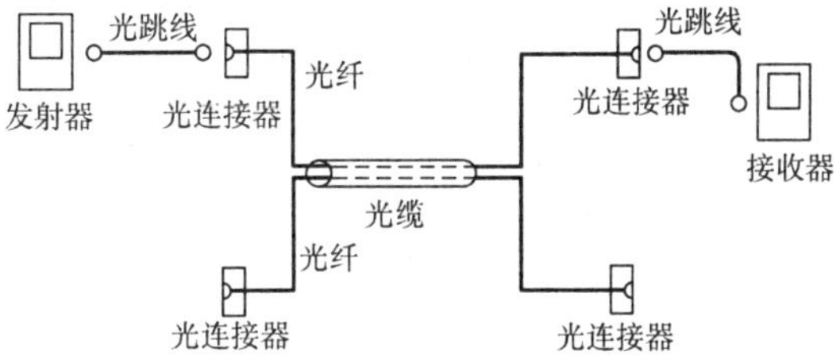

图 15-5　光纤链路测试连接图（一）

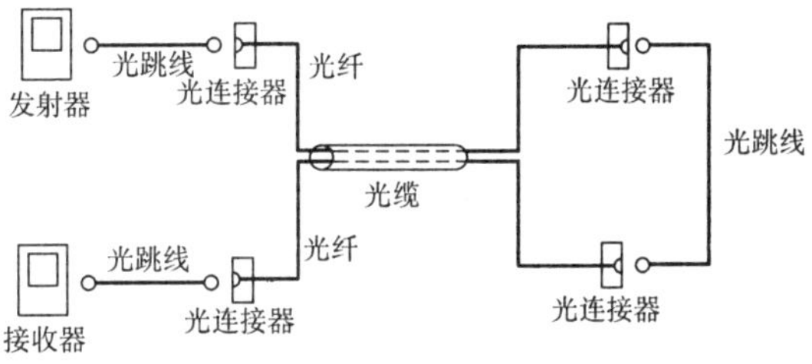

图 15-6　光纤链路测试连接图（二）

4）光纤链路系统指标应符合设计要求。

5）文档的保存和管理要求同上。

6）光缆布线链路在规定的传输窗口测量出的最大光衰减（介入损耗）应不超过表 15-10 的规定，该指标已包括链路接头与连接插座的衰减在内。

7）光缆布线链路的任一接口测出的光回波损耗应大于表 15-11 给出的值。

表 15-10　光缆布线链路的衰减

布　线	链路长度/m	衰　减/dB			
		单模光缆		多模光缆	
		1310nm	1550nm	850nm	1300nm
水平	100	2.2	2.2	2.5	2.2
建筑物主干	500	2.7	2.7	3.9	2.6
建筑群主干	1500	3.6	3.6	7.4	3.6

表 15-11　最小光回波损耗

类别	单模光缆/dB	
波长	1310nm	1550nm
光回波损耗	26	26
类别	多模光缆/dB	
波长	850nm	1300nm
光回波损耗	20	20

5. 光纤连接器极性

1）推荐选用的光纤连接器件（连接器和适配器）应适用不同类型的光纤的匹配，并使用色码来区分不同类型的光纤。

连接器件分为单工和双工两种连接方式。

建议水平光缆或主干光缆终接处的光缆侧采用单工连接器，用户侧采用双工连接器，以保证光纤连接的极性正确。

2）连接方式如图 15-7 ~ 图 15-9 所示。

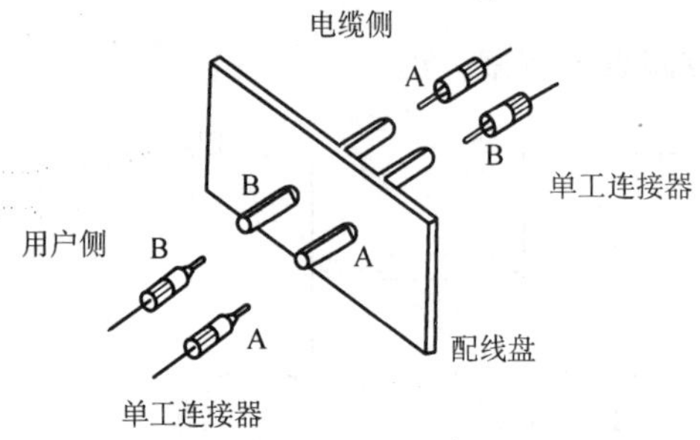

图 15-7　单工连接极性图

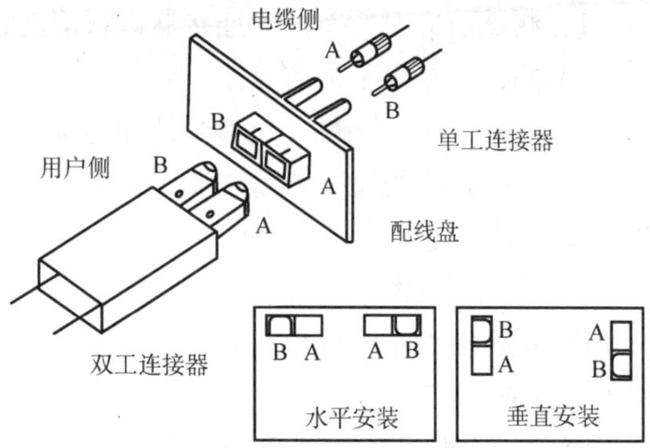

图 15-8　单工至双工（混合型）连接极性图

六、智能建筑综合系统

智能建筑综合系统是一个非常复杂而庞大的数字控制系统，该系统将小区各个机电设备网络及各种信息服务智能化，主要包括建筑机电设备自动化（如空调、通风、变配电、给排水、热源与热交换、冷冻和冷却、电梯、公共照明、火灾自动报警及自动消防、通信、电视等）、信息网络、系统智能化集成、安全防范系统、住宅智能及家庭控制器、控制网络总线系统等。

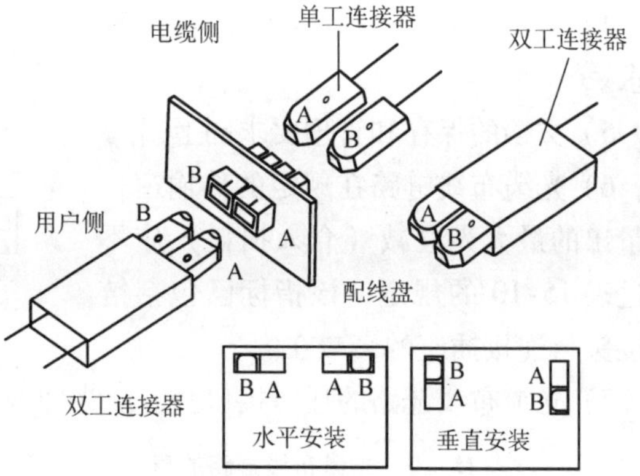

图 15-9　双工连接极性图

（一）智能建筑综合系统调试条件

1. 各个分支系统安装调试完毕；
2. 电气设备、测控元件、综合布线单体试验完毕且试验报告完备；
3. 各专业技术人员齐备且合作协议通过审议；
4. 测试、试验、调试仪器仪表齐备且完好；
5. 建设单位技术人员已介入调试工作。

（二）建筑机电设备系统调整试验及试运行

建筑机电设备自控系统各专业安装调试合格后应进行系统的调整和试验，合格后即可进行系统的试运行。系统调试应按照程序进行，并在各个子系统调试合格后进行。系统调试是一项复杂的工作，各个子系统、各个专业、各施工技术人员既要分工细致，又要精诚合作，既要责任清晰，又要互相礼让，任何时候、任何条件下应确保工程按质按期交付，避免互相推脱责任。

机电设备自控系统单机控制原理图见图 15-10 ~ 图 15-16。

1. 调整试验的条件及程序

（1）调整试验应具备的条件

1）系统的全部设备包括现场的各种阀门、执行器、传感器等全部安装完毕，线路敷设和接线全部符合设计图纸和标准规范的要求。

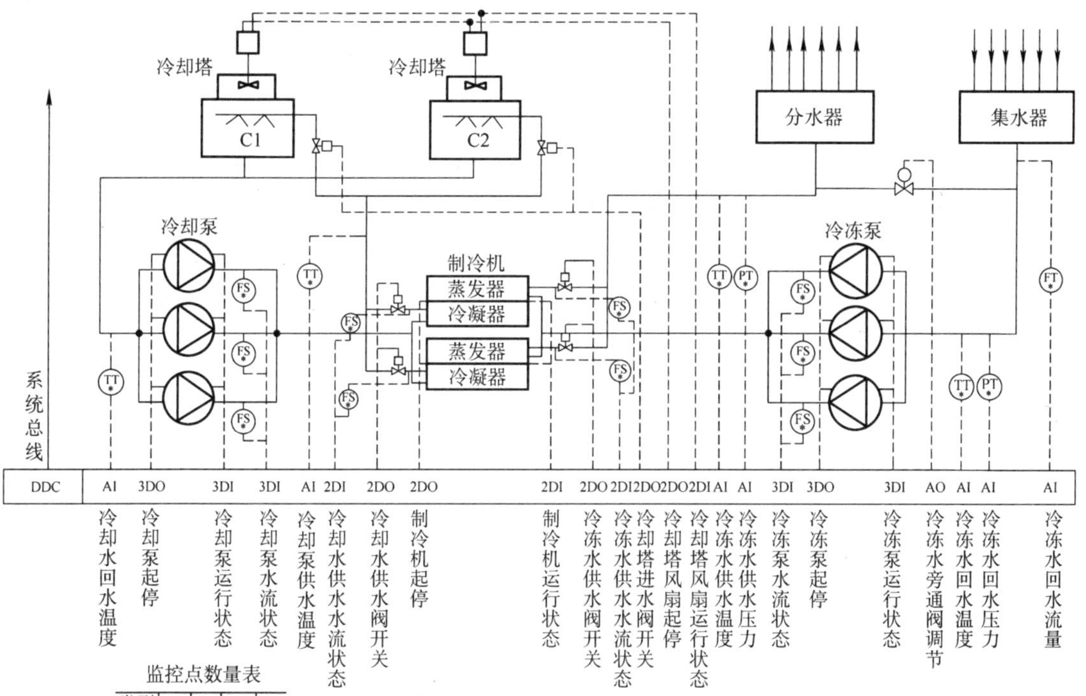

监控点数量表

类型	AI	DI	AO	DO
数量	7	20	1	16

图 15-10　冷冻系统 DDC 控制原理图

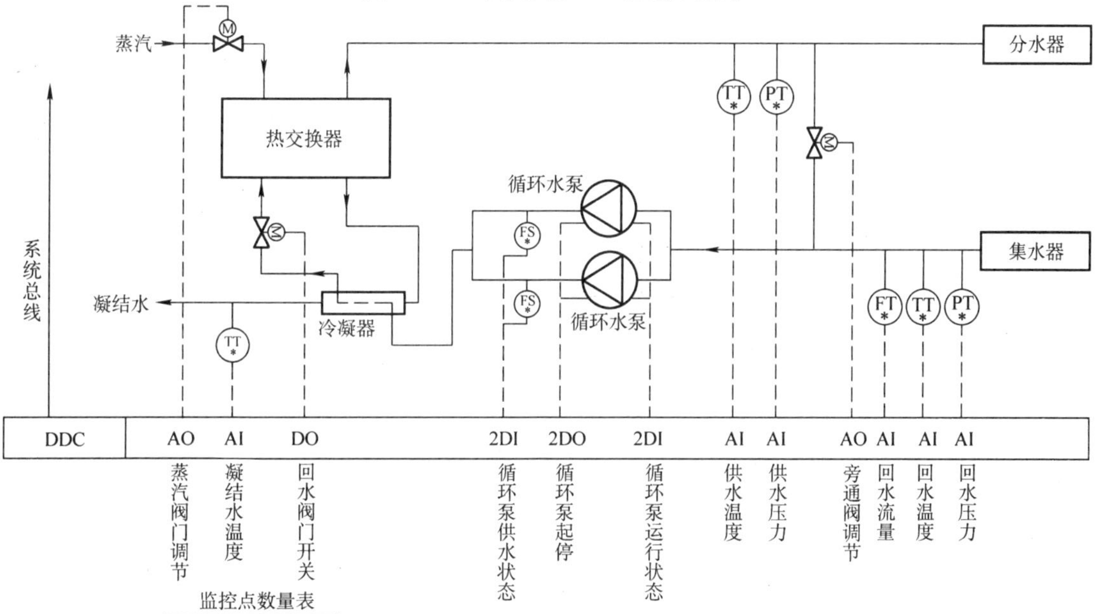

监控点数量表

类型	AI	DI	AO	DO
数量	6	4	2	3

图 15-11　汽/水热交换系统 DDC 控制原理图

注：1. AI—模拟量输入　DI—数字量输入

2. AO—模拟量输出　DO—数字量输出

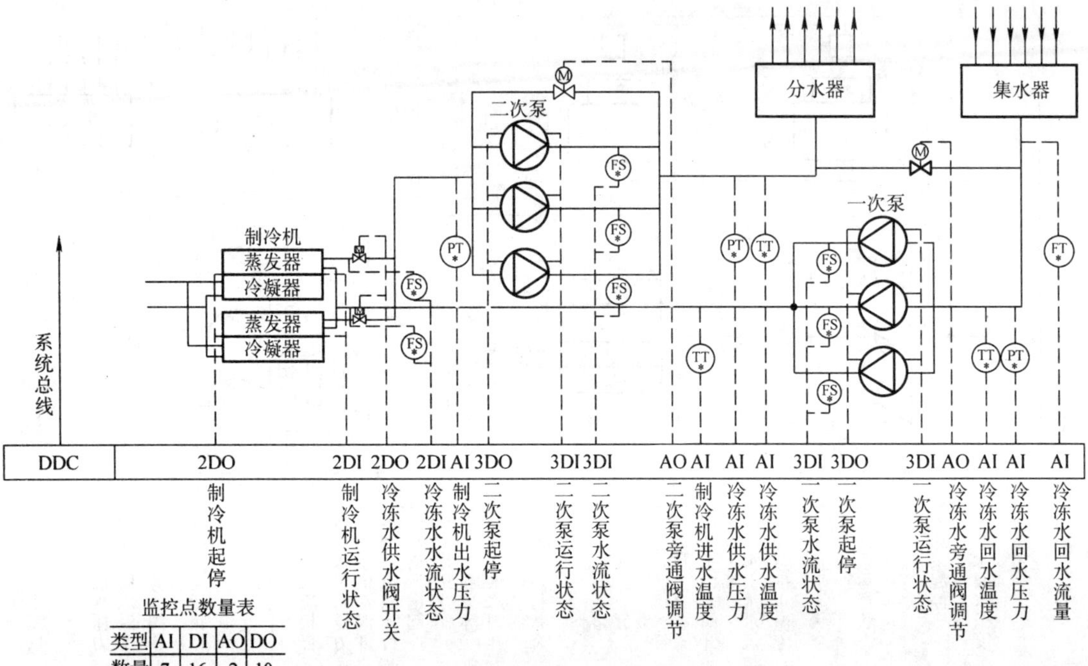

监控点数量表

类型	AI	DI	AO	DO
数量	7	16	2	10

图 15-12　二次泵系统 DDC 控制原理图

注：1. AI—模拟量输入　DI—数字量输入

2. AO—模拟量输出　DO—数字量输出

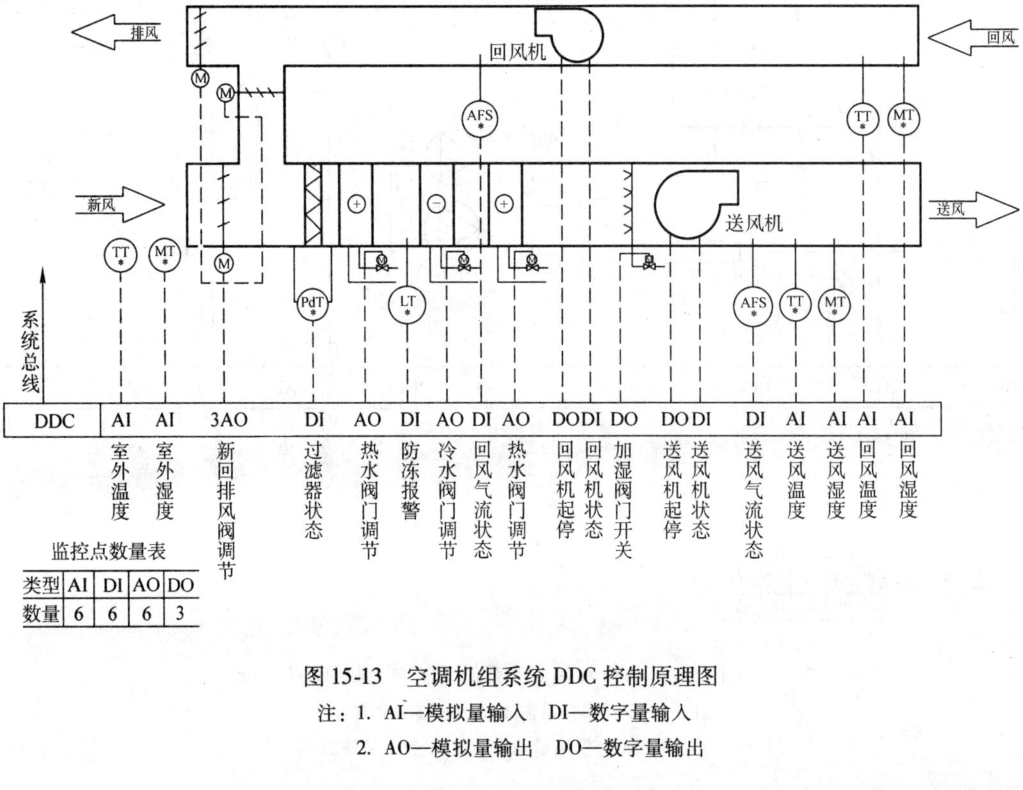

监控点数量表

类型	AI	DI	AO	DO
数量	6	6	6	3

图 15-13　空调机组系统 DDC 控制原理图

注：1. AI—模拟量输入　DI—数字量输入

2. AO—模拟量输出　DO—数字量输出

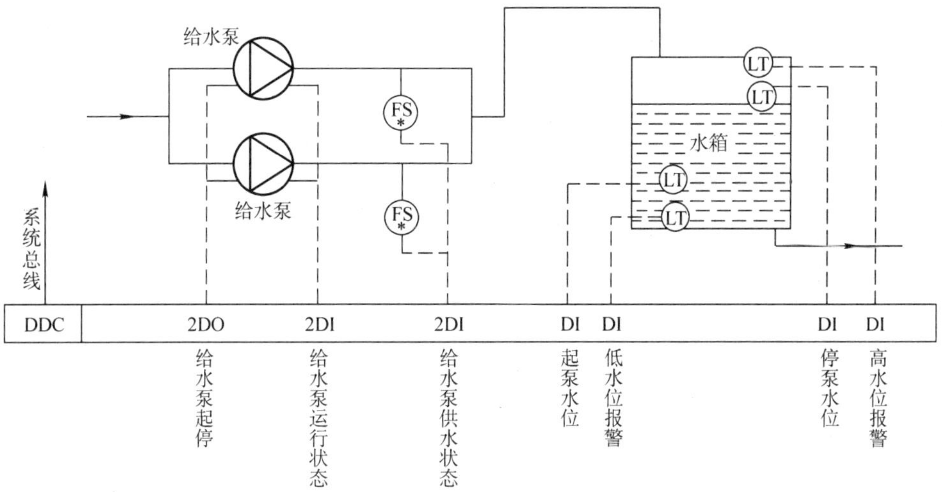

监控点数量表

类型	AI	DI	AO	DO
数量		8		2

图 15-14　给水系统 DDC 控制原理图

注：1. AI—模拟量输入　DI—数字量输入

2. AO—模拟量输出　DO—数字量输出

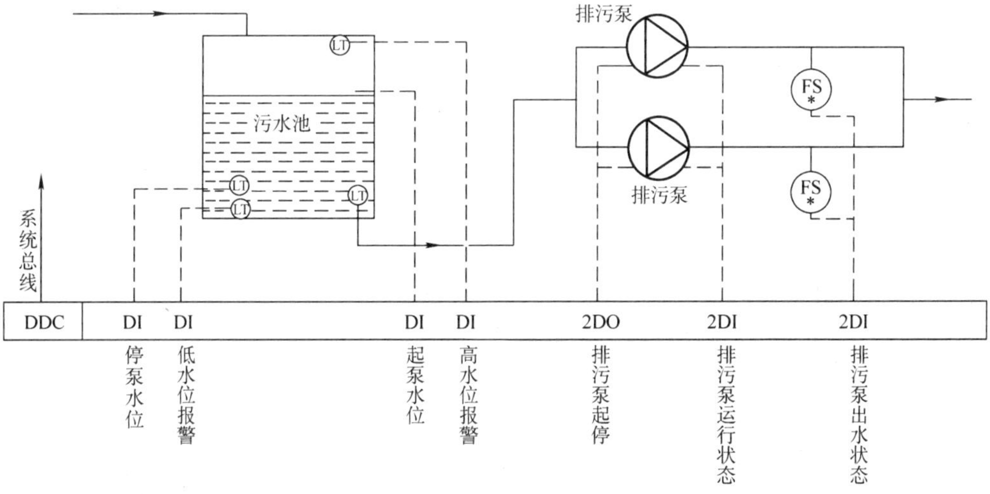

监控点数量表

类型	AI	DI	AO	DO
数量		8		2

图 15-15　排水系统 DDC 控制原理图

注：1. AI—模拟量输入　DI—数字量输入

2. AO—模拟量输出　DO—数字量输出

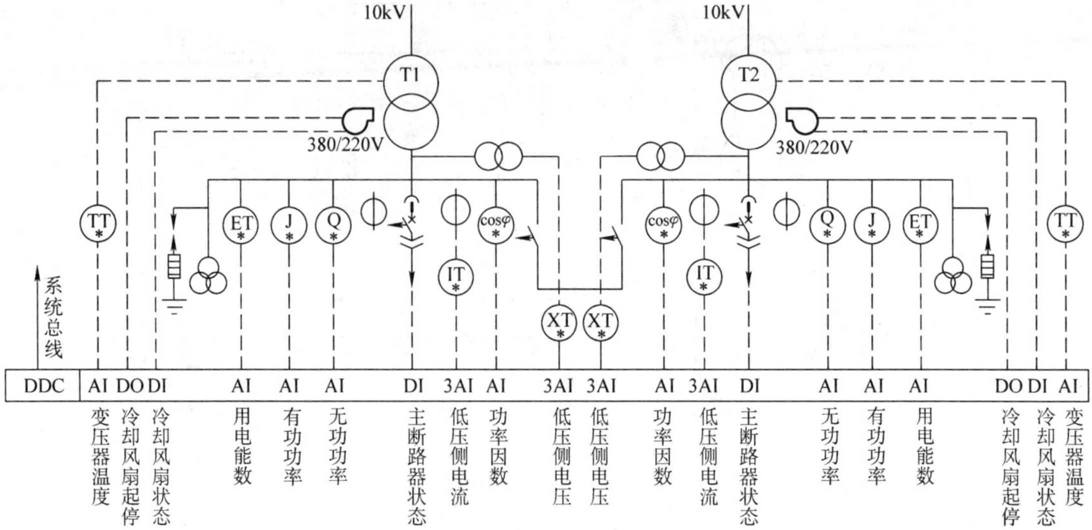

监控点数量表

类型	AI	DI	AO	DO
数量	22	4		2

图 15-16　变配电系统 DDC 控制原理图

注：1. AI—模拟量输入　DI—数字量输入

2. AO—模拟量输出　DO—数字量输出

2）系统的受控设备及其自身的系统不仅安装完毕，而且单体或自身系统的调试结束；同时其设备或系统的测试数据必须满足自身系统的工艺要求，单机运行正常。

3）检查系统与各子系统的联动、信息传输和线路敷设等必须满足设计要求。

（2）系统的调整试验程序

1）准备工作

① 设备外观和安装质量检查或测试。

② 环境、温度、湿度、卫生条件、供电电源系统的检查和测试。

③ 接地系统的检查和测试。

上述三条合格后方可进行 2）的程序，存在的缺陷或不合格项必须及时修复检验合格。

2）系统及设备之间接线的检查应无错接、漏接、虚接现象。

3）单体设备的检查、测试及通电试车应正常。

4）DDC 功能测试应正常。

5）受控设备单体动作/运行/功能测试应合格。

6）系统调试及试运行应合格。

2. 调整试验细则

（1）数字量输入测试

1）信号电平的检查和确认

① 接点输入信号按设备说明书和设计要求确认其逻辑值。

② 脉冲或累加信号按设备说明书和设计要求确认其发生脉冲数与接收脉冲数一致，并符合设备说明书规定的最小频率、最小峰值电压、最小脉冲宽度、最大频率、最大峰值电压、最大脉冲宽度。

③ 电压或电流信号（有源与无源）按设备说明书和设计的要求进行确认。

2）动作试验按不同信号的要求，用程序方式或手动方式对全部测点进行测试，并将测点的值记录下来。

3）特殊功能检查：按工程规定的功能进行检查，如高保安数字量信号输入以及正常、报警、线路、开路、线路短路的检测等。

（2）数字量输出测试

1）信号电平的检查和确认

① 继电器开关量的输出 ON/OFF：按设备说明书和设计要求确认其输出中规定的电压电流范围和允许工作容量。

② 输出电压或电流开关特性检查：其电压或电流输出值必须符合设备使用书和设计要求。

2）动作试验用程序方式或手动方式测试全部数字量输出，记录其测试数值并观察受控设备的电气控制开关的工作状态是否正常；受控单体受电试运行正常后，即可在受控设备正常受电后观察其受控设备运行是否正常。

3）特殊功能检查按工程规定的功能进行检查，如按设计要求进行三态（快、慢、停）和间歇控制（1s、5s、10s）等的检查。

（3）模拟量输入测试

1）输入信号的检查按设备说明书和设计要求确认有源或无源的模拟量输入的类型、数值大小、设定值（设计值）是否符合规定，一般传感器可按如下顺序进行检查和测试：

① 温度、湿度、压力、压差传感器的检查与测试

a. 按产品说明书的要求确认设备接入的电源电压、频率、温度、湿度是否与实际相符。

b. 按产品说明书的要求检查确认传感器的内外部连接线是否正确。

c. 按产品说明书规定的输入量程范围，输入模拟输入信号如火源、压力手摇泵等产生温度、压力信号的装置，详见十三章、十四章仪表及本章一、火灾自动报警测试相关内容。并在传感器输出端或 DDC 侧检查其输出信号是否与实际值相符。

② 电量、电压、电流、频率、功率因数传感器的检查与测试

a. 按说明书要求确认其电源、电压、频率、温度、湿度是否与实际相符。

b. 按产品说明书的要求检查确认传感器的内外部连接线是否正确。

c. 按产品说明书规定的输入量程范围输入模拟信号（详见第四章互感器及电工仪表测试相关内容）分别在传感器的输出端或 DDC 侧检查其输出信号是否与实际值相符。

③ 电磁流量传感器的检查与测试

a. 按说明书要求确认其电源、电压、频率、温度、湿度是否与实际相符。

b. 按产品说明书的要求检查确认其内外部连接线是否正确。

c. 静态调整：将流量传感器安装于现场后且探头部分必须完全浸没于静止的水中，在 DDC 侧测试其输出信号，这时信号值应为零，否则应按产品和系统要求进行自动校零或手动调零。

d. 动态检查：模拟管道中的介质流量（模拟安装于管道上，然后通以水），然后在DDC侧测试其传感器的输出信号，确认其是否与实际相符。

2）动作试验用程序方式或手控方式对全部的AI测试点逐点进行扫描测试并记录各测试点的数值，确认其值是否与实际情况一致，将该值进行记录。

3）模拟量输入精度测试：使用程序和手动方式测试其每一测试点，在其量程范围内读取三个测试点，全量程的10%、50%、90%，其测试精度要达到该设备使用说明书规定的要求。

4）特殊功能检查：按设计要求进行检查和测试，应符合要求。

（4）模拟量输出测试

1）按设备使用说明书和设计要求确定其模拟量输出的类型、量程（容量）与设定值（设计值）是否符合，各种风门、电动阀门驱动器可按如下顺序进行检查与测试：

① 按产品说明书的要求确认该设备接入的电源、电压、频率、环境温度、湿度是否与实际相符。

② 检查并确认各种驱动器的内外部连接线是否正确。

③ 手动检查：首先将驱动器切换至手动挡，然后转动手动摇柄，检查驱动器的行程是否在0~100%范围内。

④ 在确认手动检查正确后，在现场按产品说明书要求，模拟其输入信号（同上）或者从DDC输出AO信号，确认其驱动器动作是否正常。

2）动作试验：用程序或手控方式对全部的AO测试点逐点进行扫描测试，记录各测试点的数值，同时观察受控设备的工作状态和运行是否正常。

3）模拟量输出精度的测试，按模拟量输入精度测试方法进行。

4）特殊功能检查：按工程规定的功能进行检查，如保持输出功能、事故安全功能报警等。

5）测试全部DO、DI、AO、AI点的信号值并根据监控点表或调试方案规定的监控点数量和参数值要求分别进行。

（5）DDC功能测试　一般应按产品设备说明书和工程设计要求进行测试。

1）运行可靠性测试　抽检任意（随机）受控设备设定的监控程序，测试其受控设备的运行记录和状态。

① 关闭中央监控主机、数据网关（包括主机至DDC之间的通信设备），确认系统全部DDC及受控设备运行正常后，重新开机后抽检部分DDC设备中受控设备的运行记录和状态，同时确认系统框图及其他图形均能自动恢复。

② 关闭DDC电源后，确认DDC及受控设备运行正常，重新受电后确认DDC能自动检测受控设备的运行，记录状态并予以恢复。

③ DDC抗干扰测试：将一台干扰源设备（例如冲击电钻）接于DDC同一电源，干扰设备开机后，观察DDC设备及其他设备运行参数和状态运行是否正常。

2）DDC软件主要功能及其实时性测试　按产品说明书和设计的要求进行测试。

① DDC点对点控制：在DDC侧用电脑或现场检测器，或者在中央控制机侧手控一台被控设备，测定其被控设备运行状态返回信号的时间应满足系统的设计要求。

② 在现场模拟一个报警信号，测定在CRT图面和触发蜂鸣器发出报警信号的时间必须

满足系统设计要求。

③ 在中央控制机画面开启一台空调机，测定电动阀门的开度从 0 ~ 50% 的时间。

3. 空调系统单体设备的调试

(1) 新风机（二管制）单体设备调试（见图 15-17）

1）检查确认新风机控制柜的电气元器件有无损坏，内部与外部接线是否正确无误，严防强电电源串入 DDC，如需交流 24V 应确认接线正确，无短路故障。

2）按监控点表要求，检查温度/湿度传感器、电动阀、风阀、压差开关等设备的位置、接线是否正确和输入/输出信号的类型、量程是否和设置相一致。

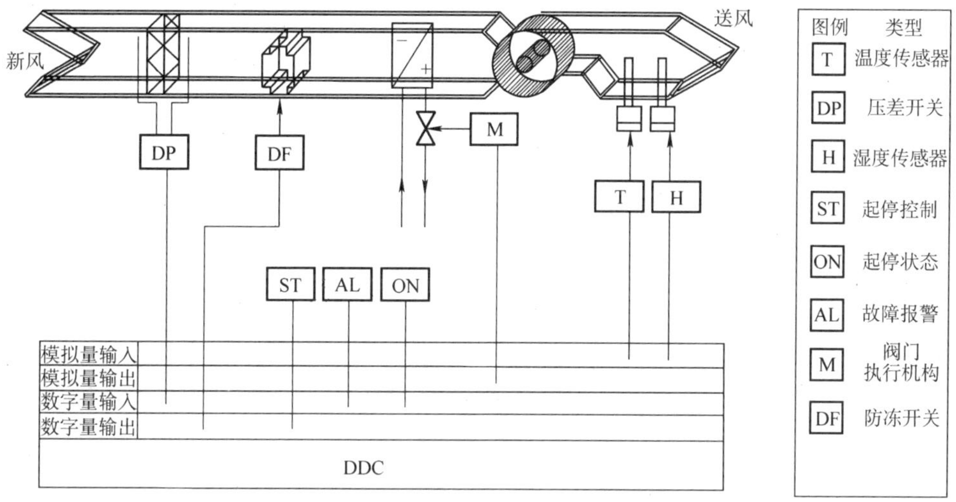

图 15-17 新风机组监控原理图

3）手动位置检查确认风机在非受控状态下已运行正常。

4）检查确认 DDC 控制器和 I/O 模块的地址码设置是否正确。

5）检查确认 DDC 送电并接通主电源开关后，观察 DDC 控制器和各元件状态是否正常。

6）用电脑或手提检测器检测附表记录的所有模拟量输入点送风温度和风压的量值，并核对其数值是否正确。记录所有开关量输入点（风压开关和防冻开关等）工作状态是否正常。将所有的开关量输出点置于开或关，确认相关的风机、风门、阀门等工作是否正常。将所有模拟量接入输入点，测试输出信号并确认相关的电动阀（冷热水调节阀）的工作是否正常及其位置调节是否跟随变化。

7）起动新风机，新风阀门应联锁打开，送风温度调节控制应投入运行。

8）将模拟送风温度值调至大于送风温度设定值（一般为 3℃左右），这时热水调节阀应逐渐减少，开度直至全部关闭（冬天工况）；或者冷水阀逐渐加大，开度直至全部打开（夏天工况）。再将模拟送风温度值调至小于送风温度设定值（一般为 3℃左右）时，确认其冷热水阀运行工况与上述完全相反。

9）将模拟送风湿度调至小于送风湿度设定值，这时加湿器应按预定要求投入工作，并且致使送风湿度趋于设定值，并用精确湿度计检测。

10）新风机组是变频调速或高、中、低三速控制时，应模拟变化风压测量值或其他工艺要求，确认风机转速能否相应改变或切换到测量值或稳定在设计值，当风机转速稳定在某值时，应按设计和产品说明书的要求记录30%、50%、90%风机速度时高、中、低三速相对应的风压或风量。

11）当新风机停止运转后，新风门以及冷/热水调节阀门、加湿器等应自动回到全关闭状态。

12）按设计图纸及供应商的技术资料、软件功能和调试大纲的规定测试其他功能联锁、联动应符合设计要求。

13）单体调试完成时，按工艺和设计要求在系统中设定其送风温度、湿度和风压的初始状态。四管制新风机组调试基本同上。

（2）空气处理机（二管制）单体设备调试　空气处理机一般采用空调机组进行监控，空调机组监控原理图见图15-18。

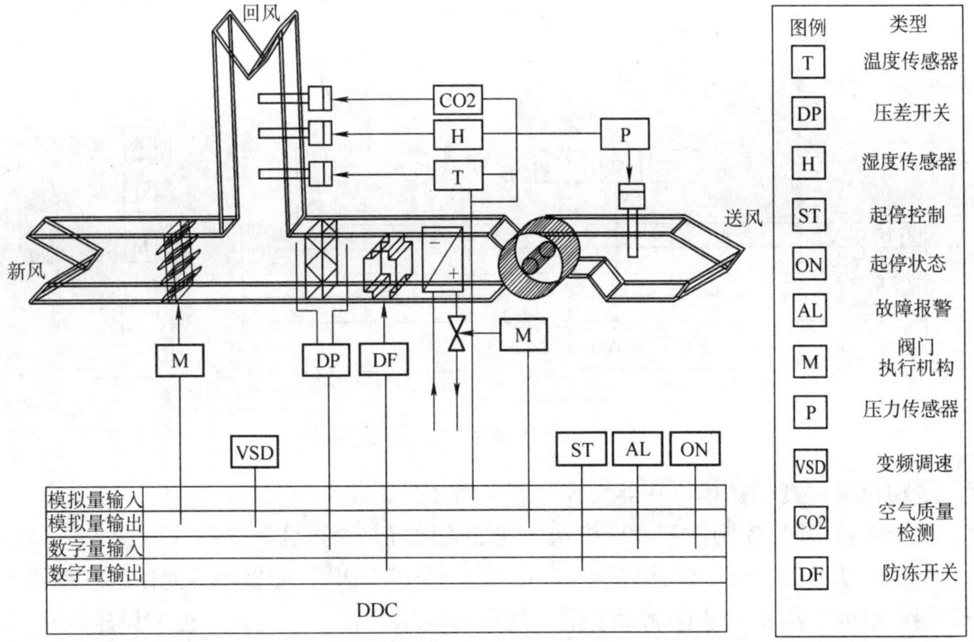

图15-18　空调机组监控原理图

1）按新风机（二管制）单体设备调试的1）~6）子项的要求完成测试检查与确认。

2）起动空调机时，新风门、回风风门、排风风门等应联锁打开，各种调节控制应自动投入工作状态。

3）按新风机（二管制）单体设备调试的8）~10）的要求完成测试、检查与确认。

4）空调机组起动后，当回风温度跟踪设定值的速度太慢，可微量提高PID调节的比例放大作用；当系统稳定后，回风温度和设定值的偏差较大，可微量提高PID调节的积分作用；当回风温度在设定值上下明显地做周期性波动，其偏差超过范围，则应先降低或取消微分作用，再降低比例放大作用，直到系统稳定为止。

5）空调机停止运转时，新风机风门、排风门、回风门、冷热水调节阀、加湿器等应自动回到全关闭状态。

6）按设计图纸及供应商的技术资料、软件和调试大纲的规定测试其他功能及联锁、联动程序控制应符合设计要求。

7）当风压或风量稳定在设计值、风机速度应稳定在某一点上时，应按设计和产品说明书的要求记录30%、50%、90%风机速度时相对应的风压或风量（变频、调速）；还应在分挡变速时测量其相应的风压与风量。

8）按新风机（二管制）单体设备调试的子项要求，完成其他测试检查和确认项目，应符合要求。

（3）空调冷热源设备调试

空调系统冷水机组控制如图15-19所示。

热泵机组控制如图15-20所示。

1）按上述新风机（二管制）单体设备调试的1）~6）项的要求进行测试检查与确认，应符合设计要求。

2）按设计和产品技术说明书的规定，当主机、冷热水泵、冷却水泵、冷却塔、风机、电动蝶阀等相关设备单独运行正常下，在DDC侧或主机侧检测全部AO、AI、DO、DI点，应满足设计和监控点表的要求。当启动自动控制方式，系统各设备应按设计和工艺要求顺序自动投入运行。

3）增加或减少空调机运行台数并增加其冷热负荷，检验平衡管流量的方向和数值，自动起动或停止的冷热机组的台数满足负荷需要。

4）使一台设备故障停运以及整个机组停运，检验系统是否自动起动备用机组投入运行。

（4）末端装置单体调试

压力开关型末端装置控制如图15-21所示。

1）末端装置单体检测的项目和要求应按设计和产品供应商说明书的要求进行。

2）末端的检查与测试：

① 按设计图纸要求检查末端装置控制器、传感器、阀门、风门等设备的安装就位和末端装置控制器电源、风门和阀门的电源应正确。

② 按设计图纸检查末端装置控制器与末端装置、上位机之间的连接线（包括各种传感器、阀门、风门等），应安装接线正确。

③ 用末端装置控制器软件检查传感器、执行器工作应正常。

④ 用末端装置控制器软件检查风机运行应正常。

⑤ 测定并记录末端装置一次风最大流量、最小流量及二次风流量是否满足设计要求。

⑥ 确认末端装置控制器与上位机通信正常。

风机盘管单体调试、给排水设备单体调试基本同前，可按前述方法进行。上述调试安装应执行相应标准规范，并由钳工、管工及其他技术人员配合进行。

4. 变配电及照明系统单体设备调试

（1）检查核对接线

1）按设计图纸和变送器接线要求，检查变送器输入端与强电柜电压互感器、电流互感器接线是否正确、量程是否匹配（包括输入阻抗、电压、电流的量程范围）。检查变送器输出端与DDC接线是否正确和量程是否匹配。检查所有设备、元件的电源电压其数值、电源性质类别应正确无误。

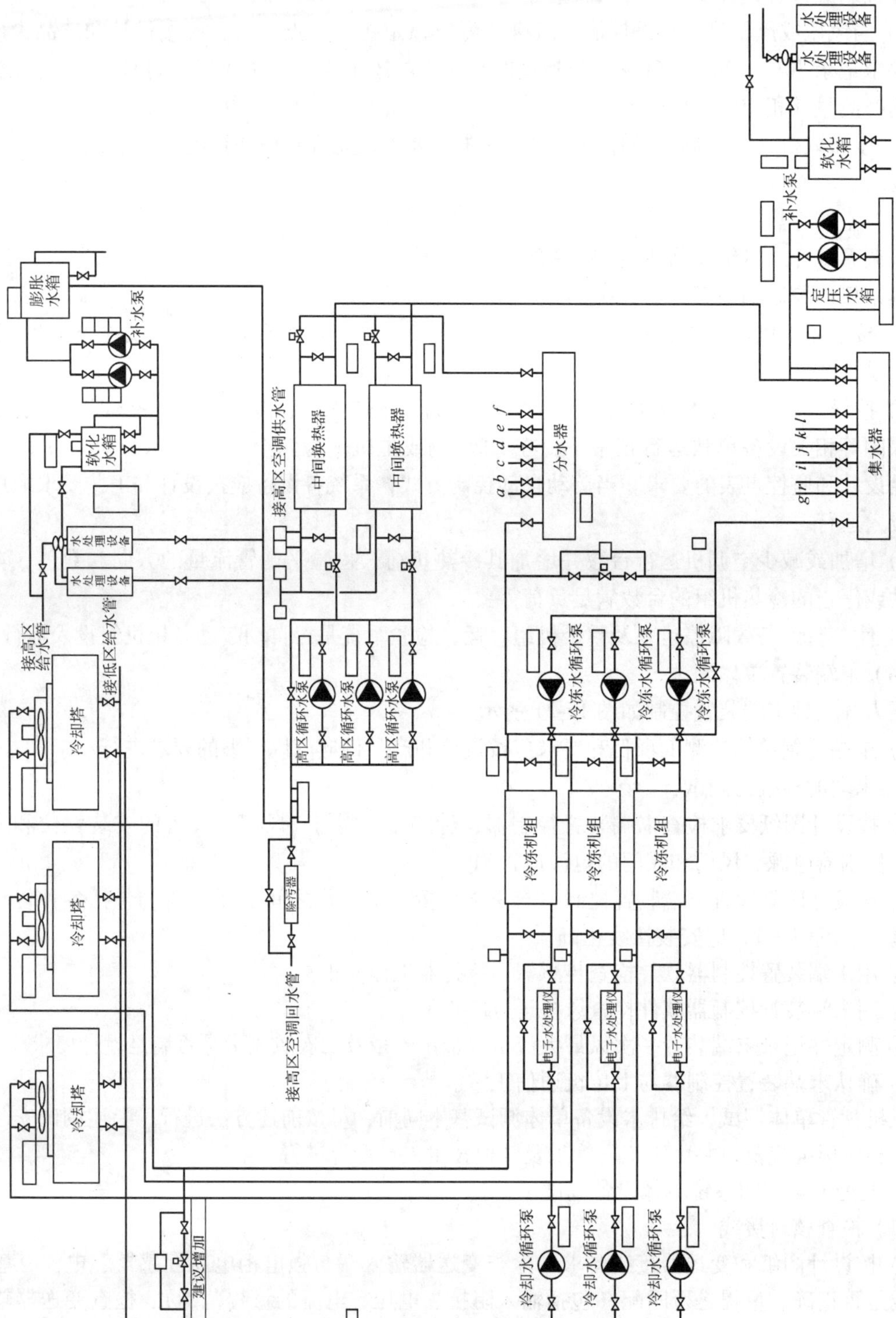

图 15-19 空调系统冷水机组原理图

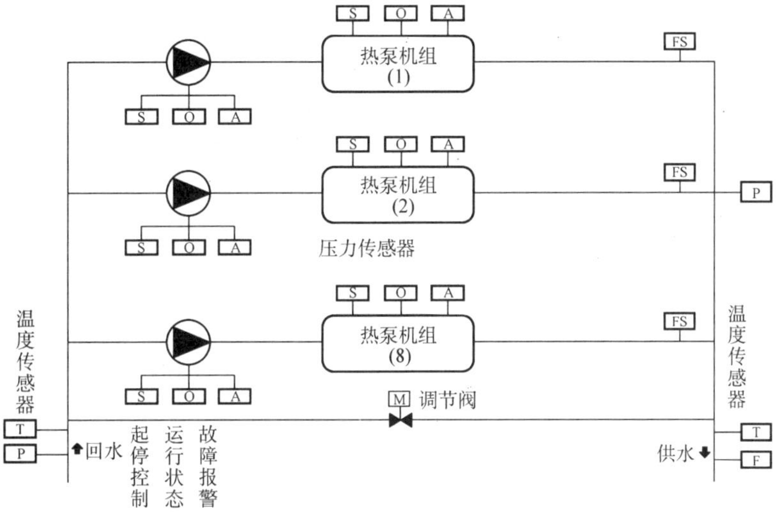

图 15-20　热泵机组控制原理图

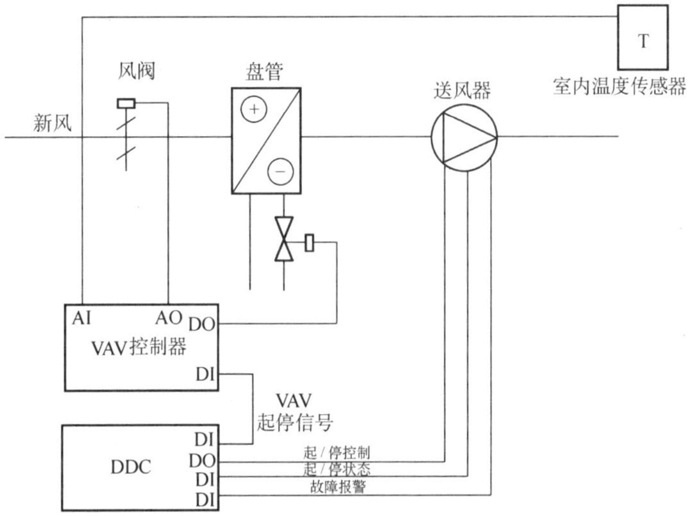

图 15-21　末端装置控制原理图

2）强电柜与 DDC 通信方式检查：按设计图纸和通信接口的要求，检查核对接线是否正确，数据通信协议、格式、传输方式、速率是否符合设计要求。

（2）系统监控点的测试

1）根据设计图纸和系统监控点表的要求，分别逐点一一进行测试。

2）模拟量输入信号精度测试：在变送器输出端测量其输出信号的数值，通过计算与主机 CRT 上显示数值进行比较，其误差应满足设计和产品的技术要求。

3）系统照明配电箱及其照明设备运行正常时，启动顺序、时间或照度控制程序，按照明系统设计和监控要求，按顺序、时间程序或分区方式进行测试，应准确无误。

（3）电量计费的测试　按系统设计的要求，启动电量计费测试程序，检查其输出打印报告的数据并与用计算方法或常规电度计量仪表的数据进行比较，测试数据应满足设计和计量要求。

（4）柴油发电机运行测试

1）检查柴油发电机组及其相应配电柜的运行应正常。

2）检查柴油发电机输出配电柜处于断开状态时，严禁其输出电压能够接入正常的供配电回路里，一般情况下是设置双投开关。

模拟起动柴油发电机组起动控制程序，按设计和监控点表的要求检查相应开关设备动作和运行情况应正常。

5. 电梯系统运行状态的监测

1）按设计和监控点表要求检查DDC与电梯控制柜电梯内的读卡机之间的连接或通信线的连接应正确无误，检查相互之间的通信接口、数据传输、格式、传输速率等满足设计要求。

2）在DDC侧或主机侧按设计规定要求，检测电梯设备的全部监测点，核实其满足设计、监控点表和联动联锁的要求。

6. 基本应用软件设定与核实

（1）确认系统与实际运行设备一致。

1）按系统设计要求确认系统中主机、DDC、网络控制器、网关等设备运行及故障状态等。

2）按监控点表的要求确认系统各子系统设备的传感器、阀门、执行器等运行状态、报警、控制方式等。

（2）核实系统受控设备的平面图

1）核实系统受控设备的平面位置与实际位置应一致。

2）核实系统受控设备的平面位置后，检查其监控点的状态、功能与监控点表的功能应一致。

3）检查在CRT主机侧对现场设备进行手动控制操作。

7. 系统调试

（1）系统的接线检查　按系统设计图纸，检查主机与网络器、网关设备、DDC、系统外部设备（包括电源、UPS、打印设备）、通信接口（包括与其他子系统）之间的连接、传输线型号规格是否正确。通信接口的通信协议、数据传输格式、速率等是否符合设计要求。

（2）系统通信检查　主机及其相应设备通电后，启动自检程序检查主机与系统其他设备的通信是否正常，核实系统内设备无故障。

（3）系统监控性能的测试

1）在主机侧按监控点表和调试大纲的要求，对系统的DO、DI、AO、AI进行抽样测试，其抽样要求详见“系统验收规范”，工程中一般不小于20%，100%为合格。

2）系统有热备份系统，则应确认其中一机处于人为故障状态下，确认其备份系统运行正常并检查运行参数不变，确认现场运行参数不丢失。

3）按规范要求在主机侧对上述单机设备进行抽样测试，其抽样应按系统验收规范要求进行。

4）系统联动功能的测试及试运行：

① 系统与其他子系统采取硬连接方式联动，则按设计要求全部或分类对各监控点进行测试，并核实功能满足设计要求。

② 系统与其他子系统采取通信方式连接，则按系统集成的要求进行测试。

③ 子系统开机运行应正常，并一一按顺序与系统联网，应正常。

④ 系统运行正常。

（三）三表计量及远程传输系统

三表计量及远程传输系统是智能建筑系统的子系统，如图 15-22 所示。

该系统测试、试验主要是查线且接口正确，三表及采样元件单体检定、校验前有相应资质单位出具的检定、校验报告，确定输入密码能修改，远传或按键可读取读数的试验，IC 可进行查读全部表的读数的试验，断线报警功能等。方法与前述基本相同。

（四）小区信息网络智能化服务管理系统（见图 15-23）

读系统测试，试验主要是查线且接口正确，元部件单体测试及试验，各类柜、箱、盒设置均衡，无信号干扰试验等，其他同前。

（五）家居智能信息平台（见图 15-24）

基本同前。

（六）小区物业管理自动化系统（见图 15-25）

基本同前。

（七）系统调试及投入试运行

系统调试与动力、变配电、保安系统基本相同，这里仅列出程序要点及注意事项。

1. 各子系统、支系统

智能建筑的子系统、支系统有很多，其元件、设备必须经检验试验合格，特别是电子元器件及各种模块。系统线缆必须清晰，接线正确。接地良好，必须实测。接口电路、接口信号必须统一。上述检查、测试、试验应有详细记录，操作人员必须仔细耐心。

2. 系统调整试验

系统调整试验必须在子系统、支系统试验合格的基础上进行。其试投的程序可按图 15-26进行。支系统 1 的各个子系统按顺序号一一投入，支系统 1 应正常，然后支系统 1 投入，系统正常。

第二个投入的是支系统 2 的各个子系统按顺序号一一投入，支系统 2 应正常，然后支系统 2 投入，系统正常。

按上述程序和方法逐步投入直到支系统 n，系统应正常。支系统 1 通常是供配电系统。

子系统支系统投入时显示、记录、打印应正常，系统切换应正常。

3. 注意事项

1）必须即时排除子系统、支系统出现的故障或不正常现场，不得留有后遗症。

2）投入时子系统、支系统、系统之间应用布话机一一即时沟通、说明是否正常，不得存有侥幸。且子系统、支系统、系统安排的人员应有相应资格。

3）投入时各系统的电源必须正常，且供配电系统应第一个投入。

4）派专人对子系统一一监视，并及时传回到系统中心。

七、计算机（微机）控制管理监控系统

计算机（包括微型机）类型繁多，各厂家的机型也不统一，功能各异，因此计算机系统的调试主要以设计和厂家的调试资料为准，并参照有关部分进行。此内容适用于工业过程控制和管理系统的计算机安装调试，见图 15-27。

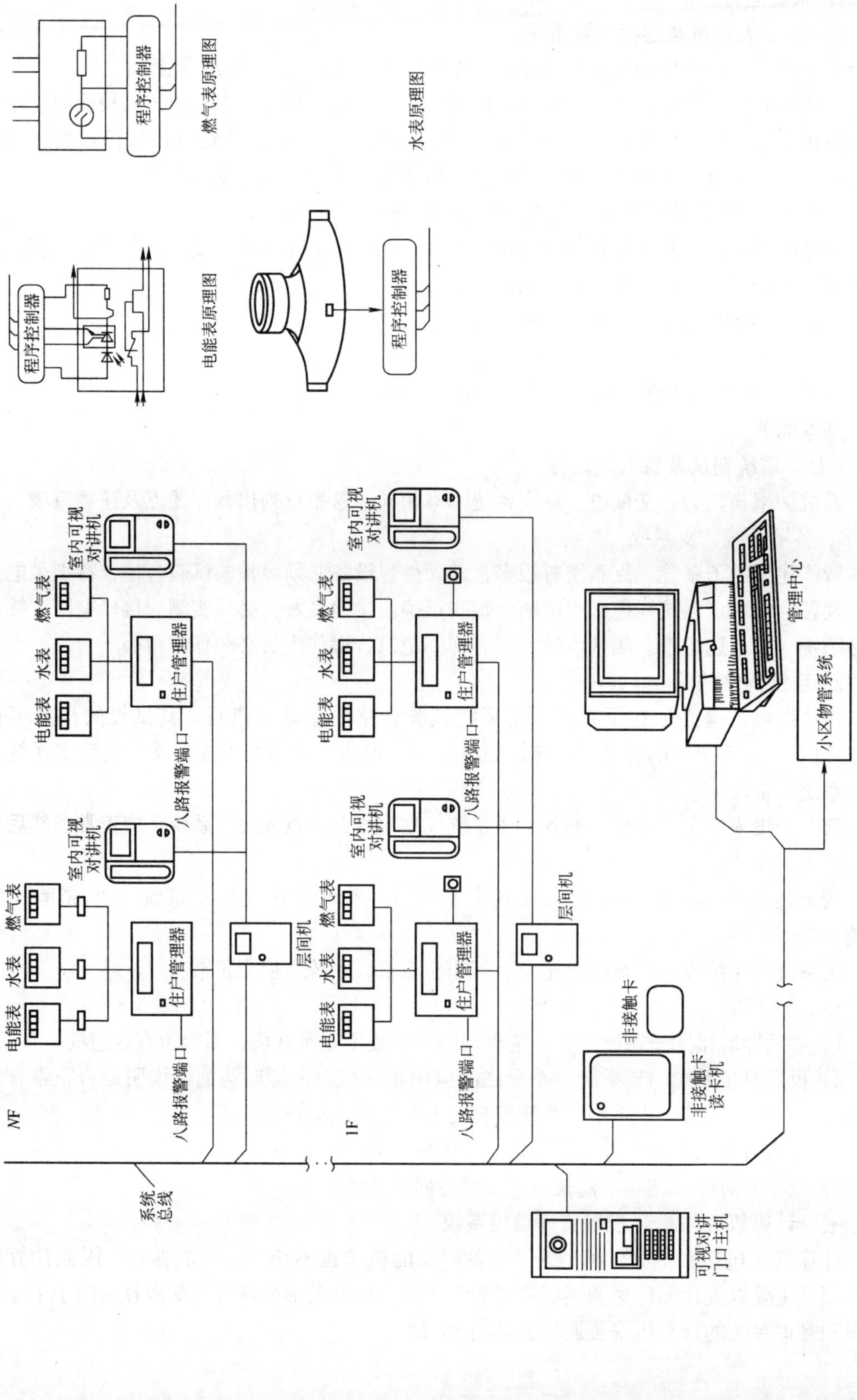

图 15-22　智能三表系统图

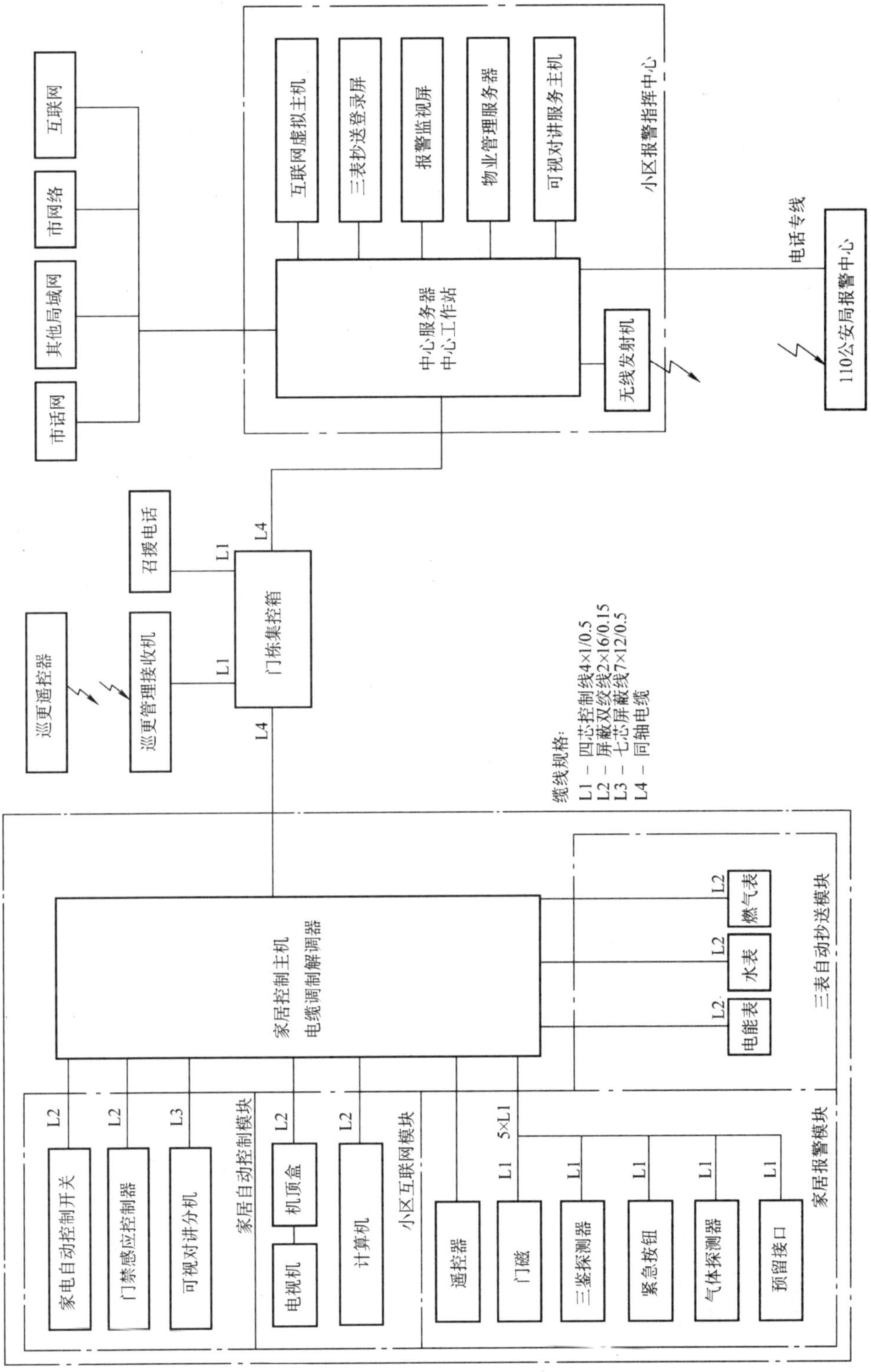

图 15-23 小区智能化管理系统图

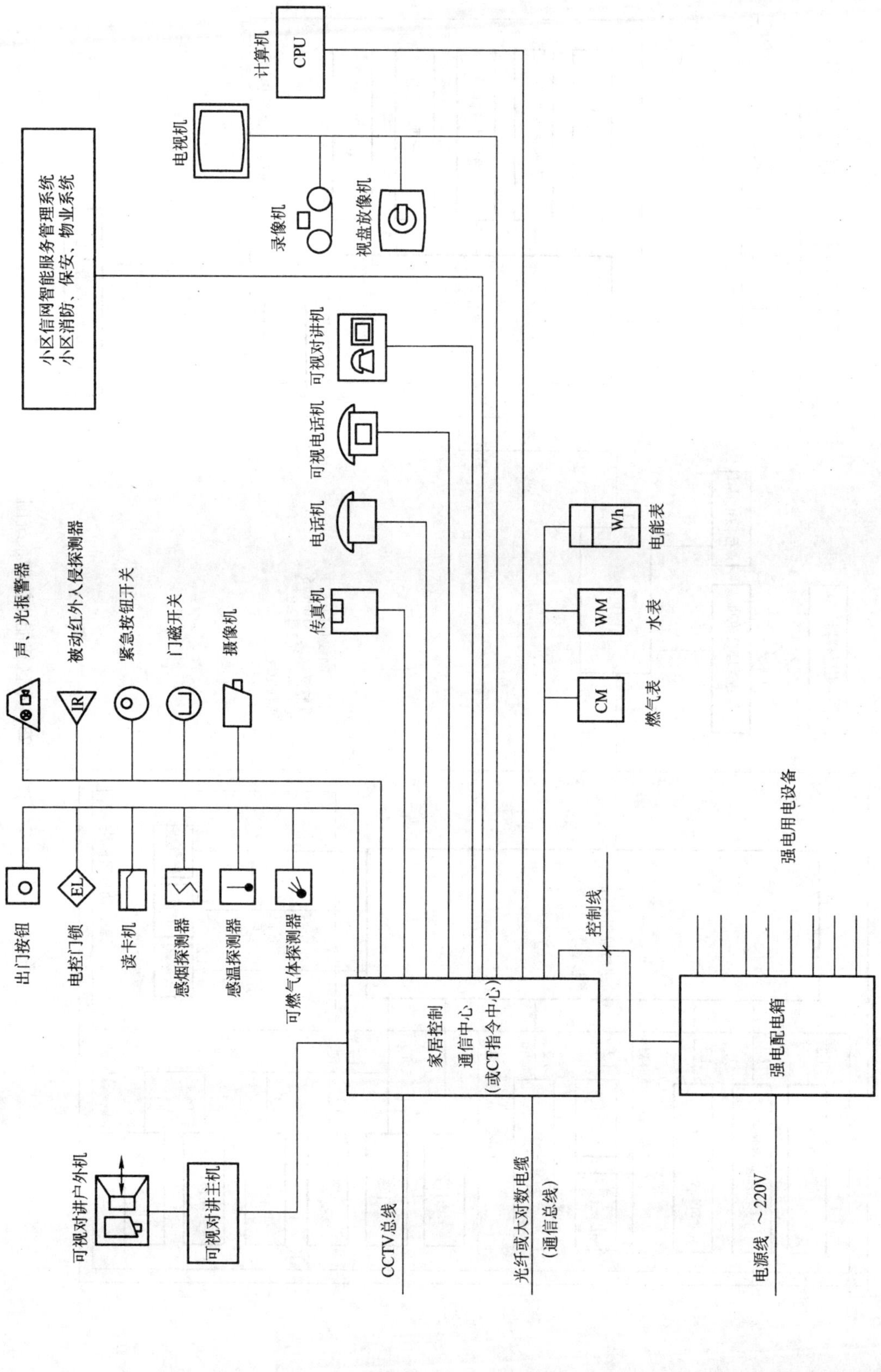

图 15-24　家居智能化系统示意图

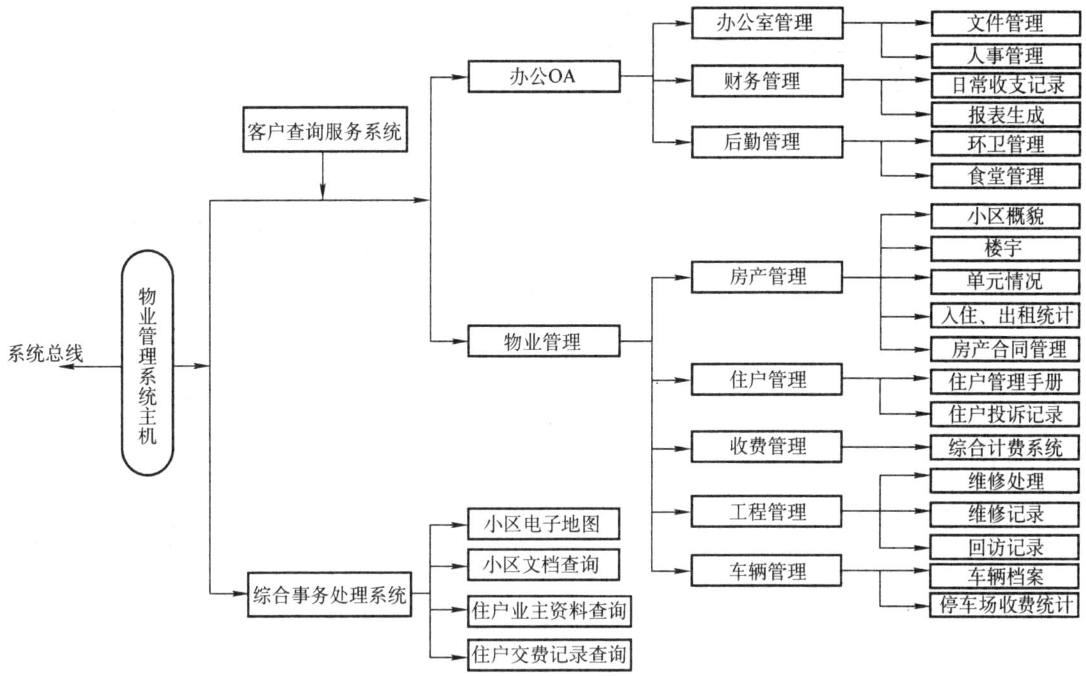

图 15-25　小区物业管理自动化系统图

（一）**检查与调试项目**

1）一般检查；

2）电源装置的调试；

3）中央处理器（CPU）的调试；

4）辅助存储设备的检查；

5）输入输出设备的检查；

6）过程输入输出设备的检查；

7）数据传送装置的调试；

8）稳定性检查及抗干扰试验；

9）软件调试；

10）界面信息传送联动试验；

11）计算机控制系统整体试运行。

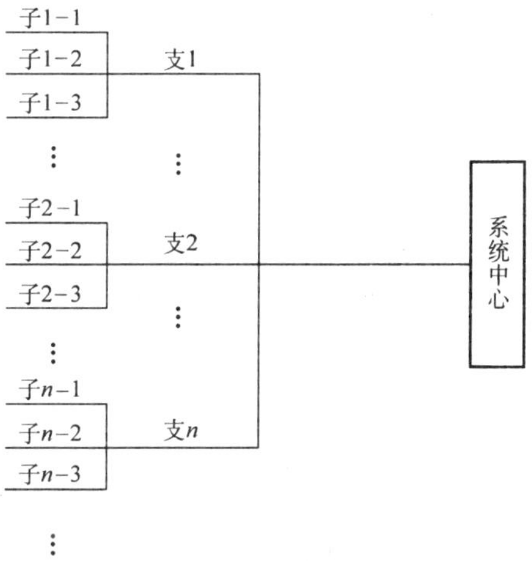

图 15-26　系统试投程序简图

（二）**一般检查**

PC 系统的常规检查。

（三）**电源装置的调试**

除 PC 系统的稳压电源装置的调试，此外还有：

1）停电、复电特性检查试验：额定负载时，交流输入电源停电，在规定时间内（一般为 1 ~ 3s）复电，电源装置的输出电压大小和频率的高低均应保持在整定值的范围内。

2）电压监测装置的整定：应能在电源输出电压降到 95% 额定电压时发出报警信号。

（**四**）**CPU 的调试**

1. 电源检查

测量电源回路的绝缘电阻不得小于 5MΩ。测量时，应将线路滤波器和浪涌吸收装置暂

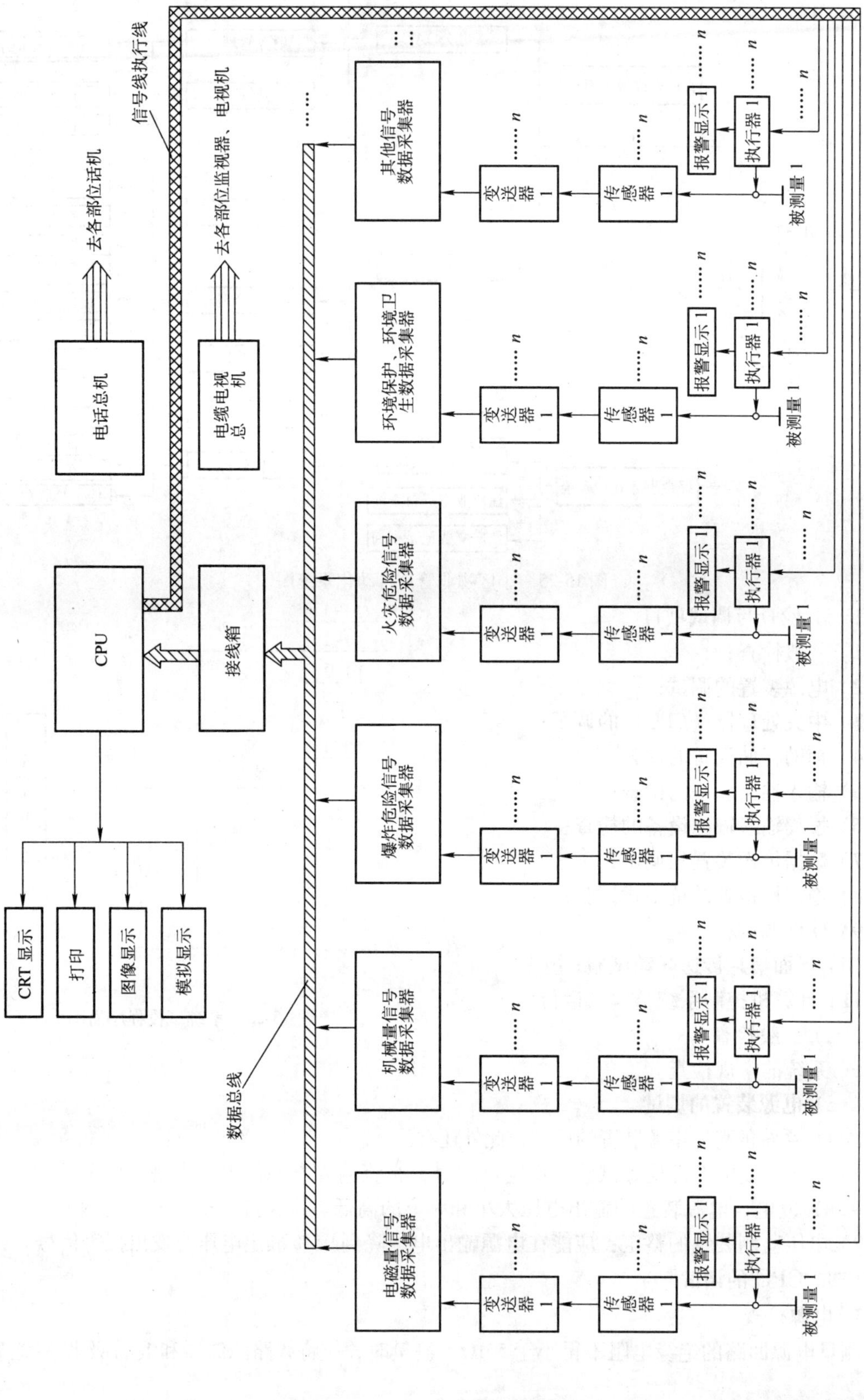

图15-27 微机控制及管理系统示意图

时拆下，如不能拆下，则应用滤波器最大允许电压测试漏泄电流；检查交流电源的电压、频率及风扇的运行情况，均应正常；整定各直流输出电压，带上全部负载后测量直流输出电压应符合规定。

2. 时钟检查

测试时钟脉冲的周期和脉宽、周期和脉冲误差均应小于 ±2%，用程序检查计时器启动、停止、复位、报警等功能，均应正常。

3. 操作、显示装置的检查

装置内及操作控制板上的各种开关、按键、按钮、指示灯、显示装置等均应正常工作，动作可靠。

4. 运算控制程序的检查

1）用指令测试程序对所有指令（包括任选指令）进行检查、确认运算单元的各种功能及输入/输出通道等工作状态均应正常，且连续运行 24h 以上不得有故障发生。如有故障，必须找出原因并排除后方可重新进行试验。

2）测试制造厂提供的测试程序，必要时应增加用自编程序进行检查。

3）特殊异常功能、可靠性及可维修性的性能检查可在不损伤装置的条件下，用外部模拟信号进行检查。

5. 主存储器的检查

1）用主存储器测试程序对主存储器进行全地址的读写测试、最高级测试、母线测试及最后连续测试，连续测试 24h 不应出差错。

2）对主存储器进行“最坏布局代码模式”的测试程序检查，并检查通过。

3）测试软盘系统功能应正常。

4）磁芯存储器可采用自我检查线路检查，并通过。

5）确认奇偶校验等异常检出功能应正常。

6）对固定存储器可采用反复读和结果比较方式予以检查，并通过。

7）用测试程序检查确认存储器管理功能，应正常。

6. 自动中断的检查

用检查程序检查所有类型的中断情况，确认其响应时间，顺序及优先处理级别正确，确认存储器屏蔽等功能应正常。

7. 反复投入切除电源，确认电源操作正常

确认停电中断及自动再启动中断，发生停电导致直流电压降低时，主机应发出中断信号，装置的指定寄存器实行正确避退，而后停机；电源恢复后，执行自动再启动复位功能；应使用测试程序，检查上述信息保护功能。

8. 用浮点运算器测试程序

确认浮点运算器功能，应正常执行。

9. 用相应测试程序

确认双机自动切换等功能，应正常执行。

（五）辅助存储装置（磁鼓、磁盘和磁带存储器等外存储设备）**的调试**

1. 辅助存储器专用电源

其电压值应调整到规定的数值。

2. 检查信息保护和故障报警显示功能

1）电源断电时，磁头应自动回零，不得划伤磁性介质表面和破坏存储的信息；电源或温度异常时报警显示应迅速、准确。

2）用测试检查程序，对全部存储器地址反复读写检查，连续测试24h，不应出现错误，测试时应使用中断。

3）装置应能正常启动和停止，运转时应无异常现象。

4）用测试检查程序，确认出错检查功能，应执行正常。

5）辅助存储器的其他检查

① 对可换式磁盘装置，进行磁头位置和磁盘互换性的检查。

② 对盒式磁带存储器，进行反绕动作和连续运行稳定性的检查，磁带机的读出错误次数的允许值，可参照如下要求：

a. 磁带机出错次数应小于1次/10^{10}位（不可恢复的），3次/10^5位（可恢复的）。

b. 盒式磁带机出错次数应小于1次/10^8位（不可恢复的），1次/10^5位（可恢复的）。

③ 对两台以上的同型号磁带机，应检查磁带使用的互换性，其读出信息应保持正确。

④ 磁鼓存储器和固定磁头存储器，应进行装置主要点波形和电压的测试及转动部分、密封部分的检查调整。

（六）输入输出设备的检查

1）检查电源的电压和频率，应和产品说明书一致，当发生温度、电源和空打故障时，应能报警。

2）各设备内机械传动部分运转正常，无异常声音和超温等现象。

3）检查所有操作开关键、按钮等应动作灵活，指示灯、显示装置、出错和报警等，均应工作正常。

4）用测试检查程序反复对键盘上各种功能键进行功能操作，应无差错；对打印字体、行间距、字间距与印字速度进行测定，均应符合规定，字迹清晰，色带、走纸正常。

5）屏幕显示装置（CRT）的测试

① 反复进行全字符显示、回车换行、光标控制、颜色选定和闪光等功能的测试，均应正常。

② 按下列内容进行国家级质量检查，应符合要求：

a. 图示画面的尺寸；

b. 垂直方向与水平方向的线性度；

c. 图像显示的稳定性；

d. 亮度及对比度；

e. 色度聚焦。

③ 用测试程序全面检查键盘上开关的各种功能、报警显示及图形显示均应正确无误。

④ 检查装置的特殊功能，如外联打字机、记录仪、描图仪、硬拷贝等，确认其所有动作与显示功能应正常、图像清晰准确无误。

⑤ 画面显示的系统结构图应符合设计，所显示的瞬时量值应用标准仪器校验其精度。

（七）过程输入输出装置的检验

1）测量主要测定点的波形（如脉冲列、时钟脉冲、开关脉冲），其指标均应符合设计或产品说明书的要求。

2）模拟量输入输出模件，按以下要求寻址和精度检查：

① 利用测试程序对全部模件各地址逐个进行寻址和精度测量，对模拟量输入的检查，可在其输入端加入满量的0%、5%、25%、50%、75%、100%，根据CPU侧打印的数据，作出精度判断，应符合要求。

② 同样进行对模拟量输出的检查，可在CPU面板上或系统打字机上设定数据，在输出端测定模拟量输出值，以判断精度，均应符合设备或设计的要求。

③ 在模件输出端接上额定负载，检查输出容量，其输出应满足精度要求。

④ 检查模件零漂、响应时间和抗串模、共模干扰，均应符合要求。

⑤ 检查运算、控制组件的运控功能，应符合系统要求。

⑥ 测试时使用的信号源及检测仪表的精度，应符合量值传递及计量标准的要求。

3）使用测试程序对所有数字量输入输出模件逐个地址作扫描检查，确认其寻址功能；测量模件的频率、电压和脉冲宽度，均应符合要求。

（八）数据传送装置的调试

数据传送装置的调试是指计算机之间、计算机与过程控制装置之间数据信息传送装置的调试。

1）测量装置的输入阻抗和负载能力，在规定的传输距离和允许负载范围内，负载变化时，输出电平的变化应在规定范围内。

2）检查装置的显示、报警、操作、出错显示等动作应正常。

3）使用测试程序检查下列信息传输功能：以装置规定的各种传输方式进行传输操作，各功能均应正常；确认传输过程中，优先顺序判别功能和出错重送功能应正常；传送代码检查，使用测试程序检查后送代码所规定的各种代码操作，传送功能应正常；使用测试程序、检查控制字符功能，在传送过程中对规定的全部字符进行操作，功能应正常。

4）定时监视和信息传送稳定性检查：检查振荡器的频率、检查和调整传送过程中各监视时间，均应符合设计要求；检查在单位长度内，数据传送时，有效信号衰减应不超过规定值。

5）联机调试：包括近联机（1m以内）和远联机（1m以上）的调试，进行联机通道测试时，应无干扰和信息丢失现象。

① 近联机调试：利用测试程序，检查信息传送两侧的显示内容应一致。

② 远联机调试：调整联机等待时间，使用测试程序检查传送通道工作，确认传送正常。

（九）计算机设备稳定性检查与抗干扰试验

1. 拉偏检查的边界条件

（1）电压拉偏检查　直流电源电压拉偏范围为±5%，交流电源电压拉偏范围为±10%。

（2）电源频率拉偏检查　电源频率拉偏范围为-2～+1Hz。

（3）环境温度拉偏检查　在设备规定的工作环境温度范围内进行上下限拉偏检查。

2. 单体设备试验

在进行电压、频率和环境温度拉偏时，对计算机系统各设备的检查，应用测试检查程序进行，对于同类设备台数较多者，可按其总数的20%～40%进行抽查；对过程输入输出点的检查也可按其比例进行抽检；在各种拉偏检查过程中，故障停机总数应小于3次。

3. 在软件正常运行时，对全部设备进行综合拉偏试验

分别切断各设备电源，应不影响其他设备的正常工作；模拟电源故障中断，各相应显示

报警功能，并正常发出信号及作出相应处理；在设备说明书规定的允许波动范围内，分别改变电压、频率和环境温度，系统功能和设备运行应保持正常；在设备说明书规定的允许范围内，用振荡器或橡胶（木）锤敲击设备外壳或面板，设备及元件固定部位无松动，配线无松脱，接触部位等应可靠，设备运行及系统功能应保持正常。

4. 全系统设备综合连续运转的稳定性试验

1）在正常供电与环境条件下，通入特定的综合试验程序，试验时间不得少于7天，通入正常软件运行时间不得少于15天。

2）参考标准为设计或生产厂规定的计算机系统运转率保证值。CPU故障平均间隔时间一般不小于10000h；外围设备故障平均间隔时间一般不小于5000h；有效使用率一般应大于99.95%；在现场调试和交接时，只作短期考核。

3）如在考核试验期间出现故障，允许作局部修改或更换，但再试次数不得多于3次，经局部修改或更换后试验时间应重新计算。

4）确定运行时间应适当考虑到外围设备的利用系数。

5. 抗干扰试验

装有电子元件的电控设备、可编程序控制器、电子数字传感器、转换电路、接口电路、微机系统以及电子数字仪表等电子设备运行前则应进行电磁兼容性试验。其试验项目有：静电放电敏感度试验、串模抗干扰试验、共模抗干扰试验、电源尖脉冲敏感度试验、交直流磁场敏感度试验、无线电磁场干扰测试、环境电磁场干扰测试。

（1）试验程序

1）试验前应制定安全措施，包括设备出现异常时安全措施。各种电源的投入和切除、设定值的改变、运转方式切换等均应按操作规程进行。

2）试验应按先部分试验后整体试验的步骤进行。

3）干扰信号的量值、施加时间均应分级逐步增加，前一级未通过时不得进行下一级试验。

（2）静电放电敏感度试验

1）用标准静电放电发生器的静电电压施加于受试设备的试验点上，进行放电，放电过程应通过仪器观察。受试设备在放电和放电衰减期间，可以超差工作，但在放电衰减后应即恢复到正常工作；具有数据储存或带标准接口而进行数据传递的设备，在标准放电中和放电后，不得丢失数据，储存的程序不得有任何变化，不得改变状态，接口上的各点电平不应有任何变动；受试设备和系统的自动装置，工作性能应正常。

2）标准静电放电发生器的静电电压，应符合受试设备的技术条件和出厂试验的规定。一般也可按以下方法进行；标准静电放电可将一只300pF的电容器充电到-15000V，然后经过一只500Ω的电阻对受试仪器进行放电；标准静电放电可将一只150pF的电容充电到2000（1±10%）V，然后经过一只150Ω的电阻对受试设备进行放电。这里必须注意，电子测量仪器与电控设备的放电方法不同。

3）放电试验点的选定：受试设备门把、操作手柄或键盘上不应少于3点；每根输入、输出线上不应少于3点，输入、输出电缆线上离开受试设备150mm以外处各选一点；输入、输出接插头的外壳上选一点，试验时可将外接电缆断开；受试设备外壳上距安全接地线端最远处选一点；在每个与地隔离的金属罩上选一点。

4）放电次数的规定：放电探头应垂直加于试件上，并逐渐接近试验点直到产生放电。放电应以单次放电方式进行，在选定的试验点上分别进行10次单次放电。

5）试验方法及注意事项：试验方法的接线见图15-28。高压电源和放电探头的接地线均应接到受试设备的接地线上，接地线与主接地体的连接应可靠，接地线的连接和接地线的截面应符合有关规定。放电探头应以垂直于被试品表面的形式逐步接近试验品，每次放电后，应重新进行充电，再进行下一次放电试验。

试验时，高压操作应用绝缘工具，有人监护，试验完后应充分放电。

（3）串模抗干扰试验　试验接线见图15-29，对输入输出互相绝缘的仪表，试验时应将输出一端接地。试验时，将串模干扰电压施加于受试设备的输入信号线上，然后通过仪器观测其对受试设备工作性能的影响。

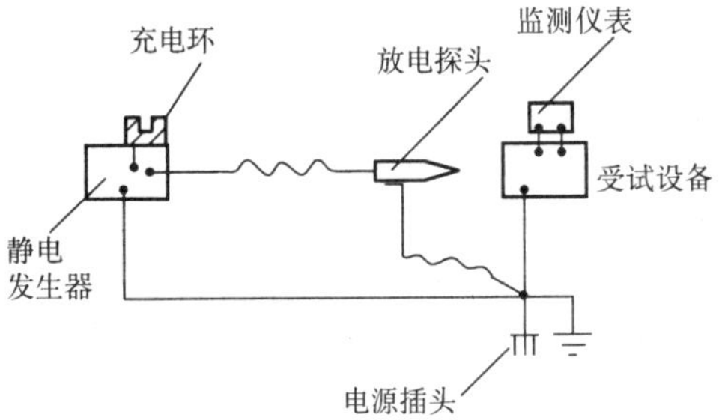

图15-28　静电放电试验接线框图

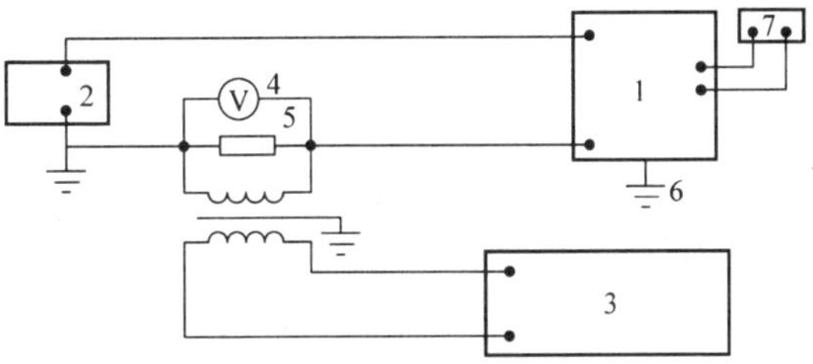

图15-29　串模抗干扰试验接线框图

1—受试设备　2—输入信号源　3—可调相位和幅值的50/60Hz交流电压源　4—电压表　5—串模负载电阻　6—安全接地线　7—监测仪表

串模干扰电压频率应与受试设备主电源频率相同，干扰电压的幅值应符合制造厂的规定，一般取最低值为1V（峰值），电压的相位能在0°～360°范围内连续可调。

试验标准：在0°～360°范围内调节串模电压的相位，受试设备应工作正常；受试仪表指示值三次读数的平均误差值应在仪表允许误差范围之内；测量干扰电压施加前后的信号值，按下述方法计算后所得的串模抑制比应符合产品的要求。

$$\begin{matrix}\text{串模干扰}\\\text{抑制比}\end{matrix}=20\log\frac{\text{串模干扰电压峰值}}{(\text{干扰前}-\text{干扰后})\ \text{电压信号值}}$$

（4）共模抗干扰试验　试验接线见图15-30。试验时，将交流共模电压施加于受试设备输入/输出端子与地之间，通过仪器观测其对设备的影响。

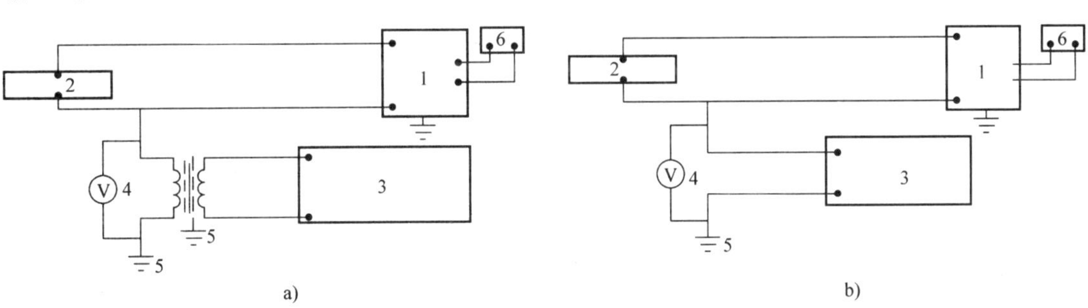

图15-30　共模抗干扰试验接线框图

a）交流共模干扰试验接线方框图

1—被试设备　2—输入信号　3—可调相位和幅值的50/60Hz交流电源　4—电压表　5—接地线　6—监测仪表

b）直流共模干扰试验接线方框图

1—被试设备　2—输入信号源　3—可调的直流电源　4—电压表　5—接地线　6—监测仪表

干扰电压应符合制造厂的规定，一般干扰电压幅值应不低于250V，电压的相位应能在0°~360°范围内连续可调。

试验标准：在0°~360°范围内调节共模抗干扰电压的相位，受试设备应运转正常；必要时，对变送器等受试设备还应以50V或1000倍变送器最小量程的直流共模干扰电压，分别以正电压和负电压施加于受试设备上，设备仍应运转正常。受试仪表示值的三次平均误差应符合制造厂的规定，所测得的共模抑制比应符合产品规定。

$$共模抑制比=20\log\frac{共模干扰电压峰值}{(干扰前-干扰后)电压信号值}$$

（5）电源尖脉冲敏感度试验　试验接线如图15-31所示，试验电源应通过滤波器（至少为500μH的扼流圈或10μF的穿心电容器）接入，并有隔离变压器保护。

尖脉冲电压波形应符合图15-32的要求；尖脉冲电压应以6~10次/s的重复频率施加于受试设备的电源线上，对交流供电的受试设备，应分别以正负极性尖脉冲电压施加于受试设备电源线上；脉冲频率应与电源频率同步；脉冲相位应为0°~360°连续可调，试验时调节脉冲相位，确定出最敏感的脉冲相位；脉冲幅值应为电源电压有效值的4倍；脉冲施加时间应不少于30min，受试设备不应出现系统不稳定、元件误动作或输出波形失真等异常现象，设备的各项动作功能和程序均应正确无误。

（6）交流、直流磁场敏感度试验　分别将交流、直流干扰磁场施加于受试设备外部的任何点上，受试设备不应出现运转异常现象。施加的干扰磁场强度应不低于受试设备制造厂的规定，一般为0.5mT。

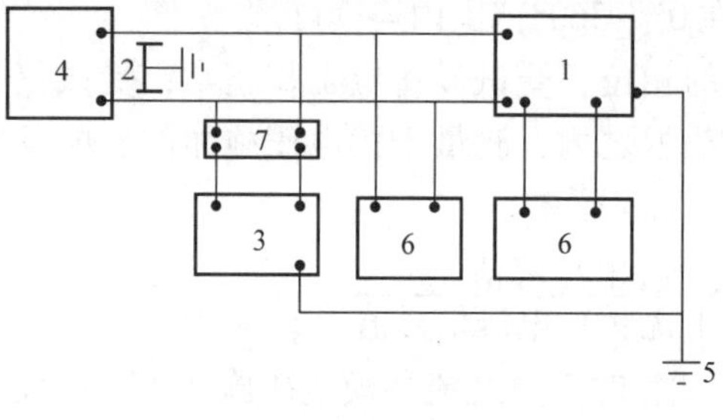

图15-31　电源尖脉冲敏感度试验框图

1—被试设备　2—穿心电容器　3—尖脉冲发生器　4—交流或直流试验电源　5—安全接地线　6—监测仪表　7—隔离变压器

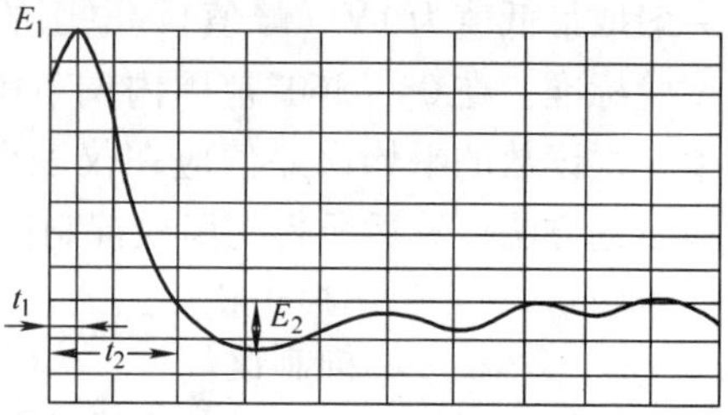

图15-32　尖脉冲波形图

E_1—尖脉冲电压　E_2—电源电压

$t_1=0.5\mu s$　$t_2=10\mu s$

环境电磁场干扰场强的测试，对所测电子仪表和电气设备机房内无线电干扰的场强，应符合设计规定；外部干扰场强应符合制造厂的规定，一般3m以内交、直流干扰场强应小于0.5mT，10m以内应小于10mT。

（十）软件调试

1. 软件调试前的一般要求

1）计算机系统应具有为调试、运行和生产运行控制管理所使用的程序；

2）软件应具有软件框图、程序文本和存储于存储介质中的目地程序；

3）软件调试人员应熟悉程序清单和说明书，了解硬件功能和有关图样资料，并对软件进行考核，掌握操作方法与步骤；

4）上机调试前应至少保存一个文字副本（程序文本）或存储文件（外存存储的目的

程序)；

5) 软件资料应由专人负责管理，按规定要求存放、保管。

2. 编程操作的要求

(1) 加载操作系统　无自动加载时，应按系统说明书进行系统加载操作，主机通电后，应能自动从硬盘或已装操作系统的软盘中加载；

(2) 制作原程序与程序文本　使用解释性语言管理系统时，在操作系统命令下，调入该语言或管理系统，按语言规则编制和调试程序；使用汇编或编译语言时，应使用操作系统本身的文本编译程序，按语言规定编制原程序并调入相应盘内；

(3) 程序运行　对于解释性语言在程序编制后，可直接在本语言环境上，对应用程序进行运行调试；对于汇编或编译语言，应将原程序文本存入后，调用该语言对原程序汇编或编译、制出目的程序文本后再连接到操作系统中去，此后方可在操作系统下对应用程序运行和调试；

(4) 使用结束　应在返回操作状态下取出软盘，再关机。

3. 软件调试

软件调试应在硬件基本完成之后与硬件功能测试交叉进行。

(1) 基本软件调试

1) 建立基本系统，读入基本系统，反复读三次以上，应确认读入显示打印正确；

2) 建立空闲区和工作文件区；

3) 读入其他系统程序，要求同1)；

4) 组成所需的用户系统，确定存储区的终地址，进行设备登记和磁盘单元登记，连接扩充模件，连接语言和扩充语言，给用户分配设备等；

5) 编制磁盘目录，将系统程序、用户文件和其他所有程序分别存入系统盘、工作盘和库盘；

6) 用命令测试确认程序运行正常。

(2) 操作系统　应运行正常。

(3) 多用户同时进行测试　应运行正常，且用户间无干扰。

(4) 采用语言模拟方式　测试过程输入信号应正常。

(5) 应用软件调试

1) 根据设计和工艺要求确定软件任务，画出系统功能和操作运行控制框图，编制应用程序；

2) 按程序规定进行程序装入、排障（修改）和汇编等工作；

3) 对原始数据管理程序，用人机对话方式读入（卡片数据，磁带数据，软盘数据），并作显示和打印，运行应正常；

4) 对数据收集程序进行通道测试和信号模拟测试，并打印出数据测试清单，确认数据准确无误，运行正常；

5) 对设定计算程序应进行反复试算，并确认计算正确无误，运行正常。

(6) 基本软件　一般应不做修改。

(7) 应用软件的修改　应在离线运行时进行，如需在线调试，应有专门措施并经上级技术主管部门及软件专业工程师（程序员）批准。

(8) 在线运行　所有软件除故障处理外，不应进行任何修改，故障处理时作的程序变动应有详细记录和说明。

(9) 所有存档软件文本　应复制使用，不得直接使用。

(10) 所有存储在可读介质上的程序文本　应有保护。

(11) 控制程序输入到只读存储器中　经考核运行后应予以固化，程序的固化和消除均应按制造厂规定的方式进行。

4. 软件的管理和验收

1) 所有软件资料、程序文本和存储介质文本，均应建立软件设备档案，存储介质应存放在恒温和无电磁干扰的室内；

2) 基本软件应经1~2周运行考核，确认其达到软件说明书上规定的各项功能指标；

3) 应用软件应经3~6个月运行考核，确认其与硬件工作试验一起达到监控目的。

(十一) 界面信息传送联动试验

电子计算机过程输入输出装置与控制、检测及其他装置间的接口装置的试验检查可按以下项目进行。

1. 常规检查

(1) 接口装置（包括I/O装置及监控装置中继盘、站）的检查　接口的规格、型号、数量、连接应符合设计规定；接地线、屏蔽线的连接应符合系统要求；电源的检查应按CPU的电源检查进行。

(2) 信号线的检查

1) 信号线、电缆的规格、型号、连接、标号应符合设计规定；用500V摇表测试信号线对地的绝缘电阻不得低于10MΩ；测试时，信号线应从端子上拆下并与设备脱离后进行。

2) 试验前应检查确认各开关位置、动作无误，正确选择熔断器的熔体。

2. 静态接口试验（不带动工艺线上的设备）

本试验只检查确认信息传送到继电器和电磁开关的动作或末级输出信号为止；试验用输入输出装置的设定显示面板或与计算机联机，使用测试程序检测信息传送和出口动作的正确性。

1) 通电检查接口装置内的开关、按钮、键等动作，应正确无误，人为动作装置内的继电器时，相应接口动作显示应符合设计规定。

2) 信号输出回路联动检查以过程输入输出装置的操作设定与计算机联机，使用测试程序对各种过程信号寻址并设定输出值，被寻址过程点所在接口装置上产生的联锁动作和显示报警应畅通无误。

3) 信号输入回路的联动检查用上条方式，对各过程信号寻址、设定输入值。操作接口各盘箱上的开关、按钮、数码开关、继电器等或被寻址的仪表、电气装置的相应点上，输出模拟盘信号或脉冲，I/O装置应显示并打印出相应地址的输入信号（位组、数据），联锁动作，报警显示均应正常。

4) 测试经过接口传送检测信号的功能应正常，检测值应达到设计或工艺规定的精度要求。

5) 检查接口传送的全部显示、报警功能，应正常。

3. 动态接口试验

带动工艺设备做冷态无负载运行。

1) 手动操作使工艺线上各机械运转，检查联锁动作、报警、机械位置行程等，均应符合设备要求。

2）计算机在线运行，投入自动工作方式，按以下两种方法进行试验：

① 利用 I/O 装置进行运算控制设定和操作设定，面板试验脱机；

② 利用测试程序进行运算控制设计和操作，试验联机。

两种试验，应分别按系统或回路检查工艺设备的联动运行情况，应符合设计规定，运行正常。

（十二）计算机控制系统的整体试运行

1）各工艺设备和计算机系统联调完成且正常后，应由计算机控制整个生产工艺作业线做系统整体试运转，考核系统功能和监控精度等指标，均应符合设计和工艺要求。

2）计算机控制系统应连续无故障运行 24h（外部停电、停运等造成的计算机停机时间除外）；主机系统各主要工作制（手动、自动、单机、双机等）试验不得少于 3 次；有关试验记录、资料完整。

（十三）系统模拟故障干扰试验

须经设计、安装、建设单位及制造厂家技术主管部门批准，按共同商订的试验方案进行。计算机控制系统整体试运行时，必要的情况下，仍需上述四家联合进行。

计算机系统调试应在软件人员配合下进行，安装调试人员应熟悉各类机型的各种操作指令及操作程序，有关方面的知识请参阅微机及其应用的有关资料。

第十六章　特殊场所（环境）电气装置

特殊环境是指爆炸危险环境、火灾危险环境、防水防尘防腐场所、静电及超静电等非正常工作条件的场所。这些场所的电气工程从设备、材料到安装方法、标准规范以及设计等方面都有特殊的要求，其中最主要的一条就是电气管线、电气设备、开关元件、电源装置等电气系统是一个封闭的系统，这个系统与外界场所是隔离的。这样当外界具备了发生危险的条件时（如空间一氧化碳等可燃可爆性气体的浓度达到了爆炸程度、粉尘浓度达到了发生火灾或爆炸的程度等）不至于由于电气火花而发生事故。因此，特殊环境的电气工程给安装带来了一定的难度，往往由于不慎也会发生事故。这样，系统调试、送电及试运行的技术上又增加了特殊性，这就是本章要讲述的内容。

特殊环境、非生产用电环境的类别很多，其调试、送电及试运行要注意以下几点，供读者参考。

1）易燃、易爆环境一般指油库、油漆库、喷漆车间、弹药库、汽油库、乙炔站、氧气站、液化气站及有粉尘或蒸气、纤维爆炸性混合物的车间、爆炸性或易燃气体的车间及有爆炸或火灾危险的化工车间等。

这类环境安全用电总体要求是不得因任何电火花或电弧而引起爆炸或燃烧。因此，所有的电气设备均采用防爆电器且所有电气管路密闭而与外界隔绝，实行电气整体防爆，详见国家标准 GB 50257—1996。

2）易产生静电环境一般指石油、医药、化工、化纤、塑料、橡胶、印刷、造纸、纺织等行业的一些车间或有高流速介质的管道、带式输送机及其他制造、加工、转运高电阻材料的环境。

这类环境安全用电总体要求是不得因静电放电火花引起爆炸或燃烧，不得因静电电击伤人或影响生产。因此，静电环境必须采用合适的消除静电的方法，如接地、增湿、中和等方法。

3）易化学腐蚀环境通常指酸、碱、盐、腐蚀性气体等化工产品生产车间及厂区，热处理、电解及电镀车间，充电室以及空气中含有大量污物而对电器元件和金属有严重腐蚀的区域及环境。

这类场所安全用电总体要求是不得因化学腐蚀损坏电气设备及线路和与其有关的金属部件，以至发生各类电气事故。因此，化学腐蚀环境必须采用防腐型或防污型电气设备及元件，裸露的金属管路必须有良好的防腐措施，如镀锌以使接线盒密封，或者采用隔离的方法。

4）潮湿环境通常指铸造车间、罐洗车间、水洗车间、水泵站、制冷站、人防工程等湿度较大或用水及水蒸气较多的工业车间或其他场所。

这类环境安全用电总体要求是不得因潮湿而锈蚀、损坏或降低电气设备及线路的绝缘电阻、电器的金属构件及穿线管道等。因此，潮湿场所必须采用密闭或防水防潮型的电气设备，并有相应的预防措施以保证电气系统的安全。

5）高温环境一般指冶金、化工、机加工等行业的高温场所。这类环境安全用电总体要求是不得因高温而损坏电气设备及线路的绝缘，烧坏设备以至发生火灾。因此，高温环境必须采用隔热措施，设备应选用防溅安全型的设备。

6）多尘环境一般指矿石粉碎、磨粉、磨煤、炭黑加工以及毛纺化纤等行业的毛绒加工等环境或车间。

这类环境安全用电总体是不得因粉尘引起爆炸或火灾，不得因粉尘而影响电气设备及管路的散热以至绝缘损坏，不得因粉尘影响作业人员的健康。因此，除了有的必须采用防爆防火的措施外，还应采取吸尘措施或除尘设备。电气设备应选用密封型，电气管路也应密封。

7）高频电磁场环境一般指高频加热车间、高频试验室及其他有高频电磁设备的环境。

这类环境总体安全要求是不得因高频电磁场对现场作业人员引起伤害，不得干扰通信和测量电子设备的正常工作，不得因电磁感应产生电火花而引起火灾或爆炸等。因此，必须采用屏蔽、接地等措施。

8）建筑、矿山、水利等工程的施工现场，这类环境情况复杂，工期有长有短，工程有大有小，用电安全难以保证。安全用电总体要求是临时用电不得影响电网运行，必须保证作业人员的安全。工期短且工程较小的项目可采用临时供电；工期长且工程较大的项目可先临时供电，但必须在较短的时间内实行正式供电，以保证电网的安全运行。有关临时用电，国家有正式的标准规范，应按此执行，标准号为 GB 50194—2002、JGJ46—2005。

9）矿井类场所，这类场所情况更为复杂、条件更为恶劣，且易燃易爆，潮湿易腐，用电安全难以保证。安全用电总体要求是不得因电气火花电弧而引起火灾爆炸，不得因潮湿而使绝缘降低，以至发生触电事故。因此，井下电气有特殊的要求：电器必须选用防爆型、系统采用保护接地、必须装设漏电保护等及其他防护措施。

10）金属容器、隧道等环境，这类环境用电总体要求是不得使作业人员触电，故一般采用安全电压，并有完善的防护措施。

11）非生产用电环境通常指办公、普通仓库、实验室、文化娱乐、商业服务、食堂、托儿所、幼儿园、宾馆饭店、医院、学校等场所。这类环境用电总体要求是不得使工作人员、儿童、顾客触电，不得因电气故障而引起火灾，不得因电气故障而发生事故。

12）弱电环境，通常指火灾自动报警及消防系统、通信广播系统、保安防盗系统、有线电视系统、计算机管理控制系统及其机房等。这类场所用电总体要求是不使工作人员触电，不得因电气故障而发生火灾或其他事故，不得因弱电故障而影响系统的正常运行。因此，弱电系统必须采用特殊的接地和保安方式。通常装设备用电源 UPS 和相应的隔离器，并有完善的安全防护措施。此外，在维护检修方面应配备技术全面的电气工作人员。

因此，对于各类特殊环境、非生产用电环境应按其特征和具体功能采用相应的、可行的、安全的技术装备和预防措施。同时，还应做好运行维护工作，确保系统正常安全运行。

爆炸及火灾危险环境的电气工程的安装应符合现行国家标准 GB50257—1996《电气装置安装工程爆炸和火灾危险环境电气装置施工及验收规范》的要求以及其他相关标准的要求，标准号有：GB50168—2006、GB50169—2006、GB50170—2006、GB50171—2012、GB50254—2014、GB50058—2014、GB50303—2015、GB50150—2006、GB50147—2010、GB50148—2010、GB50149—2010 等。

一、总体要求

特殊环境是非一般的环境，必须遵守国家关于特殊环境电气装置安装工程的施工及验收规范，才能保证该环境用电的安全。

1）所有电气设备、装置、元件、材料必须使用设计指定的防爆、隔爆、防尘产品，生产厂商必须具有相应的生产许可证。

2）电气管路与设备、元件的连接必须保证是一个封闭且密封的系统，在送电试验前应做气密试验。

3）严格遵守元件的测试和试验以及有关章节中相关电气装置安装调试的规定及工艺方法，不得擅自更改。

4）必须按 GB50257—1996 的规定施工及验收，不得简化省略。

二、送电及试运行

1. 接线的检查

当设计采用了 DKCB 型集中控制屏，给接线带来了很大的方便，均采用插接件连接或安全栅与按钮连接。当采用由防爆电器构成的控制柜时，接线应注意以下几点。

（1）电动机的接线同前所述，只是在穿线时应将挠性连接管同时穿入，一端和管口紧好，另一端在接好线后（按电动机接法将相线接好，接地线接在盒内的接地端子上）再与电动机进线口拧紧。

（2）按钮是固定在墙上的角钢支架上的，进线口直接与管口加垫连接，接线同前，但要将接地线接在接地螺钉上。

（3）屏内的接线应分别把电动机穿管引线及按钮穿管引线接在相应的端子上，然后把钢管的出线口用胶泥密封好。有采用挠性连接管时，应将其直接接在控制开关的下闸口进线口处。同时在管进入屏底部时，应将引入处的管口用胶泥密封。

（4）将控制屏的接地端子及设备、管道等需要接地或静电接地点按接地（或接零）的要求及防静电接地的要求可靠接地。

2. 测试和送电试车

绝缘电阻、接地电阻、线路接触电阻、电动机测试、系统密封测试同前。此外，应检验或复查以下有关项目：

（1）防爆电气设备的铭牌中，必须标有国家检验部门签发的“防爆证号”及出厂试验合格证。电气设备的类型、级别、组别应符合设计且与场所的类型、级别、组别对应。

（2）设备的外壳，应无裂纹、损伤，接线盒盖紧固，密封良好，且固定螺栓及防松装置齐全。

（3）防爆充油型设备，油箱及系统不应漏油，油面高度正常；安全无火花型设备的配线工程，线路走向、标高应符合设计，线路应有天蓝色的标志。

（4）电气设备及系统多余的进线口，应密封良好；系统的密封装置应符合规定。

（5）系统及设备接地（或接零）及防静电接地应符合规定及设计要求。

（6）检验进入通风、充气系统和电气设备内的空气或气体，不得含有爆炸性混合物及其他有害物质；

（7）在化工防爆场所试车，起动定子铁心外径大于 1m 且起动困难的防爆安全型电动机（如风机等）之前，应先检验电动机周围气体内含有爆炸性混合物的最高浓度，只有低于爆炸浓度下限时才能起动。

起动试运行中，除遵守有关章节中有关运行的规定外，还应注意以下几点：

1）防爆电气设备外壳温度不得超过表 16-1 中的规定。

表 16-1　防爆电气设备外壳表面的最高温度　（单位：℃）

温度组别	T_1	T_2	T_3	T_4	T_5	T_6
最高温度	450	300	200	135	100	85

2）各类防爆电器及电动机有关起动时间、热态温度、安装要求应严格按有关的要求进行，任何人、任何情况下不得更动。

3）起动试运行前，负责人必须检查和落实系统密封试验的情况，不得因任何原因省略密封试验这一重要工序。

4）火灾危险场所电气设备同爆炸危险场所的电气设备。

5）防水防尘场所的电气设备基本同上，防尘场所应做密封试验，设备应选取防水型、防尘型。

6）防腐场所电气设备基本同上，应做密封试验，设备应选取防腐型。

7）多静电或超静电场所的电气设备同上，要严格做好密封及试验，做好防静电接地。

特殊环境电气设备的安装质量检查标准及方法见表 16-2 ~ 表 16-5。

表 16-2　防爆电气设备安装

工序		检验项目	性质	质量标准	检验方法及器具
外观检查		类型、级别、组别		按设计规定	对照图样检查
		铭牌及特殊标志	主要	正确、清晰	检查合格证
		外壳、接线柱、绝缘件		无裂纹、损坏	观察检查
		进线口及防爆面		密封良好、齐全	
		电气间隙及爬电距离		按 GB50257—1996 规定	用尺检查
设备的安装隔爆型电气		隔爆型电动机轴与轴孔、风扇罩间隙	主要	均匀，无摩擦	检查记录、观察
		电气联锁		正确、可靠	操动试验
		机械联锁		正确、可靠	
增安型和无火花型电气设备安装		紧固螺栓的防松措施		齐全，无松动、锈蚀	观察检查
		电动机定、转子间隙	主要	按 GB50257—1996 规定	检查记录
正压型电气设备安装	介质	排气		采取防止火花和炽热颗粒从电气设备中吹出的措施	观察及查阅记录
		进入通风、充气系统的空气		不含爆炸性混合物或其他有害气体	观察检查
	微压继电器	电气联锁		按设计规定	对照图样检查
		装设位置		风压、气压最低点出口	观察检查
		动作值		爆炸环境为 1 区时，可靠地切断电源；爆炸环境为 2 区时，可靠地发出警告信号	对照图样检查
		运行中电气设备内部电火花、电弧	主要	不应从缝隙或出风口吹出	观察检查
		通风管道		密封良好	
充油型电气设备安装		油箱、油标		不得有裂纹及渗油	观察检查
		油位	主要	在油标线范围内	
		垂直安装误差		≤5°	用线坠检查
		温升		按 GB50257—1996 规定	检查运行记录

（续）

工序	检验项目		性质	质量标准	检验方法及器具
本质安全型电气设备安装	关联设备	型号		按设计规定	对照图样检查
		电源变压器的线圈和铁心间屏蔽		一点接地	观察检查
		电源变压器的熔断器额定电流		不大于变压器的额定电流	
	独立供电的电池型号和规格		主要	按设计规定	对照图样检查
	连接导线、电缆型号、规格和长度			按设计规定	
	防爆安全栅接地		主要	牢固，导通良好	扳动并导通检查
粉尘防爆电气设备安装	设备安装			牢固	观察检查
	通风孔道			不得堵塞	
	电气间隙和爬电距离		主要	按设计规定	对照图样检查
	密封性能		主要	良好	观察检查
	表面温度			按 GB50257—1996 规定	检查记录
	保护及联锁		主要	正确，可靠	操动试验

表 16-3　爆炸危险环境电气线路的安装

工序	检验项目		性质	质量标准	检验方法及器具
电缆线路	电缆接线	电缆连接		不直接相连	观察检查
		防爆接线盒	主要	密封完好	
	隔离密封措施	两级区域交界处的电缆沟		充砂填阻堵料或设防火隔墙	观察检查
		相邻区域共用的隔墙楼板、地面孔洞	主要	堵塞严密	观察检查
		电缆保护管管口封堵	主要	严密	
	接线盒进线孔密封	弹性密封圈及金属垫		与电缆外径匹配，直径误差不大于 ±1mm	用卡尺检查
		弹性密封孔	主要	每孔只穿一根电缆	观察检查
		引入口空隙填入的密封填料		$h \geq 1.5D$，且不少于 40mm	检查记录
		不同环境电缆配线引入电动机的挠性连接		使用不同材质的挠性连接管	对照图样检查
		电缆表面		清洁干燥，清除防腐层	观察检查
		电缆固定		牢固	

（续）

<table>
<tr><th>工序</th><th colspan="2">检验项目</th><th>性质</th><th>质量标准</th><th>检验方法及器具</th></tr>
<tr><td rowspan="22">爆炸危险环境的钢管配线</td><td rowspan="2">钢管检查</td><td>材质</td><td></td><td>低压流体输送用镀锌焊接钢管</td><td>对照图样检查</td></tr>
<tr><td>外观</td><td></td><td>镀锌层完好</td><td>观察检查</td></tr>
<tr><td rowspan="4">螺纹连接</td><td>与钢管、部件、电气设备的连接</td><td></td><td>不得采用套管焊接</td><td rowspan="4">观察检查</td></tr>
<tr><td>螺纹加工</td><td></td><td>光滑、完整、无锈蚀</td></tr>
<tr><td>螺纹有效啮合扣数</td><td></td><td>爆炸性气体1区和2区：
管径≤25mm，≥5扣
管径≥32mm，≥6扣</td></tr>
<tr><td>锁紧螺母</td><td></td><td>齐全、紧固</td></tr>
<tr><td rowspan="4">隔离密封组件</td><td>电气设备无密封装置的进线口</td><td></td><td>设隔离密封组件</td><td rowspan="4">观察检查</td></tr>
<tr><td>相邻隔墙上</td><td></td><td>设横向隔离密封件</td></tr>
<tr><td>楼板或地面上</td><td></td><td>设纵向隔离密封件</td></tr>
<tr><td>管径不小于50mm的管路</td><td></td><td>距接线箱450mm处及每隔5m处设隔离密封组件</td></tr>
<tr><td rowspan="4">制作安装</td><td>隔离密封组件</td><td></td><td>无锈蚀、灰尘、油渍</td><td rowspan="3">观察检查</td></tr>
<tr><td>密封件内导线</td><td></td><td>无接头，导线间及与密封件壁间距离均匀</td></tr>
<tr><td>密封件与隔离物间距</td><td></td><td>≤300mm</td></tr>
<tr><td>密封填料</td><td></td><td>按制造厂规定</td><td>对照厂家规定检查</td></tr>
<tr><td rowspan="4">防爆挠性连接管</td><td>装设位置</td><td>主要</td><td>按GB50257—1996规定</td><td rowspan="3">观察检查</td></tr>
<tr><td>外观检查</td><td></td><td>无裂纹、孔洞、机械损伤、变形</td></tr>
<tr><td>不同环境采用相应材质的挠性连接管</td><td></td><td>按GB50257—1996规定</td></tr>
<tr><td>挠性连接管的弯曲半径</td><td></td><td>不小于5倍连接管直径</td><td>用尺检查</td></tr>
<tr><td rowspan="2">设备多余孔的封堵</td><td>丝堵封堵</td><td rowspan="2">主要</td><td>堵塞严密</td><td rowspan="2">观察检查</td></tr>
<tr><td>钢质堵板</td><td>厚度不小于2mm，且用螺母紧固</td></tr>
<tr><td rowspan="6">本质安全型电气设备及其关联电气设备的线路安装</td><td colspan="2">导线、钢管、电缆及配线方式、线路走向和标高</td><td></td><td>按设计规定</td><td rowspan="2">对照图样检查</td></tr>
<tr><td colspan="2">与关联设备的连接线</td><td></td><td>按设计或制造厂规定</td></tr>
<tr><td colspan="2">端子间距</td><td></td><td>≥50mm，或采用高于端子的绝缘隔板</td><td>用尺检查</td></tr>
<tr><td colspan="2">本质安全电路、关联电路、其他电路的盘内配线</td><td></td><td>分开束扎、固定</td><td rowspan="3">观察检查</td></tr>
<tr><td colspan="2">电缆、钢管、端子板标志</td><td></td><td>蓝色</td></tr>
<tr><td colspan="2">隔离密封</td><td>主要</td><td>良好</td></tr>
</table>

表16-4　火灾危险环境的电气装置的安装

工序	检验项目		性质	质量标准	检验方法及器具
电气设备安装	型号和规格			按设计规定	对照图样检查
	电气箱、盒			采用金属制品	观察检查
	电气设备、开关与可燃物质存放地点的距离			≥3m	用尺检查
	移动式和携带式照明灯			有金属保护网	观察检查
	露天安装的变压器或配电管道的外廓距建筑物外墙间距			≥10m 或按设计规定	现场实测
火灾危险环境的电气线路安装	外观检查	绝缘导线和电缆的额定电压	主要	大于线路额定电压，且≥500V	对照图样检查
		1kV 以下线路		电缆或钢管配线	观察检查
		不同区域配线方式		按 GB50257—1996 规定	
		移动式或携带式电气线路		用可移动电缆或橡套软线	
	线路连接	铝芯导线和电缆连接		可靠、严密	观察检查
		不拆卸的母线		宜采用熔焊	
		需拆卸的母线		螺栓连接可靠，有防松措施	
	电缆引入口架空线路的穿线	进线口密封		严密	观察检查
		螺纹连接		紧密	
		水平距离		不小于 1.5 塔杆高度	测量

表16-5　爆炸和火灾危险环境电气设备的接地和接零检查

工序	检验项目	性质	质量标准	检验方法及器具
保护接地	电气设备的金属外壳、金属构架、配线管、附件、电缆保护管接地		牢固，导通良好	扳动并导通检查
	接地干线		在不同方向上与接地体相连，连接处不少于两处	观察检查
	接地线最小截面		≥4mm^2（铜芯）	用尺检查
	电气设备及灯具的专用接地线		单独与接地干线相连	观察检查
	电缆引入电气设备处的接地或接零		与接地螺栓可靠连接，连接处涂有电力复合脂	观察检查

（续）

工序	检验项目	性质	质量标准	检验方法及器具
防静电接地	防静电的接地装置，每一处的接地电阻值 MΩ	主要	按设计规定	检查试验记录
	防静电接地线的安装及连接方式		采用不小于 M10 的螺栓连接，且应有防松螺母，连接处涂有电力复合脂（或焊接）	观察检查
	在腐蚀环境下，法兰采用金属螺栓或卡子固定时		有两个以上螺栓或卡子，接触面除锈、除污垢，且应有防松螺母	观察检查
	非金属构架上平行敷设的金属管道，间距小于 100mm 时		每隔 20m 应装金属跨接线	观察测量
	交叉敷设的金属管道间距小于 100mm		应装金属跨接线	观察并测量
	容量为 $50m^3$ 及以上的贮罐，其接地点数	主要	≥2 点	观察检查
	浮动式贮罐在无防雷接地时，罐顶与罐体的跨接软铜线截面	主要	$\geqslant 25mm^2$	观察并查施工记录
	引入浮动式贮罐的电缆		电缆的铠装、金属外壳与罐体可靠连接	用仪表测量
	钢筋混凝土的贮罐或贮槽其内壁接地线		应与金属管道、电缆铠装、金属护层相连，且引至罐槽外接地	观察并用仪表测量
	非金属管道防静电接地		其外壁缠绕的金属丝、网，金属带等，应紧密贴其表面均匀缠绕并可靠接地	观察检查
	可燃粉尘的袋式集尘设备，织入袋体的金属丝的接地检查		可靠接地	观察检查并用仪表测量
	带传动机构的防静电接地刷、防护罩的接地检查		可靠接地	观察检查并用仪表测量
金属管道、配线钢管、电缆铠装、金属外壳在危险区域的进口处		主要	可靠接地	观察检查

参考文献

[1] 天津电气传动设计研究所．电气传动自动化技术手册［M］．2 版．北京：机械工业出版社，2006.
[2] 韩天行．微机型继电保护及自动化装置检验调试手册［M］．北京：机械工业出版社，2004.
[3] 而师玛乃·花铁森．建筑弱电工程安装施工手册［M］．北京：中国建筑工业出版社，1999.
[4] 电梯工程监理手册编写组．电梯工程监理手册［M］．北京：机械工业出版社，2007.
[5] 余洪明，章克强．软起动器实用手册［M］．北京：机械工业出版社，2006.
[6] 宫靖远，贺德馨，孙如林，等．风电场工程技术手册［M］．北京：机械工业出版社，2005.
[7] 电力工程监理手册编写组．电力工程监理手册［M］．北京：机械工业出版社，2006.
[8] 河北省 98 系列建筑标准设计图集［M］．北京：中国计划出版社，1998.
[9] 王建华．电气工程师手册［M］．3 版．北京：机械工业出版社，2007.
[10] 机械电子工业部天津电气传动设计研究所．电气传动自动化技术手册［M］．北京：机械工业出版社，1992.
[11] 陕西省建筑工程局《安装电工》编写组．安装电工［M］．北京：中国建筑工业出版社，1974.
[12] 电工手册编写组．电工手册［M］．上海：上海人民出版社，1973.
[13] 第二冶金建设公司．冶金电气调整手册［M］．北京：冶金工业出版社，1975.
[14] 湘潭电机制造学校．电力拖动自动控制：上册［M］．北京：机械工业出版社，1979.
[15] 潘品英，等. 电动机修理［M］．上海：上海人民出版社，1970.
[16] 阮通．10～110kV 线路施工［M］．北京：水利电力出版社，1983.
[17] 潘雪荣．高压送电线路杆塔施工［M］．北京：水利电力出版社，1984.
[18] 李柏．送电线路施工测量［M］．北京：水利电力出版社，1983.
[19] 农村电工手册编写组．农村电工手册［M］．北京：水利电力出版社，1974.
[20] 车导明，等．中小型发电厂和变电所电气设备的测试［M］．北京：水利电力出版社，1986.
[21] 庞骏骐．电力变压器安装［M］．北京：水利电力出版社，1975.
[22] 庞骏骐．高压开关设备安装［M］．北京：水利电力出版社，1979.
[23] 杜玉清，等．送电工人施工手册［M］．北京：水利电力出版社，1987.
[24] 工厂常用电气设备手册编写组．工厂常用电气设备手册［M］．北京：水利电力出版社，1984.
[25] 建筑电气设备手册编写组．建筑电气设备手册［M］．北京：中国建筑工业出版社，1986.
[26] 冶金工业部自动化研究所．大型电机的安装与维修［M］．北京：冶金工业出版社，1978.
[27] 张学华，等．小型供热发电机组的安装、调试和运行［M］．北京：水利电力出版社，1990.
[28] 叶江祺，等．热工仪表和控制设备的安装［M］．北京：水利电力出版社，1983.
[29] 航空工业部第四规划设计研究院，等．工厂配电设计手册［M］．北京：水利电力出版社，1983.
[30] 牛宝元．怎样安装与保养电梯［M］．北京：中国建筑工业出版社，1983.
[31] 丁明往，等．高层建筑电气工程［M］．北京：水利电力出版社，1988.
[32] 陈一才．高层建筑电气设计手册［M］．北京：中国建筑工业出版社，1990.
[33] 吴名江，等．共用天线电视［M］．北京：电子工业出版社，1985.
[34] 刘介才．工厂供电［M］．北京：机械工业出版社，1995.
[35] 化学工业部劳资司，等．电气试验工［M］．北京：化学工业出版社，1990.
[36] 吕光大．电气安装工程图集［M］．北京：水利电力出版社，1987.
[37] 李东明．建筑弱电工程安装调试手册［M］．北京：中国物价出版社，1993.

[38] 农电手册编写组．农电手册［M］．北京：水利电力出版社，1983.
[39] 天津电气传动设计研究所．半导体逻辑元件及其应用［M］．北京：机械工业出版社，1975.
[40] 南京工学院无线电工程系电子线路实验编写组．电子线路实验［M］．北京：人民教育出版社，1982.
[41] 本社．电气装置安装工程施工及验收规范汇编［M］．北京：中国计划出版社，1996.
[42] 姚炳华，彭振民，吴晋华．电气调整工程便携手册［M］．北京：机械工业出版社，2006.
[43] 白公．怎样阅读电气工程图［M］.3 版．北京：机械工业出版社，2012.
[44] 白公．维修电工技能手册［M］.3 版．北京：机械工业出版社，2015.
[45] 白公．电工仪表技术 365 问［M］．北京：机械工业出版社，2007.
[46] 张福恩，等．交流调速电梯原理、设计及安装维修［M］．北京：机械工业出版社，1991.
[47] 国家建委第一工程局．电焊工［M］．北京：中国建筑工业出版社，1979.
[48] 山东省工业设备安装公司．气焊工［M］．北京：中国建筑工业出版社，1979.
[49] 白公．电工安全技术 365 问［M］．北京：机械工业出版社，2000.
[50] 白公．高级电工技术与技能自学读本［M］．北京：机械工业出版社，2004.
[51] 袁国汀．建筑安装工程施工图集：七常用仪表工程［M］．北京：中国建筑工业出版社，2001.
[52] DL/T 5161—2002 电气装置安装工程质量检验及评定规程［S］．北京：中国电力出版社，2002.
[53] 柳涌．建筑安装工程施工图集：六弱电工程［M］．北京：中国建筑工业出版社，2002.
[54] GB 50339—2003 智能建筑工程质量验收规范［S］．北京：中国建筑工业出版社，2003.
[55] GB 50093—2002 自动化仪表工程施工及验收规范［S］．北京：中国计划出版社，2002.
[56] 深圳中电力技术有限公司 PMC 产品说明书.
[57] GB/T 11022—1999 高压开关设备和控制设备标准的共用技术要求［S］. 北京：中国标准出版社，1999.
[58] 西安高压电器研究所有限责任公司. 高压电器产品手册［M］. 北京：机械工业出版社，2008.
[59] 王春江. 电缆电线手册［M］. 2 版. 北京：机械工业出版社，2001.
[60] 国家电网公司. 电工安全操作规程［M］. 北京：中国电力出版社，2003.

编著图书推荐表

姓　　名		出生年月		职称/职务		专　　业	
单　　位				E-mail			
通讯地址						邮政编码	
联系电话		研究方向及教学科目					

个人简历（毕业院校、专业、从事过的以及正在从事的项目、发表过的论文）：
您近期的写作计划有：
您推荐的国外原版图书有：
您认为目前市场上最缺乏的图书及类型有：

地　址：北京市西城区百万庄大街 22 号　机械工业出版社电工电子分社

邮　编：100037　网址：www.cmpbook.com

联系人：张俊红　电话：13520543780　010-88379768　010-68326336（传真）

E-mail：buptzjh@163.com（可来信索取本表电子版）